高 等 学 校 规 划 教 材

铝合金门窗

第二版

阎玉芹　姜树仁　周国建　主编

于永波　廖绍景　高　琨　孙继超　副主编

·北京·

内容简介

《铝合金门窗》共16章，内容主要包含铝合金门窗基础知识、铝合金门窗设计和铝合金门窗生产施工技术三部分。书中详尽阐述了铝合金门窗系统各组成部分的设计技术和理念，包括铝合金门窗的建筑设计、构造设计、结构设计、热工设计，型材生产工艺及结构设计，玻璃、五金件以及密封材料的设计与选用，以及铝合金门窗制造、生产组织、施工安装、质量控制等。书中对铝木复合门窗，耐火型铝合金门窗也做了系统介绍。

《铝合金门窗》既包含了铝合金门窗生产一线需要的最实用、最基本的内容，又涵盖了铝合金门窗发展的新材料、新技术、新工艺和新产品。

本书可以作为建筑相关专业学生的教学用书，也可以作为建筑门窗行业及相关行业技术人员、管理人员的参考书。

图书在版编目（CIP）数据

铝合金门窗/阎玉芹，姜树仁，周国建主编.—2版.—北京：化学工业出版社，2021.5（2025.5重印）
高等学校规划教材
ISBN 978-7-122-38596-3

Ⅰ.①铝… Ⅱ.①阎… ②姜… ③周… Ⅲ.①铝合金-门-造型设计-高等学校-教材②铝合金-窗-造型设计-高等学校-教材③铝合金-门-生产工艺-高等学校-教材④铝合金-窗-生产工艺-高等学校-教材 Ⅳ.①TU228②TU758.16

中国版本图书馆CIP数据核字（2021）第035021号

责任编辑：满悦芝　　　　文字编辑：王　琪
责任校对：张雨彤　　　　装帧设计：张　辉

出版发行：化学工业出版社（北京市东城区青年湖南街13号　邮政编码100011）
印　　装：北京科印技术咨询服务有限公司数码印刷分部
787mm×1092mm　1/16　印张26¼　字数643千字　2025年5月北京第2版第4次印刷

购书咨询：010-64518888　　　　售后服务：010-64518899
网　　址：http：//www.cip.com.cn
凡购买本书，如有缺损质量问题，本社销售中心负责调换。

定　　价：128.00元

《铝合金门窗》（第二版）编写人员

主　编： 阎玉芹　姜树仁　周国建

副主编： 于永波　廖绍景　高　琨　孙继超

其他编写人员：（按姓名拼音首字母排序）

陈　波　陈允涛　成洪波　邓小波　刁训林　韩荣林

姜润峰　李晓南　廖绍庆　刘建华　路来骁　罗伟汉

吕英波　马绿洲　马森源　孙　捷　张如意　张志铎

周　杨　赵彦华

主编单位：（排名不分先后）

山东建筑大学门窗与幕墙研究所

中建八局第一建设有限公司

江苏沪港装饰有限公司

副主编单位：（排名不分先后）

广东兴发铝业有限公司

亚萨合莱国强（山东）五金科技有限公司

参编单位：（排名不分先后）

山东省产品质量检验研究院

菲沐盛（山西）材料科技有限公司

济南晓瞰建筑科技有限公司

前言

《铝合金门窗》自2015年6月第一次印刷出版以来，受到广大高校师生和行业技术人员的欢迎和好评。

最近几年，《铝合金门窗》《铝合金建筑型材》、“门窗用五金件相关标准”等众多与铝合金门窗相关的标准以及各地建筑节能标准陆续修订并颁布实施。标准中对建筑和门窗性能要求的提高推动了铝合金门窗新产品、新材料及先进生产工艺不断产生。为了适应铝合金门窗发展的需要，使《铝合金门窗》可以更好地反映行业的新材料、新技术、新工艺和新产品，为广大读者提供切实、先进、前沿的技术，《铝合金门窗》编写组重新组织编写了《铝合金门窗》(第二版)。

党的二十大报告指出：高质量发展是全面建设社会主义现代化国家的首要任务。这为房地产业的健康发展指明了方向，要建设高品质住宅，更好解决人民住房问题，提高人民的生活品质，保证房地产行业平稳健康发展和良性循环。高品质住宅需要配套高品质门窗，为了制造高品质门窗，我们必须用系统的思想来进行门窗的设计、生产、安装和管理。基于此，编者结合多年的教学和实践经验，编写了《铝合金门窗》(第二版)。

《铝合金门窗》(第二版) 将铝合金门窗作为一个系统，内容涉及铝合金门窗系统的各个方面。书中内容有两条主线：一是以铝合金门窗的基础知识和系统组成为主线，阐述了铝合金门窗系统各组成部分的设计技术和理念，包括铝合金门窗的建筑设计、构造设计、结构设计、热工设计，型材生产工艺及结构设计，玻璃、五金件以及密封材料的设计等；二是以铝合金门窗设计、制造、施工为主线，内容涉及铝合金门窗工程设计、生产制造、生产组织、施工安装、质量控制等。除此以外，书中对铝木复合门窗、耐火型铝合金门窗也做了系统介绍。全书对各部分内容均做了详尽阐述，其中既包含了铝合金门窗生产一线需要的最实用、最基本的内容，又涵盖了铝合金门窗的新材料、新技术、新工艺和新产品。

本书的编者由多年从事建筑门窗研究与教学工作的教授、专家以及多年在建筑门窗生产一线从事设计、生产与施工的高级技术人员、管理人员组成。

本书可以作为建筑相关专业学生的教学用书，也可以作为建筑门窗行业及相关行业技术人员、管理人员的参考书。

本书由阎玉芹、姜树仁、周国建担任主编，于永波、廖绍景、高琨、孙继超担任副主编，参加编写的人员有陈波、成洪波、陈允涛、邓小波、刁训林、韩荣林、姜润峰、路来骁、刘建华、李晓南、罗伟汉、吕英波、廖绍庆、马森源、孙捷、马绿洲、张如意、周杨、张新娟、张志铎、赵彦华。

由于编者水平有限，书中难免存在缺点和不足，欢迎广大读者批评指正。

编 者

于山东建筑大学门窗与幕墙研究所

第一版前言

2008年，为了解决当时铝合金门窗行业专业书籍缺乏的问题，我们组织编写了《铝合金门窗设计与制造》一书，该书成为国内铝合金门窗行业第一本正式出版发行的专业书籍。

近几年来，为适应国家节能政策的要求，铝合金门窗行业运用先进技术推进行业结构调整，促进产品更新、结构优化，缩小了与国际先进水平的差距，我国铝合金门窗行业经历了一段辉煌发展的岁月，跨入了高水平发展阶段。

为了适应行业发展的新需要，我们编写了《铝合金门窗》一书，内容涉及铝合金门窗系统的各个方面。书中内容有两条主线：一是以铝合金门窗的基础知识和系统组成为主线，阐述铝合金门窗系统各组成部分的设计技术和理念，包括铝合金门窗物理性能设计、型材生产工艺及结构设计、玻璃、五金件以及密封材料的设计与选用等；二是以铝合金门窗设计、制作、施工为主线，内容涉及铝合金门窗设计、制造、生产组织、施工安装、质量控制等。全书对各部分内容均做了详尽阐述，其中既包含了铝合金门窗行业生产一线需要的最实用、最基本的内容，又涵盖了铝合金门窗发展的最新技术与工艺。

本书的编者由多年从事建筑门窗研究与教学工作的教授、专家以及多年在建筑门窗生产一线从事设计、生产与施工的高级技术人员、管理人员组成。

本书可以作为建筑相关专业学生的教学用书，也可作为铝合金门窗行业技术人员、管理人员的参考书。

本书由山东建筑大学门窗与幕墙研究所阎玉芹、东营胜明玻璃有限公司李新达主编；由山东华建铝业集团张新娟、山东国强五金科技有限公司李敬芳、济南市特种设备检验研究院刁训林、山东东城铝业有限公司吴以琳担任副主编；参加编写的人员有广东伟业铝厂集团有限公司李伟萍，广东贝克洛幕墙门窗系统有限公司黄辉，山东国强五金科技有限公司孙继超，山东省产品质量监督检验研究院尹晓江，淄博长风软件开发研究所孙长贵，东营胜明玻璃有限公司王芳波，济南市特种设备检验研究院隋仕涛、张楠，山东建筑大学成洪波、刘健、刘建华。

本书由中国金属结构协会铝门窗幕墙委员会黄圻主任担任主审。

由于编者水平有限，书中难免存在缺点和不足，欢迎广大读者批评指正。

编 者
2015年3月
于山东建筑大学门窗与幕墙研究所

目录

4 玻璃

5 铝合金门窗用五金配件

6 铝合金门窗的建筑设计

7 铝合金门窗的结构设计

8 铝合金门窗的热工设计

9 铝合金门窗的技术工艺文件

14 铝合金门窗常见质量问题

15 铝木复合门窗简介

16 耐火型铝合金门窗简介

附录

二维码目录

1 概述

门窗是建筑外围护结构的重要组成部分，是抵御风雨尘虫，实现建筑热、声、光环境的极其重要的功能性部件。因此，门窗不仅要具有采光、通风、防风雨、保温、隔声、防尘、防盗等多种使用功能，还要满足使用环境、建筑风格、装饰装修的需要，形成与建筑造型、建筑美学、建筑环境紧密结合的统一体，才能为人们提供安全舒适的居住环境。

门窗的形状、尺寸、比例、排列、色彩、造型等对建筑的整体造型都有直接影响，门窗的形式与使用地区的历史条件、地理位置、气候情况、人们生活习惯、经济条件及技术水平等有着密切关系。

1.1 我国门窗的发展及现状

在历史的长河中，人们对门窗的需求从小到大、从简陋到坚固又到舒适、从重视实用到注重功能、从经济考虑到审美追求，可以说门窗是人类自身发展完善的一个缩影。人们对生活品质的不懈追求为门窗技术的进步、使用功能的延伸、审美情趣的拓展以及门窗文化在更大空间的交流融合提供了无限可能，门窗也成为人类文明进步的一种见证。

1.1.1 我国现代门窗的发展

我国现代门窗是在20世纪发展起来的，主要包括钢门窗、铝合金门窗、木门窗、塑料门窗等。以钢门窗为代表的现代金属门窗在我国已有百年历史；铝合金门窗自20世纪70年代进入我国，目前也已迈入隔热铝合金门窗时代；塑料门窗以其优良的性价比在我国占据了一定的市场份额；木门窗的发展经历了传统木门窗和现代木门窗两个阶段，传统木门窗是我国几千年来建筑门窗的做法，而现代木门窗已从原始的各种实木材料发展到运用现代科学工艺处理的硬度适中的集成材。随着经济社会和科学技术的发展，门窗产品开始采用各种新型材料，大大推进了具有优良性能的门窗产品的发展。

（1）钢门窗的发展　我国现代门窗的发展是从钢门窗开始的。1911年钢门窗从英国、比利时、日本等国家传入我国。1925年我国上海民族工业开始小批量生产钢门窗，新中国成立前共有20多家作坊式手工业小厂。新中国成立后，上海、北京、西安、武汉等地的钢门窗企业经过公私合营和社会主义改造，建起了较大规模的生产基地，钢门窗开始在工业建筑和部分民用建筑中应用，到1976年全国的总产量达到了300多万平方米。20世纪70年代后期，国家大力实施“以钢代木”的资源配置政策，全国掀起了推广钢门窗、钢脚手架、钢模板（简称“三钢代木”）的高潮，大大推进了钢门窗的发展，到1981年产量达到1835万平方米。

20世纪80年代是普通钢门窗的全盛时期，市场占有率一度（1989年）达到70%。1985年4月，我国从意大利引进的镀锌彩板门窗生产设备正式投产，标志着钢门窗产品更新换代全面启动，随后新型镀锌彩板门窗在我国落地生根，得到大面积推广应用，成为建筑门窗多元化产品体系中重要的支柱产品之一。

进入20世纪90年代，普通钢门窗开始衰落，1995年全国普通空腹钢门窗已基本停产。“九五”期间，普通实腹钢门窗由于国家和各地建设主管部门陆续明令淘汰，除边远落后地区、少数生产性建筑物以及农村用房外，市场份额不断下降。

（2）铝合金门窗的发展　铝合金门窗于20世纪70年代初传入我国，当时仅在外国驻华使馆及少数涉外工程中使用。进入20世纪80年代，我国各地大量引进国外建筑铝合金型材、铝合金门窗、铝合金自动门、铝合金玻璃幕墙及配套件产品的成套生产设备。但由于生产能力发展过快，出现了铝合金门窗发展势头过猛，国内铝金属原料供应不足的矛盾。1989年3月，《国务院关于当前产业政策要点的决定》指出，铝合金门窗是国内紧缺原材料生产的高消费产品，属于严格限制生产、市场供大于求、加工能力富余的产品，要求严格限制此类项目的基本建设和生产能力扩大。据统计，1989年全国建筑铝合金型材生产企业有214家，进口铝型材挤压成型设备390台（套），综合配套生产能力22万吨。全国铝合金门窗加工企业1000多家，引进铝合金门窗加工设备400多套，生产能力达到1600多万平方米。铝合金门窗和铝合金玻璃幕墙产品由热变冷，进入有计划、有选择试点应用的结构调整期。

随着国民经济整顿治理的深入开展并取得成效，1991年11月国家计委、建设部、物资部、中国有色金属总公司联合发出《关于部分放开铝合金门窗使用范围的通知》。1992年开始，我国铝合金门窗重新走向第二个发展高潮。到1998年，铝合金门窗生产规模超过了钢门窗，成为多元化产品结构体系中的龙头老大。

“九五”期间，中国建筑金属结构协会为了落实建筑节能技术政策，先后组织部分重点企业赴欧美考察，并邀请海外客商来华交流，经过调研论证，分别引进了“注塑法隔热铝合金型材”和“嵌条法隔热铝合金型材”两种生产工艺技术和成套专用设备，在深圳、广州、海南、佛山、西安、秦皇岛、北京等地建成了20多条隔热铝合金型材生产线，年生产能力达到10万吨。同时，我国成功研制出隔热铝合金型材专用的高强度玻璃纤维增强聚酰胺（PA66+GF25）隔热条，并成功试制了隔热铝合金门窗专用加工设备。

三十多年来，铝合金门窗产品品种系列也由20世纪80年代初的4个品种8个系列，发展到现在的40多个品种200个系列，形成了产品品种配套齐全、型谱系列完整，产品性能优良，功能配套使用，工艺技术先进，可持续发展的产品体系。

因此，我国铝合金门窗经历了三个发展阶段：1978—1988年的十年是以“接纳和增量”为主要标志的起步和发展阶段；1989—1991年的三年是以“治理整顿”为主要标志的产品结构调整期；1992年至今的二十多年是以“产业结构优化和技术创新”为主要标志的第二个跨越式高速发展期。

如今，我国铝合金门窗行业已经发展成为由6000多个铝合金门窗生产企业和3000多个配套企业组成的生机勃勃的新兴行业。除铝合金门窗的设计生产外，还有建筑铝合金型材、建筑用玻璃、门窗五金附件、门窗用机械加工设备、门窗设计应用软件等与建筑门窗配套的行业。目前我国的铝合金门窗的产品开发、工程设计、施工技术基本达到或接近国际先进水平，为行业可持续发展、参与国际竞争、与国际市场接轨奠定了坚实的基础。

（3）塑料门窗的发展　20世纪60年代初，北京、天津、沈阳等地开始研制塑料门窗。采用单一树脂（PVC）、过量填充剂（$CaCO_3$含量大于20%）和性能落后的改性剂、助剂，研发生产了第一代“钙塑门窗”。

“六五”（1981—1986年）期间，欧洲第二代塑料门窗从德国、意大利、奥地利等国家传入我国，这是与我国生产过的第一代“钙塑门窗”截然不同的第二代产品。第二代塑料门窗主要采用硬质聚氯乙烯（UPVC）挤出成型异型材、金属增强骨料、电阻热熔焊接组合工艺等，同时采用了新型抗紫外线剂（光氧稳定剂）、氧稳定剂、热稳定剂、抗静电剂、阻燃剂，以及加工专用助剂、润滑剂、增塑剂等10多种改性助剂，并严格限制填充剂（$CaCO_3$）的剂量等。这种新型塑料门窗的生产技术成熟，已在北欧、北美推广使用了20多年。新型塑料门窗的保温隔热等物理性能、耐腐蚀性能、工业化生产工艺性以及外观装饰效果明显优于其他类门窗，尤其适用于严寒和寒冷地区住宅工程及环境腐蚀较大的工业建筑工程。

1992年国务院对以塑料门窗为主的化学建材产业的发展给予重要批示后，我国正式出台了发展化学建材的产业政策。1994年2月国家经贸委、建设部、化工部、轻工总会、国家建材局、中国石化总公司成立全国化学建材协调组。以1994年9月国务院召开的第一次全国化学建材工作会议和1996年9月在北京召开的第一次全国建筑节能工作会议为契机，塑料门窗正式纳入国家化学建材发展规划，并列为重点发展的支柱产品和建筑节能优先推广的重点产品。此后，国家陆续出台了一系列优惠政策扶持推广塑料门窗。在国家政策的推动下，20世纪90年代我国塑料门窗进入了高速发展的快车道。1998年又成功试制了钢塑共挤塑料门窗，增强骨料直接纳入PVC异型材，丰富了塑料门窗系列。

经过20多年的努力，我国多元化、多层次、多品种的塑料门窗产品框架已经建立起来，产品系列已形成规模，产品内部结构演变的趋势和走向已经明确，目前我国塑料门窗行业已与国际市场接轨。

（4）木门窗的发展　木门窗是一种传统的建筑制品，20世纪60年代以前曾是世界各国最主要的门窗产品。不同国家的用户由于民族差异、宗教信仰、生活习惯、审美观念不同，导致木门窗选材、造型、色彩千差万别，档次迥异。

在我国相当长的历史时期内，门窗是木制的且以手工制作为主。新中国成立以后，机械制造业迅速发展，使得木工机械设备生产厂家日益增多，促使木门窗制作向机械化和专业化生产发展。

木门窗种类中实木门窗曾经长期使用，但随着森林资源减少和人类对保护环境、维护自然生态平衡的日益重视，发展新型门窗材料已成为一种趋势，世界上一些工业发达国家已经形成了以塑料门窗和金属门窗为主、木门窗为辅的门窗新格局。国内门窗的格局已与国际接轨，现代木门窗正朝着高档化方向发展，采用集成材作为框料已成为现代木门窗的主流。同时，铝木复合门窗、钢木复合门窗、木塑复合门窗大量出现，与实木门窗构成了整个木门窗产品系列。

（5）玻璃钢门窗的发展　20世纪80年代初，随着玻璃钢门窗用型材拉挤技术和表面涂装工艺取得突破，加拿大首先成功开发了玻璃钢门窗。玻璃钢材料以其自身独特的优势引起市场普遍关注，到20世纪90年代初玻璃钢门窗已迅速扩展到美国、俄罗斯、德国和日本等国家。

1997年12月29日国务院批准将玻璃钢门窗（“玻璃纤维增强塑料门窗”）列为《当前

国家重点鼓励发展的产业、产品和技术目录》，玻璃钢门窗在我国北方地区得到迅速推广。

（6）复合门窗的发展　铝木复合、铝塑复合、木塑复合等复合门窗在欧美等发达国家属于普遍流行的产品，在我国发展历史较短，近十几年刚刚开始发展，复合门窗具有优良的节能性能和多样化的装饰效果，未来在门窗产品中一定会有一席之地。

1.1.2　我国门窗的现状

1981年，我国现代建筑门窗还以普通钢门窗为主，铝合金门窗尚在起步阶段，产品单一，当时全国只有850多家以乡镇企业为主的小型工厂，年产量10万平方米以上的大中型企业只有30多家，从业人员9.5万人，全国钢门窗、铝合金门窗总产量只有1850万平方米，工业产值近10亿元，是一个基础薄弱、技术落后的小行业。到2016年，我国建筑门窗行业总产量已达到5亿平方米，工业产值达到3280亿元。30多年来，我国建筑门窗产量增长了27倍，产值增长了320多倍，建筑门窗行业发生了翻天覆地的变化。30年来，一大批军工、电子、轻工、建材、机械行业的大型企业和部分全国知名的企业集团，以及一批合资企业、外商独资企业进入建筑门窗行业，他们雄厚的资金、强大的技术力量、先进的管理水平为壮大行业队伍、提高行业总体素质发挥了重要作用。这些大型企业在国家重点工程、大中城市形象工程、标志性建筑、外资工程中，为全行业树立了良好的市场形象，起到了示范作用，成为全行业技术创新、产品创优、参与国际招标竞争的主力军。

随着人民生活和居住水平的不断改善，建筑对节能、采光、防风雨灰尘、防盗以及智能化等功能要求的不断提高，以及新型建筑材料的不断涌现，门窗从材料到构造，从形式到功能，从做法到外观都有了较大的变化和发展，主要表现在以下几方面。

（1）材料方面　打破了过去只有木材、钢材作门窗材料的局面，出现了铝合金门窗、塑料门窗、铝木复合门窗、铝塑复合门窗、玻璃钢门窗等。

（2）使用功能方面　出现了为保证居住安全的防盗门窗、为控制噪声影响的隔声门窗、为满足消防要求的防火门窗和耐火门窗等。

（3）造型方面　随着人民对居住环境要求的提高，室内、外装潢也越来越受到重视。为了与室内华丽的装饰相协调，在门窗框、门窗扇上进行包装，做出线条和花饰的装饰门窗。为了适应建筑整体造型的要求，出现了圆形、弧形、折线形等不同形式的门窗。

（4）保温节能方面　随着自然资源的过分开发和利用，环保和节能成为当今世界各国关注的两大问题。满足节能政策要求的节能门窗、被动房用门窗以及综合性能优良的系统门窗越来越受到市场的青睐，得到快速推广使用。

（5）开启形式和手段方面　开启形式打破过去通用的平开式和推拉式，出现了上悬式、下悬式、折叠式、提升推拉式、平开下悬式、平推式等；开启手段从最早的手动开启，到半自动开启，再到现在通过传感器实现门窗的自动启闭，以及集防盗、防劫、排烟、报警系统于一体的智能门窗。

1.2　门窗的术语与定义

门是围蔽墙体洞口，可开启关闭，并可供人出入的建筑部件；窗是围蔽墙体洞口，可起采光、通风或观察等作用的建筑部件的总称。整樘门窗通常包括门窗框和一个或多个门窗扇以及五金配件，需要时上部还可以带有亮窗和换气装置。

1.2.1 门窗框扇

门窗框是指安装门窗扇、玻璃或镶板，并与门窗洞口或附框连接固定的门窗杆件系统。门窗扇是指整樘门窗中活动扇和固定扇的总称。门窗框和门窗扇通过五金件连接实现启闭功能。

（1）附框　预埋或预先安装在门窗洞口中，用于固定门窗的杆件系统。

（2）活动扇　安装在门窗框上的可开启和关闭的组件。

（3）先开扇　多扇门或窗中的一扇，在开启门或窗时首先开启的扇。

（4）后开扇　多扇门或窗中的一扇，先开扇开启后才能开启的扇。

（5）固定扇　安装在门窗框上不可开启的组件。

（6）平口扇　周边不带企口凸边的扇（图1-1）。

（7）企口扇　单边或多边有企口凸边的扇。

（8）单企口扇　单边或多边有一个企口凸边的扇（图1-2）。

（9）双企口扇　单边或多边有两个企口凸边的扇（图1-3）。

（10）多企口扇　单边或多边有两个以上企口凸边的扇（图1-4）。

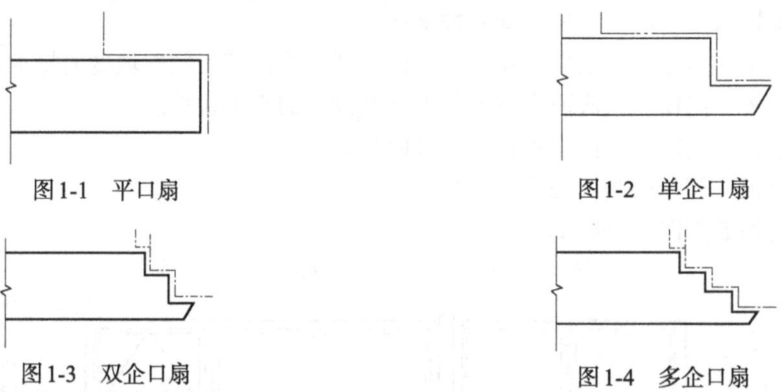

图1-1　平口扇

图1-2　单企口扇

图1-3　双企口扇

图1-4　多企口扇

（11）可开启部分　门或窗的活动扇的总称。

（12）固定部分　门窗的固定扇、玻璃、镶板及框等不可开启部件的总称。

（13）镶板　镶嵌在门窗扇构架或框构架开口中的板或组件孔（除玻璃外）。

1.2.2 门窗框杆件

门窗框杆件主要有上框、边框、中横框、中竖框、下框、拼樘框等。

（1）上框　门窗框构架的上部横向杆件。

（2）边框　门窗框构架的两侧边部竖向杆件。

（3）中横框　门窗框构架的中部横向杆件。

（4）中竖框　门窗框构架的中间竖向杆件。

（5）下框　门窗框构架的底部横向杆件。

（6）拼樘框（包括横向和竖向）　两樘及两樘以上门或窗之间组合时的框构架的横向和竖向连接杆件。

1.2.3 门窗扇杆件

门窗扇杆件主要有上梃、中梃、边梃、带勾边梃、下梃、封口边梃、横芯和竖芯等。

（1）上梃　门窗扇构架的上部横向杆件。

（2）中梃　门窗扇构架的中部横向杆件。

（3）边梃　门窗扇构架的两侧边部竖向杆件。

（4）带勾边梃　不在同一平面内的两推拉窗扇（在相邻两平行导轨上）关闭时，重叠相邻的带有相互配合密封构造的边梃杆件。

（5）下梃　门窗扇构架的底部横向杆件。

（6）封口边梃（附加边梃）　在同一平面内两相邻的边梃之间接合密封所用型材杆件。

（7）横芯　门窗扇构架的横向玻璃分格条。

（8）竖芯　门窗扇构架的竖向玻璃分格条。

1.2.4　门窗附件

（1）玻璃压条　镶嵌固定门窗玻璃的可拆卸的杆状件。

（2）披水条　门窗扇之间、框与扇之间以及框与门窗洞口之间横向缝隙处的挡风及排泄雨水的型材杆件。

（3）固有披水条　门窗本身所带有的披水条。

（4）附加披水条　门窗上所装配的披水条。

（5）披水板　门窗洞口底面窗室外侧下框下部设置的带有倾斜坡度的排水板。

（6）窗台板　门窗洞口底面窗室内侧下框处设置的水平板件。

（7）筒子板　门窗洞口侧面和顶面的墙面装饰板。

（8）贴脸板　筒子板侧面的墙面饰板。

门窗框扇构成如图1-5所示。

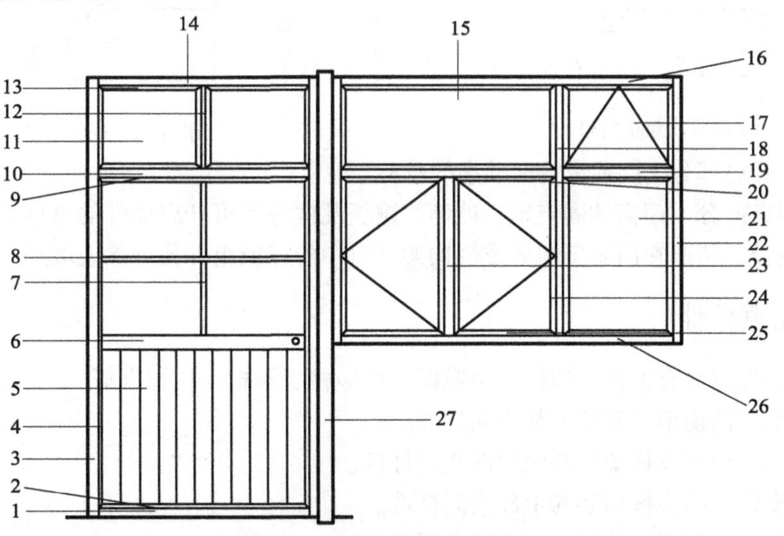

图1-5　门窗框扇构成示意图

1—门下框；2—门扇下梃；3—门边框；4—门扇边梃；5—镶板；6—门扇中横梃；7—竖芯；8—横芯；9—门扇上梃；10—门中横框；11—亮窗；12—亮窗中竖框；13—玻璃压条；14—门上框；15—固定亮窗；16—窗上框；17—亮窗；18—窗中竖框；19—窗中横框；20—窗扇上梃；21—固定窗；22—窗边框；23—窗中竖梃；24—窗扇边梃；25—窗扇下梃；26—窗下框；27—拼樘框

1.3　门窗的分类

按照不同的分类方法，门窗可以分成不同的类型。

不同开启方式的门窗可以用不同的图例表示。本节采用《建筑门窗术语》(GB/T 5823)中门窗的立面图例表示方法。门的立面示意图是基于人位于室外面对门确定的开启形式，相应的示意图均为外视图；开启线实线为外开，虚线为内开，开启线交角一侧为安装合页一侧。窗的立面示意图是基于人位于室内面对窗确定的开启形式，相应的示意图均为内视图；开启线虚线为外开，实线为内开，开启线交角一侧为安装合页一侧。

1.3.1 门的分类

1.3.1.1 按用途分类

按用途门可分为外门、内门、特种门。

（1）外门（external door） 分隔建筑物室内、外空间的门。

（2）内门（internal door） 分隔建筑物两个室内空间的门。

（3）特种门（special door） 具备特殊功能要求的门。如防火门、防爆门、逃生门等。

1.3.1.2 按开启方式分类

铝合金门按开启方式可分为平开门、推拉门、转门、折叠门、卷门、固定门、固定玻璃（镶板）门等。其中平开门、推拉门、转门、折叠门、卷门等还可以进行如下细分。

（1）平开门（side-hung door） 合页（铰链）装于门侧边，门扇向门框平面外旋转开启的门。

① 单扇平开门（single side-hung door） 只有一个门扇的平开门。

a. 左开（单扇）外平开门（single side-hung door，opening outward left） 室外面对门时，转动轴在门的左侧，顺时针向室外旋转开启的单扇平开门（图1-6）。

b. 左开（单扇）内平开门（single side-hung door，opening inward left） 室外面对门时，转动轴在门的左侧，逆时针向室内旋转开启的单扇平开门（图1-7）。

c. 右开（单扇）外平开门（single side-hung door，opening outward right） 室外面对门时，转动轴在门的右侧，逆时针向室外旋转开启的单扇平开门（图1-8）。

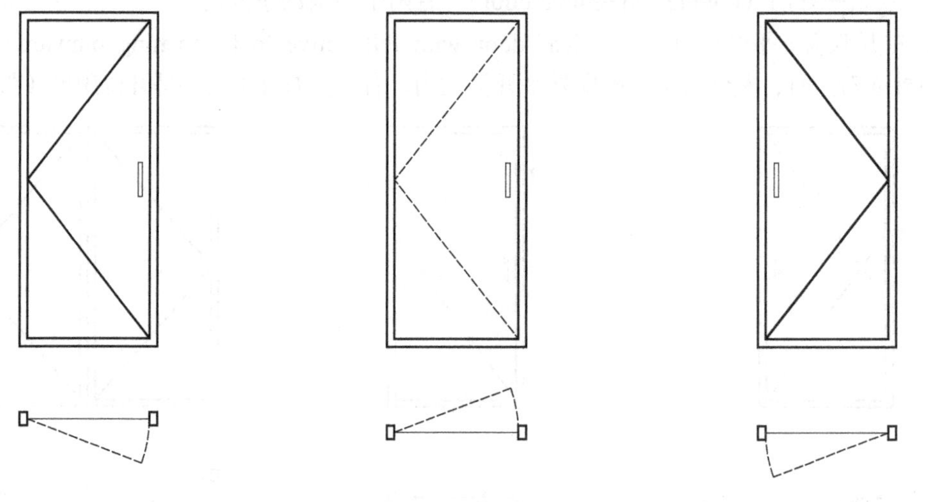

图1-6 左开（单扇）外平开门　　图1-7 左开（单扇）内平开门　　图1-8 右开（单扇）外平开门

d. 右开（单扇）内平开门（single side-hung door，opening inward right） 室外面对门

时，转动轴在门的右侧，顺时针向室外旋转开启的单扇平开门（图1-9）。

e. 左开（单扇）双向弹簧门（single leaf double swing door，opening left） 室外面对门时，弹簧合页（铰链）在门左侧，可顺时针和逆时针双向旋转开启的门（图1-10）。

f. 右开（单扇）双向弹簧门（single leaf double swing door，opening right） 室外面对门时，弹簧合页（铰链）在门右侧，可顺时针和逆时针双向旋转开启的门（图1-11）。

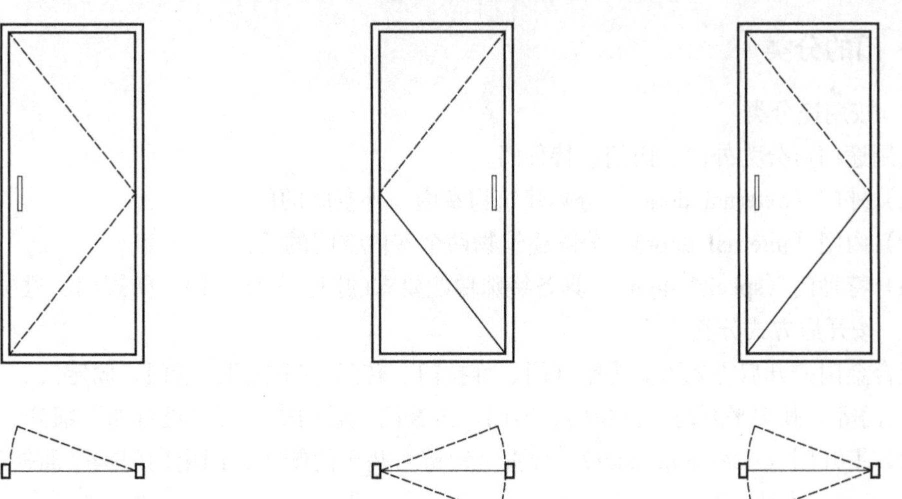

图1-9 右开（单扇）内平开门　图1-10 左开（单扇）双向弹簧门　图1-11 右开（单扇）双向弹簧门

g. 左开（单扇）双向地弹簧门（single leaf double swing door with land spring，opening left） 室外面对门时，地弹簧在门左侧，可顺时针和逆时针双向旋转开启的门（图1-12）。

h. 右开（单扇）双向地弹簧门（single leaf double swing door with land spring，opening right） 室外面对门时，地弹簧在门右侧，可顺时针和逆时针双向旋转开启的门（图1-13）。

② 双扇平开门（double side-hung door） 有两个门扇的平开门。

a. 左开双扇外平开门（double leaf door with left active leaf，opening outward）

室外面对门时，左侧为左开单扇外平开活动扇，右侧为右开单扇外平开待用扇（图1-14）。

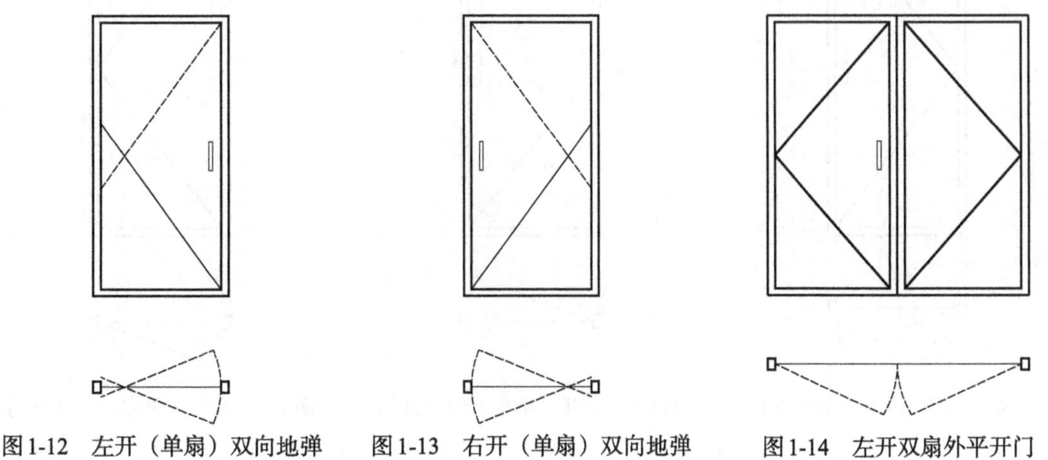

图1-12 左开（单扇）双向地弹簧门　图1-13 右开（单扇）双向地弹簧门　图1-14 左开双扇外平开门

b. 左开双扇内平开门（double leaf door with left active leaf，opening inward）

室外面对门时，左侧为左开单扇内平开活动扇，右侧为右开单扇内平开待用扇（图1-15）。

c. 右开双扇外平开门（double leaf door with right active leaf，opening outward）

室外面对门时，右侧为右开单扇外平开活动扇，左侧为左开单扇外平开待用扇（图1-16）。

d. 右开双扇内平开门（double leaf door with right active leaf，opening inward）

室外面对门时，右侧为右开单扇内平开活动扇，左侧为左开单扇内平开待用扇（图1-17）。

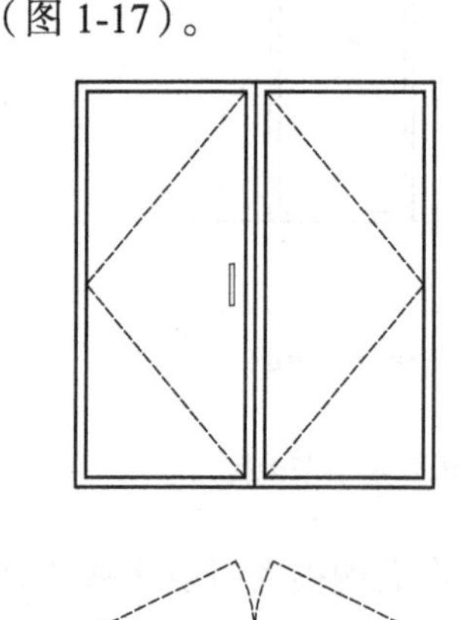

图1-15　左开双扇内平开门

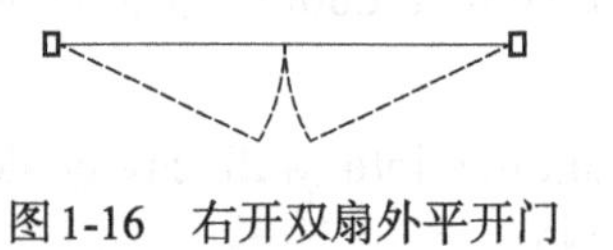

图1-16　右开双扇外平开门

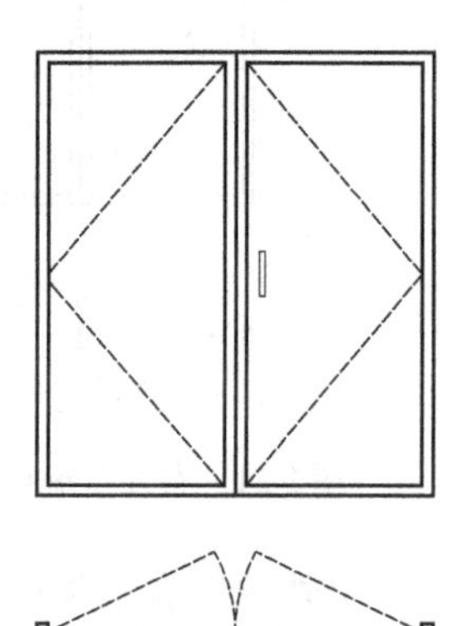

图1-17　右开双扇内平开门

e. 左开双扇双向弹簧门（double leaf double swing door，opening left）室外面对门时，左侧为左开单扇双向弹簧门，右侧为右开单扇双向弹簧门待用扇（图1-18）。

f. 右开双扇双向弹簧门（double leaf double swing door，opening right）室外面对门时，右侧为右开单扇双向弹簧门，左侧为左开单扇双向弹簧门待用扇（图1-19）。

g. 左开双扇双向地弹簧门（double leaf double swing door with land spring，opening left）室外面对门时，左侧为左开单扇双向地弹簧门，右侧为右开单扇双向地弹簧门待用扇（图1-20）。

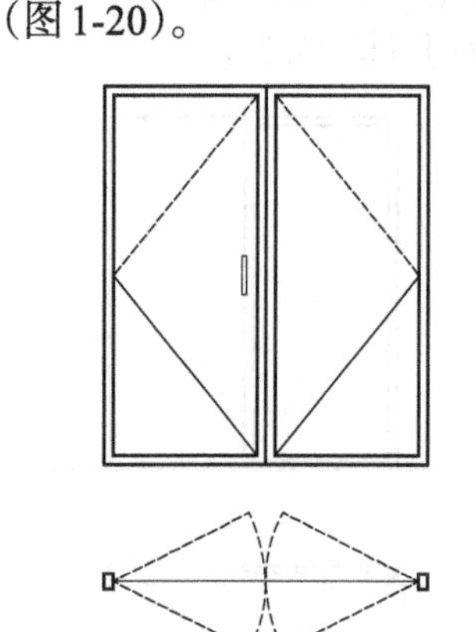

图1-18　左开双扇双向弹簧门

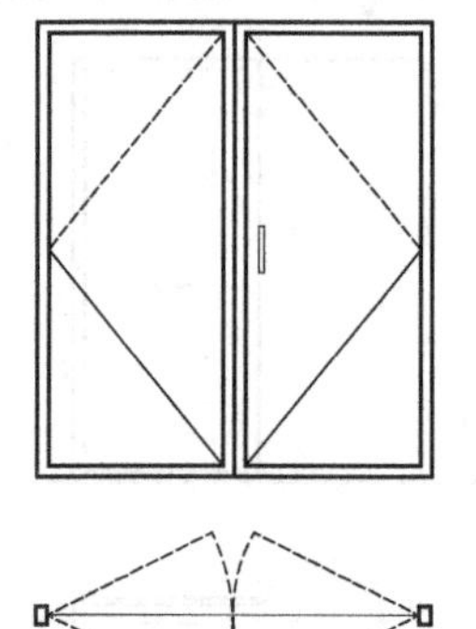

图1-19　右开双扇双向弹簧门

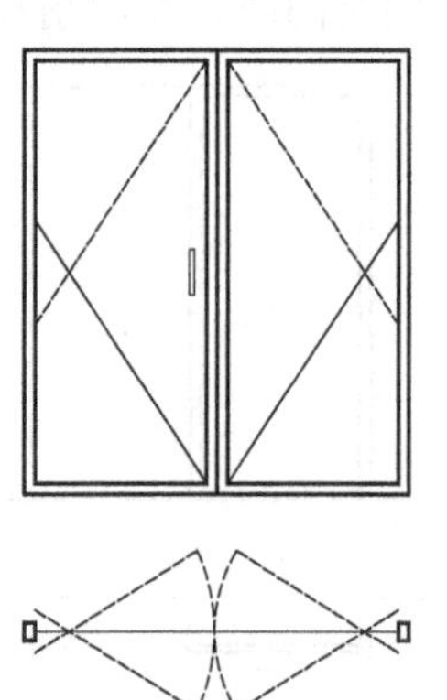

图1-20　左开双扇双向地弹簧门

h. 右开双扇双向地弹簧门（double leaf double swing door with land spring，opening right）室外面对门时，右侧为右开单扇双向地弹簧门，左侧为左开单扇双向地弹簧门待用扇（图1-21）。

(2) 推拉门（sliding door） 门扇在门框平面内沿水平方向移动启闭的门。

① 单扇推拉门（single sliding door） 只有一个门扇的推拉门。

a. 墙外单扇左推拉门（left sliding door） 室外面对门时，向左侧推动门扇平移开启的门（图1-22）。

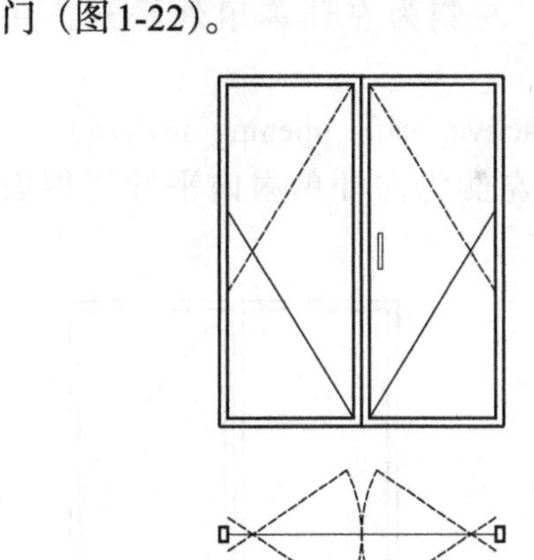

图1-21　右开双扇双向地弹簧门

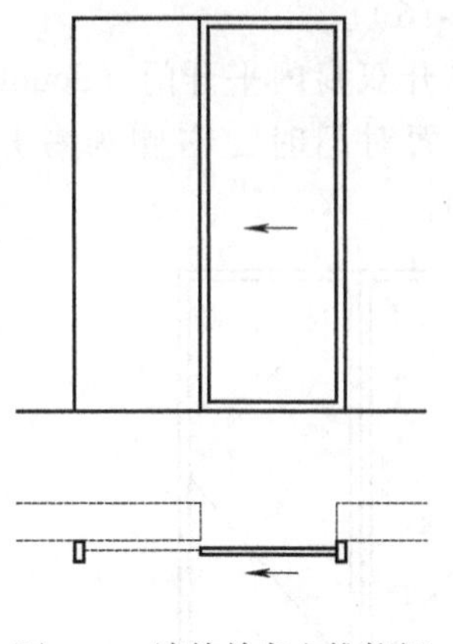

图1-22　墙外单扇左推拉门

b. 墙外单扇右推拉门（right sliding door） 室外面对门时，向右侧推动门扇平移开启的门（图1-23）。

c. 墙中单扇左推拉门（left sliding into wall cavity door） 室外面对门时，向左侧推动门扇平移入墙槽开启的门（图1-24）。

d. 墙中单扇右推拉门（right sliding into wall cavity door） 室外面对门时，向右侧推动门扇平移入墙槽开启的门（图1-25）。

② 双扇推拉门（double sliding door） 具有两个门扇的推拉门。

a. 墙外双扇左外扇推拉门（sliding door with left leaf along the front of right leaf） 室外面对门时，左门扇靠近室外侧、右门扇靠近室内侧的双扇推拉门（图1-26）。

b. 墙外双扇右外扇推拉门（sliding door with right leaf along the front of left leaf） 室外面对门时，左门扇靠近室内侧、右门扇靠近室外侧的双扇推拉门（图1-27）。

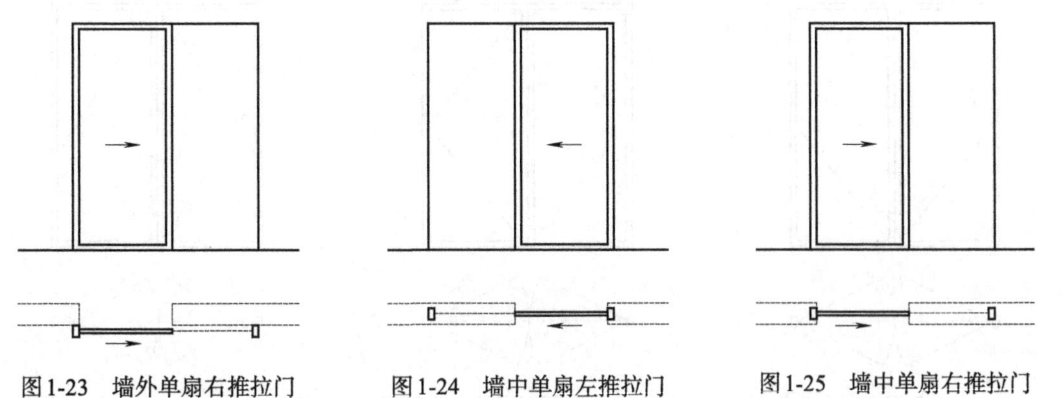

图1-23　墙外单扇右推拉门　　图1-24　墙中单扇左推拉门　　图1-25　墙中单扇右推拉门

c. 墙中双扇左外扇推拉门（sliding into wall cavity door with left leaf along the front of right leaf） 室外面对门时，左门扇靠近室外侧、右门扇靠近室内侧的平移入墙槽开启的双扇推拉门（图1-28）。

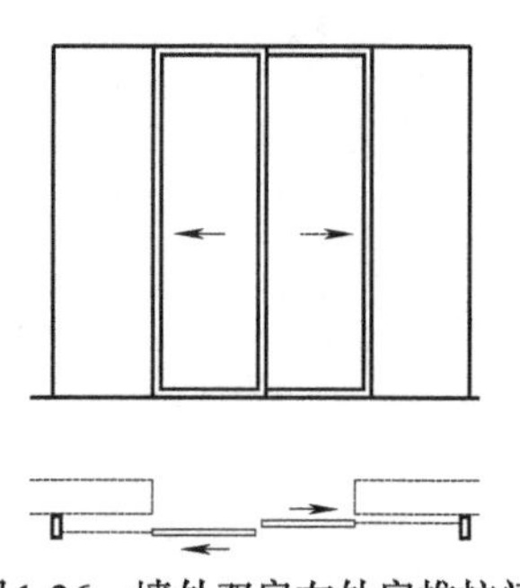

图1-26　墙外双扇左外扇推拉门

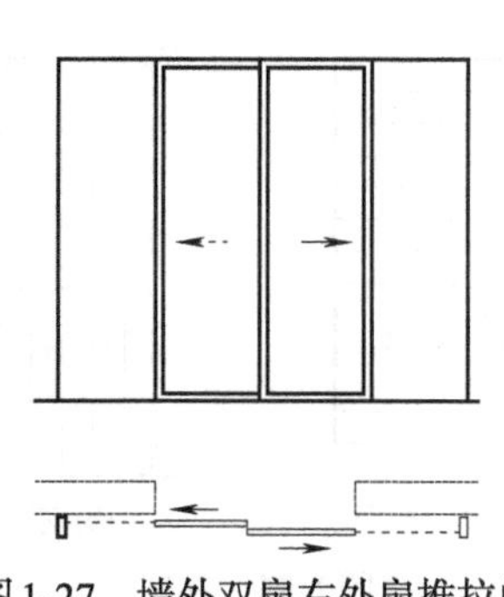

图1-27　墙外双扇右外扇推拉门

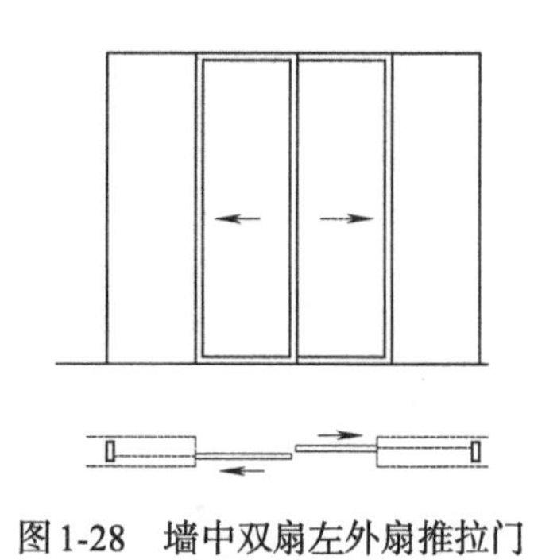

图1-28　墙中双扇左外扇推拉门

d. 墙中双扇右外扇推拉门（sliding into wall cavity door with right leaf along the front of left leaf）　室外面对门时，右门扇靠近室外侧、左门扇靠近室内侧的平移入墙槽开启的双扇推拉门（图1-29）。

（3）转门（right revolving door）　单扇或多扇沿竖轴逆时针转动的门（图1-30）。

（4）折叠门（folding door）　多个用合页（铰链）连接的门扇折叠开启的门。

① 侧悬式（对开）折叠门（side hung folding door）　用合页（铰链）连接多扇折叠开启的门（图1-31）。

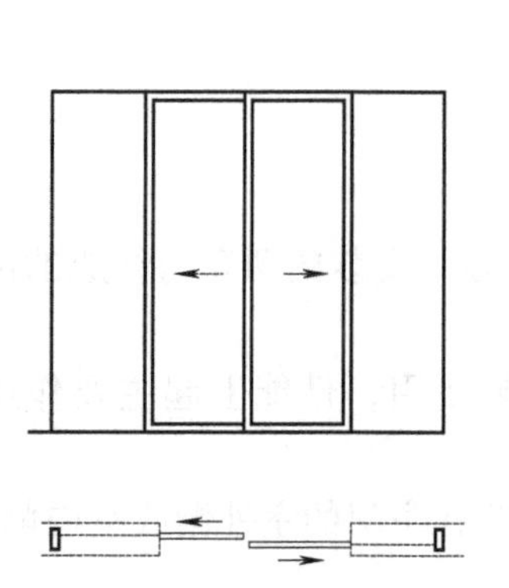

图1-29　墙中双扇右外扇推拉门

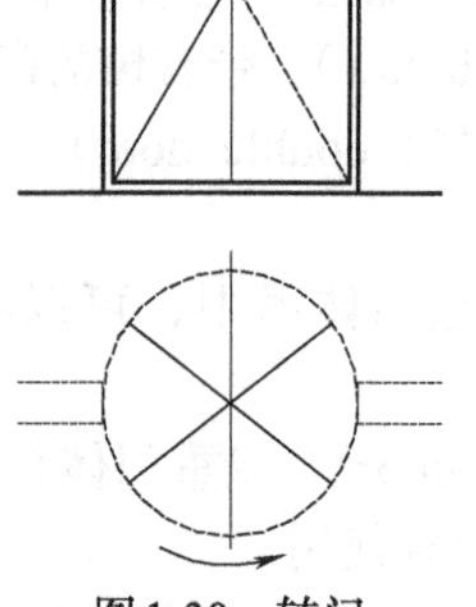

图1-30　转门

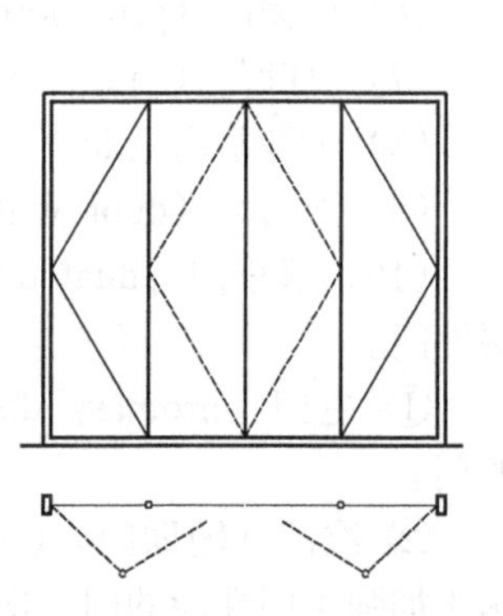

图1-31　侧悬式（对开）折叠门

② 侧挂式折叠门（side guide folding door）　室外面对门时，门扇的悬挂点在门扇上方侧边，沿导轨折叠开启的门（图1-32）。

③ 中挂式折叠门（middle guide folding door）　室外面对门时，门扇的悬挂点在门扇上方中部，沿导轨折叠开启的门（图1-33）。

（5）卷门（rolling door）　用页片、栅条、网格组成，可向上下、左右卷动开启的门（图1-34）。

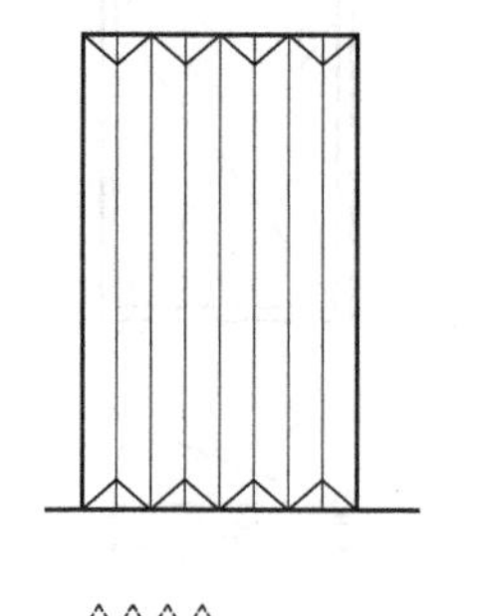

图1-32　侧挂式折叠门

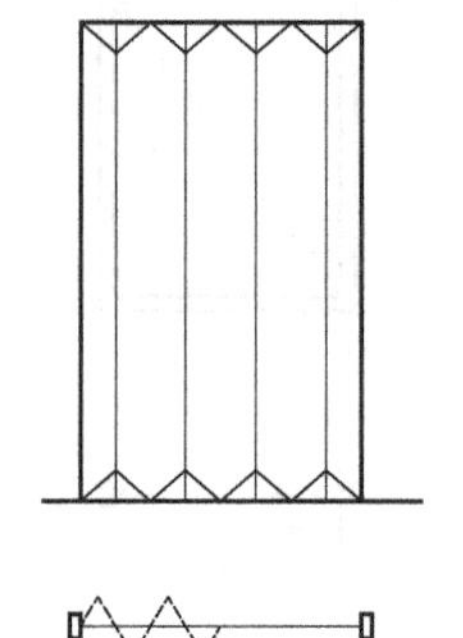

图1-33　中挂式折叠门

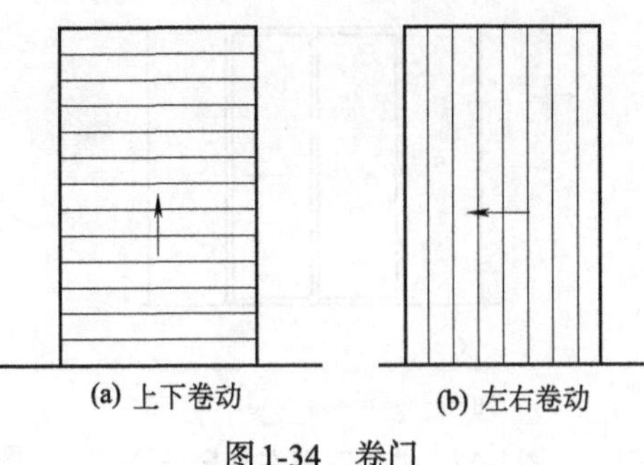

图1-34　卷门

1.3.1.3　按构造分类

（1）夹板门（flush door）　门梃两侧贴各类板材的门。

（2）镶板门（paneled door）　门梃间镶板的门。

（3）镶玻璃门（glazed door）　门梃间镶玻璃的门。

（4）全玻璃门（glass door）　门扇全部为玻璃的门。

（5）固定玻璃（镶板）门［fixed glass（infill panel）door］　玻璃或镶板直接镶嵌在门框上的，不能开启的门。

（6）格栅门（grill door）　由多片（根）栅条制作的门。

（7）百叶门（shutter door）　由多片百叶片制作的门。

（8）带纱扇门（door with screen sash）　带有纱扇的门。

（9）连窗门（door with side window）　带有窗的门。

（10）双重门［dual door（双层门 double door）］　由相互独立安装的两套门组成的两层外门。

① 主门（promary door）　双重门体系中，可以独立安装使用，性能上起主要作用的门。

② 次门（辅助门）（secondary door）　双重门体系中，安装在主门的室外侧或室内侧，用于加强主门性能的门。次门不能单独使用。

（11）同侧双层门（doors hung on the same jamb）　门扇安装在同一侧边框上的双重门（图1-35）。

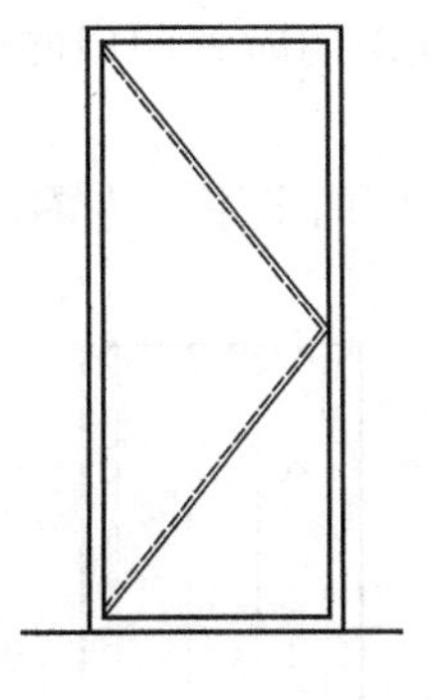

图1-35　同侧双层门

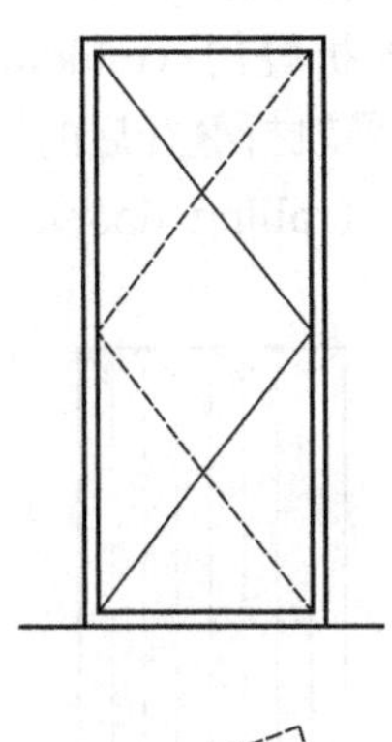

图1-36　对边双层门

（12）对边双层门（doors hung on the opposite jambs） 门扇安装在相对的两侧边框上的双重门（图1-36）。

1.3.2 窗的分类

1.3.2.1 按用途分类

（1）外窗（external window） 分隔建筑物室内、外空间的窗。

（2）内窗（internal window） 分隔建筑物两个室内空间的窗。

（3）风雨窗（storm window） 安装在主窗外侧或内侧的次窗。

（4）亮窗（fanlight） 门或窗上端用于采光、通风的可开启部分和固定部分。

（5）固定亮窗（fixed light） 门或窗上端用于采光的固定部分。

（6）换气窗（vent window） 窗扇中附加的开启小窗扇，作换气用。

（7）落地窗（French window） 高度达到门高、下框安装在地面或踢脚墙上的窗。

（8）逃生窗（escape window） 用于人员紧急疏散的窗。

（9）观察窗（observation window） 用于观察的外窗或内窗。

（10）橱窗（show window） 用于陈列或展示物品的外窗或内窗。

1.3.2.2 按开启方式分类

按开启方式窗可分为平开窗、滑轴平开窗、上下推拉窗（提拉窗）、推拉窗、提升推拉窗、外开上悬窗、内开下悬窗、立转窗等。

（1）平开窗（side-hung window or casement window） 合页（铰链）装于窗侧边，窗扇向内或向外旋转开启的窗。

① 单扇内平开窗（single side-hung casement，opening inward） 只有一个向室内开启窗扇的平开窗。

a. 左开单扇内平开窗（single side-hung casement，opening inward left） 室内面对窗时，转动轴在窗的左侧，顺时针向室内旋转开启的单扇平开窗（图1-37）。

b. 右开单扇内平开窗（single side-hung casement，opening inward right） 室内面对窗时，转动轴在窗的右侧，逆时针向室内旋转开启的单扇平开窗（图1-38）。

② 单扇外平开窗（single side-hung casement，opening outward） 只有一个向室外开启窗扇的平开窗。

a. 左开单扇外平开窗（single side-hung casement，opening outward left） 室内面对窗时，转动轴在窗的左侧，逆时针向室外旋转开启的单扇平开窗（图1-39）。

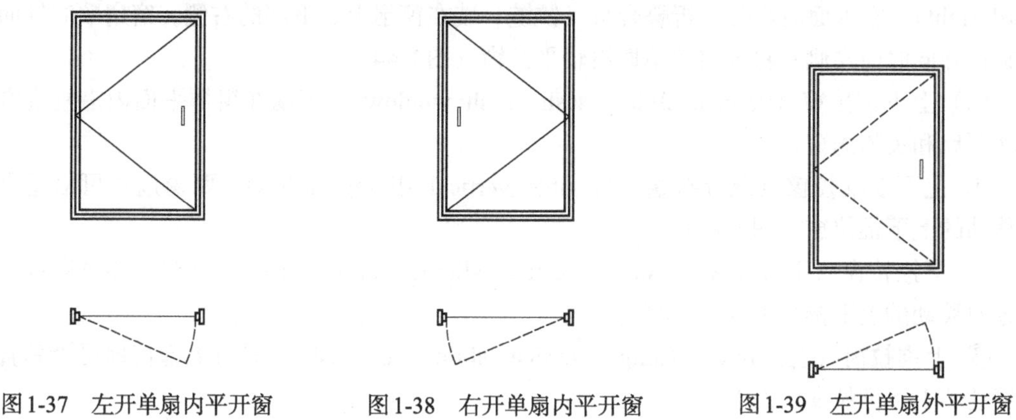

图1-37 左开单扇内平开窗　　图1-38 右开单扇内平开窗　　图1-39 左开单扇外平开窗

b. 右开单扇外平开窗（single side-hung casement，opening outward right） 室内面对窗时，转动轴在窗的右侧，顺时针向室外旋转开启的单扇平开窗（图1-40）。

（2）滑轴平开窗（sliding projecting，side-hung casement） 窗扇上下装有折叠合页（铰链），向室外或室内产生旋转并同时平移开启形式的窗。

① 单扇滑轴内平开窗（sliding projecting，single side-hung casement opening inward） 只有一个向室内开启窗扇的滑轴平开窗。

a. 左开单扇滑轴内平开窗（sliding projecting，single side-hung casement opening inward left） 室内面对窗时，折叠合页（铰链）装在窗扇上、下部的左侧，窗扇顺时针向室内旋转并同时向右侧平移开启的单扇滑轴平开窗（图1-41）。

b. 右开单扇滑轴内平开窗（sliding projecting，single side-hung casement opening inward right） 室内面对窗时，折叠合页（铰链）装在窗扇上、下部的右侧，窗扇逆时针向室内旋转并同时向左侧平移开启的单扇滑轴平开窗（图1-42）。

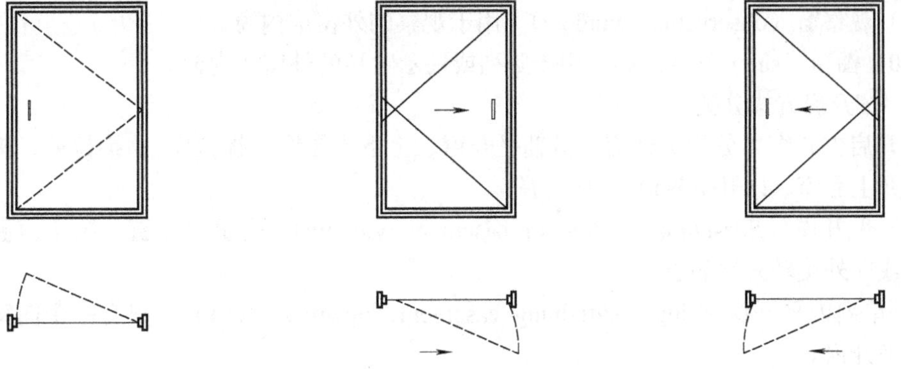

图1-40 右开单扇外平开窗　　图1-41 左开单扇滑轴内平开窗　　图1-42 右开单扇滑轴内平开窗

② 单扇滑轴外平开窗（sliding projecting，single side-hung casement opening outward） 只有一个向室外开启窗扇的滑轴平开窗。

a. 左开单扇滑轴外平开窗（sliding projecting，single side-hung casement opening outward left） 室内面对窗时，折叠合页（铰链）装在窗扇上、下部的左侧，窗扇逆时针向室外旋转并同时向右侧平移开启的单扇滑轴平开窗（图1-43）。

b. 右开单扇滑轴外平开窗（sliding projecting，single side-hung casement opening outward right） 室内面对窗时，折叠合页（铰链）装在窗扇上、下部的右侧，窗扇顺时针向室外旋转并同时向左侧平移开启的单扇滑轴平开窗（图1-44）。

（3）上下推拉窗（vertical sliding sash；sash window） 窗扇在窗框平面内沿垂直方向移动开启和关闭的窗。

① 上下双推拉窗（双提拉窗）（double vertical sliding sashes） 两窗扇均可沿垂直方向移动的上下推拉窗（图1-45）。

② 下推拉窗（下提拉窗）（single vertical sliding bottom sash） 只有下部窗扇可沿垂直方向移动的上下推拉窗（图1-46）。

③ 上推拉窗（上提拉窗）（single vertical sliding top sash） 只有上部窗扇可沿垂直方向移动的上下推拉窗（图1-47）。

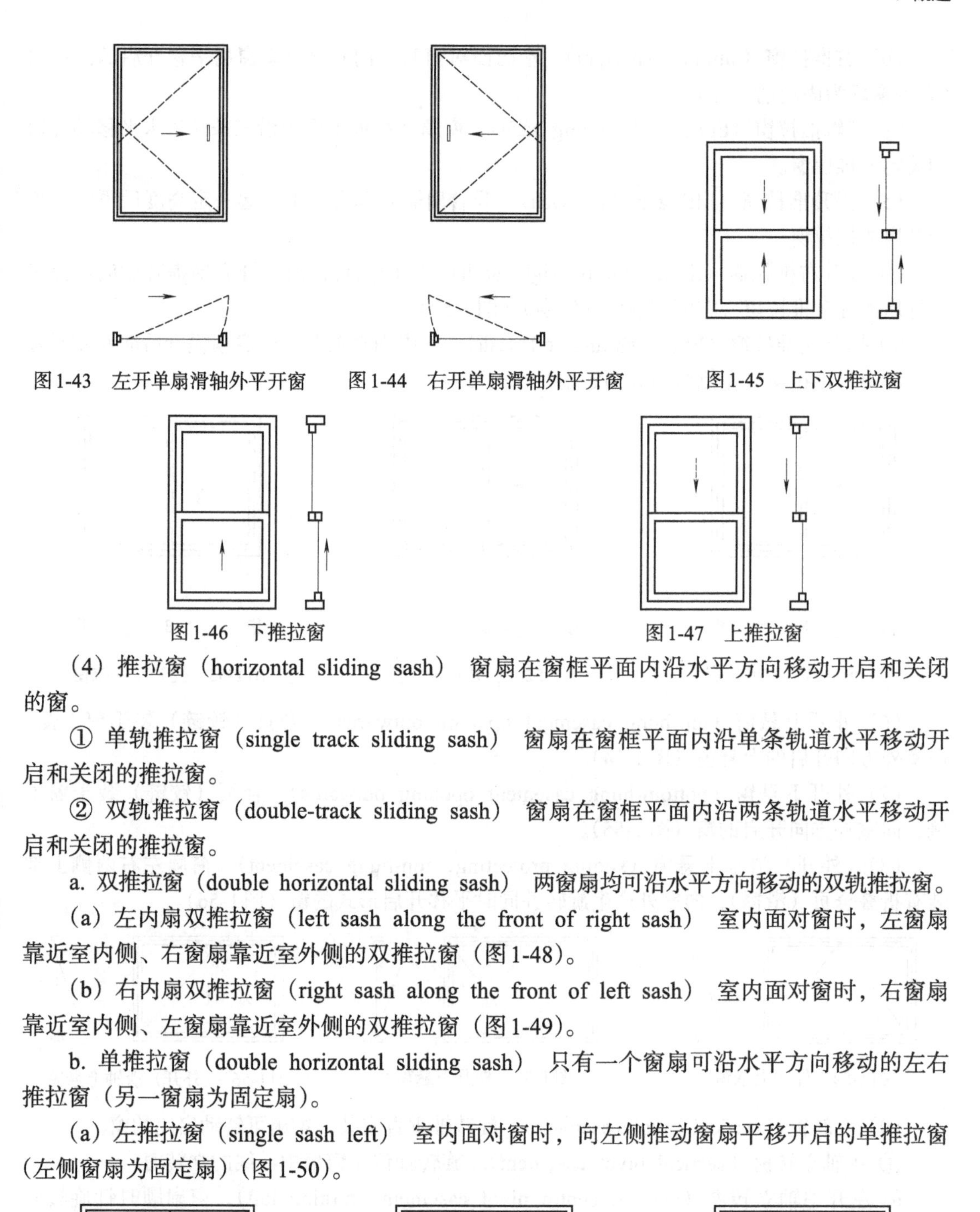

图1-43　左开单扇滑轴外平开窗　　图1-44　右开单扇滑轴外平开窗　　图1-45　上下双推拉窗

图1-46　下推拉窗　　图1-47　上推拉窗

(4) 推拉窗（horizontal sliding sash）　窗扇在窗框平面内沿水平方向移动开启和关闭的窗。

① 单轨推拉窗（single track sliding sash）　窗扇在窗框平面内沿单条轨道水平移动开启和关闭的推拉窗。

② 双轨推拉窗（double-track sliding sash）　窗扇在窗框平面内沿两条轨道水平移动开启和关闭的推拉窗。

a. 双推拉窗（double horizontal sliding sash）　两窗扇均可沿水平方向移动的双轨推拉窗。

(a) 左内扇双推拉窗（left sash along the front of right sash）　室内面对窗时，左窗扇靠近室内侧、右窗扇靠近室外侧的双推拉窗（图1-48）。

(b) 右内扇双推拉窗（right sash along the front of left sash）　室内面对窗时，右窗扇靠近室内侧、左窗扇靠近室外侧的双推拉窗（图1-49）。

b. 单推拉窗（double horizontal sliding sash）　只有一个窗扇可沿水平方向移动的左右推拉窗（另一窗扇为固定扇）。

(a) 左推拉窗（single sash left）　室内面对窗时，向左侧推动窗扇平移开启的单推拉窗（左侧窗扇为固定扇）（图1-50）。

图1-48　左内扇双推拉窗　　图1-49　右内扇双推拉窗　　图1-50　左推拉窗

(b) 右推拉窗（single sash right） 室内面对窗时，向右侧推动窗扇平移开启的推拉窗（右侧窗扇为固定扇）（图1-51）。

③ 三轨推拉窗（three-track sliding sash） 窗扇在窗框平面内沿三条轨道水平移动开启和关闭的推拉窗。

(5) 提升推拉窗（lifting sliding sash） 开启扇需先垂直向上升起一定高度后再水平移动开启的推拉窗。

① 提升右推拉窗（lifting sliding right sash） 室内面对窗时，开启扇提升后向右侧平移开启的提升推拉窗（右侧窗扇为固定扇）（图1-52）。

② 提升左推拉窗（lifting sliding left sash） 室内面对窗时，开启扇提升后向左侧平移开启的提升推拉窗（左侧窗扇为固定扇）（图1-53）。

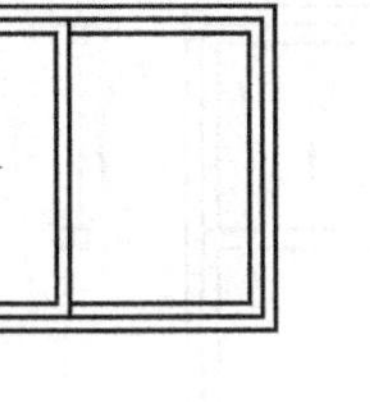
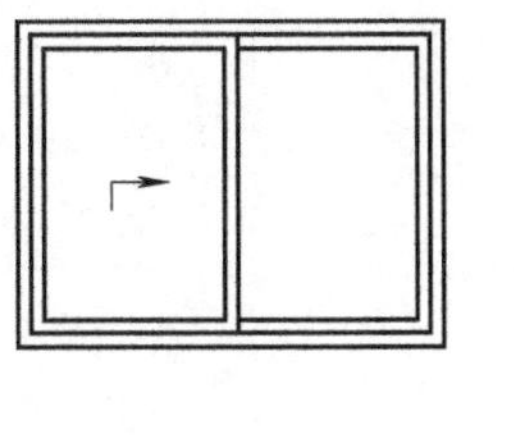
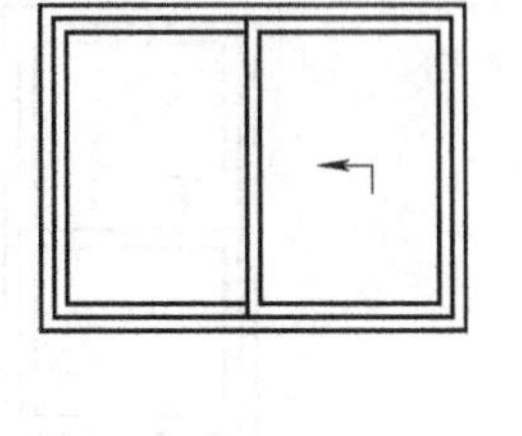
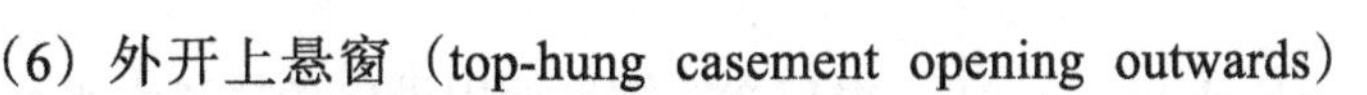
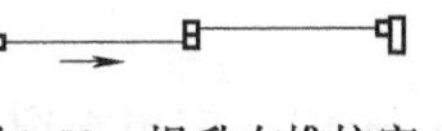
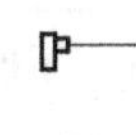

图1-51 右推拉窗　　图1-52 提升右推拉窗　　图1-53 提升左推拉窗

(6) 外开上悬窗（top-hung casement opening outwards） 合页（铰链）装于窗上侧，向室外方向开启的上悬窗（图1-54）。

(7) 外开下悬窗（bottom-hung casement opening outwards） 合页（铰链）装于窗下侧，向室外方向开启的窗（图1-55）。

(8)（外开）滑轴上悬窗（sliding projecting，top-hung casement） 窗扇左右两侧上部装有折叠合页（滑撑），向室外产生旋转并同时平移开启形式的窗（图1-56）。

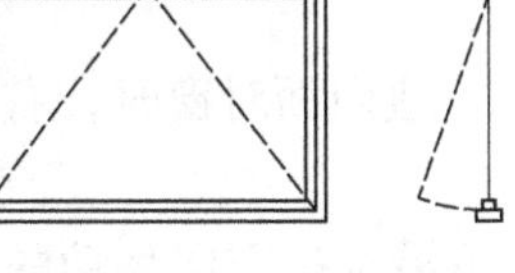
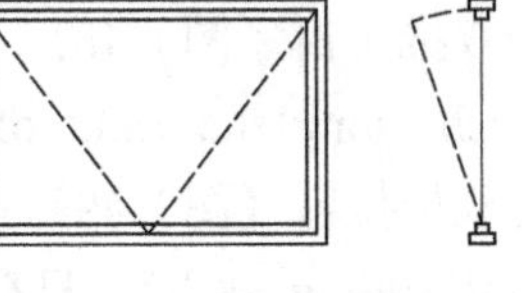
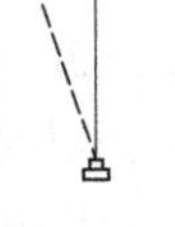
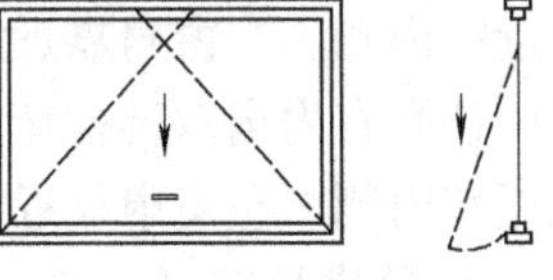
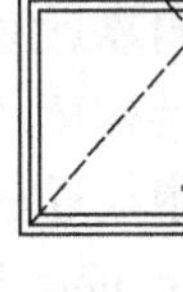

图1-54 外开上悬窗　　图1-55 外开下悬窗　　图1-56 （外开）滑轴上悬窗

(9) 立转窗（vertical pivot casement） 旋转轴垂直安装，窗扇可转动启闭的窗。

① 中轴立转窗（vertical pivot casement） 旋转轴位于窗扇中心线的立转窗。

a. 左开中轴立转窗（vertical centre pivot casement，turning left） 窗扇顺时针旋转开启的中轴立转窗（图1-57）。

b. 右开中轴立转窗（vertical centre pivot casement，turning right） 窗扇逆时针旋转开启的中轴立转窗（图1-58）。

② 偏心轴立转窗（vertical off-centre pivot casement） 垂直旋转轴偏离窗扇竖向中心线的立转窗。

a. 左开偏心轴立转窗（vertical off-centre pivot casement，turning left） 室内面对窗时，垂直旋转轴位于窗扇中心线的右侧，窗扇顺时针旋转开启的立转窗（图1-59）。

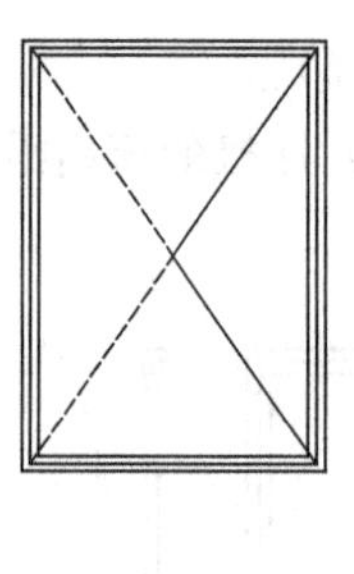
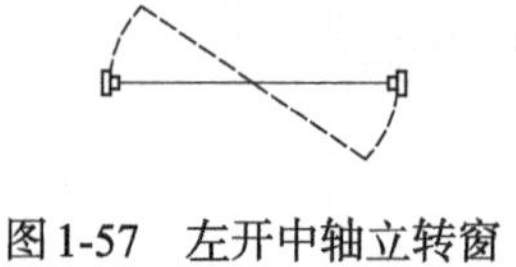

图1-57　左开中轴立转窗

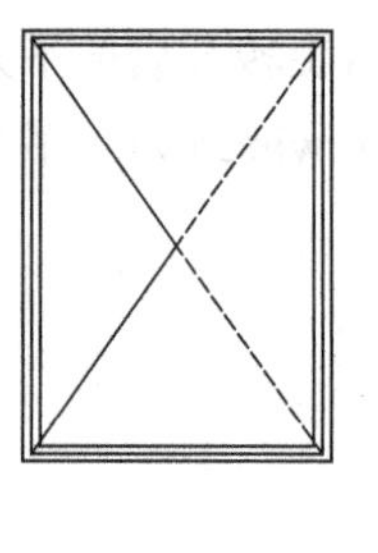

图1-58　右开中轴立转窗

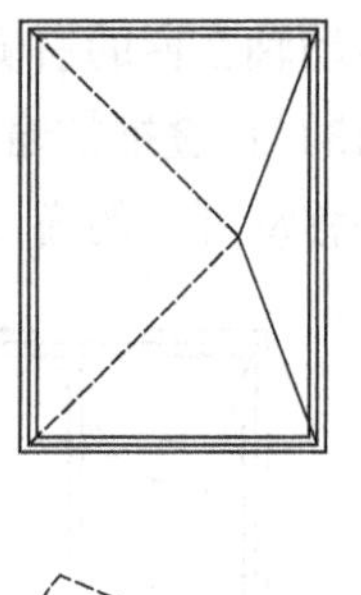

图1-59　左开偏心轴立转窗

b. 右开偏心轴立转窗（vertical off-centre pivot casement，turning right）室内面对窗时，垂直旋转轴位于窗扇中心线的左侧，窗扇逆时针旋转开启的立转窗（图1-60）。

（10）水平旋转窗（中悬窗）（horizontal pivot casement）旋转轴水平安装，窗扇可转动启闭的窗。

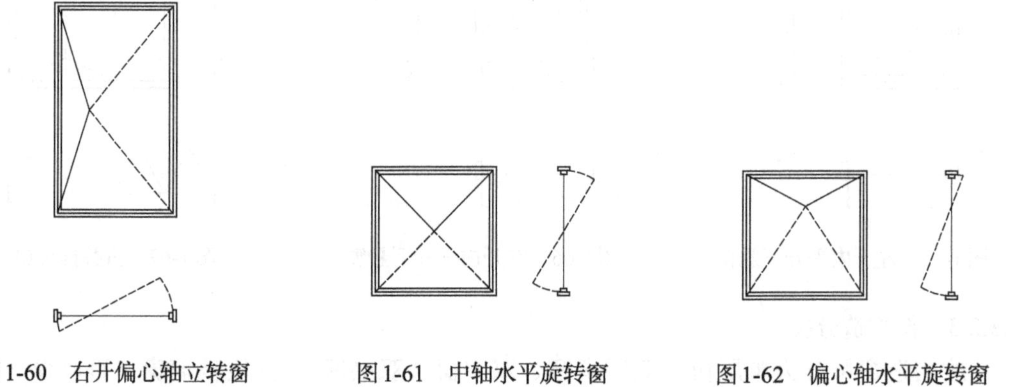

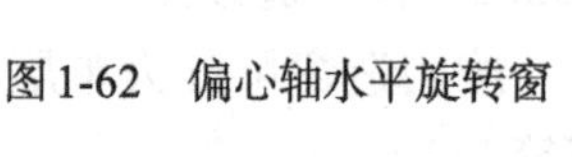

图1-60　右开偏心轴立转窗　　图1-61　中轴水平旋转窗　　图1-62　偏心轴水平旋转窗

① 中轴水平旋转窗（中轴中悬窗）（horizontal centre pivot casement）水平旋转轴位于窗扇横向中心线的水平旋转窗（图1-61）。

② 偏心轴水平旋转窗（偏心轴中悬窗）（horizontal off-centre pivot casement）水平旋转轴位于窗扇横向中心线上方，窗扇下部向室外转动开启的水平旋转窗（图1-62）。

（11）推拉下悬窗（double tilting sliding sash）开启扇可分别采取下悬和水平移动两种开启形式的推拉窗。

① 右推拉下悬窗（double tilting sliding sash with service hatch sliding to right）室内面对窗时，开启扇向右侧平移开启的推拉下悬窗（图1-63）。

② 左推拉下悬窗（double tilting sliding sash with service hatch sliding to left）室内面对窗时，开启扇向左侧平移开启的推拉下悬窗（图1-64）。

（12）内平开下悬窗（tilting and turning sash，opening inward）开启扇可分别采取内平开和下悬开启形式的窗。

① 左开内平开下悬窗（tilting and turning sash，opening inward left）室内面对窗时，转动轴在窗的左侧，顺时针向室内旋转开启的平开下悬窗（图1-65）。

② 右开内平开下悬窗（tilting and turning sash，opening inward right）室内面对窗

时，转动轴在窗的右侧，逆时针向室内旋转开启的平开下悬窗（图1-66）。

（13）折叠推拉窗（sliding folding window） 多个用合页（铰链）连接的窗扇沿水平方向折叠移动开启的窗（图1-67）。

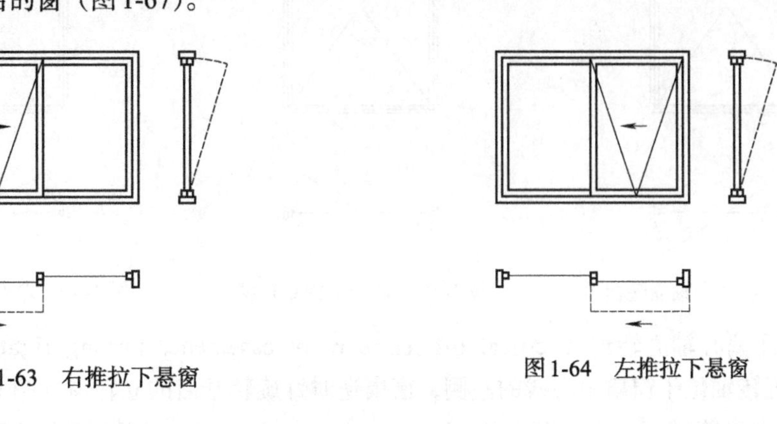

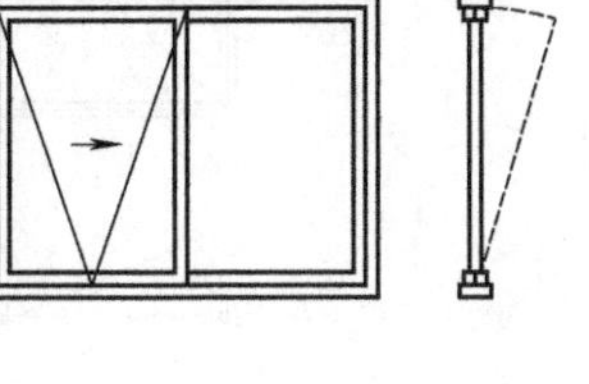

图1-63 右推拉下悬窗

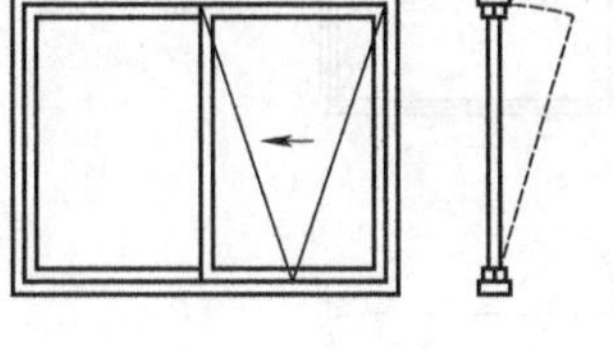

图1-64 左推拉下悬窗

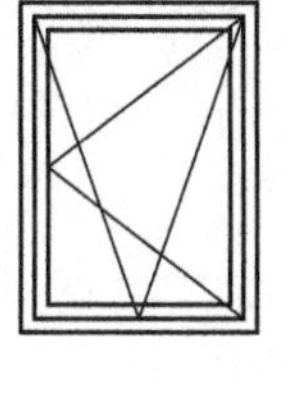
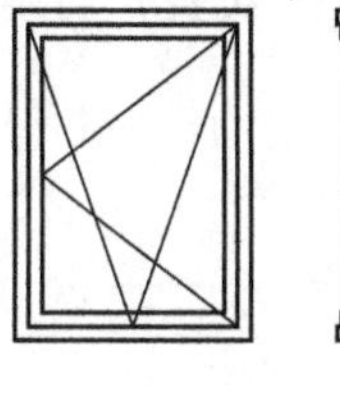
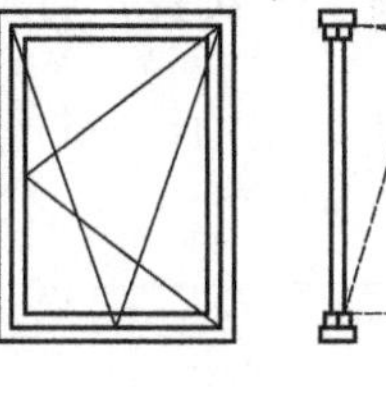
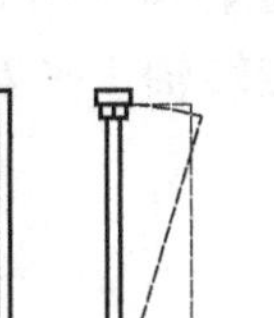
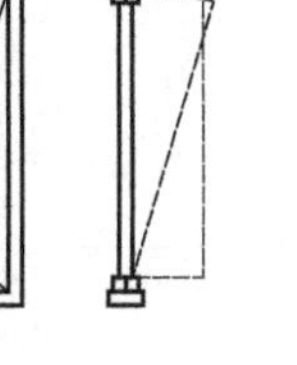
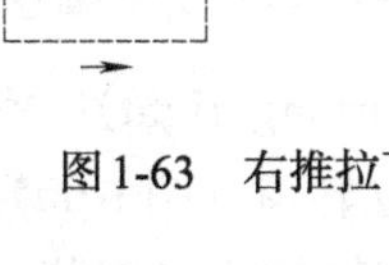

图1-65 左开内平开下悬窗

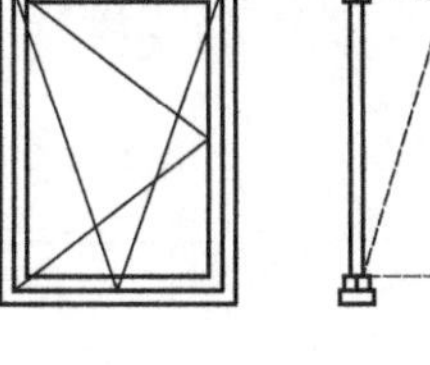
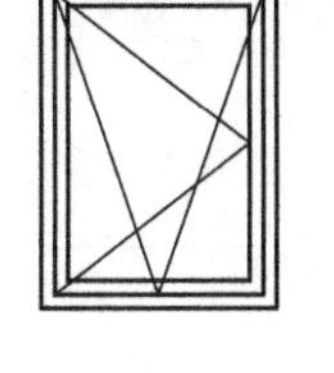
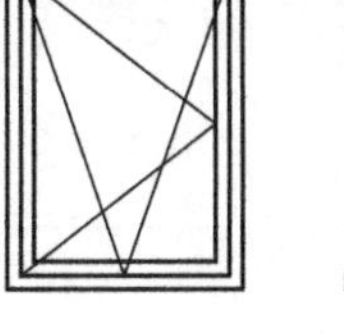
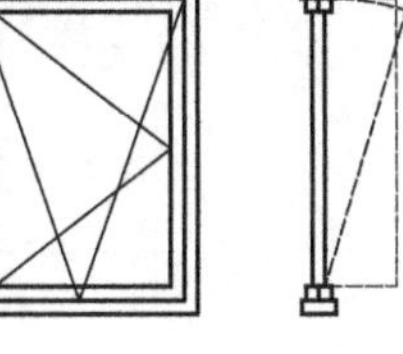
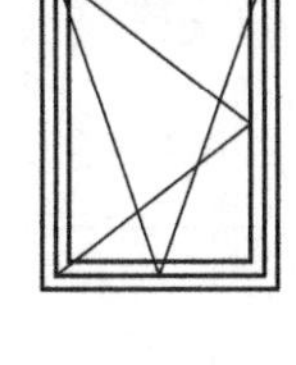
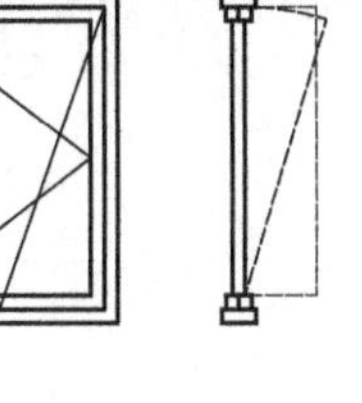
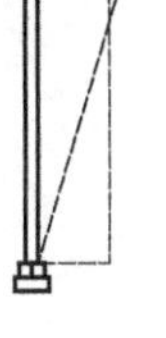

图1-66 右开内平开下悬窗

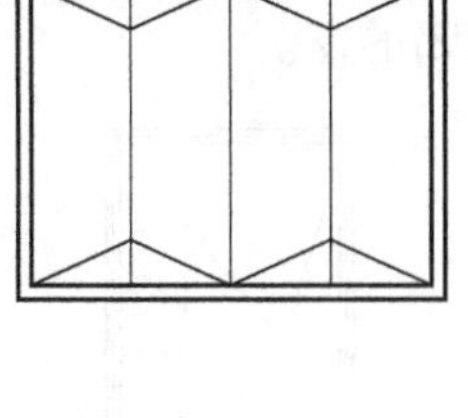
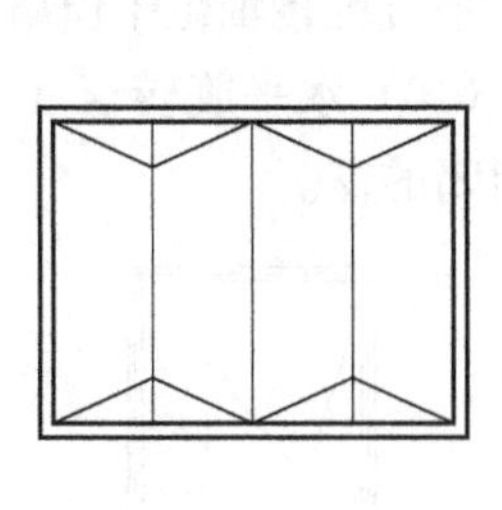

图1-67 折叠推拉窗

1.3.2.3 按构造分类

按构造窗可分为单层窗、双层扇窗、双重窗（双层窗）、固定玻璃窗、百叶窗、组合窗等。

（1）单层窗（single window） 只有一层窗扇的窗。

（2）双层扇窗（coupled window） 一套窗框内装有两层窗扇的窗。

（3）双重窗（双层窗） 由相互独立安装的两套窗组成的门窗体系。

① 主窗 双重窗体系中，可以独立安装使用、性能上起主要作用的窗。

② 次窗（辅助窗） 双重窗体系中，安装在主窗的室外侧或室内侧，用于加强主窗性能的窗。次窗不能单独使用。

（4）固定玻璃窗 窗框洞口内直接镶嵌玻璃的不能开启的门窗（图1-68）。

（5）百叶窗 由一系列在窗框内重叠（搭接）式布置的平行百叶板组成的窗，可通风、采光并可遮挡视线。百叶窗可分为固定百叶窗和活动百叶窗。

① 固定百叶窗 窗框内装有固定百叶片的百叶窗（图1-69）。

② 活动百叶窗 窗框内装有可（旋转）活动百叶片的百叶窗。活动百叶窗可分为垂直中轴百叶窗和水平中轴百叶窗。

a. 垂直中轴百叶窗 垂直旋转轴位于百叶片横向中心线的活动百叶窗（图1-70）。

b. 水平中轴百叶窗 水平旋转轴位于百叶片中心线的活动百叶窗（图1-71）。

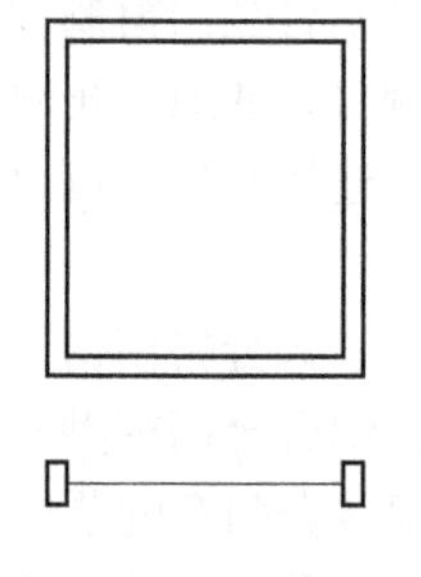

图1-68　固定玻璃窗

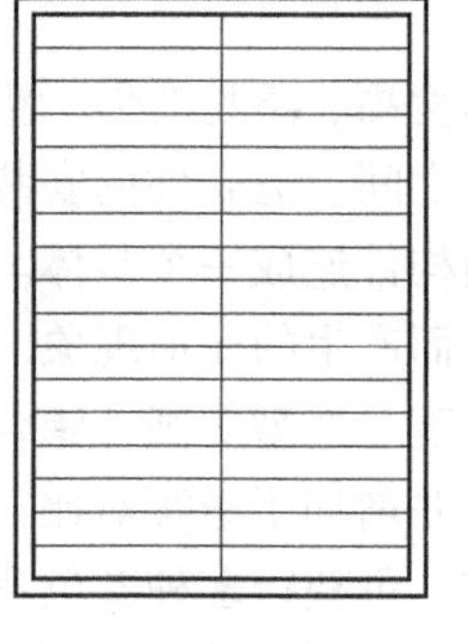
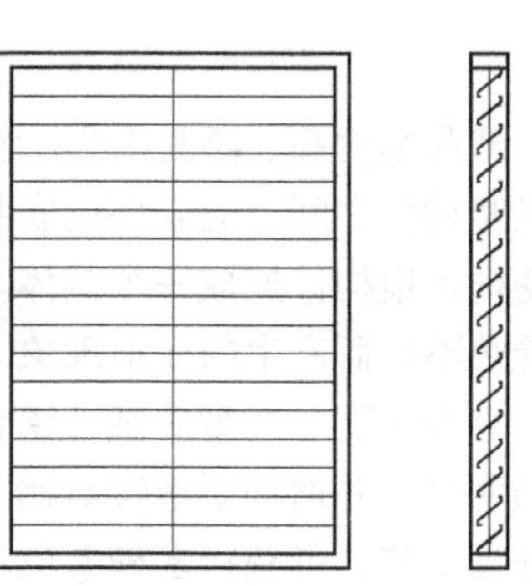

图1-69　固定百叶窗

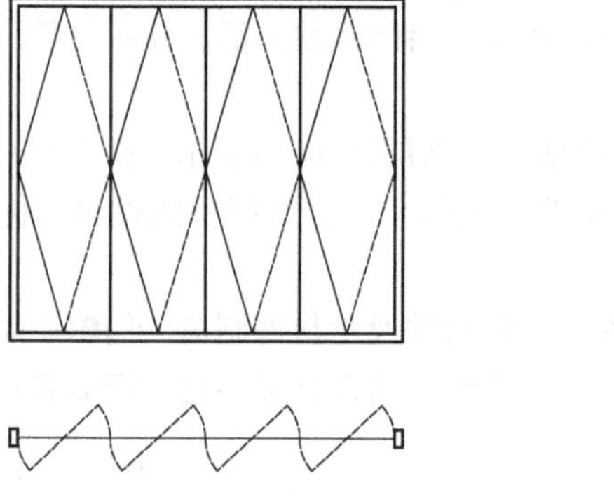

图1-70　垂直中轴百叶窗

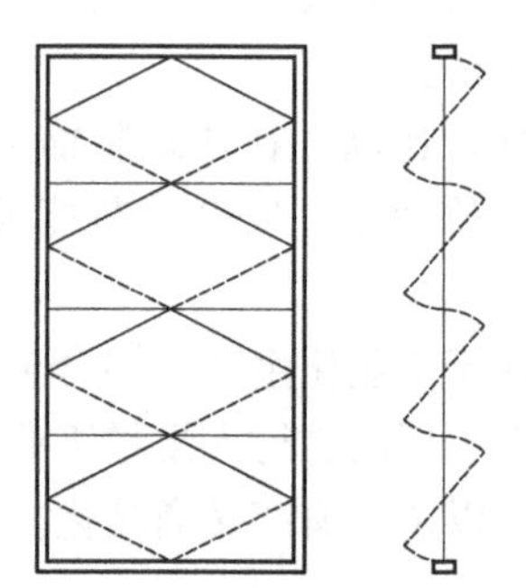

图1-71　水平中轴百叶窗

（6）组合窗　由两樘或两樘以上的单体窗采用拼樘杆件连接组合的窗。

① 带形窗　多樘单体窗在水平方向上连续拼接装配的组合窗。

② 条形窗　多樘单体窗在垂直方向上连续拼接装配的组合窗。

（7）凸窗　突出于所安装的墙体表面、垂直投影为折线形的单体窗或组合窗，也称折线形凸窗。

（8）弓形窗　突出于所安装的墙面表面、垂直投影为圆弧形的单体窗或组合窗，也称弧形凸窗。

（9）凸肚窗　突出于所安装的墙面，支承在牛腿或悬臂梁上的凸窗或弓形窗。

（10）隐框窗　窗框构架或窗扇构架与玻璃采用结构胶粘结装配，不显露于玻璃室外侧的窗。

1.4　铝合金门窗的特点

铝合金门窗是指采用铝合金建筑型材制作框、扇杆件结构的门窗的总称。铝合金门窗与其他材质门窗相比，具有以下特点。

（1）轻质、高强　铝合金材料密度小、强度高，门窗框扇型材是空腹薄壁组合断面，这种断面便于使用，并因空腹而减轻了铝合金型材的重量。在断面尺寸较大，且重量较轻的情况下，其截面却有较高的强度。

（2）密闭性能好　铝合金型材容易成型，通过挤压成型工艺可以生产出复杂断面结构，以满足五金件装配、密封、保温隔热、隔声的需要，因此其气密、水密、保温和隔声性能均较好。

（3）产品精度高、不易变形　铝合金型材本身刚度好，且铝合金门窗制作过程中采用冷连接。横竖构件之间、五金件的安装均是采用螺钉、螺栓或铆钉，或通过角码或其他类型的连接件使框、扇构件连成一个整体。这种冷连接与钢门窗焊接连接相比，可以避免在焊接过程中因受热不均而产生的变形现象，从而确保制作精度。

（4）立面美观　造型美观，铝合金门窗可以制作成大尺寸、大分格门窗，使建筑物立面效果简洁明亮，并增加了虚实对比，富有层次感；色彩美观，铝合金门窗型材经过各种先进的表面处理工艺，可获得多种颜色及表面效果，大大提高了铝合金门窗的装饰性。

（5）耐腐蚀，使用、维修方便　铝合金门窗型材表面经过氧化、电泳、喷粉、喷漆等表面处理，具有良好的耐候性能，不褪色、不脱落、耐腐蚀，在使用和维护时不需要重新涂漆；铝合金门窗重量轻、强度高、刚性好、坚固耐用、启闭轻便灵活、使用过程不易变形损坏，维护简单。

（6）性价比高　在建筑装饰工程中，特别是对于高层建筑、高档次的装饰工程，从使用性能、装饰效果、安全、节能及维修等方面综合权衡，铝合金门窗的性价比优于其他种类门窗。

（7）便于工业化生产　铝合金门窗型材加工、配套件及密封件制造、门窗产品生产等环节，均可在工厂内进行大批量工业化生产，有利于实现门窗设计标准化、产品系列化和零配件通用化，以及门窗产品商品化。

1.5　铝合金门窗的类型和标记

根据国家标准《铝合金门窗》（GB/T 8478—2020），铝合金门窗可按以下方式划分类型，进行标记。

1.5.1　类型

铝合金门窗按主要性能划分的类型及代号见表1-1。

表1-1　门、窗的主要性能类型及代号

主要性能	普通型		隔声型		保温型		隔热型	保温隔热型	耐火型
	PT		GS		BW		GR	BWGR	NH
	外门窗	内门窗	外门窗	内门窗	外门窗	内门窗	外门窗	外门窗	外门窗
抗风压性能	◎	—	◎	—	◎	—	◎	◎	◎
水密性能	◎	—	◎	—	◎	—	◎	◎	◎
气密性能	◎	○	◎	◎	◎	◎	◎	◎	◎
空气声隔声性能	—	—	◎	◎	○	○	○	○	○
保温性能	—	—	○	○	◎	◎	—	◎	○
隔热性能	—	—	○	—	—	—	◎	◎	○
耐火完整性	—	—	—	—	—	—	—	—	◎

注：◎为必需性能；○为选择性能；—为不要求。

普通型门窗是指只有气密性能、水密性能和抗风压性能指标要求的外门窗和下列两种内门窗：一种是仅有气密性能指标要求的；另一种是无气密性能、水密性能、抗风压性能、隔声性能、保温性能、耐火完整性等性能指标要求的。

隔声型门窗是指空气声隔声性能值不低于35dB的门窗。

保温型门窗是指传热系数K小于2.5W/(m²·K）的门窗。

隔热型门窗是指太阳得热系数SHGC不大于0.44的门窗。

保温隔热型门窗是指传热系数K小于2.5W/(m²·K）且太阳得热系数SHGC不大于0.44的门窗。

耐火型门窗是指在规定的试验条件下，关闭状态耐火完整性E不小于30min的门窗。

1.5.2 品种

门、窗按开启形式划分的品种及代号分别见表1-2、表1-3。

表1-2 门的品种及代号

开启类别	平开旋转类		推拉平移类			折叠类	
开启形式	平开(合页)	平开(地弹簧)	推拉	提升推拉	推拉下悬	折叠平开	折叠推拉
代号	P	DHP	T	ST	TX	ZP	ZT

表1-3 窗的品种及代号

开启类别	平开旋转类								推拉平移类					折叠类
开启形式	平开（合页）	滑轴平开	上悬	下悬	中悬	滑轴上悬	内平开下悬	立转	推拉	提升推拉	平开推拉	推拉下悬	提拉	折叠推拉
代号	P	HZP	SX	XX	ZX	HSX	PX	LZ	T	ST	PT	TX	TL	ZT

1.5.3 系列

铝合金门窗的系列以门、窗框在洞口深度方向的厚度构造尺寸（C_2）划分，并以其数值表示。例如：门、窗框厚度构造尺寸为70mm时，其产品系列称为70系列。

门、窗框厚度构造尺寸以其与洞口墙体连接侧的型材截面外缘尺寸确定。门、窗四周框架的厚度构造尺寸不同时，以其中厚度构造尺寸最大的数值确定。

1.5.4 规格

铝合金门窗的规格以门窗宽、高构造尺寸（B_2、A_2）的千、百、十位数字前后顺序排列的六位数字表示，无千位数字时以“0”表示。例如：门窗的B_2、A_2分别为1150mm和1450mm时，其规格代号为115145；门窗的B_2、A_2分别为600mm和950mm时，其规格代号为060095。

1.5.5 标记

（1）标记方法　门窗的标记顺序为：产品名称、标准编号、用途代号、类型代号、系列、品种代号、产品名称代号（铝合金门LM；铝合金窗LC）、规格代号、主要性能符号及等级或指标值。铝合金门窗的标记方法如图1-72所示。

外门窗可能标记的主要性能符号及等级或指标值为：抗风压性能P_3—水密性能ΔP—气密性能q_1/q_2—隔声性能〈R_w+C_{tr}〉—保温性能K—隔热性能SHGC—耐火性能E。

内门窗可能标记的主要性能符号及等级或指标值为：气密性能q_1/q_2—隔声性能〈R_w+C〉—保温性能K。

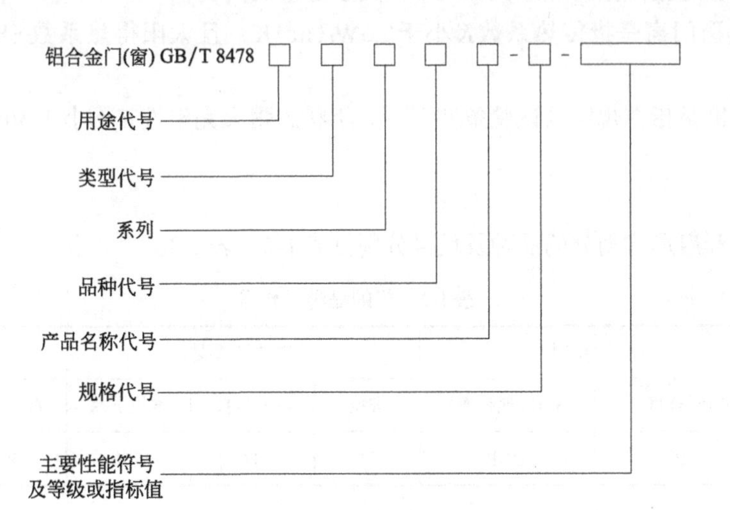

图1-72 铝合金门窗的标记方法

（2）标记示例 标记示例如下。

示例1：外窗、普通型、50系列、滑轴平开、铝合金窗，规格代号为115145，抗风压性能5级，水密性能3级，气密性能7级，其标记为：

铝合金窗 GB/T 8478 WPT50HZPLC-115145-$P_3$5/ΔP3/$q_1$7

示例2：外门、保温型、70系列、平开、铝合金门，规格代号为085205，抗风压性能6级，水密性能5级，气密性能8级，保温性能K值2.5，其标记为：

铝合金门 GB/T 8478 WBW70PLM-085205-$P_3$6/ΔP5/$q_1$8/K2.5

示例3：外窗、保温隔热型、80系列、内平开下悬、铝合金窗，规格代号为145145，抗风压性能5级，水密性能4级，气密性能7级，保温性能K值2.5，隔热性能SHGC值0.5，其标记为：

铝合金窗 GB/T 8478 WBWGR80PXLC-145145-$P_3$5/ΔP4/$q_1$7/K2.5/SHGC0.5

示例4：外窗、耐火型、60系列、平开、铝合金窗，规格代号为115115，抗风压性能4级，水密性能3级，气密性能6级，其标记为：

铝合金窗 GB/T 8478 WNH60PLC-115115-$P_3$4/ΔP3/$q_1$6

示例5：内门、隔声型、125系列、提升推拉、铝合金门，规格代号为175205，隔声性能〈R_w+C〉3级，其标记为：

铝合金门 GB/T 8478 NGS125STLM-175205〈R_w+C〉3

示例6：内窗、保温型、80系列、推拉、铝合金窗，规格代号为175145，保温性能K值2.5，其标记为：

铝合金窗 GB/T 8478 NBW80TLLC-175145-K2.5

示例7：外门、保温耐火型、70系列、平开、铝合金门，规格代号为085205，抗风压性能6级，水密性能5级，气密性能8级，保温性能K值2.5，室外侧耐火完整性E为30min，其标记为：

铝合金门 GB/T 8478 WBWNH70PLM-085205-$P_3$6/ΔP5/$q_1$8/K2.5/E30（o）

2 铝合金门窗的基本构造

铝合金门窗由铝合金型材、玻璃、五金件、密封材料等组成。铝合金型材构成门窗框扇的框架结构，玻璃作为门窗的面板材料，五金件作为门窗框与扇的连接部件，实现门窗的启闭功能，密封材料对门窗的缝隙进行密封，保证门窗的气密、水密、保温等性能。

按保温性能优劣，铝合金门窗有普通型、保温型、保温隔热型之分。近年来，为了满足国家节能政策要求，各地对建筑外门窗热工性能要求越来越高，普通型铝合金门窗由于满足不了节能要求，正逐渐退出建筑外门窗市场。与此同时，保温型和保温隔热型门窗逐步成为建筑外门窗市场的主流产品。

本节主要通过示例，分别介绍普通型铝合金门窗和保温型铝合金门窗的基本构造。

需要说明的是，铝合金门窗用型材系列范围广，种类多。系列不同、开启方式不同、企业不同，型材截面形式不完全相同，但同一用途的型材在结构上又有许多共性与相似之处，本章所用示例仅仅是为了向读者说明铝合金门窗的基本构造，并不是唯一形式。

2.1 普通型铝合金门窗

普通型铝合金门窗通常以普通铝合金型材作为门窗框扇杆件，配套使用普通中空玻璃、相应五金件、密封材料和其他配件，开启方式以推拉和平开为主。

2.1.1 50系列平开铝合金门窗

（1）50系列外平开铝合金窗　50系列外平开铝合金窗构造如图2-1所示。

（2）50系列内平开铝合金窗　50系列内平开铝合金窗构造如图2-2所示。

（3）50系列外平开铝合金门　50系列外平开铝合金门构造如图2-3所示。

（4）50系列平开铝合金门型材　50系列平开铝合金门型材截面图如图2-4所示。

2.1.2 80系列推拉铝合金窗

（1）带上亮80系列推拉铝合金窗　带上亮80系列推拉铝合金窗构造如图2-5所示。

（2）带下亮80系列推拉铝合金窗　带下亮80系列推拉铝合金窗构造如图2-6所示。

（3）80系列推拉铝合金窗型材　80系列推拉铝合金窗型材截面图如图2-7所示。

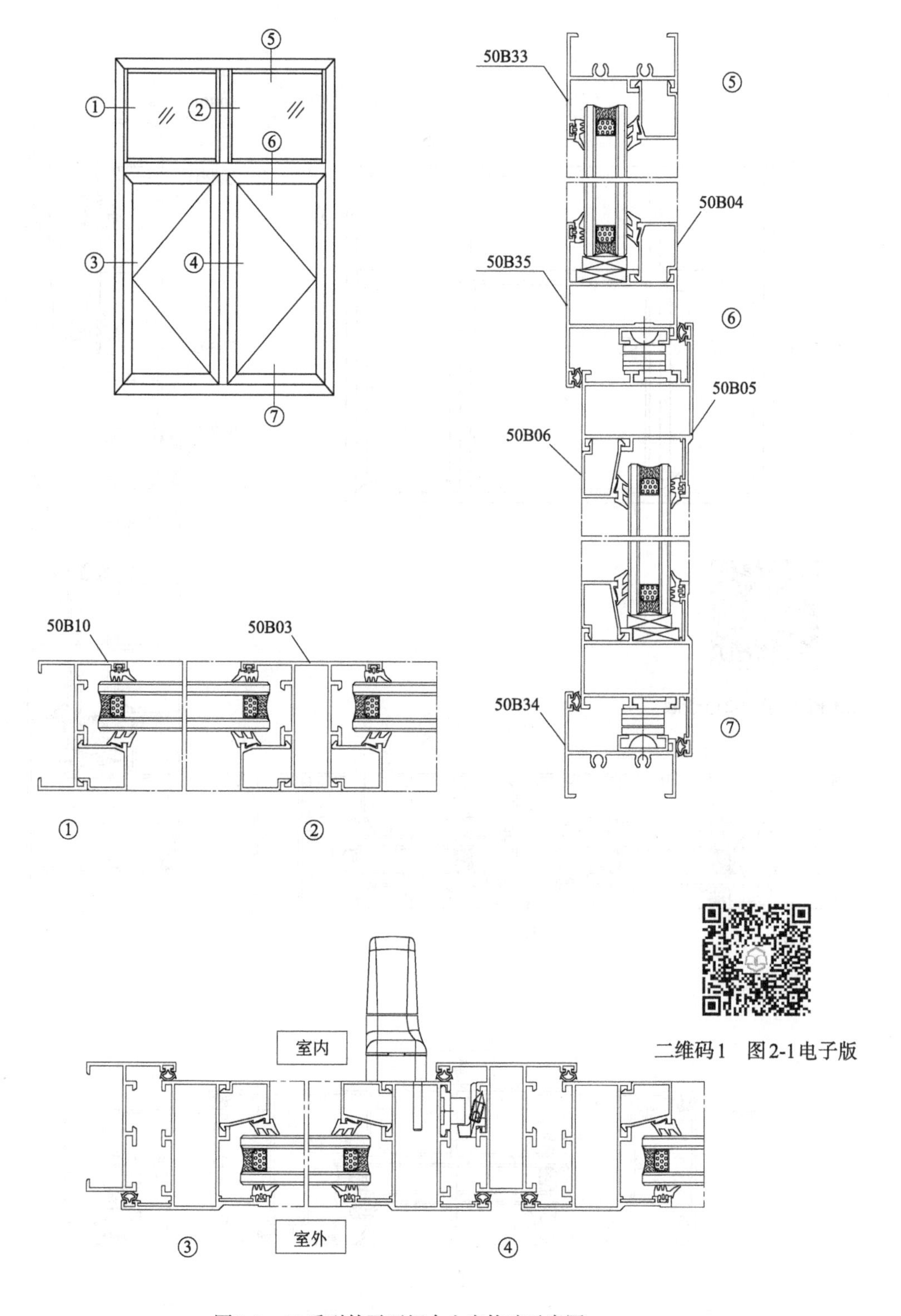

图2-1 50系列外平开铝合金窗构造示意图

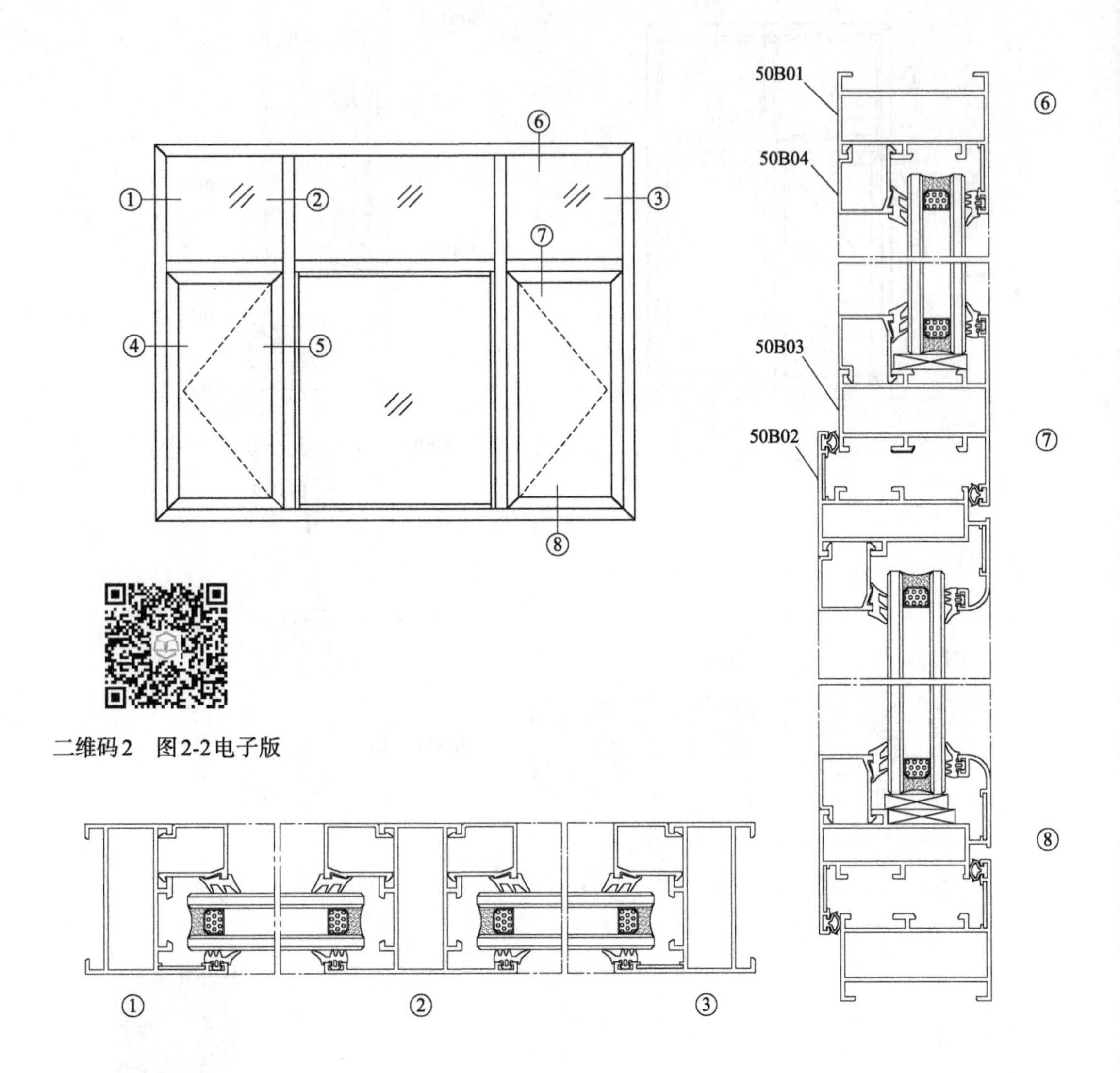

二维码2　图2-2电子版

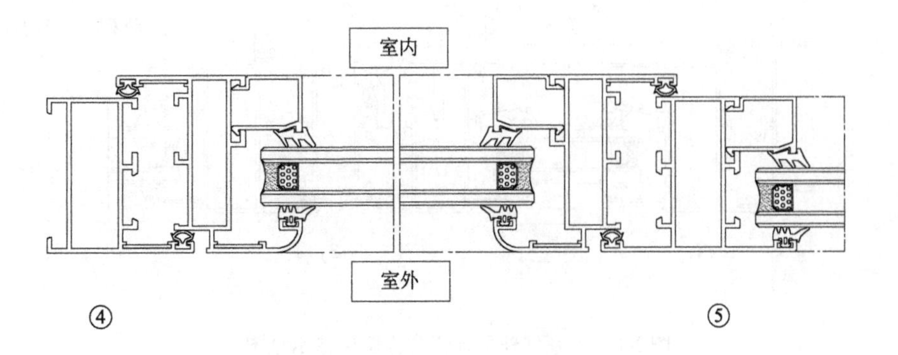

图2-2　50系列内平开铝合金窗构造示意图

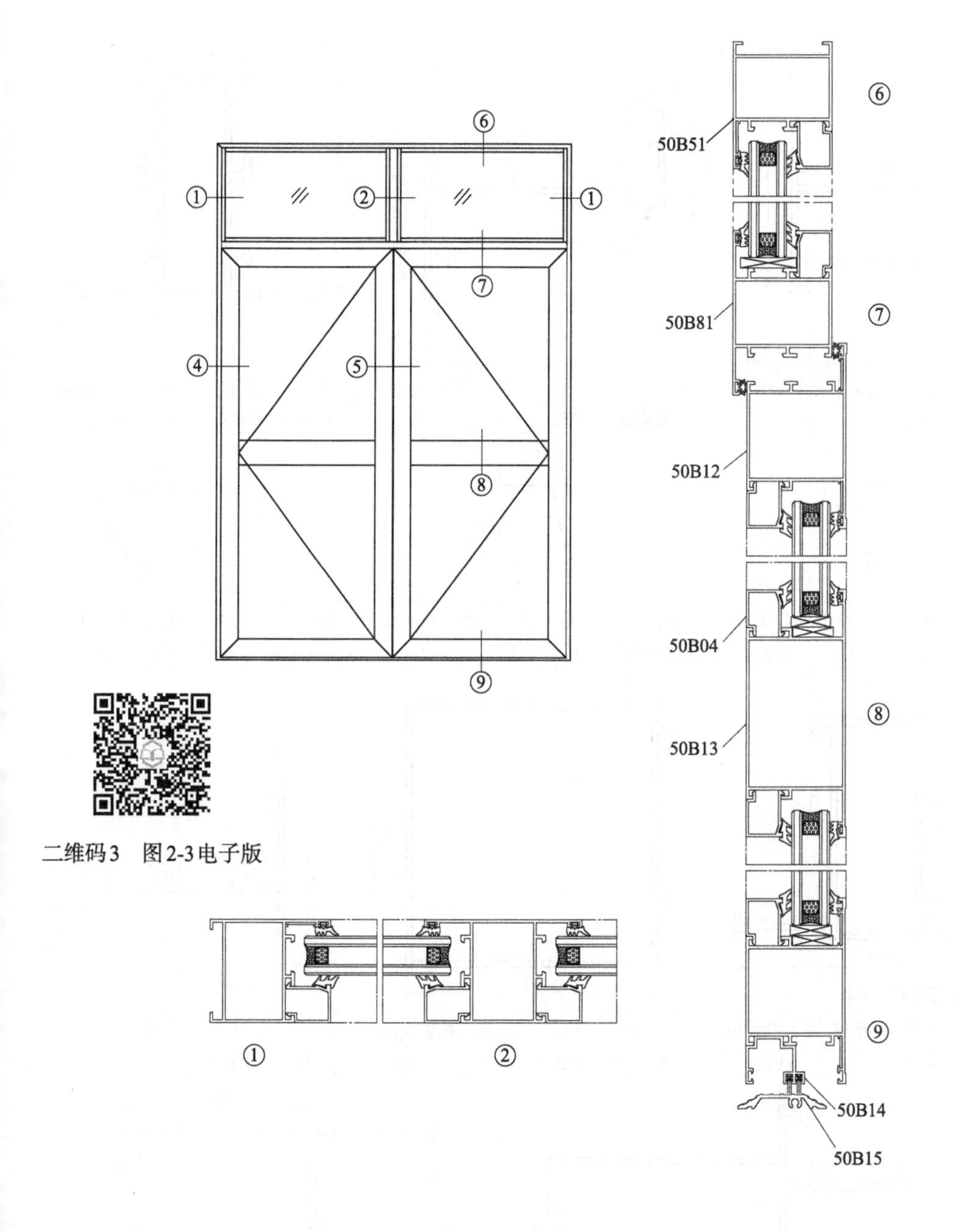

二维码3　图2-3电子版

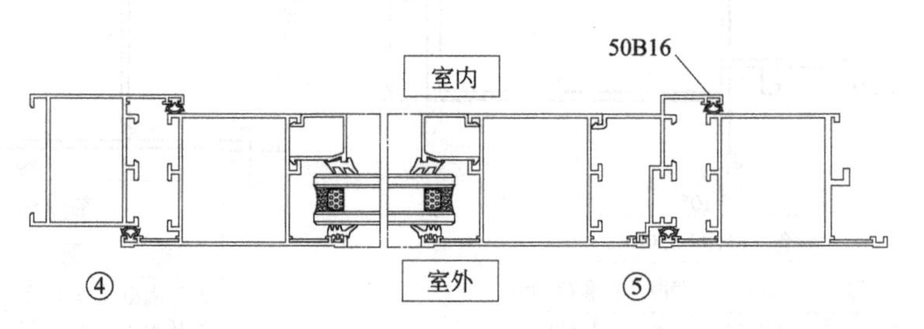

图2-3　50系列外平开铝合金门构造示意图

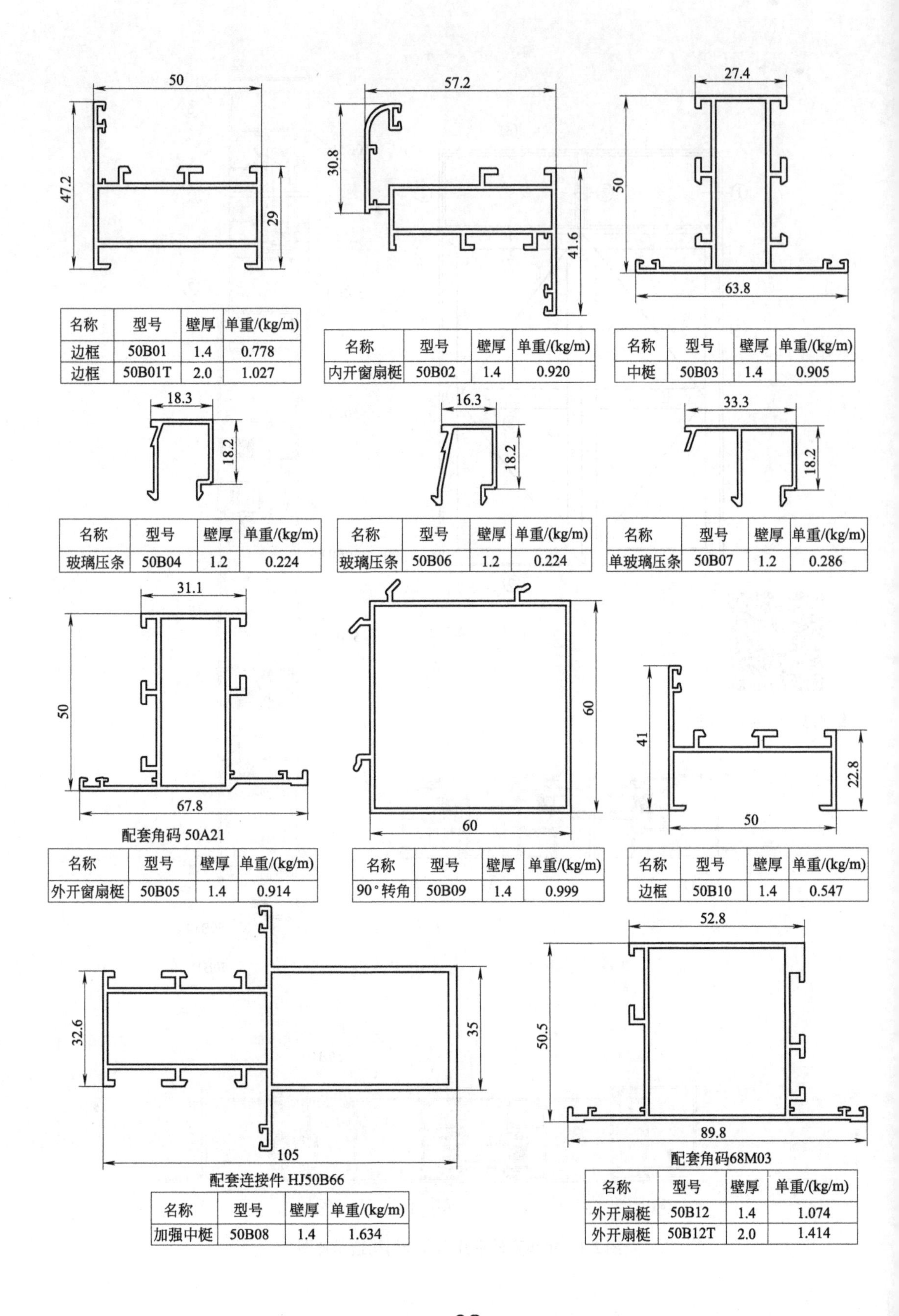

名称	型号	壁厚	单重/(kg/m)
边框	50B01	1.4	0.778
边框	50B01T	2.0	1.027

名称	型号	壁厚	单重/(kg/m)
内开窗扇梃	50B02	1.4	0.920

名称	型号	壁厚	单重/(kg/m)
中梃	50B03	1.4	0.905

名称	型号	壁厚	单重/(kg/m)
玻璃压条	50B04	1.2	0.224

名称	型号	壁厚	单重/(kg/m)
玻璃压条	50B06	1.2	0.224

名称	型号	壁厚	单重/(kg/m)
单玻璃压条	50B07	1.2	0.286

配套角码 50A21

名称	型号	壁厚	单重/(kg/m)
外开窗扇梃	50B05	1.4	0.914

名称	型号	壁厚	单重/(kg/m)
90°转角	50B09	1.4	0.999

名称	型号	壁厚	单重/(kg/m)
边框	50B10	1.4	0.547

配套连接件 HJ50B66

名称	型号	壁厚	单重/(kg/m)
加强中梃	50B08	1.4	1.634

配套角码68M03

名称	型号	壁厚	单重/(kg/m)
外开扇梃	50B12	1.4	1.074
外开扇梃	50B12T	2.0	1.414

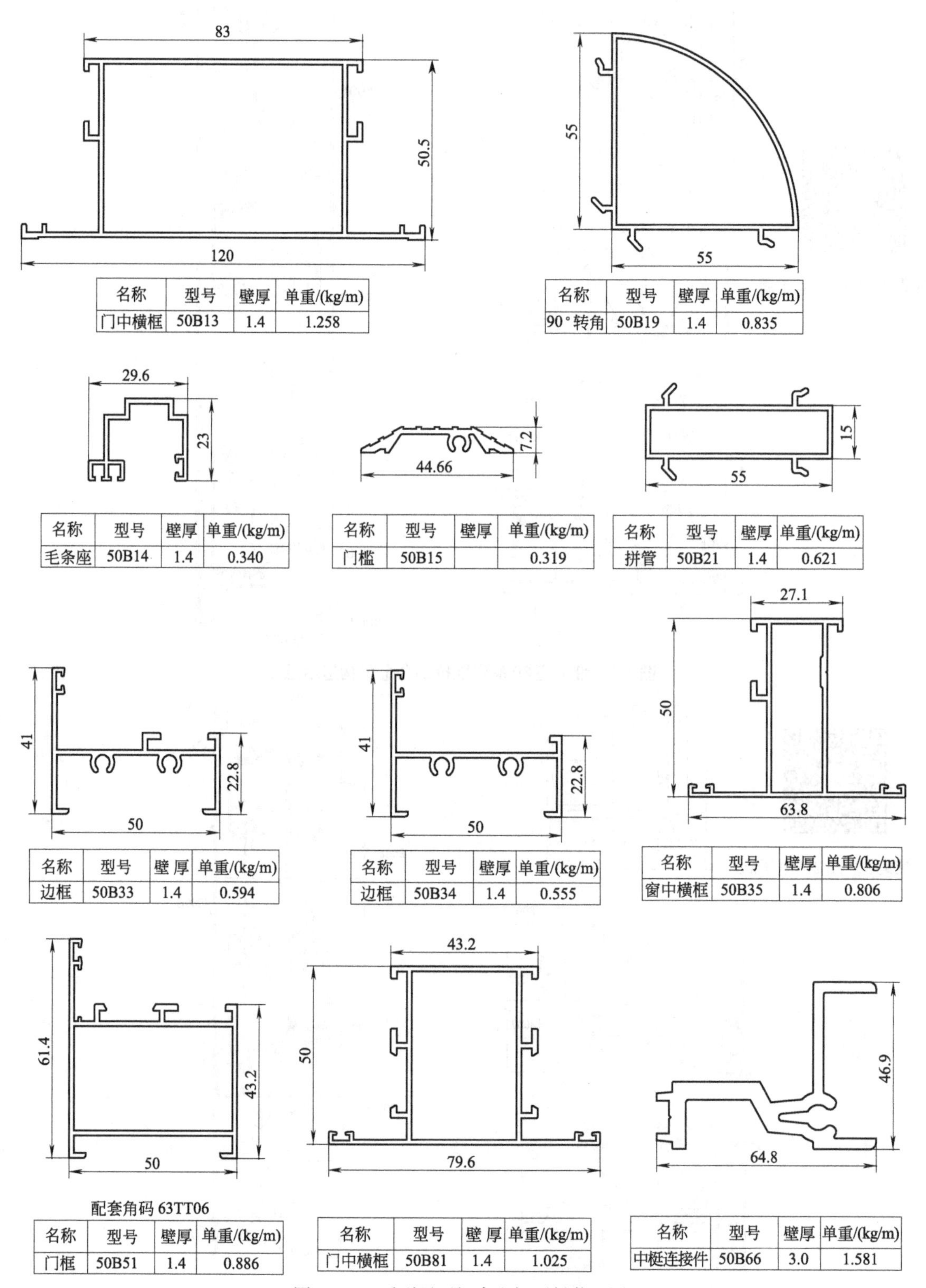

名称	型号	壁厚	单重/(kg/m)
门中横框	50B13	1.4	1.258

名称	型号	壁厚	单重/(kg/m)
90°转角	50B19	1.4	0.835

名称	型号	壁厚	单重/(kg/m)
毛条座	50B14	1.4	0.340

名称	型号	壁厚	单重/(kg/m)
门槛	50B15		0.319

名称	型号	壁厚	单重/(kg/m)
拼管	50B21	1.4	0.621

名称	型号	壁 厚	单重/(kg/m)
边框	50B33	1.4	0.594

名称	型号	壁厚	单重/(kg/m)
边框	50B34	1.4	0.555

名称	型号	壁厚	单重/(kg/m)
窗中横框	50B35	1.4	0.806

名称	型号	壁厚	单重/(kg/m)
门框	50B51	1.4	0.886

名称	型号	壁 厚	单重/(kg/m)
门中横框	50B81	1.4	1.025

名称	型号	壁厚	单重/(kg/m)
中梃连接件	50B66	3.0	1.581

图2-4　50系列平开铝合金门型材截面图

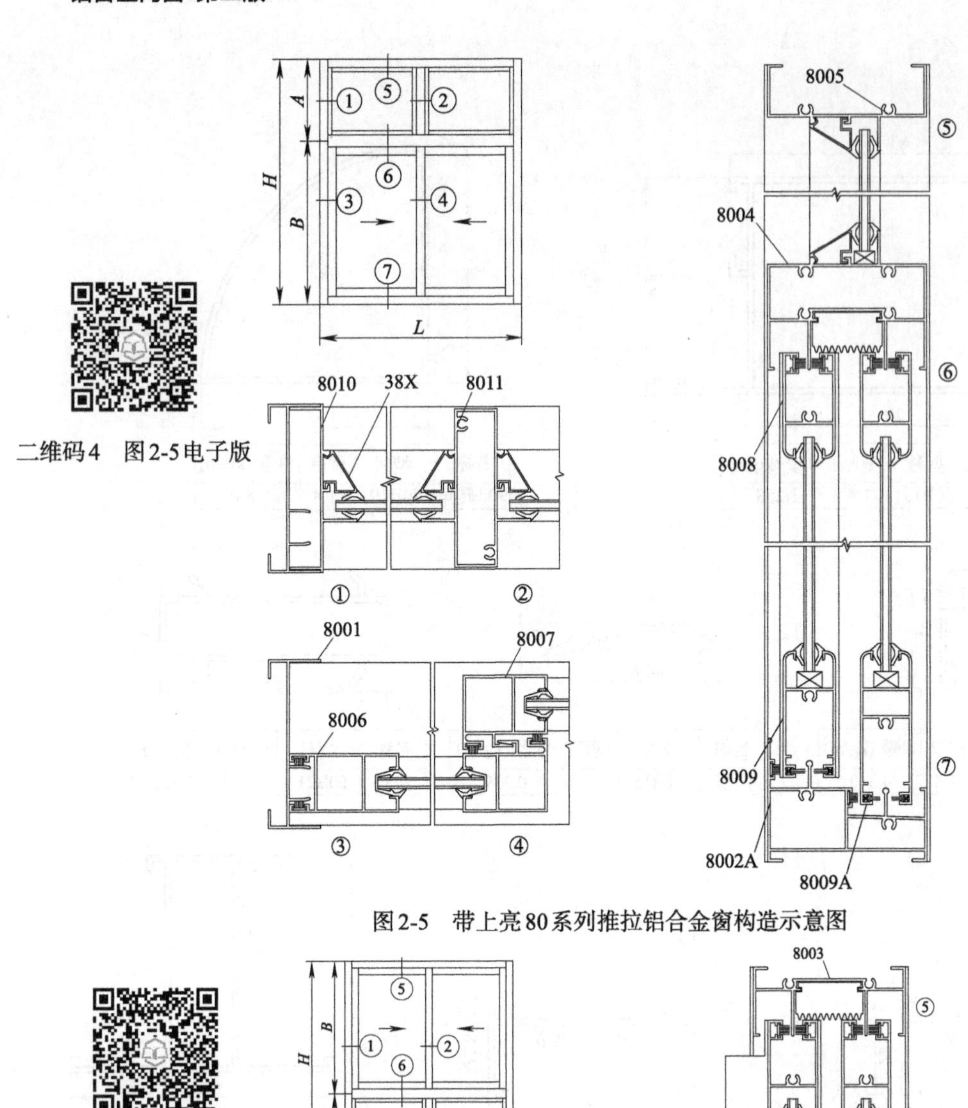

二维码4 图2-5电子版

图2-5 带上亮80系列推拉铝合金窗构造示意图

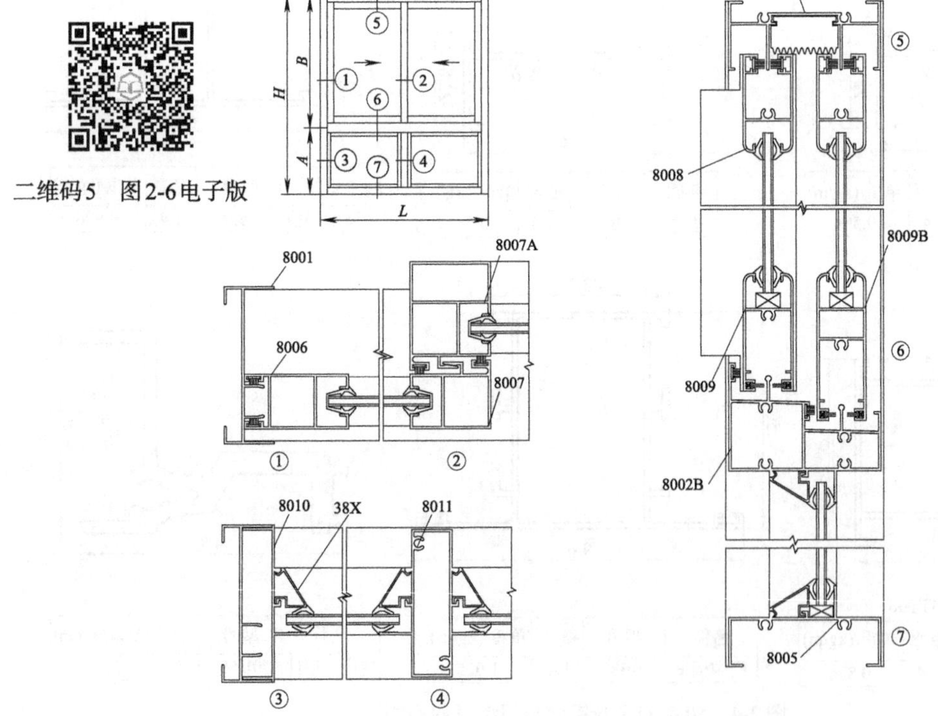

二维码5 图2-6电子版

图2-6 带下亮80系列推拉铝合金窗构造示意图

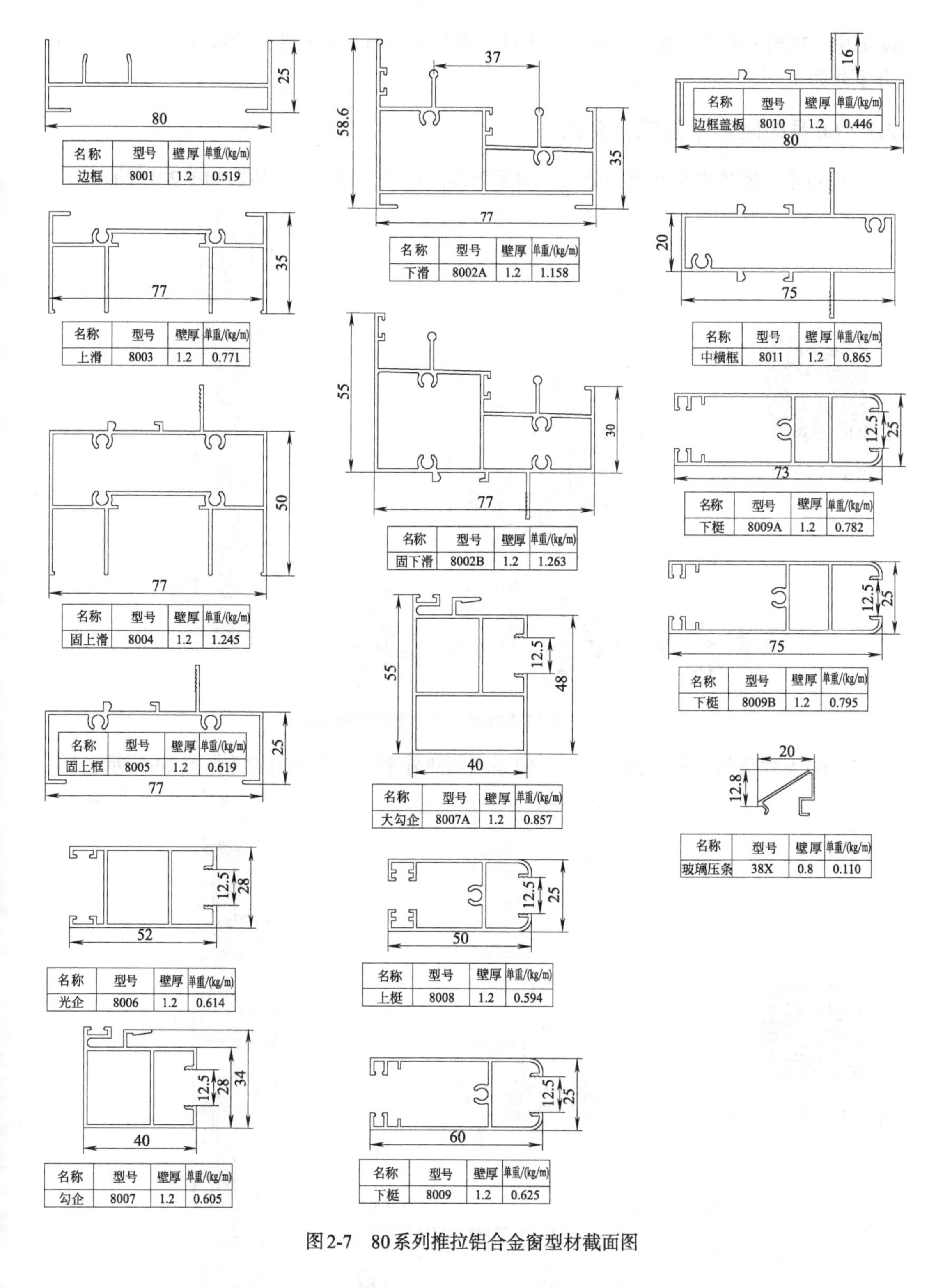

名称	型号	壁厚	单重/(kg/m)
边框	8001	1.2	0.519

名称	型号	壁厚	单重/(kg/m)
上滑	8003	1.2	0.771

名称	型号	壁厚	单重/(kg/m)
固上滑	8004	1.2	1.245

名称	型号	壁厚	单重/(kg/m)
固上框	8005	1.2	0.619

名称	型号	壁厚	单重/(kg/m)
光企	8006	1.2	0.614

名称	型号	壁厚	单重/(kg/m)
勾企	8007	1.2	0.605

名称	型号	壁厚	单重/(kg/m)
下滑	8002A	1.2	1.158

名称	型号	壁厚	单重/(kg/m)
固下滑	8002B	1.2	1.263

名称	型号	壁厚	单重/(kg/m)
大勾企	8007A	1.2	0.857

名称	型号	壁厚	单重/(kg/m)
上梃	8008	1.2	0.594

名称	型号	壁厚	单重/(kg/m)
下梃	8009	1.2	0.625

名称	型号	壁厚	单重/(kg/m)
边框盖板	8010	1.2	0.446

名称	型号	壁厚	单重/(kg/m)
中横框	8011	1.2	0.865

名称	型号	壁厚	单重/(kg/m)
下梃	8009A	1.2	0.782

名称	型号	壁厚	单重/(kg/m)
下梃	8009B	1.2	0.795

名称	型号	壁厚	单重/(kg/m)
玻璃压条	38X	0.8	0.110

图2-7　80系列推拉铝合金窗型材截面图

2.2　保温型铝合金门窗

保温型铝合金门窗通常以隔热型材作为门窗框扇杆件，配套使用高性能中空玻璃（如

Low-E中空玻璃）或真空玻璃、相应五金件、密封材料和其他配件，开启方式以内平开和内平开下悬为主。

2.2.1 60系列隔热平开铝合金窗

（1）60系列隔热内平开铝合金窗 60系列隔热内平开铝合金窗构造如图2-8所示。

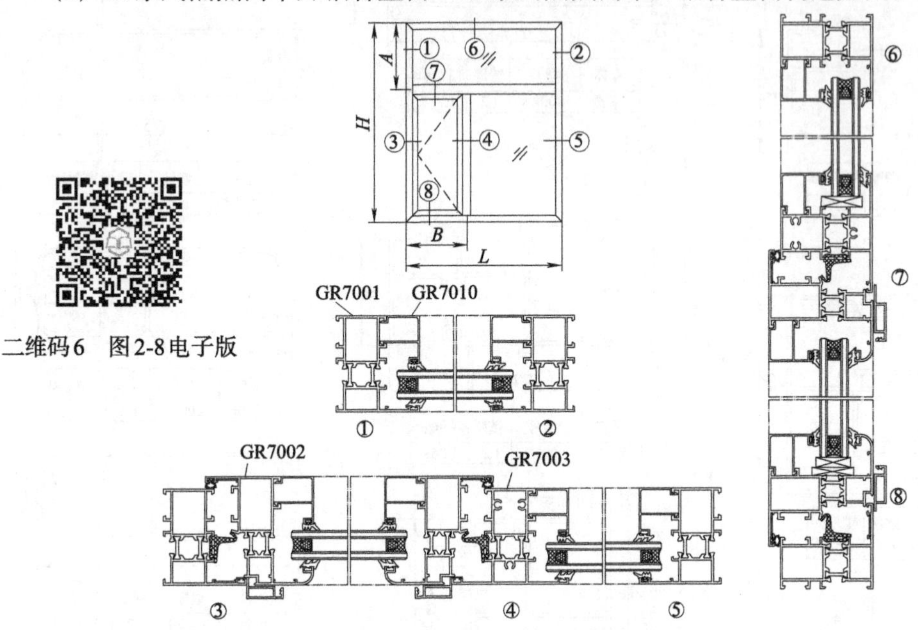

图2-8 60系列隔热内平开铝合金窗构造示意图

（2）60系列隔热外平开铝合金窗 60系列隔热外平开铝合金窗构造如图2-9所示。

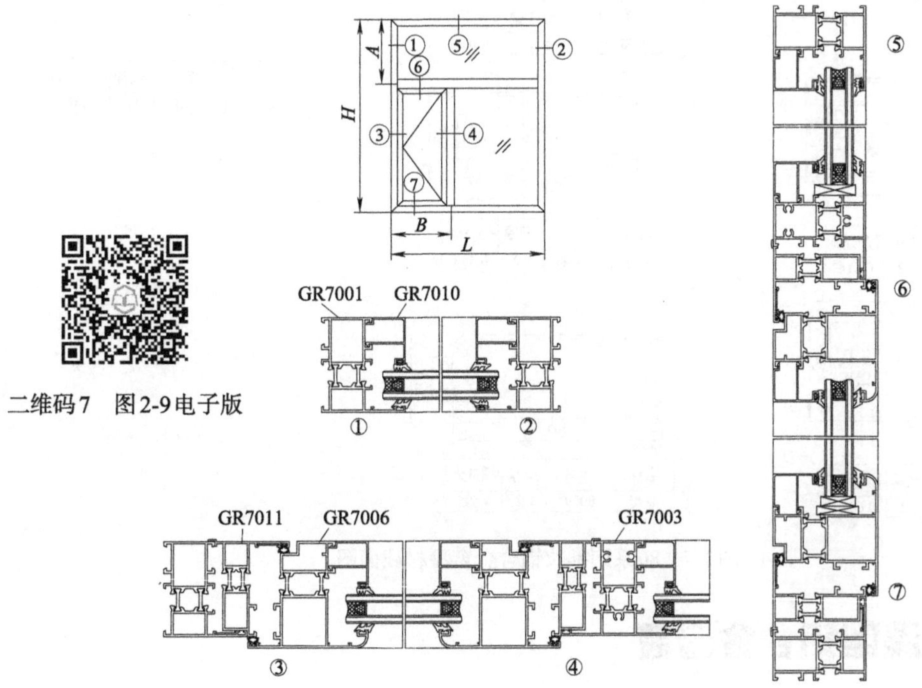

图2-9 60系列隔热外平开铝合金窗构造示意图

（3）60系列隔热平开铝合金窗型材　60系列隔热平开铝合金窗型材截面图如图2-10所示。

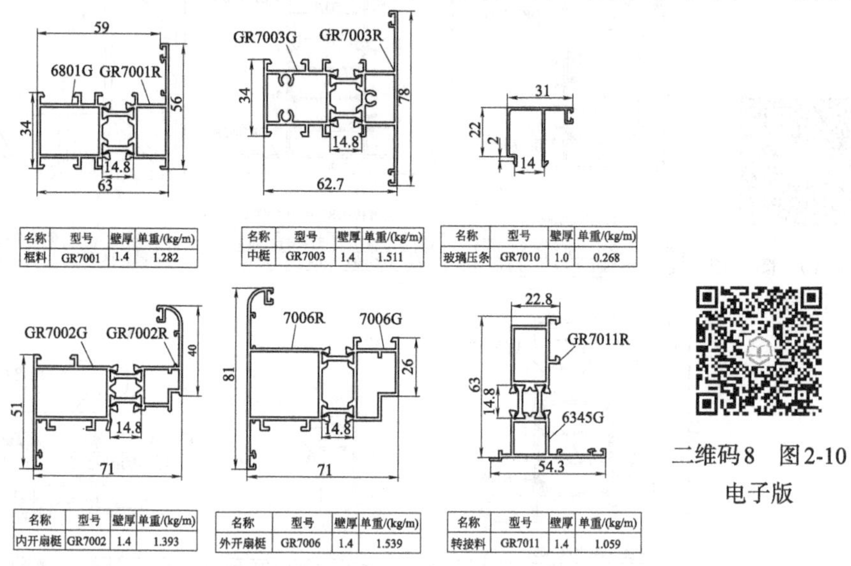

名称	型号	壁厚	单重/(kg/m)
框料	GR7001	1.4	1.282

名称	型号	壁厚	单重/(kg/m)
中梃	GR7003	1.4	1.511

名称	型号	壁厚	单重/(kg/m)
玻璃压条	GR7010	1.0	0.268

名称	型号	壁厚	单重/(kg/m)
内开扇梃	GR7002	1.4	1.393

名称	型号	壁厚	单重/(kg/m)
外开扇梃	GR7006	1.4	1.539

名称	型号	壁厚	单重/(kg/m)
转接料	GR7011	1.4	1.059

二维码8　图2-10
电子版

图2-10　60系列隔热平开铝合金窗型材截面图

2.2.2　76系列隔热平开铝合金窗

（1）76系列隔热平开铝合金窗　76系列隔热平开铝合金窗构造如图2-11所示。

二维码9　图2-11
电子版

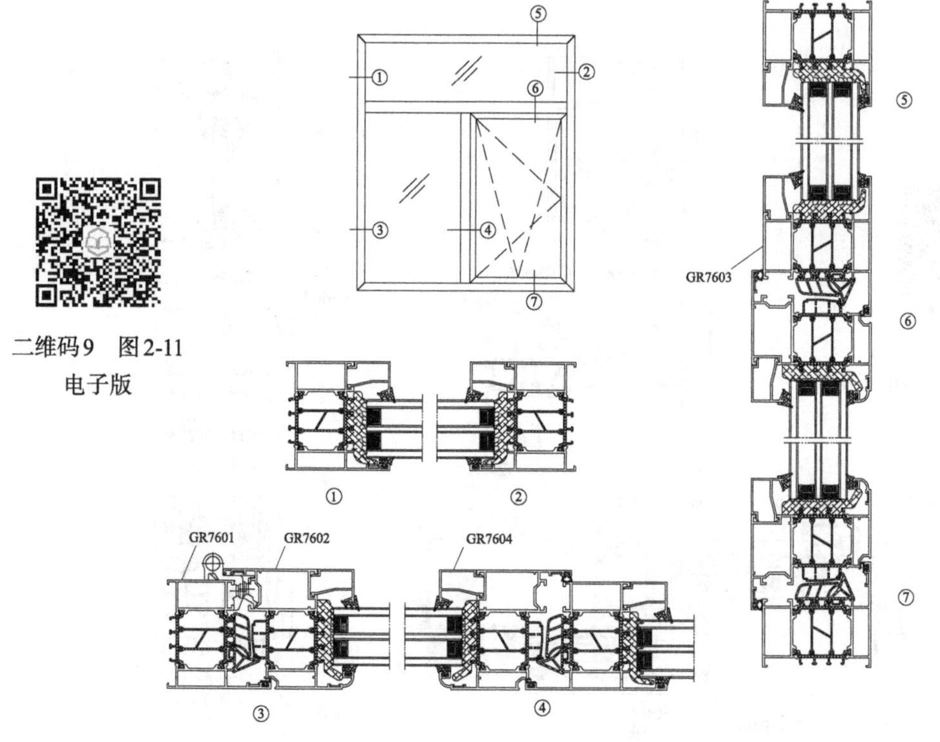

图2-11　76系列隔热平开铝合金窗构造示意图

（2）76系列隔热平开铝合金窗型材　76系列隔热平开铝合金窗型材截面图如图2-12所示。

二维码10 图2-12电子版

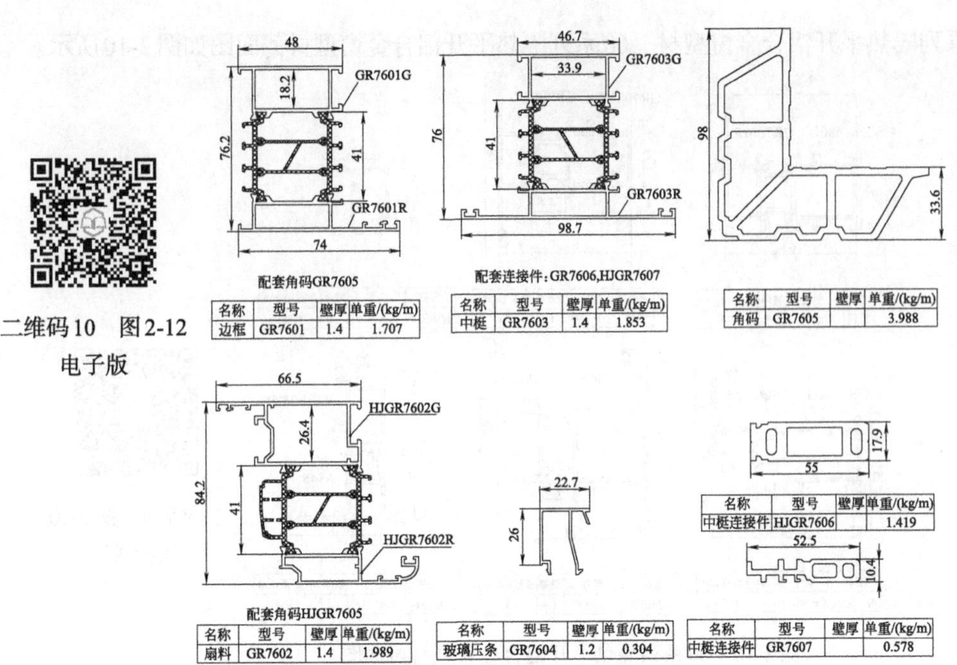

名称	型号	壁厚	单重/(kg/m)
边框	GR7601	1.4	1.707

名称	型号	壁厚	单重/(kg/m)
中梃	GR7603	1.4	1.853

名称	型号	壁厚	单重/(kg/m)
角码	GR7605		3.988

名称	型号	壁厚	单重/(kg/m)
中梃连接件	HJGR7606		1.419

名称	型号	壁厚	单重/(kg/m)
扇料	GR7602	1.4	1.989

名称	型号	壁厚	单重/(kg/m)
玻璃压条	GR7604	1.2	0.304

名称	型号	壁厚	单重/(kg/m)
中梃连接件	GR7607		0.578

图2-12　76系列隔热平开铝合金窗型材截面图

2.2.3　90系列隔热推拉铝合金窗

（1）带上亮90系列隔热推拉铝合金窗　带上亮90系列隔热推拉铝合金窗构造如图2-13所示。

二维码11　图2-13电子版

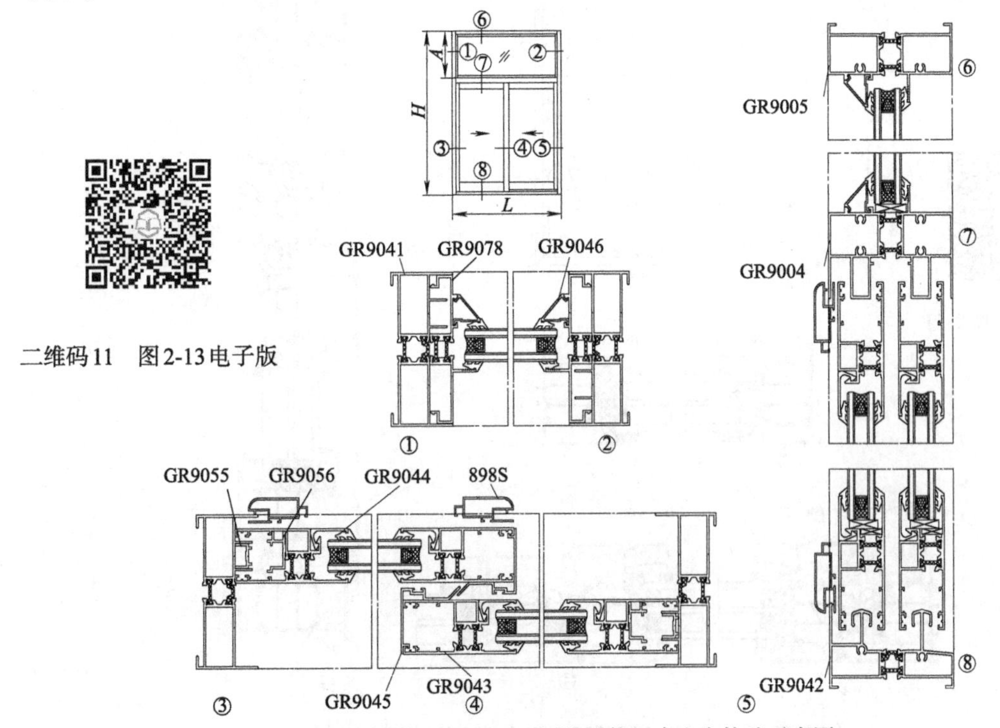

图2-13　带上亮90系列隔热推拉铝合金窗构造示意图

（2）带下亮90系列隔热推拉铝合金窗　带下亮90系列隔热推拉铝合金窗构造如图2-14所示。

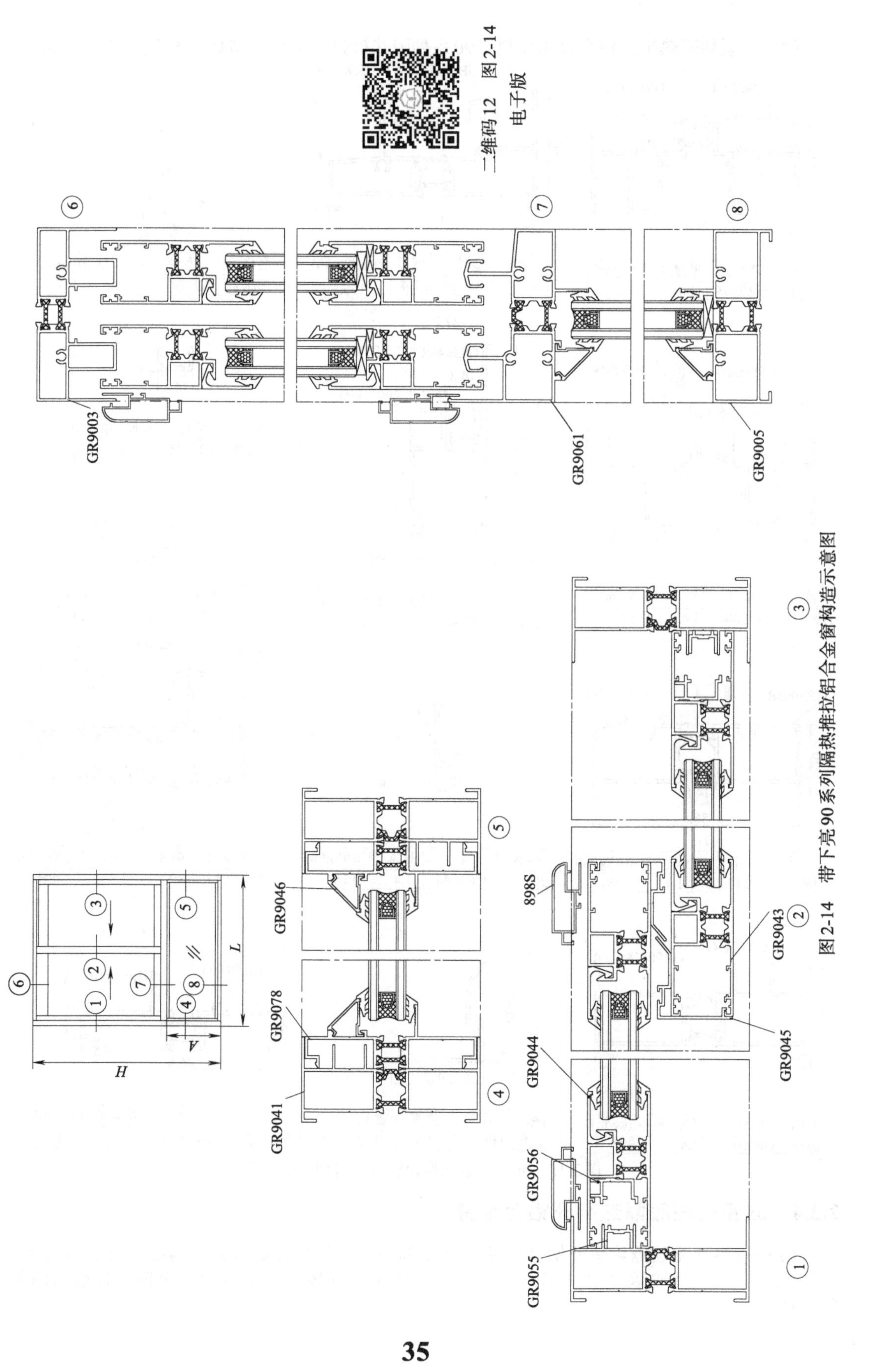

图2-14　带下亮90系列隔热推拉铝合金窗构造示意图

（3）90系列隔热推拉铝合金窗型材　90系列隔热推拉铝合金窗型材截面图如图2-15所示。

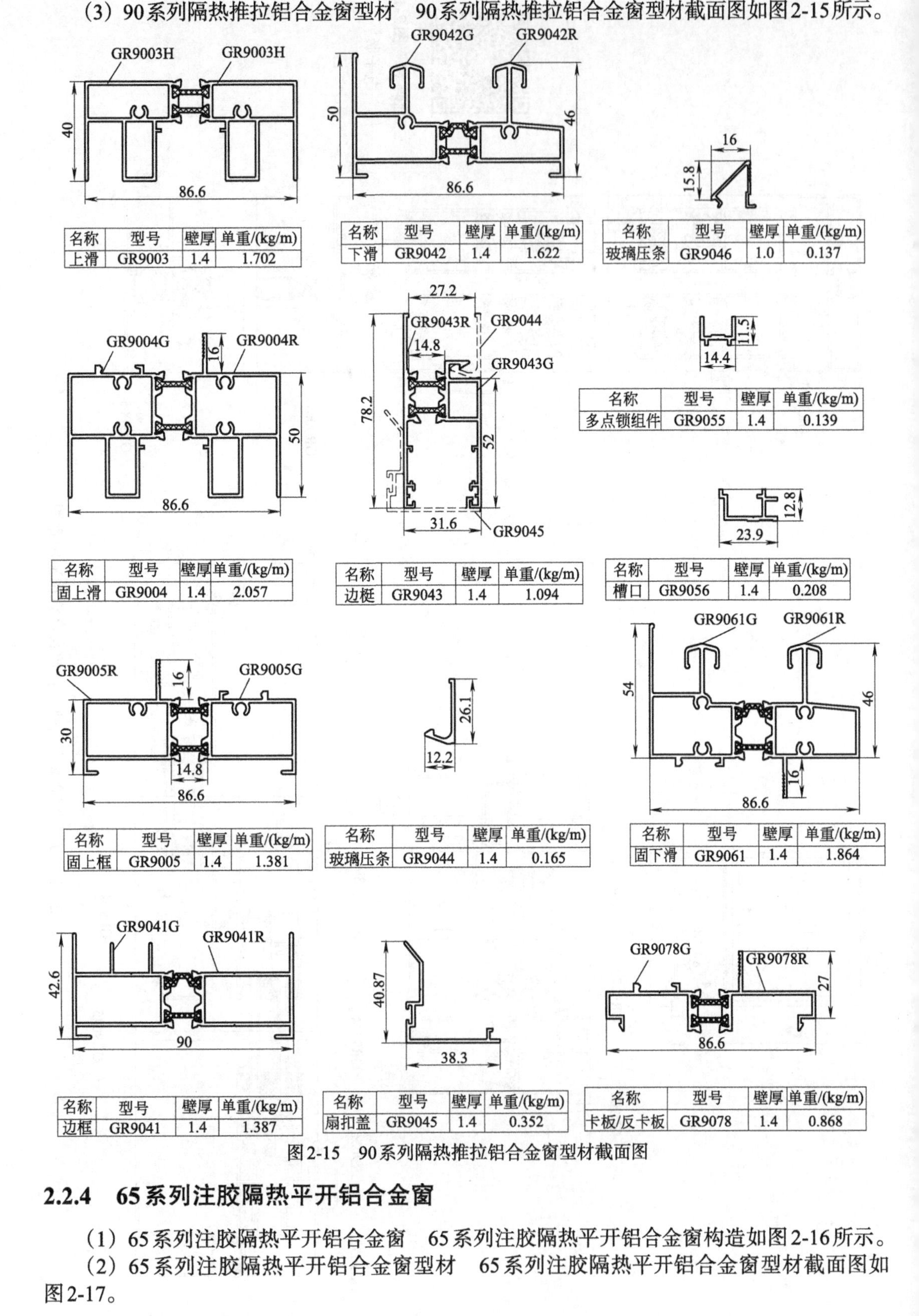

名称	型号	壁厚	单重/(kg/m)
上滑	GR9003	1.4	1.702

名称	型号	壁厚	单重/(kg/m)
下滑	GR9042	1.4	1.622

名称	型号	壁厚	单重/(kg/m)
玻璃压条	GR9046	1.0	0.137

名称	型号	壁厚	单重/(kg/m)
多点锁组件	GR9055	1.4	0.139

名称	型号	壁厚	单重/(kg/m)
固上滑	GR9004	1.4	2.057

名称	型号	壁厚	单重/(kg/m)
边梃	GR9043	1.4	1.094

名称	型号	壁厚	单重/(kg/m)
槽口	GR9056	1.4	0.208

名称	型号	壁厚	单重/(kg/m)
固上框	GR9005	1.4	1.381

名称	型号	壁厚	单重/(kg/m)
玻璃压条	GR9044	1.4	0.165

名称	型号	壁厚	单重/(kg/m)
固下滑	GR9061	1.4	1.864

名称	型号	壁厚	单重/(kg/m)
边框	GR9041	1.4	1.387

名称	型号	壁厚	单重/(kg/m)
扇扣盖	GR9045	1.4	0.352

名称	型号	壁厚	单重/(kg/m)
卡板/反卡板	GR9078	1.4	0.868

图2-15　90系列隔热推拉铝合金窗型材截面图

2.2.4　65系列注胶隔热平开铝合金窗

（1）65系列注胶隔热平开铝合金窗　65系列注胶隔热平开铝合金窗构造如图2-16所示。

（2）65系列注胶隔热平开铝合金窗型材　65系列注胶隔热平开铝合金窗型材截面图如图2-17。

二维码13 图2-16
电子版

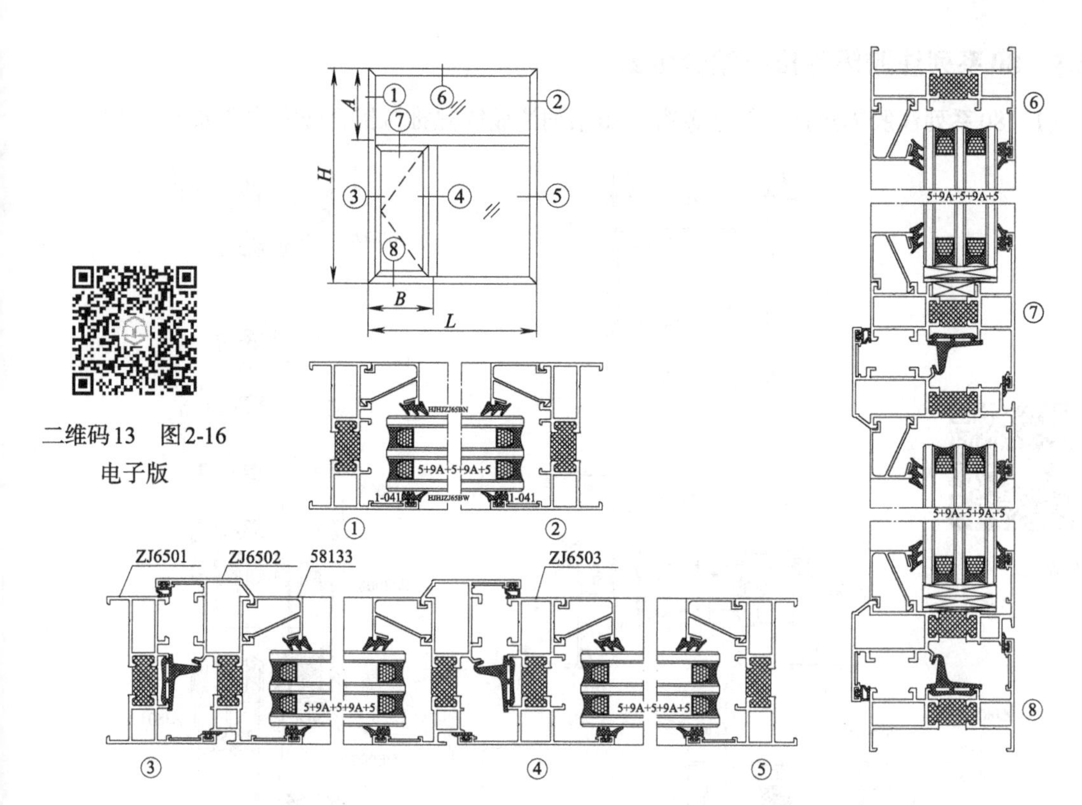

图2-16 65系列注胶隔热平开铝合金窗构造示意图

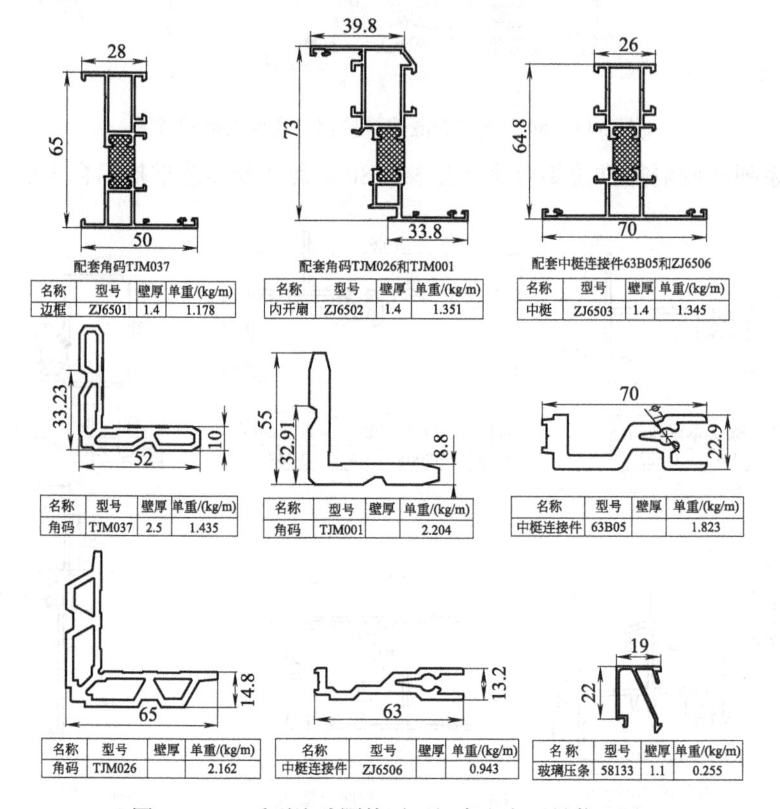

名称	型号	壁厚	单重/(kg/m)
边框	ZJ6501	1.4	1.178

名称	型号	壁厚	单重/(kg/m)
内开扇	ZJ6502	1.4	1.351

名称	型号	壁厚	单重/(kg/m)
中梃	ZJ6503	1.4	1.345

名称	型号	壁厚	单重/(kg/m)
角码	TJM037	2.5	1.435

名称	型号	壁厚	单重/(kg/m)
角码	TJM001		2.204

名称	型号	壁厚	单重/(kg/m)
中梃连接件	63B05		1.823

名称	型号	壁厚	单重/(kg/m)
角码	TJM026		2.162

名称	型号	壁厚	单重/(kg/m)
中梃连接件	ZJ6506		0.943

名称	型号	壁厚	单重/(kg/m)
玻璃压条	58133	1.1	0.255

图2-17 65系列注胶隔热平开铝合金窗型材截面图

2.2.5 80系列注胶隔热推拉铝合金窗

（1）80系列注胶隔热推拉铝合金窗 80系列注胶隔热推拉铝合金窗构造如图2-18所示。

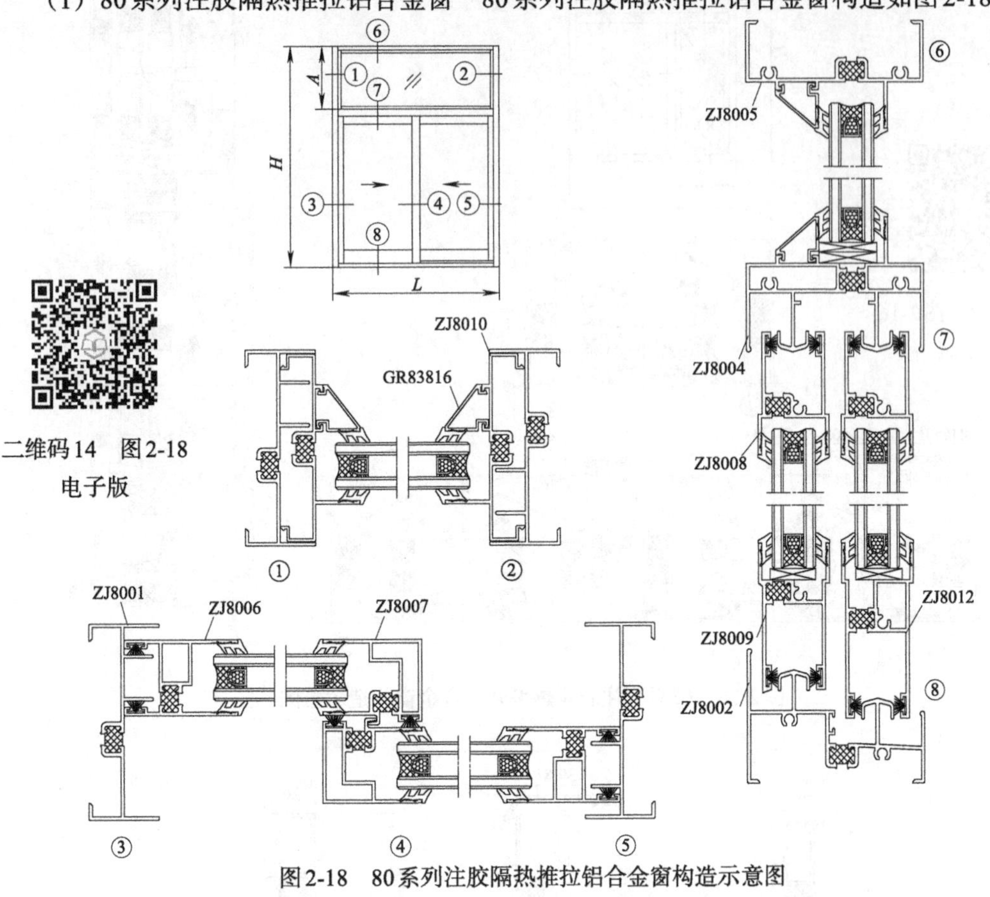

图2-18 80系列注胶隔热推拉铝合金窗构造示意图

（2）80系列注胶隔热推拉铝合金窗型材 80系列注胶隔热推拉铝合金窗型材截面图如图2-19所示。

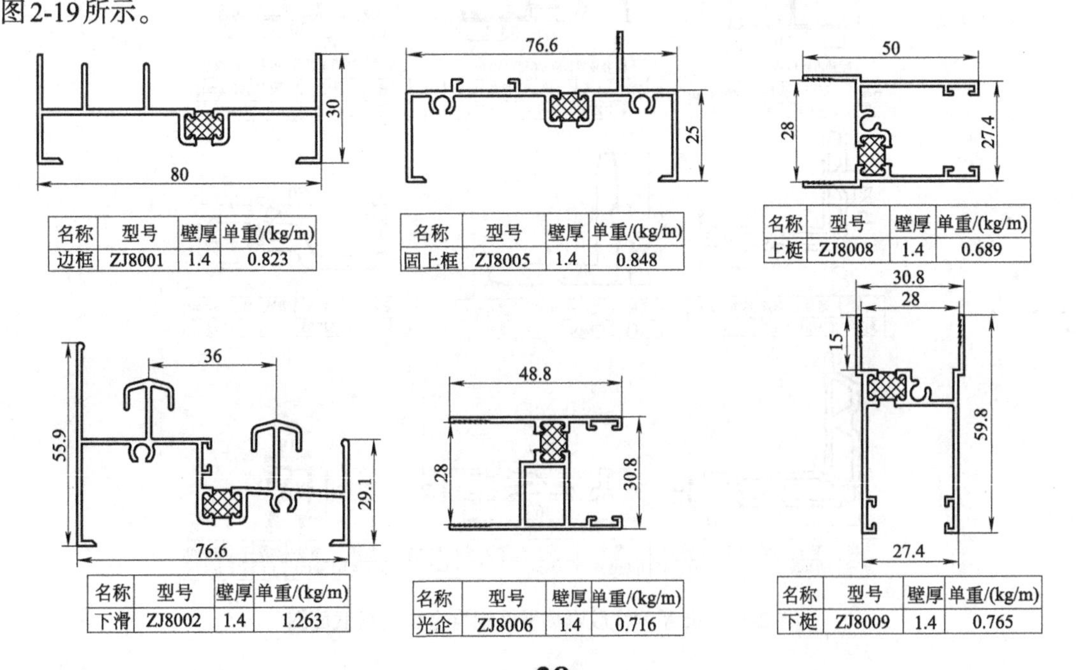

名称	型号	壁厚	单重/(kg/m)
边框	ZJ8001	1.4	0.823

名称	型号	壁厚	单重/(kg/m)
固上框	ZJ8005	1.4	0.848

名称	型号	壁厚	单重/(kg/m)
上梃	ZJ8008	1.4	0.689

名称	型号	壁厚	单重/(kg/m)
下滑	ZJ8002	1.4	1.263

名称	型号	壁厚	单重/(kg/m)
光企	ZJ8006	1.4	0.716

名称	型号	壁厚	单重/(kg/m)
下梃	ZJ8009	1.4	0.765

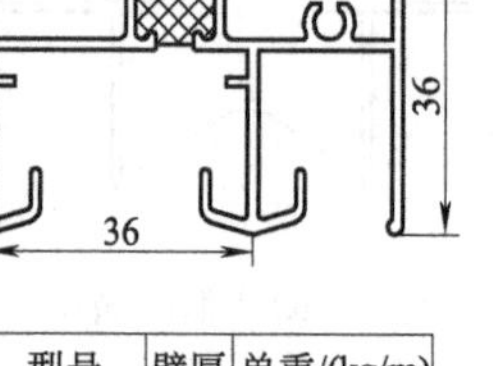

名称	型号	壁厚	单重/(kg/m)
固上滑	ZJ8004	1.4	1.521

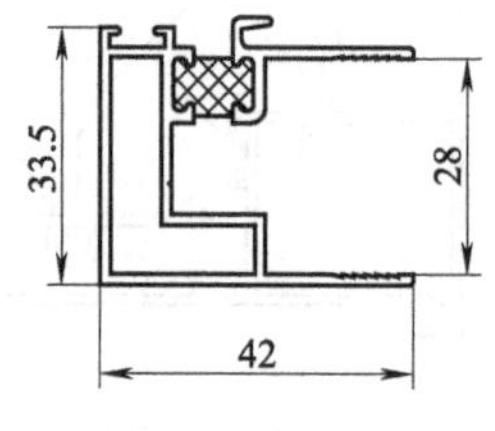

名称	型号	壁厚	单重/(kg/m)
勾企	ZJ8007	1.4	0.755

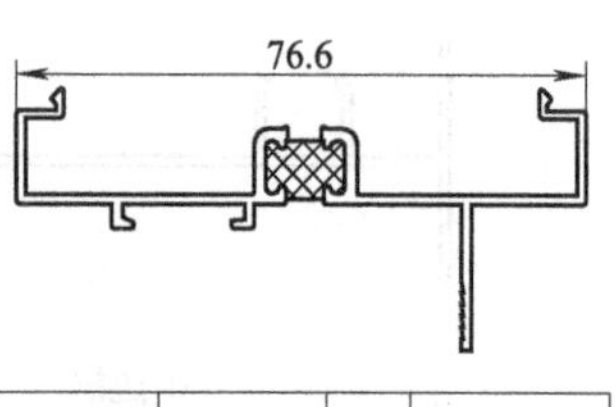

名称	型号	壁厚	单重/(kg/m)
边框盖板	ZJ8010	1.2	0.644

名称	型号	壁厚	单重/(kg/m)
下梃	ZJ8012	1.4	0.944

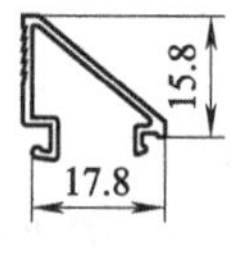

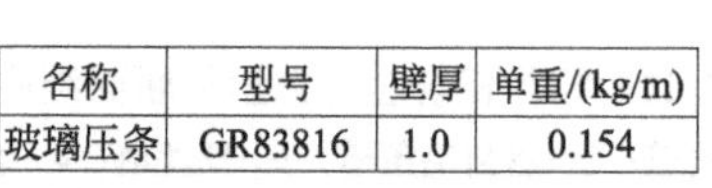

名称	型号	壁厚	单重/(kg/m)
玻璃压条	GR83816	1.0	0.154

二维码15　图2-19
电子版

图2-19　80系列注胶隔热推拉铝合金窗型材截面图

2.3　铝合金型材结构

门窗用铝合金型材按功能可以分为主型材和辅型材。

主型材组成门窗框、扇杆件系统的基本构架，在其上装配开启扇或玻璃、辅型材、附件的门窗框和扇梃型材，以及组合门窗拼樘框型材。辅型材是指在门窗框、扇杆件系统中，镶嵌或固定于主型材杆件上，起到传力或某种功能作用的附加型材，如玻璃压条、纱扇型材、披水条、封口边框型材等。

2.3.1　主型材

（1）框型材　框型材可以分为上框型材、边框型材、中横框型材、中竖框型材、下框型材等。推拉窗框型材和平开窗框型材结构不同，推拉窗的上框型材、边框型材和下框型材有很大区别；平开窗的上框型材、边框型材和下框型材通常为同一型材。图2-20~图2-24为铝合金窗框型材断面结构示例。

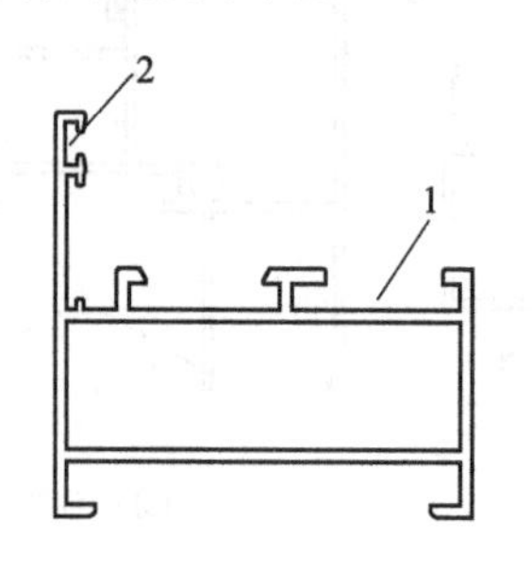

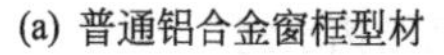

(a) 普通铝合金窗框型材

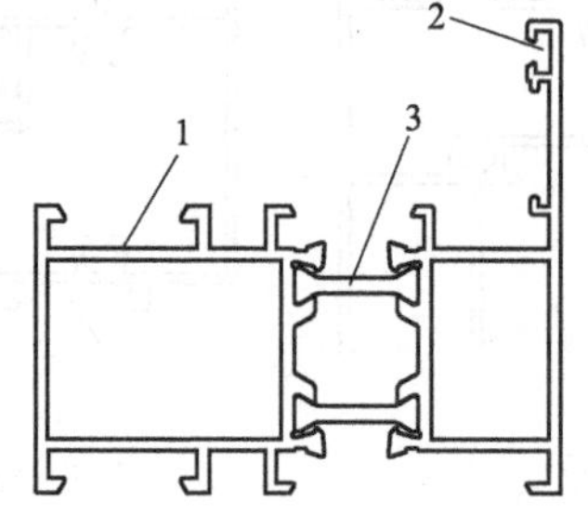

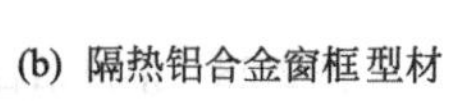

(b) 隔热铝合金窗框型材

图2-20　平开铝合金窗框型材断面结构示例

1—五金件安装槽口；2—密封胶条槽；3—隔热条

(a) 边框　(b) 下框(下滑)　(c) 上框(上滑)

(d) 上框

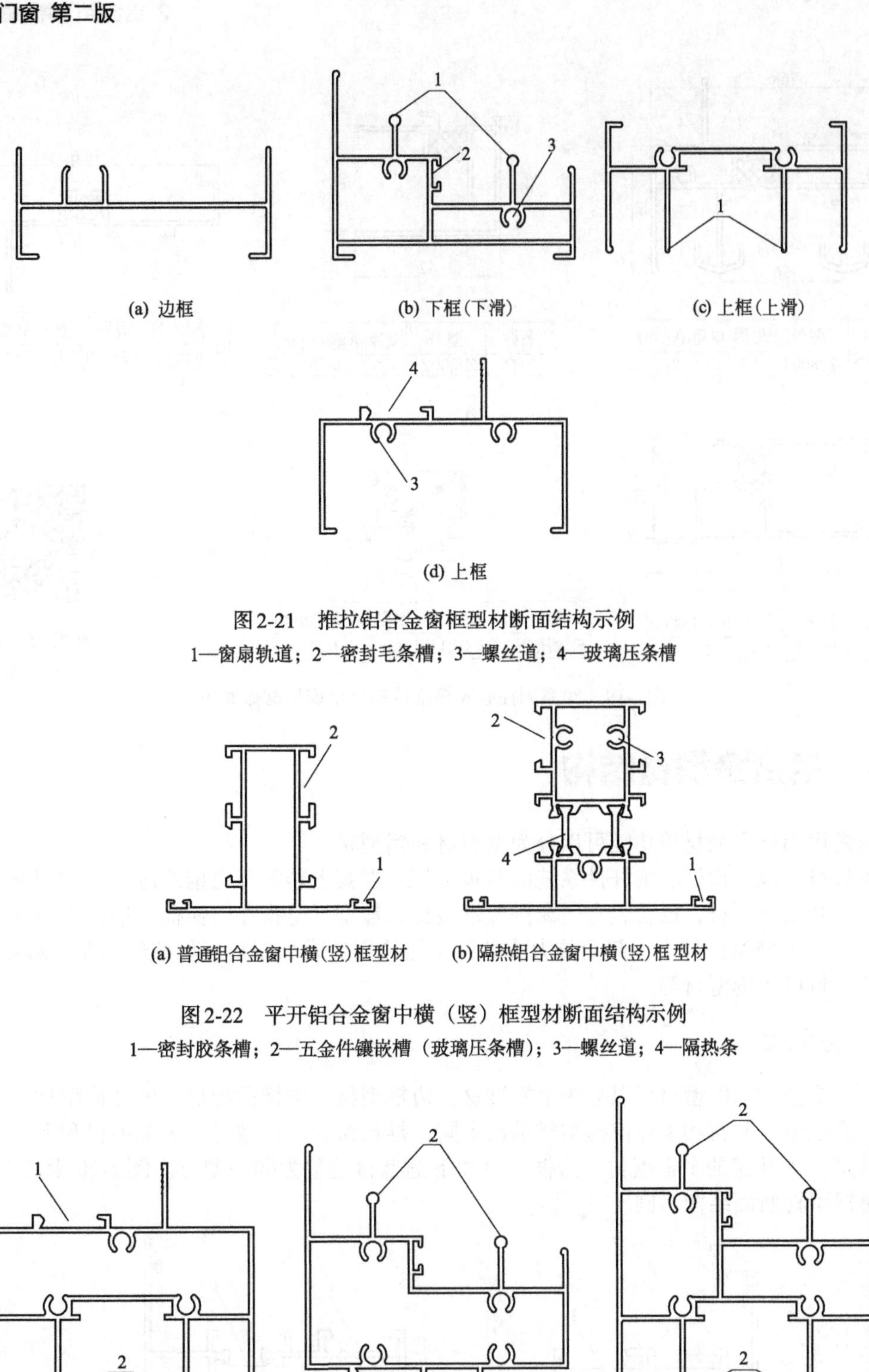

图2-21　推拉铝合金窗框型材断面结构示例

1—窗扇轨道；2—密封毛条槽；3—螺丝道；4—玻璃压条槽

(a) 普通铝合金窗中横(竖)框型材　(b) 隔热铝合金窗中横(竖)框型材

图2-22　平开铝合金窗中横（竖）框型材断面结构示例

1—密封胶条槽；2—五金件镶嵌槽（玻璃压条槽）；3—螺丝道；4—隔热条

(a) 中横框(固上滑)　(b) 中横框(固下滑)　(c) 中横框(上下滑)

图2-23　推拉铝合金窗中横框型材断面结构示例

1—玻璃压条槽；2—窗扇轨道

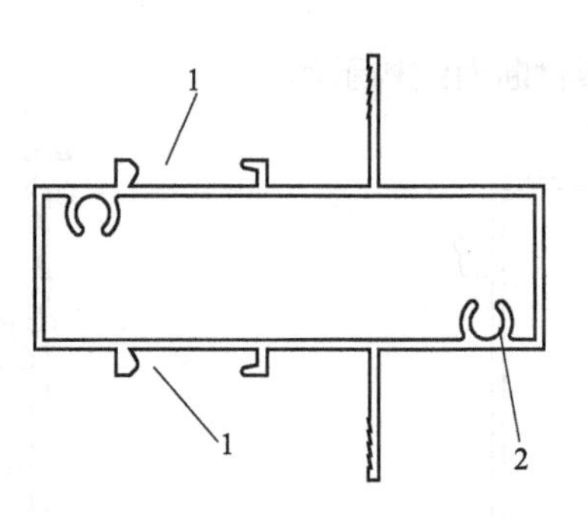

图2-24　推拉铝合金窗中竖框型材断面结构示例

1—玻璃压条槽；2—螺丝道

（2）扇型材　扇型材可以分为上梃型材、边梃型材、下梃型材等。推拉窗扇型材和平开窗扇型材结构也不相同，推拉窗扇型材的上梃型材、边梃型材和下梃型材的结构不同；平开窗扇型材的上梃型材、边梃型材和下梃型材通常为同一型材。图2-25为平开铝合金窗扇型材断面结构示例。图2-26为推拉铝合金窗扇型材断面结构示例。

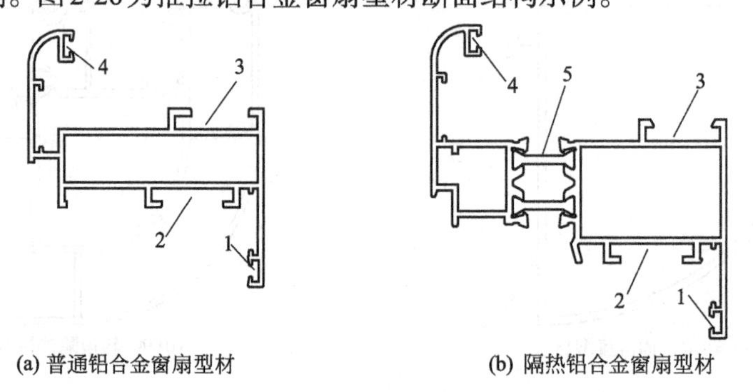

(a) 普通铝合金窗扇型材　　(b) 隔热铝合金窗扇型材

图2-25　平开铝合金窗扇型材断面结构示例

1—框扇密封胶条槽；2—五金件安装槽；3—玻璃压条槽；4—玻璃密封胶条槽；5—隔热条

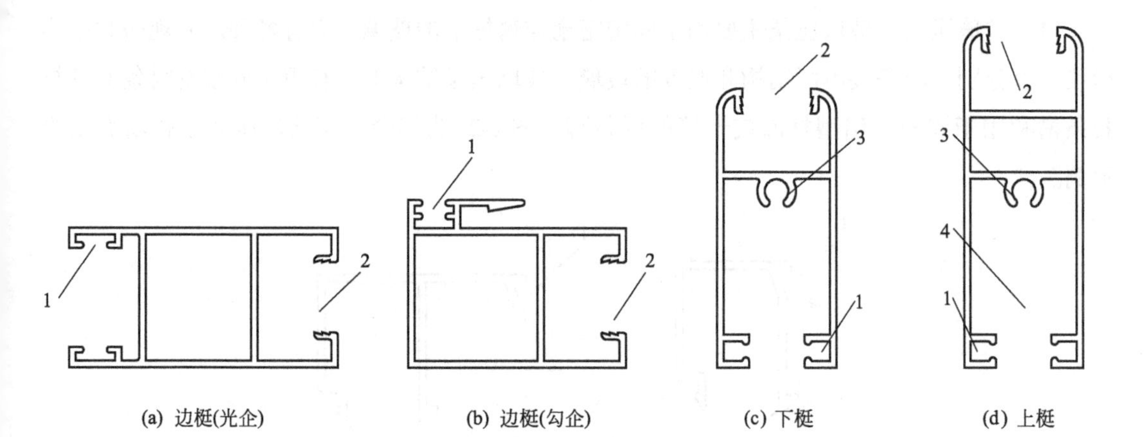

(a) 边梃(光企)　　(b) 边梃(勾企)　　(c) 下梃　　(d) 上梃

图2-26　推拉铝合金窗扇型材断面结构示例

1—密封毛条槽；2—玻璃镶嵌槽；3—螺丝道；4—滑轮槽

（3）拼樘框型材　拼樘框型材用于门窗框型材间、窗与窗之间或窗与门之间的组合拼接。图2-27为铝合金窗拼接型材断面结构示例。

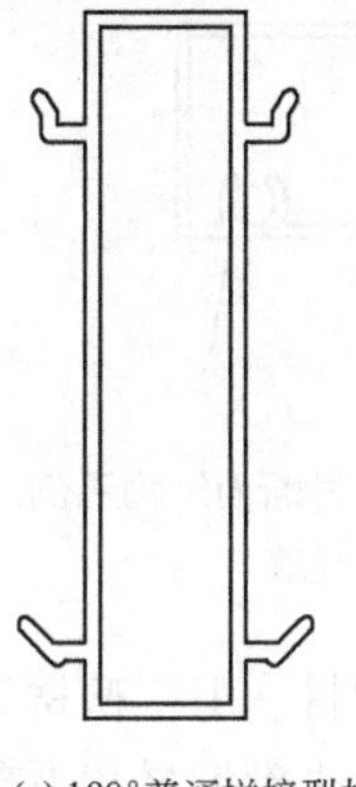

(a) 180°普通拼接型材

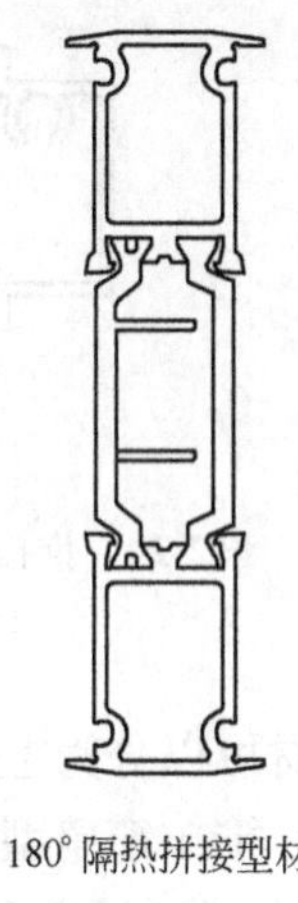

(b) 180°隔热拼接型材

(c) 90°转角普通拼接型材

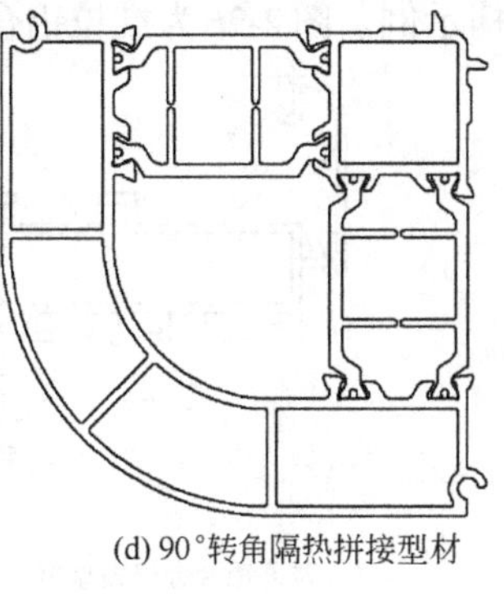

(d) 90°转角隔热拼接型材

图2-27 铝合金窗拼接型材断面结构示例

2.3.2 辅助型材

（1）玻璃压条 玻璃压条主要用于固定窗扇与窗框上的玻璃，它有各种尺寸规格和结构形状，以分别适应安装不同结构和厚度的玻璃。玻璃压条结构上均有用于嵌装密封条的密封胶条槽和用于同框、扇型材嵌装卡接的压条脚。图2-28为铝合金窗玻璃压条型材断面结构示例。

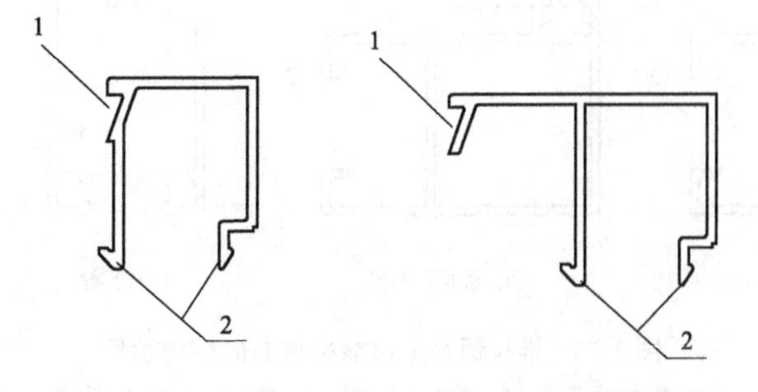

(a) 玻璃压条型材1　　(b) 玻璃压条型材2

图2-28 铝合金窗玻璃压条型材断面结构示例

1—玻璃密封胶条槽；2—玻璃压条脚

（2）纱扇型材　纱扇型材用于组成铝合金窗的纱扇。图2-29为推拉铝合金窗纱扇型材断面结构示例。

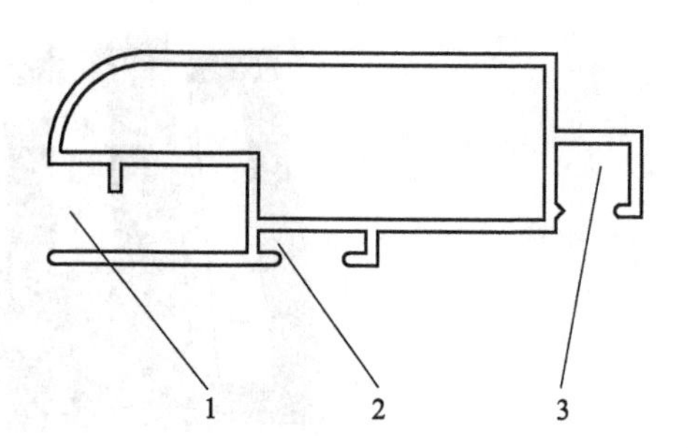

图2-29　推拉铝合金窗纱扇型材断面结构示例

1—滑轮槽；2—密封毛条槽；3—窗纱橡胶条槽

3 铝合金门窗型材

铝合金型材可分为建筑用铝合金型材和工业用铝合金型材。建筑用铝合金型材泛指所有应用于建筑物上的铝合金型材，它又可分为铝合金门窗型材和铝合金幕墙型材两类。而工业用铝合金型材是指除建筑用铝合金型材之外的所有工业上应用的铝合金型材，包括轨道车辆结构用铝合金型材、航空航天用铝合金型材和船舶用铝合金型材等。

铝合金门窗型材是在纯铝中加入合金元素，配比成各种牌号的铝合金（铸锭），再将配比好的铝合金铸锭进行高温挤压成型，形成铝合金型材（在建筑铝合金型材生产行业中称为“基材”），然后再对铝合金型材（基材）进行各种表面处理，即成为建筑上使用的成品铝合金型材（即普通的建筑铝合金型材）。隔热铝合金门窗型材的生产流程绝大部分与上述流程相同，只是在形成成品铝合金型材之前增加了加入隔热材料的工序。此工序的加入有两种情况：一种情况是在表面处理之前，将隔热材料加入铝合金型材当中，使两部分铝合金型材通过隔热材料结合在一起形成复合型材，然后再进行表面处理，成为成品隔热铝合金型材；另一种情况是在表面处理之后，将隔热材料加入铝合金型材当中，使两部分铝合金型材通过隔热材料结合在一起，成为成品隔热铝合金型材。

由此可以看出，铝合金门窗型材的生产有以下几大工序：熔铸工序、挤压成型工序、表面处理工序、隔热型材复合生产工序。在各大工序之中还包括了许多小的生产工序，这些内容将在后述各节中进行介绍。

由于生产设备不同、生产线的设计不同以及企业所在地的环境资源不同，企业间铝合金门窗型材的生产工艺流程不完全一样。本章将列出各大生产工序的典型生产工艺流程，以便于初学者对铝合金型材的生产工艺有一个比较清晰的认识。

3.1 铝合金型材的原材料

铝合金型材的生产是一个比较复杂的过程，在各生产工序中将会使用大量的生产原材料。在熔铸生产工序中，其主要原材料有铝锭、镁锭、铝硅中间合金、铁剂和精炼剂等；挤压成型生产工序的主要原材料是熔铸工序生产出来的铝合金铸锭；对铝合金门窗型材进行表面处理，生成具有防护性和装饰性表面处理膜的主要原材料有工业硫酸、封孔剂、电泳漆、粉末涂料、氟碳漆涂料等；而生产隔热型材的主要原材料还有隔热材料。

在所有这些原材料中，铝合金材料是组成铝合金型材的主体材料。铝合金材料是以铝为主体金属元素，并加入一定量的其他合金元素（如硅、镁等）而组成的。铝合金品种繁多，目前国际上有据可查的变形铝合金牌号已接近400个。

3.1.1 变形铝及铝合金牌号表示方法

国家标准《变形铝及铝合金牌号表示方法》（GB/T 16474）规定了变形铝及铝合金的牌号表示方法。这个标准是根据变形铝及铝合金国际牌号注册协议组织推荐的国际四位数字体系牌号命名方法制定的，是国际上比较通用的铝合金牌号命名方法。铝及铝合金的组别及牌号系列见表3-1。

表3-1 铝及铝合金的组别及牌号系列

组别	牌号系列
纯铝(铝含量不小于99.00%)	1×××
以铜为主要合金元素的铝合金	2×××
以锰为主要合金元素的铝合金	3×××
以硅为主要合金元素的铝合金	4×××
以镁为主要合金元素的铝合金	5×××
以镁和硅为主要合金元素并以Mg_2Si相为强化相的铝合金	6×××
以锌为主要合金元素的铝合金	7×××
以其他合金元素为主要合金元素的铝合金	8×××
备用合金组	9×××

在1×××系列中，牌号最后两位数字表示最低铝含量，与最低铝含量中小数点右边的两位数字相同，第二位数字表示对杂质范围的修改，若是零，则表示该工业纯铝的杂质范围为生产中的正常范围，如果为1~9中的自然数，则表示生产中对某一种或几种杂质或合金元素加以专门控制。

在2×××~8×××系列中，牌号最后两位数字无特殊意义，仅表示同一系列中不同合金，第二位数字表示对合金的修改，若是零，则表示原始合金，如果为1~9中的任一整数，则表示对合金的修改次数。

3.1.2 变形铝及铝合金状态代号

国家标准《变形铝及铝合金状态代号》（GB/T 16475）规定了变形铝及铝合金的状态代号。状态代号分为基础状态代号和细分状态代号。

基础状态代号用一个英文大写字母表示，分为五种，分别用F、O、H、W、T表示。基础状态代号、名称及说明见表3-2。

表3-2 基础状态代号、名称及说明

代号	名称	说明
F	自由加工状态	该状态产品的力学性能不做规定，适用于在成型过程中，对加工硬化和热处理条件无特殊要求的产品
O	退火状态	适用于经完全退火后获得最低强度的加工产品
H	加工硬化状态	适用于加工硬化提高强度的产品
W	固溶热处理状态	适用于经固溶热处理后，在室温下自然时效的一种不稳定状态，该状态不作为产品交货状态，仅表示产品处于自然时效阶段
T	热处理状态	不同于F、O或H状态的热处理状态，适用于固溶热处理后，经过(或不经过)加工硬化达到稳定状态的产品

细分状态代号采用基础状态代号后跟一位或多位阿拉伯数字表示或英文大写字母来表示，这些阿拉伯数字或英文大写字母表示影响产品特性的基本处理或特殊处理。

铝合金门窗型材多选用6×××系列T状态合金加工而成，在此仅介绍T状态的细分状态代号。T后面的数字1~10表示基本处理状态，T1~T10状态代号释义见表3-3。

表3-3 T1~T10状态代号释义

状态代号	状态代号释义
T1	高温成型+自然时效 适用于高温成型后冷却、自然时效，不再进行冷加工（或影响力学性能极限的矫平、矫直）的产品
T2	高温成型+冷加工+自然时效 适用于高温成型后冷却，进行冷加工（或影响力学性能极限的矫平、矫直）以提高强度，然后进行自然时效的产品
T3	固溶热处理+冷加工+自然时效 适用于固溶热处理后，进行冷加工（或影响力学性能极限的矫平、矫直）以提高强度，然后进行自然时效的产品
T4	固溶热处理+自然时效 适用于固溶热处理后，不再进行冷加工（或影响力学性能极限的矫平、矫直），然后进行自然时效的产品
T5	高温成型+人工时效 适用于高温成型后冷却，不经冷加工（或影响力学性能极限的矫平、矫直），然后进行人工时效的产品
T6	固溶热处理+人工时效 适用于固溶热处理后，不再进行冷加工（或影响力学性能极限的矫平、矫直），然后进行人工时效的产品
T7	固溶热处理+过时效 适用于固溶热处理后，进行过时效至稳定化状态，为获取力学性能外的其他某些重要特性，在人工时效时，强度在时效曲线上越过最高峰点的产品
T8	固溶热处理+冷加工+人工时效 适用于固溶热处理后，经冷加工（或影响力学性能极限的矫平、矫直）以提高强度，然后进行人工时效的产品
T9	固溶热处理+人工时效+冷加工 适用于固溶热处理后，人工时效，然后进行冷加工（或影响力学性能极限的矫平、矫直）以提高强度
T10	高温成型+冷加工+人工时效 适用于高温成型后冷却，经冷加工（或影响力学性能极限的矫平、矫直）以提高强度，然后进行人工时效的产品

注：某些6×××系或7×××系的合金，无论是炉内固溶热处理，还是高温成型后急冷以保留可溶性组分在固体中，均能达到相同的固溶热处理效果，这些合金的T3、T4、T6、T7、T8和T9状态可采用上述两种处理方法的任一种，但应保证产品的力学性能和其他性能（如抗腐蚀性能）。

6×××系合金是Al-Mg-Si系合金，该系合金是以镁和硅为主要合金元素，并以Mg_2Si相为强化相的铝合金。6063合金综合性能好，耐腐蚀性佳，且容易进行阳极氧化处理，是最常用于加工成铝合金门窗型材的合金。另外，有时也会选用6060、6061、6063A和6463等合金加工而成建筑铝合金型材，其中6061合金一般用于强度大于6063合金的结构件，而6463合金一般用于表面需要进行光亮阳极氧化处理的型材。表3-4为一般铝合金门窗型材所使用铝合金的化学成分。

表3-4　铝合金门窗型材常用铝合金的化学成分

牌号	化学成分/%										
	Si	Fe	Cu	Mn	Mg	Cr	Zn	Ti	其他杂质		Al
									单个	合计	
6060	0.30~0.60	0.10~0.30	0.10	0.10	0.35~0.6	0.05	0.15	0.10	0.05	0.15	余量
6061	0.40~0.80	0.70	0.15~0.40	0.15	0.8~1.2	0.04~0.35	0.25	0.15	0.05	0.15	余量
6063	0.20~0.60	0.35	0.10	0.10	0.45~0.90	0.10	0.10	0.10	0.05	0.15	余量
6063A	0.30~0.60	0.15~0.35	0.10	0.15	0.6~0.90	0.05	0.15	0.10	0.05	0.15	余量
6463	0.20~0.60	0.15	0.20	0.05	0.45~0.90	—	0.05	—	0.05	0.15	余量
6463A	0.20~0.60	0.15	0.25	0.05	0.30~0.90	—	0.05	—	0.05	0.15	余量

注：表中，含量有上下限者为合金元素；含量为单个数值者为杂质元素，其数值表示杂质元素的最高限。

3.1.3　隔热条

对于隔热型材来说，组成型材的材料除了铝合金型材，还有具有隔热性能的隔热材料。所谓隔热材料是指用以连接两部分铝合金型材的低热导率的非金属材料，它将制作成门窗内、外两部分的铝合金型材连接在一起，组成一根完整的门窗型材，在型材中起减少热传导作用和结构连接作用。为了达到隔热效果，要求隔热材料必须是热导率低的材料。在标准状态下测试，隔热材料的热导率为0.2~0.35W/(m²·K)。另外，由于隔热材料在铝合金型材中起结构连接作用，因此，要求隔热材料必须具有一定的强度，并且耐老化性要好，在加工成隔热型材后，产品的高温、低温和室温性能必须达到标准的要求，详见《铝合金建筑型材　第6部分：隔热型材》（GB/T 5237.6）的规定。典型隔热条的截面形状如图3-1所示。

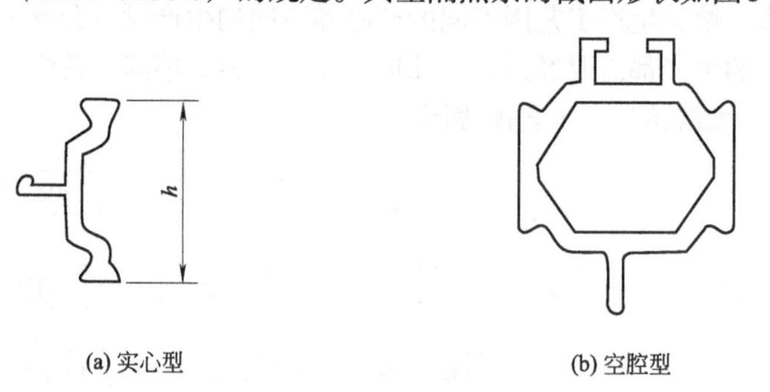

(a) 实心型　　(b) 空腔型

图3-1　典型隔热条的截面形状

目前，能满足建筑结构要求，在建筑行业中使用的隔热材料主要有：采用穿条工艺加工的复合铝型材，其隔热材料常使用PA66+GF25（聚酰胺66+25%玻璃纤维）材料；采用浇注工艺加工的复合铝合金型材，其隔热材料使用硬质聚氨基甲酸乙酯材料。

3.2　铝合金门窗型材生产工艺

常见的铝合金门窗型材有两类：一类是普通的铝合金热挤压型材（图3-2）；另一类是隔热铝合金型材（图3-3、图3-4）。而隔热铝合金型材根据复合方式不同，又可分为穿条式隔热型材和浇注式隔热型材。

穿条式隔热型材是指通过开齿、穿条、滚压工序，将条形隔热材料穿入铝合金型材穿条槽内，并使之被铝合金型材牢固咬合的复合方式加工而成的具有隔热功能的复合型材。图3-3为穿条式隔热铝合金型材截面图。

浇注式隔热型材是指将双组分液态隔热胶浇注入铝合金型材的隔热槽中，待固化成型后切除隔热槽临时金属桥，形成有隔热功能的复合型材。图3-4为浇注式隔热铝合金型材截面图。

不同类型的型材其生产工艺是不同的，本节将对铝合金热挤压型材、穿条式隔热铝合金型材和浇注式隔热铝合金型材的生产工艺分别进行阐述。

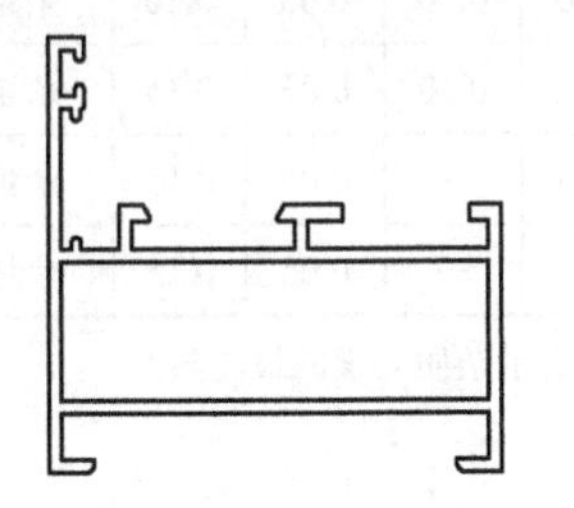

图3-2 普通铝合金热挤压型材截面图

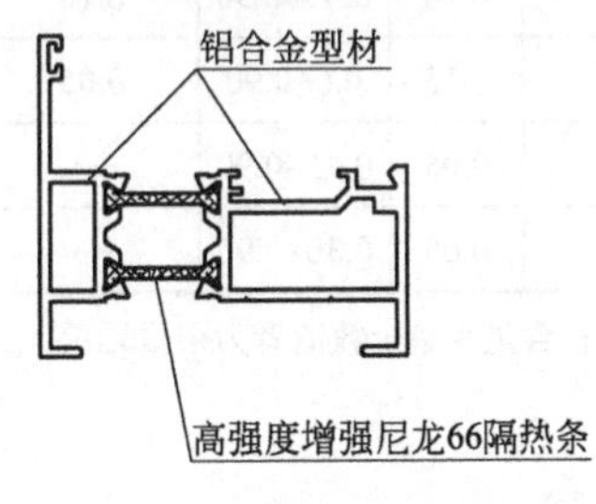

图3-3 穿条式隔热铝合金型材截面图

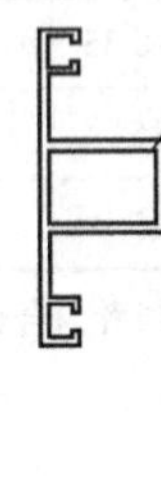

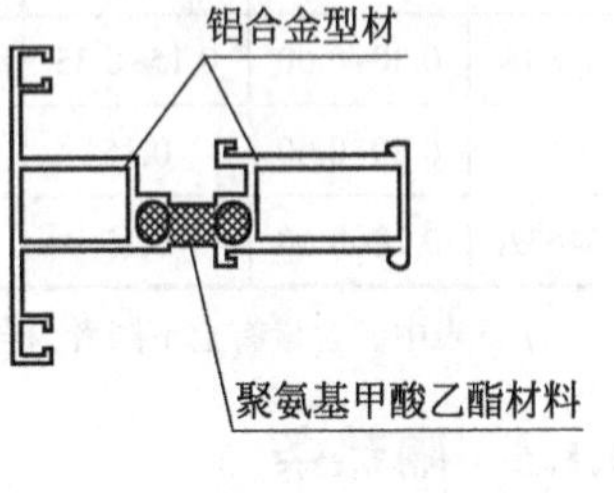

图3-4 浇注式隔热铝合金型材截面图

3.2.1 铝合金热挤压型材生产工艺

（1）熔铸生产工艺　在铝合金挤压成型成为铝合金型材之前，应先生产出符合要求的合金牌号的铝合金铸锭。铝合金铸锭的质量对铝合金型材质量有非常重要的影响，它不仅影响铝合金挤压成型、型材表面质量和型材的力学性能，而且对以后的表面处理都有至关重要的影响。为此，在生产铝合金铸锭之前，必须先设计好熔铸生产工艺流程，并在生产时严格按生产工艺进行操作。熔铸生产工艺因不同的产品和不同的生产设备会有一些差异，但是一般来说，铝合金铸锭的生产都需要经过如下几道工序：配料、熔炼、精炼、静置、铸造和均匀化处理。图3-5是典型熔铸生产工艺流程图。

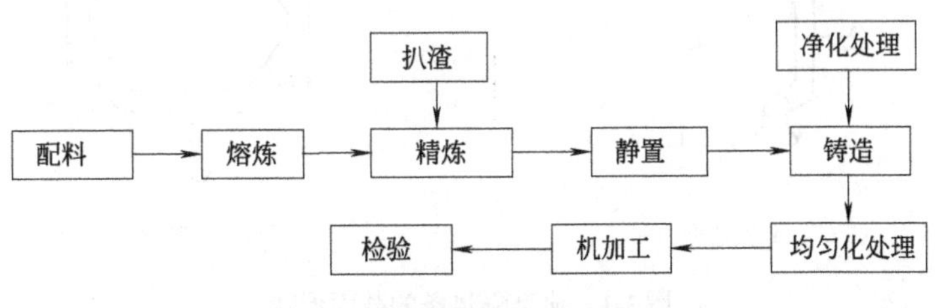

图3-5 典型熔铸生产工艺流程图

① 配料　为了确保铸锭的化学成分达到合金要求的含量范围，在进行熔炼之前，应根据所要生产的合金牌号，对需要加入的各种合金元素的量进行计算，明确各类原材料的加入量。由于熔炼温度很高，对于金属镁等低沸点的元素，在熔炼过程中存在烧损现象，在计算加入量时应考虑其烧损量。

② 熔炼　熔炼过程就是将铝锭及其他所需要的合金元素投入熔铸炉中进行高温熔化，使铝液配比成为要求牌号的合金。在熔炼过程中炉温是一个非常重要的工艺参数，应严格加以控制。炉温偏高会损害合金组织，增加含氢量和熔化损耗，造成铸锭裂纹、挤压废品增多；炉温偏低，熔体黏度大，氢气和杂质难以清除，合金元素偏析，铸锭疏松和出现冷隔现

象。熔炼温度应根据所生产的合金进行设定，对于铝合金门窗型材用的6×××系合金，一般铝熔体温度控制在750℃左右。

另外，在熔炼过程中铝熔体的搅拌也是必要的。采用先进有效的搅拌方法，能使铝熔体的温度和合金成分趋于均匀一致。目前，在企业中比较常见的是采用电磁搅拌或气体搅拌等技术。

③ 精炼　在精炼过程中，精炼剂应压入熔体接近熔铸炉底部并移动，这样氧化铝渣便容易被吸附到铝熔体表面，通过扒渣操作就可将氧化铝渣清除掉。精炼过程中铝熔体温度一般应保持在750℃左右，温度过低不利于氧化铝渣上浮。另外，在精炼过程中还应通入氮气、氮-氯混合气体或氩气等精炼气体，以去除铝熔体中的氢气。通入的精炼气体必须纯净，不含水分和氧气。

④ 静置　精炼好的铝熔体应撒上一层覆盖剂，防止铝熔体再氧化成渣，同时静置，让氢气进一步逸出。静置过程中铝熔体温度应保持在750℃左右。

⑤ 铸造　铸造时铝熔体应进行变质处理。变质处理的目的是使晶粒细化，从而减少铸锭裂纹、冷隔等缺陷，改善挤压性能。变质处理通常是往铝熔体中添加Al-Ti-B细化剂。铸造时应控制以下三要素。

a. 浇铸温度。根据结晶器结构选择，一般为710~730℃。

b. 水温。宜25℃以下，水压一般为0.08~0.1MPa，夏天如果温度偏高，则必须增大水量。

c. 铸造速度。应根据a、b的规定而确定。

⑥ 均匀化处理　虽然铝熔体采用了变质处理，但在大批量生产条件下，铸锭的成分和组织依然存在不均匀现象。成分偏析和粗大Mg_2Si相的存在，使合金塑性下降，挤压困难，型材表面质量差。均匀化处理可使粗大的铸态组织Mg_2Si相溶解在固溶体中，使Mg_2Si在固溶体内以细小质点均匀析出，从而改善了铸锭内部的组织，提高了铸锭质量。研究表明，有效的均匀化处理工艺能提高挤压速度，提高型材的力学性能和表面光亮度，与未经均匀化处理的铸锭相比较，挤压力降低6%~8%。

均匀化处理的工艺规程，应根据合金成分、铸锭的几何尺寸、熔铸质量以及均匀化炉等条件而制定。表3-5为国内常用的几种6063合金均匀化处理工艺。

表3-5　常用的6063合金均匀化处理工艺

工艺方案	处理温度/℃	保温时间/h	冷却方式
Ⅰ	500~550	6~12	出炉后迅速水冷或风冷
Ⅱ	560~570	4~6	出炉后迅速水冷或风冷
Ⅲ	580~590	2~3	出炉后迅速水冷或风冷

（2）挤压生产工艺

① 加工特点　目前，铝合金门窗型材基本上都是采用挤压方法生产的。这主要是由挤压成型加工方法具有以下特点决定。

a. 在挤压过程中，被挤压金属在变形区能获得比轧制锻造更为强烈和均匀的三向压缩应力状态，这可充分发挥被加工金属本身的塑性。

b. 挤压法可生产各种截面变化、形状复杂的实心和空心型材。

c. 挤压加工灵活性很大，只需要更换模具等挤压工具即可在一台设备上生产形状、规格和品种不同的制品，更换挤压工具的操作简便快捷，费时少、功效高。

d. 挤压成型的制品尺寸精度高，表面质量好。

e. 挤压过程对金属的力学性能有良好的影响。特别是对于某些具有挤压效应的铝合金来说，其挤压制品在淬火时效后，纵向抗拉强度远比其他方法加工的同类产品要高。

f. 工艺流程简短，生产操作方便。

② 工艺流程　一般来说，铝合金型材挤压生产工艺包括挤压筒加热、铝合金铸锭加热、挤压工模具加热、挤压成型、型材淬火、拉伸矫直、时效等工序。图3-6是典型铝合金挤压生产工艺流程图。

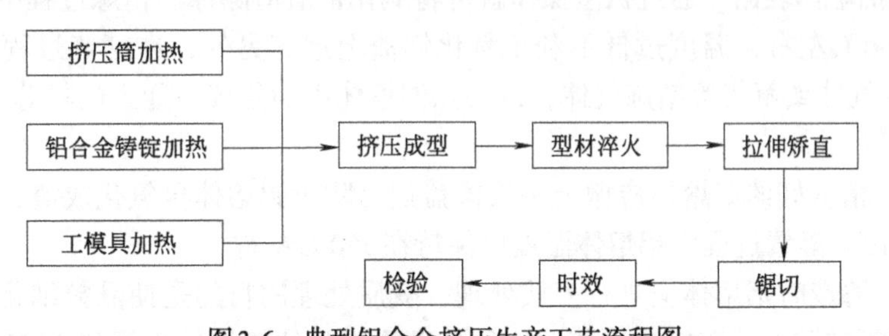

图3-6　典型铝合金挤压生产工艺流程图

a. 挤压筒加热　为保证挤出制品的质量，控制粗晶环深度和晶粒大小，挤压机的挤压筒在挤压成型生产前应进行预加热，预加热温度一般为400~450℃。

b. 铝合金铸锭加热　铸锭加热温度随合金不同而不同，但应注意的是铸锭加热温度上限应稍低于熔点共晶的熔化温度，建筑门窗用铝合金的加热温度上限一般为550℃，挤压6063、6061合金型材时，为保证挤压热处理效果，应采用480~520℃的温度加热。

c. 挤压工具模具加热　挤压工具在挤压使用前必须预加热到300~400℃。预热前必须仔细检查工具尺寸和表面状况等情况，挤压工具表面不得有碰伤、划伤或粘有金属等现象。

铝合金型材挤压成型前应准备好相应的生产模具，并将模具置于模具加热炉中进行预加热，模具预加热温度一般为450~480℃。

d. 挤压成型　铝合金挤压成型的方法有很多种，其中应用最广泛的是正向挤压法和反向挤压法。

正向挤压法的特点是：挤压时，挤压筒一端紧靠前梁，并且被模支撑封死。挤压轴在主柱塞力的作用下向前挤压，迫使挤压筒内金属流出模孔。此时，铸锭随着挤压过程的进行而逐渐向前移动，其铸锭表面层与挤压筒内壁发生激烈的摩擦并引起铸锭温度逐渐升高。正向挤压时，制品的流动方向与挤压轴的移动方向一致。

反向挤压法的特点是：反向或正/反两用挤压机设有双挤压轴（挤压轴和空心模轴）。挤压时，模轴固定不动，挤压筒紧靠挤压轴（或堵头）。在主柱塞力和挤压筒柱塞力的作用下，挤压轴和挤压筒同步向前移动，而模轴逐步进入挤压筒内进行反向挤压。反向挤压时，铸锭表层与挤压筒内壁之间无相对运动，因而也不发生摩擦。反向挤压时制品的流动方向与模轴的相对运动方向相反。

在挤压成型时应注意控制挤压速度。选择挤压速度的原则是：在保证制品不产生表面裂纹、毛刺和保证扭拧度、弯曲度、波浪度、平面间隙以及其他尺寸偏差等产品质量的前提下，当挤压机能力允许时，速度越快越好。由于铝型材挤压生产的复杂性，挤压速度受合金、状态、铸锭尺寸、挤压方法、挤压力、挤压温度、挤压工具、挤压系数、制品形状复杂程度、模具状况、润滑条件、制品尺寸等因素的影响，生产时应根据实际情况选用适宜的挤压速度。

e. 型材淬火　对于6061、6063等合金挤压生产的民用建筑型材，目前都是在挤压机上直接风冷或水冷淬火。Al-Mg-Si系合金的淬火敏感性随合金中Mg_2Si含量的增加而增大。6061合金的淬火敏感性比6063合金大得多，因此6063合金挤压生产时可以采用风冷，而对于6061合金则必须采用水冷。无论采用水冷还是采用风冷，获得好的冷却效果的前提是Mg_2Si相必须充分固溶。

f. 拉伸矫直　型材挤压出来并在冷却储料台（床）上冷却后应对其进行拉伸矫直。拉伸率一般控制在0.05%~2%范围内。拉伸矫直型材必须在型材冷却至50℃以下时才能进行，严禁在高温状态下进行拉伸矫直。拉伸矫直时应根据型材的形状与尺寸采取适宜的夹持方式和拉伸矫直方法，严格控制型材的尺寸偏差及几何形状。

g. 时效　刚挤压出来的铝合金门窗型材，其抗拉强度很低，无法满足建筑使用的要求，为了使型材能够满足建筑使用的要求，应对型材进行时效处理。时效处理的方式有两种，一种是自然时效，另一种是人工时效，对于铝合金门窗型材一般都是采用人工时效方式。表3-6是常见的铝合金门窗型材人工时效工艺。

表3-6　常见的铝合金门窗型材人工时效工艺

合金牌号	状态	时效温度/℃	保温时间/h
6063	T5	200	2
	T6	190	6
6063A	T5	200	2
	T6	190	6
6463	T5	200	2
	T6	190	6
6060	T5	200	2
6061	T6	175	8

注：T5、T6是变形铝及铝合金状态代号。T5是指由高温成型过程冷却，然后进行人工时效的状态；T6是指固溶热处理后进行人工时效的状态。

3.2.2　穿条式隔热型材生产工艺

穿条式隔热型材的生产是将隔热条穿入到两部分铝合金型材的隔热槽内，使两部分铝合金型材通过隔热条结合在一起，组合成复合型材的加工工艺。此加工工艺可在铝合金型材表面处理之前进行，也可在表面处理之后进行。穿条式隔热型材生产一般包括滚齿、穿隔热条和滚压成型三个工序。图3-7为典型穿条式隔热型材生产工艺流程图。

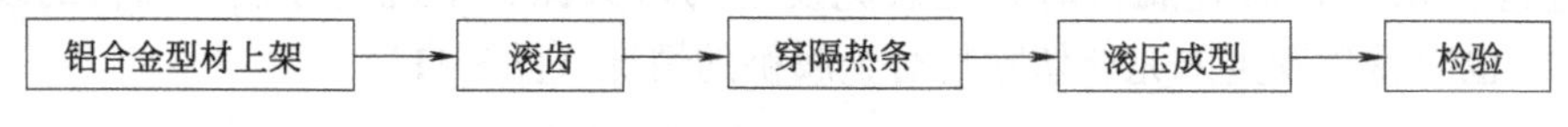

图3-7　典型穿条式隔热型材生产工艺流程图

（1）滚齿　滚齿是采用滚齿机在铝合金型材的隔热槽上压出锯齿状的压痕，目的是为了提高隔热型材的纵向抗剪。滚齿质量直接影响隔热型材的纵向抗剪能力，滚齿质量越高，型材抗剪能力越好。在滚齿前应调节好滚齿机支承轮高度和宽度，以及滚齿轮的高度和宽度。滚齿后应检查滚出的齿形，深度一般以0.5~1.0mm为宜。

（2）穿隔热条　穿隔热条就是将隔热条穿入到铝合金型材的隔热槽内，使两部分铝合金型材通过隔热条连接在一起。穿隔热条时，应根据型材的形状，将需要复合的铝合金型材隔热槽口向上放置在穿条机工作台上，预调穿条机出料口高度和宽度，保证隔热条能够顺利进入铝合金型材的隔热槽内。再将另一部分铝合金型材隔热槽口朝下叠放在先前的型材上，使上、下两部分铝合金型材的槽口对正。启动穿条机送料开关，将隔热条穿入型材的隔热槽内。

（3）滚压成型　滚压成型就是通过滚压机将铝合金型材的隔热槽压紧，使隔热条与铝合金型材牢固地连接起来。滚压力的调节对产品质量有很大影响，滚压力过小，隔热型材的纵向抗剪能力差，达不到标准要求；滚压力过大，则隔热槽易开裂。因此滚压时应严格控制滚压力，滚压力应根据型材形状并通过纵向剪切试验的结果进行调节。

3.2.3　浇注式隔热型材生产工艺

浇注式隔热型材的生产采用将液态隔热材料注入到铝合金型材隔热槽内，在室温下固化后，再将铝合金型材隔热槽内的临时连接桥切除，使铝合金型材分为两部分，并且这两部分通过隔热材料结合在一起，组成复合型材的加工工艺。图3-8为未浇注前常见的隔热槽形状。

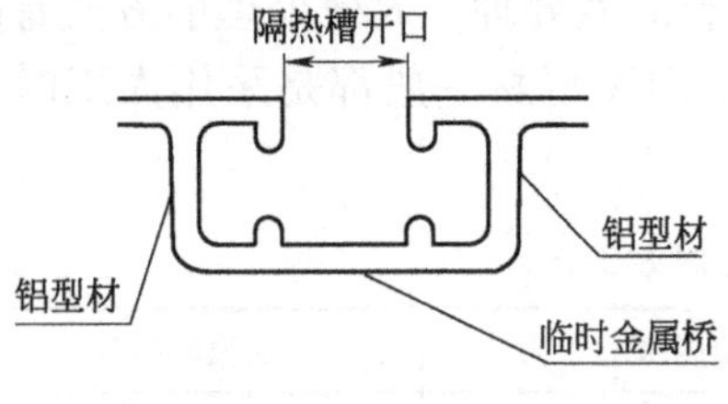

图3-8　未浇注前常见的隔热槽形状

此加工工艺一般是在铝合金型材经过表面处理之后进行。浇注式隔热型材生产一般包括注胶、固化和切桥三个工序。图3-9为典型浇注式隔热型材生产工艺流程图。

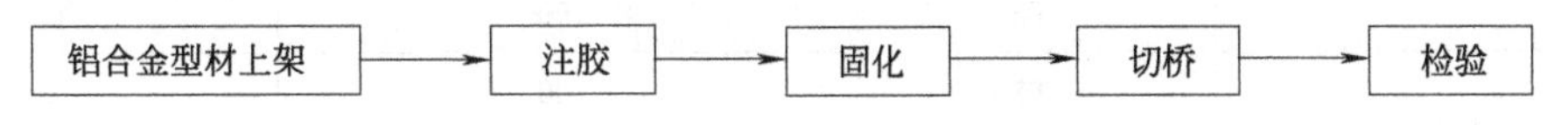

图3-9　典型浇注式隔热型材生产工艺流程图

（1）注胶　注胶前应采用胶黏带封住铝合金型材隔热槽两端，以防止液态隔热材料溢出，且应调节好浇注嘴的角度和深度，一般浇注嘴与隔热槽呈80°为宜。浇注嘴插入隔热槽的深度也必须严格控制，以防止空气进入产生气泡。浇注过程中应控制好浇注流量，以浇注表面略呈凹面为宜。

（2）固化　为了保证最终隔热型材的几何尺寸，浇注后的隔热型材应在室温下放置一段时间使隔热材料进行固化。隔热材料为聚氨基甲酸乙酯时，一般应在温度为22℃时至少固化20min；隔热材料为硬质聚氨酯泡沫塑料时，一般应在温度为22℃时至少固化24h。

（3）切桥　切桥是将隔热型材两部分铝合金型材之间的临时金属桥切除，使两部分铝合金型材之间不相连，仅通过隔热材料结合在一起，从而起到隔热的作用。切桥必须在固化之后进行，切除临时金属桥时，应避免发生切口太深、不规则等损坏结构的现象发生（图3-10），也应避免发生未完全切除临时金属桥的情况（图3-11）。

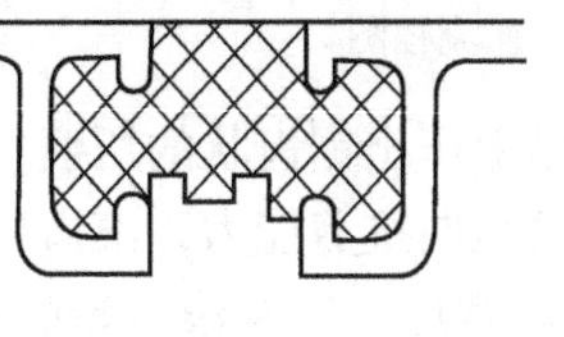

图3-10　切口太深、不规则

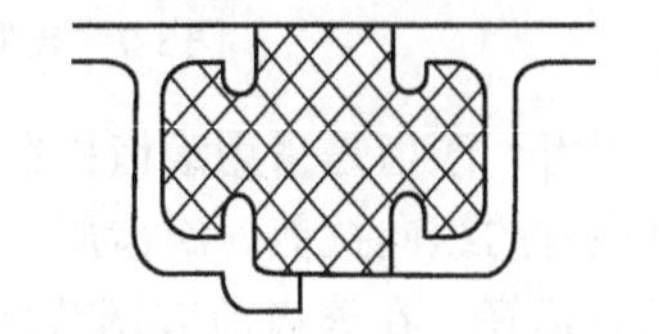

图3-11　临时金属桥未完全切除

3.3 铝合金门窗型材的表面处理工艺

由于铝及铝合金产品具有优良的化学、物理、力学、加工性能和特征，使铝及铝合金制造工业得以迅猛发展，在国民经济各部门中无不大量使用铝及铝合金产品。表面处理技术更使铝及铝合金获得新的更好的表面性能，它不仅改善和提高了铝的表面物理和化学性能，如耐腐蚀性、耐化学稳定性、耐磨性和表面硬度等，而且可以在铝表面赋予各种颜色及表面效果，大大提高了铝的装饰性。经过长期的研究和发展，目前国内外表面处理方式种类繁多，可满足不同的需要，在建筑铝合金型材上大量应用的表面处理方式有阳极氧化、阳极氧化电泳涂漆、喷粉和喷漆等。不同表面处理方式所生成的表面处理膜，其性能是有差异的，表3-7列出了通常情况下常见的表面处理膜的特性比较。

表3-7 通常情况下常见的表面处理膜的特性比较

项目	阳极氧化膜	阳极氧化电泳涂漆膜	粉末喷涂膜	氟碳漆喷涂膜
颜色多样性	较少	较少	极多	多
耐候性	优	优	良	优
耐腐蚀性	良	优	优	优
生产工艺的环保性	尚好	尚好	好	差
生产成本	低	低	低	高

3.3.1 铝合金型材阳极氧化处理工艺

铝是钝化型金属，与钛、钽、铌等金属一样，表面钝态氧化膜是提供保护的重要因素，因此，阳极氧化是一种非常有效的金属保护手段。铝合金的阳极氧化处理工艺可以从多种角度加以分类，比如按照电解质溶液可分为硫酸阳极氧化、草酸阳极氧化、铬酸阳极氧化、磷酸阳极氧化、硼酸阳极氧化、混合酸阳极氧化、碱性溶液阳极氧化；按照阳极氧化膜结构可分为多孔型阳极氧化和壁垒型阳极氧化；按照阳极氧化膜的特性可分为普通阳极氧化、硬质阳极氧化和光亮阳极氧化等。铝合金门窗型材的阳极氧化处理绝大部分都是采用硫酸阳极氧化。硫酸阳极氧化是应用最广泛的工艺，硫酸溶液非常稳定而且成本较低，不产生特殊的污染，废液处理比较容易。硫酸阳极氧化膜无色透明，处理成本比较低，又适合于各种着色处理方法和封孔方法。

我国建筑铝合金型材阳极氧化生产线，通常采取阳极氧化、电解着色以及封孔处理的工艺路线。电解着色主要采用锡盐着色技术，而封孔处理主要采用冷封孔工艺。图3-12为典型铝合金型材阳极氧化生产工艺流程图。

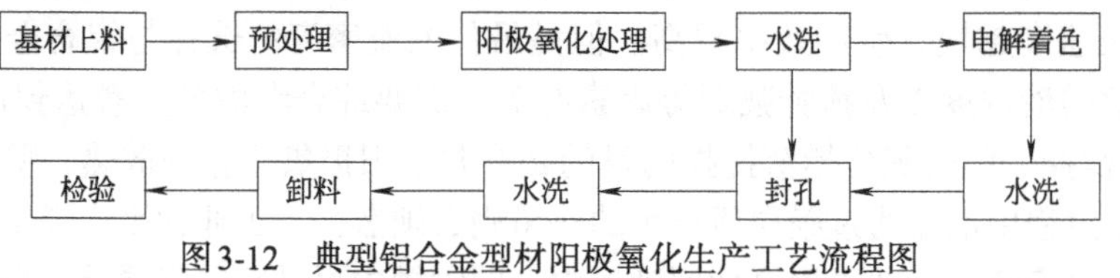

图3-12 典型铝合金型材阳极氧化生产工艺流程图

（1）基材上料　上料工序是将基材固定在导电杆上的过程，不同的阳极氧化处理车间有不同的固定方式，常见的有铝线绑扎固定和夹具固定两种方式。上料时应确保铝合金型材与导电杆接触良好，否则将导致阳极氧化膜厚度偏低，甚至无法进行阳极氧化处理。

（2）预处理　表面预处理一般采用脱脂、碱洗以及中和的工艺线路。脱脂的目的是去除铝型材在挤压过程中表面所黏附的油脂、污垢和残屑等，并可松化或去除型材表面的自然氧化膜。脱脂剂可采用硫酸、专用的酸性或碱性脱脂剂等进行处理。

碱洗的目的是进一步调整铝合金型材表面粗糙度，增加（或减少）铝合金型材表面光亮度。碱洗槽液温度一般控制在40~60℃。温度过低，碱洗速度慢，挤压线纹不易消除，反应时间长，影响工作效率，且铝基体与槽液反应产生的$NaAlO_2$为易水解物，含量过多会影响槽液稳定；温度过高，容易产生过腐蚀，出现粗晶等表面质量缺陷。

中和的目的是去除碱洗后残留在铝型材表面的黑色挂灰，并获得光亮的金属表面，同时中和碱洗后铝型材表面的残留碱液，避免残留碱液随铝型材带入氧化槽而对氧化槽造成污染。

（3）阳极氧化处理　我国建筑铝合金型材阳极氧化处理基本上都是采用硫酸阳极氧化处理工艺。硫酸阳极氧化处理的电解质槽液是硫酸溶液，槽液成分主要是控制硫酸浓度和铝离子浓度，浓度范围应该按工艺说明认真管理。一般硫酸阳极氧化的硫酸浓度可选择130~180g/L，传统上欧洲的硫酸浓度偏高（不超过200g/L），我国和日本的硫酸浓度偏低（约160g/L），硫酸浓度的变化范围控制在±10g/L，但在三次电解多色化处理时，阳极氧化槽液的浓度范围控制应该更加严格。槽液中铝离子浓度一般控制在低于20g/L的范围，最佳控制范围是5~10g/L，铝离子浓度过高，则阳极氧化膜的透明度降低，耐磨性下降，严重时还容易发生“烧焦”现象。

阳极氧化操作参数包括电解槽液温度、阳极氧化电压、电流密度、槽液搅拌和电解时间等。

① 电解槽液温度　阳极氧化是一个电化学（电解）放电过程，随着氧化膜厚度的增加需要强制散热，控制槽液温度是保证阳极氧化膜性能的有效措施。铝合金阳极氧化的最佳温度范围根据电解槽液类型、铝合金类型、阳极氧化条件以及阳极氧化膜的性能要求而有所不同。硫酸阳极氧化的槽液温度宜选择在20℃以下。一般来说，电解槽液温度升高，阳极氧化膜的硬度、耐腐蚀性和耐磨性都会下降，甚至出现阳极氧化膜的烧焦或粉化现象；电解槽液温度降低，则阳极氧化膜的透明度和染色性会下降，容易引起着色不均匀，但是阳极氧化膜的硬度会得到提高。

② 阳极氧化电压　阳极氧化电压决定了阳极氧化膜的结构，也就是决定了氧化膜的性能。在控制电压（即恒电压）阳极氧化时，阳极氧化电压高则电流密度也高，阳极氧化膜的生长速度随之加快。阳极氧化电压与铝合金类型、电解槽液浓度、铝离子浓度、槽液温度和搅拌等因素有关。一般条件下，硫酸溶液的阳极氧化电压大致为15V。

③ 电流密度　控制电流（即恒电流）直流阳极氧化是最普通、最常用的方法，因为电流密度与电解时间直接控制阳极氧化膜的厚度，硫酸直流阳极氧化的电流密度大多采用1.0~1.5A/dm^2。电流密度可以直接反映阳极氧化速度的快慢，也就是说电流密度越大，阳极氧化膜生长速度越快，生产效率越高。但是最佳电流密度的选择与铝合金类型、电解槽液温度、电解槽液浓度以及搅拌强弱等因素有关，需要综合考虑各因素达到优化的目的。

④ 槽液搅拌　阳极氧化槽液搅拌的目的是有利于阳极氧化膜的散热，要想控制槽液温度，阳极氧化过程中电流通过膜层所产生的热量则必须散去。工业化生产通常将槽液机械循环到槽外，通过换热器冷却再用泵抽回到槽内，同时槽内再进行空气搅拌可以使槽液成分和温度更加均匀，而且更有助于阳极氧化膜的散热。槽液循环原则上不能代替空气搅拌，两者同时使用效果更好。

⑤ 电解时间　原则上在电流密度恒定时，阳极氧化膜的厚度是与电解时间成正比的。在恒电流密度阳极氧化时，就是简单地用电解时间来控制阳极氧化膜的厚度。值得强调的是，随着阳极氧化膜厚度的增加，电流通过氧化膜产生的热量加大，阳极氧化膜的生成效率逐渐降低。也就是说阳极氧化膜的生长速度随着电解时间的延长而变慢，直至达到阳极氧化膜的极限厚度。因此，在厚膜的生成过程中，单纯依靠延长电解时间是不能达到目的的。必须从降低槽液温度，加强槽液搅拌，降低槽液对于氧化膜的腐蚀性（如加入有机酸），甚至变恒电流阳极氧化为脉冲阳极氧化等多种措施加以解决。

（4）电解着色　铝合金阳极氧化膜的着色方法有电解着色、染色和整体着色等。电解着色的铝合金阳极氧化膜，其封孔性能、耐腐蚀性能和耐候性能都比较好，操作成本也比较低，已广泛应用于建筑铝合金型材阳极氧化的着色工艺。染色的铝合金阳极氧化膜色彩丰富，但是染料或颜料的耐光性差，封孔性能也较差，因此，染色铝合金阳极氧化膜的耐腐蚀性和耐候性都不如电解着色的理想，只适合于室内使用。整体着色的铝合金阳极氧化膜的性能虽然比较好，但是由于需要专用的溶液和特殊成分的铝合金，操作成本和电能消耗都比较高，在浅田法电解着色兴起以后，基本上已经被电解着色工艺所代替。由于电解着色几乎已经成为建筑铝合金型材阳极氧化膜唯一的着色方法，因此本节将只对电解着色工艺进行介绍。

许多金属盐类都可以对铝合金阳极氧化膜进行电解着色，而得到各种不同的颜色。如表3-8所示为各种金属盐的电解着色效果。

表3-8　各种金属盐的电解着色效果

金属盐类	着色盐主要成分	颜色
镍盐	$NiSO_4 \cdot 6H_2O$	香槟色，古铜色，黑色
锡盐	$SnSO_4$	香槟色，古铜色，黑色
镍锡混合盐	$NiSO_4+SnSO_4$	香槟色，古铜色，黑色
钴盐	$CoSO_4$	香槟色，古铜色，黑色
铜盐	$CuSO_4 \cdot 5H_2O$	酒红色，紫红色，黑色
铁盐	$FeSO_4 \cdot 7H_2O$	香槟色，古铜色，黑色
银盐	$AgNO_3$	金黄色，黑色
锰盐	$KMnO_4$	金黄色
钡盐	$BaAc_2 \cdot H_2O$	不透明白色
钙盐	$CaAc_2 \cdot H_2O, CaCl_2$	不透明白色
亚硒酸盐	Na_2SeO_3	浅金黄色（钛金色）
金盐	$AuCl_2$	紫色
钼盐	$Na_2MoO_4 \cdot 2H_2O$	黄色，蓝色
钨盐	$Na_2WO_4 \cdot 2H_2O$	黄色，蓝色
铬盐	$CrCl_2$	绿色
氰化亚铁	$Fe(CN)_2$	蓝色

尽管铝合金阳极氧化膜具有如表3-8所示多种金属盐类的电解着色效果，但是能够满足工业化批量生产的电解着色方法中，在建筑铝合金型材阳极氧化方面基本上是镍盐、锡盐或镍锡混合盐。锡盐和锡镍混合盐槽液的着色电源是普通交流着色电源，在中国和欧洲都已经

广泛应用。但是锡盐和锡镍混合盐槽液不容易得到稳定均匀的浅色系，仿不锈钢色和香槟色等浅色系的获得选择镍盐比较可靠。镍盐槽液电解着色的电源波形比较复杂，除了欧洲几个国家采用比较简单的直流/交流（DC/AC）电源外，其他基本上是采用日本几个大型铝型材企业各自研发得到的专利技术。在中国使用较多的是从日本引进的“住化”法和“日轻”法，“住化”法常称为直流镍盐着色，“日轻”法就是所谓的“尤尼科尔（unicol）”技术。欧洲技术的特点是电源简单，槽液复杂；而日本技术是槽液简单，电源复杂，两种技术各有优点。

① 锡盐和锡镍混合盐电解着色　锡盐和锡镍混合盐电解着色是世界上应用最广泛的建筑铝合金型材着色方法，其设备和操作都比较简单，对化学药品和水质的要求不高，在我国和欧洲各国电解着色方面，锡盐和锡镍混合盐电解着色都占据主导地位。表3-9列出了锡盐和锡镍混合盐典型的槽液成分和交流着色的工艺参数。

表3-9　锡盐和锡镍混合盐典型的槽液成分和交流着色的工艺参数

槽液成分或操作参数	锡盐	锡镍混合盐
$SnSO_4$	20g/L	8g/L
H_2SO_4	10mL/L	10mL/L
$NiSO_4 \cdot 6H_2O$	—	20g/L
酒石酸	—	10g/L
酚磺酸	20mL/L	—
抗氧化添加剂	按说明书规定	按说明书规定
pH值	约为1	约为1
温度	20℃	20~25℃
电压	15V	14~16V
电流密度	$0.8A/dm^2$	$0.6\sim0.8A/dm^2$
时间	1~10min	1~10min

② 镍盐电解着色　镍盐电解着色对于浅色系比较容易控制，常用于生产仿不锈钢色或香槟色阳极氧化膜表面。镍盐着色溶液非常稳定，但镍盐槽液对杂质非常敏感，一般要求对钠离子和钾离子进行严格控制，有些工艺甚至要求严格控制铵离子。

镍盐电解着色有交流着色和直流（或直流脉冲）着色两大类，前者槽液比较复杂，但是设备简单，大多采用直流/交流（DC/AC）电源，先在着色槽液中用直流电将铝合金型材作为阳极，然后用交流电进行电解着色。直流法和直流脉冲法需要特殊的专用电源，但是槽液成分简单而且稳定性好。表3-10列出了镍盐交流电解着色的槽液成分和工艺参数，表3-11列出了镍盐直流电解着色的槽液成分和工艺参数。

表3-10　镍盐交流电解着色的槽液成分和工艺参数

槽液成分		工艺参数	
硫酸镍($NiSO_4 \cdot 6H_2O$)	(35±5)g/L	pH值	4.5
硼酸(H_3BO_3)	(25±5)g/L	电压	15V(AC)
硫酸镁($MgSO_4 \cdot 7H_2O$)	(20±5)g/L	温度	22~28℃
硫酸铵[$(NH_4)_2SO_4$]	(50±5)g/L	槽液循环	2~5次/h
柠檬酸三铵[$C_6H_5O_7(NH_4)_3$]	(5±1)g/L	时间	1~10min

表3-11 镍盐直流电解着色的槽液成分和工艺参数

项目		工艺参数
槽液成分	硫酸镍($NiSO_4 \cdot 6H_2O$)	(50±5)g/L
	硼酸(H_3BO_3)	(30±5)g/L
工艺条件	着色前浸渍	2min以上
	温度	25℃(22~28℃)
	pH值	4.5
	循环	3~7次/h
	对电极	电极面积比1:1.2
	阳极通电(+)	DC(+),15V,0.2A/dm^2,1~2min 电压上升,0~15V/30s;电流上升,0~0.2A/dm^2
	阴极着色(-)	DC(-),15V,1.0A/dm^2,1~2min 电压上升,0~15V/30s,电流上升,0~1.0A/dm^2
	着色时间	1~10min(不锈钢色,1min;古铜色,3min;黑色,5~10min)

(5) 阳极氧化膜的封孔　阳极氧化膜的封孔是为了保证铝合金制品具有良好的耐腐蚀性、耐候性和耐磨性，从而获得持久的使用性能的关键工序。常用的封孔处理方法有热封孔(沸水封孔和高温水蒸气封孔)、冷封孔、中温封孔和有机物封孔（有机酸封孔或电泳涂漆）等。我国建筑铝合金型材阳极氧化膜的封孔，主要是冷封孔处理和电泳涂漆处理；而日本绝大多数是电泳涂漆处理和一部分沸水封孔处理。

① 阳极氧化膜的热封孔　热封孔主要有沸水封孔和高温水蒸气封孔两大类。在热封孔处理过程中，铝的氧化物膜（Al_2O_3）通过水合反应，生成耐腐蚀性比较好的勃姆体($Al_2O_3 \cdot H_2O$)，分子体积增加了约30%，体积膨胀使阳极氧化膜的微孔得以封闭。由于热封孔处理的成本比较高，在我国应用较少。

沸水封孔的纯水pH值在5~8之间，封孔温度宜高于95℃，封孔时间一般根据阳极氧化膜的厚度加以控制，按照2~3min/μm执行。

高温水蒸气封孔装置的关键是严格控制水蒸气的温度、湿度和压力。一般要求水蒸气的温度至少在100~110℃之间，最佳温度为110~120℃，水蒸气压力为81060~101325Pa。高温水蒸气的封孔时间可以比沸水封孔时间短一些，一般厚度的阳极氧化膜的封孔时间控制在10~15min范围内。

② 阳极氧化膜的冷封孔　我国的生产线采用了从欧洲引进的以氟化镍为主要成分的冷封孔技术，并迅速在国内推广，成为除电泳涂漆以外几乎唯一的建筑铝合金型材阳极氧化膜封孔工艺。冷封孔是在室温下进行处理，所以又称室温封孔。冷封孔的优点是，封孔的能量消耗较低，封孔的水质要求不高，不易发生封孔白灰等。表3-12是我国与欧洲的冷封孔溶液主要成分和工艺参数。

表3-12 我国与欧洲的冷封孔溶液主要成分和工艺参数

项目		我国技术	欧洲技术
槽液成分	镍离子浓度	1.0~1.2g/L	1.2~1.8g/L
	氟离子浓度	0.3~0.6g/L	0.5~0.8g/L
	钴离子浓度	—	0.1~0.2g/L
	非离子型表面活性剂	适量	25~50μg/kg
工艺条件	封孔温度	室温	25~28℃
	pH值	5.5~6.5	5.5~6.5
	时间	10~15min	10min
	冷封孔后处理	60~80℃,10~15min	60~80℃,15min

③ 阳极氧化膜的中温封孔　中温封孔是指温度低于沸水封孔，而高于冷封孔的一种技术，包括开发中的温度处于40~80℃的许多工艺，目前国内已经开发使用的大多是无氟含镍的配方。例如，5g/L乙酸镍加5g/L硼酸再添加抑灰剂，可以在70℃封孔。

④ 阳极氧化膜的有机物封孔　有机物封孔技术是指在阳极氧化膜上涂装有机聚合物涂层，通常称为阳极氧化复合膜。有机物封孔包括电泳涂漆和有机酸封孔，电泳涂漆是一种非常常见的处理方式，经电泳涂漆处理的铝合金型材称为铝合金电泳涂漆型材（简称电泳型材），对于电泳涂漆处理工艺将在3.3.2节中详细叙述。

有机酸封孔是一种新开发的有机物封孔方法，最适合于室内使用的染色膜的封孔。这些有机物包括硬脂酸、壬二酸、苯并三氮唑-5-羧酸及其衍生物等，用异丙醇或*N*-甲基吡咯烷酮作溶剂，可以作为阳极氧化膜的封孔剂。这种封孔方法是通过有机酸与氧化膜反应，形成疏水的脂肪酸铝，同时微孔得以填充。

3.3.2　铝合金型材阳极氧化电泳涂漆处理工艺

电泳涂漆方法可分为阳极电泳涂漆和阴极电泳涂漆两种，目前，建筑铝合金型材阳极氧化电泳涂漆中基本上都采用阳极电泳涂漆工艺，下面将围绕着阳极电泳涂漆处理进行叙述。

阳极电泳涂漆处理用的水溶性树脂是一种高酸价的羧酸铵盐，当溶解于水中后，即在水中发生离解反应：$RCOONH_4 = RCOO^- + NH_4^+$。在直流电场的作用下，带电离子向相反电性方向的电极移动，带电荷的NH_4^+阳离子向阴极移动，并在阴极上吸收电子还原成氨，同时带负电荷的水溶性树脂$RCOO^-$阴离子向作为阳极的被涂工件移动，并与在阳极上电解生成的H^+产生中和反应而沉积于阳极从而在工件表面形成一层均匀的疏水性涂膜。铝合金型材阳极氧化电泳涂漆处理一般包括预处理、阳极氧化处理、电解着色、电泳涂漆和固化（烘烤）等处理。图3-13是典型铝合金型材电泳涂漆处理流程图。

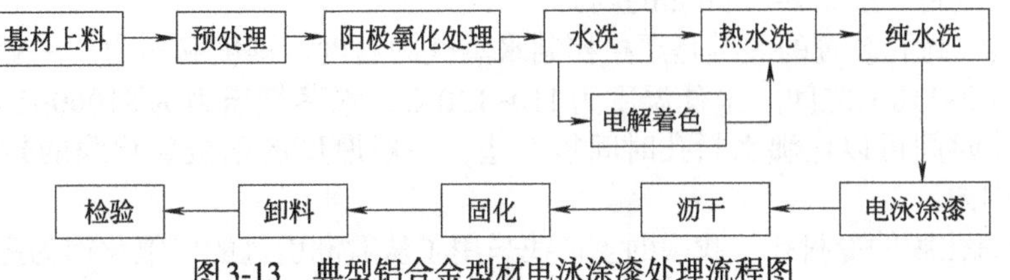

图3-13　典型铝合金型材电泳涂漆处理流程图

（1）基材上料、预处理、阳极氧化和电解着色　基材上料、预处理、阳极氧化和电解着色处理工序见3.3.1节的相关内容。对于铝合金型材阳极氧化电泳涂漆处理工艺来说，一般将热水洗之前的工艺划为电泳涂漆的预处理工艺，热水洗之后（含热水洗）工艺为电泳涂装工艺，本节为了与3.3.1节的内容相对应，仍将阳极氧化处理工艺中的预处理工序称为预处理工序，请读者予以注意。

（2）热水洗　热水洗的主要作用是使铝合金型材的阳极氧化膜扩张以利于彻底清洗，避免杂质离子尤其是硫酸根离子污染电泳槽液，同时对阳极氧化膜有一定的封闭作用以提高型材的耐腐蚀性。

（3）纯水洗　纯水洗的目的是继续对型材进行清洗，预防杂质进入电泳槽，同时使型材温度回复到室温，避免型材以高温状态进入电泳槽而加速电泳槽液的老化。

（4）电泳涂漆　电泳工序是电泳涂装工艺过程的核心，是决定涂装质量的关键工序。需要控制的参数主要有槽液固体分、pH值、电导率、电泳温度、电泳电压和电泳时间等。

① 槽液固体分　电泳槽液固体分是指槽液中成膜物质（树脂和颜料）的含量，一般以质量分数表示。槽液固体分是电泳涂装中很重要的工艺参数之一，它与电泳涂层质量密切相关，一般如果采用低固体分电泳液，则被涂工件带出的电泳液损失小，电渗性较高，水洗用水量少。但固体分太低时会导致涂层变薄，易产生针孔；而固体分过高时，则涂层易产生粗糙、橘皮等缺陷，因此电泳液的固体分要保持在合适的范围之内，一般丙烯酸系电泳漆溶液的固体分在6%~10%之间。

② pH值　电泳液的pH值是确保电泳树脂的水溶性，以获得高质量电泳涂层的重要参数。pH值过低，则电泳树脂的水溶性差而使电泳液变得浑浊，甚至使树脂从电泳液中析出而无法进行电泳，或者使涂层变得粗糙；pH值过高时，则会使水的电解加剧而析出大量气泡，导致泳透力下降并使沉积的涂层产生再溶解而使涂层变薄，涂层外观质量变差，易产生针孔等缺陷。电泳液pH值范围应根据电泳漆涂料供应商的工艺要求进行严格控制，一般为8.0~8.6。

③ 电泳温度　在电泳涂装过程中，由于有直流电压施加于槽液中，使槽液温度有上升的趋势。当电泳液温度升高时，电泳树脂粒子的运动速度加快，涂层厚度增加，泳透力降低，同时加剧了水的电解过程，使气泡释放量加大而导致涂层变粗糙，容易出现橘皮，甚至流挂。因此需要对电泳温度进行控制，使其符合规定的工艺要求。

④ 电导率　电泳液初始电导率取决于电泳液的固体分、pH值、温度、纯水的纯净度及杂质离子等因素，控制这些因素即可使电泳液的初始电导率在正常范围。随着电泳生产过程的延续，槽液本身产生NH^+及NH_3将会使槽液的电导率增加，同时从前道工序带来的杂质离子也会增加并在电泳槽中积聚，导致槽液电导率增大，引起电泳液的劣化、电压下降、泳透力降低，进而引起涂层表面粗糙、针孔等缺陷增多，严重时造成电泳液报废。为了保持电泳液电导率的稳定，必须严格控制杂质离子的污染，因此必须加强控制电泳前水洗水的水质，对已进入电泳液中的杂质离子，可采用精制设备去除。

⑤ 电泳电压　电泳电压是由电泳树脂本身的分子量和结构特性决定的，电泳液一般都有适用的电压范围，在此范围内，涂层厚度随电压的升高而增加。当电压过高，则会引起涂层粗糙、橘皮或针孔等；当电压太低时，泳动速度降低，成膜速度变慢，如果成膜速度低于膜在电解液中的溶解速度则无法成膜。此外，电泳电压还与槽液的固体分、温度、pH值、电导率、工件的表面特性（如阳极氧化膜厚度、着色所用的盐类、所着颜色的深浅）等因素有关，因此必须在特定的电泳液体系中，根据工件的表面状况经常调整电泳电压，使其在最佳的范围中。

⑥ 电泳时间　在电泳过程中，当刚开始通电时，被涂工件完全裸露，其与槽液间的电位差很高，电极反应相当剧烈，使得电流急速增加。为防止反应过于激烈，电流增加的速率可通过电泳电源的软启动功能来控制其达到最大电流的时间，一般软启动时间在30s左右。当工件的涂层逐渐增厚时，涂层电阻增大，在涂层上的电位也增大，相应的涂层表面与槽液间电位差降低，电极反应逐渐趋于缓和，电流逐渐下降，最终呈现残余电流，树脂的沉积反应基本停止。从电泳涂层的厚度增长来看，通电初期膜厚度增长速度较快，然后增长速度减缓，一般在2~3min后厚度趋于饱和，故电泳时间通常为2~3min。

（5）烘烤固化　烘烤固化的目的是促进固化剂与成膜树脂产生交联反应，形成具有装饰性和保护性的涂层。固化条件应根据电泳漆的性质来确定，一般固化温度为180~200℃，固化时间在30min左右。

3.3.3 铝合金型材喷涂处理工艺

铝合金型材喷涂处理包括静电粉末喷涂处理和静电液相喷涂处理，而静电液相喷涂处理除了有在铝合金建筑型材上常用的氟碳漆喷涂处理外，还有丙烯酸漆喷涂处理和聚酯漆喷涂处理。由于这几种表面处理工艺的许多工序是相同的，因此将其合并在一起叙述。铝合金型材喷涂处理工艺一般包括预处理、喷涂处理和烘烤固化三个工序。图3-14为典型的铝合金型材喷涂处理工艺流程图。

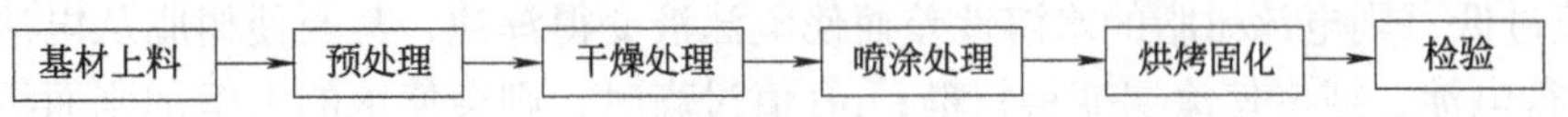

图3-14 典型的铝合金型材喷涂处理工艺流程图

（1）预处理 表面预处理一般采用脱脂和化学转化处理的工艺线路。脱脂一般采用专用的脱脂剂进行处理，其目的是去除铝型材在挤压过程中表面所黏附的油脂、污垢和残屑等，并可去除型材表面轻微的自然氧化膜。化学转化处理一般采用铬化处理或磷-铬化处理，其目的是在基材表面形成一层化学转化膜（如铬化膜或磷-铬化膜），以增强基材与涂层（在后续工序中形成的喷涂膜）之间的附着性，并对基材起到保护作用。化学转化膜应有一定的厚度，采用质量损失法分析化学转化膜的厚度，其中铬化膜一般以600~1200mg/m^{2}为佳，而磷-铬化膜一般以600~1500mg/m^{2}为佳。

（2）干燥处理 干燥的目的是将预处理过程中所带的水分去除。干燥的方式一般有两种，一种是自然干燥，另一种是高温干燥。自然干燥是放在室内慢慢地淋干或采用风扇吹干，这种干燥方式干燥时间长，效率较低，企业很少采用；大部分企业都是采用高温干燥，高温干燥时应控制好干燥温度，一般铬化处理后的干燥温度不应高于65℃，磷-铬化处理的干燥温度不应高于85℃，如果温度过高将会使化学转化膜过分失水而遭到破坏。

（3）喷涂处理

① 静电粉末喷涂处理 静电粉末喷涂处理就是将粉末涂料通过粉末喷涂枪涂覆到铝合金型材表面，形成一层具有保护性和装饰性的有机聚合物膜，它是利用高压静电电晕电场原理工作的。静电粉末喷涂是对喷枪施加负高压，对被涂工件做接地处理，使之在喷枪和工件之间形成一高压静电场。当运输载体（压缩空气）将粉末涂料从粉桶经输送管送至喷枪的导流环时，由于导流环接上高压负极产生电晕放电，其周围便产生密集的电荷而使粉末涂料带上负电荷。在静电力和压缩空气输出动力的共同作用下，粉末涂料从喷枪口飞向工件并均匀地吸附在工件表面，经过后道工序的固化处理，形成均匀、连续、平整、光滑的涂层。

在静电粉末喷涂处理工序中主要应控制好喷涂电压、喷涂距离和供气压力等工艺参数。粉末涂料一般都有一个适用的喷涂电压范围，在此范围内，随着喷涂电压的增大，粉末涂料带电量增加，其附着量亦增加，当电压过高时，因产生静电排斥现象反而使附着量减小，而且会使粉末涂料击穿，影响涂层质量。一般喷涂电压控制在60~80kV。

喷涂距离主要影响涂膜厚度和粉末涂料沉积效率，原因是喷涂距离的变化使电场强度发生变化。实践证明，一般喷涂距离控制在200~300mm时，粉末涂料沉积效率好。喷涂距离太小时，易引起火花放电，使粉末涂料击穿，影响涂层质量；而喷涂距离太大时，粉末涂料沉积效率太低。

由于静电粉末喷涂主要是靠带电的粉末粒子在静电力作用下吸附到工件表面，而不是靠气压将粉末涂料吹到工件上，因此在喷涂时应尽量把气压和粉末输送空气量保持在所需的最小要求量。供气压力增大时，供气量增大，粉末涂料动能增加，容易引起粉末涂料在工件表面上的反弹，而使粉末涂料沉积效率下降。在生产过程中，供气压力包括供粉气压、雾化气压和流化气压，这些压力的变化都会引起喷涂效率和涂层质量的变化。

② 静电液相喷涂处理　静电液相喷涂处理就是将液体涂料通过静电喷涂枪涂覆到铝合金型材表面，形成具有保护性和装饰性的有机聚合物膜。对于丙烯酸漆喷涂和聚酯漆喷涂一般都是一涂，即喷涂一次形成一层漆膜。而氟碳漆喷涂一般需要进行二涂、三涂或四涂处理，二涂是指在喷完底漆后再在底漆表面喷一层面漆；三涂是指喷完底漆后接着喷面漆，然后再喷清漆；四涂是指喷完底漆后再喷阻挡漆，接着再喷面漆，最后在面漆表面再喷一层清漆。

静电液相喷涂的工作原理是对喷枪施加负高压，对被涂工件做接地处理，使之在喷枪和工件之间形成一高压静电场。当电场强度足够高时，喷枪针尖端的电子便有足够的动能，它冲击枪口附近的空气，使空气分子电离产生新的离子和电子，空气的绝缘性产生破坏，离子化空气在电场力的作用下产生电晕放电，当液相涂料粒子通过喷枪口时，便带上电荷变成带电粒子，在通过电晕电区时，进一步与离子化的空气结合而再次带电，带电的涂料液滴受同性相斥的作用被充分雾化，并在高压静电场的作用下，向极性相反的被涂工件方向运动并沉积于工件表面而形成均匀的涂层。

静电液相喷涂的关键设备是静电喷枪，静电喷枪依据其雾化原理可分为离心静电雾化、空气静电雾化和液压静电雾化三大类。其中离心静电雾化又可分为盘式静电雾化和旋杯式静电雾化，目前以旋杯式静电雾化喷枪应用较为普遍。静电液相喷涂处理的主要工艺控制参数有喷涂电压、喷涂距离、涂料黏度和喷涂量等。

喷涂电压是静电涂装一个非常重要的参数。图3-15所示为电压与静电喷涂效率的关系。从图中可以看出，当电压低于40kV时，喷涂效率仅为20%左右，此后喷涂效率随着电压的升高而迅速增加，在60kV时，喷涂效率可达80%以上，电压再升高，变化已趋于缓和，喷涂效率增加缓慢，而且电压太高时容易击穿空气而产生火花放电，所以一般喷涂电压控制在60~90kV。

在电压确定的情况下，电场强度与极间距离成反比，如果喷枪与工件间的距离过短，则会产生火花放电；距离太远时，则漆雾附着率降低。一般1cm间隙的空气能承载10kV的电场强度，如果电场强度为90kV，则理论极间距离至少为9cm，低于此值则会有击穿空气产生火花放电而引起火灾的危险，在实际使用中，必须取3~4倍的安全系数。因此静电喷枪与工件的距离一般在150~350mm之间选用。

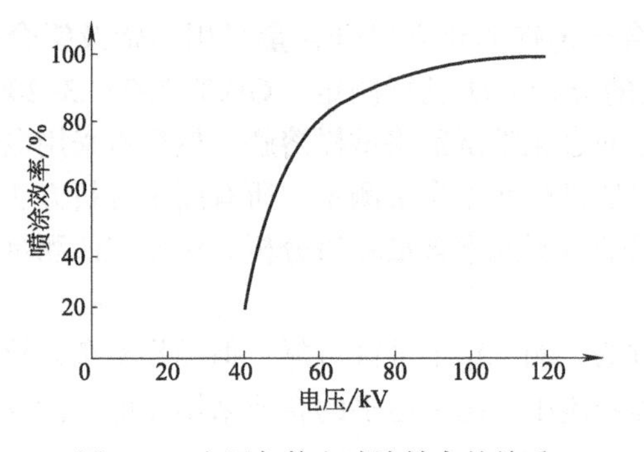

图3-15　电压与静电喷涂效率的关系

液相喷涂前，应先对液体涂料进行调配（习惯上称为调漆），使其黏度适宜喷涂处理。

涂料黏度越高，则雾化性能越差，对喷涂效率产生不利的影响；但涂料黏度过低，则易产生流挂和起泡等现象。调漆应根据涂料供应商提供的工艺要求，并结合当天天气温度、湿度以及涂料的导电性能等因素加入适量的稀释剂（如甲苯、二甲苯等）配制成黏度适当的涂料。

喷涂量越小越有利于涂料粒子的雾化。当喷涂量大时，有些涂料液滴不能在枪口处带上电荷使液滴的雾化不充分而影响涂层厚度的均匀性，通常是在确保涂装质量和喷涂效率的前提下，选择最大的喷涂量以提高生产效率。

（4）烘烤固化　烘烤固化是喷涂处理工艺中的关键工序，对于涂层质量有非常重要的影响，固化条件达不到工艺要求则对于涂层的耐候性、附着性、耐化学稳定性和耐冲击性等各种性能都可能产生不良的影响。对于不同的涂料其固化条件不一样，生产时应严格按涂料供应商提供的工艺要求进行控制。一般粉末涂料的固化条件是，固化温度为200℃，固化时间为10min，而氟碳漆的固化温度要求高一些，一般应达到230℃，固化时间一般为10min。

3.4 铝合金门窗型材的检验

随着铝合金制造工业的发展，铝合金产品的质量检测手段也在不断完善，目前，已经制定出了大量的试验方法以评价产品是否满足在各种使用环境条件下的需要。如美国建筑商协会标准AAMA 2605中就有16项检验项目，欧盟技术规范Qualicoat中有18项检验项目，我国铝合金建筑型材标准GB/T 5237.1~5237.6是参照欧美国家的相关标准的内容而制定的，其要求与欧美等工业发达国家标准的要求相当。本节主要是针对铝合金建筑型材国家标准中规定的内容，对铝合金型材的检验项目及检验方法进行叙述。

产品不同、表面处理方式不同，会有不同的检验项目及检验方法，为了叙述方便，本节将按铝合金门窗型材生产流程的顺序，介绍各工序生产产品的检验项目及检验方法。即熔铸工序生产的铝合金铸锭检验项目及检验方法、挤压工序生产的铝合金型材（基材）检验项目及检验方法、表面处理膜（包括阳极氧化膜、电泳漆膜、粉末喷涂膜和氟碳漆喷涂膜）检验项目及检验方法、隔热型材检验项目及检验方法。

3.4.1 铝合金铸锭检验项目及检验方法

铝合金铸锭的检验项目主要包括化学成分、外形尺寸及偏差、低倍组织、显微组织和表面质量。其中外形尺寸及偏差用游标卡尺、卷尺等量具测量；表面质量主要是通过目视检查，如裂纹、气泡、腐蚀斑点、成层（冷隔）和缩孔等。

（1）化学成分　铝合金铸锭的化学成分含量采用《铝及铝合金化学分析方法》（GB/T 20975.3~20975.24）规定的分析方法进行测定。GB/T 20975.3~20975.24系列标准中，对规定的各元素的测定方法是通过化学试剂将试样溶解，然后再采用电解仪、分光光度计或原子吸收分光光度计等测试仪器进行元素含量测定，所有测定分析方法都有一定的测量范围，在选用分析方法时，必须保证待测元素含量在该分析方法规定的测量范围内，否则测试结果的准确性无法保证。

标准中规定的分析方法，测试结果准确可靠，但操作复杂，检测时间长，不利于企业生产过程控制。在生产过程控制中，越来越多的企业采用光电直读发射光谱分析方法进行化学成分分析。

目前，铝合金型材生产企业所使用的光电直读光谱仪属于发射光谱分析范畴的原子发射光谱分析。原子发射光谱分析是根据自由原子（或离子）被激发后，外层电子辐射跃迁所发射的特征辐射（特征光谱）来研究物质化学组成的方法。光谱定量分析主要是根据样品光谱中分析元素的谱线强度来确定元素的浓度，元素的谱线强度与该元素在样品中浓度的相互关系，可用如下经验公式即赛伯-罗马金公式来表示：

$$I=AC^b$$

式中 I——谱线强度；

C——分析元素的浓度；

A——与试样的蒸发、激发过程和试样组成等有关的一个参数；

b——常数，与谱线的自吸有关。

（2）低倍组织 低倍组织检验主要检查铸锭的晶粒度和组织缺陷。低倍组织检验是采用化学试剂对样品进行浸蚀处理，使晶粒显现，通过目视检查找出存在的缺陷，以及对照晶粒度图谱对铸锭的晶粒度进行评级。

所有低倍试样的被检查面都需要经过铣削加工，其粗糙度应不低于Ra3.2μm。当然在不降低检查效果的前提下，也可采用其他加工方法。试样的浸蚀一般要经过碱蚀、酸洗（光亮洗）和晶粒显现三个步骤。

① 碱蚀 氢氧化钠溶液浓度为8%~12%；室温下浸蚀时间为10~15min。

碱蚀后的试样应在流动的清水槽内清洗，除尽试样表面碱液。

② 酸洗（光亮洗） 硝酸溶液浓度为20%~30%；试样在室温下，在硝酸溶液中除去表面黑色腐蚀产物，以试样表面达到洁白为准，然后在流动的清水槽内清洗干净。经过以上处理的试样即可用于检查缺陷。

③ 晶粒显现 进行晶粒度检查的试样，应在氢氟酸、硝酸、盐酸的混合酸溶液中浸蚀处理，混合酸溶液中三种酸的体积比为$V_{HF}:V_{HNO_3}:V_{HCl}=1:5:15$。将试样放入混合酸溶液中适当时间，立即用清水冲洗，可反复进行多次浸蚀处理，直至晶粒显现清晰为止。

对于铝合金挤压用铸锭，其晶粒度一般要求不大于二级，其他低倍组织一般应符合表3-13铸锭低倍组织要求的规定。

表3-13 铸锭低倍组织要求

缺陷名称	技术要求
裂纹	不允许存在
气孔	不允许存在
夹渣	只允许有两点夹渣，且单个面积不大于0.5mm²
光亮晶粒	允许不多于10点，每点平均直径不大于3mm，或不多于2点，每点平均直径不大于10mm
羽毛状晶	羽毛状晶的面积应不大于试样总面积的30%
疏松	不超过二级

（3）显微组织 显微组织检验也可用于检查铸锭的组织结构和组织缺陷，并可检查在低倍组织检验中无法观察到的组织过烧、高温氧化、包覆层和铜扩散等现象。显微组织检验是先对试样进行抛光处理，再在浸蚀剂中浸蚀处理，然后在金相显微镜上观察试样的微观组织，并对试样的显微组织进行判断。均匀化状态的铝合金铸锭显微组织一般要求不允许有过烧现象。

显微组织检验的试样一般要经过粗加工、机械抛光和电解抛光、试样浸蚀这几个步骤处理，才可用于在金相显微镜上检查显微组织。试样的粗加工采用铣刀（或锉刀）以及砂纸将试样受检面加工成平面，再在抛光机或电解抛光设备上进行抛光处理，获得光亮表面，根据试样的合金成分、材料状态及检验目的，选择适当的浸蚀剂进行处理，此时的试样即可用于显微组织检查。

3.4.2 基材检验项目及检验方法

基材检验项目主要包括化学成分、外观质量、尺寸允许偏差和力学性能。基材化学成分分析方法应符合GB/T 20975或GB/T 7999的规定，仲裁分析法采用GB/T 20975规定的方法。外观质量主要通过目视检查型材表面是否有裂纹、起皮、腐蚀、气泡等缺陷存在，以及是否存在碰伤和擦伤等现象。型材尺寸一般用游标卡尺、千分尺、R规、塞尺和卷尺等工具测量，也有一些企业用型材断面尺寸检测仪器，通过对型材横截面扫描进入电脑，再通过专门的检测软件进行测量。

型材力学性能检验在企业生产现场大量采用韦氏硬度计（也称钳式硬度计）检测型材的硬度。韦氏硬度试验方法是一种快速、方便、无损的测量方法，它不要求对试样进行特殊处理，可直接在型材表面测量并读取硬度值，对于企业生产现场控制是有很大帮助的。但应注意的是，韦氏硬度一般只作为参考值，力学性能的仲裁试验为拉伸试验，通过抗拉强度、规定非比例延伸强度（即有些标准中的规定非比例伸长应力）和伸长率来评价型材的力学性能。在《金属材料　拉伸试验》（GB/T 228）中对拉伸试验有比较详细的叙述，总的来说，就是将试样加工成标准中规定的尺寸和形状，再在拉伸试验仪上进行拉伸试验，从而得到抗拉强度、规定非比例延伸强度和伸长率。

3.4.3 表面处理膜检验项目及检验方法

对于表面处理膜的分类多种多样，有按生产工艺来分，如阳极氧化膜、静电粉末喷涂膜、静电液相喷涂膜、电泳涂漆膜等；有按膜层材料来分，如氧化膜、氟碳漆膜、丙烯酸漆膜等。本章为了叙述方便有时也会将阳极氧化电泳涂漆复合膜、氟碳漆喷涂膜、丙烯酸漆喷涂膜、静电粉末喷涂聚酯膜等有机聚合物膜统称为高聚物涂层。高聚物涂层（有时简称为涂层）指的是金属通过表面化学预处理，再进行电泳或喷涂等工序处理，使铝及铝合金表面涂覆一层具有装饰性和保护性的有机高分子材料膜。

铝合金门窗型材表面处理膜常见的有阳极氧化膜、电泳漆膜、粉末喷涂膜和氟碳漆喷涂膜。由于不同表面处理膜具有各自的特点和性能要求，因此本章中各试验方法其适用范围是不同的，有些方法所有表面处理膜都适用，如采用涡流法测量膜厚、外观质量的检查、盐雾腐蚀试验、耐候性试验、耐磨性试验等，而有些方法仅适用于某种或某几种特定的表面处理膜，如封孔质量的检查、采用重量法测量膜厚、分光束显微镜测量膜厚等仅适用于阳极氧化膜的检测，而附着力试验、涂层聚合作用试验、耐酸试验、耐碱试验、耐灰浆试验等不适用于阳极氧化膜的检测。

（1）外观质量　对于具有表面装饰功能的铝合金产品，其外观质量尤其重要。外观质量的检查通常采用目视检查法。一般来说，外观质量应包括颜色、色差、表面光反射性能和表面缺陷等几个方面，然而，由于所采用的检查方法为目视检查法，对于颜色和色差、表面光反射性能的要求只能笼统地规定为颜色和光泽均匀，无法进行量化，对于结果的判定带来一定的困难。为了更好地控制颜色和色差以及表面光反射性能，在有些标准中（如GB/T 5237.4~5237.5）将颜色和色差、光反射性能作为单独的检测项目列出来，并采用了相应的仪器进行检查。在本章中也将这两个检测项目单独列出，本节的外观质量检查主要是针对表面缺陷的检查。

采用目视检查法检查外观质量，应根据产品的最终使用目的，选择适当的观察距离，对于装饰性的阳极氧化膜和高聚物涂层产品，其观察距离一般为0.5m，对于建筑用阳极氧化膜和高聚物涂层产品，其观察距离一般为3m。检查时必须采用正常的视力或者经矫正后视力不低于1.2，并且在自然散射光条件下以垂直于测试表面或以45°斜角进行观察，要求装饰面上无气泡、针孔、夹杂物、流痕和划伤等影响使用的缺陷。

（2）颜色和色差　对于具有表面装饰功能的氧化着色膜和涂层，其颜色和色差是一项重要的检测项目，颜色不均匀对其装饰性影响极坏。对于颜色和色差的检测有两种检测方法，一种是目视比色法，另一种是仪器检测法。

目视比色法是在自然散射光或人造D_{65}标准光源下，在垂直于试样和色板表面或者与试样和色板表面呈45°斜角进行观察，以判断产品的颜色与标准色板的差异程度。目视比色法具有诸多的影响因素，比如环境的颜色、试样表面粗糙度、试样的形状和大小、试样与色板的放置位置、照光的强弱以及视点位置等都会影响人的判断，检测时应尽量减少这些因素的影响。在检测周围不应有彩色物体的反射光；试样与色板应并排平行放置在同一平面上；在放置试样的地方，照光应均匀。采用目视检查法检查外观质量，应根据产品的最终使用目的，选择适当的观察距离，对于装饰性的阳极氧化膜和高聚物涂层产品，其观察距离一般为0.5m，对于建筑用阳极氧化膜和高聚物涂层产品，其观察距离一般为3m。检查时必须采用正常的视力或者经矫正后视力不低于1.2，并且在自然散射光条件下以垂直于测试表面或以45°斜角进行观察，要求装饰面上无气泡、针孔、夹杂物、流痕和划伤等影响使用的缺陷。

仪器检测法就是通过测色仪测量试样与参照色板之间的颜色差异，以色差值的大小来表示试样与参照色板之间的颜色差异大小。测色仪是基于对波长为400~700nm的可见光谱反射光的测量。仪器所采用的标准照明体一般为标准照明体D_{65}，其相关色温是6504K时相状态的昼光；有些仪器也采用标准照明体A，它被规定用于特殊同色异谱指数的色度测定，其代表的是钨丝灯的光，光谱分布相当于2856K温度下的全辐射体。试样表面的粗糙度、条纹以及表面沾染等因素会影响测试结果，因此测量时应选择清洁的、无划痕的表面，并且试样表面必须完全覆盖仪器的测量孔。

（3）膜厚　膜厚是经表面处理的铝合金型材的一项重要的常用性能指标。它不仅对产品的耐腐蚀性有重要影响，而且对产品的装饰性以及涂层的耐冲击性、抗杯突性和抗弯曲性等性能等有影响，另外它还是决定铝合金产品生产成本的主要因素。

在铝合金表面处理工业生产中，要想在产品的多个处理面上得到完全一致的膜厚是不可能的，而且在同一处理面上也难以达到完全相同的膜厚，由此在工业生产中以及产品标准中，通常采用“平均厚度”“最小局部厚度”和“最大局部厚度”来对表面处理膜的厚度进行描述和控制。

对于一支工件来说，并非工件的各个表面的处理膜都具有同等重要的作用。有些部位的表面处理膜的性能和外观对使用有重要影响，而有些部位的表面处理膜的性能和外观对使用无多大影响，如果不分主次对它们都严格加以控制，是不经济合理的，因此在产品标准（GB/T 5237）中提出“装饰面”和“非装饰面”的概念加以区别对待。

要控制表面处理膜的厚度，首先必须确保能够准确地测量出膜的厚度。ISO标准给出了四种铝合金阳极氧化膜的测量方法：显微镜测量法；分光束显微镜测量法；质量损失法；涡流法。我国以及世界绝大多数国家的国家标准都等同采用或修改采用了ISO标准中的四种测量方法。其中以涡流法应用最为广泛，铝合金型材生产企业基本上都是采用涡流法进行现场控制；显微镜测量法一般作为氧化膜厚度等于或大于5μm时的仲裁方法；质量损失法一般作为氧化膜厚度小于5μm时的仲裁方法；而分光束显微镜测量法在国内应用相对比较少。

① 显微镜测量法　该方法采用金相显微镜对铝及铝合金基体横断面上氧化膜厚度进行测量，它所测量的是局部厚度。要求试样能够清晰、真实地显现出阳极氧化膜，这就对试样的制备提出了很高的要求，需要对试样进行适当的研磨、抛光和浸蚀处理。

影响该方法测量精度的因素很多，比如表面粗糙度、横断面的斜度、覆盖层变形以及机械加工精度等，都会导致测量结果的偏差。对于待测试样，其横断面必须垂直于待测处理膜，当垂直度偏差为10°时，则测量值比真实厚度大1.5%。另外，显微镜的选择和操作不当也会影响测量精度，对于载物台测微计的目镜测微计在使用前都必须标定，而仪器的放大倍数也必须选择合理，对于待测膜厚，其测量误差一般是随放大倍数减小而增大，一般选择放大倍数应使视场直径为膜厚的1.5~3倍。

② 分光束显微镜测量法　采用分光束显微镜对铝及铝合金基体上的氧化膜厚度进行测量，仅限于测量透明膜厚度，是一种无损测量方法。在一般工业条件下，可用于测量10μm以上的氧化膜，当表面平滑时也可测量5μm以上的氧化膜。对于特殊的处理膜（如深色阳极氧化膜）、试样基底粗糙的膜不适用此方法。

该方法测量原理是：采用一束狭长平行光线倾斜地入射到阳极氧化膜表面，其入射角通常为45°，然后一部分光束在阳极氧化膜的外表面反射出来，另一部分光束穿过氧化膜并在金属/氧化膜界面上反射出来。由此在视区可以见到两条平行的亮线，通过目镜即可测出两平行线间的距离，而两平行线间的距离与氧化膜的厚度和显微镜的放大倍数成正比。通过氧化膜折射率和显微镜的几何形状即可计算出氧化膜的真实厚度。氧化膜折射率一般在1.59~1.62之间。

③ 质量损失法　该方法是采用化学试剂将试样的氧化膜去除，通过测得试样的质量损失来计算铝及铝合金基体上氧化膜的厚度。由于试验中所涉及的密度为近似值，因此该试验结果只能得出一个近似的平均厚度值，当阳极氧化膜厚度等于或小于10μm时，所估算的氧化膜平均厚度比较精确。

测量操作步骤是：首先计算出氧化试样待测表面的面积，并称量其质量（精确至0.1mg），接着将试样置于100℃的35mL/L磷酸和20g/L三氧化铬混合溶液中浸泡10min，然后取出试样用蒸馏水清洗干净，干燥后再称量。如此重复浸泡和称量，直到再没有质量损失为止，然后记录其质量并计算出质量损失，这一质量损失量即为氧化膜表面密度（单位面积上的质量）。

若已知氧化膜的生成条件及其密度，通过对表面密度（单位面积上的质量）的测定，就可以计算出氧化膜的平均质量，同时也可以估算出氧化膜的厚度。氧化膜的密度与合金成分、氧化工艺和封孔工艺等条件有关，在正常的工艺条件下，氧化膜的密度在2.3~3g/cm^{3}之间，对于不含铜的铝及铝合金在20℃的硫酸中，在直流电下生成的氧化膜，封闭后的氧化膜密度约为2.6g/cm^3，未封闭的氧化膜密度约为2.4g/cm^3。

④ 涡流法　该方法采用涡流测厚仪对铝及铝合金基体上氧化膜及涂层厚度进行测量，它具有快速、方便、无损的特点。特别适用于在生产现场、销售现场或施工现场对产品进行快速无损的膜厚检查，是当前企业生产现场质量控制中应用最广的方法。

涡流测厚仪是利用涡电流原理进行测量的，要求基体金属为非磁性且表面膜层不导电。

当测头与试样接触时，测头产生的高频电流磁场，在基体金属中会感应出涡电流，此涡电流产生的附加电磁场会改变测头参数，而测头参数的改变则决定于与氧化膜或涂层厚度相关的测头到基体之间的距离，涡流测厚仪通过对测头参数改变量的测量，经过计算机分析处理，便可得到氧化膜或涂层的厚度值，并显示于测厚仪的显示屏上。

在进行测量操作时，应将探头平稳、垂直地置于清洁、干燥的待测试样上，测头置于试样上所施加的压力要保持恒定。通常由于仪器的每次读数并不完全相同，因此必须在任一测量面积内进行多次测量，并取其平均值。

（4）阳极氧化膜封孔质量　阳极氧化膜的封孔质量是极为重要的，它实际上意味着产品的使用寿命，封孔质量差的产品容易沾污，表面容易被腐蚀以及产生其他不良的后果。国内外对于阳极氧化膜封孔质量进行了大量的研究，评价封孔质量的试验方法也有很多，如酸处理后的染色斑点法、酸浸法、磷铬酸法和导纳法等。其中由于磷铬酸法测试结果与实际使用的相关性好，已在很多国家推广使用，并发展成为阳极氧化膜封孔质量的仲裁方法。

硝酸预浸的磷铬酸法是通过铝及铝合金阳极氧化膜先在硝酸溶液中浸泡，而后在磷铬酸溶液中浸蚀后的质量损失来评定其封孔质量。该方法所采用的溶液为650mL/L硝酸溶液、20g/L三氧化铬和35mL/L磷酸混合溶液。试样在浸蚀前应先用干布擦去试样表面的霜斑，并在室温下用适当的有机溶剂（如丙酮）对试样进行脱脂，干燥后称量，接着将试样浸入(19±1)℃的硝酸溶液中10min，而后冲洗干净浸入（38±1)℃的磷铬酸溶液中浸泡15min。然后取出试样，将试样清洗干净、干燥后再次称量，并计算其质量损失。GB/T 5237.2中规定封孔质量按照GB/T 8753.1的规定进行。

（5）耐腐蚀性　对于铝合金产品来说，其表面处理的目的一般都是为了获得良好的装饰性能和防护性能，因此耐腐蚀性是铝合金产品一项重要的性能指标。一般来说，经表面处理的铝合金产品具有良好的防护性能，特别是喷涂产品其防护性能更佳，可以在许多恶劣环境条件下使用。评价铝合金产品耐腐蚀性的试验方法有很多种，其中以盐雾试验和湿热试验应用最广泛。

① 盐雾试验　盐雾试验是众多耐腐蚀试验中的一种常用的检验方法，它包括中性盐雾试验（NSS试验）、乙酸盐雾试验（ASS试验）和铜加速乙酸盐雾试验（CASS试验）三种。盐雾试验在专用的盐雾箱中进行，通过压缩空气将试验溶液雾化，然后沉降在试样表面，经过规定试验时间之后将试样从盐雾箱中取出进行评价。三种盐雾试验所采用的试验设备是相同的，其差异主要是试验温度和试验溶液不同。中性盐雾试验和乙酸盐雾试验的试验温度为(35±2)℃，铜加速乙酸盐雾试验的试验温度为（50±2)℃。中性盐雾试验的试验溶液是浓度为（50±5)g/L氯化钠溶液，其pH值为6.5~7.2；乙酸盐雾试验的试验溶液是在（50±5)g/L氯化钠溶液中加入冰醋酸，使溶液的pH值调节到3.1~3.3；铜加速乙酸盐雾试验的试验溶液是在（50±5)g/L氯化钠溶液中加入（0.26±0.02)g/L氯化铜（$CuCl_2 \cdot 2H_2O$），并通过冰醋酸将此溶液的pH值调节到3.1~3.3。在这三种盐雾试验中以铜加速乙酸盐雾试验加速腐蚀性最快，乙酸盐雾试验加速腐蚀性次之。

② 湿热试验　湿热试验是将试样置于设定温度和湿度条件下的环境箱中，在规定的试验周期后检查产品的变化情况。GB/T 1740规定试样应垂直悬挂于温度为（47±1)℃、相对湿度为（96±2)%的调温调湿箱中，在经过规定的时间后检查试样的外观破坏程度，并进行评级。试验结果一般分为三级，一级最佳，试样表面仅有轻微变色，涂层无起泡、生锈和脱落等现象；三级最差，试样表面破坏严重。

（6）耐化学稳定性　耐化学稳定性是用于对高聚物涂层（即粉末喷涂膜和氟碳漆喷涂膜等）的质量评价。常见的耐化学稳定性试验有耐盐酸性试验、耐硝酸性试验、耐灰浆性试验和耐洗涤剂性试验，其试验方法就是在一定的温度和浓度下，将试样与化学品接触，经过一定的试验时间后检查涂层表面的变化情况。

（7）耐候性　对于室外使用的铝合金型材，耐候性是一项非常重要的性能指标，耐候性好的产品其使用寿命长，色泽经久不衰；耐候性差的产品在室外使用一段时间后，其表面处理膜可能出现颜色变化大、光泽损失率高，影响其装饰性，甚至可能出现粉化、开裂、起泡、生锈、霉点、斑点、沾污和表面处理膜剥落等恶劣的影响。

评价产品耐候性的试验有两类，一类为自然曝晒试验，另一类为人工加速耐候试验。自然曝晒试验我国亦称为大气腐蚀现场挂片试验，它是将试样直接放到曝晒场中进行试验，经过长时间的曝晒雨淋后检查产品的变化情况，通过试验可以比较真实地反映产品在特定环境下的使用寿命。这类试验时间很长，不利于产品质量检验，但对于新产品的开发还是很有用的。

人工加速耐候试验是采用专用的模拟自然环境条件的试验仪进行试验，它可以大大缩短试验时间，便于指导企业生产。一般来说，采用人工加速耐候试验其破坏进程与暴露在自然气候条件下所发生的破坏进程之间的相关性是难以确定的，因为到达地球表面的阳光，其辐射特性和能量随气候、地点和时间而变化。进行自然阳光暴露时，影响破坏进程的因素除太阳辐射外，还有许多因素，如温度、温度的周期性变化和湿度等。不过，通过大量的重复性试验，在特定的地理位置下，人工加速破坏与自然气候破坏之间的相关性是可以得到改进的。

为了使试验产生与自然阳光照射相同的效果，所采用的试验光源应尽可能与阳光的光谱分布相类似。目前国内外主要采用三种人工加速耐候试验，即荧光紫外灯人工加速耐候试验、氙弧灯人工加速耐候试验和碳弧灯人工加速耐候试验，它们分别是采用荧光紫外灯加速耐候仪、氙灯辐射耐候仪和碳弧灯辐射耐候仪进行试验，通过控制几个试验参数（如试验时间、试验温度、辐射能等）即可进行加速试验，对产品的耐候性进行评价。

（8）硬度　涂层硬度可采用压痕硬度试验、铅笔硬度试验和显微硬度试验进行评价。我国铝合金建筑型材国家标准中规定，对于喷粉涂层采用压痕硬度试验，电泳涂漆和喷漆涂层采用铅笔硬度试验。

① 压痕硬度试验　试验采用巴克霍尔兹压痕仪进行检测，它主要用于检测高聚物涂层的硬度，尤其用于检测膜厚要求较高的产品的抗压痕性。试验一般在温度（23±2）℃、相对湿度（50±5)%的条件下进行。操作时将压痕仪轻轻地放在试板适当的位置上，放置时应首先使装置的两个脚与试样接触，然后小心地放下压痕仪，放置（23±1)s后，将压痕仪移去，移去压痕仪时应注意先抬起压痕仪，接着抬起装置的两个脚。移去压痕仪后（25±5)s内用精确为0.1mm的显微镜测定所产生的压痕长度，并计算出其抗压痕性。为了减少偶然误差，一般应在同一试样的不同部位进行5次测量，并计算其算术平均值。

② 铅笔硬度试验　该试验采用已知硬度标号的铅笔刮划涂层，以铅笔的硬度标号表示涂层硬度。由于不同品牌的铅笔其硬度有可能不同，为了使试验结果具有唯一性，该试验必须指定采用何种铅笔进行测试，GB/T 6379中规定采用中华牌高级绘图铅笔，而美国AAMA2605等标准规定采用Berol Eagle Turquoise铅笔。对于铅笔尖的制备也是很重要的，笔芯应呈圆柱状，并将笔芯垂直靠在砂纸上慢慢研磨，直至铅笔尖端磨成平面，边缘

锐利为止。试验时，手持铅笔约成45°角或将铅笔安装在铅笔硬度试验仪上，在涂层面上匀速推压，如此刮划五道，每道刮划后应注意重新磨平再用。通过找出涂层被擦伤（或刮破）二道（包括二道）及未满二道的硬度标号相邻的两支铅笔后，将未满二道的铅笔硬度标号作为涂层的铅笔硬度。

③ 显微硬度试验 试验采用显微硬度计进行测量，以规定的试验力，将具有一定形状的金刚石压头以适当的压入速度垂直地压入待测涂层，保持规定的时间后卸除试验力，然后测量压痕对角线长度，并将对角线长度代入硬度计算公式进行计算或根据对角线长度查表，从而获得维氏和努氏显微硬度值。该试验适用于金属覆盖层中的电沉积层、自催化镀层、喷涂层的维氏和努氏显微硬度测定，也适用于铝合金阳极氧化膜的维氏和努氏显微硬度测定。

（9）耐磨性 耐磨性可采用喷磨试验、轮式磨损试验和落砂试验进行评价。

① 喷磨试验 试验采用喷磨试验仪测定表面处理膜的平均耐磨性，该试验适用于膜厚不小于5μm的所有氧化膜的检验，尤其适用于检验区直径为2mm的小试样和表面不平的试样。由于不同批次的磨料会使试验结果产生一定的误差，所以该试验只是一种相对的检验方法。

试验推荐采用碳化硅颗粒作为试验用磨料，其粒度最好为GB/T 2481.1中规定的F100。磨料使用前应在105℃下进行干燥；然后进行粗筛，以保证磨料中没有大的颗粒或条状物。磨料经多次使用后会有磨损，因此在使用一定次数后（一般可重复使用50次）应弃置，而改用新的磨料进行试验。

在试验前应对仪器进行校正，以便得到试验时所需要的喷磨系数。校正时应选好标准试样的磨损面并做标记，用测厚仪精确地测量受检面的膜厚。将标准试样固定在试样支座上，其受检面与喷嘴相对，并与喷嘴成正确角度（通常为45°~55°）。再在供料漏斗中加入足够量的碳化硅；如果耐磨性能是按磨料用量来测量，则应称量供料漏斗中的磨料质量，精确到1g。把压缩空气或惰性气体的流速调整到40~70L/min，压强为15kPa，并在整个试验周期始终保持在这一设定值。在整个试验周期内应保证磨料喷射自如，当磨损面中心出现一个直径为2mm的小黑点时，应立即停止磨料喷射和计时器计时，结束试验。记录试验时间，如果需要还应称取供料漏斗中所剩磨料的质量，精确到1g，从两次称量中计算出磨穿膜层时所需的碳化硅质量。然后在标准试样的其他部位至少再进行两次测量。

测试时，用待测试样置换标准试样按校正步骤进行。为了达到控制质量的目的，在试验中可以使用协议参比试样进行比较；当需要时，也可以用协议参比试样来替代标准试样进行校正。

② 轮式磨损试验 试验采用轮式磨损试验仪测定铝及铝合金表面处理膜的耐磨性及磨损系数。适用于氧化膜的厚度不小于5μm的板片状试样检验，对于氧化膜的整个层厚以及表层或任意选定的氧化膜的某一层都可以用该试验测定其耐磨性和磨损系数。

试验所采用的研磨纸带宽为12mm，碳化硅的粒度为45μm（320目）。在试验前应对仪器进行校正。校正时应选好标准试样的磨损面并做标记，用测厚仪测量受检面的平均膜厚。将标准试样固定于仪器的检测位置上，在研磨轮的外缘上绕上一圈碳化硅纸带，调节研磨轮，保证在规定的研磨宽度内检验表面的磨损量均匀一致，研磨轮与检验表面之间的力应调到3.92N。仪器运行400次双行程后，取下标准试样仔细清扫，并测量检验面上的平均膜厚。然后在标准试样的其他部位至少再进行两次测量。

测试时，用待测试样置换标准试样按校正步骤进行，并计算出相对磨损率。为了减少误差，所用的研磨纸带应与校正时使用的纸带是同一批次的。对于着色阳极氧化膜的检验，如果检验面上的膜厚损失小于3μm，可通过调节研磨条件进行研磨，例如，增加研磨轮与检验面之间的力，采用较粗的碳化硅纸带，增加双行程的次数等方法。也可以通过称量试验前后的质量损失量，并计算出相对磨损率，来评价膜的耐磨性。

③ 落砂试验　试验采用落砂试验仪测定膜的磨耗系数来评价膜的耐磨性能。试验所用的磨料一般有两种，一种是80号黑碳化硅，另一种是标准砂。为了保证试验结果的准确性，试验用磨料必须是干燥的，试验室的相对湿度不能大于80%，并且要注意避风。

采用黑碳化硅作为磨料进行测试时，应先用测厚仪测量试样表面处理膜的厚度，再将试样固定于仪器的试样支座上，其受检面向上，并与导管相对，受检面与导管成45°角。接着倒入已知质量的磨料，让磨料自由落下并将流速控制在320g/min左右，当磨损面中心出现一个直径约为2mm的小黑点时，应立即停止落砂。再次称量所剩磨料的质量，计算出磨耗系数。

（10）附着力　附着力主要是针对高聚物涂层而提出的性能要求。附着力是涂层一项至关重要的性能指标，如果附着力差，涂层容易脱落，这必将影响产品的使用性能。在实际生产中影响涂层附着力的因素有很多，如基材预处理清洗不干净，这是实际生产中最常见原因之一；预处理时铬化膜或磷铬化膜不合格；喷涂前基材上的水未烘干；涂层固化不完全；在生产电泳产品过程中氧化膜起粉、热纯水洗温度太高、热纯水洗时间太长等都会影响涂层的附着力。

附着力一般都是采用划格试验进行检查，即以直角网格图形切割涂层穿透至基材时来评定涂层从基材上脱离的抗性。试验时应先在试样表面切割6条规定间距（1mm或2mm）的平行直线，所有切割线都应划透至基材表面。然后重复上述操作，在与原先切割线垂直方向作相同数量的平行切割线，并与原先切割线相交，以形成网格图形。用软毛刷在网格图形上轻扫几次，再将黏胶带紧密地贴在网格图形上，为了确保黏胶带与涂层接触良好，可用手指尖用力蹭黏胶带。在贴上黏胶带5min内，在0.5~1.0s内以尽可能接近60°的角度平稳地撕离黏胶带，要求涂层无脱落现象。以上方法测试的为干式附着力，有的标准也要求测湿式附着力和沸水附着力，其操作是按上述方法将试样划格后，将试样放在（38±5)℃的水中浸泡24h（湿式附着力）或放在温度不低于95℃的蒸馏水或去离子水中煮沸20min（沸水附着力），然后再按上述方法粘贴和撕离黏胶带，要求涂层无脱落现象。

（11）耐冲击性　耐冲击性是采用冲击仪进行检测，通过以固定质量的重锤落于试样上是否不引起涂层破坏来评价涂层的质量。耐冲击性一般应在温度（23±2)℃和湿度（50±5)%的条件下进行测试，所采用的冲头直径为16mm，重锤质量为（1000±1)g。试验时将试样涂层面朝上（正冲试验），试样受冲击部分距边缘不小于15mm。然后将重锤置于适当的高度自由落下，直接冲击在试样上，使之产生一个深度为（2.5±0.3)mm的凹坑，用4倍放大镜观察凹坑及周边的涂层变化情况。涂层正面经冲击试验后不能有开裂和脱落现象，但在凹面的周边处允许有细小皱纹。

（12）抗杯突性　抗杯突性采用杯突试验仪进行检测，它是通过杯突试验仪使试样逐渐变形，以评价涂层抗开裂或抗与金属底材分离的性能。可按规定的压陷深度进行试验，评定涂层是否合格；也可以逐渐增加压陷深度，以测定涂层刚出现开裂或开始脱离底材时的最小深度。

抗杯突性一般应在温度（23±2)℃和湿度（50±5)%的条件下进行测试，所采用的冲头直径为20mm。试验时将试板牢固地固定在固定环与冲模之间（注意使冲头的中心轴线与试板的交点距板的各边不小于35mm），并将冲头的半球形顶端以每秒（0.2±0.1)mm恒速推向试板，直到达到规定深度。试验后以正常视力或经同意采用10倍放大镜检查涂层的变化情况。

（13）抗弯曲性　抗弯曲性是采用弯曲试验仪进行检测的，它是将试样绕圆柱轴弯曲，观察涂层的变化情况，从而评价涂层弯曲时抗开裂或从金属底材上剥离的性能。可按规定的圆柱轴直径进行试验，评定涂层是否合格；也可以依次使用圆柱轴（圆柱轴直径从大到小）进行试验，以测定涂层刚出现开裂或开始脱离底材时的最小直径。

抗弯曲性一般应在温度（23±2）℃和湿度（50±5）%的条件下进行测试。试验时首先将试样插入弯曲试验仪中，并使涂层面朝座板，然后在1~2s内平稳地弯曲试样，使试样在轴上转180°。弯曲后不将试样从仪器上取出，立即以正常视力或经同意采用10倍放大镜检查涂层的变化情况。

（14）耐溶剂性　耐溶剂性是采用有机溶剂对涂层进行检查，以考察涂层是否完全固化。聚合作用试验可作为涂层的在线控制，以检查铝合金产品喷涂生产时的固化条件是否达到涂料要求的固化条件。试验规定对于氟碳漆喷涂层采用丁酮作为试验溶剂，而对于粉末喷涂层采用二甲苯作为试验溶剂。其操作是将一药棉条浸于试验溶剂中，使其饱和后，置于试样上并保持30s。然后取下棉条，将试样用自来水冲洗干净、抹干，以备检查。要求在室温下放置2h后，涂层应无软化及其他明显变化，用手指甲做划痕试验，不应产生明显的划痕。

（15）耐沸水性　耐沸水性主要是针对高聚物涂层而提出的，它是通过沸水试验后的涂层表面是否有气泡、皱纹、水斑和脱落等缺陷来评价产品的质量。在铝合金生产企业中此项性能指标常常被用于检查铝合金表面处理生产时的前处理工序是否合格，当然由于涂料本身的原因以及生产中的其他原因也会造成此项不合格。

沸水试验是在烧杯中注入一定量的蒸馏水或去离子水，将水煮沸，把试样悬挂浸入于水中，煮沸2h后取出观察并进行评价。Qualicoat对经沸水试验后涂层是否脱落的评价采用了胶黏带进行检查，其操作是将胶黏带紧贴于受检面上，然后平稳地迅速撕离胶黏带以检查涂层是否有脱落。试验时应注意，在煮沸过程中水会蒸发，可随时注入煮沸的蒸馏水或去离子水补充，使水面尽可能地保持在80mm左右的深度；整个过程中水温不要低于95℃。此试验还可以采用压力锅进行测试，其方法是在压力锅内煮沸1h，冷却至常温后进行检查。

（16）光反射性能　产品外表面的光反射性能会影响产品的外观质量，当两种产品外表面的光反射性能差别很大时，纵使二者颜色完全一样，也能很容易地看出其外观上的差异，因此对于装饰性产品外观质量的检查也应考虑其光反射性能的检查。光反射性能通常可用镜面光泽、全反射率、镜面反射率、漫射反射率和影像清晰度等进行评价。对于铝合金建筑型材基本上都是测量镜面光泽来评价光反射性能。

镜面光泽是采用光泽计以20°、60°或85°的几何角度测定涂层的镜面光泽。其中60°法适用于测量所有光泽范围的涂层，但对于光泽很高的涂层或接近无光泽的涂层，20°法或85°法则更为适宜。20°法对高光泽涂层可提高鉴别能力，适用于60°光泽高于70光泽单位的涂层；85°法对低光泽涂层可提高鉴别能力，适用于60°光泽度低于30光泽单位的涂层。镜面光泽的方法不适用于测定含金属颜料涂层的光泽度。

试验所用的光泽计由光源部分和接收部分组成。光源经透镜使成平行或稍微会聚的光束射向涂层表面，反射光经接收部分透镜会聚，经视场光阑被光电池所吸收，然后通过接收器测量仪表测得数值。接收器测量仪表所测得的数值与通过接收器视场光阑的光通量成正比。采用此试验方法测定光泽，所用的试样必须是平整性好的表面上的涂层，如果底材稍微弯曲或局部不平整都会严重影响测定结果。另外，所用试样的膜厚必须符合规定的要求，受检表面流平应与产品相同，其表面必须干净，不可用手触摸受检表面，因为这些因素都将会对测定结果产生影响。

在现有光泽计中除了有20°、60°和85°几何角度光路外，有的仪器还采用45°和75°等几何角度来测定产品外表面的镜面光泽。测定镜面光泽时，应选择恰当的几何角度进行测量，由于不同几何角度测出的镜面光泽是不同的，因此报告中应注明是采用哪种几何角度测量的镜面光泽。

3.4.4 隔热型材检验项目及检验方法

对于隔热型材除了要检验前面所述的基材检验项目和相应表面处理膜检验项目之外，还要检验复合后型材质量。复合后型材检验项目有纵向剪切试验、横向拉伸试验、高温持久负荷试验和热循环试验等。

（1）纵向剪切试验　纵向剪切试验是通过剪切试验仪来完成的，试验时将隔热型材两部分铝合金型材中一部分铝合金型材固定好，然后在另一部分铝合金型材上施加一个平行于铝合金型材挤压方向的力（图3-16），以1~5mm/min的加载速度进行剪切试验，直到出现最大载荷，或隔热材料与铝合金型材出现2.0mm的剪切滑移量（此时称剪切失效），则停止试验。记录试验过程中出现的最大剪切力，将最大剪切力除以试样长度，即得到试样的纵向剪切值。试验一般要重复做10个试样，然后再计算其特征值。纵向抗剪特征值的计算公式如下：

$$T_C = T - 2.02S$$

式中　T_C——纵向抗剪特征值，N/mm；

T——10个试样单位长度上所能承受最大剪切力的平均值，N/mm；

S——相应样本估算的标准差，N/mm。

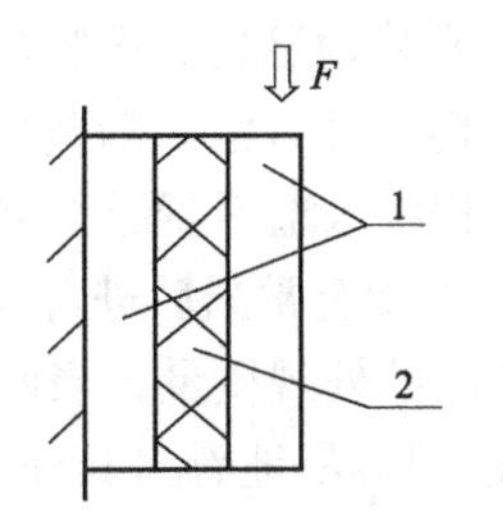

图3-16　纵向剪切试验示意图

1—铝型材；2—隔热材料

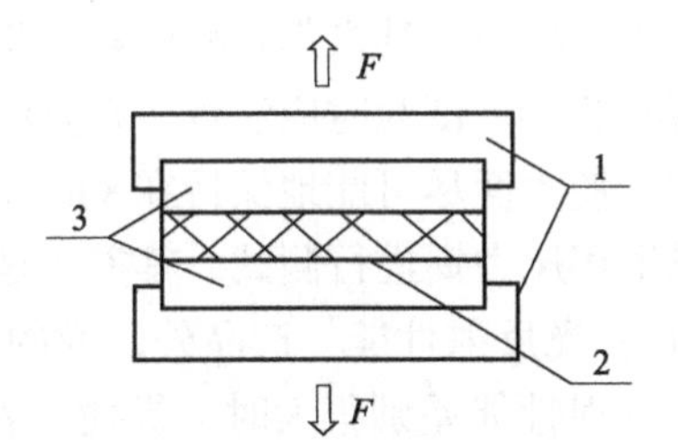

图3-17　横向拉伸试验示意图

1—测试夹具；2—隔热材料；3—铝型材

（2）横向拉伸试验　横向拉伸试验是通过拉伸试验仪来完成，试验时在两部分铝合金型材上施加垂直于铝合金型材挤压方向的两个方向相反的力（图3-17），以1~5mm/min的加载速度进行拉伸试验，直到试样抗拉失效（铝合金型材撕裂、隔热材料断裂或铝合金型材与隔热材料脱落等现象），则停止试验。记录试验过程中出现的最大拉伸力，将最大拉伸力除以试样长度，即得到试样的横向拉伸值。试验一般要重复做10个试样，然后再计算其特征值。横向抗拉特征值的计算公式如下：

$$Q_C = Q - 2.02S$$

式中　Q_C——横向抗拉特征值，N/mm；

Q——10个试样单位长度上所能承受最大拉伸力的平均值，N/mm；

S——相应样本估算的标准差，N/mm。

（3）高温持久负荷试验　高温持久负荷试验是对穿条式隔热型材进行的试验。试样在温度（80±2）℃和（10±0.5）N/mm横向拉伸连续载荷作用下经过1000h后，测定试样隔热材料的变形量，计算所有试样的变形量平均值，再对试样进行低温［（−30±2）℃］、高温［（80±2）℃］的横向拉伸试验，并分别计算出低温、高温横向抗拉特征值。

（4）热循环试验　热循环试验是对浇注式隔热型材进行的试验。将长度为（305±1）mm的试样按图3-18所示的热循环曲线重复试验，热循环试验次数门窗类60次，幕墙类90次。在室温中调节8h，用精度为0.02mm游标卡尺测量其两端隔热型材的变形量，并计算出这些试样的变形量平均值。然后从每个试样中截取长度为（100±1）mm的试样，进行室温纵向抗剪切试验，并计算出试样室温纵向抗剪特征值。

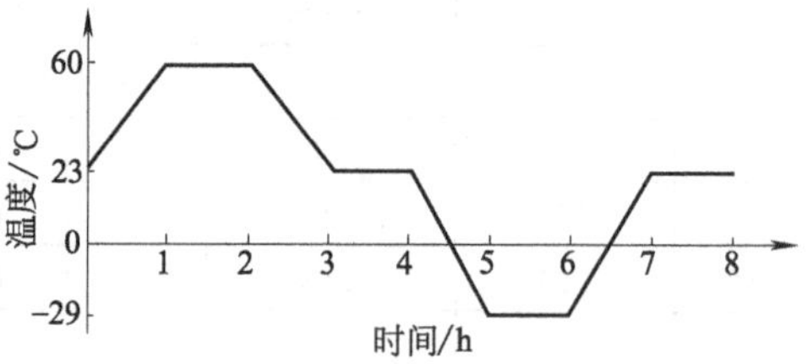

图3-18　热循环曲线

3.5　铝合金建筑型材

《铝合金建筑型材》（GB/T 5237.1~5237.6）分别对铝合金建筑型材基材、阳极氧化型材、电泳涂漆型材、喷粉型材、喷漆型材及隔热型材的要求、试验方法、检验规则等内容进行了规定。

铝合金门窗用型材要符合《铝合金建筑型材》（GB/T 5237.1~5237.6）的要求，同时还要满足《铝合金门窗》（GB/T 8478）的规定。

3.5.1　基材

基材是指表面未经处理的铝合金建筑型材。

《铝合金建筑型材　第1部分：基材》（GB/T 5237.1）中规定了铝合金建筑型材用基材的术语和定义、要求、检验方法、检验规则等内容。

（1）牌号、状态　铝合金建筑型材的合金牌号、供应状态应符合表3-14的规定。

表3-14　牌号及状态

牌号①	状态①
6060、6063	T5、T6、T66②
6005、6063A、6463、6463A	T5、T6
6061	T4、T6

① 如果同一建筑制品同时选用6005、6060、6061、6063等不同牌号（或同一牌号不同状态），采用同一工艺进行阳极氧化，将难以获得颜色一致的阳极氧化表面，建议选用牌号和状态时，充分考虑颜色不一致性对建筑结构的影响。

② 固溶热处理后人工时效，通过工艺控制使力学性能达到标准要求的特殊状态。

（2）标记　基材标记按产品名称、标准编号、牌号、状态、截面代号及长度的顺序表示。标记示例如下：6063牌号，T5状态，截面代号为421001、定尺长度为6000mm的基材，标记为：基材 GB/T 5237.1-6063T5-421001×6000。

（3）化学成分　铝合金建筑型材的化学成分应符合GB/T 3190的规定。

（4）尺寸偏差　铝合金建筑型材的尺寸偏差应符合《铝合金建筑型材　第1部分：基材》(GB/T 5237.1）标准中的规定。

（5）力学性能　室温纵向拉伸试验结果应符合表3-15的规定，硬度参见表3-15。

表3-15　力学性能

牌号	状态		壁厚/mm	室温纵向拉伸试验结果				硬度		
				抗拉强度(R_m)/MPa	规定非比例延伸强度($R_{p0.2}$)/MPa	断后伸长率/%		试样厚度/mm	维氏硬度HV	韦氏硬度HW
						A	A_{50mm}			
				不小于						
6005	T5		≤6.30	260	240	—	8	—	—	—
	T6	实心基材	≤5.00	270	225	—	6	—	—	—
			>5.00~10.00	260	215	—	6	—	—	—
			>10.00~25.00	250	200	8	6	—	—	—
		空心基材	≤5.00	255	215	—	6	—	—	—
			>5.00~15.00	250	200	8	6	—	—	—
6060	T5		≤5.00	160	120	—	6	—	—	—
			>5.00~25.00	140	100	8	6	—	—	—
	T6		≤3.00	190	150	—	6	—	—	—
			>3.00~25.00	170	140	8	6	—	—	—
	T66		≤3.00	215	160	—	6	—	—	—
			>3.00~25.00	195	150	8	6	—	—	—
6061	T4		所有	180	110	16	16	—	—	—
	T6		所有	265	245	8	8	—	—	—
6063	T5		所有	160	110	8	8	0.8	58	8
	T6		所有	205	180	8	8	—	—	—
	T66		≤10.00	245	200	—	6	—	—	—
			>10.00~25.00	225	180	8	6	—	—	—
6063A	T5		≤10.00	200	160	—	5	0.8	65	10
			>10.00	190	150	5	5	0.8	65	10
	T6		≤10.00	230	190	—	5	—	—	—
			>10.00	220	180	4	4	—	—	—
6463	T5		≤50.00	150	110	8	6	—	—	—
	T6		≤50.00	195	160	10	8	—	—	—
6463A	T5		≤12.00	150	110	—	6	—	—	—
	T6		≤3.00	205	170	—	6	—	—	—
			>3.00~12.00	205	170	—	8	—	—	—

（6）外观质量　基材表面应整洁，不允许有裂纹、起皮、腐蚀和气泡等缺陷存在。

基材表面上允许有轻微的压坑、碰伤、擦伤存在，其允许深度见表3-16；模具挤压痕的允许深度见表3-17。装饰面要在图纸上注明，未注明时按非装饰面执行。

表3-16　基材表面缺陷允许深度

状态	缺陷允许深度/mm	
	装饰面	非装饰面
T5	≤0.03	≤0.07
T4、T6、T66	≤0.06	≤0.10

表3-17　模具挤压痕的允许深度

合金牌号	模具挤压痕深度/mm
6005、6061	≤0.06
6060、6063、6063A、6463、6463A	≤0.03

基材端头允许有因锯切产生的局部变形，其纵向长度不应超过10mm。

3.5.2　阳极氧化型材

《铝合金建筑型材　第2部分：阳极氧化型材》（GB/T 5237.2）标准中规定了阳极氧化型材的术语和定义、要求、检验方法、检验规则等内容。

局部膜厚是在型材装饰面上某个面积不大于1cm^{2}的考察面内做若干次（不少于3次）膜厚测量所得的测量值的平均值。

平均膜厚是在型材装饰面上测出的若干个（不少于5处）局部膜厚的平均值。

（1）基材　基材质量、牌号及状态、化学成分、力学性能及尺寸偏差（包括膜层在内）应符合《铝合金建筑型材　第1部分：基材》（GB/T 5237.1）的规定。

（2）膜厚　膜层的平均膜厚、局部膜厚应符合表3-18的规定。膜厚级别应在订货单（或合同）中注明，未注明时，按AA10供货。

表3-18　阳极氧化膜厚要求

膜厚级别	平均膜厚/μm	局部膜厚/μm
AA10	≥10	≥8
AA15	≥15	≥12
AA20	≥20	≥16
AA25	≥25	≥20

（3）色差　颜色应与供需双方商定的色板基本一致，或处在供需双方商定的上、下限色标所限定的颜色范围之内。当采用仪器法测定时，允许色差值应由供需双方商定，并在订货单（或合同）中注明。

（4）封孔质量　经封孔质量试验后，质量损失值应不大于30mg/dm^2。

（5）耐磨性　耐磨性可采用落砂试验或喷磨试验。采用落砂试验时，磨损每微米膜厚的平均耗砂量不小于330g；采用喷磨试验时，磨损每微米膜厚的平均耗时不小于3.5s。耐磨性采用的试验方法应供需双方商定，并在订货单（或合同）中注明，未注明时，按落砂试验进行。

（6）耐盐雾腐蚀性能　膜层的耐盐雾腐蚀性应符合表3-19的规定。

表3-19 耐盐雾腐蚀性

膜厚级别	试验时间/h	保护等级
AA10	16	≥9级
AA15	24	
AA20	48	
AA25	48	

（7）耐候性 经耐紫外线性试验后，目视试样表面颜色变化应不大于供需双方商定的变色程度。需方对自然耐候性有要求时，试验条件和验收标准应供需双方商定，并在订货单（或合同）中注明。

（8）外观质量 型材表面不允许有电灼伤、膜层脱落等影响使用的缺陷，但距型材端头80mm以内允许局部无膜。

3.5.3 电泳涂漆型材

《铝合金建筑型材 第3部分：电泳涂漆型材》（GB/T 5237.3）中规定了电泳涂漆型材的术语和定义、要求、试验方法、检验规则等内容。

（1）基材 基材质量、牌号及状态、化学成分、力学性能以及型材尺寸偏差（包括复合膜在内）应符合《铝合金建筑型材 第1部分：基材》（GB/T 5237.1）的规定。

（2）漆膜 漆膜类型及漆膜特点见表3-20。

表3-20 漆膜类型及漆膜特点

漆膜类型		漆膜特点
按漆膜光泽分类	有光漆膜	漆膜表面光亮，镜面反射率较高
	消光漆膜	漆膜表面光泽柔和，镜面反射率较低
按漆膜颜色分类	透明漆膜	漆膜无色透明，所用的电泳涂料未添加颜料
	有色漆膜	漆膜颜色多样，但因受到所用颜料的性能影响，耐候性、耐腐蚀性与透明漆膜有一定的区别

（3）膜厚 复合膜膜厚级别见表3-21。

表3-21 复合膜膜厚级别

膜厚级别	膜层代号	表面漆膜类型	备注
A	EA21	有光或消光透明漆膜	复合膜膜厚级别分为3类，A、B和S，该分类是按膜厚和电泳涂料的颜色种类进行划分，而不是根据性能划分。对于同一厂家同型号电泳涂料采用相同生产工艺所形成的复合膜，漆膜膜厚高的比漆膜膜厚低的耐候性和耐腐蚀性通常会好些
B	EB16		
S	ES21	有光或消光有色漆膜	

（4）复合膜性能级别及对应型材的适用环境 复合膜性能级别按耐盐雾腐蚀性、加速耐候性、紫外盐雾联合试验结果分为Ⅱ级、Ⅲ级、Ⅳ级。性能级别应供需双方商定，并在订货单（或合同）中注明，未注明时，按Ⅱ级供货。复合膜性能级别对应型材的适

用环境见表3-22。

表3-22 复合膜性能级别对应型材的适用环境

复合膜性能级别	型材的适用环境
Ⅳ级	太阳光辐射强烈，大气腐蚀严重的环境
Ⅲ级	太阳光辐射较强，大气腐蚀严重的环境
Ⅱ级	太阳光辐射强度一般，大气腐蚀轻微的环境

（5）膜层性能

① 膜厚 装饰面上的膜厚要求应符合表3-23的规定。膜厚级别应在订货单（或合同中）注明，未注明膜厚级别时，对于漆膜类型为透明漆膜的型材按B级供货。

表3-23 复合膜膜厚要求

膜厚级别	膜厚①/μm		
	阳极氧化膜局部膜厚	漆膜局部膜厚	复合膜局部膜厚
A	≥9	≥12	≥21
B	≥9	≥7	≥16
S	≥6	≥15	≥21

① 由于型材横截面形状的复杂性，致使型材某些表面（如内角、凹槽等）的局部膜厚低于规定值是允许的。

② 色差 颜色应与供需双方商定的色板基本一致，或处在供需双方商定的上、下限色标所限定的颜色范围之内。若需方要求采用仪器法测定时，允许色差值应由供需双方商定。

③ 漆膜硬度 经铅笔划痕试验，漆膜硬度应不小于3H。

④ 漆膜附着性 漆膜干附着性和湿附着性均达到0级。

⑤ 耐沸水性 经耐沸水浸渍试验后，漆膜表面应无皱纹、裂纹、气泡，并无脱落或变色现象，附着性应达到0级。

⑥ 耐磨性 耐磨性可采用落砂试验或喷磨试验。采用落砂试验时，落砂量应不小于3300g；采用喷磨试验时，喷磨时间应不小于35s。耐磨性采用的试验方法应供需双方商定，并在订货单（或合同）中注明，未注明时，按落砂试验进行。

⑦ 耐盐酸性 经耐盐酸性试验后，复合膜表面应无气泡或其他明显变化。

⑧ 耐碱性 经耐碱性试验后，保护等级应不小于9.5级。

⑨ 耐砂浆性 经耐砂浆性试验后，复合膜表面应无脱落或其他明显变化。

⑩ 耐溶剂性 经耐溶剂性试验后，型材表面不露出阳极氧化膜。

⑪ 耐洗涤剂性 经耐洗涤剂性试验后，复合膜表面应无起泡、脱落或其他明显变化。

⑫ 耐湿热性 经耐湿热性试验后，复合膜表面的综合破坏等级应达到1级。

⑬ 耐盐雾腐蚀性 铜加速乙酸盐雾（CASS）试验结果和乙酸盐雾（AASS）试验结果应符合表3-24的规定。耐盐雾腐蚀性采用的试验方法应供需双方商定，并在订货单（或合同）中注明，未注明时，按铜加速乙酸盐雾试验进行。当需方有要求时，也可按中性盐雾（NSS）试验进行，中性盐雾试验时间及试验结果应供需双方按GB/T 8013.2商定。

表3-24 耐盐雾腐蚀性、加速耐候性及紫外盐雾联合试验结果

复合膜性能级别	耐盐雾腐蚀性				加速耐候性		紫外盐雾联合试验结果					
	AASS试验		CASS试验		氙灯照射人工加速老化试验		方法A			方法B		
							荧光紫外灯辐射试验	CASS试验	保护等级	荧光紫外灯辐射试验	CASS试验	保护等级
	试验时间/h	保护等级	试验时间/h	保护等级	试验时间/h	试验结果	试验时间/h	试验时间/h		试验时间/h	试验时间/h	
Ⅳ级	1500	≥9.5级	120	≥9.5级	4000	粉化等级达到0级，光泽保持率①≥75%，色差值ΔE^*_{ab}≤3.0	240	120	≥9级	240	1500	≥9级
Ⅲ级	1500	≥9.5级	120	≥9.5级	2000		240	120	≥9级	240	1500	≥9级
Ⅱ级	1000	≥9.5级	72	≥9.5级	1000		240	72	≥9级	240	1000	≥9级

① 光泽保持率为漆膜试验后的光泽值相对于其试验前的光泽值的百分比。

⑭ 紫外盐雾联合试验 紫外盐雾联合试验结果应符合表3-24的规定。紫外盐雾联合试验应供需双方商定采用表3-24中规定的方法A或方法B进行，并在订货单（或合同）中注明，未注明时，按表3-24中规定的方法A进行。

⑮ 耐候性

a. 加速耐候性。复合膜的加速耐候性应符合表3-24的规定。

b. 自然耐候性。需方对自然耐候性有要求时，试验条件和验收标准由供需双方商定，并在订货单（或合同）中注明。

（6）外观质量 涂漆前型材的外观质量应符合GB/T 5237.2的有关规定。涂漆后的漆膜应均匀、整洁，不准许有皱纹、裂纹、气泡、流痕、夹杂物、发黏和漆膜脱落等影响使用的缺陷。但在型材端头80mm范围内允许局部无膜。

3.5.4 喷粉型材

《铝合金建筑型材 第4部分：喷粉型材》（GB/T 5237.4）中规定了喷粉型材的术语和定义、要求、检验方法、检验规则等内容。

膜层是喷涂在金属基体表面上经固化的热固性有机聚合物粉末覆盖层。

（1）基材 基材牌号、状态、尺寸规格、化学成分、力学性能应符合GB/T 5237.1的规定。

（2）尺寸偏差 型材去掉膜层后，尺寸偏差应符合《铝合金建筑型材 第1部分：基材》（GB/T 5237.1）的规定。型材因膜层引起的尺寸变化应不影响其装配和使用。

（3）膜层类型 膜层类型及膜层特点见表3-25。

表3-25 膜层类型及膜层特点

膜层类型	膜层代号①	膜层特点
聚酯类粉末膜层	GA40	膜层由饱和羧基聚酯为主成分的粉末涂料喷涂固化而成，具有较好的防腐性能及耐候性能
聚氨酯类粉末膜层	GU40	膜层由饱和羧基聚酯为主成分的粉末涂料喷涂固化而成，具有高耐磨性能，且膜层光滑，质感细腻。用于热转印时，油墨渗透性优于聚酯膜层
氟碳类粉末膜层	GF40	膜层由热固性FEVE树脂为主成分的粉末涂料喷涂固化而成，或者由热塑性的PVDF树脂为主成分的粉末涂料喷涂形成。具有更优良的耐候性能，适用于腐蚀气氛严重、太阳辐射强的环境
其他粉末膜层	GO40	见YS/T 680—2016

① 膜层代号中的第一位英文字母表示喷粉处理；第二位英文字母表示粉末类型，其中A表示聚酯类粉末，U表示聚氨酯类粉末，F表示氟碳类粉末，O表示其他粉末；字母后面的阿拉伯数字表示最小局部膜厚限定值。

（4）外观效果　膜层外观效果见表3-26。

表3-26 膜层外观效果

膜层外观效果		备注
平面效果		具有低光、平光及高光多种光泽膜层，膜层表面光滑，颜色丰富
纹理效果	砂纹	膜层表面具有立体效果。适用于大多数铝合金门窗型材，膜层光泽不宜低于5光泽单位。膜层光泽低于5光泽单位时的膜层性能难以保证
	木纹	包括热转印木纹及二次喷涂木纹，具有树木纹理的外观效果。热转印木纹膜层目前主要适用于污染小和紫外线辐射较弱的环境及室内，当应用于室外时要更注重粉末质量、油墨质量及工艺的严格控制。二次喷涂木纹具有立体效果，可应用于户外
	锤纹、皱纹、大理石纹、立体彩雕	膜层表面呈现各种良好的立体或美术效果。但该类膜层的耐候性、耐酸碱性稍差，目前主要用于室内
金属效果		膜层表面突显金属质感或金属闪烁的效果。但颜料的品种、用量选择有一定局限性，加铝颜料的膜层耐碱性稍差

（5）膜层性能级别及对应型材的适用环境　膜层性能级别按加速耐候性的试验结果分为Ⅰ级、Ⅱ级、Ⅲ级。膜层性能级别应供需双方商定，并在订货单（或合同）中注明，未注明时按Ⅰ级供货。膜层性能级别对应型材的适用环境见表3-27。

表3-27 膜层性能级别对应型材的适用环境

膜层性能级别	型材适用环境
Ⅲ级	优异的耐候性能，适合于太阳辐射强烈的环境
Ⅱ级	良好的耐候性能，适合于太阳辐射较强的环境
Ⅰ级	一般的耐候性能，适合于太阳辐射强度一般的环境

（6）膜层性能

① 膜厚　装饰面上的膜层局部厚度应不小于40μm，平均膜厚宜控制在60~120μm。由于型材横截面形状的复杂性，致使型材某些表面（如内角、凹槽等）的膜层厚度低于规定值是允许的。对膜厚有其他特殊要求时，可由供需双方商定，并在订货单（或合同）中注明。

膜厚过厚时会导致膜层柔韧性降低。非装饰面如有膜厚要求，应供需双方商定，并在订货单（或合同）中注明。

② 光泽 膜层光泽值及允许偏差应符合表3-28的规定。

表3-28 膜层光泽值及允许偏差

光泽值范围/光泽单位	光泽值允许偏差/光泽单位
3~30	±5
31~70	±7
71~100	±10

③ 色差 膜层颜色应与供需双方商定的样板基本一致。当使用仪器法测定时，单色膜层与样板间的色差$\Delta E^*_{ab}\leqslant 1.5$，同一批（指交货批）型材之间的色差$\Delta E^*_{ab}\leqslant 1.5$。

④ 压痕硬度 经压痕硬度试验，膜层抗压痕性应不小于80。

⑤ 附着性 膜层的干附着性、湿附着性和沸水附着性应达到0级。

⑥ 耐沸水性 经高压水浸渍试验后，膜层表面应无脱落、起皱等现象，但允许目视可见的、极分散的非常微小的气泡存在，附着性应达到0级。

⑦ 耐冲击性 Ⅰ级膜层性能的试板膜层经冲击试验后，应无开裂或脱落现象；Ⅱ级膜层性能和Ⅲ级膜层性能的试板膜层经冲击试验后允许有轻微开裂现象，但采用黏着力大于10N/25mm的黏胶带进一步检验时，膜层表面应无粘落现象。阳极氧化预处理的喷粉膜层不适用做耐冲击性能测试。

⑧ 抗杯突性 Ⅰ级膜层性能的试板膜层经抗杯突试验后，应无开裂或脱落现象；Ⅱ级膜层性能和Ⅲ级膜层性能的试板膜层经抗杯突试验后允许有轻微开裂现象，但采用黏着力大于10N/25mm的黏胶带进一步检验时，膜层表面应无粘落现象。阳极氧化预处理的喷粉膜层不适用做抗杯突性能测试。

⑨ 抗弯曲性 Ⅰ级膜层性能的试板膜层经抗弯曲试验后，应无开裂或脱落现象；Ⅱ级膜层性能和Ⅲ级膜层性能的试板膜层经抗弯曲试验后允许有轻微开裂现象，但采用黏着力大于10N/25mm的黏胶带进一步检验时，膜层表面应无粘落现象。阳极氧化预处理的喷粉膜层不适用做抗弯曲性能测试。

⑩ 耐磨性 经落砂试验，磨耗系数应不小于0.8L/μm。

⑪ 耐盐酸性 经耐盐酸性试验后，膜层表面应无气泡及其他明显变化。

⑫ 耐砂浆性 经耐砂浆性试验后，膜层表面应无脱落或其他明显变化。

⑬ 耐溶剂性 膜层经耐溶剂性试验结果宜为3级或4级。

⑭ 耐洗涤剂性 经耐洗涤剂性试验后，膜层表面应无起泡、脱落或其他明显变化。

⑮ 耐盐雾腐蚀性 耐盐雾腐蚀性试验后，划线两侧膜下单边渗透腐蚀宽度应不超过4mm，划线两侧4mm以外部分的膜层表面应无起泡、脱落或其他明显变化。

⑯ 耐丝状腐蚀性 需方对耐丝状腐蚀性有要求时，应供需双方商定，并在订货单（或合同）中注明。膜层经耐丝状腐蚀试验后的丝状腐蚀系数f_s不宜大于0.3，腐蚀丝长度不宜大于2mm。

⑰ 耐湿热性 经耐湿热试验后，膜层表面的综合破坏等级应达到1级。

⑱ 耐候性。

a. 加速耐候性。膜层加速耐候性应符合表3-29中的规定。

表3-29 膜层加速耐候性

膜层性能级别	加速耐候性		
	试验时间/h	试验结果	
		光泽保持率①/%	色差值
Ⅲ级	4000	≥75	ΔE^*_{ab}≤3
Ⅱ级	1000	≥90	ΔE^*_{ab}不应大于YS/T 680—2016附录D中规定值的50%
Ⅰ级	1000	≥50	ΔE^*_{ab}不应大于YS/T 680—2016附录D中规定值

① 光泽保持率为膜层试验后的光泽值相对于其试验前的光泽值的百分比。

b. 自然耐候性。需方对自然耐候性有要求时，宜按照表3-30规定选择相应自然耐候性级别并商定试验条件，并在订货单（或合同）中注明。

表3-30 膜层自然耐候性

自然耐候性等级	自然耐候性		
	试验时间①/年	试验结果	
		光泽保持率①/%	色差值
Ⅲ级	5	≥50	ΔE^*_{ab}不应大于YS/T 680—2016附录D中规定值
Ⅱ级	3	≥50	ΔE^*_{ab}不应大于YS/T 680—2016附录D中规定值
Ⅰ级	1	≥50	ΔE^*_{ab}不应大于YS/T 680—2016附录D中规定值

① 可针对不同的大气腐蚀试验站设定不同的试验时间，但不得少于表中规定时间。

⑲ 其他　需方对其他性能有要求时，应供需双方参照GB/T 8013.3具体商定，并在订货单（或合同）中注明。

（7）外观质量　型材装饰面上的膜层应平滑、均匀，允许有轻微的橘皮现象，不准许有皱纹、流痕、鼓泡、裂纹等影响使用的缺陷。

3.5.5 喷漆型材

《铝合金建筑型材　第5部分：喷漆型材》（GB/T 5237.5）中规定了喷漆型材的术语和定义、要求、检验方法、检验规则等内容。

（1）基材　基材牌号、状态、规格、化学成分和力学性能应符合《铝合金建筑型材　第1部分：基材》（GB/T 5237.1）的规定。

（2）膜层类型　膜层类型、膜层代号、膜层组成、膜层特点及对应型材的适用环境见表3-31。

表3-31 膜层类型、膜层代号、膜层组成、膜层特点及对应型材的适用环境

膜层类型	膜层代号①	膜层组成	膜层特点及对应型材的适用环境
二涂层	LF2-25	底漆加面漆	二涂层一般为单色或珠光云母闪烁效果膜层，不需要额外的清漆保护。二涂层适用于太阳辐射较强、大气腐蚀较强的环境
三涂层	LF3-34	底漆、面漆加清漆	三涂层一般为金属效果的膜层，该膜层面漆中使用球磨铝粉以获得金属质感效果，其金属质感不同于二涂层的珠光云母膜层，因铝粉易氧化或剥落，膜层表面需要清漆保护，以保证膜层的综合性能。金属铝粉漆一般不做二涂层。三涂层适用于太阳辐射较强、大气腐蚀较强的环境
四涂层	LF4-55	底漆、阻挡漆、面漆加清漆	四涂层一般为性能要求更高的金属效果膜层，该膜层在三涂层的基础上，增加阻隔紫外线的阻挡漆膜层，提高了耐紫外线能力。四涂层适用于太阳辐射极强、大气腐蚀极强的环境

① 膜层代号中的“LF”表示喷漆处理，“LF”后的第一位阿拉伯数字表示膜层种类，“-”后面的阿拉伯数字表示膜层的最小局部膜厚。

(3) 尺寸偏差　型材去掉膜层后，尺寸允许偏差应符合《铝合金建筑型材　第1部分：基材》(GB/T 5237.1) 的规定。型材因膜层引起的尺寸变化应不影响其装配和使用。

(4) 膜层性能

① 膜厚　装饰面上的膜厚应符合表3-32的规定。非装饰面如有膜厚要求，应供需双方商定，并在订货单（或合同）中注明。

表3-32　膜厚

膜层类型	平均膜厚/μm	局部膜厚①/μm
二涂层	≥30	≥25
三涂层	≥40	≥34
四涂层	≥65	≥55

① 由于型材横截面形状的复杂性，在型材某些表面（如内角、凹槽等）的局部膜厚允许低于表3-32的规定值，但不准许出现露底现象。

② 光泽　膜层的光泽值应与订货单（或合同）规定一致，其允许偏差为±5光泽单位

③ 色差　膜层颜色应与供需双方商定的样板基本一致。当采用仪器法测定时，单色膜层与样板间的色差值ΔE^*_{ab}≤1.5，同一批（指交货批）型材之间的色差值ΔE^*_{ab}≤1.5。

④ 硬度　经铅笔划痕试验，膜层硬度应不小于1H。

⑤ 附着性　膜层的干附着性、湿附着性和沸水附着性应达到0级。

⑥ 耐沸水性　经高压水浸渍试验后，膜层表面应无脱落、起皱、起泡、失光、变色等现象，附着性应达到0级。

⑦ 耐冲击性　经耐冲击性试验后，膜层允许有微小裂纹，但黏胶带上不准许有粘落的膜层。

⑧ 耐磨性　经落砂试验后，磨耗系数应不小于1.6L/μm。

⑨ 耐盐酸性　经耐盐酸性试验后，膜层表面应无气泡或其他明显变化。

⑩ 耐硝酸性　经耐硝酸性试验后，单色膜层的色差值ΔE^*_{ab}≤5.0。

⑪ 耐砂浆性　经耐砂浆性试验后，膜层表面应无脱落或其他明显变化。

⑫ 耐溶剂性　经耐溶剂性试验后，型材表面不露出基材。

⑬ 耐洗涤剂性　经耐洗涤剂性试验后，膜层表面应无起泡、脱落或其他明显变化。

⑭ 耐盐雾腐蚀性　经盐雾腐蚀性试验后，划线两侧膜下单边渗透腐蚀宽度应不超过2.0mm，划线两侧2.0mm以外部分的膜层不应有腐蚀现象。

⑮ 耐湿热性　经耐湿热性试验后，膜层表面的综合破坏等级应达到1级。

⑯ 耐候性。

a. 加速耐候性。经加速耐候性试验后，膜层的光泽保持率（膜层试验后的光泽值相对于其试验前的光泽值的百分比）应不小于75%，色差值ΔE^*_{ab}≤3.0，粉化等级达到0级。

b. 自然耐候性。需方对自然耐候性有要求时，应供需双方商定，并在订货单（或合同）中注明，其膜层经10年自然耐候性试验（可针对不同的大气腐蚀试验站设定不同的试验时间，但不得少于10年）后，膜层光泽保持率（膜层试验后的光泽值相对于其试验前的光泽值的百分比）应不小于50%，色差值ΔE^*_{ab}≤5.0，膜厚损失率应不大于10%。

⑰ 其他　需方要求其他性能时，由供需双方参照GB/T 8013.3具体商定，并在订货单（或合同）中注明。

(5) 外观质量　型材装饰面上的膜层应平滑、均匀，不允许有流痕、皱纹、气泡、脱落及其他影响使用的缺陷。

3.5.6 隔热型材

《铝合金建筑型材 第6部分：隔热型材》（GB/T 5237.6）中规定了隔热型材的要求、检验方法、检验规则等内容。

（1）铝合金型材 铝合金型材的牌号、状态、化学成分、力学性能应符合GB/T 5237.1的规定。铝合金型材膜层性能应符合GB/T 5237.2~5237.5的相应规定。

（2）隔热材料 穿条型材中的聚酰胺型材应符合GB/T 23615.1的规定。浇注型材中的聚氨酯隔热胶应符合GB/T 23615.2的规定。

（3）产品尺寸偏差 隔热型材尺寸（除隔热材料壁厚及空腔尺寸外）偏差应符合GB/T 5237.1的规定，隔热材料视同金属实体。

（4）铝合金型材表面处理类别 铝合金型材表面处理类别、膜层外观效果、膜层代号、膜层性能级别及推荐的适用环境见表3-33。

表3-33 铝合金型材表面处理类别、膜层外观效果、膜层代号、膜层性能级别及推荐的适用环境

<table>
<tr><th>铝合金型材表面处理类别</th><th colspan="2">膜层外观效果</th><th>膜层代号</th><th>膜层性能级别①</th><th>推荐的适用环境</th></tr>
<tr><td>阳极氧化</td><td colspan="2">光面、砂面、抛光面、拉丝面</td><td>AA10、AA15、AA20、AA25</td><td>—</td><td>阳极氧化膜适用于强紫外线辐射的环境。污染较重或潮湿的环境宜选用AA20或AA25的阳极氧化膜。海洋环境慎用</td></tr>
<tr><td rowspan="2">电泳涂漆</td><td colspan="2">有光或消光透明漆膜</td><td>EA21、EB16</td><td rowspan="2">Ⅳ、Ⅲ、Ⅱ</td><td rowspan="2">复合膜适用于大多数环境，热带海洋性环境宜选用Ⅲ级或Ⅳ级复合膜</td></tr>
<tr><td colspan="2">有光或消光有色漆膜</td><td>ES21</td></tr>
<tr><td rowspan="2">喷粉</td><td colspan="2">平面效果</td><td rowspan="2">GA40、GU40、GF40、GO40</td><td rowspan="2">Ⅲ、Ⅱ、Ⅰ</td><td rowspan="2">粉末喷涂膜适用于大多数环境，潮湿的热带海洋环境宜选用Ⅱ级或Ⅲ级喷涂膜</td></tr>
<tr><td>纹理效果</td><td>砂纹、木纹、大理石纹、立体彩雕、金属效果</td></tr>
<tr><td rowspan="2">喷漆</td><td colspan="2">单色或珠光云母闪烁效果</td><td>LF2-25</td><td rowspan="2">—</td><td rowspan="2">氟碳漆膜适用于绝大多数太阳辐射较强、大气腐蚀较强的环境，特别是靠近海岸的热带海洋环境</td></tr>
<tr><td colspan="2">金属效果</td><td>LF3-34、LF4-55</td></tr>
</table>

① 电泳涂漆膜层性能级别符合GB/T 5237.3的规定；喷粉膜层性能级别符合GB/T 5237.4的规定。

（5）隔热型材复合方式 隔热型材复合方式分为穿条式［图3-19（a）］和浇注式［图3-19（b）］两类，对应的隔热型材特性见表3-34。

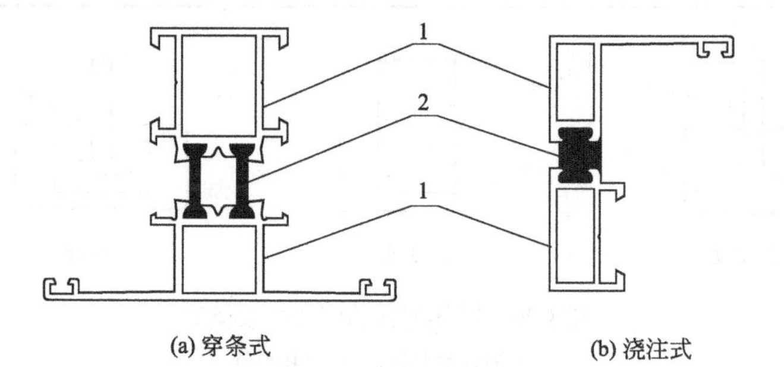

图3-19 隔热型材的复合方式示意图

1—铝合金型材；2—隔热材料

表3-34 隔热型材的复合方式及其特性

复合方式①	隔热型材特性②③
穿条式	穿条型材所使用的聚酰胺型材线膨胀系数与铝合金型材的线膨胀系数接近，不会因为热胀冷缩而在复合部位产生较大应力、滑移错位、脱落等现象。穿条型材具有良好的耐高温性能，可选择的截面类型多，对隔热型材生产加工环境没有特殊要求，但开齿、滚压等工序的生产工艺控制不当时，会对产品性能造成严重影响(如聚酰胺型材与铝合金型材在使用中分离)。 可通过采用非Ⅰ型复杂形状聚酰胺型材，降低穿条型材的传热系数，提升穿条型材的隔热效果。但采用非Ⅰ型复杂形状聚酰胺型材的穿条型材，横向抗拉性能不及采用Ⅰ型聚酰胺型材的穿条型材，其在使用前若未进行力学可靠性校核或模拟荷载试验考核，可能导致使用中的意外开裂。 采用单支聚酰胺型材的穿条型材，复合性能可能达不到相应的要求。对于结构件用穿条型材，宜采用双支聚酰胺型材
浇注式	浇注型材所使用的隔热胶的线膨胀系数与铝合金型材的线膨胀系数虽不一致，但其有效粘结膜层表面时，足以确保浇注型材复合部位不产生滑移错位、脱落等现象。浇注型材具有良好的抗冲击性能与延展性，但若浇注工序生产环境控制不当，会对产品性能造成严重影响(如低温断裂)。 采用Ⅰ级隔热胶的浇注型材，在70℃以上使用时，复合性能衰减，导致承载能力下降。 当铝合金型材的表面处理方式导致隔热胶无法有效粘结膜层表面时，不适宜采用浇注式复合方式制作隔热型材

① 同时存在穿条和浇注复合方式的隔热型材，其性能须同时满足穿条型材和浇注型材的性能要求。

② 隔热型材用于某些结构件时，可能承受重力荷载、风荷载、地震作用、温度作用等各种荷载和作用产生的效应，需方宜根据隔热型材使用环境和设计要求，以最不利的效应组合作为荷载组合，对该荷载组合下的隔热型材，可能承受的弯曲变形量、抗弯强度、纵向抗剪强度、横向抗拉强度等受力指标进行计算或分析，从而选择适宜的隔热型材。

③ 隔热型材等效惯性矩计算方法见YS/T 437。

(6) 隔热型材剪切失效类型 隔热型材按剪切失效类型分为A、B、O三类，见表3-35和图3-20。

表3-35 隔热型材剪切失效类型

剪切失效类型	说明
A	复合部位剪切失效后不影响横向抗拉性能的隔热型材，一般为穿条型材，如图3-20(a)所示
B	复合部位剪切失效将引起横向抗拉失效的隔热型材，一般为浇注型材，如图3-20(b)所示
O	因特殊要求(如为解决门扇的热拱现象)而有意设计的无纵向抗剪性能或纵向抗剪性能较低的穿条型材，如图3-20(c)所示

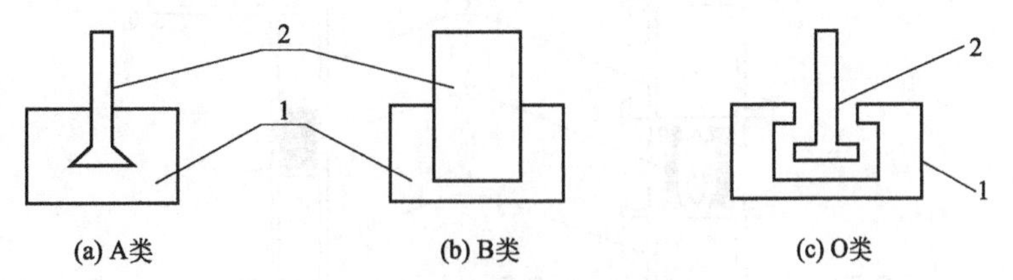

图3-20 隔热型材的剪切失效类型

1—铝合金型材；2—隔热材料

(7) 隔热型材的传热系数级别及推荐的适用环境、聚酰胺型材高度、浇注型材槽口型

号　隔热型材的传热系数按隔热效果分为Ⅰ级、Ⅱ级、Ⅲ级和Ⅳ级，各级别推荐的适用环境、聚酰胺型材高度、浇注型材槽口型号见表3-36。

表3-36　传热系数级别及推荐的适用环境、聚酰胺型材高度、浇注型材槽口型号

传热系数级别	推荐的适用环境	推荐的聚酰胺型材高度/mm	推荐的浇注型材槽口型号①
Ⅰ	温和地区或对产品隔热性能要求不高的环境(如昆明)	≤12	AA
Ⅱ	夏热冬暖地区(如广州、厦门)	>12~14.8	BB
Ⅲ	夏热冬冷地区(如上海、重庆)	>14.8~24	CC
Ⅳ	严寒和寒冷地区(如哈尔滨、北京)	>24	CC以上

① 浇注型材槽口型号可查阅《铝合金建筑型材　第6部分：隔热型材》(GB/T 5237.6) 表C.1。

(8) 隔热型材截面图样　隔热型材横截面图样应供需双方商定。槽口的形状和尺寸对隔热型材质量至关重要。

穿条型材槽口设计时应考虑槽口与聚酰胺型材端头的配合关系、穿条型材复合工艺等因素的影响，穿条型材槽口如图3-21所示。

浇注型材槽口设计时应考虑浇注型材的受力类型（抗拉、抗剪切、抗弯等）、隔热效果、使用环境的温度变化范围等因素的影响。浇注型材槽口示意图如图3-22所示。

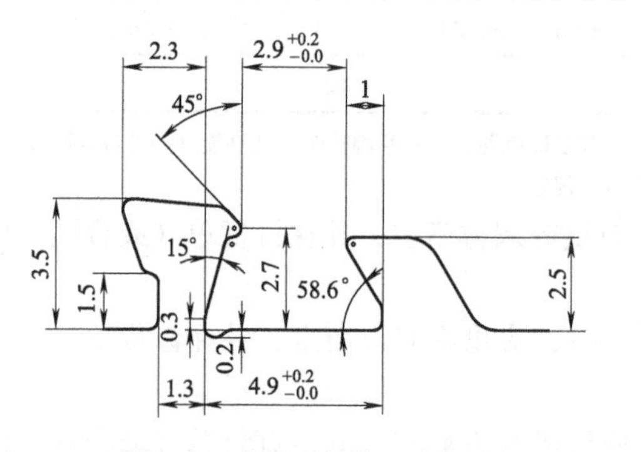

图3-21　穿条型材槽口示意图

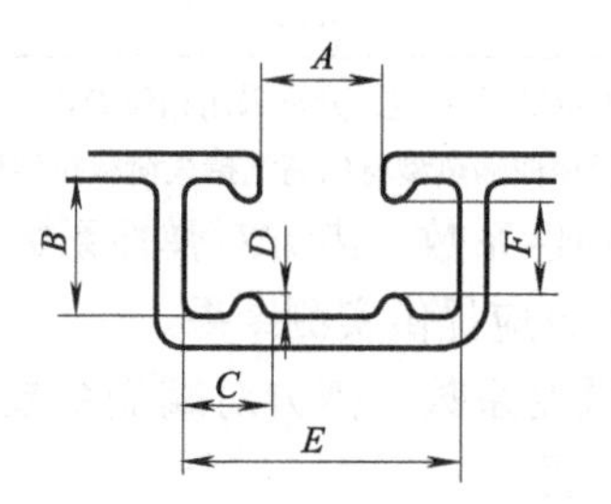

图3-22　浇注型材槽口示意图

(9) 隔热型材传热系数　需方对隔热型材的传热系数有要求时，应按表3-37商定传热系数级别，并在订货单（或合同）中注明。

表3-37　传热系数要求

传热系数级别	传热系数/[W/(m²·K)]
Ⅰ	>4.0
Ⅱ	>3.2~4.0
Ⅲ	2.5~3.2
Ⅳ	<2.5

(10) 隔热型材复合性能

① 穿条型材

a. 纵向抗剪特征值应符合表3-38规定（O类隔热型材除外）。

表3-38 纵向抗剪特征值

性能项目	试验温度/℃	纵向剪切试验结果①/(N/mm)
室温纵向抗剪特征值	23±2	≥24
低温纵向抗剪特征值	−30±2	
高温纵向抗剪特征值	80±2	

① 经供需双方商定，允许采用相似隔热型材进行纵向剪切试验，推断纵向抗剪特征值（参见GB/T 5237.6附录B），但相似隔热型材的纵向剪切试验结果应符合表中规定。

b. 室温横向抗拉特征值应符合表3-39规定。

表3-39 室温横向抗拉特征值

试验温度/℃	横向拉伸试验结果①/(N/mm)
23±2	≥24

① 经供需双方商定，允许采用相似隔热型材进行横向拉伸试验，推断室温横向抗拉特征值（参见GB/T 5237.6附录B），但相似隔热型材的横向拉伸试验结果应符合表中规定。

c. 高温持久荷载性能应符合表3-40规定。

表3-40 高温持久荷载性能

隔热型材变形量平均值①/mm	横向抗拉特征值①/(N/mm)	
	低温[(−30±2)℃]	高温[(80±2)℃]
≤0.6	≥24	

① 经供需双方商定，允许采用相似隔热型材进行高温持久荷载拉伸试验，推断高温持久荷载性能（参见GB/T 5237.6附录B），但相似隔热型材的高温持久荷载拉伸试验结果应符合表中规定。

d. 弹性系数。需方对弹性系数有要求时，应供需双方商定，并在订货单（或合同）中注明，供方应提供实测结果。

e. 蠕变系数。需方对蠕变系数（A_2）有要求时，应供需双方商定，并在订货单（或合同）中注明。

f. 抗弯性能。需方对抗弯性能有要求时，应供需双方商定，并在订货单（或合同）中注明，供方应提供实测结果。

穿条型材的抗弯性能随着聚酰胺型材高度的增加而下降。

g. 热循环疲劳性能。需方对热循环疲劳性能有要求时，应供需双方商定，并在订货单（或合同）中注明。

② 浇注型材

a. 纵向抗剪特征值应符合表3-41规定。

表3-41 纵向抗剪特征值

性能项目	试验温度/℃	纵向剪切试验结果①/(N/mm)
室温纵向抗剪特征值	23±2	≥24
低温纵向抗剪特征值	−30±2	
高温纵向抗剪特征值	70±2	

① 经供需双方商定，允许采用相似隔热型材进行纵向剪切试验，推断纵向抗剪特征值（参见GB/T 5237.6附录B），但相似隔热型材的纵向剪切试验结果应符合表中规定。

b. 横向抗拉特征值应符合表3-42规定。

表3-42 横向抗拉特征值

性能项目	试验温度/℃	横向拉伸试验结果①/(N/mm)
室温横向抗拉特征值	23±2	≥24
低温横向抗拉特征值	−30±2	
高温横向抗拉特征值	70±2	

① 经供需双方商定，允许采用相似隔热型材进行横向拉伸试验，推断室温横向抗拉特征值（参见GB/T 5237.6附录B），但相似隔热型材的横向拉伸试验结果应符合表中规定。

c. 热循环变形性能应符合表3-43规定。

表3-43 热循环变形性能

隔热材料变形量平均值①②/mm	室温[(23±2)℃]纵向抗剪特征值①②/(N/mm)
≤0.6	≥24

① 经供需双方商定，允许采用相似隔热型材进行热循环试验，推断热循环变形性能（参见GB/T 5237.6附录B），但相似隔热型材的热循环试验结果应符合表中规定。

② Ⅰ级原胶浇注的隔热型材进行60次热循环；Ⅱ级原胶浇注的隔热型材进行90次热循环。

d. 抗弯性能。需方对穿条型材的抗弯性能有要求时，应供需双方商定，并在订货单（或合同）中注明，供方应提供实测结果。

浇注型材的抗弯性能随着聚氨酯隔热胶高度的增加而下降。

（11）外观质量

① 型材表面　铝合金型材表面质量应符合GB/T 5237.1~5237.5中相应规定。

② 型材膜层　穿条型材复合部位的铝合金型材膜层允许有轻微裂纹，但不允许铝基材有裂纹。

③ 隔热材料表面　浇注型材的隔热材料表面应光滑、色泽均匀，金属连接桥切口处应规则、平整。

3.6 门窗用铝合金型材的要求

（1）基材横截面尺寸及允许偏差　外门窗主要受力杆件所用主型材基材壁厚公称尺寸应经设计计算和试验确定。门、窗用主型材基材壁厚（附件功能槽口处的翅壁壁厚除外）公称尺寸还应符合下列规定：外门不应小于2.2mm，内门不应小于2.0mm；外窗不应小于1.8mm，内窗不应小于1.4mm。

铝合金门窗中有装配关系的主型材基材壁厚公称尺寸允许偏差应采用GB/T 5237.1规定的超高精级；有装配关系的主型材基材非壁厚尺寸允许偏差宜采用GB/T 5237.1规定的超高精级。

（2）表面处理　铝合金门窗型材应根据门、窗的不同使用环境选择符合GB/T 5237.2~5237.5规定的表面处理类型，型材装饰面表面处理层的适用范围和厚度要求应符合表3-44的规定。

表3-44 铝合金型材装饰面表面处理层适用范围及厚度要求

表面处理层		阳极氧化	电泳涂漆	喷粉	喷漆
适用范围[①]及厚度[②]要求	外门窗	阳极氧化+封孔；阳极氧化+电解着色+封孔；膜厚级别不低于AA15；局部膜厚≥12μm	有光或消光透明漆膜；膜厚级别 A、B（阳极氧化膜局部膜厚≥9μm）	光泽平面效果；砂纹、二次喷涂木纹立体效果；装饰面局部厚度≥50μm	四涂层（高性能金属漆）装饰面局部膜厚≥55μm；三涂层（一般金属漆）装饰面局部膜厚≥34μm；二涂层（单色漆；珠光云母漆）装饰面局部膜厚≥25μm
	内门窗	阳极氧化+封孔；阳极氧化+电解着色+封孔；阳极氧化+染色+封孔；膜厚级别不低于AA10；局部膜厚≥8μm	有光或消光有色漆膜；膜厚级别S（阳极氧化膜局部膜厚≥6μm）	锤纹、皱纹、大理石纹、立体彩雕纹、热转印木纹、金属效果；装饰面局部厚度≥40μm	

① 适用于外门窗的表面处理层，也可用于内门窗。

② 电泳、喷粉和喷漆型材某些装饰表面（如内角、凹槽等）的局部膜层厚度允许低于规定值，但不应出现露底现象。

隐框窗中与硅酮结构密封胶黏结部位的型材应采用阳极氧化，其膜厚级别应不低于AA15。

用穿条工艺生产的隔热型材，其隔热材料应使用PA66+GF25（聚酰胺66+玻璃纤维25）材料，不得采用PVC材料。采用浇注工艺生产的隔热铝型材，其隔热材料应使用PUR（聚氨基甲酸乙酯）材料。

4 玻璃

铝合金门窗常用的玻璃品种有平板玻璃、钢化玻璃、夹层玻璃、防火玻璃、低辐射镀膜玻璃（Low-E玻璃）、阳光控制镀膜玻璃、中空玻璃和真空玻璃等。

4.1 平板玻璃

平板玻璃是指各种工艺生产的钠钙硅平板玻璃。平板玻璃可以作为玻璃深加工的原片，用于加工制造钢化玻璃、夹层玻璃等安全玻璃。

平板玻璃的常规尺寸为2440mm×3660mm、2440mm×3300mm、2134mm×3660mm、2134mm×3300mm；最大尺寸为3300mm×18000mm。

4.1.1 平板玻璃的分类

平板玻璃按颜色属性分为无色透明平板玻璃和本体着色平板玻璃；按外观质量分为合格品、一级品和优等品；按厚度分为2mm、3mm、4mm、5mm、6mm、8mm、10mm、12mm、15mm、19mm、22mm、25mm。

4.1.2 平板玻璃的要求

《平板玻璃》（GB 11614）规定了平板玻璃的分类、要求、试验方法、检验规则等。其中对尺寸偏差、对角线差、厚度偏差、厚薄差、外观质量和弯曲度的要求为强制性的。

（1）尺寸偏差　平板玻璃应剪裁成矩形，其长度和宽度尺寸允许偏差应符合表4-1的规定。

表4-1　尺寸偏差

公称厚度	尺寸偏差/mm	
	尺寸≤3000	尺寸>3000
2~6	±2	±3
8~10	+2，-3	+3，-4
12~15	±3	±4
19~25	±5	±5

（2）对角线差　平板玻璃对角线差应不大于其平均长度的0.2%。

（3）厚度偏差和厚薄差　平板玻璃的厚度偏差和厚薄差不应超过表4-2规定。

表4-2　厚度偏差和厚薄差

公称厚度	厚度偏差/mm	厚薄差/mm
2~6	±0.2	0.2
8~12	±0.3	0.3
15	±0.5	0.5
19	±0.7	0.7
22~25	±1.0	1.0

（4）平板玻璃的外观质量要求

① 平板玻璃合格品外观质量应符合表4-3的规定。

表4-3　平板玻璃合格品外观质量

<table>
<tr><th>缺陷种类</th><th colspan="3">质量要求</th></tr>
<tr><td rowspan="5">点状缺陷①</td><td>尺寸L</td><td colspan="2">允许个数限度</td></tr>
<tr><td>0.5mm≤L≤1.0mm</td><td colspan="2">2×S</td></tr>
<tr><td>1.0mm<L≤2.0mm</td><td colspan="2">1×S</td></tr>
<tr><td>2.0mm<L≤3.0mm</td><td colspan="2">0.5×S</td></tr>
<tr><td>L>3.0mm</td><td colspan="2">0</td></tr>
<tr><td>点状缺陷密集度</td><td colspan="3">尺寸≥0.5mm的点状缺陷最小间距不小于300mm，直径100mm圆内尺寸≥0.3mm的点状缺陷不超过3个</td></tr>
<tr><td>线道</td><td colspan="3">不允许</td></tr>
<tr><td>裂纹</td><td colspan="3">不允许</td></tr>
<tr><td rowspan="2">划伤</td><td>允许范围</td><td colspan="2">允许条数限度</td></tr>
<tr><td>宽≤0.5mm，长≤60mm</td><td colspan="2">3×S</td></tr>
<tr><td rowspan="4">光学变形</td><td>公称厚度</td><td>无色透明平板玻璃</td><td>本体着色平板玻璃</td></tr>
<tr><td>2mm</td><td>≥40°</td><td>≥40°</td></tr>
<tr><td>3mm</td><td>≥45°</td><td>≥40°</td></tr>
<tr><td>≥4mm</td><td>≥50°</td><td>≥45°</td></tr>
<tr><td>断面缺陷</td><td colspan="3">公称厚度不超过8mm时，不超过玻璃板的厚度；8mm以上时，不超过8mm</td></tr>
</table>

注：S是以平方米为单位的玻璃板面积数值，按GB/T 8170修约，保留小数点后两位。点状缺陷的允许个数限度及划伤的允许条数限度为各系数与S相乘所得的数值，按GB/T 8170修约至整数。

① 光畸变点视为0.5~1.0mm的点状缺陷。

② 平板玻璃一等品外观质量应符合表4-4的规定。

表4-4　平板玻璃一等品外观质量

缺陷种类	质量要求		
点状缺陷①	尺寸L	允许个数限度	
	0.3mm≤L≤0.5mm	2×S	
	0.5mm<L≤1.0mm	0.5×S	
	1.0mm<L≤1.5mm	0.2×S	
	L>1.5mm	0	
点状缺陷密集度	尺寸≥0.3mm的点状缺陷最小间距不小于300mm，直径100mm圆内尺寸≥0.2mm的点状缺陷不超过3个		
线道	不允许		
裂纹	不允许		
划伤	允许范围	允许条数限度	
	宽≤0.2mm，长≤40mm	2×S	
光学变形	公称厚度	无色透明平板玻璃	本体着色平板玻璃
	2mm	≥50°	≥45°
	3mm	≥55°	≥50°
	4~12mm	≥60°	≥55°
	≥15mm	≥55°	≥50°
断面缺陷	公称厚度不超过8mm时，不超过玻璃板的厚度；8mm以上时，不超过8mm		

注：S是以平方米为单位的玻璃板面积数值，按GB/T 8170修约，保留小数点后两位。点状缺陷的允许个数限度及划伤的允许条数限度为各系数与S相乘所得的数值，按GB/T 8170修约至整数。

① 点状缺陷中不允许有光畸变点。

③ 平板玻璃优等品外观质量应符合表4-5的规定。

表4-5　平板玻璃优等品外观质量

缺陷种类	质量要求		
点状缺陷①	尺寸L	允许个数限度	
	0.3mm≤L≤0.5mm	1×S	
	0.5mm<L≤1.0mm	0.2×S	
	L>1.0mm	0	
点状缺陷密集度	尺寸≥0.3mm的点状缺陷最小间距不小于300mm，直径100mm圆内尺寸≥0.1mm的点状缺陷不超过3个		
线道	不允许		
裂纹	不允许		
划伤	允许范围	允许条数限度	
	宽≤0.1mm，长≤30mm	2×S	
光学变形	公称厚度	无色透明平板玻璃	本体着色平板玻璃

续表

缺陷种类	质量要求		
光学变形	2mm	≥50°	≥50°
	3mm	≥55°	≥50°
	4~12mm	≥60°	≥55°
	≥15mm	≥55°	≥50°
断面缺陷	公称厚度不超过8mm时,不超过玻璃板的厚度;8mm以上时,不超过8mm		

注：S是以平方米为单位的玻璃板面积数值，按GB/T 8170修约，保留小数点后两位。点状缺陷的允许个数限度及划伤的允许条数限度为各系数与S相乘所得的数值，按GB/T 8170修约至整数。

① 点状缺陷中不允许有光畸变点。

（5）弯曲度　平板玻璃的弯曲度应不超过0.2%。

（6）光学特性

① 无色透明平板玻璃可见光投射比应不小于表4-6的规定。

表4-6　无色透明平板玻璃可见光投射比最小值

公称厚度/mm	可见光投射比最小值/%	公称厚度/mm	可见光投射比最小值/%
2	89	10	81
3	88	12	79
4	87	15	76
5	86	19	72
6	85	22	69
8	83	25	67

② 本体着色平板玻璃可见光透射比、太阳光直接透射比、太阳能总透射比偏差应不超过表4-7所示。

表4-7　本体着色平板玻璃透射比偏差

种类	偏差/%
可见光(380~780nm)透射比	2.0
太阳光(300~2500nm)直接透射比	3.0
太阳能(300~2500nm)总透射比	4.0

③ 本体着色平板玻璃颜色均匀性，同一批产品色差应符合$\Delta E^{*}_{ab} \leqslant 2.5$。

（7）特殊厚度或其他要求　由供需双方商定。

4.2 安全玻璃

常用的安全玻璃有钢化玻璃、夹层玻璃、防火玻璃和均质钢化玻璃等。

4.2.1 钢化玻璃

钢化玻璃按制造工艺可分为物理（热）钢化玻璃、化学钢化玻璃，通常所说的钢化玻璃一般指物理（热）钢化玻璃。本节主要介绍物理（热）钢化玻璃。

物理（热）钢化玻璃是经热处理工艺之后的玻璃，它是将普通平板玻璃原片在特制的加温炉中均匀加温至620℃，使之轻度软化，结构膨胀，然后用冷气流迅速冷却形成。其特点是在玻璃表面形成压应力层，机械强度和耐热冲击强度得到提高，并具有特殊的碎片状态；其强度约为同等厚度平板玻璃的2~4倍，抗冲击强度是普通玻璃的3~5倍，破碎后呈颗粒状，可避免对人体的伤害，是一种高强度安全玻璃，可广泛用于建筑、汽车等领域。

钢化玻璃的常规尺寸为2440mm×3600mm；最大尺寸为3300mm×18000mm。

钢化玻璃不能再做任何切割、磨削等加工或受破损，否则会因破坏均匀压应力平衡而破裂。因此，各种加工应在钢化前进行。

《建筑用安全玻璃　第2部分：钢化玻璃》（GB 15763.2）规定了钢化玻璃的定义、分类、要求、试验方法和检验规则等。

（1）分类

① 按生产工艺分类　钢化玻璃可分为垂直法钢化玻璃和水平法钢化玻璃。垂直法钢化玻璃是指在钢化过程中采取夹钳吊挂的方式生产出来的钢化玻璃。水平法钢化玻璃是指在钢化过程中采取水平辊支撑的方式生产出来的钢化玻璃。

② 按形状分类　钢化玻璃可分为平面钢化玻璃和曲面钢化玻璃。

生产钢化玻璃所使用的原片玻璃质量应符合相应产品标准的要求。对于有特殊要求的，用于生产钢化玻璃的玻璃，玻璃的质量由供需双方确定。

（2）要求　钢化玻璃的技术要求包括尺寸及外观要求、安全性能要求和一般性能要求。尺寸及外观要求包括尺寸及其允许偏差要求、厚度及其允许偏差要求、外观质量和弯曲度；安全性能要求（强制性要求）包括抗冲击性、碎片状态和霰弹袋冲击性能；一般性能要求包括表面应力和耐热冲击性能。

① 尺寸及其允许偏差

a. 长方形平面钢化玻璃边长允许偏差应符合表4-8的规定。

表4-8　长方形平面钢化玻璃边长允许偏差

厚度/mm	边长(L)允许偏差/mm			
	$L\leqslant1000$	$1000<L\leqslant2000$	$2000<L\leqslant3000$	$L>3000$
3,4,5,6	+1 −2	±3	±4	±5
8,10,12	+2 −3			
15	±4	±4		
19	±5	±5	±6	±7
>19	供需双方商定			

b. 长方形平面钢化玻璃对角线差应符合表4-9的规定。

表4-9 长方形平面钢化玻璃对角线差允许值

玻璃公称厚度/mm	对角线差允许值/mm		
	边长≤2000	2000<边长≤3000	边长>3000
3,4,5,6	±3.0	±4.0	±5.0
8,10,12	±4.0	±5.0	±6.0
15,19	±5.0	±6.0	±7.0
>19	供需双方商定		

c. 其他形状的钢化玻璃的尺寸及其允许偏差由供需双方商定。

d. 边部加工形状及质量由供需双方商定。

e. 圆孔。孔径一般不小于玻璃的公称厚度，孔径的允许偏差应符合表4-10的规定。小于玻璃的公称厚度孔的孔径允许偏差由供需双方商定。

表4-10 孔径及其允许偏差

公称孔径(D)/mm	允许偏差/mm
4≤D≤50	±1.0
50<D≤100	±2.0
D>100	供需双方商定

孔的边部距玻璃边部的距离不应小于玻璃公称厚度的2倍；两孔孔边之间的距离不应小于玻璃公称厚度的2倍；孔的边部距玻璃角部的距离不应小于玻璃公称厚度的6倍；如果孔的边部距玻璃角部的距离小于35mm，那么这个孔不应处在相对于角部对称的位置上，具体位置由供需双方商定。

对于公称厚度不小于4mm的钢化玻璃，圆孔的边部加工质量由供需双方商定。

② 厚度及其允许偏差 钢化玻璃的厚度的允许偏差应符合表4-11的规定。

表4-11 厚度及其允许偏差

公称厚度/mm	厚度允许偏差/mm
3,4,5,6	±0.2
8,10	±0.3
12	±0.4
15	±0.6
19	±1.0
>19	供需双方商定

对于表4-11未做规定的公称厚度的玻璃，其厚度允许偏差可采用表4-11中与其邻近的较薄厚度的玻璃的规定，或由供需双方商定。

③ 外观质量 钢化玻璃的外观质量应满足表4-12的规定。

表4-12　钢化玻璃的外观质量

缺陷名称	说明	允许缺陷数
爆边	每片玻璃每米边长上允许有长度不超过10mm，自玻璃边部向玻璃板表面延伸深度不超过2mm，自板面向玻璃厚度延伸深度不超过厚度1/3的爆边个数	1处
划伤	宽度在0.1mm以下的轻微划伤，每平方米面积允许存在条数	长度≤100mm时 4条
	宽度大于0.1mm的划伤，每平方米面积允许存在条数	宽度0.1~1mm、 长度≤100mm时 4条
夹钳印	夹钳印与玻璃边缘的距离≤20mm，边部变形量≤2mm	
裂纹、缺角	不允许存在	

④ 弯曲度　平面钢化玻璃的弯曲度，弓形时应不超过0.3%，波形时应不超过0.2%。

⑤ 抗冲击性　取6块钢化玻璃进行试验，试样破坏不超过1块为合格，多于或等于3块为不合格。破坏数为2块时，再另取6块进行试验，试样必须全部不被破坏为合格。

⑥ 碎片状态　取4块玻璃试样进行试验，每块试样在任何50mm×50mm区域内的最少碎片数必须满足表4-13的要求。且允许有少量长条形碎片，其长度不超过75mm。

表4-13　最少允许碎片数

玻璃品种	公称厚度/mm	最少碎片数/片
平面钢化玻璃	3	30
	4~12	40
	≥15	30
曲面钢化玻璃	≥4	30

⑦ 霰弹袋冲击性能　取4块平型玻璃试样进行试验，应符合下列a或b中任意一条的规定。

a. 玻璃破碎时，每块试样的最大10块碎片质量的总和不得超过相当于试样65cm²面积的质量，保留在框内的任何无贯穿裂纹的玻璃碎片的长度不能超过120mm。

b. 霰弹袋下落高度为1200mm时，试样不破坏。

⑧ 表面应力　钢化玻璃的表面应力不应小于90MPa。

以制品为试样，取3块试样进行试验，当全部符合规定为合格，2块试样不符合则为不合格，当2块试样符合时，再追加3块试样，如果3块试样全部符合规定则为合格。

⑨ 耐热冲击性能　钢化玻璃应耐200℃温差不破坏。

取4块试样进行试验，当4块试样全部符合规定时认为该项性能合格。当有2块以上不符合时，则认为不合格。当有1块不符合时，重新追加1块试样，如果它符合规定，则认为该项性能合格。当有2块不符合时，则重新追加4块试样，全部符合规定时则为合格。

（3）钢化玻璃常见现象　由于钢化玻璃加工过程的工艺问题，钢化玻璃会产生应力斑和自爆现象。

① 钢化玻璃的应力斑　玻璃经过钢化处理后，由于钢化过程中加热和冷却的不均匀，在玻璃板面上会产生不同的应力分布。由光弹理论可以知道，玻璃中应力的存在会引起光线

的双折射现象，光线的双折射现象通过偏振光可以观察。

把钢化玻璃放在偏振光下，可以观察在玻璃面板上不同区域的颜色和明暗变化。这就是人们一般所说的钢化玻璃的应力斑。

在日光中就存在着一定成分的偏振光，偏振光受天气和阳光的入射角影响。

通过偏振光眼镜或以与玻璃的垂直方向成较大的角度去观察钢化玻璃，钢化玻璃的应力斑会更加明显。

② 钢化玻璃的自爆　由于玻璃中存在着微小的硫化镍结石，在热处理后一部分结石随时间会发生晶态变化，体积增大，在玻璃内部引发微裂，从而可能导致钢化玻璃自爆。

钢化玻璃自爆明显的特征是：如果自爆玻璃还在框上，可以看到类似蝴蝶状纹，显微镜下或对光反射可以看到爆心杂质，围绕着蝴蝶纹向外放射状呈现裂纹碎裂。钢化玻璃自爆如图4-1所示。

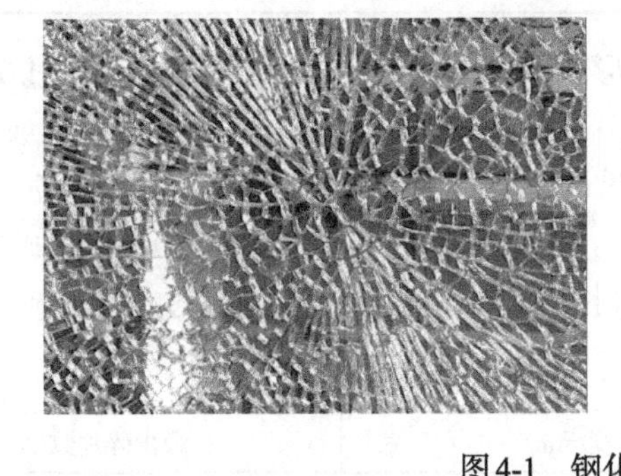

图4-1　钢化玻璃自爆

在实际工程中，钢化玻璃自爆的现象很常见。许多工程案例表明，钢化玻璃自爆有朝向分布：一般南朝向和西朝向的钢化玻璃自爆概率大，东朝向自爆概率小，北朝向自爆概率最小。

常见的减少钢化玻璃自爆的方法有以下几种。

a. 使用含较少硫化镍结石的原片，即使用优质原片。

b. 避免玻璃钢化应力过大。

c. 钢化玻璃进行第二次热处理，通常称为引爆或均质处理。

d. 采用超白玻璃。超白玻璃是一种超透明低铁玻璃，其在生产过程的除铁酸洗过程中，可将引起玻璃自爆的硫化镍等杂质一并去除，极大地降低了玻璃自爆的概率。在实际工程中，超白玻璃极易辨识，应用较为广泛。

4.2.2　均质钢化玻璃

钢化玻璃作为一种安全玻璃，被广泛用于建筑、汽车等领域，但钢化玻璃的自爆问题限制了钢化玻璃的应用。通过对钢化玻璃进行均质（第二次热处理工艺）处理，可以大大降低钢化玻璃的自爆率。但如果均质处理时温度控制不当，会引起NiS逆向相变或相变不完全，甚至会导致钢化玻璃松弛，影响最终产品的安全性能。

平板玻璃加热到玻璃软化点附近（620℃），然后采用空气将玻璃进行骤然冷却制成钢化玻璃的过程，是钢化玻璃的淬火，也称其为第一次热处理；将钢化玻璃加热到280℃并保持一段时间，这个过程是钢化玻璃的回火，即均质处理，也称其为第二次热处理。经过均质处理（第二次热处理）后的钢化玻璃，自爆率可降到0.1%以下。

钢化玻璃的均质处理（第二次热处理）一般分为三个阶段：升温、保温和降温阶段。升温阶段为玻璃的表面温度从环境温度升至玻璃表面温度达到280℃的过程；保温阶段为所有玻璃的表面温度均达到280℃，且至少保持2h这一过程，在整个保温阶段中，应确保玻璃表面的温度保持在（290±10)℃的范围内；降温阶段为从玻璃完成保温阶段后开始到降至环境温度的过程，当炉内温度降至70℃时，可以认为冷却阶段终止。降温阶段应对降温速度进行控制，以最大限度地减少玻璃由于热应力引起的破坏。

整个第二次热处理过程应避免炉膛温度超过320℃，玻璃表面温度超过300℃，否则玻璃的钢化应力会由于过热而松弛，从而影响其安全性。

《建筑用安全玻璃　第4部分：均质钢化玻璃》（GB 15763.4）规定了均质钢化玻璃的定义、要求、试验方法和检验规则等。

均质钢化玻璃的尺寸和厚度允许偏差、外观质量、弯曲度、抗冲击性、碎片状态、霰弹袋冲击性能、表面张力和耐热冲击性能均应满足《建筑用安全玻璃　第2部分：钢化玻璃》（GB 15763.2）中相应条款的规定。

以95%的置信区间，5%的破损概率，均质钢化玻璃的弯曲强度（四点弯法）应符合表4-14的规定。

表4-14　均质钢化玻璃弯曲强度

均质钢化玻璃	弯曲强度/MPa
以浮法玻璃为原片的均质钢化玻璃	120
镀膜均质钢化玻璃	120
釉面均质钢化玻璃(釉面为加载面)	75
压花均质钢化玻璃	90

4.2.3　超白玻璃

超白玻璃是一种超透明低铁玻璃，也称低铁玻璃、高透明玻璃。透光率可达91.5%以上，具有晶莹剔透、高档典雅的特性。超白玻璃同时具备优质平板玻璃所具有的一切可加工性能，具有优越的物理、力学及光学性能，可像其他优质平板玻璃一样进行各种深加工。

超白玻璃生产工艺主要有原料配料、玻璃熔化、锡槽成板、退火、检验裁切、精加工等工序。与普通平板玻璃相比，超白玻璃生产工艺难度较高，主要体现在两个地方：一是玻璃中铁的含量控制困难；二是在原料熔化过程中，产生的气泡难以消除。

与普通平板玻璃相比，超白玻璃有以下优点。

（1）玻璃自爆率低　超白玻璃原材料中含有的NiS等杂质较少，在原料熔化过程中控制的精细，使得超白玻璃具有更加均一的成分，从而大大降低了钢化后自爆的概率。

（2）颜色一致性好　原料中的铁含量仅为普通平板玻璃的1/10，甚至更低，超白玻璃对可见光中的绿色波段吸收较少，确保了玻璃颜色的一致性。

（3）可见光透过率高，通透性好　超白钢化玻璃具有超过91.5%的可见光透过率，具有晶莹剔透的水晶般的品质。

（4）紫外线透过率低　超白钢化玻璃对紫外线吸收率极低，可以有效阻挡紫外线。

4.2.4　夹层玻璃

夹层玻璃是由两层以上玻璃用有弹性的有机材料分隔并通过处理使其粘接为一体的复合

材料型安全玻璃。

夹层玻璃的加工工艺分为干法和湿法两种。干法也称胶片法，是将有机材料中间层夹在两层或多层玻璃中间，经加热、加压而成夹层玻璃；湿法也称灌浆法，是将配制好的胶黏剂浆液灌注到已合好模的两片或多片玻璃中间，通过加热聚合或光照聚合而成夹层玻璃。目前，湿法工艺生产的夹层玻璃在建筑门窗幕墙中已经不再使用。

夹层玻璃的中间层有离子性中间层、PVB中间层、EVA中间层和SGP中间层等。由于玻璃与塑料粘结在一起，当冲击破裂时，夹层玻璃能很好地保持完整性，破裂后仅在表面出现裂纹而不四散分开、不脱落，因而是一种安全玻璃。用PVB胶片制成的特种夹层玻璃能够抵挡枪弹、炸弹和暴力的攻击，称为防弹玻璃或防盗玻璃。

夹层玻璃的常规尺寸为2440mm×3660mm；最大尺寸为3300mm×18000mm。

夹层玻璃的夹胶片厚度不应小于0.76mm，且夹胶片厚度应随着所粘接的玻璃片厚度增加而增加。对于非钢化的玻璃单片，夹胶片的厚度可以适当降低，但不应小于0.76mm。

PVB中间膜是半透明的薄膜，由聚乙烯醇缩丁醛树脂经增塑剂塑化挤压成型的一种高分子材料。外观为半透明薄膜，无杂质，表面平整，有一定的粗糙度和良好的柔软性，对无机玻璃有很好的粘结力，具有透明、耐热、耐寒、耐湿、机械强度高等特性，是当前世界上制造夹层、安全玻璃用的最佳粘合材料，同时在建筑门窗、幕墙等建筑领域及汽车和各种防弹玻璃领域有广泛的应用。

PVB膜富于弹性，比较柔软，剪切模量小，两块玻璃间受力后会有显著的相对滑移，承载力较小，弯曲变形较大。同时，PVB夹层玻璃的外露边部容易受潮开胶，PVB夹层玻璃使用时间长以后容易发黄变色。所以PVB夹层玻璃可以用于一般的建筑门窗和幕墙玻璃，不适宜用于有高性能要求的建筑门窗和幕墙玻璃。

SGP离子性中间膜是一种无色、透明硬膜，其强度高，剪切模量大，弯曲变形小，边部稳定性好，耐候性好，不容易泛黄。SGP膜的硬度是普通PVB膜的100倍，撕裂强度是普通PVB膜的5倍；SGP膜对水分不敏感，在外露条件下使用也不会开胶、分离，可以开边使用，不必封边。SGP夹层玻璃的承载力是等厚度的PVB夹层玻璃承载力的2倍；在相等荷载、相等厚度的情况下，SGP夹层玻璃的弯曲挠度只有 PVB 夹层玻璃的1/4。

SGP膜广泛用于超高层建筑或超大尺寸玻璃板块。2010年我国成功生产出世界上第一块超大尺寸玻璃：12.8m×2.6m热弯钢化超白夹层玻璃（15mm+2.28SGP+15mm）。后来又生产了 12 块 12.6m×2.6m 超大尺寸热弯钢化夹层玻璃（12mm+1.58SGP+12mm+1.58SGP+12mm），用于苹果公司上海店。近几年，苹果公司的全世界门店均把这种多层玻璃和SGP膜叠加做成的夹层玻璃当作建筑结构件使用，建筑形式新颖。近几年SGP夹层玻璃在超高层建筑中使用越来越广泛，如上海中心和广州塔幕墙玻璃均采用了SGP夹层玻璃。

《建筑用安全玻璃 第3部分：夹层玻璃》（GB 15763.3）规定了夹层玻璃的定义、分类、要求、试验方法和检验规则等。

（1）分类 按形状分类，夹层玻璃可分为平面夹层玻璃和曲面夹层玻璃。

按霰弹冲击性能分类，夹层玻璃可分为Ⅰ类夹层玻璃、Ⅱ-1类夹层玻璃、Ⅱ-2类夹层玻璃和Ⅲ类夹层玻璃。

（2）材料要求 夹层玻璃由玻璃、塑料以及中间层材料组合构成。所采用的材料均应满足相应的国家标准、行业标准、相关技术条件或订货文件的要求。

① 玻璃 可选用平板玻璃、压花玻璃、抛光夹丝玻璃、夹丝压花玻璃等；可以是无色

的、本体着色或镀膜的；透明的、半透明的或不透明的；退火的、热增强的或钢化的；喷砂或耐腐蚀等表面处理的。

② 塑料　可以选用聚碳酸酯、聚氨酯和丙烯酸酯等；可以是无色的、着色的、镀膜的；透明的或半透明的。

③ 中间层　可选用材料种类和成分、力学和光学性能等不同的材料，如离子性中间层、PVB中间层、EVA中间层和SGP中间层等；可以是无色的或有色的；透明的、半透明的或不透明的。

（3）质量要求

① 外观质量

a. 可视区缺陷。可视区允许点状缺陷应满足表4-15的规定。

表4-15　可视区允许点状缺陷数

缺陷尺寸λ/mm			0.5<λ≤1.0	1.0<λ≤3.0			
板面面积S/m²			S不限	S<1	1<S≤2	2<S≤8	8<S
允许缺陷数/个	玻璃层数	2	不得密集存在	1	2	1.0m²	1.2m²
		3		2	3	1.5m²	1.8m²
		4		3	4	2.0m²	2.4m²
		≥5		4	5	2.5m²	3.0m²

注：1.不大于0.5mm的缺陷不考虑，不允许出现大于3mm的缺陷。

2.当出现下列情况之一时，视为密集存在：两层玻璃时，出现4个或4个以上，且彼此相距<200mm缺陷；三层玻璃时，出现4个或4个以上的缺陷，且彼此相距<180mm；四层玻璃时，出现4个或4个以上的缺陷，且彼此相距<150mm；五层以上玻璃时，出现4个或4个以上的缺陷，且彼此相距<100mm。

3.单层中间层单层厚度大于2mm时，上表允许缺陷数总数增加1。

可视区允许线状缺陷应满足表4-16的规定。

表4-16　可视区允许的线状缺陷数

缺陷尺寸(长度L,宽度B)/mm	L≤30且B≤0.2	L>30或B>0.2		
玻璃面积S/m²	S不限	S≤5	5<S≤8	8<S
允许缺陷数/个	允许存在	不允许	1	2

b. 周边缺陷。使用时装有边框的夹层玻璃周边区域，允许直径不超过5mm的点状缺陷存在；如点状缺陷是气泡，气泡面积之和不应超过边缘区面积的5%；使用时不带边框夹层玻璃的周边缺陷，由供需双方协商。

c. 不允许存在裂口、脱胶、皱痕和条纹；爆边的长度或宽度不得超过玻璃厚度。

② 尺寸允许偏差

a. 长度和宽度允许偏差。夹层玻璃最终产品的长度和宽度允许偏差应符合表4-17的规定。

表4-17 长度和宽度允许偏差

公称尺寸(边长L)/mm	允许偏差/mm		
	公称厚度≤8	公称厚度>8	
		每块玻璃公称厚度<10	至少一块玻璃公称厚度≥10
L≤1100	+2.0 −2.0	+2.5 −2.0	+3.5 −2.5
1100<L≤1500	+3.0 −2.0	+3.5 −2.0	+4.5 −3.0
1500<L≤2000	+3.0 −2.0	+3.5 −2.0	+6.0 −3.5
2000<L≤2500	+4.5 −2.5	+5.0 −3.0	+6.0 −4.0
L>2500	+5.0 −3.0	+5.5 −3.5	+6.5 −4.5

b. 叠差。叠差如图4-2所示。夹层玻璃的最大允许叠差见表4-18。

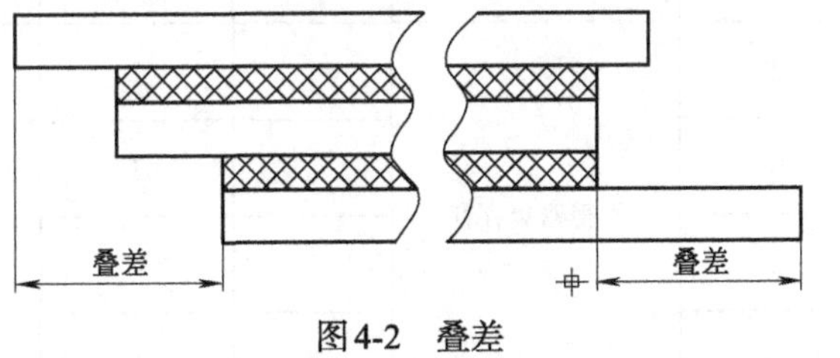

图4-2 叠差

表4-18 夹层玻璃的最大允许叠差

长度或宽度L/mm	最大允许叠差/mm
L≤1000	2.0
1000<L≤2000	3.0
2000<L≤4000	4.0
L>4000	6.0

c. 厚度。对于三层原片以上（含三层）制品、原片材料总厚度超过24mm及使用钢化玻璃作为原片时，其厚度允许偏差由供需双方商定。

干法夹层玻璃的厚度偏差，不能超过构成夹层玻璃的原片允许偏差和中间层材料厚度允许偏差总和。中间层的总厚度<2mm时，不考虑中间层的厚度偏差；中间层总厚度≥2mm时，其厚度允许偏差为±0.2mm。

湿法夹层玻璃的厚度偏差，不能超过构成夹层玻璃的原片允许偏差和中间层材料厚度允许偏差总和。湿法夹层玻璃中间层厚度允许偏差应符合表4-19的规定。

表4-19 湿法夹层玻璃中间层厚度允许偏差

中间层厚度d/mm	允许偏差δ/mm
d<1	±0.4
1≤d<2	±0.5
2≤d<3	±0.6
d≥3	±0.7

d. 对角线差。矩形夹层玻璃制品，长边长度不大于2400mm时，对角线差不得大于4mm；长边长度大于2400mm时，对角线差由供需双方商定。

③ 弯曲度　平面夹层玻璃的弯曲度，弓形时应不超过0.3%，波形时应不超过0.2%。原片材料使用有非无机玻璃时，弯曲度由供需双方商定。

④ 可见光透射比、可见光反射比　由供需双方商定。

⑤ 抗风压性能　应由供需双方商定是否有必要进行抗风压性能试验，以便合理选择给定风载条件下适宜的夹层玻璃材料、结构和规格尺寸等，或验证所选定的夹层玻璃的材料、结构和规格尺寸等能否满足设计抗风压值的要求。

⑥ 耐热性　试验后允许试样存在裂口，超过边部或裂口13mm部分不能产生气泡或其他缺陷。

⑦ 耐湿性　试验后试样超出原始边15mm、切割边25mm、裂口10mm部分不能产生气泡或其他缺陷。

⑧ 耐辐照性　试验后试样不可产生显著变色、气泡及浑浊现象，且试验前后试样的可见光透射比相对变化率ΔT应不大于3%。

⑨ 落球冲击剥离性能　试验后中间层不得断裂、不得因碎片的剥离而暴露。

⑩ 霰弹袋冲击性能　在每一冲击高度试验后试样均应未破坏和/或安全破坏。

破坏时试样同时符合下列要求为安全破坏。

a. 破坏时允许出现裂缝或开口，但不允许出现使直径为76mm的球在25N力作用下通过的裂缝或开口。

b. 冲击后试样出现碎片剥离时，称量冲击后3min内从试样上剥离下来的碎片，碎片总质量不得超过相当于100cm^2的试样的质量，最大玻璃碎片质量应小于44cm^2面积试样的质量。

Ⅱ-1 类夹层玻璃：3组试样在冲击高度分别为300mm、750mm和1200mm时冲击后，全部试样未破坏或安全破坏。

Ⅱ-2 类夹层玻璃：2组试样在冲击高度分别为300mm和750mm时冲击后，试样未破坏和/或安全破坏；但另1组试样在冲击高度为1200mm时，任何试样非安全破坏。

Ⅲ类夹层玻璃：1组试样在冲击高度为300mm时冲击后，试样未破坏和/或安全破坏；但另1组试样在冲击高度为750mm时，任何试样非安全破坏。

Ⅰ类夹层玻璃：对霰弹袋冲击性能不做要求。

（4）夹层玻璃在制作和应用中应注意的问题

① 制作夹层玻璃的两片玻璃厚度应尽量相同。这是由于现有的计算夹层玻璃承载力和变形的理论都是基于两片玻璃等厚，若两片玻璃不等厚，计算结果可能存在较大误差。

② 制作夹层玻璃的两片玻璃种类应相同。不能将不同种类的两片玻璃作夹层，例如一片是钢化玻璃，另一片是平板玻璃，由于钢化玻璃的强度高、韧性好，平板玻璃强度低、脆性大，将这两种玻璃粘在一起形成夹层玻璃，在荷载作用下，两片玻璃承受相同的外力和产生相同的变形，在同样的条件下，钢化玻璃没有问题，平板玻璃却已被破坏。

③ Low-E夹层玻璃宜将Low-E膜放在室内面，这样既可以降低夹层玻璃的传热系数，又可以防止将Low-E膜面放在两层玻璃之间时造成的PVB胶片与玻璃之间开胶的现象产生。

④ PVB胶片怕水，遇水后将造成PVB胶片开裂，因此，工程中应用夹层玻璃时应注意不能将夹层玻璃的边部直接暴露在空气中。如果夹层玻璃必须在空气中裸用，则需将夹层玻

璃进行封边处理。

⑤ 夹层玻璃应垂直储存在干燥的室内。运输过程中也不应平放或斜放。

4.2.5 防火玻璃

防火玻璃按结构可以分为复合防火玻璃（以FFB表示）和单片防火玻璃（以DFB表示）；按耐火性能可分为隔热型防火玻璃（A类）和非隔热型防火玻璃（C类）；按耐火极限可分为0.50h、1.00h、1.50h、2.00h、3.00h五个等级；按生产工艺及其特征可分为干式复合防火玻璃、灌浆复合防火玻璃、单片防火玻璃、高硼硅防火玻璃和新型硅类防火玻璃等。

复合防火玻璃是在两片玻璃之间加层一种透明而具有阻燃性能的凝胶，这种凝胶遇到高温时发生吸热分解反应，变为不透明，有阻隔火焰的作用。复合防火玻璃的生产方法分为夹层法和灌浆法两种。其优点是隔热，缺点是难以深加工，长期处于紫外线照射下易起泡、发黄甚至失透。灌浆法或用其他防火胶填充在玻璃之间而成的复合型防火玻璃，由于在高于60℃以上环境或长期受紫外线照射后容易失效，因此不宜应用在受阳光直接或间接照射的幕墙中。《玻璃幕墙工程技术规范》（JGJ 102）规定，要求防火功能的幕墙玻璃，应根据防火等级要求采用单片防火玻璃及其制品。

单片防火玻璃主要有两种：采用综合增强处理的高强度单片防火玻璃和特种防火玻璃（以硼硅酸盐防火玻璃为主）。目前，我国单片防火玻璃基本采用平板玻璃物理或化学增强技术来提高玻璃的强度，使玻璃能够承受急热（或急冷）时产生的应力，从而具有防火的功能。

高强度单片防火玻璃的耐火机理是通过提高钠钙硅玻璃强度，来抗衡热应力进而避免玻璃表面微裂纹扩展造成的破裂。火灾时玻璃受热膨胀，玻璃整体发生弯曲变形，玻璃受火面的微裂纹受到热应力作用，逐渐扩展造成玻璃破裂。单片防火玻璃强度高，比普通钢化玻璃有更大的预应力，改善了玻璃的抗热应力性能。当玻璃受热膨胀时，其表面的高预应力就会抵消产生的热应力，使微裂纹不再扩展致玻璃破裂，从而保证在火焰冲击下或高温下的耐火性能。当玻璃整体受到的热量大于背火面散失的热量时，玻璃整体温度逐渐升高，沿高度方向，从受火面开始逐渐进入软化区，直到玻璃背火面的黏度不足以支撑玻璃本身的重量时，玻璃整体（或局部）坍塌而失去完整性。

由于高强度单片防火玻璃边部采用有框安装，玻璃中心区与边部肯定会产生温度差，玻璃的热应力会集中在玻璃边部，玻璃的边部受到张应力，因此提高玻璃边部承受暂时应力的措施是单片防火玻璃制造和安装中的关键因素。对玻璃边部进行精抛光，可以提高边部强度，火灾时高强度单片防火玻璃不会因为过大的暂时热应力而破裂，从而满足防火玻璃的耐火完整性要求。

用于单片防火玻璃的原片应采用优质平板玻璃，玻璃表面划伤、气泡、结石等质量缺陷应严格控制，必须满足《建筑用安全玻璃　第1部分：防火玻璃》（GB 15763.1—2009）的相关指标要求。此外，单片防火玻璃在出厂前必须经过均质处理，以最大限度降低玻璃在工程中的自爆概率。

单片特种防火玻璃包括硼硅酸盐防火玻璃、铝硅酸盐防火玻璃、微晶防火玻璃及软化温度高于800℃以上的钠钙料防火玻璃等。其共同特点是具有良好的化学稳定性、较高的软化点和较低的热膨胀系数。但技术门槛及成本高，市场较难接受。

与复合防火玻璃相比，单片防火玻璃具有耐候性好、强度高、易于深加工及安装便捷等优点，但不隔热。单片防火玻璃和复合防火玻璃因性能上的差异，在建筑应用上属互补关系。

防火玻璃的耐火性能有耐火完整性、耐火隔热性和耐火极限表征。耐火完整性是指在标准耐火试验条件下，玻璃构件当其一面受火时，能在一定时间内防止火焰和热气穿透或在背火面出现火焰的能力。耐火隔热性是指在标准耐火试验条件下，玻璃构件当其一面受火时，能在一定时间内使其背火面温度不超过规定值的能力。

防火玻璃原片可选用镀膜或非镀膜的平板玻璃、钢化玻璃、复合防火玻璃原片和单片防火玻璃。原片材料应符合相应的国家标准、行业标准和相关技术条件要求。

防火玻璃的常规尺寸为A类1300mm×2440mm、C类1500mm×2440mm、单片铯钾1600mm×3660mm；最大尺寸为A类1800mm×3500mm、C类1800mm×3500mm、单片铯钾2000mm×4200mm。

《建筑用安全玻璃　第1部分：防火玻璃》(GB 15763.1）规定了防火玻璃的定义、分类及标记、材料、要求、试验方法和检验规则等，防火玻璃应符合该规范的有关规定。

（1）尺寸、厚度允许偏差　防火玻璃的尺寸、厚度允许偏差应符合表4-20和表4-21的规定。

表4-20　复合防火玻璃的尺寸、厚度允许偏差

玻璃的公称厚度 d /mm	长度或宽度(L)允许偏差/mm		厚度允许偏差/mm
	$L\leqslant 1200$	$1200<L\leqslant 2400$	
$5\leqslant d<11$	±2	±3	±1.0
$11\leqslant d<17$	±3	±4	±1.0
$17\leqslant d<24$	±4	±5	±1.3
$24\leqslant d<35$	±5	±6	±1.5
$d\geqslant 35$	±5	±6	±2.0

注：当L大于2400mm时，尺寸允许偏差由供需双方商定。

表4-21　单片防火玻璃的尺寸、厚度允许偏差

<table>
<tr><th rowspan="2">玻璃公称厚度/mm</th><th colspan="3">长度或宽度(L)允许偏差/mm</th><th rowspan="2">厚度允许偏差/mm</th></tr>
<tr><th>$L\leqslant 1000$</th><th>$1000<L\leqslant 2000$</th><th>$L>2000$</th></tr>
<tr><td>5
6</td><td>+1
−2</td><td rowspan="3">±3</td><td rowspan="4">±4</td><td>±0.2</td></tr>
<tr><td>8
10</td><td rowspan="2">+2
−3</td><td>±0.3</td></tr>
<tr><td>12</td><td>±0.3</td></tr>
<tr><td>15</td><td>±4</td><td>±4</td><td>±0.5</td></tr>
<tr><td>19</td><td>±5</td><td>±5</td><td>±6</td><td>±0.7</td></tr>
</table>

（2）外观质量要求　防火玻璃的外观质量要求应符合表4-22和表4-23的规定。

表4-22 复合防火玻璃的外观质量

缺陷名称	要求
气泡	直径300mm圆内允许长0.5~1.0mm的气泡1个
胶合层杂质	直径500mm圆内允许长2.0mm以下的杂质2个
划伤	宽度≤0.1mm，长度≤50mm的轻微划伤，每平方米面积内不超过4条
	0.1mm<宽度<0.5mm，长度≤50mm的轻微划伤，每平方米面积内不超过1条
爆边	每米边长允许有长度不超过20mm，自边部向玻璃表面延伸深度不超过厚度一半的爆边4个
叠差、裂纹、脱胶	总叠差不应大于3mm，裂纹、脱胶不允许存在

注：复合防火玻璃周边15mm范围内的气泡、胶合层杂质不做要求。

表4-23 单片防火玻璃的外观质量

缺陷名称	要求
爆边	不允许存在
划伤	宽度≤0.1mm，长度≤50mm的轻微划伤，每平方米面积内不超过2条
	0.1mm<宽度<0.5mm，长度≤50mm的轻微划伤，每平方米面积内不超过1条
结石、裂纹、缺角	不允许存在

（3）耐火性能 隔热型防火玻璃（A类）和非隔热型防火玻璃（C类）的耐火性能应满足表4-24的要求。

表4-24 防火玻璃的耐火性能

分类名称	耐火极限等级	耐火性能要求
隔热型防火玻璃（A类）	3.00h	耐火隔热性时间≥3.00h，且耐火完整性时间≥3.00h
	2.00h	耐火隔热性时间≥2.00h，且耐火完整性时间≥2.00h
	1.50h	耐火隔热性时间≥1.50h，且耐火完整性时间≥1.50h
	1.00h	耐火隔热性时间≥1.00h，且耐火完整性时间≥1.00h
	0.50h	耐火隔热性时间≥0.50h，且耐火完整性时间≥0.50h
非隔热型防火玻璃（C类）	3.00h	耐火完整性时间≥3.00h，耐火隔热性无要求
	2.00h	耐火完整性时间≥2.00h，耐火隔热性无要求
	1.50h	耐火完整性时间≥1.50h，耐火隔热性无要求
	1.00h	耐火完整性时间≥1.00h，耐火隔热性无要求
	0.50h	耐火完整性时间≥0.50h，耐火隔热性无要求

（4）弯曲度 防火玻璃的弓形弯曲度不应超过0.3%，波形弯曲度不应超过0.2%。

（5）可见光透射比 防火玻璃的可见光透射比应符合表4-25的要求。

表4-25　防火玻璃的可见光透射比

项目	允许偏差最大值(明示标称值)	允许偏差最大值(未明示标称值)
可见光透射比	±3%	≤5%

（6）耐热、耐寒性能　经耐热、耐寒性能试验后，复合防火玻璃试样的外观质量应符合表4-22的规定。

（7）耐紫外线辐射性　当复合防火玻璃使用在有建筑采光要求的场合时，应进行耐紫外线辐射性能测试。

复合防火玻璃试样试验后试样不应产生显著变色、气泡及浑浊现象，且试验前后可见光透射比相对变化率ΔT应不大于10%。

（8）抗冲击性能　进行抗冲击性能检验时，如果样品破坏不超过一块，则该项目合格；如果三块或三块以上样品破坏，则该项目不合格；如果有两块样品破坏，可另取六块备用样品重新试验，如仍出现样品破坏，则该项目不合格。

单片防火玻璃不破坏是指试验后不破碎；复合防火玻璃不破坏是指试验后玻璃不破碎或者玻璃破碎但钢球未穿透试样。

（9）碎片状态　每块试验样品在50mm×50mm区域内的碎片数不低于40块。允许有少量长条碎片存在，但其长度不得超过75mm，且端部不是刀刃状；延伸至玻璃边缘的长条形碎片与玻璃边缘形成的夹角不得大于45°。

4.3 镀膜玻璃

镀膜玻璃是通过物理或化学方法，在玻璃表面涂覆一层或多层金属、金属化合物或非金属化合物的薄膜，以改变玻璃的光学性能，满足特定要求的玻璃制品。

常用的镀膜玻璃有阳光控制镀膜玻璃和低辐射镀膜玻璃。

4.3.1 阳光控制镀膜玻璃

阳光控制镀膜玻璃是通过膜层，改变其光学性能，对波长范围300~2500nm的太阳光具有选择性反射和吸收作用的镀膜玻璃。

按照镀膜工艺分为在线阳光控制镀膜玻璃和离线阳光控制镀膜玻璃两类。离线法生产的镀膜玻璃采用真空磁控溅射法生产工艺，在线法生产的镀膜玻璃采用热喷涂法生产工艺。两种方法都是在玻璃表面涂以金、银、铜、铝、镍、铁等金属、金属氧化物或非金属氧化物薄膜；或采用电浮法、等离子法向玻璃表面渗入金属离子以置换玻璃表面层原有的离子而形成阳光控制膜。

阳光控制镀膜玻璃对太阳光具有较高的反射能力，反射率可达20%~40%，在炎热的夏季可节约空调能源消耗。同时，具有较好的遮光功能，使室内光线柔和舒适。

阳光控制镀膜玻璃是典型的半透明玻璃，具有单向透视的特点，当膜层安装在室内一侧时，白天由室外看不见室内，晚上由室内看不见室外。

阳光控制镀膜玻璃的膜层牢固度好，可以单片使用。可用其制成中空玻璃，外层使用阳光控制镀膜玻璃，膜层朝向中空气体层，可以降低玻璃的遮阳系数和传热系数。

阳光控制镀膜玻璃通常用于门窗、幕墙、采光顶等隔热保温要求不高的部位。由于阳光控制镀膜玻璃具有较高的可见光反射率，在选用时需要注意避免造成周围眩光。

阳光控制镀膜玻璃的常规尺寸为2440mm×3660mm；最大尺寸为3300mm×18000mm。

《镀膜玻璃　第1部分：阳光控制镀膜玻璃》（GB/T 18915.1）规定了阳光控制镀膜玻璃的定义、分类、要求、试验方法和检验规则等。

（1）分类　阳光控制镀膜玻璃按外观质量、光学性能差值、颜色均匀性分为优等品和合格品；按热处理加工性能分为非钢化阳光控制镀膜玻璃、钢化阳光控制镀膜玻璃和半钢化阳光控制镀膜玻璃。

（2）质量要求

① 非钢化阳光控制镀膜玻璃尺寸允许偏差、厚度允许偏差、弯曲度、对角线差应符合《平板玻璃》（GB 11614）的规定。

② 钢化阳光控制镀膜玻璃与半钢化阳光控制镀膜玻璃尺寸允许偏差、厚度允许偏差、弯曲度、对角线差应符合《半钢化玻璃》（GB/T 17841）的规定。

③ 外观质量。阳光控制镀膜玻璃原片的外观质量应符合GB 11614中一等品的要求。作为门窗幕墙用的钢化、半钢化阳光控制镀膜玻璃原片进行边部精磨边处理。阳光控制镀膜玻璃的外观质量应符合表4-26的规定。

表4-26　阳光控制镀膜玻璃的外观质量

缺陷名称	说明	优等品	合格品
针孔	直径<0.8mm	不允许集中	
	0.8mm≤直径<1.2mm	中部：3.0×S个且任意两钉孔之间的距离大于300mm 75mm边部：不允许集中	不允许集中
	1.2mm≤直径<1.6mm	中部：不允许 75mm边部：3.0×S个	中部：3.0×S个 75mm边部：8.0×S个
	1.6mm≤直径<2.5mm	不允许	中部：2.0×S个 75mm边部：5.0×S个
	直径≥2.5mm	不允许	不允许
斑点	1.0mm≤直径<2.5mm	中部：不允许 75mm边部：2.0×S个	中部：5.0×S个 75mm边部：6.0×S个
	2.5mm≤直径<5.0mm	不允许	中部：1.0×S个 75mm边部：4.0×S个
	直径≥5.0mm	不允许	不允许
斑纹	目视可见	不允许	不允许
暗道	目视可见	不允许	不允许
膜面划伤	0.1mm≤宽度≤0.3mm 长度≤60mm	不允许	不限；划伤间距不得小于100mm
	宽度>0.3mm或长度>60mm	不允许	不允许
玻璃面划伤	宽度≤0.5mm 长度≤60mm	3.0×S条	
	宽度>0.3mm 长度>60mm	不允许	不允许

注 1. 针孔或斑点集中是指在直径为ϕ100mm圆面积内针孔或斑点超过20个。

2. S是以平方米（m^2）为单位的玻璃板面积，保留小数点后两位。

3. 允许个数及允许条数为各系数与S相乘所得的数值，按GB/T 8170修约至整数。

4. 玻璃板的边部是指距边5%边长距离的区域，其他部分为中部。

（3）光学性能　光学性能包括紫外线透射比、可见光透射比、可见光反射比、太阳光直接透射比、太阳光直接反射比和太阳能总透射比，其差值应符合表4-27的规定。

表4-27　阳光控制镀膜玻璃的光学性能要求

项目	允许偏差最大值(明示标称值)		允许最大差值(未明示标称值)	
可见光透射比大于30%	优等品	合格品	优等品	合格品
	±1.5%	±2.5%	≤3.0%	≤5.0%
可见光透射比小于30%	优等品	合格品	优等品	合格品
	±1.0%	±2.0%	≤2.0%	≤4.0%

注：对于明示标称值（系列值）的产品，以标称值作为偏差的基准，偏差的最大值应符合本表的规定；对于未明示标称值的产品，则取三块试样进行测试，三块试样之间差值最大值应符合本表的规定。

（4）颜色均匀性　阳光控制镀膜玻璃的颜色均匀性，采用CIELA均匀色空间的色差ΔE^*_{ab}来表示，单位为CIELAB。

阳光控制镀膜玻璃的反射色色差优等品不得大于2.5CIELAB，合格品不得大于3.0 CIELAB。

（5）耐磨性　阳光控制镀膜玻璃经耐磨性试验后，试验前后可见光透射比平均值的差值的绝对值不应大于4%。

（6）耐酸性　阳光控制镀膜玻璃经耐酸性试验后，试验前后可见光透射比平均值的差值的绝对值不应大于4%；并且膜层不能有明显的变化。

（7）耐碱性　阳光控制镀膜玻璃经耐碱性试验后，试验前后可见光透射比平均值的差值的绝对值不应大于4%；并且膜层不能有明显的变化。

4.3.2　低辐射镀膜玻璃

低辐射镀膜玻璃是一种对波长范围4.5~25μm的红外线有较高反射比的镀膜玻璃，也称Low-E玻璃。

低辐射镀膜玻璃的生产工艺分为在线高温热解沉积法（在线法）和离线真空溅射法（离线法）。在线法生产低辐射镀膜玻璃是在平板玻璃生产线上，在热的玻璃表面上喷涂上以锡盐为主要成分的化学溶液，形成单层具有一定低辐射功能的氧化锡化合物薄膜而制成的；离线法生产低辐射镀膜玻璃是在平板玻璃生产线外，在专门的生产线上用真空磁控溅射的方法，将辐射率极低的金属银及其他金属和金属化合物均匀地镀在玻璃表面而制成的，一般，至少由四层膜构成。

在线高温热解沉积法（在线法）生产的低辐射镀膜玻璃可以热弯，钢化，可以单片使用，膜层宜面向室内；离线真空溅射法（离线法）生产的低辐射镀膜玻璃耐酸碱性和耐磨性差，不能单片使用，在合成中空玻璃时，应将玻璃边部与密封胶接触部位的镀膜去除，镀膜面应位于中空气体层内。

对于单腔中空玻璃，一般将玻璃表面由室外向室内划分为1面、2面、3面和4面，如图4-3（a）所示。低辐射镀膜（Low-E）中空玻璃的膜层位置在2面或3面时对传热系数没有影响，对太阳得热系数SHGC（或遮阳系数SC）有影响。放在2面太阳得热系数（或遮阳系数）会低些，放在3面太阳得热系数（或遮阳系数）会高些。

对于单腔中空玻璃，取暖需求为主的地区（北方地区），Low-E膜面应位于3面；制冷需求为主的地区（南方地区），Low-E膜面应位于2面。需要注意的是，Low-E膜面位于中空玻璃2面比位于3面颜色质感好。

对于三玻两腔中空玻璃，其玻璃表面仍然从室外侧向室内侧划分为1面、2面、3面、4面、5面和6面，如图4-3（b）所示。对于双面镀膜的三玻两腔中空玻璃，Low-E膜面分别位于2面和4面、2面和5面、3面和5面时，中空玻璃的传热系数低，且基本相同。当Low-E膜面位于2面和3面、4面和5面（即两个膜面面向同一中间气体间隔层）时，中空玻璃的传热系数较大。膜面的位置不同时，可见光透射比基本相同。膜面位于2面和4面时，太阳得热系数SHGC（或遮阳系数SC）低；膜面位于3面和5面时，太阳得热系数SHGC（或遮阳系数SC）高。

对于三玻两腔中空玻璃，取暖需求为主的地区（北方地区），Low-E膜面应位于3面和5面；制冷需求为主的地区（南方地区），Low-E膜面应位于2面和4面。

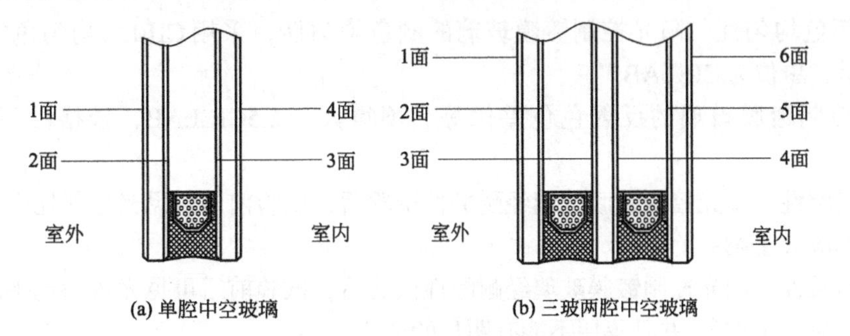

图4-3　中空玻璃面的划分

当低辐射镀膜玻璃加工成夹层玻璃时，膜层不宜与胶片结合。

低辐射镀膜玻璃的常规尺寸为2440mm×3660mm；最大尺寸为3300mm×18000mm。

Low-E玻璃具有良好的保温隔热性能，尤其是Low-E中空玻璃，是高性能建筑门窗中普遍采用的产品。

《镀膜玻璃　第2部分：低辐射镀膜玻璃》（GB/T 18915.2）规定了低辐射镀膜玻璃的定义、分类、要求、试验方法和检验规则等。

（1）分类　按外观质量分为优等品和合格品；按产品生产工艺分为离线低辐射镀膜玻璃和在线低辐射镀膜玻璃。

（2）质量要求

① 低辐射镀膜玻璃的厚度偏差、尺寸偏差、对角线差应符合GB 11614标准的有关规定。不规则形状的尺寸偏差由供需双方商定。

② 钢化、半钢化低辐射镀膜玻璃的尺寸偏差、对角线差应符合GB/T 17841标准的有关规定。

（3）外观质量　低辐射镀膜玻璃的外观质量应符合表4-28的规定。

表4-28　低辐射镀膜玻璃的外观质量

缺陷名称	说明	优等品	合格品
针孔	直径<0.8mm	不允许集中	
	0.8mm≤直径<1.2mm	中部：3.0×S个且任意两钉孔之间的距离大于300mm 75mm边部：不允许集中	不允许集中

续表

缺陷名称	说明	优等品	合格品
针孔	1.2mm≤直径<1.6mm	中部：不允许 75mm边部：3.0×S个	中部：3.0×S个 75mm边部：8.0×S个
	1.6mm≤直径≤2.5mm	不允许	中部：2.0×S个 75mm边部：5.0×S个
	直径>2.5mm	不允许	不允许
斑点	1.0mm≤直径≤2.5mm	中部：不允许 75mm边部：2.0×S个	中部：5.0×S个 75mm边部：6.0×S个
	2.5mm<直径≤5.0mm	不允许	中部：1.0×S个 75mm边部：4.0×S个
	直径>5.0mm	不允许	不允许
膜面划伤	0.1mm≤宽度≤0.3mm 长度≤60mm	不允许	不限；划伤间距不得小于100mm
	宽度>0.3mm或 长度>60mm	不允许	不允许
玻璃面划伤	宽度≤0.5mm 长度≤60mm	3.0×S个	
	宽度>0.5mm或 长度>60mm	不允许	不允许

注：1.针孔或斑点集中是指在直径为ϕ100mm圆面积内针孔或斑点超过20个。
2. S是以平方米（m^2）为单位的玻璃板面积，保留小数点后两位。
3.允许个数及允许条数为各系数与S相乘所得的数值，按GB/T 8170修约至整数。
4.玻璃板的边部是指距边5%边长距离的区域，其他部分为中部。

（4）弯曲度　低辐射镀膜玻璃的弯曲度不应超过0.2%；钢化、半钢化低辐射镀膜玻璃的弓形弯曲度不得超过0.3%，波形弯曲度（mm/300mm）不得超过0.2%。

（5）光学性能　低辐射镀膜玻璃的光学性能包括紫外线透射比、可见光透射比、可见光反射比、太阳光直接透射比、太阳光直接反射比和太阳能总透射比。这些性能的差值应符合表4-29的规定。

表4-29　低辐射镀膜玻璃的光学性能要求

项目	允许偏差最大值(明示标称值)	允许最大差值(未明示标称值)
指标	±1.5	≤3.0

注：对于明示标称值（系列值）的产品，以标称值作为偏差的基准，偏差的最大值应符合本表的规定；对于未明示标称值的产品，则取三块试样进行测试，三块试样之间差值的最大值应符合本表的规定。

（6）颜色均匀性　低辐射镀膜玻璃的颜色均匀性，以CIELA均匀色空间的色差ΔE^*来表示，单位为CIELAB。

测量低辐射镀膜玻璃在使用时朝向室外的表面，该表面的反射色差ΔE^*不应大于2.5 CIELAB色差单位。

（7）辐射率　离线低辐射镀膜玻璃应低于0.15；在线低辐射镀膜玻璃应低于0.25。

（8）耐磨性　试验前后试样的可见光透射比差值的绝对值不应大于4%。

(9) 耐酸性　试验前后试样的可见光透射比差值的绝对值不应大于4%。

(10) 耐碱性　试验前后试样的可见光透射比差值的绝对值不应大于4%。

4.3.3　镀膜玻璃的生产

(1) 离线磁控溅射镀膜玻璃的制作　离线磁控溅射镀膜玻璃的生产工艺流程图如图4-4所示。

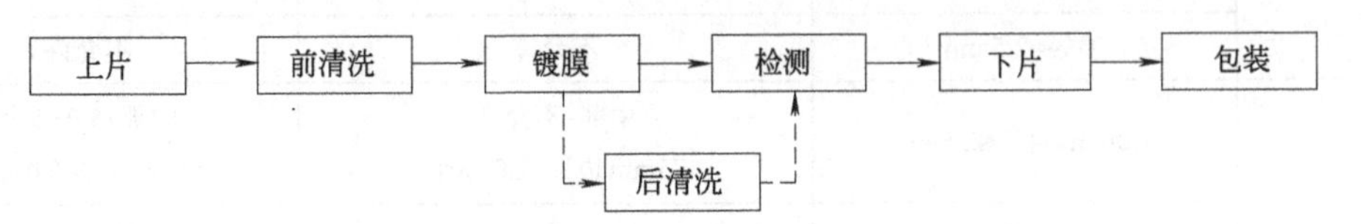

图4-4　离线磁控溅射镀膜玻璃的生产工艺流程图

① 生产前检查　生产前应进行如下检查。

a. 清洗用去离子水的电阻。

b. 镀膜工艺室的真空度。

c. 靶材配置。

d. 工艺气体的种类、纯度、压力。

e. 冷却系统的工作状态。

f. 自动上、下片装置和清洗机的工作状态。

g. 生产监控装置、在线检测装置的工作状态。

h. 磁控溅射阴极的工作状态。

② 上片　上片时应对玻璃的外观质量、尺寸、厚度、锡面朝向等进行检查。

③ 前清洗　清洗机的水温宜在35~45℃之间，最后一道清洗水应使用去离子水，清洗后的玻璃表面无划伤、破角、水渍或残留水珠等缺陷，同时清洗玻璃的干燥风应经过滤处理，保证玻璃清洗后洁净、干燥。

④ 调试　根据标样设置适当的工艺参数，并进行生产试制，当试样符合以下各项指标时方可连续生产。

a. 可见光透射比、可见光反射比、颜色、颜色均匀性符合产品要求。

b. 低辐射镀膜玻璃的辐射率符合产品要求。

c. 耐磨性能符合产品要求。

d. 可热加工的磁控溅射镀膜玻璃应进行热加工性能评估，热加工后满足可见光透射比、可见光反射比、颜色、颜色均匀性、辐射率、耐洗刷性等要求。

⑤ 生产过程监控

a. 对工艺气体进行监控并保持稳定。

b. 监控镀膜玻璃可见光透射比、可见光反射比、颜色、颜色均匀性、辐射率的检测值。

c. 监控阴极的工作电压、电流、功率值。

d. 观察阴极辉光处于稳定状态，出现异常应及时进行调整。

e. 监控玻璃的传送过程是否处于稳定状态。

f. 对产品按一定频次进行离线抽检。

⑥ 后清洗　检查阳光控制镀膜玻璃外观质量，宜进行后清洗。

(2) 在线化学气相沉积镀膜玻璃的制作　在线化学气相沉积镀膜玻璃的生产工艺流程图

如图4-5所示。

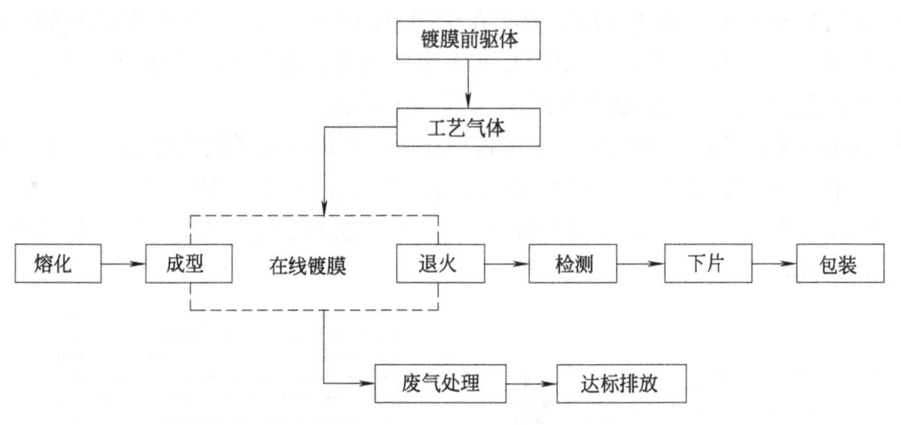

图4-5 在线化学气相沉积镀膜玻璃的生产工艺流程图

① 生产准备工作 生产前，应进行如下准备工作。

a. 浮法玻璃原片质量应达到镀膜工艺要求。

b. 清理镀膜反应器、工艺管道等。

c. 调整玻璃原板宽度、温度、拉引速度、气氛、退火工艺参数。

d. 启动工艺气体配送装置，工艺气体指标达到镀膜要求。

e. 启动镀膜系统冷却装置。

f. 启动工艺气体、镀膜前驱体、气幕保护气加热装置。

g. 启动废气处理装置。

h. 将镀膜反应器置于镀膜区工艺位置。

② 调试

a. 将镀膜工艺气体导入镀膜反应器。

b. 连续镀膜开始后按照一定规则取样并测试，测试数据与标样参数对比。不符合要求时，应重新调整工艺参数，直到符合要求方可作为合格产品生产。

c. 镀膜所产生废气要进行无害化处理，达到国家环保要求。

③ 生产过程监控

a. 生产过程中要对镀膜工艺参数、锡槽工艺参数、退火工艺参数进行实时监控并做适当调整。

b. 镀膜期间要周期性对镀膜反应器进行清扫。

c. 对镀膜玻璃各项性能进行检测：颜色均匀性检测；低辐射镀膜玻璃辐射率检测或方块电阻检测；可见光透射比检测；耐酸性、耐碱性、耐磨性检测。

d. 对镀膜玻璃外观质量进行监控。

④ 镀膜生产停止

a. 停止镀膜系统，退出镀膜反应器。

b. 退出镀膜状态。

⑤ 成品检验 镀膜玻璃的成品检验依照GB/T 18915.1、GB/T 18915.2的规定执行。

4.3.4 单银、双银和三银低辐射镀膜玻璃

目前，离线低辐射镀膜玻璃按膜层结构可分为单银低辐射镀膜玻璃、双银低辐射镀膜玻

璃和三银低辐射镀膜玻璃。

一般单银Low-E膜主要依靠均匀分布在中间层的银层（Ag）来起到反射远红外热辐射作用，整个膜层厚度为45~75nm。单银Low-E玻璃通常只含有一层功能层（银层），加上其他的金属及化合物层，膜层总数达到5层，如图4-6所示。

双银Low-E膜有两层银膜均匀分布在其他起保护作用的金属氧化物之间，膜层中的银层相隔重叠在中间层，银基膜层的厚度为5~12nm，形成金属层与绝缘层相互交叉的特殊薄膜结构。双银Low-E玻璃通常具有两层功能层，加上其他的金属及化合物层，膜层总数达到9层，如图4-7所示。

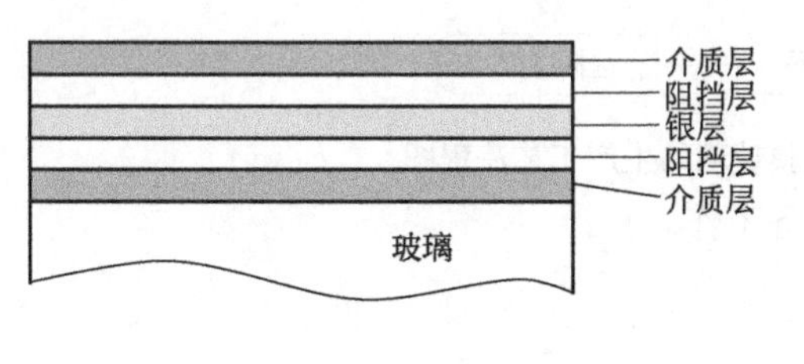

图4-6 单银Low-E玻璃结构

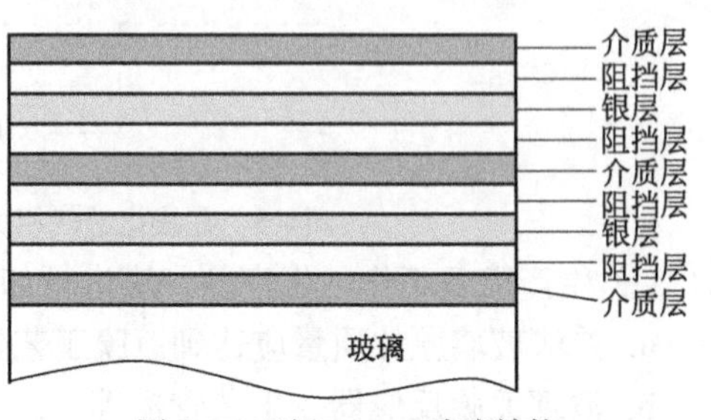

图4-7 双银Low-E玻璃结构

三银Low-E膜有三层银膜均匀分布在其他起保护作用的金属氧化物之间，三银Low-E玻璃通常具有三层功能层，加上其他的金属及化合物层，膜层总数达到13层。

双银、三银Low-E玻璃比单银Low-E玻璃具有更低的遮阳系数和传热系数，能够阻挡更多的太阳辐射热能，更大限度地将太阳光过滤成冷光源。

4.3.5 镀膜玻璃膜面的判别

镀膜玻璃在深加工时，膜面放置方向会直接影响产品质量。

通常，镀膜玻璃膜面判别方法有如下几种。

（1）仪器检测法　使用专业的膜面检测器。这种方法专业、方便、快捷、准确，在镀膜玻璃膜面密封的情况下（如中空、夹层组合），也能测出膜面位置。

（2）感应检测法　使用感应笔。一手触摸被测面，另一手拿感应笔，手指碰到感应笔电极上，并用笔尖碰触被测面，若看到灯亮或听到鸣叫声，可判断为膜面。

（3）经验观察法

① 用手触摸玻璃表面，光滑面为玻璃面，非光滑面为膜面，但对优质镀膜玻璃，膜面和玻璃面都很光滑，很难判断准确。

② 借用灯光或打火机火光，对着玻璃一面往里看，若有两个光影、光影变红的一面为膜面，光影无变化的一面为玻璃面。

③ 铅笔看影子法，将削好头的铅笔，笔头接触被测面倾斜（45°~60°为宜）放置，看出两个影子的面为膜面，另一面即为玻璃面，此方法尤其适用于热反射镀膜玻璃。

④ 根据玻璃切割后边部迹象判断，边缘粗糙的一面为膜面，边缘平整的一面为玻璃面。

4.4 中空玻璃

中空玻璃是由两片或多片玻璃以有效支撑均匀隔开并周边粘接密封，使玻璃层间形成有干燥气体空间的玻璃制品。

中空玻璃是一种玻璃深加工制品，具有优良的隔热、隔声、防霜雾性能，是一种性能优异、用途广泛的节能产品。

中空玻璃的单片玻璃厚度相差不宜大于3mm；中空玻璃产地与使用地海拔高度相差超过800m时，宜加装金属毛细管，毛细管应在安装地调整压差后密封。

4.4.1 中空玻璃的分类

中空玻璃按形状分为平面中空玻璃和曲面中空玻璃；按中空腔内的气体分为普通中空玻璃（中空腔内气体为空气）和充气中空玻璃（中空腔内充氩气、氪气等气体）。

按玻璃原片可分为普通平板中空玻璃、钢化中空玻璃、阳光控制镀膜中空玻璃、低辐射（Low-E）中空玻璃等。

按结构镶嵌可分为双玻单腔中空玻璃、三玻两腔中空玻璃、点接式中空玻璃等。

按密封层数可分为三道密封中空玻璃、双道密封中空玻璃、单道密封中空玻璃等。

按中空玻璃间隔材料可分为槽铝式中空玻璃、复合胶条式中空玻璃等。

无论哪种类型的中空玻璃，都是由以下三部分组成的。

（1）玻璃原片　组成中空玻璃的玻璃原片可以是平板玻璃、镀膜玻璃、钢化玻璃、夹层玻璃、防火玻璃、半钢化玻璃和压花玻璃等。玻璃原片不同，中空玻璃的性能和使用场合也有所不同。

（2）中间气体间隔层　中空玻璃的间隔层气体可以是干燥空气、氩气、氪气或其他特殊气体，间隔层的厚度和气体不同，中空玻璃的性能和使用场合也有所不同。

（3）边部密封系统　中空玻璃的密封材料应符合相应标准要求，且应满足中空玻璃的水汽和气体密封性能并保持中空玻璃的结构稳定。目前，使用广泛的边部密封形式有铝间隔条式密封系统、不锈钢间隔条式密封系统和复合胶条式暖边密封系统。

门窗用典型中空玻璃结构如图4-8和图4-9所示。

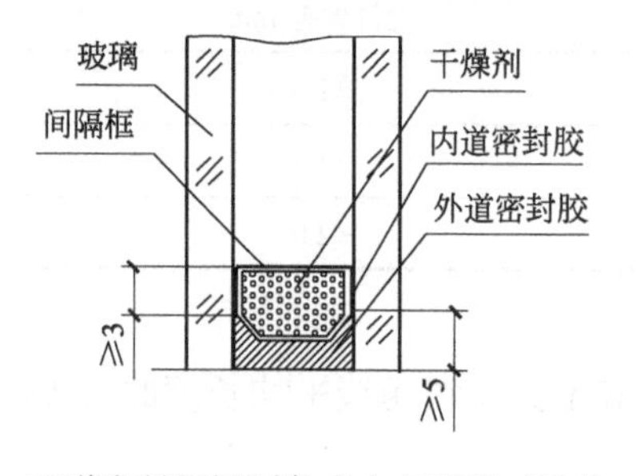

图4-8　双道密封铝间隔条式中空玻璃（单位：mm）

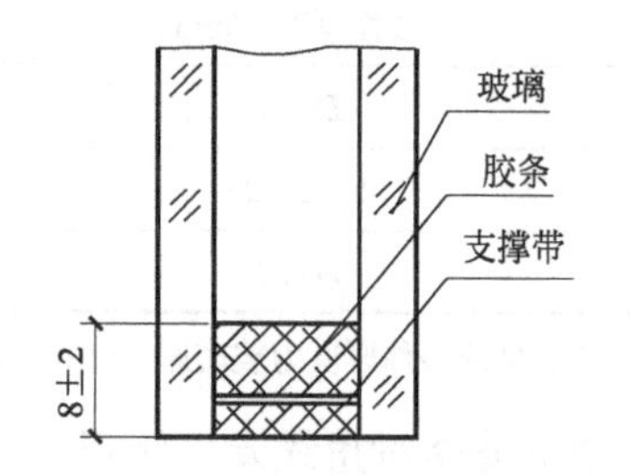

图4-9　复合材料间隔条式中空玻璃（单位：mm）

4.4.2 中空玻璃的特点

中空玻璃特点是具有优良的隔热性能、保温性能、隔声性能、抗冷凝性等。

（1）隔热性能和保温性能　热传递的三种方式是热辐射、热对流和热传导。其中，热辐射占热传递的50%~60%，热传导和热对流分别占20%~25%。中空玻璃的保温性能主要取决于其对热传递的阻隔。

中空玻璃两片玻璃之间采取密封结构，玻璃中间间隔层内的干燥气体处于静止状态，基本上解决了热传递中的热对流。普通中空玻璃的传热系数K值小于3.0W/(m²·K)，通过合适的组合，中空玻璃的K值可小于1.0W/(m²·K)。

为提高中空玻璃的保温性能，还可以在中空玻璃中空腔填充氩气、氪气等惰性气体，或采用三玻两腔不等厚的中空玻璃结构形式。

(2) 隔声性能　普通中空玻璃可以使进入室内的噪声衰减30dB左右。通过选用非等厚度玻璃，并且采用夹胶或无金属间隔条等措施，可以使中空玻璃降噪达50dB左右。

(3) 抗冷凝性　中空玻璃由于隔热、保温性能好，所以抗冷凝性也有显著提高，尤其中空玻璃中间的冷凝现象明显减少。槽铝式中空玻璃边部的冷凝现象相对来说比较严重，在冬季湿度大的地区，中空玻璃的边部会淌冷凝水，甚至有结冰现象。采用暖边中空玻璃可以显著提高中空玻璃的抗冷凝性。

4.4.3　中空玻璃的质量要求

《中空玻璃》(GB/T 11944) 规定了中空玻璃的定义、分类、要求、试验方法和检验规则等。

(1) 尺寸偏差

① 长度及宽度允许偏差　中空玻璃长度及宽度允许偏差见表4-30。

表4-30　中空玻璃长（宽）度允许偏差

长(宽)度L/mm	允许偏差/mm
L<1000	±2.0
1000≤L<2000	+2.0,−3.0
L≥2000	±3.0

② 厚度允许偏差　中空玻璃厚度允许偏差见表4-31。

表4-31　中空玻璃厚度允许偏差

公称厚度D/mm	允许偏差/mm
D<17	±1.0
17≤D<22	±1.5
D≥22	±2.0

注：中空玻璃的公称厚度为玻璃原片公称厚度与间隔层厚度之和。

③ 中空玻璃对角线差　矩形中空玻璃对角线差应不大于对角线平均长度的0.2%。曲面和异形中空玻璃对角线差由供需双方商定。

④ 叠差　平面中空玻璃的最大叠差应符合表4-32规定。

表4-32　中空玻璃允许叠差

长(宽)度L/mm	允许叠差/mm
L<1000	2
1000≤L<2000	3
L≥2000	4

注：曲面和有特殊要求的中空玻璃的叠差由供需双方商定。

⑤ 中空玻璃的胶层厚度　中空玻璃外道密封胶宽度应≥5mm；复合材料间隔条的胶层宽

度为（8±2)mm；内道丁基胶层宽度应≥3mm，特殊规格和特殊要求的产品由供需双方商定。

（2）外观质量　中空玻璃外观质量应符合表4-33的规定。

表4-33　中空玻璃外观质量

项目	要求
边部密封	内道密封胶应均匀连续，外道密封胶应均匀整齐，与玻璃充分粘结，且不超出玻璃边缘
玻璃	宽度≤0.2mm，长度≤30mm的划伤允许4条/m^2，0.2mm<宽度≤1mm，长度≤50mm的划伤允许1条/m^2；其他缺陷应符合相应玻璃标准要求
间隔材料	无扭曲，表面平整光洁；表面无污痕、斑点及片状氧化现象
中空腔	无异物
玻璃内表面	无妨碍透视的污迹和密封胶流淌

（3）露点　中空玻璃的露点应<−40℃。

（4）耐紫外线辐照性能　试验后，试样内表面应无结雾、水汽凝结或污染的痕迹且密封胶无明显变形。

（5）水汽密封耐久性能　水分渗透指数I≤0.25，平均值I_{av}≤0.20。

（6）初始气体含量　充气中空玻璃的初始气体含量应≥85%（体积分数）。

（7）气体密封耐久性能　充气中空玻璃经气体密封耐久性能试验后的气体含量应≥80%（体积分数）。

中空玻璃的标准表示方法为外片玻璃厚度尺寸+中空层厚度A+内片玻璃厚度尺寸，如6+9A+6。

中空玻璃规格可以根据需要选取，常用的规格如5+9A+5、5+12A+5、6+9A+6、6+12A+6、6+1.14PVB+6+12A+6、6+1.58SGP+6+12A+6等。

4.4.4　中空玻璃的生产

中空玻璃在门窗幕墙节能中起关键作用，提高门窗幕墙的节能性能指标必须使用性能良好的中空玻璃。目前，我国中空玻璃市场应用较多的为双道密封铝隔条式中空玻璃。

中空玻璃密封主要使用热熔性密封胶和弹性密封胶。热熔性密封胶主要有聚异丁烯胶、热熔丁基胶。弹性密封胶主要使用聚硫胶、硅酮胶。双道密封铝隔条式中空玻璃，其第一道密封（内层）采用热熔丁基密封胶，丁基胶透气率极低，具有良好的密封性能。第二道密封（外层）一般采用聚硫胶或硅酮密封胶。聚硫密封胶是传统的中空玻璃密封材料，密封性能良好，空气渗漏率低，有优异的结构强度和耐老化性能，可以保证中空玻璃的结构稳定性，且成本较低，是良好的密封材料；由于聚硫胶不能传力，因此，隐框铝合金门窗、隐框或半隐框玻璃幕墙用中空玻璃，其第二道密封必须采用硅酮结构密封胶。铝隔条有效支撑并均匀隔开两片玻璃，铝隔条内填分子筛干燥剂，使玻璃层间形成有干燥气体的密封空间。

双道密封铝隔条式中空玻璃生产环境要求：温度15~30℃；相对湿度RH在50%以下；通风、干净、无尘。

密封胶使用前应按照国家有关标准，对其下垂度、拉伸粘结性、挤出性、相容性、表干时间、固化时间等进行抽检，合格后方可使用；生产前应先对密封胶、铝隔条、玻璃进行粘结性试验。

（1）工艺流程 双道密封铝隔条式中空玻璃的生产工艺流程图如图4-10所示。

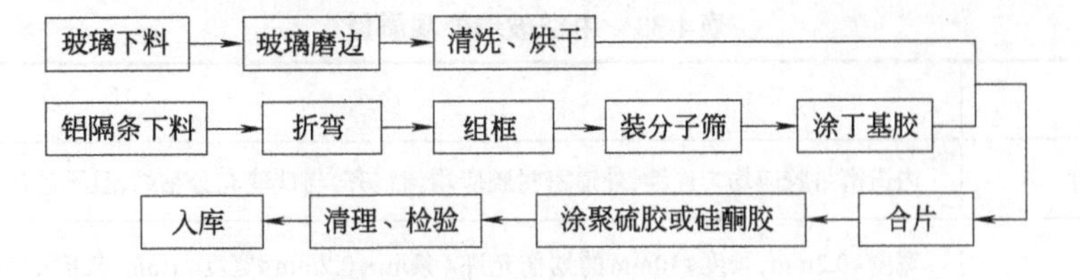

图4-10 双道密封铝隔条式中空玻璃的生产工艺流程图

① 玻璃下料、磨边 在玻璃切割机上进行。玻璃下料切割应符合尺寸精度要求。

a. 玻璃的品种、规格及质量应符合国家现行产品标准的规定，并应有产品出厂合格证。

b. 玻璃表面不得有划伤，玻璃内质要均匀，不得有气泡、夹渣等明显缺陷。

c. 为防止玻璃破裂，玻璃切割质量要高。下料后的玻璃必须进行磨边处理，倒角尺寸不小于0.5mm×45°。

② 清洗、烘干

a. 清洗前须保证玻璃无划伤。

b. 玻璃清洗一定要采用机器清洗，且最好使用去离子水清洗。

c. 清洗后的玻璃要通过光照检验玻璃表面有无水珠、水渍及其他污渍。若有水珠、水渍及其他污渍，则需对机器运行速度、加热温度、风量、毛刷间隙进行调整，直到达到要求。

d. 清洗烘干后的玻璃应在1h之内组装成中空玻璃，另外要防止玻璃与玻璃之间的摩擦划伤。

③ 铝隔条下料 在铝隔条下料机上进行。铝隔条要满足以下要求。

a. 铝隔条必须经阳极氧化处理或去污处理，壁厚应在0.30~0.35mm之间，厚度应均匀一致，透气孔分布均匀且不堵塞。

b. 下料后无变形，两端无毛刺。

④ 在铝隔条折弯机和分子筛灌装机上进行 铝隔条折弯组成框后，在分子筛灌装机上充装分子筛。所装分子筛的量约为铝隔条体积的3/5~4/5。分子筛用料标准可参考表4-34。

表4-34 分子筛用料标准

隔条规格	6A	9A	12A	15A
分子筛用量/(g/m)	38	40	43	45

干燥剂质量、性能应符合相关标准，必须满足中空玻璃制造及性能要求，分子筛在空气中存放一般不超过4h。

如果铝间隔框为插接式，则应保证插角和铝隔条结合紧密，相邻铝隔条间紧密结合无间隙。塑料插角表面要清理干净，周边涂一圈热熔丁基胶，插角与铝隔条的结合部位也必须涂热熔丁基胶。

⑤ 涂丁基胶 涂丁基胶在丁基胶涂布机上进行。

a. 工作前将设备提前预热，使丁基胶挤出机温度达到110~130℃，接通压缩空气，调整设备高度、皮带传送速率和出胶率。

b. 为使主机产生一定压力，使胶均匀挤出，机头的温度要求高于机筒温度，加温和降温应逐渐进行，涂胶开始前，应适当排气，以减少内部气泡和空隙，防止工作时产生气泡造成断胶。

c. 将丁基胶均匀、连续地涂在铝隔条组成的框架上，两侧线条粗细一致，左右均匀（玻璃压合时胶不出现在玻璃内侧），涂好的框架小心挂在挂架上，要避免相互粘结。热熔丁基胶的用量以在玻璃合片后其有效接触宽度不小于3mm为宜。

d. 丁基胶涂胶要连续、不断线、无气泡产生，涂布不流淌。

丁基胶用料标准可参考表4-35。

表4-35　丁基胶用料标准

隔条规格	6A	9A	12A	15A
丁基胶用量/(g/m)	5.6	8.4	11.2	14.1

⑥ 合片、平压

a. 将铝隔框和装饰条放在清洗干净的玻璃面上，各边距玻璃边缘均匀一致。

b. 把另一块玻璃合上，注意要各边对齐。

c. 将合片后的玻璃进行平压，达到规定的尺寸。

d. 合片后玻璃和铝隔条结合紧密，第一道密封胶（丁基胶）无污染中空玻璃内部玻璃或铝隔条现象。

⑦ 涂聚硫胶或硅酮密封胶　在涂布机上进行。

a. 涂双组分聚硫胶时温度必须在5℃以上。聚硫胶必须满足中空玻璃的要求，必须在有效期内使用。

b. 按聚硫胶说明书中制定的配比准确混合，达到均匀无色差。

c. 涂胶时应沿着一个方向涂覆，以防空气裹入腔内降低中空玻璃的密封性。框转角处打胶时应特别注意，要仔细打满不能漏气。要与第一道密封胶完全接触粘结，且要连续均匀，防止气泡产生。

d. 涂胶后应水平放置，使胶与玻璃充分粘合。在室内温度15℃左右时至少放置24h才能使用，室内温度越低，放置时间越长。

e. 对面积大的中空玻璃要采用垂直封胶生产工艺，以避免水平封胶，造成的表面内凹现象。

f. 如果密封胶固化前有缺陷，可用手少蘸肥皂水整理。固化后如发现有缺陷，应去污干燥后，采用原生产用胶修补。

g. 在第二道胶密封前，最好再用热丁基胶对插角部位进行密封处理，这样可显著提高中空玻璃性能和使用寿命。

聚硫胶用料标准可参考表4-36。

表4-36　聚硫胶用料标准

隔条规格	6A	9A	12A	15A
聚硫胶用量/(g/m)	56	84	112	141

（2）注意事项　中空玻璃制作过程中要注意以下问题。

① 玻璃清洗应使用机械清洗设备，避免污染，清洗后的玻璃要尽快合片。

② 丁基胶涂抹要均匀，胶面宽度4~5mm，胶面不得间断，打胶温度控制在（25±5)℃，

打胶后要立即进行合片处理。

③ 间隔条采用分段制框工艺的，要注意四角铝框连接处的密封，推荐使用连续铝框生产工艺，减少铝框接口。

④ 干燥剂灌注后应尽快进行密封操作，建议在一个小时内完成。干燥剂长时间暴露在空气中会大量吸收水分，对中空玻璃寿命影响很大。

⑤ 中空玻璃合片时，要注意两片玻璃均匀压实，避免丁基胶虚粘或玻璃翘曲，这对大板块的中空玻璃制作尤为重要。

中空玻璃除应符合现行国家标准《中空玻璃》（GB/T 11944）的有关规定外，尚应符合下列要求。

a. 中空玻璃的单片玻璃厚度相差不宜大于3mm。

b. 中空玻璃产地与使用地海拔高度相差超过800m时（两地大气压差约10%），应加装金属毛细管，均衡玻璃压差。在安装地调整压差后做好密封。

4.4.5 中空玻璃失效

中空玻璃腔体内有目视可见的水汽产生，即为中空玻璃失效。中空玻璃失效，即为中空玻璃使用寿命的终止。中空玻璃的预期使用寿命至少应为15年。

（1）失效的原因　中空玻璃的寿命问题是门窗幕墙节能的关键，中空玻璃失效主要有以下几方面因素。

① 玻璃清洗不好。

② 丁基胶不均匀或有间断。

③ 铝间隔框的接缝处理不当。

④ 玻璃压片不实。

⑤ 由于环境中的水汽会不断从中空玻璃的边部向中空腔内渗透，边部密封系统中的干燥剂会因不断吸附水分子而最终丧失水汽吸附能力，导致中空玻璃中空腔内水汽含量升高而失效。

⑥ 由于环境温度的变化，中空玻璃中空腔内气体始终处于热胀或冷缩状态，使密封胶长期处于受力状态，同时环境中的紫外线、水和潮气的作用都会加速密封胶的老化，从而加快水汽进入中空腔内的速度，最终使中空玻璃失效。

（2）寿命的影响因素　影响中空玻璃使用寿命的因素如下。

① 在中空玻璃构件中，间隔条、干燥剂、密封胶（或复合型材料）与玻璃形成了中空玻璃的边部密封系统。边部密封系统的质量决定了中空玻璃的使用寿命。

② 中空玻璃的使用寿命与边部材料（如间隔条、干燥剂、密封胶）的质量和中空玻璃的制作工艺有直接关系。

③ 中空玻璃使用寿命的长短，也受安装状况、使用环境的影响。

4.4.6 中空玻璃的光学现象

中空玻璃在使用过程中，会出现布鲁斯特阴影、牛顿环、玻璃挠曲和外部冷凝等光学现象和目视质量问题，这些是由于使用环境的原因造成的，不属于中空玻璃缺陷。

（1）布鲁斯特阴影　在中空玻璃表面几乎完全平行且玻璃表面质量高时，中空玻璃表面由于光的干涉和衍射会出现布鲁斯特阴影。这些阴影是直线，颜色不同，是由于光谱的分解产生。如果光源来自太阳，颜色由红到蓝，这种现象不是缺陷，是中空玻璃结构所固有的。

选用不同厚度的两片玻璃制成的中空玻璃能够减轻这一现象。

（2）牛顿环　中空玻璃由于制造或环境条件等原因，其两块玻璃在中心部相接触或接近接触时，会出现一系列由于光干涉产生的彩色同心圆环，这种光学效应称为牛顿环。其中心是在两块玻璃的接触点或接近的点。这些环基本上都是圆形的或椭圆形的。

（3）由温度和大气压力变化引起的玻璃挠曲　由于温度、环境或海拔高度的变化，会使中空玻璃中空腔内的气体产生收缩或膨胀，从而引起玻璃的挠曲变形，导致反射影像变形。这种挠曲变形是不能避免的，随时间和环境的变化会有所变化。挠曲变形的程度既取决于玻璃的刚度和尺寸，也取决于间隙的宽度。

当中空玻璃尺寸小、中空腔薄、单片玻璃厚度大时，挠曲变形可明显减少。

4.4.7　中空玻璃暖边技术

中空玻璃的外部冷凝在室内外均可发生。在室内发生冷凝的主要原因是室外温度过低，室内湿度过大；在室外发生冷凝的主要原因是由于夜间通过红外线辐射使玻璃外表面的热量散发到室外，从而导致外片玻璃温度低于环境温度，加之外部环境湿度较大造成的。这是由于气候环境和中空玻璃结构造成的。

为改善中空玻璃边部四周热阻过小，容易结露结霜的现象，中空玻璃暖边技术应运而生，并得到越来越广泛的应用。

德国标准DIN V 4108-4：2002-02对暖边系统给出了明确定义：

$$\sum(d \times \lambda) = d_1 \times \lambda_1 + d_2 \times \lambda_2 + \cdots + d_n \times \lambda_n \leqslant 0.007\text{W/K} \tag{4-1}$$

式中　d——材料厚度；

λ——材料的热导率。

对一个间隔系统，若式（4-1）成立，则称之为暖边系统；若式（4-1）不成立，则定义为冷边系统。这个定义已成为欧洲标准和国际标准（详见ENISO 10077-1：2006和ISO 10077-1：2006）。

中空玻璃暖边技术的研究方向集中在间隔条材质和间隔条形状的热性能上。采用热导率低的材料替代传统的铝质间隔条，可以提高中空玻璃内层玻璃周边温度，避免内层玻璃边缘处结露。

目前，中空玻璃暖边间隔系统基本上可分为两大类：一类为低热导率的金属框与密封胶组成的刚性间隔系统；另一类是以高分子材料为主制成的非刚性间隔系统。

（1）刚性间隔系统　不锈钢的热导率大大低于铝合金，用不锈钢材料替代铝质间隔条，可改善中空玻璃边部热阻过小的状况。这种间隔系统用不锈钢带压制成槽型，在槽内铺上含分子筛的胶泥，在边部涂胶，折框，最后合片。

该间隔系统能提供足够的强度以保持玻璃平整，防止绝缘气体外逸和湿气进入。其关键技术是密封胶，对密封胶的性能要求主要有与基材（玻璃、间隔条）的粘接能力、在使用环境下的耐水性、抗太阳光紫外线照射能力、耐高温性和耐低温性。要求密封材料在膨胀收缩的动态作用下不开裂、不老化。

（2）非刚性间隔系统　由于高分子材料热导率小，所以采用热固性材料做间隔条得到很大发展。Swiggle间隔系统和超级间隔条是两个应用较多的非刚性间隔系统。

Swiggle间隔系统由100%固体挤压成型的高质量热塑性连续带状柔性材料、密封剂、干燥剂和整体波浪形铝隔片组成。密封剂采用湿气透过率极低的丁基胶，可很好地保持中空玻璃内部气体不泄漏和不被湿气侵蚀。干燥剂采用定向吸附水及挥发气体的专用分子筛，保证中空玻璃内部干燥，延长中空玻璃的使用寿命。整体波浪形铝隔片嵌入到密封剂和干燥剂组成的制剂中，以控制两片玻璃间的距离，保持规定的空隙厚度和对湿气完全阻挡，隔片的波浪形或凹槽也会增加与玻璃的有效接触面积，控制中空玻璃的空隙尺寸。

超级间隔条是基材为硅酮或三元乙丙橡胶，集成干燥剂，背面覆有潮气阻隔膜的连续挤出的弹性微孔结构产品，是一种热固性弹性暖边间隔条。具有耐臭氧、耐候、抗老化、耐水和在低温状态下保持弹性的特点。间隔条的微孔结构具有良好的可呼吸性，其内在的分子筛具有快速吸附水汽的作用，使中空玻璃的露点和霜点都下降到很低。间隔条背面覆盖的防水汽渗透的聚酯材料，与第二道密封胶一起将水汽挡在中空玻璃之外，并将空气或惰性气体保留在中空玻璃间隔层内。

超级间隔条采用压敏丙烯酸粘合剂预涂在间隔条的两侧，是第一道密封胶，与超级间隔条背面涂的热熔丁基胶或其他水汽渗透性低的密封胶（第二道密封胶）共同构成中空玻璃的密封系统。

超级间隔条式中空玻璃如图4-11所示。

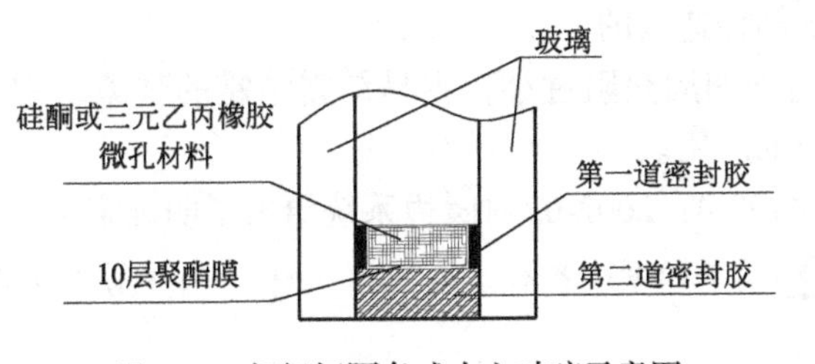

图4-11　超级间隔条式中空玻璃示意图

4.4.8　中空玻璃惰性气体充气技术

为提高中空玻璃的保温性能，可以在中空玻璃空气腔内填充惰性气体。用于中空玻璃填充的气体，密度要大于空气，这样可降低它们的对流速度，从而降低热传导。

目前，较广泛应用于中空玻璃填充的气体是氩气。氩气是一种无色、无味、无毒的气体；在温度为0℃时，氩气的密度为1.7836kg/m^3，大于相同温度条件下的空气密度（1.2928kg/m^3）；耐紫外线，不影响可见光透过；空气中含量为1%，是最经济的惰性气体。

其他可用于中空玻璃的惰性气体有氙气和氪气，但价格昂贵。在温度为0℃时，密度分别是4.56kg/m^{3}和2.86kg/m^3，这两种惰性气体的稳定性和反应性与氩气类似。

中空玻璃内的充气量取决于中空玻璃的空腔内容积。在一般情况下，单位中空玻璃所需充气量为中空玻璃空腔内容积的1.5倍。由于充气气体的密度大于空气，所以，为保证充气质量（浓度）和缩短充气时间，正确的充气方法应该是充气孔在下，空气输出孔在上。

中空玻璃的惰性气体充气方法有两种，即人工充气法和全自动在线气幕充气法。人工充气法充气时，如果进速小于出速，则充气时间过长，降低生产效率；如果进速大于出速，则会造成空气层内气体湍流，要达到要求的浓度，时间也很长；且如果进速过快，会使内部气压大于正常大气压，造成玻璃破碎。全自动在线气幕充气法充气时两片玻璃是分开的，气体是从下向上，既可以保证充气速度，又可以保证充气浓度。

目前，国内还没有对中空玻璃充气检验的标准。国外中空玻璃检测标准的两大体系，欧标EN 1279和美标ASTM 2188/89/90中，只有欧标对中空玻璃充气质量检测进行了规定。

欧标EN 1279的第3部分规定了中空玻璃氩气渗出速度和浓度公差的长期检测方法和要求，目的是确保中空玻璃空腔内充惰性气体的量在其寿命期内足以保证中空玻璃的热工性能或隔声性能；EN 1279的第6部分为生产过程的质量控制，规定了中空玻璃初始充气浓度的公差及数量。初始浓度为85%，公差是-5%~10%，亦即可接受浓度范围是80%~95%。

EN 1279的第3和第6部分中规定，检测中空玻璃惰性气体的浓度的手段，是使用气相色谱仪来分析从中空玻璃空腔内抽取的惰性气体样品。概括地说，采用此种方法检测中空玻璃的浓度，需要在中空玻璃制作时预先放置了采样塞，检测时，将气密注射器插入中空玻璃构件的采样塞中，把间隔层中的气体抽入注射器，然后再把注射器里的气体推入间隔层，如此反复进行两次后，把气体试样抽入注射器，然后将注射器内气体注入气相色谱仪的吸附柱内，并记录色谱图。该方法的特点是精度高，范围广，可检测浓度在5%~100%的任意浓度。但缺点是：检测属于破坏性的，经检测后的中空玻璃的密封性能已经破坏；检测时间过长，一组20片充气中空玻璃的检测时间至少8天，根据EN 1279，最长达4天；设备投资大，检测需要专业人员从事，且只能在实验室进行，不能对在施工现场或既有建筑的窗玻璃进行检测。

4.5 真空玻璃

真空玻璃是基于保温瓶原理，将两片玻璃四周密封起来，将其间隙抽成真空并密封排气口。两片玻璃之间的间隙为0.1~0.2mm。为使玻璃在真空状态下承受大气压力的作用，两片玻璃板之间放有支撑物，支撑物非常小，不会影响玻璃的透光性。真空玻璃如图4-12所示。

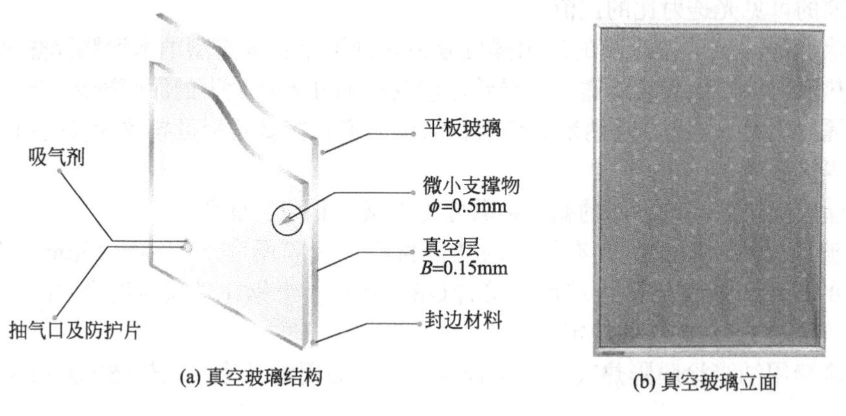

图4-12 真空玻璃

真空玻璃可以与另一片玻璃，或者真空玻璃与真空玻璃组合成中空玻璃。其传热系数可以达到小于0.5W/(m²·K)。真空玻璃也可以与钢化、夹层、夹丝、粘膜等技术组合成具有防火、隔声、安全等功能的玻璃。

真空玻璃的优点如下。

（1）真空玻璃的保温隔热性能好。真空玻璃的保温性能基本可达中空玻璃的2倍。

（2）具有更好的防结露性能。结露温度更低，且不会发生“内结露”问题。

（3）具有良好的隔声性能。尤其是在中低频段，真空玻璃的隔声效果明显优于中空玻璃。

（4）长期稳定性好。由于使用环境温度和环境中水汽等原因，中空玻璃在使用一段时间后，在中空玻璃腔体内会产生可见的水汽，导致中空玻璃失效，而真空玻璃基本不会出现这种情况。

4.6 其他玻璃

4.6.1 半钢化玻璃

半钢化玻璃是通过控制加热和冷却过程，在玻璃表面引入永久压力层，使玻璃的机械强度和耐热冲击性能提高，并具有特定碎片状态的玻璃制品。半钢化玻璃的表面压应力在24~60MPa之间，是介于平板玻璃和钢化玻璃之间的一个玻璃品种，兼有平板玻璃和钢化玻璃的部分优点，如强度较平板玻璃高，是平板玻璃的2倍，同时又回避了钢化玻璃平整度差、易自爆的缺点。

半钢化玻璃不属于安全玻璃的范畴，不能直接用于天窗和有可能发生人体撞击的部位，常用于公共建筑幕墙（保证安全情况下）、门窗等部位。半钢化玻璃产品应符合《半钢化玻璃》（GB/T 17841）的规定。

常规尺寸为2440mm×3660mm；最大尺寸为2440mm×18000mm。

4.6.2 纳米涂膜隔热玻璃

纳米涂膜隔热玻璃是指表面涂覆纳米隔热涂料，具有阻隔太阳辐射热功能的玻璃制品。可见光透射比保持率是指纳米涂膜隔热玻璃耐紫外线老化试验后的可见光透射比与耐紫外线老化试验前的可见光透射比的比值。

纳米涂膜隔热玻璃按涂膜的使用部位分为两种类型：暴露型纳米涂膜隔热玻璃（B型）是纳米隔热涂料涂层面直接暴露于可导致涂膜受损的外界环境下的涂膜隔热玻璃；非暴露型纳米涂膜隔热玻璃（F型）是纳米隔热涂料涂层面不直接暴露于可导致涂膜受损的外界环境下的涂膜隔热玻璃。

纳米涂膜隔热玻璃按不同的遮蔽系数分为Ⅰ型、Ⅱ型、Ⅲ型。

纳米玻璃隔热涂料中应含有纳米级功能材料，涂膜厚度不应小于15μm，并且应符合JG/T 338的规定。所使用平板玻璃应符合GB 11614，半钢化玻璃应符合GB/T 17841，钢化玻璃应符合GB 15763.3的规定。

门窗幕墙用纳米涂膜隔热玻璃应符合《门窗幕墙用纳米涂膜隔热玻璃》（JG/T 384）的规定。

由于是在成品玻璃上涂覆纳米隔热涂料，其规格同相应的成品玻璃。

4.6.3 压花玻璃

压花玻璃又称花纹玻璃或滚花玻璃，有无色、有色、彩色数种，表面（一面或两面）压有深浅不同的各种花纹图案，具有一定的艺术装饰效果。另外，当光线通过时会产生漫射，具有透光不透明并使光线柔和的特点。压花玻璃采用压延方法制造。压花玻璃应符合《压花玻璃》（JC/T 511）的有关规定。压花玻璃强度有一些损失而易破损，设计计算中应考虑其强度折减。

根据建筑装饰效果的需要，压花玻璃可应用于建筑幕墙、门窗、采光顶、内装等需要透光而不透色的部位以及需要阻断视线的各种场合。

压花玻璃的常规尺寸为1800mm×2440mm；最大尺寸为1800mm×3000mm。

4.6.4 热弯玻璃

热弯玻璃是将平板玻璃在曲面坯体上靠自重或加配重等方法加热成型的曲面玻璃。按形状分为单弯热弯玻璃、折弯热弯玻璃和多曲面热弯玻璃。按工艺分为退火热弯玻璃和钢化热弯玻璃。热弯玻璃一般在电炉中进行加工。

热弯玻璃具有美观性，曲面形状中间无连接驳口，线条优美，可根据要求做成各种不规则弯曲面。热弯玻璃应符合《热弯玻璃》（JC/T 915）的规定。

热弯玻璃的原片应使用平板玻璃（压花玻璃除外）。玻璃热弯加工前应做磨边处理。热弯由于属于回火工艺，所以热弯玻璃易出现因强度不足导致的破损现象。

根据建筑曲面的需要，热弯玻璃可应用于建筑幕墙、门窗、采光顶、观光电梯、拱形走廊等。

热弯玻璃的常规尺寸为2134mm×3300mm；最大尺寸为2440mm×12000mm。

4.6.5 彩釉玻璃

彩釉玻璃是将玻璃釉料涂布在玻璃表面，经烘干和钢化或半钢化加工处理，在玻璃表面形成牢固釉层的玻璃产品。彩釉玻璃具有许多不同的颜色、花纹、图案，如条状、网状、点状图案等，也可以根据客户的不同需要另行设计花纹以满足不同的建筑装饰效果，同时隔热（遮阳）效果明显。

彩釉玻璃应符合《釉面钢化及釉面半钢化玻璃》（JC/T 1006）的规定。玻璃幕墙的采光用彩釉玻璃，釉料宜采用丝网印刷。玻璃片本身应符合幕墙用玻璃的规定。

根据建筑装饰效果的需要，彩釉玻璃可应用于建筑幕墙、门窗、窗间墙、采光顶、内装等部位。

彩釉玻璃常规尺寸为2440mm×3660mm；丝网印刷最大尺寸为3300mm×10000mm，数码打印最大尺寸为3300mm×18000mm。

4.6.6 光致变色玻璃

光致变色（photochromic）玻璃是一种在阳光或其他光线照射时，颜色会随光线增强而变暗的玻璃，一般在温度升高时（如在阳光照射下）呈乳白色，温度降低时，又重新透明，变色温度的精确度能达到±1℃。

4.6.7 热致变色玻璃

热致变色（thermochromic）玻璃可以根据温度来改变透明性。目前研发的热致变色材料是在玻璃或塑料间使用凝胶夹层，它能够从低温时的透明状态转变为高温时的白色漫反射状态。当致变发生时，玻璃将丧失视野功能。玻璃的温度是太阳辐射强度和室内外温度的函数，热致变色能够调节进入储热设备的太阳能总量。因其不透明状态不致影响视野，尤其适合用于天窗。

4.6.8 电致变色玻璃

电致变色（electrochromic）玻璃镀层由夹在两个透明导体间的氧化镍或氧化钨金属涂层

组成。当在两个导体间加上电压后，一个分布电场就会被建立。电场会驱使镀膜层上的各种有色离子（大部分为锂离子或氢离子）作反向移动，穿过离子导体（电解质）并进入到电致变色涂层。其效果就是使得玻璃从透明状态转换成普鲁士蓝，同时也不会降低视野效果，外观上类似于光致变色太阳镜。波音787客机已经使用可调电致变色玻璃舷窗。

4.6.9 气致变色玻璃

气致变色（gasochromic）玻璃能够产生类似于电致变色玻璃的效果，但是为了给玻璃上色，稀薄的氢气（低于3%的燃烧极限）被引入到中空玻璃的空气腔中。暴露在氧气中，玻璃将回归原来的透明状态。主动式光学组件是一个不到1μm厚的多孔柱状氧化钨薄膜，这就消除了透明电极和离子导电层的必要性。薄膜厚度和氢气浓度的变化会影响颜色深度。

4.7 门窗用玻璃的要求

（1）门窗用玻璃边缘应进行磨边和倒角处理。

（2）窗用钢化玻璃、钢化中空玻璃的任一片玻璃厚度不宜小于5mm。

（3）采用中空玻璃时，除应满足现行国家标准《中空玻璃》（GB/T 11944）的有关规定，还应符合下列规定。

① 中空玻璃气体层厚度不应小于9mm。

② 中空玻璃应采用双道密封，一道密封应采用丁基热熔密封胶，二道密封应采用聚硫类中空玻璃密封胶，也可采用硅酮密封胶；隐框、半隐框门窗用中空玻璃的二道密封应采用硅酮结构密封胶。中空玻璃的二道密封应采用打胶机进行混合、打胶。

③ 中空玻璃的间隔铝框可采用连续折弯型或插角型，不得使用热熔型间隔胶条。间隔铝框中的干燥剂宜采用专用设备装填。

④ 中空玻璃加工过程应采取相应措施，消除玻璃表面可能产生的凹凸现象。

（4）门窗采用夹层玻璃时，其胶片宜采用聚乙烯醇缩丁醛胶片或离子型中间层胶片；外露的聚乙烯醇缩丁醛夹层玻璃边缘应进行封边处理。

（5）门窗采用单片低辐射镀膜玻璃时，应使用在线热喷涂低辐射镀膜玻璃；离线镀膜的低辐射镀膜玻璃宜加工成中空玻璃，且镀膜面朝向中空气体层。

（6）有防火要求的玻璃，应根据防火等级要求，采用相应的防火玻璃及其制品。

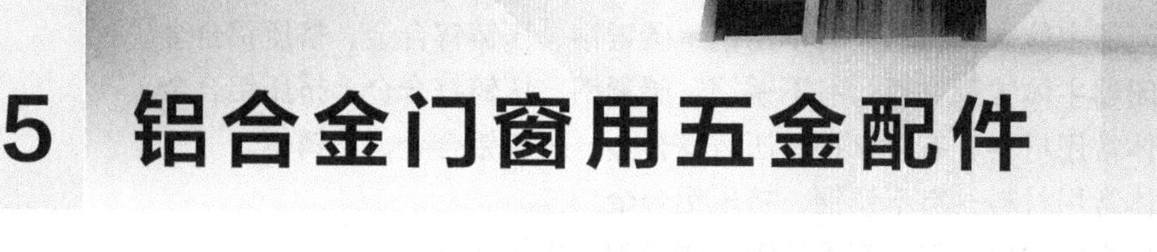

5　铝合金门窗用五金配件

铝合金门窗用五金配件主要包括五金件、密封材料、连接件与紧固件、其他附件等。五金配件是整个门窗系统不可或缺的组成部分，五金配件的配置与安装直接影响门窗的质量，只有配合型材系统的设计与制造、窗型设计、门窗制作工艺等，正确设计和选用五金配件，才能保证铝合金门窗实现预设的使用功能以及密封性能、保温性能、隔声性能等物理性能。

5.1　五金件基础知识

五金件是将门窗框与门窗扇进行连接的部件，门窗通过五金件承重、实现启闭功能，不同的窗型和启闭形式需配用不同的五金件来实现其功能。五金件的优劣对门窗的各项性能指标有着重要影响，合理选用五金件是确保门窗各项性能达到标准和设计要求的重要条件。

《建筑门窗五金件　通用要求》（GB/T 32223）对建筑门窗五金件的术语、分类、要求和试验方法等进行了规定。

5.1.1　五金件的分类

铝合金门窗用五金件可以按照功能、开启形式和产品类型进行分类。

（1）按功能分类　可分为传动启闭部件（如传动锁闭器、多点锁闭器、插销等）、操纵部件（如传动机构用执手、旋压执手等）、承载部件（如合页、滑撑、滑轮等）、辅助部件（如撑挡、下悬拉杆等）。

（2）按开启形式分类　可分为外平开门窗五金、内平开门窗五金、推拉门窗五金、内平开下悬窗五金、上悬窗五金、上下推拉窗五金、中悬窗五金等。

（3）按产品类型分类　可分为传动机构用执手、合页（铰链）、传动锁闭器、滑撑、撑挡、滑轮、单点锁闭器、旋压执手、插销、多点锁闭器、内平开下悬五金系统等。

5.1.2　五金件常用材料及要求

（1）五金件主体常用材料

① 传动机构用执手主体常用材料　有压铸锌合金、压铸铝合金、锻压铝合金、不锈钢。

② 旋压执手主体常用材料　有压铸锌合金、压铸铝合金。

③ 双面执手主体常用材料　有压铸锌合金、压铸铝合金、锻压铝合金、不锈钢。

④ 单点锁闭器主体常用材料　有不锈钢、压铸锌合金。

⑤ 合页（铰链）主体常用材料　有碳素钢、压铸锌合金、压铸铝合金、挤压铝合金、不锈钢。

⑥ 滑撑主体常用材料　有不锈钢。

⑦ 滑轮主体常用材料　有不锈钢、黄铜、轴承钢、聚甲醛、聚酰胺。

⑧ 传动锁闭器主体常用材料　有不锈钢、碳素钢、压铸锌合金、挤压铝合金。

⑨ 多点锁闭器主体常用材料　有不锈钢、碳素钢、压铸锌合金、挤压铝合金。

⑩ 插销主体常用材料　有碳素钢、压铸锌合金、挤压铝合金、不锈钢。

⑪ 撑挡主体常用材料　有不锈钢、挤压铝合金。

⑫ 下悬拉杆主体常用材料　有不锈钢、碳素钢、压铸锌合金。

（2）常用材料性能要求

① 碳素钢　冷拉工艺部件不应低于GB/T 700、GB/T 905中Q235的规定；冷轧钢板及钢带不应低于GB/T 700、GB/T 11253中Q235的规定；热轧工艺部件不应低于GB/T 700、GB/T 702中Q235的规定。

② 锌合金　压铸锌合金不应低于GB/T 13818中YZZnAl4Cu1的规定。

③ 铝合金　挤压铝合金不应低于GB/T 5237.1中6063 T5的规定；压铸铝合金不应低于GB/T 15115中YZAlSi12的规定；锻压铝合金不应低于GB/T 3190中7075的规定。

④ 不锈钢　不锈钢冷轧钢板不应低于GB/T 3280中0Cr18Ni9的规定；不锈钢棒不应低于GB/T 1220中0Cr18Ni9的规定。

⑤ 塑料　采用ABS时，应采用弯曲强度不低于GB/T 12672中62MPa的材料。

⑥ 其他　其他材料应满足相关的国家现行标准。

5.1.3 外观及表面覆盖层要求

（1）外观

① 外表面　产品外露表面不应有明显疵点、划痕、气孔、凹坑、飞边、锋棱、毛刺等缺陷。连接处应牢固、圆整、光滑，不应有裂纹。

② 涂层　涂层色泽均匀一致，不应有气泡、流挂、脱落、堆漆、橘皮等缺陷。

③ 镀层　镀层致密、均匀，不应有露底、泛黄、烧焦等缺陷。

④ 阳极氧化表面　阳极氧化膜应致密、表面色泽一致、均匀。

（2）表面覆盖层耐腐蚀性、膜厚度及附着力

① 耐腐蚀性　各类基材常用表面覆盖层的耐腐蚀性应满足表5-1的规定。

表5-1　各类基材常用表面覆盖层的耐腐蚀性能要求

常用覆盖层		碳素钢基材		锌合金基材		铝合金基材
金属层	镀锌层①	室外用	中性盐雾(NSS)试验，96h镀锌层应达到外观评级 $R_A \geqslant 8$ 级，240h基体应达到保护评级 $R_P \geqslant 8$ 级	室外用	中性盐雾(NSS)试验，96h镀锌层应达到外观评级 $R_A \geqslant 8$ 级	—

续表

常用覆盖层		碳素钢基材		锌合金基材		铝合金基材
金属层	镀锌层[①]	室内用	中性盐雾(NSS)试验，72h镀锌层应达到外观评级 R_A≥8级，168h基体应达到保护评级 R_P≥8级	室内用	中性盐雾(NSS)试验，72h镀锌层应达到外观评级 R_A≥8级	—
	铜+镍+铬或镍+铬	铜加速乙酸盐雾(CASS)试验16h、腐蚀膏腐蚀(CORR)试验16h、乙酸盐雾(AASS)试验96h试验，应达到外观评级 R_A≥8级		铜加速乙酸盐雾（CASS)试验16h、腐蚀膏腐蚀(CORR)试验16h、乙酸盐雾(AASS)试验96h试验，应达到外观评级 R_A≥8级		—
阳极氧化		—		—		铜加速乙酸盐雾(CASS)试验16h，应达到外观评级 R_A≥8级

注：在高湿、高腐蚀地区按实际情况可另行约定。

① 镀锌层腐蚀的判定仅限于产品装饰面。

② 耐候性　人工氙灯加速老化后，聚酯粉末喷涂表面的室外用五金件涂层耐候性应符合表5-2的规定。

表5-2　耐候性能要求

试验时间/h	变色等级	失光程度等级
1000	不低于2级	不低于3级

注：黑色、黄色、橙色等鲜艳涂层的试验时间和试验结果由供需双方商定，并在合同中注明。

③ 膜厚度及附着力　五金件常用覆盖层膜厚度及附着力应符合表5-3的规定。

表5-3　五金件常用覆盖层膜厚度及附着力要求

常用覆盖层	碳素钢基材		铝合金基材	锌合金基材
金属镀层	室外用	平均膜厚度≥16μm	—	—
	室内用	平均膜厚度≥12μm		
表面阳极氧化膜	—		平均膜厚度≥15μm	—
电泳涂漆	—		复合膜平均厚度≥21μm，其中漆膜平均厚度≥12μm	
			干式附着力应达到0级	
聚酯粉末喷涂	装饰面上最小局部膜厚度≥40μm			
	干式附着力应达到0级			

注：在高湿、高腐蚀地区按实际情况可另行约定。

5.2 常用五金件

门窗常用五金件包括合页（铰链）、滑撑、执手、传动锁闭器、滑轮、撑挡、插销等。

5.2.1 合页（铰链）

合页（铰链）是用于连接门窗框和门窗扇，支撑门窗扇，实现门窗扇向室内或室外产生旋转的装置。合页（铰链）是平开门窗的承重部件。

合页有多种形式，需根据窗型大小和型材尺寸进行选择。

《建筑门窗五金件　合页（铰链）》（JG/T 125—2017）对合页（铰链）的术语和定义、分类和标记、要求、试验方法、检验规则及标志等进行了规定。

（1）分类　按用途可分为门用合页（铰链）和窗用合页（铰链）；按安装形式分为明装式合页（铰链）和隐藏式合页（铰链），如图5-1所示。按使用频率分类及代号应符合表5-4的规定。

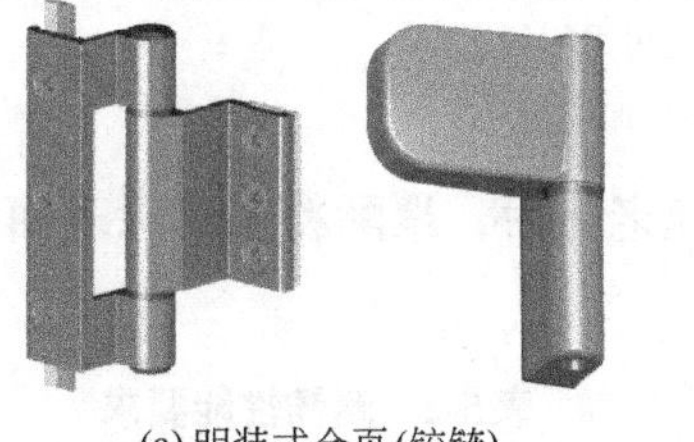

(a) 明装式合页(铰链)

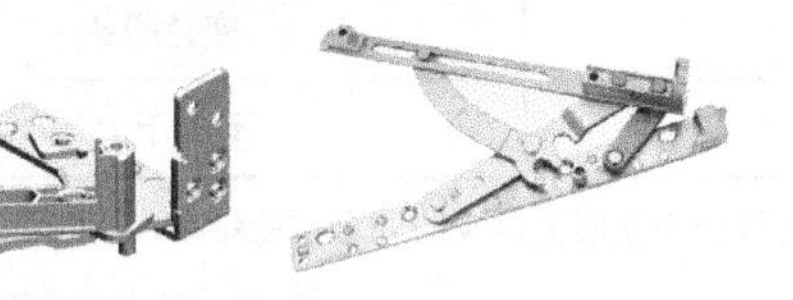

(b) 隐藏式合页(铰链)

图5-1　合页（铰链）

表5-4　合页（铰链）使用频率分类及代号

使用频率	用于使用频率较高场所的门合页(铰链)	用于使用频率较低场所的门合页(铰链)	用于窗的合页(铰链)
反复启闭次数	≥20万次	≥10万次	≥2.5万次
使用频率代号	Ⅰ	Ⅱ	Ⅲ

（2）力学性能　合页（铰链）力学性能应符合表5-5的要求。

表5-5　合页（铰链）力学性能要求

序号	项目	要求	使用产品			
			使用频率Ⅰ的门用明装式、隐藏式合页(铰链)	使用频率Ⅱ的门用明装式合页(铰链)	使用频率Ⅲ的窗用明装式合页(铰链)	使用频率Ⅲ的窗用隐藏式合页(铰链)
1	转动力	≤6N	√	—	—	—
		≤40N	—	√	√	√

续表

序号	项目	要求	使用产品			
			使用频率Ⅰ的门用明装式、隐藏式合页(铰链)	使用频率Ⅱ的门用明装式合页(铰链)	使用频率Ⅲ的窗用明装式合页(铰链)	使用频率Ⅲ的窗用隐藏式合页(铰链)
2	承重性能①	(a) 一组合页(铰链)在2倍的扇重量作用下,门扇水平方向位移应≤2mm,垂直方向位移应≤4mm; (b) 卸载后,水平方向残余变形和垂直方向残余变形应在图5-2承重后的允许变形极限范围所示的隐形区域内; (c) 在3倍的扇重量作用下,不应有破损、裂纹	√	—	—	—
		一组合页(铰链)承受实际承重级别,并附加悬端外力作用后,门窗扇自由端竖直方向位置的变化值应≤1.5mm,试件应无变形或损坏,且能正常启闭	—	√	√	—
		一组合页(铰链)承受实际承重级别,并附加悬端外力作用后,试件应无变形或损坏,且能正常启闭	—	—	—	√
3	承受静态荷载	门用明装式上部合页(铰链)承受静态荷载应满足表5-6的规定,试验后均不应断裂	—	√	—	—
		窗用上部合页(铰链)承受静态荷载应满足表5-7的规定,试验后均不应断裂	—	—	√	√
4	反复启闭	一组合页(铰链)按实际承载重量,反复启闭20万次后: (a) 水平方向变形和垂直方向变形应在图5-3反复启闭后的允许变形极限范围所示的阴影区域内,试验前后,应满足转动力的要求; (b) 在承重级别3倍的扇重量作用下,不应有破损、断裂	√	—	—	—
		一组合页(铰链)按实际承载重量,反复启闭10万次后,门扇自由端竖直方向位置的变化值应≤2mm,试件应无严重变形或损坏	—	√	—	—
		一组合页(铰链)按实际承载重量,窗合页(铰链)反复启闭25000次后,试件应无严重变形或损坏,且能正常启闭	—	—	√	√
5	悬端吊重	悬端吊重1kN试验后,扇不应脱落	—	√	√	√

续表

序号	项目	要求	使用产品			
			使用频率Ⅰ的门用明装式、隐藏式合页(铰链)	使用频率Ⅱ的门用明装式合页(铰链)	使用频率Ⅲ的窗用明装式合页(铰链)	使用频率Ⅲ的窗用隐藏式合页(铰链)
6	撞击洞口	通过重物的自由落体进行扇撞击洞口试验,反复3次后,扇不应脱落	√	√	√	√
7	撞击障碍物	通过重物的自由落体进行扇撞击障碍物试验,反复3次后,扇不应脱落	√	√	√	√

注:"√"表示需检测的项目,"—"表示不需检测的项目。

① 实际选用时,按门(窗)扇实际重量选择相应承重级别的合页(铰链),且应同时满足不大于试验模拟门窗扇尺寸、宽高比。

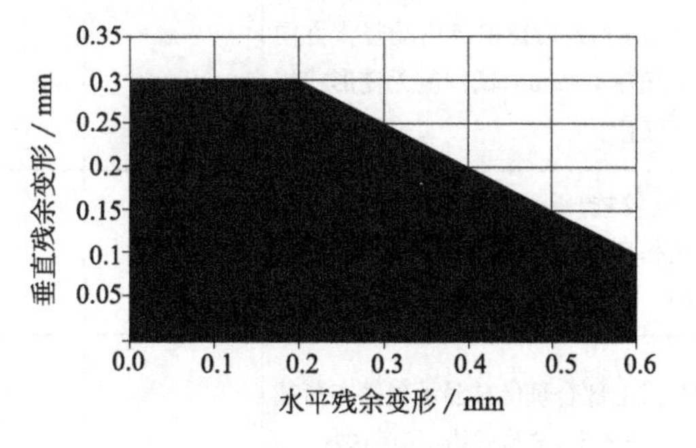

图5-2 承重后的允许变形极限范围

表5-6 使用频率Ⅱ的明装式上部门用合页(铰链)承受静态荷载

承重级别代号	扇质量WG/kg	拉力 F(允许误差+2%)/N	承重级别代号	扇质量 WG/kg	拉力 F(允许误差+2%)/N
50	50	500	130	130	1250
60	60	600	140	140	1350
70	70	700	150	150	1450
80	80	800	160	160	1550
90	90	900	170	170	1650
100	100	1000	180	180	1750
110	110	1100	190	190	1850
120	120	1150	200	200	1950

表5-7 使用频率Ⅲ的上部窗用合页（铰链）承受静态荷载

承重级别代号	扇质量WG/kg	拉力 F（允许误差+2%）/N	承重级别代号	扇质量WG/kg	拉力 F（允许误差+2%）/N
30	30	1250	120	120	3250
40	40	1300	130	130	3500
50	50	1400	140	140	3900
60	60	1650	150	150	4200
70	70	1900	160	160	4400
80	80	2200	170	170	4700
90	90	2450	180	180	5000
100	100	2700	190	190	5300
110	110	3000	200	200	5500

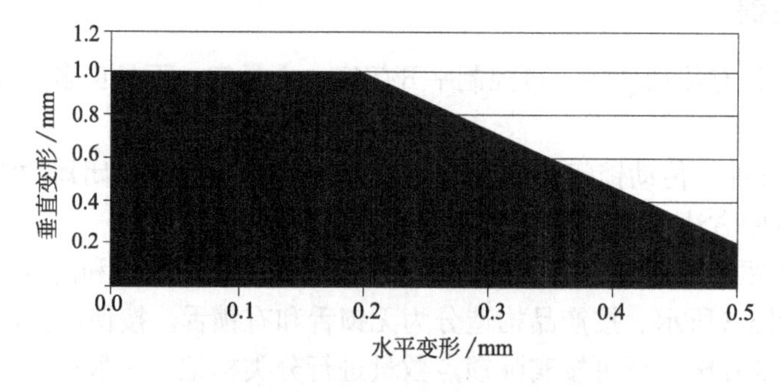

图5-3 反复启闭后的允许变形极限范围

（3）合页（铰链）的选用 在实际使用过程中，门窗扇尺寸是选用合页（铰链）的重要依据，在选用合页（铰链）时，不仅应根据门窗扇实际重量选择相应承重级别的合页（铰链），还应综合考虑门窗扇的具体尺寸、使用地区、高度和环境等因素。

5.2.2 传动机构用执手

传动机构用执手是指驱动传动锁闭器或多点锁闭器，实现门窗扇启闭的操纵装置。传动机构用执手本身不能对门窗进行锁闭，只有与传动锁闭器、多点锁闭器等锁闭部件配套使用才能实现门窗的启闭功能。图5-4为传动机构用执手。

《建筑门窗五金件 传动机构用执手》（JG/T 124—2017）对传动机构用执手的术语和定义、分类和标记、要求、试验方法、检验规则及标志等进行了规定。

（1）分类 按结构形式分为方轴插入式执手和拨叉插入式执手；按功能分为带定位功能执手和不带定位功能执手。带定位功能的执手是指在旋转过程中，在特定位置设置有定位功能的执手；不带定位功能的执手是指在旋转过程中，没有设置定位功能的执手。

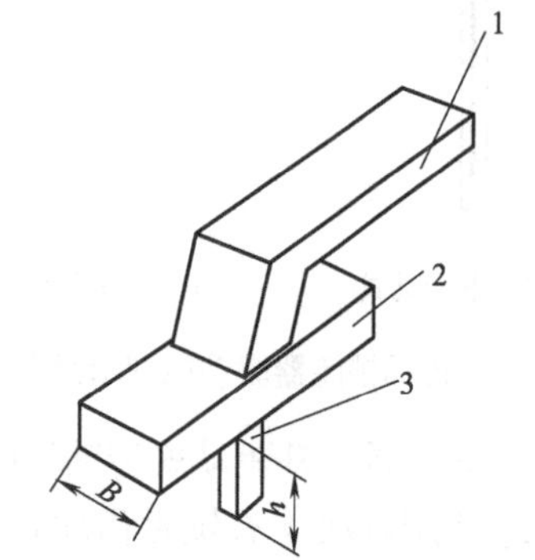

图5-4 传动机构用执手示意图
［B为执手基座宽度；h为方销（或拨叉）长度］
1—执手手柄；2—执手基座；3—方轴（或拨叉）

（2）力学性能要求

① 操作力和力矩　带定位功能的执手，定位点的转动力矩不应大于4N·m，非定位点的转动力矩不应大于0.8N·m，定位点与非定位点的力矩差值不应小于0.4N·m；不带定位功能的执手操作力矩不应大于2N·m。

② 反复启闭　带定位功能的执手，反复启闭2.5万个循环试验后，应满足操作力矩的要求，开启、关闭自定位位置与原设计位置偏差应小于5°；不带定位功能的执手，反复启闭2.5万个循环试验后，应满足操作力矩的要求。

③ 抗扭曲　带定位功能的执手在25N·m力矩的作用下，各部件不应损坏，执手手柄轴线位置偏移应小于5°；不带定位功能的执手在17N·m力矩的作用下，各部件不应损坏，执手手柄轴线位置偏移应小于5°。

④ 抗拉性能　带定位功能的执手在承受600N拉力作用后，不应损坏且执手手柄最外端最大永久变形量应小于5mm；不带定位功能的执手在承受600N拉力作用后，不应损坏。

5.2.3　传动锁闭器

传动锁闭器是具有传动功能，可控制平开门窗、上悬窗、下悬窗多点锁闭和开启的杆形装置。

《建筑门窗五金件　传动锁闭器》（JG/T 126—2017）对传动锁闭器的术语和定义、分类和标记、要求、试验方法、检验规则及标志等进行了规定。

（1）分类　按驱动原理分为门（窗）用齿轮驱动式传动锁闭器和门（窗）用连杆驱动式传动锁闭器，如图5-5所示。按产品构造分为无锁舌和有锁舌。按使用频次分为反复启闭20万次和反复启闭2.5万次。还可按实际锁点数量进行分类标记。一般由锁座、动杆（连杆）、静杆和锁点等部件组成。

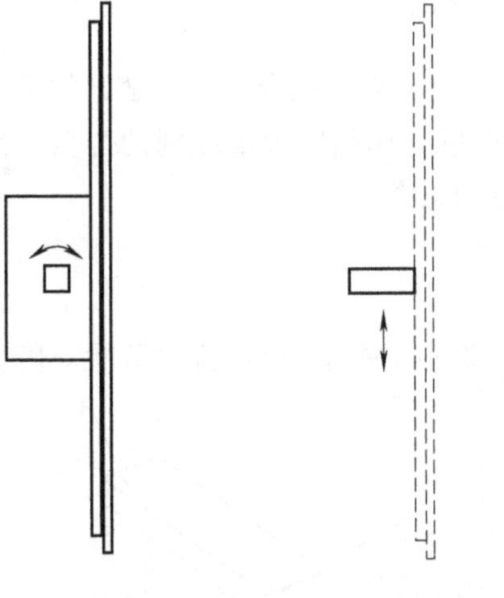

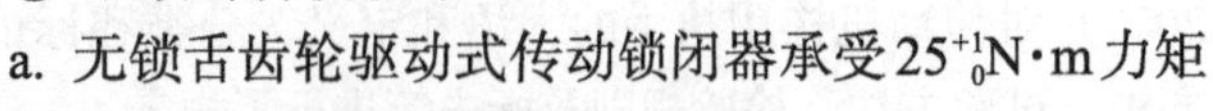

图5-5　传动锁闭器驱动原理示意图

（2）力学性能要求

① 操作力

a. 无锁舌的齿轮驱动式传动锁闭器空载转动力矩不应大于3N·m；无锁舌的连杆驱动式传动锁闭器空载滑动驱动力不应大于15N。

b. 有锁舌的齿轮驱动式传动锁闭器应符合下列规定：由执手驱动锁舌的传动锁闭器驱动部件操作力矩不应大于3N·m；由钥匙驱动锁舌的传动锁闭器驱动部件操作力矩不应大于1.2N·m；碰舌回程力不应小于2.5N；能够使碰舌和扣板正确啮合的碰锁力不应大于25N。

② 驱动部件抗破坏

a. 无锁舌齿轮驱动式传动锁闭器承受25^{+1}_{0}N·m力矩的作用后，各零部件不应断裂、损坏。

b. 无锁舌连杆驱动式传动锁闭器承受1000^{+50}_{0}N静拉力作用后，各零部件不应断裂、脱落。

c. 使用频次Ⅰ有锁舌齿轮传动锁闭器。碰舌驱动部件承受60N·m扭矩后，呆舌驱动部件承受30N·m扭矩后，传动锁闭器应使用功能正常，且仍应满足操作力的要求。

d. 使用频次Ⅱ有锁舌齿轮传动锁闭器。碰舌驱动部件承受25^{+1}_{0}N·m扭矩后，呆舌或暗舌驱动部件承受20N·m扭矩后，传动锁闭器应使用功能正常，且仍应满足操作力的要求。

③ 锁点锁座抗破坏　锁点、锁座承受1800^{+50}_{0}N破坏力后，各部件应无损坏。

④ 锁舌抗破坏

a. 使用频次Ⅰ有锁舌的传动锁闭器的锁舌抗破坏应符合下列要求：带碰舌齿轮驱动式传动锁闭器承受3000N侧向作用力后，碰舌应能正常伸缩，碰舌完全缩回位置与初始缩回位置的变化量不应大于1mm；带呆舌齿轮驱动式传动锁闭器承受7000N侧向作用力后，呆舌应能保证完全伸缩；带呆舌齿轮驱动式传动锁闭器承受5000N轴向作用力后，呆舌回缩量不应大于3mm。

b. 使用频次Ⅱ有锁舌的传动锁闭器的锁舌抗破坏应满足：碰舌承受2000N侧向作用力后，碰舌应能伸缩；呆舌承受3000N侧向作用力、1000N轴向作用力后，呆舌回缩量不应大于3mm，呆舌应保证完全伸缩。

⑤ 反复启闭

a. 无锁舌的传动锁闭器按使用频次启闭循环后，各构件应无扭曲、无变形、不影响正常使用，且应满足下列要求：反复启闭后齿轮驱动式传动锁闭器转动力矩不应大于10N·m；连杆驱动式传动锁闭器驱动力不应大于100N；在扇开启方向上框、扇间的间距变化值应小于1mm。

b.使用频次Ⅰ有锁舌的齿轮驱动式传动锁闭器应符合下列要求：碰舌在25N侧向载荷作用下，完成20万次启闭循环后应功能正常，且应满足操作力的要求；具有自动上锁功能的呆舌完成20万次启闭循环后应功能正常，且应满足操作力的要求；不具有自动上锁功能的呆舌完成5万次启闭循环后应功能正常，且应满足操作力的要求。

c. 使用频次Ⅱ有锁舌的齿轮驱动式传动锁闭器应符合下列要求：碰舌在25N侧向载荷作用下，完成2.5万次启闭循环后应功能正常，且应满足操作力的要求；呆舌或暗舌在完成2.5万次启闭循环后应功能正常，且应满足操作力的要求。

5.2.4　撑挡

撑挡是限制活动扇开启角度的装置，又称限位器、开启限位器。

《建筑门窗五金件　撑挡》（JG/T 128—2017）对撑挡的术语和定义、分类和标记、要求、试验方法、检验规则及标志等进行了规定。

（1）分类　撑挡分为摩擦式撑挡、锁定式撑挡。锁定式撑挡通过机械卡位固定窗扇开启角度；摩擦式撑挡通过摩擦锁紧构造限制窗扇开启角度，如图5-6所示。

撑挡按适用窗型开启形式分为内平开窗用、外开上悬窗用、内开下悬窗用；按锁定力产生原理分为无可调功能锁定式、有可调功能摩擦式、无可调功能摩擦式。

由于平开窗用合页本身无摩擦力，为了避免窗在开启时被风力吹回而损坏，平开窗选用合页时应与撑挡一起配合使用。

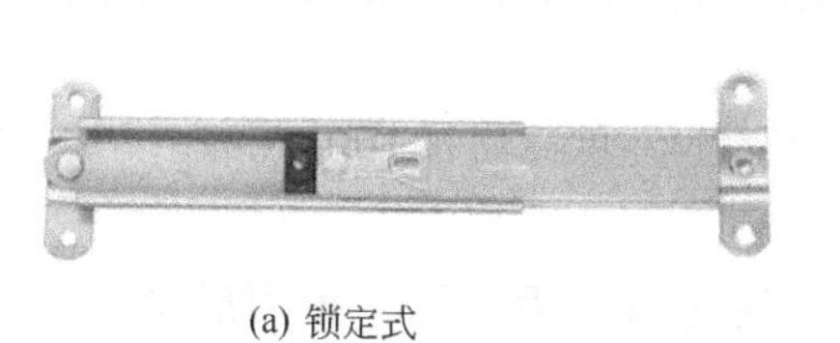

(a) 锁定式　　(b) 摩擦式

图5-6　撑挡

（2）力学性能要求

① 锁定力　锁定式撑挡的锁定力应不小于200N；摩擦式撑挡的锁定力应不小于40N。

② 反复启闭

a. 内平开窗、外开上悬窗用锁定式撑挡反复启闭1万次后，各部件不应损坏，且应满足锁定力要求；内平开窗、外开上悬窗用摩擦式撑挡反复启闭1.5万次后，各部件不应损坏，且应满足锁定力要求；内平开窗、外开上悬窗用有可调功能摩擦式撑挡的可调部件反复启闭2250次后，应满足锁定力要求。

b. 内开下悬窗用无可调功能锁定式撑挡反复启闭1.5万次后，各部件不应损坏，且应满足锁定力要求。

③ 抗破坏力

a. 内平开窗用撑挡承受350N作用力，撑挡不应脱落。

b. 外开上悬窗用撑挡开启方向承受1000N作用力后，撑挡所有部件不应损坏；关闭方向承受600N作用力后，撑挡所有部件不应损坏。

c. 内平下悬窗用无可调功能锁闭式撑挡承受1150N作用力后，拉杆不应脱落。

5.2.5　滑轮

滑轮是承受门窗扇重量，并能在外力的作用下，通过滚动使门窗扇沿轨道往复运动的装置。

《建筑门窗五金件　滑轮》（JG/T 129—2017）对滑轮的术语和定义、分类和标记、要求、试验方法、检验规则及标志等进行了规定。

（1）分类　滑轮由轮架、轮体和轮轴组成。

按用途滑轮可分为门用滑轮、门用吊轮、窗用滑轮；按高度是否可以调整滑轮可分为可调和不可调两种；按轮子数量滑轮又可分为单轮和双轮两种。

滑轮如图5-7所示。

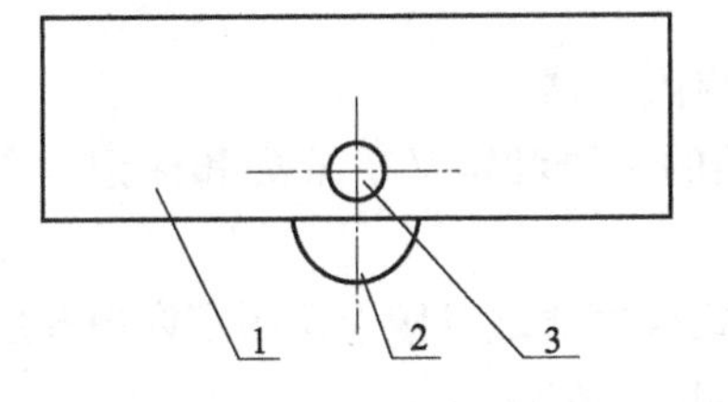

(a) 滑轮结构示意图

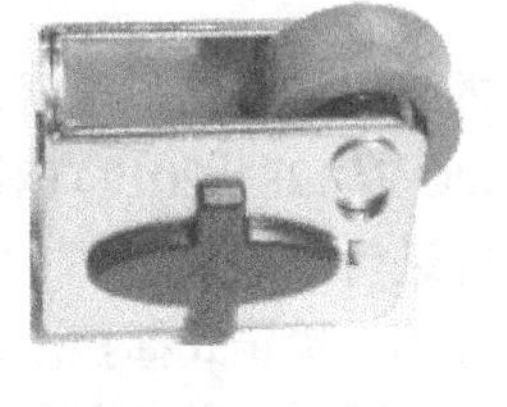

(b) 单轮滑轮

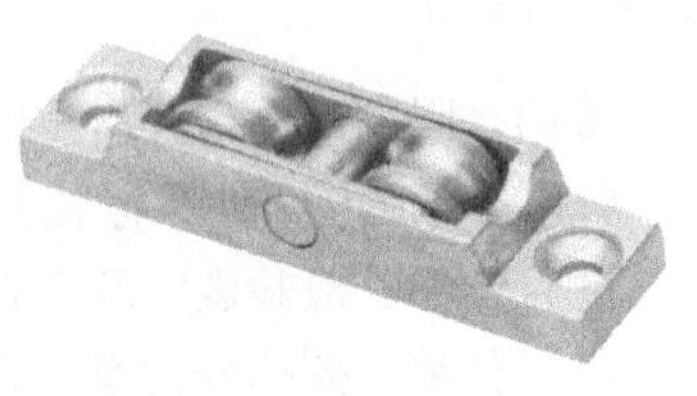

(c) 双轮滑轮

图5-7　滑轮

1—轮架；2—轮体；3—轮轴

（2）力学性能

① 运转平稳性　轮体与滑轨的接触表面径向跳动量应不大于0.3mm，轮体轴向窜动量应不大于0.4mm。

② 操作力　承载质量100kg以下操作力应不大于40N，承载质量100~200kg操作力应不大于60N，承载质量200kg以上操作力应不大于80N。

③ 反复启闭　门用滑轮达到10万次后，门用吊轮达到10万次后，窗用滑轮达到2.5万次后，应满足下列要求。

a. 滑轮在承载质量作用下，竖直方向位移量应不大于2mm；承受1.5倍的承载质量时，操作力应不大于操作力规定值的1.5倍。

b. 吊轮在承受1.5倍的承载质量时，操作力应不大于规定值的1.5倍；2倍承载质量作用下，不应有损坏、破裂。

④ 抗侧向力　吊轮在承受1000N的侧向作用力后，不应脱落。

⑤ 抗冲击　吊轮沿扇开启方向承受30kg，5次冲击后，不应脱落。

⑥ 耐高温性　非金属轮体的一套滑轮或吊轮，在50℃环境中，承受1.5倍承载质量后，操作力应不大于规定值的1.5倍。

⑦ 耐低温性　非金属轮体的一套滑轮或吊轮，在-20℃环境中，承受1.5倍承载质量后，滑轮或吊轮不破裂，操作力应不大于规定值的1.5倍。

5.2.6　单点锁闭器

单点锁闭器是可控制推拉门窗单一位置锁闭的装置。

《建筑门窗五金件　单点锁闭器》（JG/T 130—2017）对单点锁闭器的术语和定义、分类和标记、要求、试验方法、检验规则及标志等进行了规定。

（1）分类　按结构形式可分为单点锁闭器形式Ⅰ、单点锁闭器形式Ⅱ、单点锁闭器形式Ⅲ，如图5-8所示。

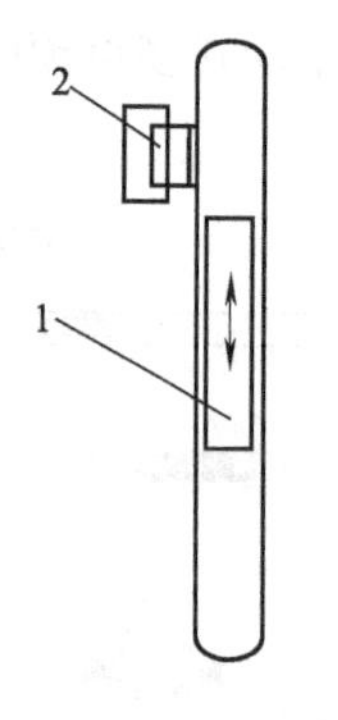

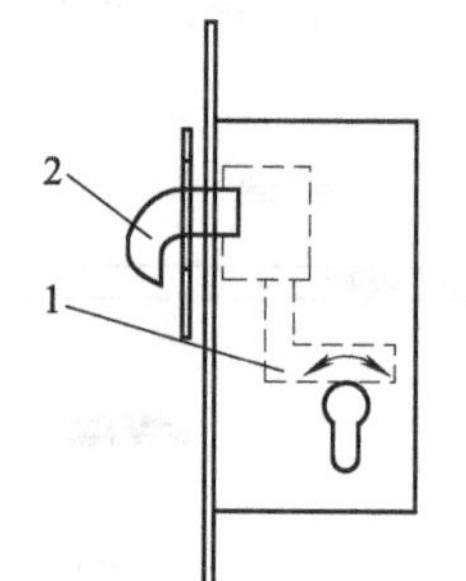

(a) 单点锁闭器形式Ⅰ　(b) 单点锁闭器形式Ⅱ　(c) 单点锁闭器形式Ⅲ

图5-8　单点锁闭器示意图

1—驱动部件；2—锁闭部件

（2）力学性能要求

① 操作力（或操作力矩）　操作力（或操作力矩）应满足下列要求。

a. 单点锁闭器形式Ⅰ。操作力应不大于20N。

b. 单点锁闭器形式Ⅱ。操作力矩应不大于2N·m。

c. 单点锁闭器形式Ⅲ。操作力矩应不大于1.5N·m。

② 锁闭部件抗破坏

a. 单点锁闭器形式Ⅰ。锁闭部件在400N拉力作用后，不应损坏；卸载后操作力仍应满足要求。

b. 单点锁闭器形式Ⅱ。锁闭部件在400N拉力作用后，不应损坏；卸载后操作力矩仍应满足要求。

c. 单点锁闭器形式Ⅲ。锁闭部件在1000N拉力作用后，不应损坏；卸载后操作力矩仍应满足要求。锁闭部件在承受1000N侧向作用力后，不应损坏；卸载后操作力应满足要求。

③ 驱动部件抗破坏

a. 单点锁闭器形式Ⅰ。对驱动部件向锁闭方向施加120N力，不应破坏，操作力应满足要求；对驱动部件向开启方向施加120N力，不应破坏，操作力应满足要求。

b. 单点锁闭器形式Ⅱ。对手柄操作的单点锁闭器形式Ⅱ，在关闭位置时，向扇开启方向施加120N力，不应破坏，操作力矩应满足要求。

c. 单点锁闭器形式Ⅲ。单点锁闭器形式Ⅲ驱动部件承受30N·m扭矩后，锁舌应能伸缩，操作力矩应满足要求。

④ 反复启闭

a. 单点锁闭器形式Ⅰ。1.5万次反复启闭试验后，仍能启闭，操作力应满足要求。

b. 单点锁闭器形式Ⅱ。1.5万次反复启闭试验后，仍能启闭，操作力矩应满足要求。

c. 单点锁闭器形式Ⅲ。5万次反复启闭试验后，仍能启闭，操作力矩应满足要求。

5.2.7 多点锁闭器

多点锁闭器具有传动功能，可控制推拉门窗实现多个位置锁闭和开启的杆形装置。

《建筑门窗五金件 多点锁闭器》(JG/T 215—2017) 对多点锁闭器的术语和定义、分类和标记、要求、试验方法、检验规则及标志等进行了规定。

(1) 分类 按结构形式分为齿轮驱动式多点锁闭器和连杆驱动式多点锁闭器两类，如图5-9所示。

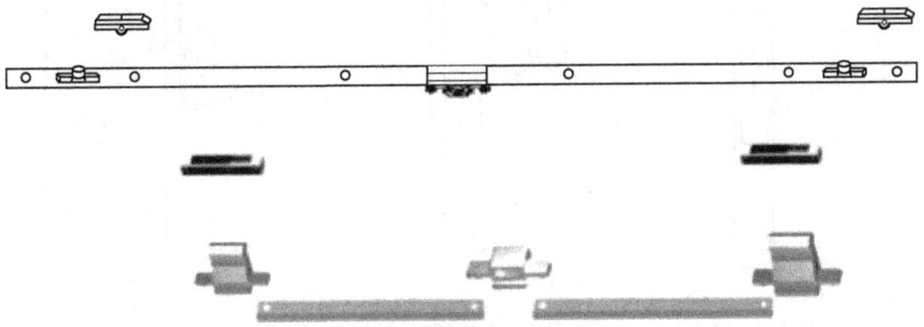

图5-9 多点锁闭器示意图

(2) 力学性能要求

① 抗破坏

a. 驱动部件。齿轮驱动部件承受25N·m力矩的作用后，各零部件不应有断裂等损坏；连杆驱动部件承受1000N静拉力作用后，各零部件不应断裂、脱落。

b. 锁闭部件。单个锁点、锁座，承受轴向1000N静拉力后，所有零部件不应损坏。

② 反复启闭 反复启闭2.5万次后，操作正常，不影响正常使用。且应满足下列要求。

a. 齿轮驱动式多点锁闭器操作力矩应不大于1N·m；连杆驱动式多点锁闭器滑动力不应大于15N。

b. 锁点和锁座锁闭处工作面磨损量不大于1mm。

5.2.8 内平开下悬五金系统

内平开下悬五金系统是指通过操作执手，可以使窗具有内平开、下悬、锁闭等功能的五金系统。

《建筑窗用内平开下悬五金系统》(GB/T 24601—2009)对内平开下悬五金系统的术语和定义、分类和标记、要求、试验方法、检验规则及标志等进行了规定。

(1)分类　建筑窗用内平开下悬五金系统按开启状态顺序不同分为两种类型:一种是内平开下悬,锁闭、内平开、下悬;另一种是下悬内平开,锁闭、下悬、内平开。

(2)性能要求

① 上部合页(铰链)承受静态荷载性能

a. 常用窗用上部合页(铰链),承受静态荷载(拉力)应满足表5-8的规定,试验后不应断裂。

表5-8　常用窗用上部合页(铰链)承受静态荷载

承载质量代号	扇质量/kg	拉力 F(允许误差+2%)/N	承载质量 代号	扇质量/kg	拉力 F(允许误差+2%)/N
060	60	1650	140	140	3900
070	70	1900	150	150	4200
080	80	2200	160	160	4400
090	90	2450	170	170	4700
100	100	2700	180	180	5000
110	110	3000	190	190	5300
120	120	3250	200	200	5500
130	130	3500	—	—	—

b. 落地窗用上部合页(铰链),承受静态荷载(拉力)应满足表5-9的规定,试验后不应断裂。

表5-9　落地窗用上部合页(铰链)承受静态荷载

承载质量代号	扇质量/kg	拉力 F(允许误差+2%)/N	承载质量 代号	扇质量/kg	拉力 F(允许误差+2%)/N
060	60	600	140	140	1350
070	70	700	150	150	1450
080	80	800	160	160	1550
090	90	900	170	170	1650
100	100	1000	180	180	1750
110	110	1100	190	190	1850
120	120	1150	200	200	1950
130	130	1250	—	—	—

② 下部合页(铰链)承受静态荷载性能

a. 常用窗用下部合页(铰链),与压力方向成30°±0.5°角时,承受静态荷载(压力)应满足表5-10的规定,试验后不应断裂。

表5-10 常用窗用下部合页（铰链）承受静态荷载

承载质量代号	扇质量/kg	拉力 F(允许误差+2%)/N	承载质量代号	扇质量/kg	拉力 F(允许误差+2%)/N
060	60	3400	140	140	8000
070	70	4000	150	150	8550
080	80	4550	160	160	9150
090	90	5100	170	170	9700
100	100	5700	180	180	10300
110	110	6250	190	190	10850
120	120	6800	200	200	11450
130	130	7400	—	—	—

b. 落地窗用下部合页（铰链），与压力方向成11°±0.5°角时，承受静态荷载（压力）应满足表5-11的规定，试验后不应断裂。

表5-11 落地窗用下部合页（铰链）承受静态荷载

承载质量代号	扇质量/kg	拉力 F(允许误差+2%)/N	承载质量代号	扇质量/kg	拉力 F(允许误差+2%)/N
060	60	3050	140	140	7150
070	70	3550	150	150	7650
080	80	4000	160	160	8150
090	90	4600	170	170	8650
100	100	5100	180	180	9150
110	110	5600	190	190	9700
120	120	6100	200	200	10200
130	130	6500	—	—	—

③ 启闭力性能　平开状态下的启闭力不应大于50N，下悬状态下的启闭力不应大于表5-12的规定。

表5-12 下悬状态的推入力

常用窗推入力		落地窗推入力
扇质量60~130kg	扇质量130kg以上	扇质量60kg以上
180N	230N	150N

④ 反复启闭性能　反复启闭15000个循环后，所有操作功能正常。应满足下列要求。

a. 执手或操纵装置操作五金系统的转动力矩不应大于10N·m；施加在执手上的力不应大于100N。

b. 试验后，框、扇间垂直窗扇平面方向的间距变化值应小于1mm；窗扇在平开位置关闭时，推入框内的作用力不应大于120N。

⑤ 90°平开启闭性能　窗扇反复启闭10000个循环试验后，应保持操作功能正常，将窗扇从平开位置关闭时，窗扇推入框内的作用力不应大于120N。

⑥ 锁闭部件强度　锁点、锁座承受破坏力后，各部件应无损坏。

⑦ 冲击性能　通过重物的自由落体进行窗扇冲击试验，反复5次后，将窗扇从平开位置关闭时，窗扇推入框内的作用力不应大于120N。

⑧ 悬端吊重性能　悬端吊重试验后，窗扇不脱落，合页（铰链）应仍然连接在窗框和窗扇边梃上。

⑨ 开启撞击性能　通过重物的自由落体进行窗扇撞击洞口试验，反复3次后，窗扇不应脱落，合页（铰链）应仍然连接在窗框和窗扇边梃上。

⑩ 关闭撞击性能　通过重物的自由落体进行撞击障碍物试验，反复3次后，窗扇不应脱落，合页（铰链）应仍然连接在窗框和窗扇边梃上。

⑪ 耐腐蚀性能　各类基材、常用表面覆盖层的耐腐蚀性能要求见表5-13。

表5-13　各类基材、常用表面覆盖层的耐腐蚀性能要求

常用覆盖层		常用基材应达到指标	
		碳素钢基材	锌合金基材
金属层	镀锌层①	中性盐雾(NSS)试验，96h不出现白色腐蚀点，240h不出现红锈点(保护等级≥8级)	中性盐雾(NSS)试验，96h不出现白色腐蚀点(保护等级≥8级)
	Cu+Ni+Cr或Ni+Cr	铜加速乙酸盐雾（CASS)试验16h、腐蚀膏腐蚀(CORR)试验16h、乙酸盐雾(AASS)试验96h试验，外观不允许有针孔、鼓泡以及金属腐蚀等缺陷	

注：在满足以上要求的情况下，在高湿、高腐蚀地区按实际情况可另行约定。

① 镀锌层腐蚀的判定仅限于五金件安装后的可视面，不包括再加工部位。

⑫ 膜厚度及附着力　常用覆盖层膜厚度及附着力的要求见表5-14。

表5-14　常用覆盖层膜厚度及附着力要求

常用覆盖层		常用基材应达到指标		
		碳素钢基材	铝合金基材	锌合金基材
金属镀锌层①		平均膜厚≥12μm	—	平均膜厚≥12μm
非金属层	表面阳极氧化膜	—	平均膜厚≥15μm	—
	电泳涂漆	—	复合膜平均厚度≥21μm，其中漆膜平均膜厚≥12μm	漆膜平均膜厚≥12μm
	聚酯粉末喷涂	涂层厚度45~100μm	干式附着力应达到0级	干式附着力应达到0级
			涂层厚度45~100μm	涂层厚度45~100μm
		干式附着力应达到0级	干式附着力应达到0级	干式附着力应达到0级
	氟碳喷涂（二涂）	平均膜厚≥30μm	平均膜厚≥30μm	平均膜厚≥30μm
		干式、湿式附着力应达到0级	干式、湿式附着力应达到0级	干式、湿式附着力应达到0级

注：在满足以上要求的情况下，在高湿、高腐蚀地区按实际情况可另行约定。

① 金属镀锌层平均膜厚的要求应在满足耐腐蚀性能要求（表5-13）情况下进行。

5.2.9 滑撑

滑撑是用于连接窗框和窗扇，支承窗扇、实现向室外产生旋转并同时平移开启的多杆件装置。

《建筑门窗五金件 滑撑》(JG/T 127—2017) 对滑撑的术语和定义、分类和标记、要求、试验方法、检验规则及标志等进行了规定。该标准适用于窗扇开启距离不大于300mm的建筑外开上悬窗，窗扇宽度不大于570mm的外平开窗用滑撑。

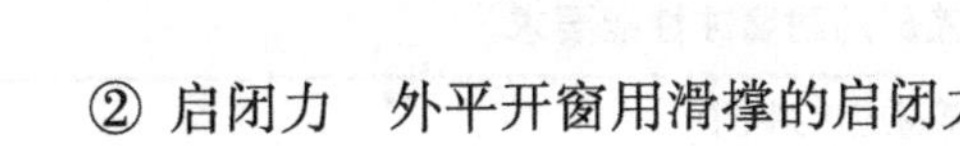

图5-10 滑撑

(1) 分类 按适用窗开启形式分为外平开窗用滑撑和外开上悬窗用滑撑，如图5-10所示。

(2) 力学性能

① 自定位力 自定位力应可调整，调整时所有测点应可调整到不小于40N。

② 启闭力 外平开窗用滑撑的启闭力不应大于40N；外开上悬窗用滑撑的启闭力应符合表5-15的规定。

表5-15 外开上悬窗用滑撑的启闭力

承载质量m/kg	启闭力/N	承载质量m/kg	启闭力/N
$m \leqslant 40$	$F \leqslant 50$	$70 < m \leqslant 80$	$F \leqslant 100$
$40 < m \leqslant 50$	$F \leqslant 60$	$80 < m \leqslant 90$	$F \leqslant 110$
$50 < m \leqslant 60$	$F \leqslant 75$	$90 < m \leqslant 100$	$F \leqslant 120$
$60 < m \leqslant 70$	$F \leqslant 85$	$m > 100$	$F \leqslant 140$

③ 操作力 操作力是指外平开窗在窗扇距关闭位置100mm至最大开启位置的开启过程，或最大开启位置至距关闭位置100mm的关闭过程所需的最大力。外平开窗用滑撑操作力不应大于80N。

④ 间隙 窗扇锁闭状态，在力的作用下，安装滑撑的角部，扇、框间密封间隙变化值不应大于0.5mm。

⑤ 刚性

a. 外平开窗用滑撑在规定的试验状态下承受300N作用力后，应仍满足自定位力、启闭力、操作力和间隙的规定。

b. 外开上悬窗用滑撑在规定的试验状态下承受300N作用力后，应仍满足启闭力和间隙的规定。

⑥ 反复启闭

a. 外平开窗用滑撑反复启闭过程中各杆件应正常回位，3.5万次后，各部件不应脱落，包角和滑槽不应开裂，启闭力和操作力不应大于80N，扇、框间密封间隙变化值不应大于1.5mm。

b. 外开上悬窗用滑撑反复启闭过程中各杆件应正常回位，3.5万次后，各部件不应脱落，包角和滑槽不应开裂，启闭力仍应满足表5-15的要求，扇、框间密封间隙变化值不应大于1.5mm。

⑦ 抗破坏

a. 最大开启位置时，承受1000N外力作用后，滑撑所有部件不得脱落。

b. 关闭位置时，承受1500N外力作用后，滑撑所有部件不得脱落且回位正常。

⑧ 悬端吊重　外平开窗用滑撑在承受1000N的作用力后，滑撑所有部件不得脱落。

（3）滑撑的选择

① 选用滑撑时必须根据窗扇的重量、窗的尺寸，选用足够强度的滑撑，并且保证滑撑与窗框扇可靠连接。

② 平开窗用滑撑在使用过程中主要受剪力，上悬窗用滑撑主要受径向力，两种滑撑有本质上的区别，绝不能混用。

③ 平开窗开启角度较大，要求滑撑平动行程较长，一般滑撑长度要达到窗宽的1/2~2/3，上悬窗一般1/2左右即可。

5.2.10　旋压执手

旋压执手是通过转动手柄，实现窗扇启闭、锁定功能的装置。

《建筑门窗五金件　旋压执手》（JG/T 213—2017）对旋压执手的代号、标记、要求、试验方法和检验规则等进行了规定。该标准只适用于建筑窗用旋压执手。单个旋压执手只能用于开启扇对角线尺寸不超过0.7m的建筑窗。旋压执手如图5-11所示。

旋压执手的力学性能要求如下。

（1）操作力矩

① 空载时，操作力矩不应大于1.5N·m。

② 负载时，操作力矩不应大于4.0N·m。

（2）手柄抗破坏　旋压执手手柄承受700N力的作用后，任何部件不应断裂。

（3）锁闭部位抗破坏　旋压执手锁闭部位施加700N的作用力后，任何部位不应断裂，且其锁闭部位最大永久变形量应不大于3mm。

（4）反复启闭　反复启闭1.5万次后，旋压位置的变化应不超过0.5mm。

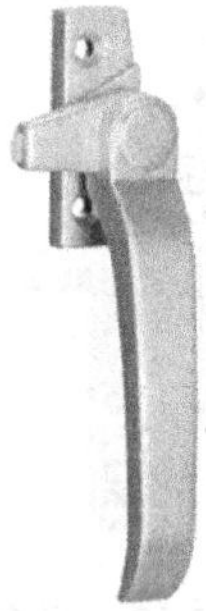

图5-11　旋压执手

5.2.11　插销

插销是实现对门窗扇定位、锁闭功能的装置。

《建筑门窗五金件　插销》（JG/T 214—2017）对插销的术语和定义、分类和标记、要求、试验方法、检验规则及标志等进行了规定。

（1）分类　按锁闭功能分为单动插销和联动插销。单动插销是指单侧方向往复运动，实现定位、锁闭门窗扇的插销；联动插销是指能够同时完成一组插销往复运动，实现定位、锁闭门窗扇的插销。

按力学性能指标分为Ⅰ级、Ⅱ级。

（2）力学性能要求　插销力学性能应符合表5-16的要求。

表5-16　插销力学性能

序号	项目	要求	
		Ⅰ级	Ⅱ级
1	操作力矩/操作力	（a）单动插销：空载时，操作力矩应不大于2N·m，或操作力应不大于50N；承载时，操作力矩应不大于4N·m，或操作力应不大于100N； （b）联动插销：空载时，操作力矩应不大于4N·m；承载时，操作力矩应不大于8N·m	

续表

序号	项目	要求	
		Ⅰ级	Ⅱ级
2	反复启闭	反复启闭1万次后，应能满足操作力矩/操作力的要求	反复启闭0.5万次后，应能满足操作力矩/操作力的要求
3	驱动部件抗破坏	驱动部件承受100N作用后，各部件不应损坏且满足操作力矩/操作力的要求	驱动部件承受50N作用后，各部件不应损坏且满足操作力矩/操作力的要求
4	插销杆侧向抗破坏	插销杆承受2500N侧向力作用后，仍应能回缩	插销杆承受1800N侧向力作用后，仍应能回缩
5	插销杆轴向抗破坏	插销杆承受1500N轴向力作用后，伸出量不应小于12mm	插销杆承受700N轴向力作用后，回缩量不应大于3mm，仍应能回缩

注：Ⅰ级插销宜用于公共建筑门或其他民用建筑；Ⅱ级插销宜用于居住建筑用门或民用建筑用窗。

5.2.12 双面执手

双面执手是指执手分别装在门扇的两面，且均可实现驱动锁闭装置的一套组合部件。双面执手如图5-12所示。

图5-12 双面执手

《建筑门窗五金件 双面执手》（JG/T 393—2012）对双面执手的术语和定义、分类和标记、要求、试验方法、检验规则及标志等进行了规定。该标准仅适用于手动启闭操作的人行门用双面执手，不适用于防火门、逃生门、放射线屏蔽门等特种门。

（1）术语

① 自由位移 是指双面执手在外力作用下，所产生的晃动量，包括在垂直门扇方向外力作用下产生的轴向位移、在平行门扇方向外力作用下产生的角位移。

② 允许变形 是指在转动力矩作用后，平行门扇两面，执手手柄或辅助加长杆允许的残余总变形量。

③ 破坏性能 是指在垂直门扇方向外力作用下，双面执手抗断裂和变形的能力。

（2）要求

① 主要原材料要求

a. 挤压铝合金的力学性能宜采用不低于GB/T 5237.1中6063 T5的要求。

b. 不锈钢应采用GB/T 20878 标准中Ni含量不低于8%的材料。

c. 表面喷涂涂料宜采用不低于涂膜加速耐候性能500h、硬度H的要求。

其他主要原材料的性能应符合相关现行国家标准的要求。

② 外观

a. 外表面。产品外露表面应无明显疵点、划痕、气孔、凹坑、飞边、毛刺等缺陷。

b. 涂层。涂层色泽均匀一致，无气泡、流挂、脱落、堆漆等缺陷。

c. 镀层。镀层致密、均匀，无漏底、麻点、泛黄、烧焦等缺陷。

（3）耐腐蚀性、耐候性、膜厚度及附着力

① 耐腐蚀性 室外用双面执手的耐腐蚀性应符合表5-17的规定；室内用双面执手的耐腐蚀性应符合表5-18的规定。

表5-17 室外用双面执手耐腐蚀性要求

常用覆盖层		常用基材应达到指标	
		碳素钢基材	锌合金基材
金属镀层	镀锌层①	中性盐雾(NSS)试验，96h镀锌层应达到外观评级R_A≥8级，240h基体应达到保护评级R_P≥8级	中性盐雾(NSS)试验，96h镀锌层应达到外观评级R_A≥8级
	铜+镍+铬或镍+铬	铜加速乙酸盐雾(CASS)试验16h、腐蚀膏腐蚀(CORR)试验16h、乙酸盐雾(AASS)试验96h试验，外观不允许有针孔、鼓泡以及金属腐蚀等缺陷	—

① 镀锌层腐蚀的判定仅限于产品装饰面。

表5-18 室内用双面执手耐腐蚀性要求

常用覆盖层		常用基材应达到指标		
		碳素钢基材	锌合金基材	铜合金基材
金属镀层	镀锌层①	中性盐雾(NSS)试验，72h镀锌层应达到外观评级R_A≥8级，168h基体应达到保护评级R_P≥8级	中性盐雾(NSS)试验，72h镀锌层应达到外观评级R_A≥8级	—
	铜+镍+铬或镍+铬	铜加速乙酸盐雾(CASS)试验16h、腐蚀膏腐蚀(CORR)试验16h、乙酸盐雾(AASS)试验96h试验，外观不允许有针孔、鼓泡以及金属腐蚀等缺陷	—	铜加速乙酸盐雾(CASS)试验16h、腐蚀膏腐蚀(CORR)试验16h、乙酸盐雾(AASS)试验96h试验，外观不允许有针孔、鼓泡以及金属腐蚀等缺陷

① 镀锌层腐蚀的判定仅限于产品装饰面。

② 耐候性　人工氙灯加速老化后，聚酯粉末喷涂表面的室外用双面执手耐候性应满足表5-19的规定。

表5-19 耐候性能要求

试验时间	指标	
	变色等级	失光程度等级
500h	≤2	>3

注：1.黑色、黄色、橙色等鲜艳涂层的试验时间和试验结果由供需双方商定，并在合同中注明。
2.光泽保持率为涂层试验后的光泽值相对于其试验前的百分比。

③ 膜厚度及附着力　室外用双面执手常用覆盖层膜厚度及附着力要求应符合表5-20的规定；室内用双面执手常用覆盖层膜厚度及附着力应符合表5-21的规定

表5-20 室外用双面执手常用覆盖层膜厚度及附着力要求

常用覆盖层		常用基材应达到指标		
		碳素钢基材	铝合金基材	锌合金基材
金属镀层		平均膜厚≥12μm	—	—
非金属层	表面阳极氧化膜	—	平均膜厚≥15μm	—
	电泳涂漆	—	复合膜平均厚度≥21μm，其中漆膜平均厚度≥12μm	
			干式附着力应达到0级	
	聚酯粉末喷涂	装饰面上最小局部厚度≥40μm		
		干式附着力应达到0级		

注：在满足以上要求的情况下，在高温、高腐蚀地区按实际情况可另行约定。

表5-21 室内用双面执手常用覆盖层膜厚度及附着力要求

常用覆盖层		常用基材应达到指标		
		碳素钢基材	铝合金基材	锌合金基材
金属镀层		平均膜厚≥8μm	—	—
非金属层	表面阳极氧化膜	—	平均膜厚≥15μm	—
	电泳涂漆	—	复合膜平均厚度≥21μm，其中漆膜平均厚度≥12μm	
			干式附着力应达到0级	
	聚酯粉末涂漆	装饰面上最小局部厚度≥40μm		
		干式附着力应达到0级		

注：在满足以上要求的情况下，在高温、高腐蚀地区按实际情况可另行约定。

（4）力学性能

① 操作力矩　应满足表5-22的规定。

表5-22 操作力矩

双面执手结构形式	操作过程	指标	
		使用频率Ⅰ级	使用频率Ⅱ级
无回位装置的球形双面执手	双面执手旋转至不小于60°后，返回初始静止位置的过程	操作力矩不应大于0.6N·m	操作力矩不应大于0.6N·m
无回位装置的杆形双面执手			操作力矩不应大于1.5N·m
带回位装置的双面执手	双面执手从初始位置旋转到不小于40°或设计最大开启角度的过程	操作力矩不应大于1.5N·m，操作力矩测试后，静止时的位移偏差不应大于±2°	操作力矩不应大于2.4N·m，操作力矩测试后，静止时的位移偏差不应大于±1°

注：使用频率Ⅰ级是指用于民用建筑非公共区域或使用频率要求较低场所的门；使用频率Ⅱ级是指用于民用建筑公共区域或使用频率要求较高场所的门。

② 自由位移　双面执手在15N的外力作用下，距离旋转轴75mm处的位移量应符合表5-23的规定。

表5-23 自由位移

项目	要求	
	使用频率Ⅰ级	使用频率Ⅱ级
轴向位移/mm	≤10	≤6
角位移/mm	≤10	≤5

③ 允许变形　使用频率Ⅰ级的双面执手在转动力矩30N·m作用后，使用频率Ⅱ级的双面执手在转动力矩40N·m 作用后，距离执手旋转轴50mm处的残余变形量不应大于5mm。

④ 反复启闭　在外力作用下，使用频率Ⅰ级的双面执手进行反复启闭100000次，使用频率Ⅱ级的双面执手进行反复启闭200000次，试验后应符合表5-22操作力矩和表5-23自由位移的要求。

⑤ 抗破坏性能　按表5-24要求做抗破坏试验后，不应断裂，且在75mm 处永久变形量不应大于2mm。

表5-24　抗破坏性能

项目	指标	
	Ⅰ级	Ⅱ级
50mm处轴向力/N	600	1000

5.3　常用五金系统

5.3.1　内平开窗五金系统

内平开窗五金系统由合页（铰链）、传动机构用执手、传动锁闭器、撑挡等组成。

图5-13是两点锁内平开铝合金窗五金系统。

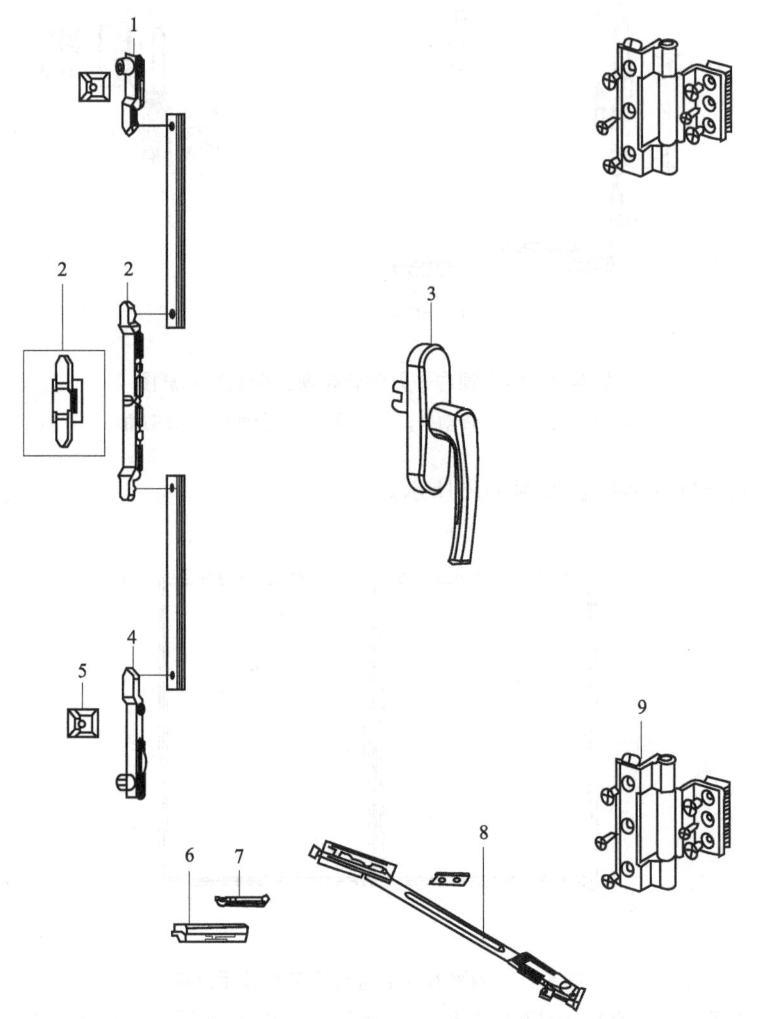

图5-13　两点锁内平开铝合金窗五金系统示意图

1—上销钉块；2—传动杆；3—执手；4—下销钉块；5—锁块；6—助升块；7—助升垫；8—撑挡；9—合页

图5-14是多点锁内平开铝合金窗五金系统。

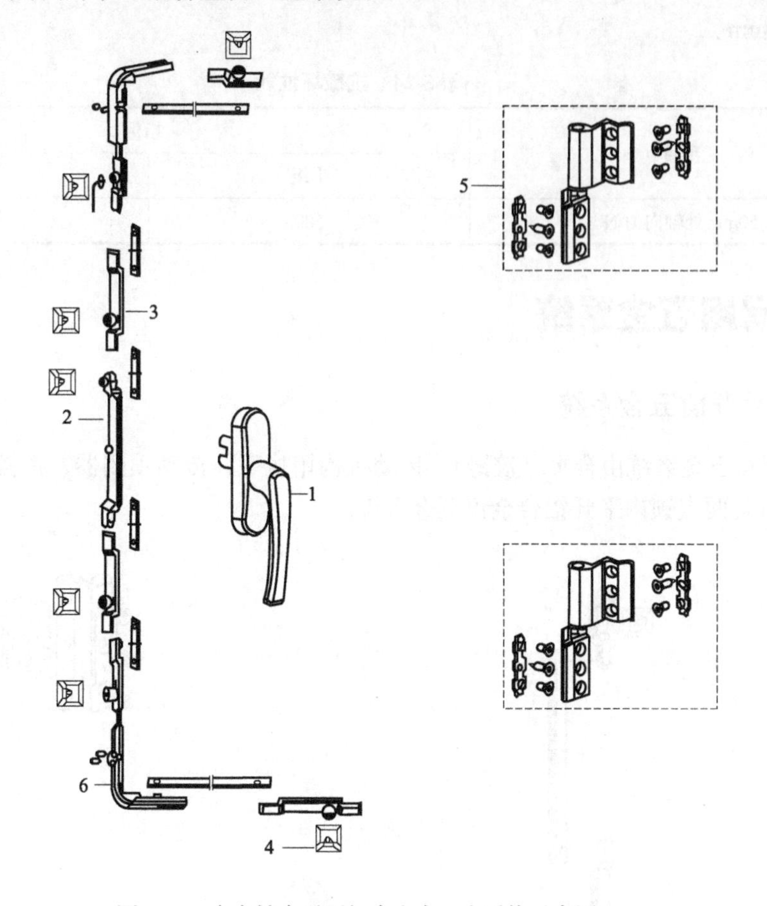

图5-14 多点锁内平开铝合金窗五金系统示意图

1—执手；2，3—传动杆；4—锁块；5—合页；6—转向角

内平开窗五金件安装位置如图5-15所示。

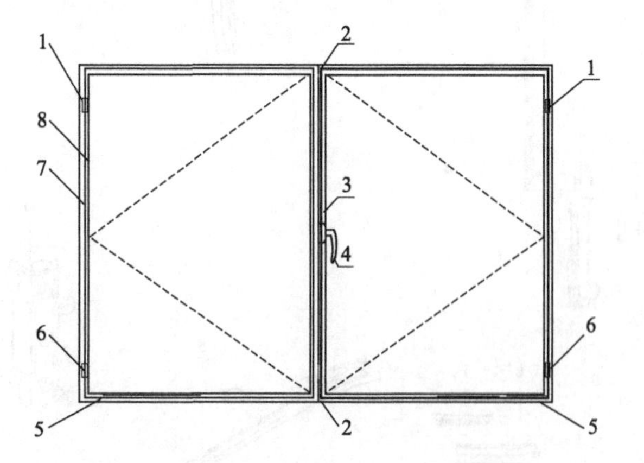

图5-15 内平开窗五金件安装位置示意图

1—上部合页（铰链）；2—插销（对开窗窗型使用）；3—传动锁闭器；4—传动机构用执手；5—撑挡；6—下部合页（铰链）；7—窗框；8—窗扇

5.3.2 外平开窗五金系统

外平开窗五金系统由滑撑、执手、传动锁闭器等组成。

图5-16是外平开铝合金窗五金系统。

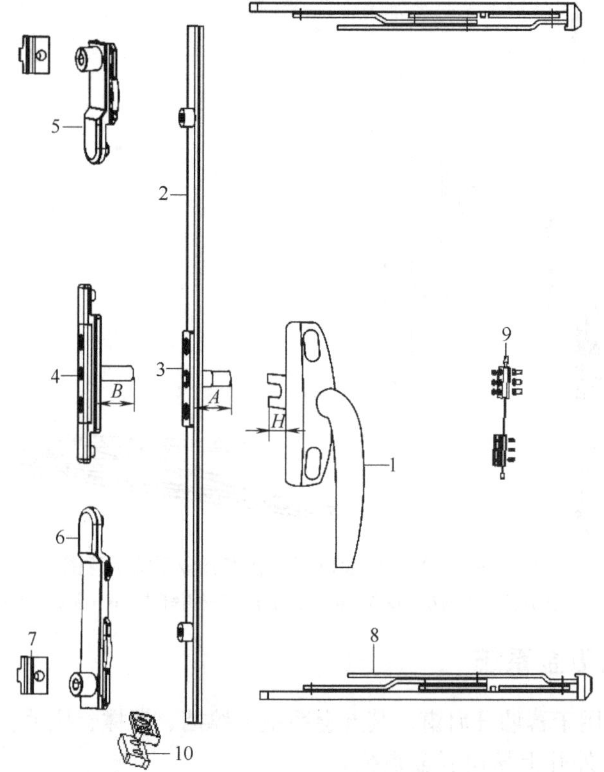

图5-16 外平开铝合金窗五金系统示意图

1—外开执手；2—传动杆；3—外开器；4—外开传动器；5—上销钉块；6—下销钉块；7—锁块；8—滑撑；9—安全装置；10—助升块

外平开窗五金件安装位置如图5-17所示。

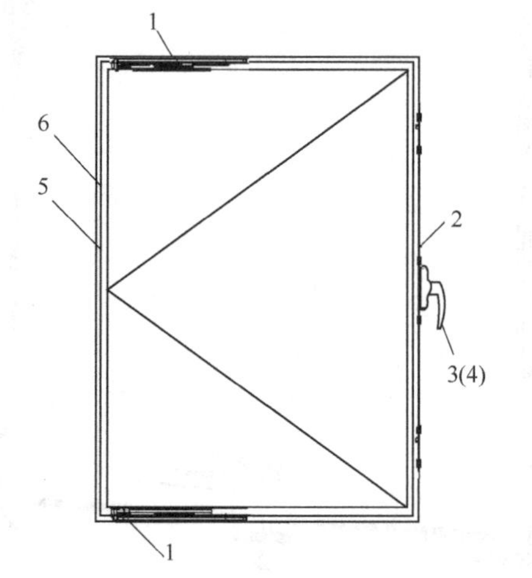

图5-17 外平开窗五金件安装位置示意图

1—滑撑；2—传动锁闭器插销；3（4）—传动机构用执手（旋压执手）；5—窗框；6—窗扇

外平开微通风窗五金系统由滑撑、执手、传动杆、锁块、微通风组件等组成。图5-18外平开微通风铝合金窗五金系统。

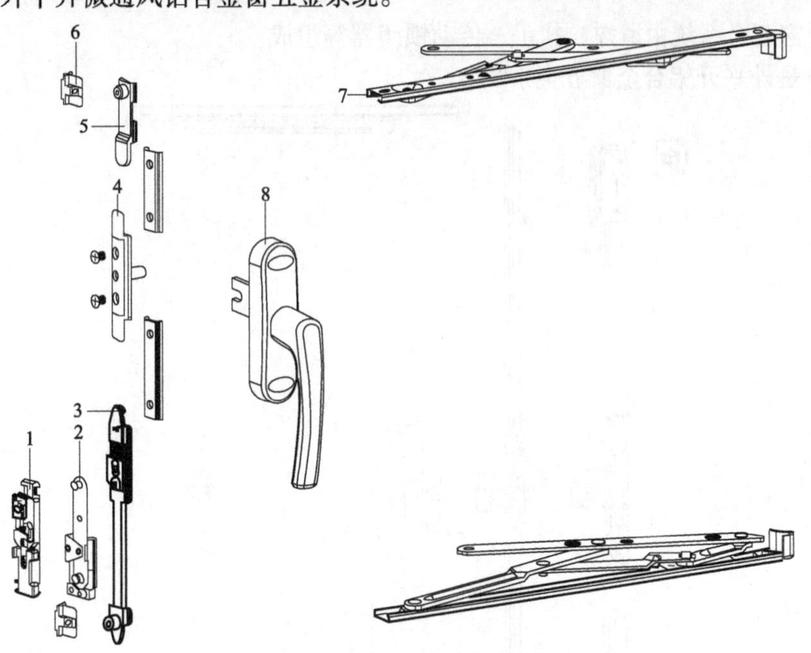

图5-18　外平开微通风铝合金窗五金系统示意图

1—框主体座；2—扇主体座；3—防风装置；4—传动杆；5—销钉块；6—锁块；7—滑撑；8—执手

5.3.3　外开上悬窗五金系统

外开上悬窗一般用于幕墙开启窗，其五金系统由撑挡、滑撑、执手、传动锁闭器等组成。图5-19为多点锁外开上悬窗五金系统。

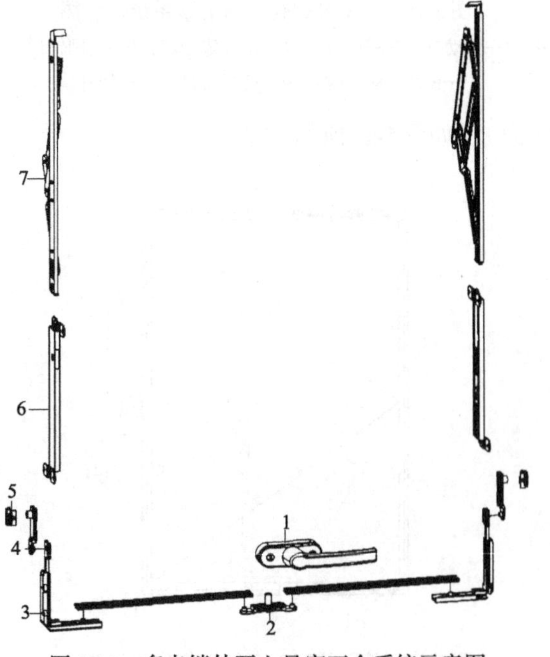

图5-19　多点锁外开上悬窗五金系统示意图

1—传动机构用执手；2—传动锁闭器；3—转向角；4—销钉块；5—锁块；6—伸缩臂；7—滑撑

外开上悬五金件安装位置如图5-20所示。

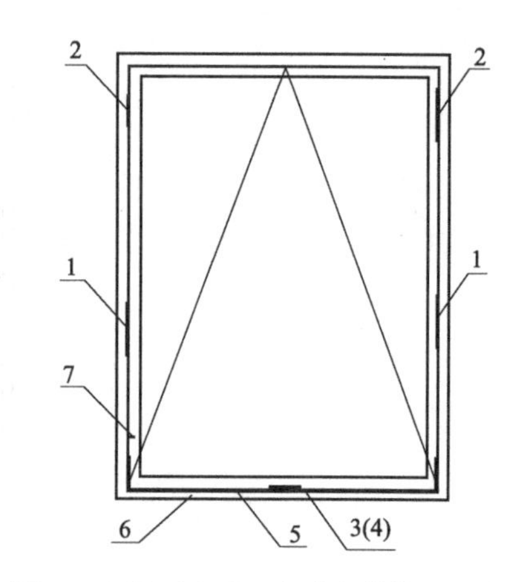

图5-20 外开上悬五金件安装位置示意图

1—撑挡；2—滑撑；3（4）—传动机构用执手（旋压执手）；5—传动锁闭器；6—窗框；7—窗扇

5.3.4 内平开下悬窗五金系统

内平开下悬窗五金系统包括上下合页（铰链）、摩擦式撑挡、传动机构用执手、传动锁闭器、防误操作器、转向角、斜拉杆等。

防误操作器起安全保护作用，可防止窗扇在内平开状态时，直接进行下悬操作，或窗扇在下悬状态时，直接进行内平开的误操作，防止窗扇处于失控的位置；传动杆将执手的力传递给转向角；转向角把来自执手的传动力转向传至窗顶端及合页侧的锁闭部件；通过可调锁点，可根据需要微量调节窗关闭后的锁紧度；斜拉杆连接窗上部合页及窗扇，决定下悬开启时，窗扇上部的开启距离；旋转支承与旋转承座及下合页为下悬开启时的支撑装置。

图5-21为内平开下悬铝合金窗五金系统。

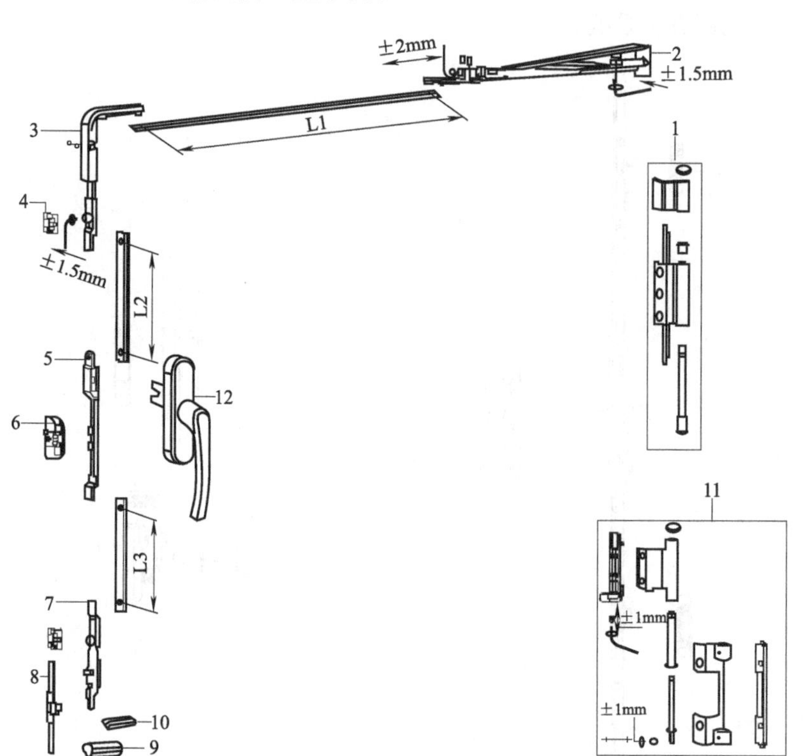

图5-21 内平开下悬铝合金窗五金系统示意图

1—上部合页；2—下悬部件（斜拉杆）；3—转向角；4—锁块；5—传动杆；6—防误操作器；7—旋转支承；8—防脱器；9—旋转承座；10—助升块；11—下部合页；12—执手

内平开下悬五金件安装位置如图5-22所示。

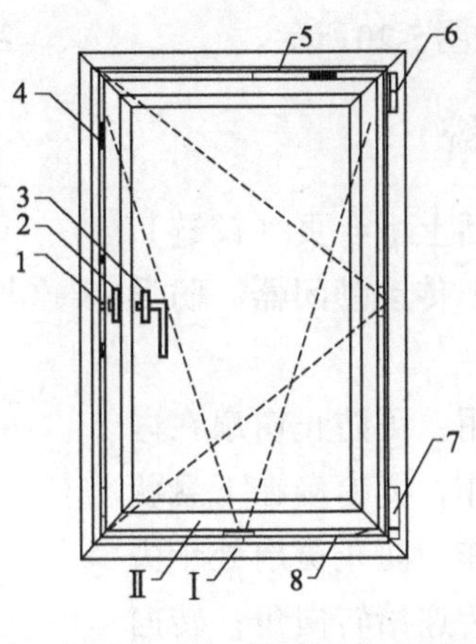

图5-22 内平开下悬五金件安装位置示意图

1—传动杆；2—防误操作器；3—执手；4—锁块、锁点；5—斜拉杆；6—上部合页（铰链）；
7—下部合页（铰链）；8—摩擦式撑挡；Ⅰ—窗框；Ⅱ—窗扇

5.3.5 推拉窗五金系统

推拉窗五金系统包括滑轮、单点锁闭器（或多点锁闭器）、传动机构用执手等。图5-23为推拉窗五金系统。

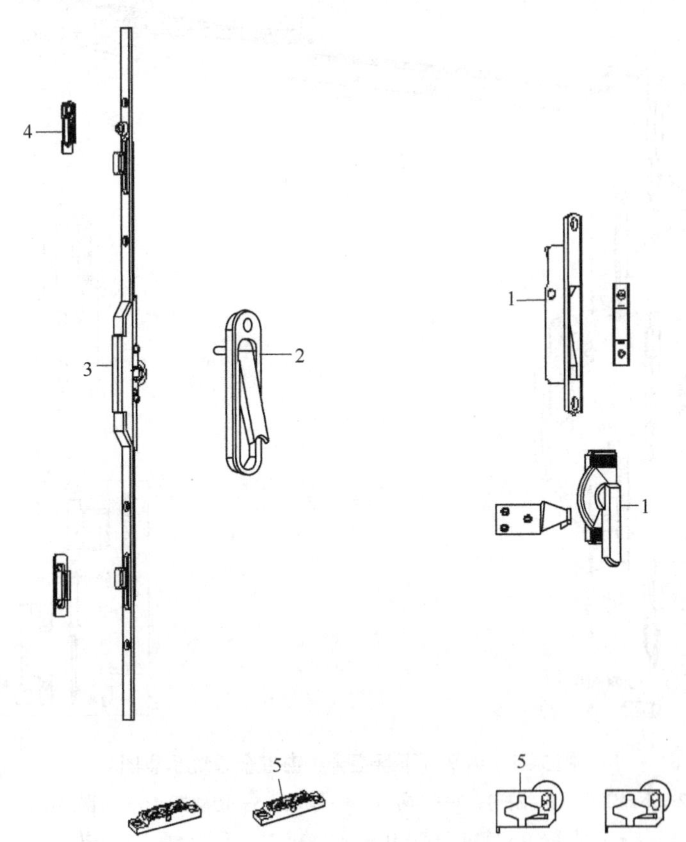

图5-23 推拉窗五金系统示意图

1—单点锁闭器；2—执手；3—传动锁；4—锁块；5—滑轮

推拉窗五金件安装位置如图5-24所示。

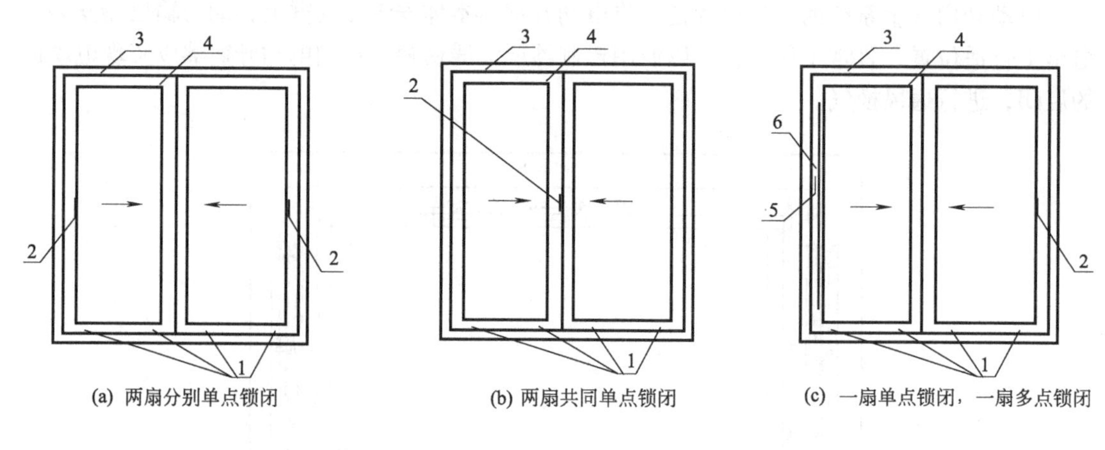

(a) 两扇分别单点锁闭　(b) 两扇共同单点锁闭　(c) 一扇单点锁闭，一扇多点锁闭

图5-24　推拉窗五金件安装位置示意图

1—滑轮；2—单点锁闭器；3—窗框；4—窗扇；5—传动机构用执手；6—多点锁闭器

5.3.6　平推窗五金系统

平推窗五金系统包括平推窗铰链、多点锁闭器、传动机构用执手等。在通常情况下，平推窗采用电动开启方式，平推窗五金系统与电动开窗器配合使用。

图5-25为平推窗开启状态。图5-26为平推窗五金系统。图5-27为平推窗五金件安装位置。

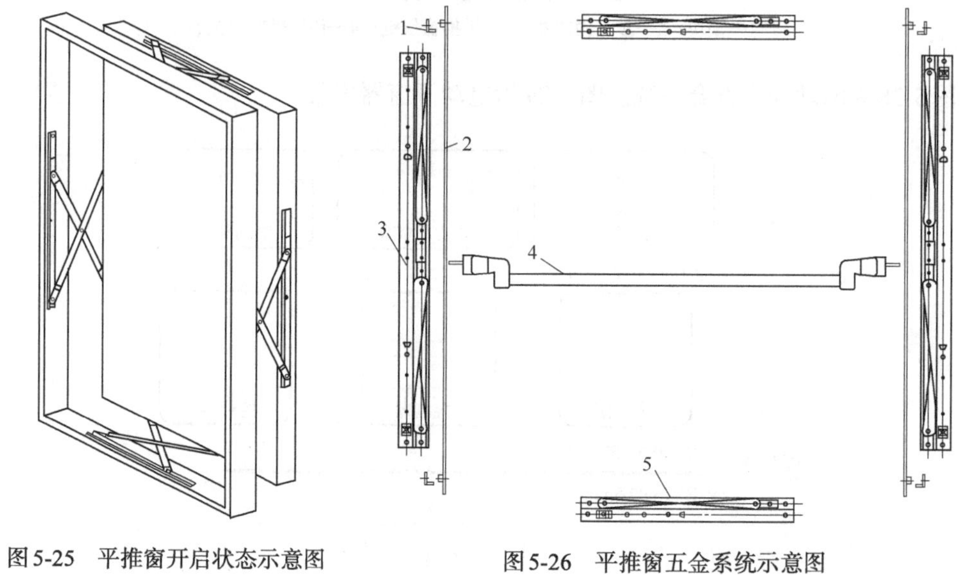

图5-25　平推窗开启状态示意图

图5-26　平推窗五金系统示意图

1—锁块；2—多点锁闭器；3，5—平推窗铰链；4—操作执手

5.3.7　电动开启五金系统

电动开启五金系统由电动开窗器、控制器、无线遥控器等组成。其中电动开窗器分为单

链式电动开窗器、双链式电动开窗器、推轴式电动开窗器等类型。

电动开启五金系统的工作原理是：将电动开窗器本体安装在窗框上，动力输出端安装在窗扇上合适位置，日常工作时，可以使用控制器或无线遥控器控制电动开窗器以实现电动窗的启闭，进行通风换气。

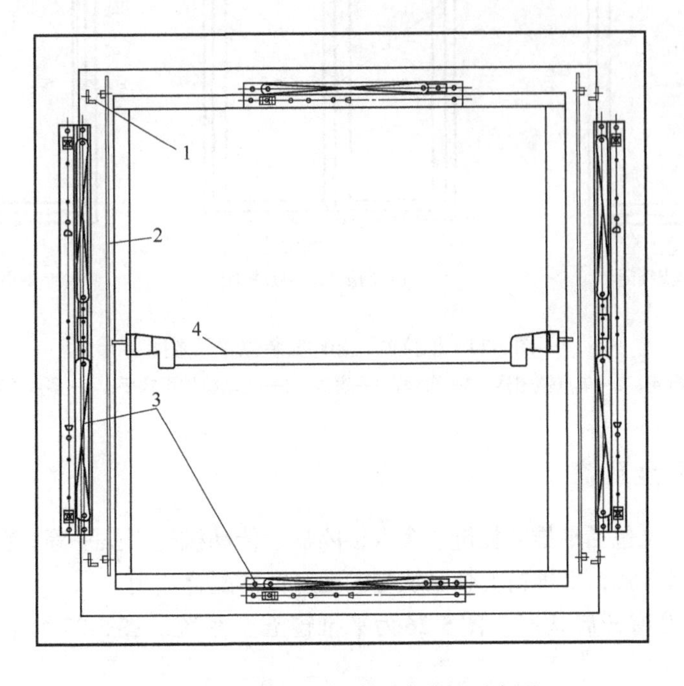

图5-27 平推窗五金件安装位置示意图

1—锁块；2—多点锁闭器；3—平推窗铰链；4—传动机构用执手

图5-28为电动开启五金系统。图5-29为电动开窗器安装。

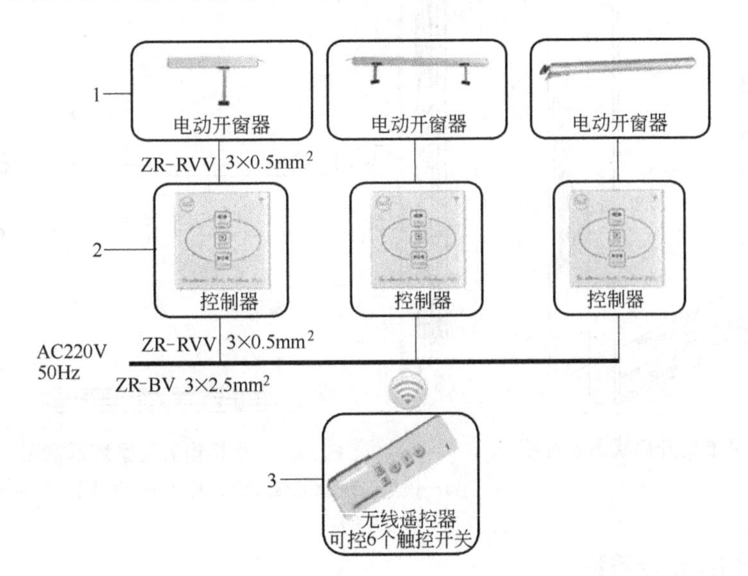

图5-28 电动开启五金系统示意图

1—电动开窗器；2—控制器；3—无线遥控器

图5-29 电动开窗器安装示意图

5.3.8 平开门五金系统

常用平开门五金系统包括合页（铰链）、传动锁闭器、传动机构用执手、插销等。图5-30为典型平开门五金系统。

平开门五金件安装位置如图5-31所示。

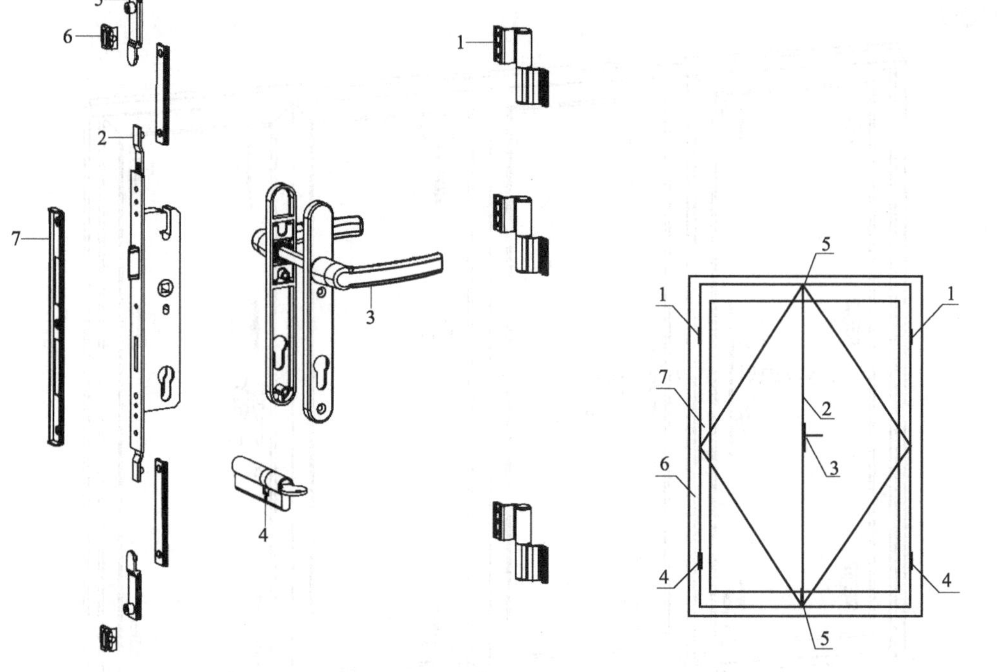

图5-30 典型平开门五金系统示意图

1—合页；2—锁体；3—门双面执手；4—锁头；5—销钉块；6—锁块；7—锁扣板

图5-31 平开门五金件安装位置示意图

1—上部合页（铰链）；2—传动锁闭器；3—传动机构用执手；4—下部合页（铰链）；5—插销；6—门框；7—门扇

5.3.9 推拉门五金系统

推拉门五金系统包括滑轮、多点锁闭器、传动机构用执手等。图5-32为典型推拉门五金系统。

推拉门五金件安装位置如图5-33所示。

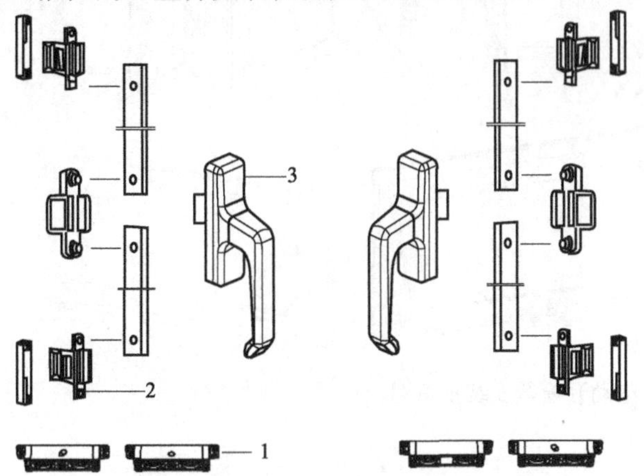

图5-32 典型推拉门五金系统示意图

1—滑轮；2—多点锁闭器；3—传动机构用执手

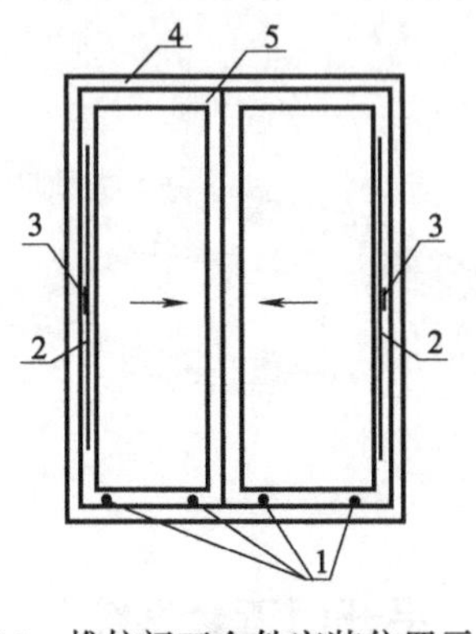

图5-33 推拉门五金件安装位置示意图

1—滑轮；2—多点锁闭器；3—传动机构用执手；4—门框；5—门扇

5.3.10 推拉折叠门五金系统

推拉折叠门五金系统包括滑轮、合页（铰链）、门锁、执手等。图5-34为典型推拉折叠门五金系统。

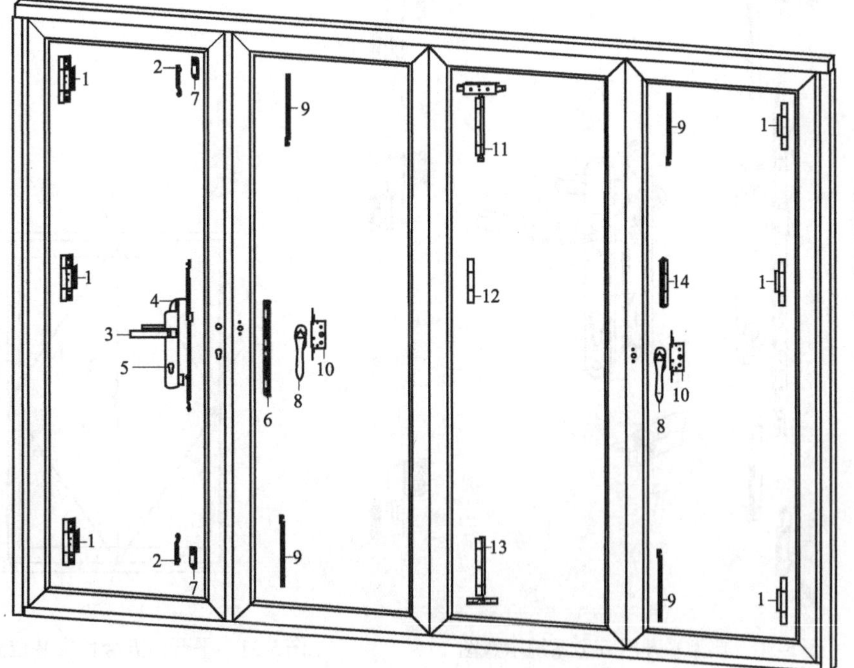

图5-34 典型推拉折叠门五金系统示意图

1—合页；2—销钉块；3—门双面执手；4—门锁；5—锁头；6—锁扣板；7—锁块；8—隐形执手；9—插销；10—传动锁盒；11—上滑轮；12—中间合页；13—下滑轮；14—带拉手合页

5.3.11 提升推拉门五金系统

建筑门用提升推拉五金系统是由提升机构、锁闭部件等组成的，可以使门具有升降、推拉、锁闭等功能的五金系统。提升机构是由执手、多点锁闭器、连接部件等组成的，可实现升降功能的组合；锁闭部件是分别安装在框、扇上，当发生相互作用后能起到阻止扇向开启方向运动的零件。

《建筑门用提升推拉五金系统》（JG/T 308—2011）对建筑门用提升推拉五金系统的术语和定义、代号和标记、要求、试验方法、检验规则及标志等进行了规定。

（1）材料要求　系统中主要受力构件所用材料的性能应符合相关标准的要求。

（2）外观　组成系统的各部件表面应平直、光滑，表层色泽均匀，不应有明显缺陷。

（3）耐腐蚀性、膜厚度及附着力　应符合GB/T 24601的规定。

（4）力学性能

① 操作力　单个活动扇质量不大于200kg时，系统初始操作力不应大于100N，单个活动扇质量大于200kg，供需双方商定。

② 反复启闭

a. 提升下降过程。提升下降反复循环25000次后，系统应工作正常，操作力应满足①中操作力的要求。

b. 推拉过程。滑轮组反复推拉25000个循环后，应满足JG/T 129—2017 中的4.3.3反复启闭的要求，即一套滑轮按实际承重质量做反复启闭试验，达到100000次后，轮体应能正常滚动。达到试验次数后，在承受1.5倍的承重质量时，启闭力不应大于100N。

c. 升降、推拉、锁闭过程。反复循环25000 次后，系统应能正常工作，操作力应满足①中的要求。

③ 抗破坏性能

a. 锁闭部件。锁闭部件不应少于3个，对每个锁闭部件分别施加100^{+5}_{0}N 的力，保持5min后，部件不应损坏，仍能保持正常使用功能。

b. 提升机构。提升机构承受1000^{+50}_{0}N力作用5min后，扇不应脱落，仍能保持正常使用功能。

c. 执手。执手承受300N力作用60s后，不应损坏。

④ 抗撞击性能　用系统标称最大承载质量的50%进行撞击，活动扇不应坠落。

图5-35为典型提升推拉门五金系统。

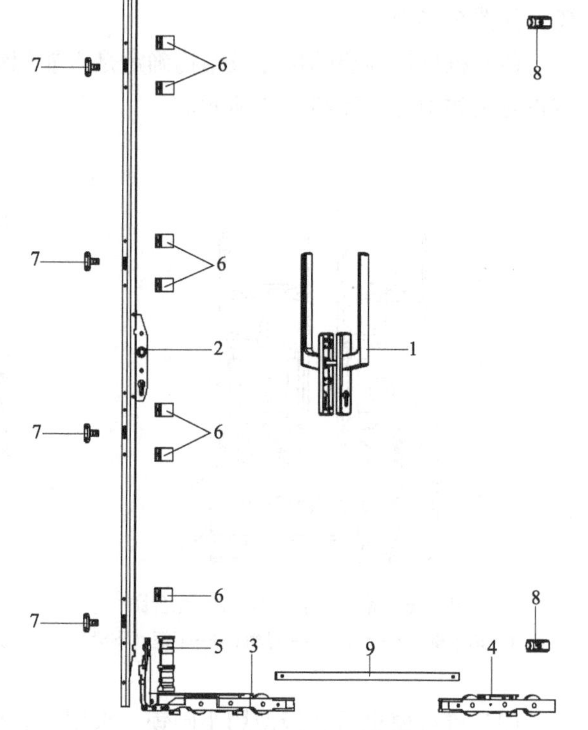

图5-35　典型提升推拉门五金系统示意图

1—执手；2—传动门锁部件；3—前滑轮部件；4—后滑轮部件；5—支撑块Ⅰ；6—支撑块Ⅱ；7—锁块；8—防撞座；9—连接杆

5.4 五金件选用

五金件的选用除了要满足门窗的抗风压性能、气密性能、水密性能等物理性能要求外，还要满足操作简便、单点控制、开启方式多样化的要求。在进行五金件选配时，型材槽口尺寸的合理设计与选择是关键，要综合考虑型材槽口与五金件的配合，使二者匹配良好。型材五金件槽口结构及尺寸参见本章5.5节。另外，需保证五金、型材、密封胶条在门窗扇启闭过程中不发生干涉。应考虑门窗制作、安装精度及使用过程中的门窗扇下垂等不利因素。

5.4.1 推拉窗五金件

推拉窗五金件分单点锁闭和多点锁闭两类五金系统配置，两类配置中都包括滑轮。滑轮作为整个窗扇的承重部件，应慎重选择。在选配滑轮时，根据推拉窗扇重量的不同，可对应选择单滑轮或双滑轮。推拉扇能否滑动自如，不仅取决于滑轮系统的选配，而且与型材平直度、加工精度以及框安装精度也有很大关系。推拉窗锁闭部件可分别选择半圆锁、钩锁、推拉多点锁等，要根据设计要求及型材腔体尺寸合理选配。尤其要注意框、扇五金件的高度配合，否则易出现无法锁闭或锁闭不严的问题。

推拉窗五金件选配要点如下。

（1）根据扇下方的腔体尺寸、搭接量、下滑导轨的结构与尺寸、扇的重量等要素选配滑轮，如图5-36所示。

（2）根据框与扇的尺寸及结构确定是否能配钩锁，并选择适配的锁钩及锁扣，锁钩中心应正对锁扣中心，如图5-37所示。

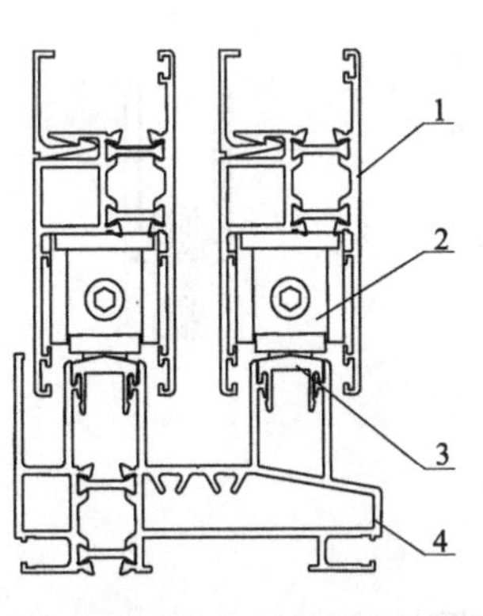

图5-36 铝合金推拉窗滑轮配合图

1—扇下梃；2—滑轮；3—导轨；4—下框（下滑）

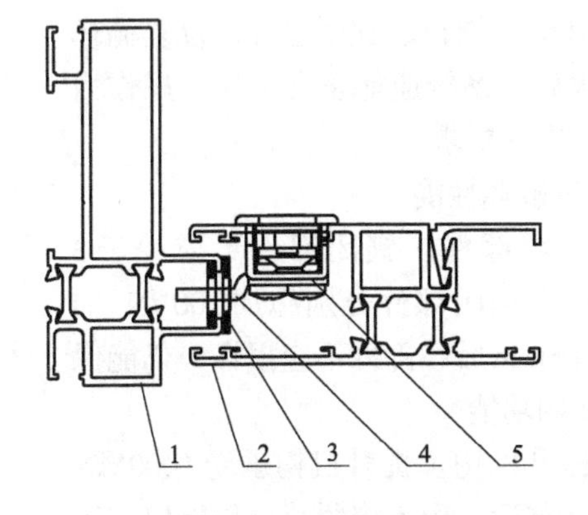

图5-37 铝合金推拉窗钩锁配合图

1—边框；2—扇光启；3—锁扣；4—锁钩；5—钩锁

（3）推拉窗也可选择使用半圆锁，根据扇结构与尺寸确定适配的半圆锁及锁钩，锁钩高度应与月牙高度配合选择，如图5-38所示。

（4）多点锁闭通常选配齿轮或连杆式驱动多点锁闭器、锁座、执手，多点锁闭器安装在扇内腔附加型材上，锁点高度应与锁座高度配合选择，如图5-39所示。

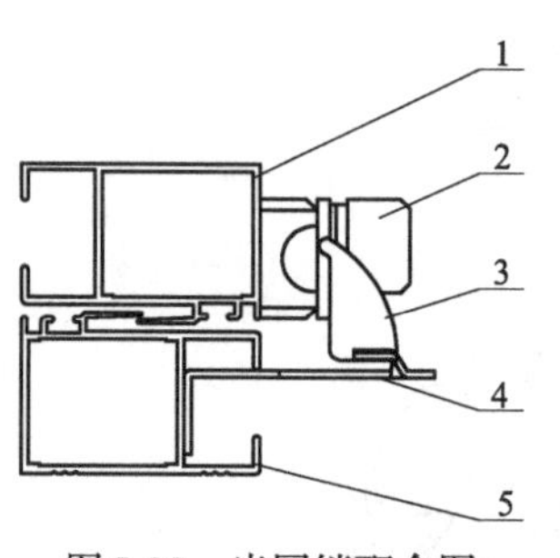

图5-38　半圆锁配合图

1，5—扇边梃；2—半圆锁；3—月牙；4—锁钩

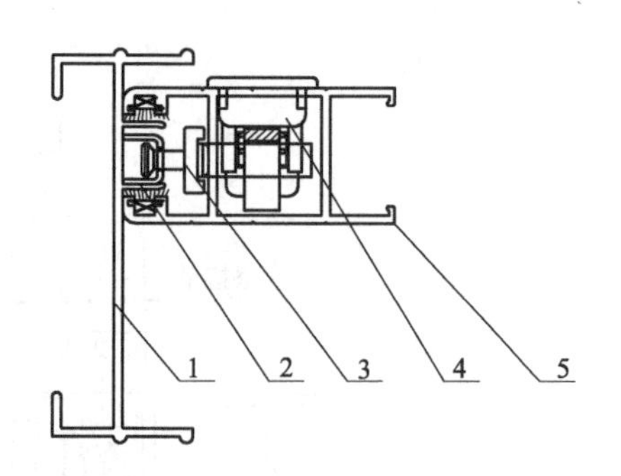

图5-39　铝合金窗多点锁闭五金件配合图

1—边框；2—锁块；3—传动锁闭器；4—执手；5—扇光启

5.4.2　内平开窗五金件

合页是内平开窗的基本五金件，由于合页的单向开启性质，合页总是安装在开启侧，即内平开窗合页安装在室内侧。窗扇越宽，对合页的要求越高，在选用合页时，不仅应根据窗扇重量选择相应承重级别的合页，还应综合考虑窗扇的具体尺寸、使用环境等因素；并且要注意合页的设计搭接量要根据门窗的设计搭接量进行合理选配。如果门窗设计搭接量与合页设计搭接量不匹配，会出现门窗扇执手侧无法密封或无法关闭的问题，例如门窗的设计搭接量是5.5mm，而选用了设计搭接量为7.5mm的合页，将会造成执手侧不能合理密封；反之，如果门窗的设计搭接量是7.5mm，而选用了设计搭接量为5.5mm的合页，则会造成执手侧无法关闭。合页选配不合理，则可能会造成中间胶条不搭接而密封失效，也可能会造成中间胶条与锁点或型材干涉而无法关闭。内平开铝合金窗五金件配合图如图5-40所示。

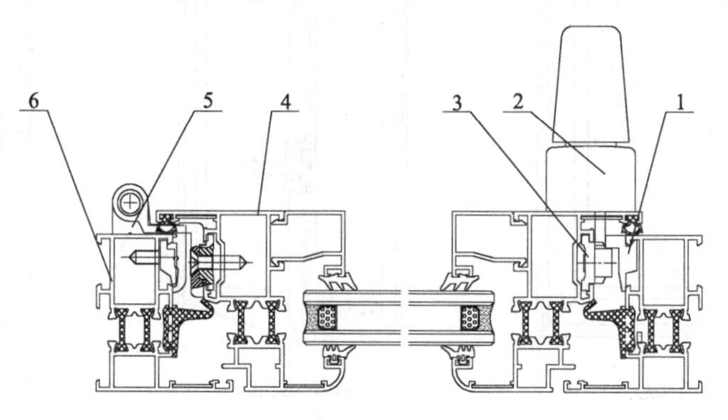

图5-40　内平开铝合金窗五金件配合图

1—锁块；2—执手；3—传动锁闭器；4—扇边梃；5—铰链；6—边框

传动锁闭部件有单向传动锁闭和双向传动锁闭两种，双向传动锁闭可有效减轻单向传动锁闭时扇下垂问题。另外，助升辅助部件也是必不可少的。内平开窗的其他五金件包括执手、传动锁闭器（上下销钉块）、锁块及撑挡等部件按型材的规格选用。

锁点和锁座之间的搭接对整窗的抗风压性能、气密性能、水密性能有着重大影响。选用平开窗五金件时，要首先保证锁块、锁点不与门窗扇、框干涉，在这个前提下，保证门窗框扇间隙。锁块、锁点的搭接量L在2.5~4mm比较合理。锁点与锁座之间搭接如图5-41所示。

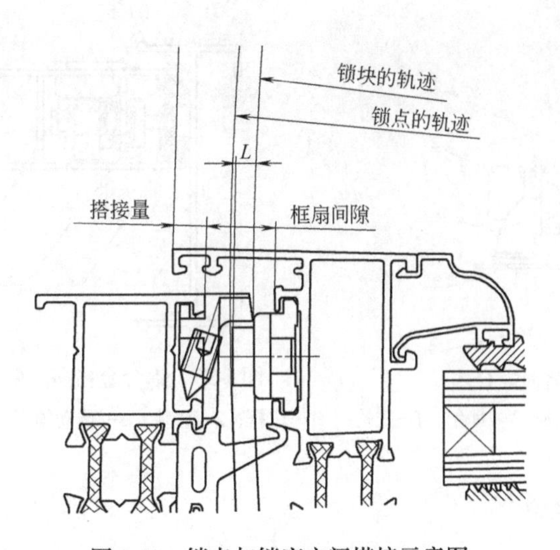

图5-41　锁点与锁座之间搭接示意图

5.4.3　内平开下悬窗五金件

内平开下悬窗从开启形式上看，既能下悬开，又可以内平开。当下悬开时，一般目的是换气（微通风）；内平开时，是一种全通风方式，可清楚地观察窗外景色，更容易清洗玻璃。顶部斜拉杆起着限位器的作用。当内平开时，顶部斜拉杆又起着连接上部合页的作用。下部合页既有平开合页功能，也有下悬转动轴功能，图5-42为内平开下悬窗的三种启闭状态。在选配时应注意型材的规格、窗扇尺寸和重量。

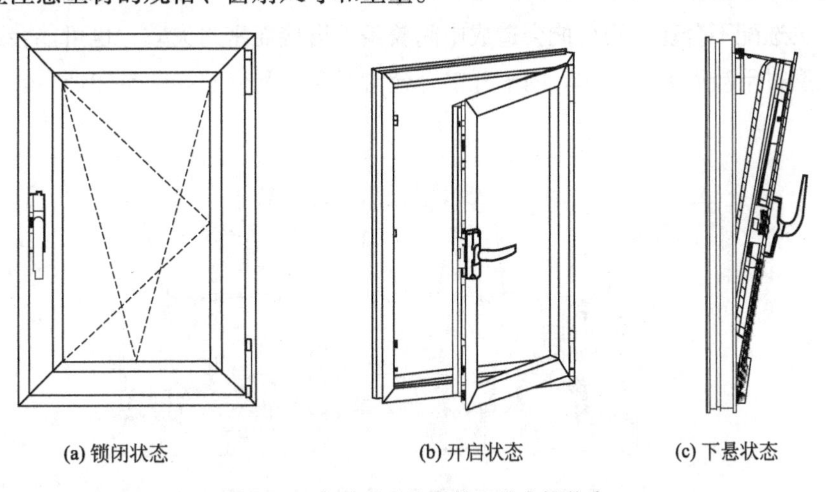

图5-42　内平开下悬窗的三种启闭状态

5.4.4　外平开窗及外开上悬窗五金件

外平开窗及外开上悬窗五金件应首选滑撑，滑撑是利用四边形边长不变的条件下面积可变的原理达到开窗目的。滑撑固定在窗扇和窗框的五金件空间内，当窗关闭时，完全隐藏在窗扇与窗框中，解决了合页外露的问题，无须切割胶条。

（1）滑撑选择的注意事项

① 选用滑撑时必须根据窗扇的重量、外形尺寸及五金件空间尺寸，选用足够强度的滑撑，并且保证滑撑与框、扇可靠连接。

滑撑的承重级别应大于等于窗扇的重量，窗扇的重量=(玻璃重量+窗扇型材重量)×安全系数1.3。

② 外平开窗用滑撑在使用过程中主要受剪力，而上悬窗用滑撑主要受轴向力，两种滑撑有本质上的区别，不能混用，也就是说，平开窗选用平开窗滑撑，上悬窗选用上悬窗滑撑。

③ 外平开窗开启角度较大，要求滑撑平动行程较长，一般滑撑长度要达到窗宽的1/2~2/3，而上悬窗一般1/2左右即可。

④ 滑撑安装时，要考虑滑撑与型材之间的连接力，连接力应不小于所选用的滑撑的承载级别。滑撑与框、扇之间应分别校核连接力。采用螺钉连接的连接力计算可按式（5-1）校核：

$$[F]=\frac{n\times\delta\times p\times\tau}{2\times\xi\times\gamma_w\times\sin\alpha}\geqslant F \tag{5-1}$$

式中 $[F]$——许用连接力；

F——滑撑的标称承载质量；

n——一对滑撑单边（用框连接边或与扇连接边）用连接点数量；

δ——型材壁厚；

p——连接用螺纹的螺距；

τ——型材抗剪强度；

ξ——多点受力不均匀系数，取1.35；

γ_w——风荷载分项系数，取1.5；

α——连接用螺纹的升角。

（2）外平开窗、外开上悬窗其他五金件选择注意事项

① 开启过程中执手与窗框不得发生干涉，如图5-43所示。

② 开启过程中窗扇内表面凸缘与锁块不得发生干涉。

③ 根据窗扇腔体尺寸及槽口的位置确定执手方销尺寸、拨叉长度、锁闭器中心距、销轴的长度，如图5-44所示。

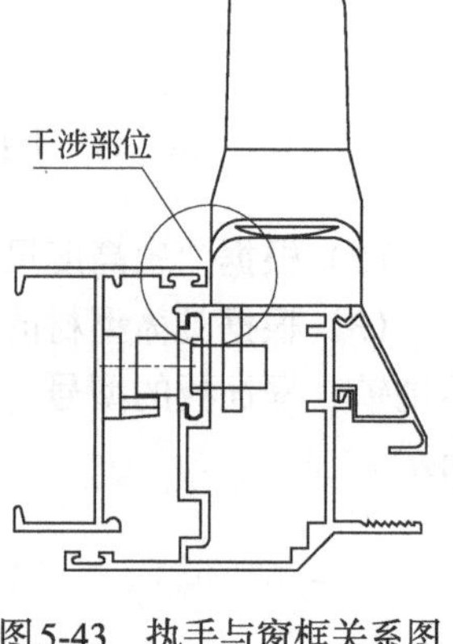

图5-43 执手与窗框关系图

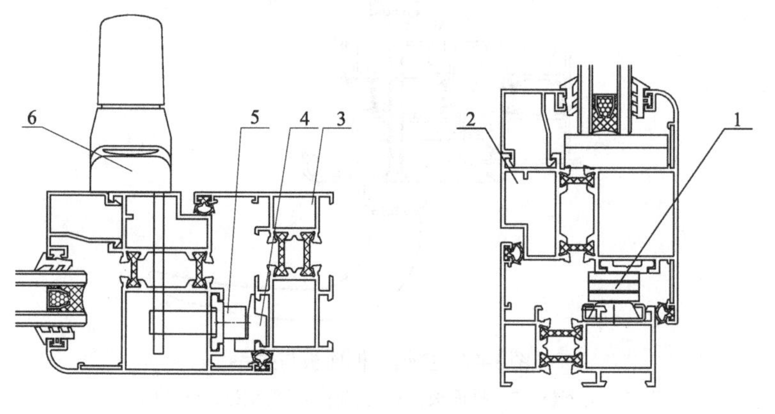

图5-44 欧标槽口外平开窗五金件

1—滑撑；2—扇型材；3—框型材；4—锁块；5—连杆驱动传动锁闭器；6—执手

④ 根据搭接量、型材五金件空间及结构尺寸，确定锁点的高度和锁块的型号，并根据型材和窗的分格尺寸合理配置外平开窗的锁点数量，如单边两点锁配置、两边或三边多点锁

配置。

⑤ 因滑撑自身结构限制，长久使用后窗扇会有轻微下垂。门窗设计时，中间密封条的设置需要慎重考量。

5.4.5 平开门五金件

平开门五金件选配注意事项如下。

（1）无论内平开门还是外平开门，首先选配合页，合页安装在开启侧，平开门的合页选配与内平开窗原则相同。门合页通常分为卡式合页和桥式合页两种形式，卡式合页应用于欧标槽口平开门，承重量较小，桥式合页应用于无槽口平开门，承重量较大，如图5-45和图5-46所示。

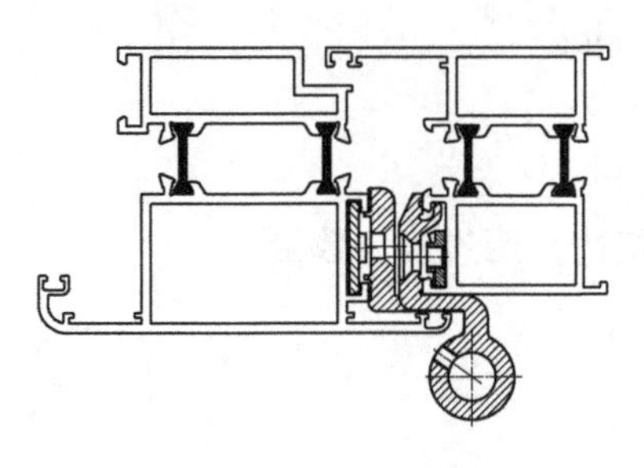

图5-45　卡式合页

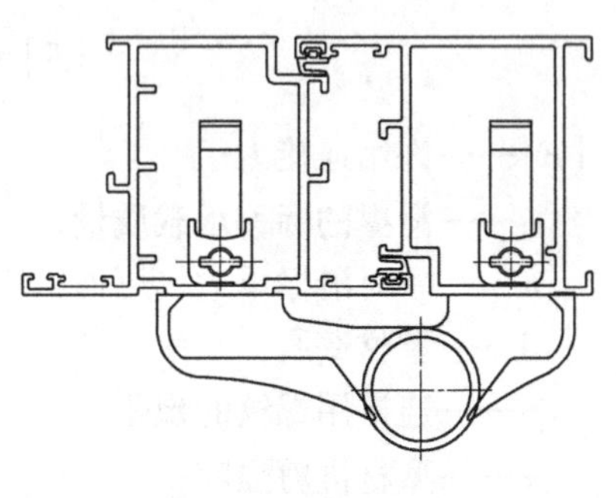

图5-46　桥式合页

（2）根据门扇高度尺寸确定需配置的锁点数量。

（3）根据具体型材的结构和扇料的腔体尺寸、扇料与框料的配合间隙、门的分格尺寸确定主锁、框面板的型号，同时根据确定后主锁的边心距确定能与其相配合的执手，如图5-47所示。

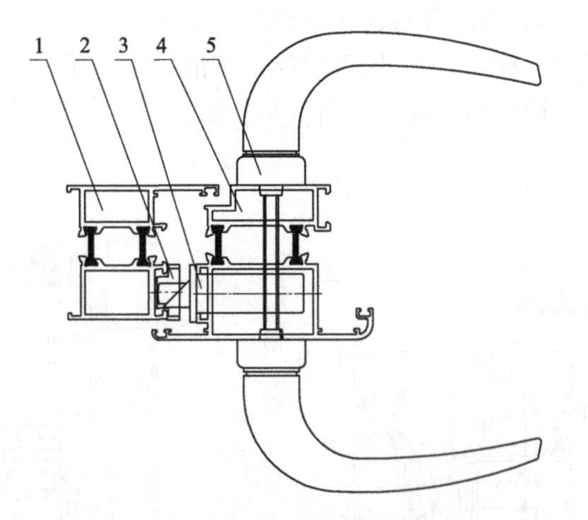

图5-47　主锁、框面板与执手

1—框型材；2—框面板；3—主锁；4—扇型材；5—执手

（4）根据平开门的开启方式、主锁的安装位置及扇料的宽度尺寸确定锁芯的型号，一般不同系列型材需选配不同的锁芯。

（5）根据扇料的结构和宽度尺寸及所选执手的型号确定执手固定螺钉的长度、合页固定螺钉的长度和方钢的长度。

门窗五金件中承重部件的选择设计除应满足承载质量要求外，还应满足适用的扇宽高比要求。平开窗五金件中合页的选择应根据窗扇的质量和窗扇尺寸选择相应承重级别和数量，当达到标定承载级别时，扇重不大于90kg时，扇的宽高比应不大于0.6；扇重大于90kg时，扇的宽高比应不大于0.39。

5.5 铝合金门窗型材五金件安装槽口

为了使铝合金门窗达到预先设计的功能要求，在铝合金门窗型材上专门设计有安装五金件、密封材料、辅助件和玻璃的安装槽口。目前，铝合金门窗型材五金件安装槽口有欧标C槽口、欧标U槽口和普通无槽口三种，欧标C槽口又有欧标20C槽口和欧标23C槽口之分。

5.5.1 欧标20C槽口

欧标20C槽口是铝合金门窗型材的主要槽口形式，其扇型材槽口宽度为15/20mm，框型材槽口宽度为14/18mm。20C槽口标准尺寸和名称如图5-48和表5-25所示。图5-49为欧标20C槽口窗框与窗扇的配合尺寸。

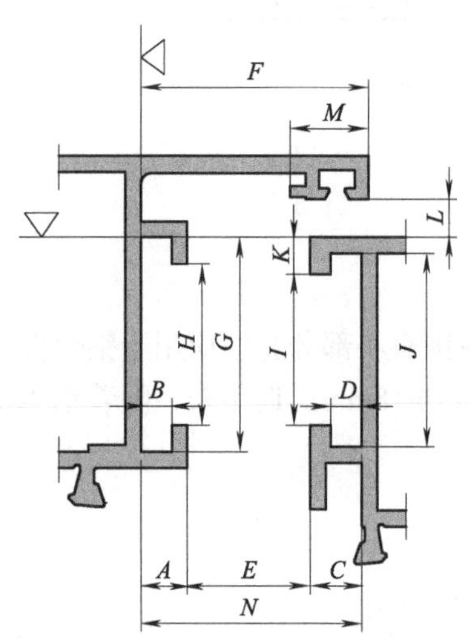

图5-48 欧标20C槽口标准尺寸

（△表示框扇配合基准线）

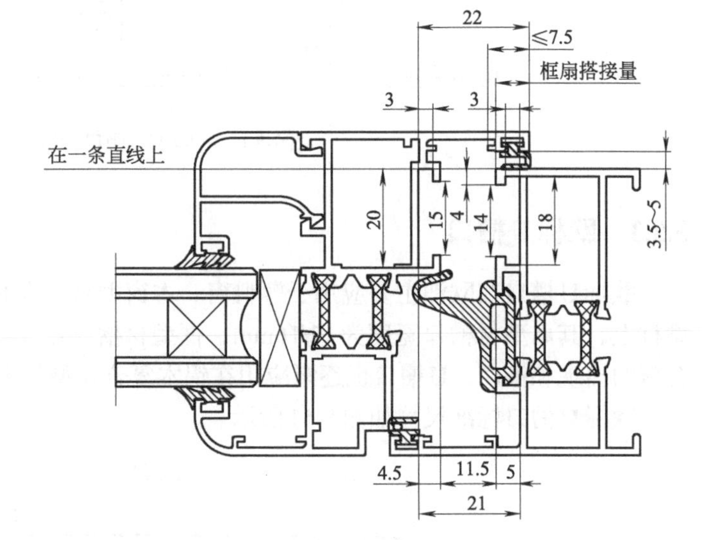

图5-49 欧标20C槽口窗框与窗扇的配合尺寸

（图中所有尺寸均为表面处理后的尺寸，单位为mm）

表5-25 欧标20C槽口标准尺寸和名称

代号	名称	尺寸/mm	代号	名称	尺寸/mm
A	扇槽高	4.5	H	扇槽口宽	15±0.2
B	扇槽深	3	I	框槽口宽	14±0.2
C	框槽高	5	J	框槽底宽	$18^{+0.3}_{-0.1}$
D	框槽深	3	K	框槽口边距	4
E	框扇槽口间距	11.5	L	合页安装间距	3.5~5
F	扇边高度控制尺寸	22	M	执手安装构造尺寸	≤7.5
G	扇槽底宽	$20^{+0.3}_{-0.1}$	N	框扇槽底间距	21

对于欧标20C槽口，型材设计时，在保证15/20mm的扇槽口和14/18mm的框槽口尺寸的同时，还要保证框扇槽口间距尺寸E(11.5mm)，以及框边缘与扇槽底边缘在一条直线上。在保证上述尺寸及搭配关系下，保证合页通道尺寸（3.5~5mm）和框扇搭接量。

5.5.2 欧标23C槽口

欧标23C槽口又称阿鲁克（ALUK）槽口，是阿鲁克公司门窗系统的专用槽口，其框扇型材槽口宽度均为16/23mm，这种槽口市场应用不很广泛。

欧标23C槽口标准尺寸如图5-50所示，名称同20C槽口。

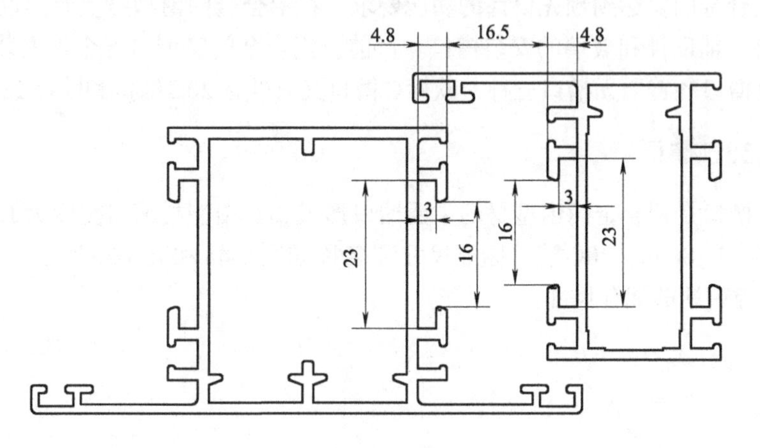

图5-50 欧标23C槽口标准尺寸

5.5.3 欧标U槽口

欧标U槽口在欧洲主要应用于塑料窗、木窗型材，在我国有小部分企业应用于铝合金窗型材上，其扇型材槽口宽度为12/16mm，框型材槽口宽度为14/18mm。近年来，随着铝木复合窗的出现和推广，U槽口也逐渐应用在铝木复合窗型材上。

欧标U槽口标准尺寸如图5-51所示。

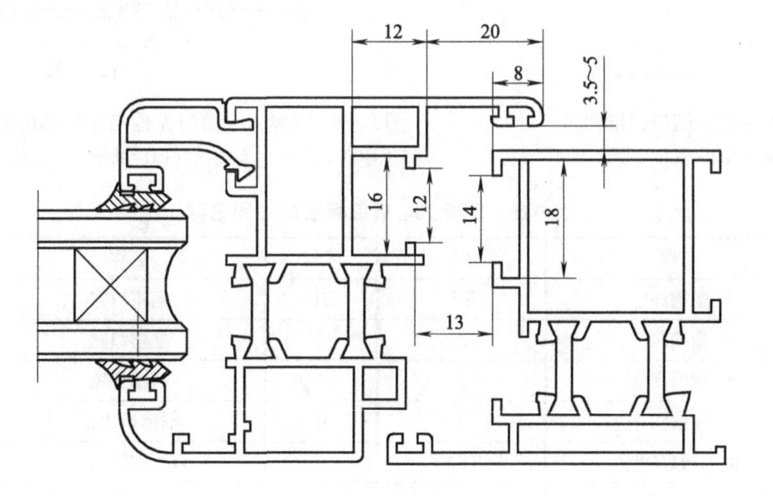

图5-51 欧标U槽口标准尺寸

5.5.4 普通无槽口

普通无槽口顾名思义就是在铝合金型材上没有设计用于安装五金件的槽口，早期国内的普通铝合金型材大多采用这种形式。随着国家节能环保政策的实施和铝合金窗物理性能要求的提高，普通无槽口铝合金窗型材已不能满足要求，必将退出铝合金窗市场。

普通无槽口铝合金窗框扇型材构造如图5-52所示。

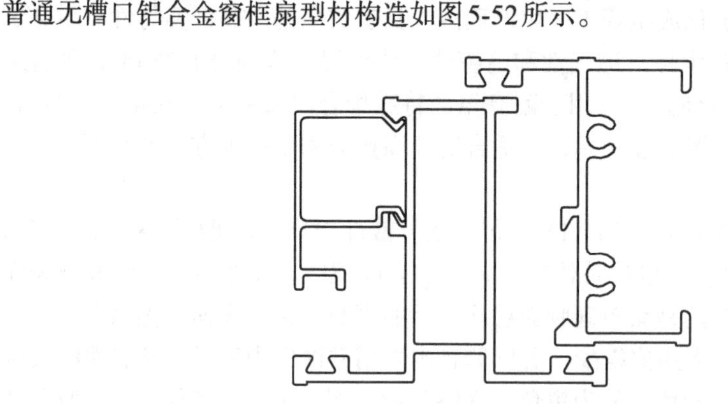

图5-52 普通无槽口铝合金窗框扇型材构造

5.6 密封材料

铝合金门窗常用的密封材料有密封胶条、密封毛条、密封胶等。

5.6.1 密封胶条

目前，适于制作建筑门窗密封胶条的材料主要有三大类：橡胶类、树脂类和热塑性弹性体类（TPE）。其中主要以橡胶类为主，常用的有三元乙丙橡胶（EPDM）、氯丁橡胶（CR）、丁腈橡胶（NBR）、硅橡胶（SiR）等。

密封胶条应为挤出成型，橡胶块应为压模成型。

（1）三元乙丙橡胶（EPDM） 是乙烯、丙烯和少量第三单体的共聚物，以三元乙丙橡胶为主要材料，添加炭黑、填充剂、橡胶油、活性剂、促进剂、交联剂等原料经过混炼、挤出、高温硫化成型等工序生产而成。具有突出的抗阳光紫外线性、耐候性、耐热老化性、耐高低温性、耐臭氧性、耐化学介质性、耐水性，良好的电绝缘性和弹性，以及其他物理机械性能，综合性能优异。使用温度范围-60~150℃，可满足高温、严寒、沿海、高原等多种地域的建筑门窗密封使用，同时也适合用于要求压缩永久变形性能好的场合。因其良好的性能，世界上85%的汽车密封胶条采用EPDM，也是目前建筑密封条的最佳选择。产品颜色常见黑色。

（2）氯丁橡胶（CR） 以氯丁橡胶为主要材料，添加炭黑、填充剂、橡胶油、活性剂、促进剂、交联剂等原料经过混炼、挤出、高温硫化成型等工序生产而成。具有良好的力学性能，压缩永久变形性能较好，耐磨性优异，有优良的耐候性、耐臭氧性、耐热老化性及耐化学药品腐蚀性，由于含氯具有阻燃性，但通常在燃烧的状态下会释放出氯气，有令人发生呼吸困难的可能。使用温度范围-30~120℃。缺点是不耐寒，低温时易结晶硬化，储存稳定性差，储存过程中会发生增硬现象，加工不易控制，在目前的建筑门窗密封领域应用有被淘汰的趋势。一般用于制作黑色制品。

（3）丁腈橡胶（NBR） 主要特点是耐油、耐溶剂，但不耐酮、酯和氯化烃等介质。压缩永久变形性能好，弹性和力学性能都很好。缺点是在臭氧和氧中易老化龟裂，耐寒性较差。使用温度范围-30~120℃。

（4）硅橡胶（SiR） 以硅橡胶为主要材料，添加白炭黑、软化油、填充剂、交联剂等原料经过混炼、挤出、高温硫化成型等工序生产而成。具有突出的耐高低温特性、耐臭氧及耐天候老化性能，有良好的疏水性、透气性和绝缘性。使用温度范围-60~250℃，可适用于高温、寒冷、紫外线照射强烈地区，可用于耐高温的特殊场合门窗密封。缺点是拉伸强度低，压缩永久变形性能差，缺口撕裂性能差，不适合需要高撕裂强度的地方。产品颜色丰富，外观、手感非常好。

可以在密封胶条表面涂布聚氨酯（PU，包括水分散性PU）、有机硅、Xylan或聚四氟乙烯（Teflon）等表面涂层材料，以代替传统工艺上的表面植绒。涂布后的密封胶条表面具有良好的耐磨性、光滑性，尤其是涂布硅胶面层涂料后的密封胶条，表面摩擦系数小，有利于门窗扇或玻璃的滑动。德国多用聚氨酯，美国和日本多用硅油作为密封胶条表面涂层材料。

铝合金门窗用密封胶条颜色一般为黑色，在特殊情况下，可使用其他颜色。胶条硬度可根据需要选择，使用寿命可达15~20年。

铝合金门窗用密封胶条有三种常用形式：一种是玻璃用密封胶条，有U型密封胶条、K型密封胶条，为使其与玻璃贴紧，增加接触面积，防止雨水流入，这种密封胶条常设计成锯齿状；另一种是窗框与窗扇间密封用密封胶条，通常为空心密封胶条，常用O型密封胶条；第三种是隔热铝合金门窗中间密封用密封胶条，胶条结构根据型材结构不同有多种形式。铝合金门窗用密封胶条如图5-53所示。

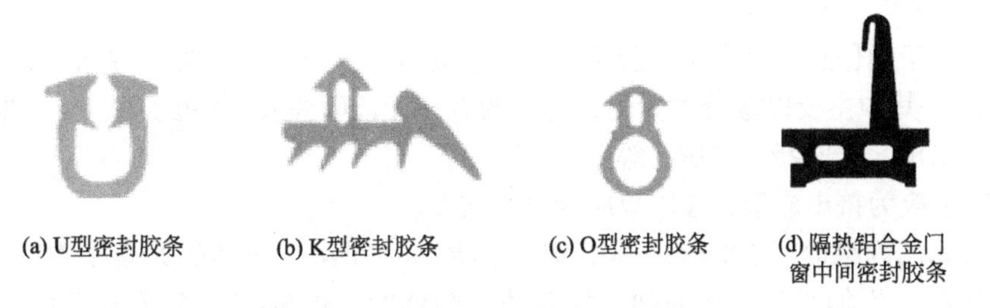

图5-53 铝合金门窗用密封胶条示意图

铝合金门窗用密封胶条应符合《建筑门窗用密封胶条》（JG/T 187）和《建筑门窗、幕墙用密封胶条》（GB/T 24498）的规定。

胶条表面应光滑、无裂纹、无起泡或凹凸穿孔等缺陷。用手按压胶条，当手放松时，胶条能迅速恢复原状，弹力丰富、不粘手、手感好。截面形状符合设计要求。取一段胶条穿于铝型材相应的槽内，用手向不同的方向扯动，胶条应只在槽内滑动，而不脱出槽外。

在实际使用中，铝合金门窗胶条主要存在以下问题。

① 密封胶条使用不久，变硬变脆，失去了弹性和密封功能。

② 密封胶条安装后，短时间内收缩脱落，导致返工。

③ 受太阳光照射或受热后，密封胶条发黏，附着在窗体和玻璃上，有时还会出现“渗油”现象，污染门窗，影响了门窗的密封功能和美观。

④ 因结构原因造成密封胶条的“虚假”安装或根本没有密封功能，还可能会出现与五

金件、型材干涉的问题。

选用性能优异的密封材料以及合理的设计结构是解决上述问题的关键。

密封胶条的性能决定了产品的使用寿命，密封胶条的常规性能有热老化硬度、拉伸强度和拉伸伸长率、压缩永久变形、耐候性、耐污染性等。我国地域辽阔，南北维度跨度大，气候差异大，为保证密封胶条的密封有效性，铝合金门窗用密封胶条的选用不仅要根据门窗的使用类型、当地气候特点，注意密封材料的耐久性和耐候性，还要根据门窗使用范围和性能要求，选择胶条的硬度、几何形状、压缩范围等。

5.6.2 密封毛条

推拉窗框扇间密封通常采用毛条密封。铝合金门窗常用的密封毛条的类型有平板型、平板夹片型和X型。

密封毛条用绒线须采用丙纶异形长丝，且经过紫外线稳定性处理和硅化处理，具有强度高、抗老化、耐酸碱、油剂低、分散好等特点。

密封毛条的绒毛应均匀致密，毛簇挺直，切割平整，不得有缺毛及凹凸不齐现象；底板表面应光滑平直，不得有裂纹、气泡、粘合不牢固等缺陷；拼接处绒毛应均匀致密、毛簇挺直，底板表面应光滑平直，最短段不得短于2m，每50m密封毛条允许4段拼接。

夹片毛条是目前使用的一种较理想的密封毛条，它是在毛条中间加了一层聚乙烯膜或硅化无纺布，用来隔绝毛条缝隙间的空气流通，其密封性能远高于一般毛条。不同的密封毛条性能差距较大，使用时应根据门窗性能要求合理进行选择，并把好原材料进厂质量检验关，保证所用毛条符合标准规范和设计要求。

铝合金门窗用密封毛条应符合《建筑门窗密封毛条》(JC/T 635）的规定。门窗应选用经过硅化处理过的防水型毛条，以防止毛束吸水后倒伏，失去密封作用，毛条的毛束应整齐、致密、牢固，较长时间的施压后仍能恢复正常状态。

5.6.3 密封胶

铝合金门窗用密封胶主要有玻璃镶嵌用密封胶、中空玻璃用密封胶、门窗框与洞口接缝处用密封胶等。

铝合金门窗及玻璃镶嵌用弹性密封胶主要成分有硅酮、改性硅酮、聚硫、聚氨酯、丙烯酸酯、丁基橡胶、丁苯橡胶、氯丁橡胶等高分子材料。按照基础聚合物的不同将建筑门窗用弹性密封胶划分成不同的系列，如表5-26所示。

表5-26 建筑门窗用弹性密封胶产品系列

系列代号	密封胶基础聚合物
SR	硅酮聚合物
MS	改性硅酮聚合物
PS	聚硫橡胶
PU	聚氨基甲酸酯
AC	丙烯酸酯聚合物
BU	丁基橡胶
CR	氯丁橡胶
SB	丁苯橡胶

注：以其他聚合物为基础的密封胶，标记取聚合物通用代号。

（1）玻璃镶嵌用密封胶　铝合金门窗玻璃密封形式有干法和湿法两种，干法镶嵌采用密封胶条密封，湿法镶嵌主要采用单组分室温固化弹性密封胶嵌填密封。目前，使用最多的是硅酮类密封胶、聚氨酯密封胶、聚硫密封胶。

玻璃与窗框之间的密封胶应符合《建筑窗用弹性密封胶》（JC/T 485）的规定。

（2）中空玻璃用密封胶　中空玻璃用密封胶可分为热塑性和热固性两大类。热塑性中空玻璃密封胶有热熔丁基胶、聚异丁烯胶（PIB）等。热固性中空玻璃密封胶有聚硫胶、聚氨酯胶和硅酮胶等。

中空玻璃的第一道密封胶通常都使用热熔丁基胶，它不透气、不透水，但没有强度。第二道密封胶根据情况可选用聚硫密封胶、聚氨酯密封胶和硅酮密封胶。聚硫密封胶在紫外线照射下容易老化，只能用于以镶嵌槽夹持法安装的中空玻璃。隐框门窗、隐框或半隐框幕墙、全玻璃幕墙、点支承幕墙用中空玻璃的二道密封必须采用硅酮结构密封胶。

对于结构性安装中空玻璃，因要求密封系统具有极高的粘接力和抗紫外线能力，必须使用聚异丁烯结构胶和硅酮结构胶双道密封。

中空玻璃用硅酮结构密封胶应符合《中空玻璃用硅酮结构密封胶》（GB 24266）的规定；中空玻璃用弹性密封胶应符合《中空玻璃用弹性密封胶》（GB/T 29755）和《建筑门窗幕墙用中空玻璃弹性密封胶》（JG/T 471）的规定；中空玻璃用丁基热熔密封胶应符合《中空玻璃用丁基热熔密封胶》（JC/T 914）的规定。

（3）门窗框与洞口接缝处用密封胶　门窗框与洞口外部接缝密封主要使用弹性密封胶，而内部接缝密封可用丙烯酸乳液为基础的丙烯酸酯密封胶。

窗框与洞口之间的密封胶应符合《硅酮和改性硅酮建筑密封胶》（GB/T 14683）和《丙烯酸酯建筑密封胶》（JC/T 484）的规定。

（4）密封胶选用　密封胶的相容性是指密封胶与其他材料的接触面互相不产生不良的物理化学反应的性能。密封胶的粘结性是指密封胶在给定基材上的粘结性能。

① 应选用与粘结材料相容性和粘结性好的密封胶产品。生产企业选用密封胶后，应进行相容性和粘结性试验，只有相容性和粘结性试验合格的密封胶才能使用。

② 玻璃镶嵌用密封胶需要承受长时间的太阳光紫外线辐射，所以应选用耐候性和抗老化性好且压缩永久变形性能好的密封胶产品。

③ 玻璃镶嵌用密封胶和建筑接缝用密封胶是两种不同用途的密封胶，不能随意替换使用。

④ 门窗框与洞口接缝处用密封胶选择时应考虑胶接材料的种类、性质、大小和硬度、形状结构和工艺条件、胶接部位承受的负荷和形式（拉力、剪切力、剥离力等）以及材料的特殊要求（如导电、导热、耐高温和耐低温）。

⑤ 硅酮结构密封胶在工程使用前，应经国家认可的检测机构进行材料相容性检测。检验不合格的产品不得使用。不得使用过期的硅酮结构密封胶产品。在结构胶的使用和施工过程中，应使用同一品牌、同一批号的产品，不同企业的结构胶，其产品配方和生产工艺都有所区别，不同的产品批号在质量上也是有差异的。因此，同一工程中不得混用结构胶、耐候胶产品。

⑥ 密封胶必须在有效期内使用。

6 铝合金门窗的建筑设计

门窗的设计包括建筑设计、产品设计和工程设计。

门窗的建筑设计包括窗型及外观设计、性能和功能设计等，其主要任务是确定门窗的立面线条、色调、构图，确定门窗与建筑整体及与周边环境的协调关系，对门窗的类型、性能、材料和制作提出设计意图和指标要求。通常由建筑设计单位根据建筑物的特点、建筑设计要求以及相关标准要求完成。

门窗的产品设计包括型材、五金件、玻璃、密封等组成门窗的各子系统的设计、选用和匹配，门窗的加工制作工艺、安装工艺，各项性能指标的设计计算等。通过产品设计使门窗具有特定的性能和功能，满足建筑设计要求。门窗的产品设计通常由门窗生产企业或专业门窗产品设计公司根据建筑设计要求完成。

门窗的工程设计主要是指根据实际工程对门窗产品进行的二次深化设计、生产组织设计、施工组织设计、概预算、施工图和竣工图设计等。由门窗生产企业根据实际工程要求完成。

门窗的产品设计和工程设计服从于建筑设计，服务于建筑设计。门窗的建筑设计应根据建筑物所在地的气候、环境、建筑物体型、高度和建筑物的功能和特点等因素合理进行。

门窗作为建筑物的外围护结构应该具备安全性、适用性、耐久性、节能性等。在《建筑幕墙、门窗通用技术条件》（GB/T 31433—2015）中按表6-1的方式对门窗进行了性能分类。

表6-1 门窗的性能分类及选用

分类	性能及代号	门		窗	
		外门	内门	外窗	内窗
安全性	抗风压性能(P_3)	◎	—	◎	—
	平面内变形性能	◎	◎	—	—
	耐撞击性能	◎	◎	○	—
	抗风携碎物冲击性能	○	—	○	—
	抗爆炸冲击波性能	○	—	○	—
	耐火完整性	○	○	○	—
节能性	气密性能(q_1、q_2)	◎	○	◎	○
	保温性能(K)	◎	○	◎	○

续表

分类	性能及代号	门		窗	
		外门	内门	外窗	内窗
节能性	遮阳性能(SC)	○	—	◎	—
适用性	启闭力(F)	◎	◎	◎	◎
	水密性能(Δp)	◎	—	◎	—
	空气声隔声性能(R_w+C_{tr}、R_w+C)	◎	○	◎	○
	采光性能(T_r)	○	—	◎	○
	防风尘性能	○	—	○	—
	耐垂直荷载性能	○	○	○	○
	抗静扭曲性能	○	○	—	—
	抗扭曲变形性能	○	○	—	—
	抗对角线变形性能	○	○	—	—
	抗大火关闭性能	○	○	—	—
	开启限位	—	—	○	—
	撑挡试验	—	—	○	—
耐久性	反复启闭性能	◎	◎	◎	◎

注：1. ◎为必需性能；○为选择性能；—为不要求。

2. 平面内变形性能适用于抗震设防设计烈度6度以上的地区。

本章主要从门窗的建筑设计角度，介绍铝合金门窗的窗型及外观设计、性能和功能要求与设计。

6.1 窗型与外观设计

6.1.1 窗型设计

铝合金门窗的窗型设计主要包含铝合金门窗的开启构造形式和产品系列两个方面。

铝合金门窗的开启构造形式很多，但归纳起来大致可将其分为旋转式（平开）开启铝合金门窗、平移式（推拉）开启铝合金门窗和固定铝合金门窗三大类。除此之外，还有近几年刚刚出现的平推铝合金门窗。其中旋转式（平开）铝合金门窗主要有外平开铝合金门窗、内平开铝合金门窗、内平开下悬铝合金门窗、上悬铝合金窗、中悬铝合金窗、下悬铝合金窗、立转铝合金窗等；平移式（推拉）铝合金门窗主要有左右推拉铝合金门窗、上下提拉铝合金窗、提升推拉铝合金门窗、推拉下悬铝合金门窗、折叠推拉铝合金门等。各种铝合金门窗又有不同的产品系列，如常用的外平开铝合金门窗有60系列、65系列、70系列、75系列等，常用的推拉铝合金门窗有70系列、80系列、90系列、100系列等。铝合金门窗采用何种开启形式和产品系列，应根据建筑类型、使用场所和使用特点来确定。

（1）不同开启形式铝合金门窗的特点

① 外平开铝合金门窗　外平开铝合金门窗构造简单、使用方便、气密性和水密性较好，通常可达4级以上，造价相对低廉，适用于低层公共建筑和住宅建筑。但当铝合金门窗开启

时，若受到大风吹袭可能发生铝合金门窗扇坠落事故，故不宜用于高层建筑。外平开铝合金门窗一般采用摩擦铰链作为开启连接配件，采用单点（适用于小开启扇）或多点（适用于大开启扇）锁紧装置锁紧。

② 内平开铝合金门窗　内平开铝合金门窗与外平开铝合金门窗一样，具有构造简单、使用方便、气密性和水密性较好、造价低廉的特点，同时相对安全，适用于各类公共建筑和住宅建筑。但内平开铝合金门窗开启时，开启扇开向室内，占用室内空间，对室内人员的活动造成一定影响，同时对窗帘的挂设也带来一些问题，在设计选用时需注意协调解决这一问题。内平开铝合金门窗通常采用合页作为开启连接配件，并与撑挡配合使用，以确保开启角度和位置，采用单点或多点锁紧装置锁紧。

③ 内平开下悬铝合金门窗　内平开下悬铝合金门窗具有复合开启功能，外观精美，功能多样，综合性能高。通过操作联动执手，可分别实现铝合金门窗的内平开（满足人员进出、擦洗铝合金门窗和大通风量的需要）和下悬（满足通风换气的需要）开启，以满足用户的不同需求。当其下悬开启时，在实现通风换气的同时，还能避免大量雨水进入室内和阻挡部分噪声。而当其关闭时，门窗扇的四边都会被联动锁固在门窗框上，具有优良的抗风压性能、水密性能和气密性能。但其造价相对较高，另外，与平开铝合金门窗一样，设计时也需要协调考虑由于内平开所带来的问题。

④ 上悬铝合金窗　上悬铝合金窗通常采用摩擦铰链作为开启连接配件，另配二连杆支撑铰链作开启限位，紧固锁紧装置采用七字执手（适用于小开启扇）或多点锁（适用于大开启扇），在幕墙开启扇上使用较多。

⑤ 左右推拉铝合金门窗　推拉铝合金门窗最大的特点是节省空间，开启简单，造价低廉，在我国得到广泛使用。但其水密性能和气密性能相对较低，一般只能达3级左右，在水密性能和气密性能要求高的建筑上不宜使用。推拉铝合金门窗适用于水密性能和气密性能要求较低的建筑外门窗和室内门窗。推拉铝合金门窗通常通过装在扇底部的滑轮实现门窗扇在门窗框滑道上的水平滑动，采用钩锁、碰锁或多点锁紧装置锁紧。

⑥ 上下提拉铝合金窗　提拉铝合金窗是美国建筑中的最为广泛采用的铝合金窗型，因而行业中也称其为美式提拉铝合金窗。美式提拉铝合金窗造型活泼、立面美观、结构精巧，线条细腻、极富装饰性。提拉铝合金窗有内倒及非内倒之分，常用的提拉铝合金窗五金件有螺杆式、卷片式、滑轮式，无论采用何种形式的五金件，铝合金窗扇提拉时均可停留在任意位置，自动定位。目前，国内市场上提拉铝合金窗占比很少。

⑦ 提升推拉铝合金门窗　提升推拉铝合金门窗的开启扇需要先向上升起一定高度后再水平推拉开启。五金件主要由提升执手、传动器、滑轮组成。整个系统利用了杠杆原理，通过转动提升执手来控制门窗扇的提升和下降，实现门窗扇的固定和开启。当执手向下转动180°时，通过与之相连的传动器的传动，使滑轮落在下框的轨道上并带动门窗扇向上提起，此时门窗扇就处于可开启状态，可以自由推拉滑动。当执手向上转动180°时，滑轮与下框轨道分离且门窗扇下降，门窗扇通过重力作用使胶条紧紧地压在门窗框上，门窗扇处于关闭状态。由于提升推拉铝合金门窗采用胶条密封，且在重力和锁闭力作用下将密封胶条压紧，形成有效密封，所以，提升推拉铝合金门窗的密封性能、保温性能较普通推拉铝合金门窗有显著提高。

⑧ 推拉下悬铝合金门窗　推拉下悬铝合金门窗也具有复合开启功能，可分别实现推拉和下悬开启，以满足用户的不同需求，其综合性能高，但配件复杂、造价高，用量相对

较少。

⑨ 折叠推拉铝合金门　折叠推拉铝合金门采用合页将多个门扇连接为一体，可实现门扇沿水平方向折叠移动开启，满足大开启和通透的需要。

⑩ 平推铝合金窗　平推铝合金窗是指安装有平推铰链，能将铝合金窗扇沿所在立面法线方向平行开启或关闭的铝合金窗。由于铝合金窗开启时，铝合金窗扇是整个平推出去的，开启铝合金窗扇与铝合金窗立面平行，不形成角度，因此立面整齐，利于采光。同时，开启扇四周都有空隙，进出房间的空气可方便形成循环，利于通风，便于消防排烟。平推铝合金窗通常采用电动开窗机实现电动开启。平推铝合金窗对五金件的要求高，造价高，目前多用于公共建筑排烟窗，市场用量少。

（2）产品系列　通常来说，在门窗的构造、规格、型材壁厚相同条件下，产品系列增大时，门窗型材截面尺寸增大，门窗的抗风压性能提高，型材米重增加，门窗的成本也会随之提高。在进行铝合金门窗产品系列设计选用时，应在满足门窗性能要求的前提下合理选取。

（3）窗型设计和选用　铝合金门窗发展至今，已形成了相对完整的系列化通用标准窗型，可以满足绝大多数建筑用铝合金门窗的需要，所以，一般情况下，在进行铝合金门窗的窗型设计时，应按工程的不同要求，尽可能选用标准窗型，以达到方便设计、生产、施工和降低成本的目的。在窗型选用时，应充分考虑下列因素合理选取。

① 选取与地区、环境、建筑类型相适应的窗型和系列。

② 满足门窗抗风压性能、水密性能、气密性能和保温性能等物理性能要求。

③ 满足防雷、防火和安全等功能性要求。

我国地域辽阔，从北方严寒的东三省到南国炎热的海南岛，从干燥的西北内陆到多雨的东南沿海，气候环境差别巨大，同时各类建筑也有不同的建筑功能和建筑装饰要求。因此，在进行铝合金门窗的窗型设计和选用时，应根据各地气候特点与建筑设计要求，正确合理地进行设计选用。如北方严寒地区冬季气候寒冷，首要考虑的是铝合金门窗的保温性能和气密性能，应选用高气密性能的隔热型材和Low-E中空玻璃组成的保温性能好的内平开或内平开下悬铝合金门窗；而南方夏热冬暖地区多狂风暴雨，气候炎热，应注重铝合金门窗的抗风压性能、水密性能和遮阳性能，可选用满足抗风压性能和水密性能要求的具有遮阳功能的铝合金门窗。

特殊情况下，现有的铝合金门窗不能满足建筑设计要求，此时，可根据要求对已有铝合金门窗进行部分型材的修改设计，甚至全部重新设计。由于新门窗系统的开发，必须进行型材和五金配件的设计、开模、试模，产品试制、型式试验、定型等，会大大增加工程成本，延长工期，所以是否需要重新设计窗型，应综合考虑工程要求、工程造价及工期等因素后慎重决定。

6.1.2　外观设计

铝合金门窗作为建筑外墙和室内装饰的一部分，其色彩、造型、立面分格尺寸等外观效果，对建筑外立面的美观协调和室内环境的舒适和谐有着十分重要的作用。

铝合金门窗的外观设计包含色彩、造型、立面分格尺寸等诸多内容。

（1）色彩　颜色的选配是影响建筑装饰效果的重要一环。铝合金门窗所用玻璃、型材的色彩种类繁多。如铝合金型材可采取阳极氧化、电泳涂漆、喷粉、喷漆和木纹转印等多种表面处理方法。其中，阳极氧化可形成的型材颜色相对较少，常见的有银白色、古铜色和黑色；电泳涂漆、喷粉和喷漆型材均有许多的色彩和表面质感可供选择；木纹转印处理技术可在型材表面形成木纹、花岗岩纹等多种花色；隔热铝合金型材可以将铝合金门窗室内和室外设计成不同的颜色。玻璃的色彩主要由玻璃着色和镀膜形成，颜色的选择同样十分丰富。通过型材颜色和玻璃颜色的合理搭配，可形成非常丰富多彩的色彩组合，满足各种建筑装饰效果要求。

铝合金门窗的色彩组合是影响建筑立面和室内装饰效果的重要因素，在进行色彩选择时要综合考虑建筑物的性质和用途、建筑外立面基准色调、室内装饰要求、铝合金门窗造价等因素，同时要与周围环境相协调。

（2）造型　可以根据建筑立面效果的需要设计出各种立面造型的铝合金门窗，如平面型、折线型、圆弧型等。在设计铝合金门窗的立面造型时，同样应综合考虑与建筑外立面及室内装饰效果的协调，同时考虑生产工艺和工程造价。如圆弧型铝合金门窗需将型材和玻璃弯弧，当采用特殊玻璃时会造成玻璃成品率低、铝合金门窗使用期内玻璃爆裂率高等，影响铝合金门窗的正常使用，其造价也比折线型铝合金门窗高许多，另外当铝合金门窗需要开启时，亦不宜设计成圆弧门窗。

（3）立面分格尺寸　铝合金门窗立面分格千变万化，但仍有一定的规律和原则。立面设计时，要考虑建筑的整体效果，符合建筑美学要求，如建筑的虚实对比、光影效果、对称性等，同时要根据建筑的房间间隔、楼层高度，满足建筑采光、通风、节能和视野等建筑使用功能要求，还要兼顾门窗的力学性能、成本和玻璃成材率等多方面因素合理确定。

立面分格设计应考虑的因素如下。

① 建筑立面效果　立面分格既要有一定的规律，又要体现变化，在变化中求规律，分格线条疏密有度；等距离、等尺寸划分显示了严谨、庄重；不等距、自由划分则显示韵律、活泼和动感。

根据需要可设计为独立门窗，也可设计为各种类型的组合门窗或条形门窗。

同一房间、同一墙面铝合金门窗的横向分格线条要尽量处于同一水平线上，竖向线条尽量对齐。在主要的视线高度范围内（1.5~1.8m）最好不要设置横向分格线，以免遮挡视线。

立面分格时，需要考虑长宽比例的协调性。就单个玻璃板块来说，长宽比宜按接近黄金分割比来设计，不宜设计成正方形和长宽比达1：2以上的狭长矩形。

② 建筑功能和装饰的需要　门窗的通风面积、采光面积要满足《民用建筑设计统一标准》（GB 50352—2019）要求，同时应满足建筑节能要求的窗墙面积比、建筑立面和室内的装饰要求等。一般由建筑设计根据相关要求确定。

③ 力学性能　铝合金门窗的分格尺寸除了根据建筑功能和装饰的需要确定外，还应考虑铝合金门窗构件的强度和玻璃的安全规定，五金件承重等因素。当建筑师理想的分格尺寸与铝合金门窗力学性能出现矛盾时，可采取以下办法解决：调整分格尺寸；变换所选定的材料；采取相应的加强措施。

④ 材料利用率　各玻璃厂家的产品原片尺寸不尽相同，通常，玻璃原片尺寸宽为2.1~2.4m，长为3.3~3.6m，在进行铝合金门窗分格尺寸设计时，应根据所选玻璃原片规格尺寸，确定套裁方法，合理调整分格尺寸，尽可能提高玻璃的利用率。

⑤ 开启形式　铝合金门窗的分格尺寸，特别是开启扇尺寸，同时还受到铝合金门窗开启形式的限制。各类开启形式的铝合金门窗所能达到的开启扇最大尺寸各不相同，这主要取

决于五金件的安装形式和承重能力。如采用摩擦铰链承重的外平开铝合金门窗，开启扇宽度通常不宜超过750mm，过宽的开启扇，会因门窗扇在自重作用下发生下坠，导致门窗扇开关困难。合页的承载能力优于摩擦铰链，所以当采用合页连接承重时，可设计制作分格较大的平开铝合金门窗扇。对于推拉铝合金门窗，如开启扇尺寸过大，扇的重量超过了滑轮的承重能力，也会出现开启不畅的情况。所以，在进行铝合金门窗立面设计时，还需根据铝合金门窗开启形式和所选取的五金件，根据计算或试验确定门窗开启扇允许的高、宽尺寸。

⑥ 人性化设计　门窗启闭操作部件的安装高度位置，应方便操作。针对亚洲人身高，从儿童、成人、老人和轮椅等各个角度综合考虑，门窗启闭操作部件理想的操作高度范围为800~1150mm。推拉窗月牙锁的最佳操作范围为1000~1200mm，镶嵌式拉手的最佳操作范围为810~990mm；执手的最佳操作范围推荐800~1000mm，大型执手的最佳操作范围为750~1050mm，支撑执手的最佳操作范围为890~1050mm。

6.2 抗风压性能

门窗的抗风压性能是指门窗在正常关闭状态时，在风压作用下保持正常功能，不发生损坏（如断裂、面板破坏、连接失效等）和五金件松动、开启困难等功能障碍的能力。抗风压性能是门窗的一项非常重要的物理性能。

6.2.1 抗风压性能分级及要求

建筑门窗的抗风压性能以定级检测压力P_3为分级指标值，分级自1至9分为9级，具体见表6-2。

表6-2　门窗抗风压性能分级

分级	1	2	3	4	5
分级指标值P_3/kPa	$1.0 \leqslant P_3 < 1.5$	$1.5 \leqslant P_3 < 2.0$	$2.0 \leqslant P_3 < 2.5$	$2.5 \leqslant P_3 < 3.0$	$3.0 \leqslant P_3 < 3.5$
分级	6	7	8	9	
分级指标值P_3/kPa	$3.5 \leqslant P_3 < 4.0$	$4.0 \leqslant P_3 < 4.5$	$4.5 \leqslant P_3 < 5.0$	$P_3 \geqslant 5.0$	

注：第9级应在分级后同时注明具体分级指标值。

以出现功能障碍或损坏所对应的压力差值的前一级分级指标值进行定级。

外门窗在性能分级指标值P_3作用下，主要受力杆件相对面法线挠度应符合表6-3的规定，且不应出现使用功能障碍。玻璃面板的挠度允许值为其短边边长的1/60。

表6-3　门窗主要受力杆件相对面法线挠度要求

项目	单层玻璃、夹层玻璃	中空玻璃
相对挠度/mm	$L/100$	$L/150$
相对挠度最大值/mm	20	

注：L为主要受力杆件的支承跨距。

在$1.5P_3$风压作用下不应出现危及人身安全的损坏，玻璃面板不应发生破坏。

门窗的抗风压性能指标值（P_3）应不低于门窗所受的风荷载标准值（w_k），且不应小于1.0kPa。

6.2.2 风荷载

风荷载是作用于门窗上的一种主要直接作用，它垂直作用于门窗表面。

门窗属于建筑外围护结构，作用于门窗上的风荷载标准值，应按《建筑结构荷载规范》（GB 50009）规定的围护结构风荷载标准值计算，且不应小于1.0kPa。

$$w_k = \beta_{gz} \mu_{s1} \mu_z w_0 \tag{6-1}$$

式中 w_k——风荷载标准值，kPa；

β_{gz}——高度z处的阵风系数；

μ_{s1}——风荷载局部体型系数，当建筑物进行了风洞试验时，根据风洞试验结果确定；

μ_z——风压高度变化系数；

w_0——基本风压，kPa。

风荷载设计值按照下式计算：

$$w = \gamma_w w_k \tag{6-2}$$

式中 w——风荷载设计值，kPa

w_k——风荷载标准值，kPa；

γ_w——风荷载分项系数，取1.5，参见《建筑结构可靠性设计统一标准》（GB 50068—2018）。

（1）基本风压w_0 在我国《建筑结构荷载规范》（GB 50009）中，已给出了各城市、各地区的设计基本风压w_0。它是根据当地气象台站历年来的气象观测资料，取当地比较空旷地面上离地10m高处，统计所得的50年一遇10min平均最大风速v_0(m/s）为标准确定的风压值。

（2）地面粗糙度 作用在建筑上的风压力与风速有关，即使在同一城市，不同地点的风速也是不同的，在沿海、山口、城市边缘等地方风速较大，在城市中心建筑物密集处风速则较小。对这些不同处，采用地面粗糙度来表示，地面粗糙度类别分为A、B、C、D四类：A类是指近海海面和海岛、海岸、湖岸及沙漠地区；B类是指田野、乡村、丛林、丘陵以及房屋比较稀疏的乡镇；C类是指有密集建筑群的城市市区；D类是指有密集建筑群且房屋较高的城市市区。

在设计计算铝合金门窗的风荷载标准值时，须按建筑所处的地区和位置确定其地面粗糙度类别。

（3）风荷载局部体型系数μ_{s1} 风力在建筑物表面上的分布是很不均匀的，它取决于建筑物的平面形状、立面体型和高宽比。通常，在迎风面上产生风压力（正风压），在侧风面和背风面产生风吸力（负风压），迎风面的风压力在建筑物的中部最大，侧风面和背风面的风吸力则在建筑物的角区最大。

风荷载体型系数μ_s是指风作用在建筑物表面一定面积范围内所引起的平均压力（或吸力）与来流风的速度压的比值，它主要与建筑物的体型和尺度有关，也与周围环境和地面粗糙度有关。房屋和构筑物的风荷载体型系数μ_s可按照《建筑结构荷载规范》（GB 50009）8.3.1的规定采用。

通常情况下，作用于建筑物表面的风压分布并不均匀，在角隅、檐口、边棱处和附属结构的部位（如阳台、雨棚等外挑结构），局部风压会超过规范中8.3.1所得的平均风压。局部风压体型系数μ_{s1}是考虑建筑物表面风压不均匀而导致局部部位的风压超过全表面平均风压的实际情况做出的调整。

计算围护构件及其连接的风荷载时，局部风压体型系数μ_{s1}可按照以下规定采用。

① 封闭式矩形平面房屋的墙面及屋面按照《建筑结构荷载规范》（GB 50009）表8.3.3的规定采用。

② 檐口、雨棚、遮阳板、边棱处的装饰条等突出构件，取-2.0。

③ 其他房屋和构筑物按《建筑结构荷载规范》（GB 50009）的8.3.1体型系数的1.25倍取值。

计算非直接承受风荷载的围护构件风荷载时，局部风压体型系数μ_{s1}可按构件的从属面积折减，折减系数按照下列规定采用。

① 当从属面积不大于1m²时，折减系数取1.0。

② 当从属面积大于或等于25m²时，对墙面折减系数取0.8，对局部体型系数绝对值大于1.0的屋面区域折减系数取0.6，对其他屋面区域折减系数取1.0。

③ 当从属面积大于1m²小于25m²时，墙面和绝对值大于1.0的屋面局部体型系数可采用对数插值按式（6-3）计算：

$$\mu_{s1}(A)=\mu_{s1}(1)+\left[\mu_{s1}(25)-\mu_{s1}(1)\right]\lg A/1.4 \tag{6-3}$$

计算围护构件风荷载时，建筑物内部压力的局部体型系数可按以下规定采用。

① 封闭式建筑物，按其外表面风压的正负情况取-0.2或0.2。

② 仅一面墙有主导洞口的建筑物，按下列规定采用：当开洞率大于0.02且小于或等于0.10时，取$0.4\mu_{s1}$；当开洞率大于0.10且小于或等于0.30时，取$0.6\mu_{s1}$；当开洞率大于0.30时，取$0.8\mu_{s1}$。

③ 其他情况，应按开放式建筑物的μ_{s1}取值。

主导洞口的开洞率是指单个主导洞口面积与该墙面全部面积之比。μ_{s1}应取主导洞口对应位置的值。

（4）风压高度变化系数μ_z　在大气边界层内，风速随离地面高度的增加而增大。当气压场随高度不变时，风速随高度增大的规律，主要取决于地面粗糙度和温度垂直梯度。离地面越高，空气流动受地面粗糙度的影响越小，风速越大，风压也越大。通常认为在离地面高度为300~500m时风速不再受地面粗糙度的影响，也即达到所谓“梯度风速”，该高度称为梯度风高度。地面粗糙度等级低的地区，其梯度风高度比等级高的地区低。由于《建筑结构荷载规范》（GB 50009）的基本风压是按10m高度给出的，所以，计算不同建筑高度上的风压时应乘以风压高度变化系数μ_z。

风压高度变化系数μ_z见表6-4。

表6-4　风压高度变化系数μ_z

离地面或海平面高度/m	风压高度变化系数μ_z			
	A	B	C	D
5	1.09	1.00	0.65	0.51
10	1.28	1.00	0.65	0.51
15	1.42	1.13	0.65	0.51
20	1.52	1.23	0.74	0.51

续表

离地面或海平面高度/m	风压高度变化系数μ_z			
	A	B	C	D
30	1.67	1.39	0.88	0.51
40	1.79	1.52	1.00	0.60
50	1.89	1.62	1.10	0.69
60	1.97	1.71	1.20	0.77
70	2.05	1.79	1.28	0.84
80	2.12	1.87	1.36	0.91
90	2.18	1.93	1.43	0.98
100	2.23	2.00	1.50	1.04
150	2.46	2.25	1.79	1.33
200	2.64	2.46	2.03	1.58
250	2.78	2.63	2.24	1.81
300	2.91	2.77	2.43	2.02
350	2.91	2.91	2.60	2.22
400	2.91	2.91	2.76	2.40
450	2.91	2.91	2.91	2.58
500	2.91	2.91	2.91	2.74
≥550	2.91	2.91	2.91	2.91

（5）高度z处的阵风系数β_{gz}　由于风速是脉动的，所以作用在建筑物上的风压为平均风压加上由脉动风引起的导致结构风振的等效风压。对于门窗这类围护结构，由于其刚性一般较大，在结构效应中可不必考虑其共振分量，仅在平均风压的基础上乘上相应的阵风系数，近似考虑脉动风瞬间的增大因素。

阵风系数与地面粗糙度、围护结构离地面高度有关，具体数值见表6-5。

表6-5　阵风系数β_{gz}

离地面高度/m	阵风系数β_{gz}			
	A	B	C	D
5	1.65	1.70	2.05	2.40
10	1.60	1.70	2.05	2.40
15	1.57	1.66	2.05	2.40
20	1.55	1.63	1.99	2.40
30	1.53	1.59	1.90	2.40
40	1.51	1.57	1.85	2.29
50	1.49	1.55	1.81	2.20
60	1.48	1.54	1.78	2.14
70	1.48	1.52	1.75	2.09

续表

离地面高度/m	阵风系数β_{gz}			
	A	B	C	D
80	1.47	1.51	1.73	2.04
90	1.46	1.50	1.71	2.01
100	1.46	1.50	1.69	1.98
150	1.43	1.47	1.63	1.87
200	1.42	1.45	1.59	1.79
250	1.41	1.43	1.57	1.74
300	1.40	1.42	1.54	1.70
350	1.40	1.41	1.53	1.67
400	1.40	1.41	1.51	1.64
450	1.40	1.41	1.50	1.62
500	1.40	1.41	1.50	1.60
550	1.40	1.41	1.50	1.59

（6）风荷载标准值w_k 风荷载标准值为50年一遇的阵风风压值。我国国家标准规定，以风荷载标准值w_k为门窗的抗风压性能分级值P_3，即$P_3=w_k$。在此风压作用下，门窗的受力杆件相对挠度当门窗镶嵌单层玻璃、夹层玻璃时，$[\mu]=L/100$；当门窗镶嵌中空玻璃时，$[\mu]=L/150$；绝对值不应超过20mm；取其较小值。玻璃面板的挠度允许值为其短边边长的1/60。

6.3 气密性能

门窗的气密性能是指门窗在正常关闭状态时，阻止空气渗透的能力。

6.3.1 气密性能分级及要求

建筑门窗气密性能以单位开启缝长空气渗透量q_1或单位面积空气渗透量q_2为分级指标，分级自1至8分为8级。门窗的气密性能指标即单位开启缝长或单位面积空气渗透量分为正压和负压下测量的正值和负值。

门窗气密性能分级及指标值绝对值应符合表6-6规定。

表6-6 气密性能分级

项目	1	2	3	4	5	6	7	8
分级指标值 q_1/[m^3/(m·h)]	$4.0 \geq q_1 > 3.5$	$3.5 \geq q_1 > 3.0$	$3.0 \geq q_1 > 2.5$	$2.5 \geq q_1 > 2.0$	$2.0 \geq q_1 > 1.5$	$1.5 \geq q_1 > 1.0$	$1.0 \geq q_1 > 0.5$	$q_1 \leq 0.5$
分级指标值 q_2/[m^3/(m^2·h)]	$12 \geq q_2 > 10.5$	$10.5 \geq q_2 > 9.0$	$9.0 \geq q_2 > 7.5$	$7.5 \geq q_2 > 6.0$	$6.0 \geq q_2 > 4.5$	$4.5 \geq q_2 > 3.0$	$3.0 \geq q_2 > 1.5$	$q_2 \leq 1.5$

注：第8级应在分级后同时注明具体分级指标值。

具有气密性能要求的外门，其单位开启缝长空气渗透量q_1不应大于2.5m^3/(m·h)，单位面积空气渗透量q_2不应大于7.5m³/(m²·h)；具有气密性能要求的外窗，其单位开启缝长空气渗透量q_1不应大于1.5m³/(m·h)，单位面积空气渗透量q_2不应大于4.5m³/（m²·h)。

地弹簧平开门和其他无下框的门不做气密性能要求。

严寒和寒冷地区居住建筑外门窗及敞开式阳台门应具有良好的密闭性能。严寒地区外门窗及敞开式阳台门的气密性等级不应低于6级。寒冷地区1~6层的外门窗及敞开式阳台门的气密性等级不应低于4级。7层及7层以上不应低于6级。

夏热冬冷地区居住建筑1~6层的外门窗及敞开式阳台门的气密性等级不应低于4级，7层及7层以上外门窗及敞开式阳台门的气密性等级不应低于6级。

夏热冬暖地区居住建筑1~9层外门窗的气密性能不应低于4级；10层及10层以上外门窗的气密性能不应低于6级。

公共建筑10层及以上建筑外门窗的气密性不应低于7级；10层以下的建筑外门窗的气密性不应低于6级。

6.3.2 气密性能设计

铝合金门窗的气密性能设计指标应根据建筑物用途和要求确定，同时，因铝合金门窗的气密性能会影响铝合金门窗的保温性能，所以，尚应符合建筑物所在地区建筑热工与建筑节能设计标准的具体规定。

妥善处理好铝合金门窗玻璃镶嵌以及框扇开启缝隙的密封，是提高铝合金门窗气密性能的重要环节。因此，应合理设计铝合金门窗的构造形式，提高铝合金门窗缝隙空气渗透阻力。

（1）采用耐久性好并具有良好弹性的密封胶或密封胶条进行玻璃镶嵌密封和框扇之间的密封，以保证良好、长期的密封效果。

（2）推拉铝合金门窗采用毛条密封时，宜选用毛束致密的加片型毛条。

（3）密封胶条和密封毛条应保证在铝合金门窗四周的连续性，形成封闭的密封结构。

（4）铝合金门窗构件连接部位和五金件装配部位，应采用密封材料进行妥善的密封处理。

（5）增加中间密封结构，采用多道密封结构的铝合金门窗。

（6）采用多点锁闭五金系统，增加框扇之间的锁闭点，减少在风荷载或其他外力作用下框扇杆件变形而引起的气密性下降。

另外，铝合金门窗框与洞口墙体间的装配缝隙和构件间的装配缝隙也应进行妥善密封处理。

6.4 保温性能

6.4.1 保温性能分级及要求

保温性能是指门窗在正常关闭状态下，门窗内外两侧存在温差的情况下，门窗阻抗热量从高温一侧向低温一侧传导的能力。

门窗的保温性能以传热系数K为分级指标，分级自1至10分为10级。

传热系数是指在稳定传热条件下，两侧环境温差为1K，单位时间内，通过单位面积的传热量，单位为[W/(m²·K)]。

门窗保温性能分级及指标值应符合表6-7规定。

表6-7 保温性能分级

分级	1	2	3	4	5
分级指标值/[W/(m²·K)]	$K \geqslant 5.0$	$5.0>K \geqslant 4.0$	$4.0>K \geqslant 3.5$	$3.5>K \geqslant 3.0$	$3.0>K \geqslant 2.5$
分级	6	7	8	9	10
分级指标值/[W/(m²·K)]	$2.5>K \geqslant 2.0$	$2.0>K \geqslant 1.6$	$1.6>K \geqslant 1.3$	$1.3>K \geqslant 1.1$	$K<1.1$

《铝合金门窗》（GB/T 8478—2020）规定，保温型门窗的传热系数K应小于2.5W/(m²·K)。我国地域辽阔，各地气候环境差别巨大。从北到南分布了严寒地区、寒冷地区、夏热冬冷地区和夏热冬暖地区四个气候分区。在不同的气候条件下，为满足建筑节能和热工的要求，对门窗的性能要求也不同，门窗设计时所需采取的措施自然也有所不同。

《严寒和寒冷地区居住建筑节能设计标准》（JGJ 26—2018）中规定的严寒和寒冷地区居住建筑的窗墙面积比限值和外窗的热工性能参数限值，见表6-8和表6-9。

表6-8 居住建筑的窗墙面积比限值

朝向	窗墙面积比	
	严寒地区(1区)	寒冷地区(2区)
北	0.25	0.30
东、西	0.30	0.35
南	0.45	0.50

表6-9 严寒和寒冷地区外窗的热工性能参数限值

气候子区	窗墙面积比	传热系数K[W/(m²·K)]	
		≤3层	≥4层
严寒A区(1A区)	窗墙面积比≤0.3	1.4	1.6
	0.3<窗墙面积比≤0.45	1.4	1.6
严寒B区(1B区)	窗墙面积比≤0.3	1.4	1.8
	0.3<窗墙面积比≤0.45	1.4	1.6
严寒C区(1C区)	窗墙面积比≤0.3	1.6	2.0
	0.3<窗墙面积比≤0.45	1.4	1.8
寒冷A区(2A区)	窗墙面积比≤0.3	1.8	2.2
	0.3<窗墙面积比≤0.45	1.5	2.0
寒冷B区(2B区)	窗墙面积比≤0.3	1.8	2.2
	0.3<窗墙面积比≤0.45	1.5	2.0

《夏热冬冷地区居住建筑节能设计标准》（JGJ 134—2010）中规定了不同朝向外窗的窗墙面积比限值以及不同朝向、不同窗墙面积比的外门窗传热系数和综合遮阳系数限值，见表6-10和表6-11。

表6-10 不同朝向外窗的窗墙面积比限值

朝向	窗墙面积比
北	0.40
东、西	0.35
南	0.45
每套房间允许一个房间(不分朝向)	0.60

表6-11 不同朝向、不同窗墙面积比的外门窗传热系数和综合遮阳系数限值

建筑	窗墙面积比	传热系数 K/[W/(m²·K)]	外窗综合遮阳系数SC (东、西向/南向)
体型系数≤0.4	窗墙面积比≤0.2	4.7	—/—
	0.2<窗墙面积比≤0.3	4.0	—/—
	0.3<窗墙面积比≤0.4	3.2	夏季≤0.4/夏季≤0.45
	0.4<窗墙面积比≤0.45	2.8	夏季≤0.35/夏季≤0.40
	0.45<窗墙面积比≤0.60	2.5	东、西、南向设置外遮阳 夏季≤0.25，冬季≥0.60
体型系数>0.4	窗墙面积比≤0.2	4.0	—/—
	0.2<窗墙面积比≤0.3	3.2	—/—
	0.3<窗墙面积比≤0.4	2.8	夏季≤0.4/夏季≤0.45
	0.4<窗墙面积比≤0.45	2.5	夏季≤0.35/夏季≤0.40
	0.45<窗墙面积比≤0.60	2.3	东、西、南向设置外遮阳 夏季≤0.25，冬季≥0.60

注：1. 表中的“东、西”代表从东或西偏北30°(含30°) 至偏南60°(含60°) 的范围；“南”代表从南偏东30°至偏西30°的范围。

2. 楼梯间、外走廊的窗不按本表规定。

《夏热冬暖地区居住建筑节能设计标准》(JGJ 75—2012) 规定各朝向的单一朝向窗墙面积比，南、北向不应大于0.40；东、西向不应大于0.30。北区、南区居住建筑对外窗平均传热系数和平均综合遮阳系数限值要求不同，对南区居住建筑外窗要特别强调外窗的综合遮阳系数限值，而对外窗传热系数不做限制，见表6-12和表6-13。

表6-12 北区居住建筑建筑物外窗平均传热系数和平均综合遮阳系数限值

外墙平均指标	外窗平均传热系数 K/[W/(m²·K)]	外窗加权平均综合遮阳系数 S_W			
		平均窗地面积比 C_{MF}≤0.25 或平均窗墙面积比 C_{MW}≤0.25	平均窗地面积比 0.25<C_{MF}≤0.30 或平均窗墙面积比 0.25<C_{MW}≤0.30	平均窗地面积比 0.30<C_{MF}≤0.35 或平均窗墙面积比 0.30<C_{MW}≤0.35	平均窗地面积比 0.35<C_{MF}≤0.40 或平均窗墙面积比 0.35<C_{MW}≤0.40
K≤2.0 D≥2.8	4.0	≤0.3	≤0.2	—	—
	3.5	≤0.5	≤0.3	≤0.2	—

续表

外墙平均指标	外窗平均传热系数 K/[W/(m²·K)]	外窗加权平均综合遮阳系数 S_W			
		平均窗地面积比 $C_{MF}≤0.25$ 或平均窗墙面积比 $C_{MW}≤0.25$	平均窗地面积比 $0.25<C_{MF}≤0.30$ 或平均窗墙面积比 $0.25<C_{MW}≤0.30$	平均窗地面积比 $0.30<C_{MF}≤0.35$ 或平均窗墙面积比 $0.30<C_{MW}≤0.35$	平均窗地面积比 $0.35<C_{MF}≤0.40$ 或平均窗墙面积比 $0.35<C_{MW}≤0.40$
$K≤2.0$ $D≥2.8$	3.0	≤0.7	≤0.5	≤0.4	≤0.3
	2.5	≤0.8	≤0.6	≤0.6	≤0.4
$K≤1.5$ $D≥2.5$	6.0	≤0.6	≤0.3	—	—
	5.5	≤0.8	≤0.4	—	—
	5.0	≤0.9	≤0.6	≤0.3	—
	4.5	≤0.9	≤0.7	≤0.5	≤0.2
	4.0	≤0.9	≤0.8	≤0.6	≤0.4
	3.5	≤0.9	≤0.9	≤0.7	≤0.5
	3.0	≤0.9	≤0.9	≤0.8	≤0.6
	2.5	≤0.9	≤0.9	≤0.9	≤0.7
$K≤1.0$ $D≥2.5$ 或$K≤0.7$	6.0	≤0.9	≤0.9	≤0.6	≤0.2
	5.5	≤0.9	≤0.9	≤0.7	≤0.4
	5.0	≤0.9	≤0.9	≤0.8	≤0.6
	4.5	≤0.9	≤0.9	≤0.8	≤0.7
	4.0	≤0.9	≤0.9	≤0.9	≤0.7
	3.5	≤0.9	≤0.9	≤0.9	≤0.8

表6-13　南区居住建筑建筑物外窗平均综合遮阳系数限值

外墙平均指标 ($\rho≤0.8$)	外窗的加权平均综合遮阳系数 S_W				
	平均窗地面积比 $C_{MF}≤0.25$ 或平均窗墙面积比 $C_{MW}≤0.25$	平均窗地面积比 $0.25<C_{MF}≤0.30$ 或平均窗墙面积比 $0.25<C_{MW}≤0.30$	平均窗地面积比 $0.30<C_{MF}≤0.35$ 或平均窗墙面积比 $0.30<C_{MW}≤0.35$	平均窗地面积比 $0.35<C_{MF}≤0.40$ 或平均窗墙面积比 $0.35<C_{MW}≤0.40$	平均窗地面积比 $0.40<C_{MF}≤0.45$ 或平均窗墙面积比 $0.40<C_{MW}≤0.45$
$K≤2.5$ $D≥3.0$	≤0.5	≤0.4	≤0.3	≤0.2	—
$K≤2.0$ $D≥2.8$	≤0.6	≤0.5	≤0.4	≤0.3	≤0.2
$K≤1.5$ $D≥2.5$	≤0.8	≤0.7	≤0.6	≤0.5	≤0.4
$K≤1.0$ $D≥2.5$ 或$K≤0.7$	≤0.9	≤0.8	≤0.7	≤0.6	≤0.5

注：1. 外铝合金门窗包括阳台门。

2. ρ为外墙外表面的太阳辐射吸收系数。

《公共建筑节能设计标准》（GB 50189—2015）根据不同地区、不同窗墙比和不同建筑体型系数规定了不同的外窗传热系数和遮阳系数。

严寒地区和寒冷地区甲类公共建筑单一立面外窗（包括透光幕墙）热工性能限值，见表6-14。

表6-14 严寒地区和寒冷地区甲类公共建筑单一立面外窗（包括透光幕墙）热工性能限值

项目		体型系数≤0.3		0.3<体型系数≤0.4	
		传热系数 K/[W/(m²·K)]	太阳得热系数SHGC（东、南、西向/北向）	传热系数 K/[W/(m²·K)]	太阳得热系数SHGC（东、南、西向/北向）
严寒地区A、B区	窗墙面积比≤0.20	≤2.7	—	≤2.5	—
	0.20<窗墙面积比≤0.30	≤2.5	—	≤2.3	—
	0.30<窗墙面积≤0.40	≤2.2	—	≤2.0	—
	0.40<窗墙面积比≤0.50	≤1.9	—	≤1.7	—
	0.50<窗墙面积比≤0.60	≤1.6	—	≤1.4	—
	0.60<窗墙面积比≤0.70	≤1.5	—	≤1.4	—
	0.70<窗墙面积比≤0.80	≤1.4	—	≤1.3	—
	窗墙面积比>0.80	≤1.3	—	≤1.2	—
严寒地区C区	窗墙面积比≤0.20	≤2.9	—	≤2.7	—
	0.20<窗墙面积比≤0.30	≤2.6	—	≤2.4	—
	0.30<窗墙面积比≤0.40	≤2.3	—	≤2.1	—
	0.40<窗墙面积比≤0.50	≤2.0	—	≤1.7	—
	0.50<窗墙面积比≤0.60	≤1.7	—	≤1.5	—
	0.60<窗墙面积比≤0.70	≤1.7	—	≤1.5	—
	0.70<窗墙面积比≤0.80	≤1.5	—	≤1.4	—
	窗墙面积比>0.80	≤1.4	—	≤1.3	—
寒冷地区	窗墙面积比≤0.20	≤3.0	—	≤2.8	—
	0.20<窗墙面积比≤0.30	≤2.7	≤0.52/—	≤2.5	≤0.52/—
	0.30<窗墙面积比≤0.40	≤2.4	≤0.48/—	≤2.2	≤0.48/—
	0.40<窗墙面积比≤0.50	≤2.2	≤0.43/—	≤1.9	≤0.43/—
	0.50<窗墙面积比≤0.60	≤2.0	≤0.40/—	≤1.7	≤0.40/—
	0.60<窗墙面积比≤0.70	≤1.9	≤0.35/0.60	≤1.7	≤0.35/0.60
	0.70<窗墙面积比≤0.80	≤1.6	≤0.35/0.52	≤1.5	≤0.35/0.52
	窗墙面积比>0.80	≤1.5	≤0.30/0.52	≤1.4	≤0.30/0.52

夏热冬冷地区、夏热冬暖地区以及温和地区甲类公共建筑单一立面外窗（包括透光幕墙）热工性能限值，见表6-15。

表6-15 夏热冬冷地区、夏热冬暖地区以及温和地区甲类公共建筑单一立面外窗（包括透光幕墙）热工性能限值

项目		传热系数 K/[W/(m²·K)]	太阳得热系数SHGC（东、南、西向/北向）
夏热冬冷地区	窗墙面积比≤0.20	≤3.5	—
	0.20<窗墙面积比≤0.30	≤3.0	≤0.44/0.48
	0.30<窗墙面积比≤0.40	≤2.6	≤0.40/0.44
	0.40<窗墙面积比≤0.50	≤2.4	≤0.35/0.40
	0.50<窗墙面积比≤0.60	≤2.2	≤0.35/0.40
	0.60<窗墙面积比≤0.70	≤2.2	≤0.30/0.35
	0.70<窗墙面积比≤0.80	≤2.0	≤0.26/0.35
	窗墙面积比>0.80	≤1.8	≤0.24/0.30
夏热冬暖地区	窗墙面积比≤0.20	≤5.2	≤0.52/—
	0.20<窗墙面积比≤0.30	≤4.0	≤0.44/0.52
	0.30<窗墙面积比≤0.40	≤3.0	≤0.35/0.44
	0.40<窗墙面积比≤0.50	≤2.7	≤0.35/0.40
	0.50<窗墙面积比≤0.60	≤2.5	≤0.26/0.35
	0.60<窗墙面积比≤0.70	≤2.5	≤0.24/0.30
	0.70<窗墙面积比≤0.80	≤2.5	≤0.22/0.26
	窗墙面积比>0.80	≤2.0	≤0.18/0.26
温和地区	窗墙面积比≤0.20	≤5.2	—
	0.20<窗墙面积比≤0.30	≤4.0	≤0.44/0.48
	0.30<窗墙面积比≤0.40	≤3.0	≤0.40/0.44
	0.40<窗墙面积比≤0.50	≤2.7	≤0.35/0.40
	0.50<窗墙面积比≤0.60	≤2.5	≤0.35/0.40
	0.60<窗墙面积比≤0.70	≤2.5	≤0.30/0.35
	0.70<窗墙面积比≤0.80	≤2.5	≤0.26/0.35
	窗墙面积比>0.80	≤2.0	≤0.24/0.30

注：对于温和地区，传热系数K只适用于温和A区，温和B区的传热系数K不做要求。

乙类公共建筑外窗（包括透光幕墙）热工性能限值，见表6-16。

表6-16 乙类公共建筑外窗（包括透光幕墙）热工性能限值

项目	传热系数 K/[W/(m²·K)]					太阳得热系数SHGC		
	严寒A、B区	严寒C区	寒冷地区	夏热冬冷地区	夏热冬暖地区	寒冷地区	夏热冬冷地区	夏热冬暖地区
单一立面外窗(包括透光幕墙)	≤2.0	≤2.2	≤2.5	≤3.0	≤4.0	—	≤0.52	≤0.48

从上述对外窗热工性能的要求可以看出，不同气候地区建筑外窗所要达到的保温性能和遮阳性能是完全不同的。所以，铝合金门窗设计时应按不同建筑热工设计分区中冬季保温和夏季防热对外窗的不同要求，以及有关建筑节能设计标准的相关规定，合理确定铝合金门窗的保温性能和遮阳性能设计指标。

6.4.2 保温性能设计

铝合金门窗的保温性能可采用实测的方法确定，也可通过模拟计算的方法确定。

有保温要求的铝合金门窗应从窗型、材料、构造等多方面采取相应措施，以满足保温性能要求。

（1）门窗开启形式　采用密封性能好的窗型，如平开铝合金门窗、内平开下悬铝合金门窗等。

（2）材料选择

① 选择保温性能好的玻璃　对门窗的保温性能来讲，玻璃的合理选用至关重要。为了提高门窗保温性能，可以选用中空玻璃、Low-E中空玻璃以及真空玻璃等。可以采用暖边间隔条、中空层充惰性气体等方式进一步提高门窗保温性能。

表6-17列出了三玻两腔中空玻璃和真空玻璃的辐射率和传热系数参考值。

需要说明的是，各厂家、各品牌玻璃的传热系数不尽相同，表6-17中的数据仅供参考，具体K值以玻璃生产厂家提供的数值为准。

表6-17　三玻两腔中空玻璃和真空玻璃的辐射率和传热系数

序号	玻璃种类	玻璃结构	Low-E类型	Low-E辐射率ε	K值/[W/(m²·K)]
1	三玻两腔单Low-E中空玻璃（氩气）	6Low-E(2#)+9Ar+6+9Ar+6	在线	0.18	1.34
			单银	0.103	1.25
2		6Low-E(2#)+9Ar+6+12Ar+6	在线	0.18	1.31
			单银	0.103	1.23
3		6Low-E(2#)+12Ar+6+9Ar+6	在线	0.18	1.22
			单银	0.13	1.17
				0.103	1.14
				0.072	1.10
4		6Low-E(2#)+16Ar+6+16Ar+6	在线	0.18	1.22
			单银	0.103	1.14
5	三玻两腔双Low-E中空玻璃（氩气）	6Low-E(2#)+9Ar+6+9Ar+6Low-E(5#)	在线+在线	0.18,0.18	1.07
			单银+单银	0.103,0.103	0.97
				0.072,0.072	0.92
6		6Low-E(2#)+9Ar+6+12Ar+6Low-E(5#)	在线+在线	0.18,0.18	1.0

续表

序号	玻璃种类	玻璃结构	Low-E类型	Low-E辐射率 ε	K值/[W/(m²·K)]
6	三玻两腔双Low-E中空玻璃（氩气）	6Low-E(2#)+9Ar+6+12Ar+6Low-E(5#)	单银+单银	0.103,0.103	0.89
				0.072,0.072	0.84
7		6Low-E(2#)+12Ar+6+12Ar+6Low-E(5#)	在线+在线	0.18,0.18	0.94
			单银+单银	0.103,0.103	0.83
				0.072,0.072	0.78
8		6Low-E(2#)+16Ar+6+12Ar+16Low-E(5#)	在线+在线	0.18,0.18	0.92
			单银+单银	0.103,0.103	0.81
				0.072,0.072	0.76
9	真空复合中空单Low-E	6+12A+6Low-E(4#)+V+6	在线	0.18	0.83
			单银	0.13	0.72
				0.103	0.65
				0.072	0.56
10	真空复合中空单Low-E(氩气)	6+12Ar+6Low-E(4#)+V+6	在线	0.18	0.81
			单银	0.103	0.64
11	真空复合中空单Low-E(氩气)	6+16Ar+6Low-E(4#)+V+6	在线	0.18	0.80
			单银	0.103	0.64
12	真空复合中空双Low-E	6 Low-E(2#)+12A+6Low-E(4#)+V+6	在线+在线	0.18,0.18	0.733
			单银+单银	0.103,0.103	0.577

② 选用隔热性能好的型材　隔热铝合金型材采用非金属材料将铝合金型材进行隔断，有效地解决了铝合金门窗型材导热性好的问题。无隔热的铝合金型材传热系数约为6.0W/(m²·K)，而隔热铝合金型材传热系数可降到1.8~3.5W/(m²·K)。

穿条式隔热铝合金型材，可以通过改变隔热条尺寸和形状获得不同的保温性能；灌注式隔热铝合金型材，可以通过改变隔热槽结构和尺寸来达到需要的保温性能。

要使铝合金门窗达到良好的保温效果，除了需要采用高保温性能的型材和玻璃外，结构设计上也需采取相应措施。如型材结构设计要更为合理，型材空腔填充隔热材料等。

（3）密封构造　在建筑能耗中，由外门窗空气渗透造成的建筑热量损耗占了相当大的比例，约占建筑外围护结构总散热量的23.1%。因此，提高铝合金门窗的气密性能，减少因漏气而产生的热量损失也是提高铝合金门窗保温性能非常重要的一环。要提高铝合金门窗的气密性能，在铝合金门窗型材构造、密封材料选择和加工安装等各方面都须采取相应的措施。例如采用三道密封结构形式（图6-1），将水密和气密分隔成独立的腔室，可提高铝合金门窗的气密、水密性能和保温性能；对门窗框与洞口墙体之间的安装缝隙进行密封和保温处理，也可以有效提高铝合金门窗的保温性能。

另外，玻璃与门窗框扇的搭接量、玻璃密封胶厚度对门窗框与玻璃结合处的线传热系数有很大影响，铝合金门窗结构设计时应引起重视。

对保温性能要求特别高时也可采用双重铝合金门窗。

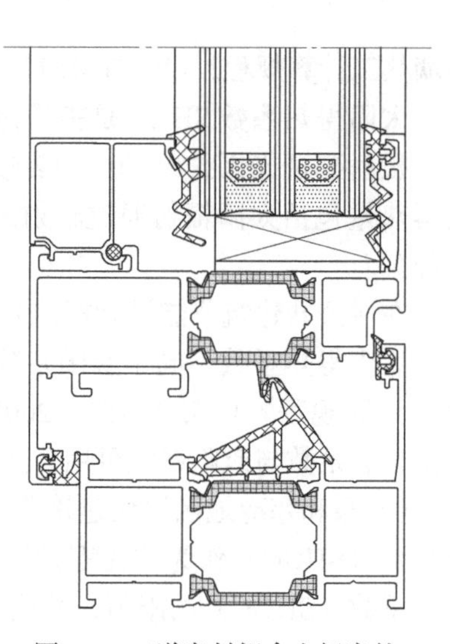

图6-1　三道密封铝合金门窗的构造示意图

6.5　隔热与遮阳性能

门窗的遮阳性能是指门窗在夏季阻隔太阳辐射热的能力。

6.5.1　隔热与遮阳性能分级及要求

门窗隔热性能以太阳得热系数SHGC为分级指标。分级自1至6分为6级。门窗隔热性能分级及指标值应符合表6-18的规定。

隔热型门窗的太阳得热系数SHGC不应大于0.44。

表6-18　门窗隔热性能分级及指标值

分级	1	2	3	4	5	6
分级指标值 SHGC	0.7≥SHGC>0.6	0.6≥SHGC>0.5	0.5≥SHGC>0.4	0.4≥SHGC>0.3	0.3≥SHGC>0.2	SHGC≤0.2

门窗的遮阳性能以遮阳系数SC值表示，分级自1至7分为7级。门窗遮阳性能分级及指标值应符合表6-19的规定。

表6-19　门窗遮阳性能分级及指标值

分级	1	2	3	4	5	6	7
分级指标值 SC	0.8≥SC>0.7	0.7≥SC>0.6	0.6≥SC>0.5	0.5≥SC>0.4	0.4≥SC>0.3	0.3≥SC>0.2	SC≤0.2

遮阳系数SC是指在给定条件下，太阳辐射透过外门窗所形成的室内的热量与相同条件下透过相同面积的3mm厚透明玻璃所形成的太阳辐射的热量之比。给定条件是指玻璃太阳光光谱测试条件和整樘门窗遮阳系数的计算条件，在按照《建筑玻璃　可见光透射比、太阳光直接透射比、太阳能总透射比、紫外线透射比及有关窗玻璃参数的测定》（GB/T 2680）规定的实测门窗单片玻璃太阳光光谱透射比、反射比等参数的基础上，按照《建筑门窗玻璃

幕墙热工计算规程》（JGJ/T 151）规定的夏季标准计算条件，计算门窗的遮阳系数SC值。

太阳得热系数SHGC是指通过透光围护结构（门窗或透光幕墙）的太阳辐射室内得热量与投射到透光围护结构（门窗或透光幕墙）外表面上的太阳辐射量的比值。太阳辐射室内得热量包括太阳辐射通过辐射透射的得热量和太阳辐射被构件吸收再传入室内的得热量两部分。

在《公共建筑节能设计标准》（GB 50189—2015）中首次引用太阳得热系数。

太阳得热系数不同于遮阳系数，但两个物理量存在线性换算关系。《建筑门窗玻璃幕墙热工计算规程》（JGJ/T 151—2008）中规定3mm透明玻璃太阳光总透射比为0.87，因此，太阳得热系数与遮阳系数可用公式SHGC＝SC×0.87进行换算。

《严寒和寒冷地区居住建筑节能设计标准》（JGJ 26—2018）中与国际接轨，引入太阳得热系数（SHGC）作为透光围护结构的性能参数，并给出了寒冷B区（2B区）夏季外窗太阳得热系数（SHGC）的限值，替代原来的遮阳系数（SC）限值，见表6-20。

表6-20 寒冷B区（2B区）夏季外窗太阳得热系数（SHGC）的限值

窗墙面积比	夏季太阳得热系数(东、西向)
20%<窗墙面积比≤30%	—
30%<窗墙面积比≤40%	0.55
40%<窗墙面积比≤50%	0.50

《夏热冬冷地区居住建筑节能设计标准》（JGJ 134—2010）中规定不同朝向、不同窗墙面积比的外门窗综合遮阳系数限值，见表6-11。

《夏热冬暖地区居住建筑节能设计标准》（JGJ 75—2012）中规定建筑外窗平均综合遮阳系数限值，见表6-12和表6-13。

《公共建筑节能设计标准》（GB 50189—2015）规定了不同区域建筑外窗的太阳得热系数限值，见表6-14、表6-15和表6-16。

6.5.2 遮阳性能设计

太阳辐射对建筑能耗影响很大，其通过门窗进入室内的热量是造成夏季室内过热和加大空调能耗的主要原因，建筑外门窗因太阳辐射得热远比因温差得热大得多。在夏热冬暖地区，通过建筑外门窗传入室内的热量中，玻璃得热是第一位的，约占80%，其次是门窗缝隙空气渗透传热，再次是门窗框所传热量。

夏热冬冷地区门窗的节能设计需要兼顾冬季保温和夏季遮阳，夏热冬暖地区门窗的节能设计则应主要考虑夏季遮阳。对于炎热地区，提高门窗的遮阳性能是门窗节能设计的首要任务。

提高铝合金门窗遮阳性能的常用方法有以下几种。

（1）设置遮阳效果良好的活动外遮阳　如外卷帘、外百叶等。为了有效阻挡太阳辐射，设置活动外遮阳是最直接有效的办法，其能遮挡约90%的太阳辐射热量。尤其在既要考虑门窗的夏季遮阳，又要使其在冬季尽可能多地利用太阳辐射热量的夏热冬冷地区，使用活动外遮阳节能效果更为明显。

（2）采用能有效阻挡太阳能辐射的玻璃配置　玻璃的遮阳性能用遮阳系数表示，遮阳系数越小，遮阳性能越好。

为了提高铝合金门窗的遮阳性能，可选择如下玻璃配置。

① 热反射镀膜玻璃（阳光控制镀膜玻璃）。能将40%~80%的太阳辐射热阻隔在室外，同时减少眩光，使外观显现不同的色彩，还具有单向透视性，装饰效果好。

② 热反射镀膜中空玻璃。将热反射镀膜玻璃与普通透明玻璃合成中空玻璃，集成热反射镀膜玻璃与中空玻璃的优点，传热系数和遮阳系数低，隔声效果好，保温、隔热、隔声综合性能优良。

③ 遮阳型Low-E中空玻璃。具有很好的遮阳和阻隔温差热传导效果，冬季亦能保持室内热量，改善室内舒适度。采光、隔热、保温综合效果好，是炎热地区非常理想的门窗玻璃。

（3）采用中空玻璃内置电动遮阳帘　遮阳效果好，功能多样，使用方便、灵活，外观美观、简洁。但由于成本偏高，影响其大量推广使用。

（4）采用门窗内遮阳　如内卷帘、内百叶、隔热窗帘等。此方法因其简便易行，是我国目前较为普遍使用的外门窗遮阳方法。表6-21为常用室内遮阳设施的遮阳系数参考表。

表6-21　室内遮阳设施的遮阳系数

内遮阳类型	颜色	遮阳系数
白布帘	浅色	0.50
浅蓝布帘	中间色	0.60
深黄、紫红、深绿布帘	深色	0.65
活动百叶帘	中间色	0.60

在上述的几种遮阳方式中，外卷帘或外百叶遮阳效果最好，其能遮挡约90%的太阳辐射能量，而采用厚窗帘内遮阳约能阻挡60%左右的太阳辐射能量，更经济易行。

6.6　水密性能

门窗的水密性能是指门窗正常关闭状态时，在风雨同时作用下，阻止雨水渗漏的能力。

6.6.1　水密性能分级及要求

建筑门窗的水密性能以发生严重渗漏压力差值的前一级压力差值ΔP作为分级指标，分级自1至6分为6级。

建筑门窗的水密性能分级及指标值应符合表6-22规定。

表6-22　门窗水密性能分级

分级	1	2	3	4	5	6
分级指标值ΔP/Pa	$100\leq\Delta P<150$	$150\leq\Delta P<250$	$250\leq\Delta P<350$	$350\leq\Delta P<500$	$500\leq\Delta P<700$	$\Delta P\geq700$

注：第6级应在分级后同时注明具体分级指标值。

外门窗在性能分级指标值ΔP作用下，不应发生渗漏现象。外门的水密性能值ΔP不应小于150Pa，外窗的水密性能值ΔP不应小于250Pa。

地弹簧平开门和其他无下框的门不做水密性能要求。

6.6.2 水密性能设计

门窗的水密性能设计指标即门窗不发生雨水渗漏的最高风压力差值（ΔP）的计算，应根据建筑物所在地的气象观测数据和建筑设计需要确定门窗的设防雨水渗漏的最高风力等级，并按照风力等级与风力的对应关系，确定水密性能设计风速（v_0）值。门窗水密性能设计指标（ΔP）应按式（6-4）计算：

$$\Delta P = 0.9\rho\mu_z v_0^2 \tag{6-4}$$

式中 ΔP——任意高度z处的瞬时风速风压力差值，Pa；

ρ——空气密度，t/m³，可按《建筑结构荷载规范》（GB 50009）附录E的规定进行计算；

μ_z——风压高度变化系数；

v_0——水密性能设计用10min平均风速，m/s。

门窗的水密性能设计指标也可按式（6-5）计算：

$$\Delta P \geqslant C\mu_z w_0 \tag{6-5}$$

式中 ΔP——任意高度z处的瞬时风速风压力差值，Pa；

C——水密性能设计计算系数，对于热带风暴和台风地区取值为0.5，其他非热带风暴和台风地区取值为0.4；

μ_z——风压高度变化系数；

w_0——基本风压，kPa。

水密性能的优劣直接影响门窗的正常使用。因此，必须合理设计门窗结构，采取有效的结构防水和密封防水措施，保证水密性能设计要求。

（1）门窗开启方式选择　一般来说，平开铝合金门窗水密性能要优于普通推拉铝合金门窗。原因在于平开铝合金门窗的扇与框间均设有2~3道密封胶条密封，在铝合金门窗扇关闭时通过锁紧装置可将密封胶条压紧，形成有效密封，且中间空腔容易形成等压腔。普通推拉铝合金门窗的开启扇与上下滑轨间存在较大缝隙，且相邻的两个门窗扇不在同一个平面，两个铝合金门窗扇之间没有压紧力存在，仅仅依靠毛条进行重叠搭接，而毛条之间存在缝隙，密封作用较差，因此推拉铝合金门窗水密性能相对较差，一般只能达3级左右。所以，在对水密性能有较高要求的场所，应尽量采用平开铝合金门窗。

（2）铝合金门窗的构造设计　对于不同的铝合金门窗结构形式，可分别采取不同的防水构造措施。

① 对于平开铝合金门窗，可设置多道密封；进行压力平衡的防水设计；保证开启扇与门窗框的搭接量，一般不宜小于6mm；在铝合金门窗水平缝隙上方设置披水板。

② 对于固定铝合金门窗，通常采用密封胶或密封胶条塞缝的密封防水措施。

③ 对于推拉铝合金门窗，可采用提高铝合金门窗下框室内侧翼缘挡水高度等结构防水措施。一般经验，水密性能风压力差值每提高10Pa约需下框翼缘挡水高度增大1mm以上。所以，推拉铝合金门窗下框室内侧翼缘应根据铝合金门窗水密性能要求，设置足够的挡水高度。

④ 组合铝合金门窗，应尽量减少外露拼缝，因结构原因无法避免外露拼缝时，拼缝处型材两接触面宜形成90°折角，以便于密封胶注胶。

⑤ 合理设置铝合金门窗的排水孔，保证排水系统畅通。一般在需设置排水孔时，排水

孔的开口尺寸最小应在6mm以上，以防止排水孔被封住。

⑥ 提高铝合金门窗杆件刚度，采用多道有效密封和多点锁紧装置，加强铝合金门窗可开启部分密封防水性能。

（3）铝合金门窗缝隙的密封设计

① 采用耐久性好并具有良好弹性的密封胶或密封胶条进行玻璃镶嵌密封和框扇之间的密封，以保证长期的密封效果。不应采用性能低、弹性差、易老化的改性PVC塑料密封条，应采用硫化橡胶类密封胶条或热塑性弹性体类密封胶条，如三元乙丙橡胶（EPDM）、氯丁橡胶（CR）、硅橡胶（MVQ）等。推拉铝合金门窗采用毛条密封时，应选用毛束致密中间加胶片型毛条，毛条的毛束应经硅化处理，以防止毛束吸水后倒伏失去密封作用，毛条的毛束应整齐、致密、牢固，较长时间的施压后仍能恢复正常状态。

② 密封胶条和密封毛条应保证在铝合金门窗四周的连续性，形成封闭的密封结构。

③ 铝合金门窗型材构件连接和连接螺栓、螺钉处均会有装配缝隙，所有这些装配缝隙均应采取涂密封胶和采用防水密封型螺钉等密封防水措施。

（4）铝合金门窗框与洞口墙体处的密封设计　铝合金门窗框与洞口墙体安装间隙的防水密封处理对水密性能的影响也至关重要，如处理不当，容易发生渗漏，应特别注意其结合部位的防、排水构造设计。

铝合金门窗下框与洞口墙体之间的防水构造，可采用底部带有止水板的一体化下框型材，或采用与铝合金门窗框型材配合连接的披水板。在室内侧铝合金门窗框和墙体连接处贴防水隔汽膜，在室外侧铝合金门窗框和墙体连接处贴防水透汽膜，增加铝合金门窗的防水能力以及水汽向室外侧渗透的能力。

铝合金门窗洞口墙体外表面应有排水措施，外墙铝合金门窗楣应做滴水线或滴水槽，滴水槽的宽度和深度均不应小于10mm，铝合金门窗台面应做流水坡度。铝合金门窗在洞口中的位置尽可能与外墙表面有一定的距离，以防止大量的雨水直接流淌到铝合金门窗表面。

6.7 空气声隔声性能

空气声隔声性能是门窗在正常关闭状态时，阻隔室外声音传入室内的能力。

6.7.1 空气声隔声性能分级及要求

外门窗空气声隔声性能以“计权隔声量和交通噪声频谱修正量之和（R_w+C_{tr}）”为分级指标；内门窗空气声隔声性能以“计权隔声量和粉红噪声频谱修正量之和（R_w+C）”为分指标，单位为dB。分级自1至6分为6级。

门窗的空气声隔声性能分级及指标值应符合表6-23规定。

表6-23　门窗空气声隔声性能分级及指标值

分级	外门窗的分级指标值/dB	内门窗的分级指标值/dB
1	$20 \leqslant R_w+C_{tr}<25$	$20 \leqslant R_w+C<25$
2	$25 \leqslant R_w+C_{tr}<30$	$25 \leqslant R_w+C<30$
3	$30 \leqslant R_w+C_{tr}<35$	$30 \leqslant R_w+C<35$
4	$35 \leqslant R_w+C_{tr}<40$	$35 \leqslant R_w+C<40$
5	$40 \leqslant R_w+C_{tr}<45$	$40 \leqslant R_w+C<45$
6	$R_w+C_{tr} \geqslant 45$	$R_w+C \geqslant 45$

隔声型门窗的隔声性能值不应小于35dB。

建筑外门窗空气声隔声性能设计时，应按各类建筑隔声设计规范的规定，根据建筑物不同功能房间允许的噪声级标准和室外噪声环境情况，按照墙体的隔声要求具体确定门窗隔声性能指标。

民用建筑对室内允许噪声级和外门窗的空气声隔声的规定，见表6-24和表6-25。

表6-24 部分民用建筑室内允许噪声级

房间名称	允许噪声级(A声级)/dB					
住宅建筑						
	一般要求标准			高要求标准		
	昼间		夜间	昼间		夜间
卧室	≤45		≤37	≤40		≤30
起居室(厅)	≤45			≤40		
学校建筑						
语音教室、阅览室	≤40					
普通教室、实验室、计算机房	≤45					
音乐教室、琴房	≤45					
舞蹈教室	≤50					
教师办公室、休息室、会议室	≤45					
教学楼中封闭的走廊、楼梯间	≤50					
健身房	≤50					
医院建筑						
	高要求标准			低限标准		
	昼间		夜间	昼间		夜间
病房、医护人员休息室	≤40		≤35[①]	≤45		≤40
各类重症监护室	≤40		≤35	≤45		≤40
诊室	≤40			≤45		
手术室、分娩室	≤40			≤45		
洁净手术室	—			≤50		
人工生殖中心净化区	—			≤40		
听力测听室	—			≤25[②]		
化学室、分析实验室	—			≤40		
入口大厅、候诊室	≤50			≤55		
旅馆建筑						
	特级		一级		二级	
	昼间	夜间	昼间	夜间	昼间	夜间
客房	≤35	≤30	≤40	≤35	≤45	≤40
办公室、会议室	≤40		≤45		≤45	
多用途厅	≤40		≤45		≤50	
餐厅、宴会厅	≤45		≤50		≤55	
办公建筑						
	高要求标准			低限标准		
单人办公室	≤35			≤40		
多人办公室	≤40			≤45		

续表

房间名称	允许噪声级(A声级)/dB	
电视电话会议室	≤35	≤40
普通会议室	≤40	≤45
商业建筑		
	高要求标准	低限标准
商场、商店、购物中心、会展中心	≤50	≤55
餐厅	≤45	≤55
员工休息室	≤40	≤45
走廊	≤50	≤60

① 对特殊要求的病房，室内允许噪声级应小于或等于30dB。

② 表中听力测听室允许噪声级的数值，适用于采用纯音气导或骨导听阈测听法的听力测听室。采用声场测听法的听力测听室的允许噪声级另有规定。

表6-25 部分民用建筑外窗和门的空气声隔声标准

<table>
<tr><th>建筑类别</th><th>构件名称</th><th colspan="4">空气声隔声单值评价量+频谱修正值/dB</th></tr>
<tr><td rowspan="2">住宅建筑</td><td>交通干线两侧卧室、起居室(厅)的窗</td><td>计权隔声量+交通噪声频谱修正量R_w+C_{tr}</td><td colspan="3">≥30</td></tr>
<tr><td>其他窗</td><td>计权隔声量+交通噪声频谱修正量R_w+C_{tr}</td><td colspan="3">≥25</td></tr>
<tr><td rowspan="4">学校建筑</td><td>临交通干线的外窗</td><td>计权隔声量+交通噪声频谱修正量R_w+C_{tr}</td><td colspan="3">≥30</td></tr>
<tr><td>其他外窗</td><td>计权隔声量+交通噪声频谱修正量R_w+C_{tr}</td><td colspan="3">≥25</td></tr>
<tr><td>产生噪声房间的门</td><td>计权隔声量+粉红噪声频谱修正量R_w+C</td><td colspan="3">≥25</td></tr>
<tr><td>其他门</td><td>计权隔声量+粉红噪声频谱修正量R_w+C</td><td colspan="3">≥20</td></tr>
<tr><td rowspan="4">医院建筑</td><td rowspan="2">外窗</td><td rowspan="2">计权隔声量+交通噪声频谱修正量R_w+C_{tr}</td><td colspan="3">≥30(临街一侧病房)</td></tr>
<tr><td colspan="3">≥25(其他)</td></tr>
<tr><td rowspan="2">门</td><td rowspan="2">计权隔声量+粉红噪声频谱修正量R_w+C</td><td colspan="3">≥30(听力测听室)</td></tr>
<tr><td colspan="3">≥20(其他)</td></tr>
<tr><td rowspan="3">旅馆建筑</td><td colspan="2"></td><td>特级</td><td>一级</td><td>二级</td></tr>
<tr><td>客房外窗</td><td>计权隔声量+交通噪声频谱修正量R_w+C_{tr}</td><td>≥35</td><td>≥30</td><td>≥25</td></tr>
<tr><td>客房门</td><td>计权隔声量+粉红噪声频谱修正量R_w+C</td><td>≥30</td><td>≥25</td><td>≥20</td></tr>
<tr><td rowspan="3">办公建筑</td><td>临交通干线的办公室、会议室外窗</td><td>计权隔声量+交通噪声频谱修正量R_w+C_{tr}</td><td colspan="3">≥30</td></tr>
<tr><td>其他外窗</td><td>计权隔声量+交通噪声频谱修正量R_w+C_{tr}</td><td colspan="3">≥25</td></tr>
<tr><td>门</td><td>计权隔声量+粉红噪声频谱修正量R_w+C</td><td colspan="3">≥20</td></tr>
</table>

6.7.2 空气声隔声性能设计

门窗的隔声性能主要取决于占门窗面积约80%的玻璃的隔声效果。单层玻璃的隔声效果较差，采用单层玻璃时门窗的隔声性能只能达到29dB以下。

提高门窗隔声性能最直接有效的方法有以下几种。

（1）采用隔声性能良好的夹层玻璃、中空玻璃或真空玻璃。

(2) 采用密封性能良好的门窗结构，如采用三道或多道密封结构。

(3) 门窗玻璃镶嵌缝隙、框扇开启缝隙应采用弹性好、耐老化的密封材料密封。

(4) 采用双层门窗。

(5) 门窗框与洞口墙体间装配缝隙应妥善密封。

不同玻璃的隔声量常用经验公式估算：

单层玻璃 $$\overline{R} = 10\lg M + 12 \quad (6\text{-}6)$$

夹层玻璃 $$\overline{R} = 10\lg M + 12 + \Delta R_1 \quad (6\text{-}7)$$

中空玻璃 $$\overline{R} = 10\lg M + 12 + \Delta R_2 \quad (6\text{-}8)$$

式中 M——玻璃面密度，6mm玻璃M=15.4kg/m^2，8mm玻璃M=20.5kg/m^2，10mm玻璃M=25.6kg/m^2，12mm玻璃M=30.7kg/m^2；

ΔR_1——夹层材料附加隔声量，膜厚0.38mm时取4dB，膜厚0.76mm时取5.5dB，膜厚1.52mm时取7dB；

ΔR_2——中空玻璃空气层附加隔声量，A=6mm时取1dB，A=9mm时取2dB，A=12mm时取2.5dB。

常用玻璃的隔声量参考值见表6-26。

表6-26 常用玻璃隔声量

玻璃种类	玻璃结构	计权隔声量R_w/dB
单层玻璃	6	31
	12	36
中空玻璃	6+9A+6	34
	6+12A+6	35
	6+16A+6	36
夹层玻璃	3+0.76PVB+3	35
	5+0.76PVB+5	36
	6+0.76PVB+6	38
	6+1.52PVB+6	39
	12+1.52PVB+12	41
夹层中空玻璃	3+0.38PVB+3+12A+6	38
	5+0.38PVB+5+12A+8	39
	5+0.76PVB+5+12A+8	40
真空玻璃	TL5 +V+T5	35~37
	T5+9A+TL5+V+T5	37~40
	T5+9A+TL5+V+T5+9A+T5	
	T5+1.14PVB+TL5+V+T5	38~42
	T5+9A+TL5+V+T5+1.14PVB+T5	

6.8 采光性能

6.8.1 采光性能分级及要求

建筑外窗的采光性能是指在漫射光照射下透过光的能力。

采光性能以透光折减系数T_r为分级指标，分级自1至5分为5级。

铝合金门窗的采光性能分级及指标值应符合表6-27规定。

表6-27 采光性能分级及指标值

分级	1	2	3	4	5
分级指标值 T_r	$0.20 \leq T_r < 0.30$	$0.30 \leq T_r < 0.40$	$0.40 \leq T_r < 0.50$	$0.50 \leq T_r < 0.60$	$T_r \geq 0.60$

有天然采光要求的铝合金外窗，其透光折减系数T_r不应小于0.45。具有辨色要求的门窗，其颜色透射指数R_a不应小于60。同时有隔热性能要求的外窗，尚应综合考虑太阳得热系数的要求。

建筑外窗采光性能指标应根据《建筑采光设计标准》（GB/T 50033）规定的侧面采光系数最低值计算，按照侧面采光的总透射比的要求确定。

6.8.2 采光性能设计

根据外窗采光性能要求合理设计门窗框与整窗的面积比；玻璃是铝合金门窗采光性能的决定性因素，应根据外窗采光性能要求，合理选配玻璃。对于需要兼顾采光和遮阳的外窗，选择具有良好遮阳和采光综合性能的玻璃显得尤为重要。如在南方炎热地区采用具有良好遮阳性能和透光性能的遮阳型Low-E中空玻璃，在北方寒冷地区采用保温型Low-E中空玻璃等。

6.9 结露与霉变

6.9.1 水蒸气的分压力

含有水蒸气的空气称为湿空气，室内外的空气都是湿空气，湿空气是干空气和水蒸气的混合物。湿空气的总压力等于干空气的分压力和水蒸气的分压力之和，如图6-2所示。

空气中所含的水分越多，空气的水蒸气分压力越大。在一定的温度和压力下，一定容积的干空气所能容纳的水蒸气量有一定的限度。水蒸气含量达到这一限度时的空气称为饱和湿空气。处于饱和状态的空气中水蒸气所呈现的压力，称为饱和蒸汽压力。

在一定的大气压力下，空气中水蒸气的含量取决于空气的温度，温度高的空气中水蒸气的含量比温度低的空气中水蒸气的含量要多。饱和水蒸气分压力与对应温度有关，当温度上升时，对应的饱和水蒸气分压力随之上升，如图6-3所示。

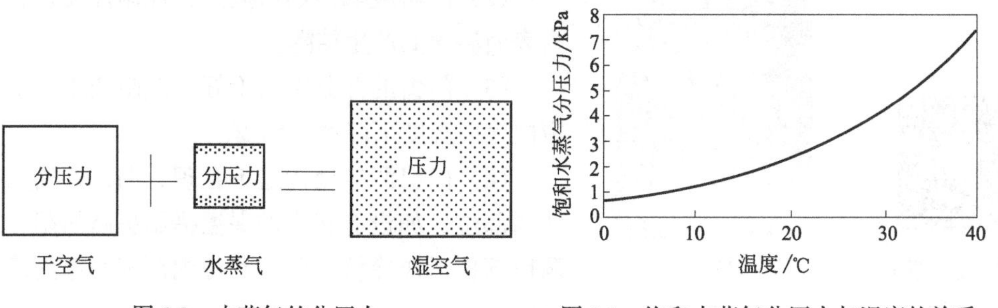

图6-2 水蒸气的分压力

图6-3 饱和水蒸气分压力与温度的关系

6.9.2 空气湿度

空气湿度表示空气的干湿程度，有绝对湿度和相对湿度两种表示方法。

绝对湿度是指每立方米的湿空气所含水蒸气的重量。用绝对湿度描述空气的湿度，与人对空气湿度的感觉和材料的湿特性出入非常大。绝对湿度相同的两种空气，其干湿程度未必相同。必须是在相同温度和相同气压的条件下，才能根据绝对湿度的数值来判断哪一种空气较为干燥或潮湿。

相对湿度是指在一定温度及大气压下，湿空气的绝对湿度与同温度下的饱和蒸汽量的比值。相对湿度值小，表示空气干燥，吸收水分的能力强；相对湿度值大，表示空气潮湿，吸收水分的能力弱。根据相对湿度的值大小，可直接判断空气的干、湿程度。用相对湿度描述空气的湿度，与人对空气湿度的感觉及材料的湿特性相吻合。相对湿度值为100%时的空气称为饱和空气。

6.9.3 露点

空气在含湿量和大气压不变的情况下，冷却到饱和状态（即相对湿度100%）所对应的温度称为该状态下的露点温度。

如果使一定温度下的饱和空气冷却，则在较低温度的饱和水蒸气压力低于被冷却的空气的水蒸气压力，这样过量的水蒸气就会冷凝成液体水，即结露。

在冬季，室内温暖的空气在接触门窗表面时，温度的降低会导致相对湿度的升高，从而导致门窗表面及连接缝隙结露、霉变现象，破坏室内装修，并影响室内空气质量和人体健康。

在建筑物理中露点是一个非常重要的量。假如一座建筑内的温度不一样的话，那么从高温部分流入低温部分的潮湿的空气中的水就可能凝结。在这些地方可能会结露，甚至发霉。同理，门窗的内表面温度低于露点温度时，内表面就会结露。

6.9.4 防止结露与霉变的措施

冷桥是导致门窗内表面结露的主要原因，门窗的内表面产生结露现象的主要原因有以下几个方面。

（1）门窗型材传热系数高或型材结构设计不合理，形成冷桥，使门窗框内表面温度低于露点温度从而产生结露。

（2）门窗玻璃传热系数高，保温性能差，玻璃内表面温度低产生结露。

（3）门窗的部分密封不好，热阻变小，造成门窗内表面温度下降产生结露。

（4）门窗洞口处构造不合理，洞口四周为保温薄弱部位，如没有相应的保温措施提高热阻，会使洞口部位形成冷桥，洞口部位内部表面温度降低从而产生结露。

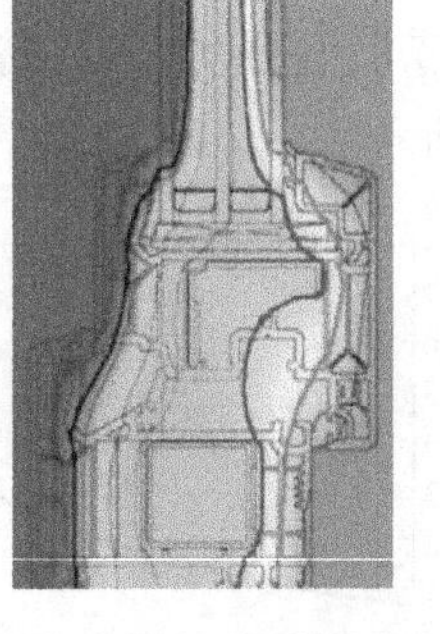
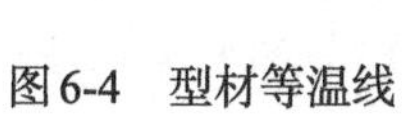

图6-4　型材等温线

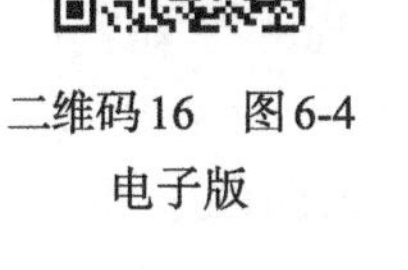
二维码16　图6-4电子版

铝合金门窗在型材及结构设计时，应考虑防结露或防霉变。

可采用热工模拟计算软件绘制等温线图，来进行型材结构辅助设计。通过热工模拟计算软件绘制型材等温线（图6-4）和结露霉变临界温度曲线（图6-5）。如图6-5所示，以室内温度20℃、相对湿度50%为例，当空气温度降低到12.6℃时，达到霉菌生长的临界温度，当温度降低到9.3℃时，开始结露。所以把13℃和10℃作为型材设计时的两个关键性的控制温度。

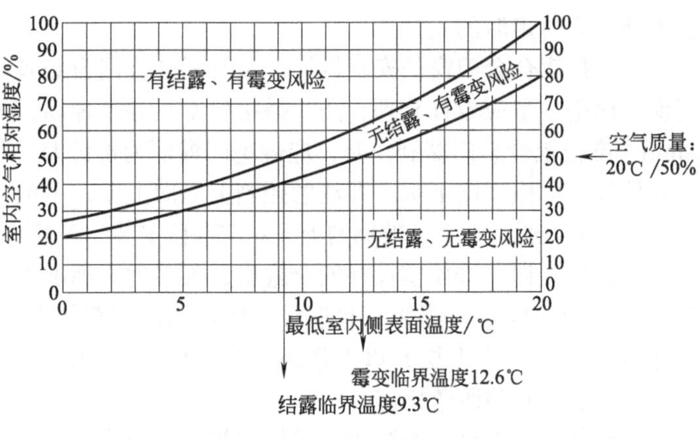

图6-5　结露霉变临界温度曲线

二维码17　图6-5电子版

6.10　安全设计

铝合金门窗设计时，应充分考虑其安全性，避免铝合金门窗在使用过程中因设计不合理造成损坏，或引发危及人身安全的事件。

6.10.1　一般安全设计

铝合金门窗的安全构造设计应符合建筑设计规范及其他相关规范的规定。铝合金门窗的开启扇、落地窗玻璃应符合《建筑玻璃应用技术规程》（JGJ 113）中的人体冲击安全规定。

（1）《民用建筑设计统一标准》（GB 50352—2019）对窗设置的规定

① 窗扇的开启形式应方便使用、安全和易于维修、清洗。

② 公共走道的窗扇开启时不得影响人员通行，其底面距走道地面高度不应低于2.0m。

③ 公共建筑临空外窗的窗台距楼地面净高不得低于0.8m，否则应设置防护设施，防护设施的高度由地面起算不应低于0.8m。

④ 居住建筑临空外窗的窗台距楼地面净高不得低于0.9m，否则应设置防护设施，防护设施的高度由地面起算不应低于0.9m。

⑤ 当防火墙上必须开设窗洞口时，应按现行国家标准《建筑设计防火规范》（GB 50016）执行。

⑥ 当凸窗窗台高度低于或等于0.45m时，其防护高度从窗台面起算不应低于0.9m；当凸窗窗台高度高于0.45m时，其防护高度从窗台面起算不应低于0.6m。

（2）安全防护措施　为防止儿童或室内其他人员从门窗跌落室外，铝合金门窗的开启扇宜安装防护限位装置，或者采用铝合金花格窗、花格网、防护栏杆等防护措施；安装在易于受到人体或物体碰撞部位的玻璃应采取适当的防护措施。对于碰撞后可能发生高处人体或玻璃坠落的情况，必须采用可靠的护栏。中小学校、医院等特殊场所应设置开启限位，最大开启缝隙不宜大于150mm。

（3）外平开铝合金窗的安全设计　外平开铝合金窗最好安装防止扇坠落的安全装置，并应安装风撑进行开启限位；向外开启的悬窗，不论是上部安装合页还是两侧安装滑撑，均应考虑窗外行人行走时的安全。

（4）推拉铝合金门窗的安全设计　推拉铝合金门窗必须有防止门窗扇脱落的装置。铝合金门窗框扇搭接量应设计合理，防止搭接量不足导致掉扇，推拉铝合金门窗的搭接量宜不少于8mm。推拉铝合金门窗制作时，应避免门窗框为正偏差、门窗扇为负偏差；安装时，应避免框向外鼓，中横框向下沉，即注意控制上框向上鼓，下框的底下要有有效支撑，带下亮的铝合金门窗可以通过在下亮玻璃的上下对应部位安装的玻璃垫块，解决中横框下沉的问题。

由于外平开窗和推拉窗存在安全隐患，很多地方标准中会有条文限制外平开窗的使用高度和推拉窗使用要求。例如，北京市《居住建筑门窗工程技术规范》（DB 11/1028—2013）4.9.3条规定七层（含七层）以上建筑严禁采用外平开窗；采用推拉门窗时，应有防止从室外侧拆卸的装置和防脱落措施。

（5）其他安全设计　有防盗要求的建筑外门窗应采用夹层玻璃和防盗锁具。如采用具有多点锁紧装置的锁具，有锁闭要求的铝合金门窗开启扇，可采用带钥匙的铝合金门窗锁、执手等锁闭器具。

6.10.2　玻璃的安全性设计

（1）安全玻璃的选用

① 人员流动性大的公共场所，易于受到人员和物体碰撞的门窗应采用安全玻璃。

② 建筑物中下列部位的门窗应使用安全玻璃。

a. 七层及七层以上的建筑物外开窗。

b. 玻璃面积大于1.5m²的窗。

c. 距离可踏面高度900mm以下的窗玻璃。

d. 与水平面夹角不大于75°的倾斜窗，包括天窗、采光顶等。

（2）玻璃防热炸裂设计　门窗玻璃（主要是大板面玻璃和着色玻璃）的设计选用，应考虑玻璃品种（吸热率、边缘强度）、使用环境（玻璃朝向、遮挡阴影、环境温度、墙体导热）、玻璃边部装配约束（明框镶嵌、隐框胶结）等各种因素可能造成的玻璃热应力问题，以防止玻璃热炸裂产生。

除北向门窗玻璃外，均应按照《建筑玻璃应用技术规程》（JGJ 113）的有关规定，进行玻璃防热炸裂设计计算，并采取必要的防玻璃热炸裂措施。

① 防止或减少玻璃的局部升温。

② 玻璃在裁切时，其切口部位会产生很多大小不等的锯齿状凹凸，引起边缘应力分布不均匀，玻璃在运输、安装过程中，以及安装完成后，由于受各种作用的影响，容易产生应力集中，导致玻璃破碎。因此，对于易发生热炸裂的玻璃裁切后，应对其边部进行倒角磨边等处理。

③ 玻璃的镶嵌应采用弹性良好的密封衬垫材料。

④ 钢化玻璃和半钢化玻璃，应在钢化和半钢化处理前进行倒棱和倒角处理。

⑤ 玻璃安装时，不应在玻璃周边造成缺陷。对于易发生热炸裂的玻璃，应对玻璃边部进行精加工。

⑥ 玻璃内侧门窗帘、百叶窗及隔热遮蔽物与门窗玻璃之间的距离不应小于50mm。

6.10.3　耐火完整性设计

门窗耐火完整性是指在标准耐火试验条件下，建筑门窗某一面受火，在一定时间内阻止火焰和热气穿透或在背火面出现火焰的能力。

有耐火要求的铝合金窗设计时应注意以下问题。

（1）耐火窗框架　耐火铝合金窗框扇靠外侧的腔体内，需填充耐高温隔热材料，例如防火膨胀条，遇火后膨胀起隔热和阻燃的作用。

（2）耐火窗玻璃

① 采用与耐火时间相匹配的防火玻璃。

② 中空玻璃应将防火玻璃装在室内侧（背火面）。

③ 设置特殊的玻璃夹持装置，以保证型材烧蚀后玻璃被夹住不至于脱落。

（3）耐火铝合金窗密封结构

① 采用阻燃胶条。

② 玻璃安装槽口内粘贴防火膨胀条，并且避免玻璃四周的缝隙窜火。

（4）耐火窗五金件　耐火铝合金窗五金件采用耐高温材料。

除了以上安全设计外，铝合金门窗设计时还应满足耐撞击性、抗风携碎物冲击性能要求，有防爆要求的铝合金门窗还应满足抗爆炸性能要求。

6.11 防雷设计

铝合金门窗作为附属于建筑主体结构的外围护构件，其金属框架不单独做防雷接地，而是利用主体结构本身的防雷体系。对于须防侧击雷的建筑物外墙用铝合金门窗，应使铝合金门窗与建筑物防雷体系进行可靠连接，并保持导电通畅。

铝合金外门窗的防雷设计应符合《建筑物防雷设计规范》（GB 50057）的规定。一、二、三类防雷建筑物，其建筑高度分别在30m、45m、60m及以上的外墙用铝合金门窗，应采取防侧击和等电位保护措施，与建筑物防雷装置进行可靠连接。一般建筑，铝合金门窗冲击接地电阻不应大于10Ω。对于采用共同接地的系统，为保证仪器设备的安全，冲击接地电阻不应大于1Ω。

铝合金门窗外框与洞口墙体连接固定用的连接件可作为防雷连接件使用，应保证该连接件与铝合金门窗框具有可靠的导电性连接。固定连接件与铝合金门窗框采用卡槽连接时，则应另外采用专门的防雷连接件与铝合金门窗框进行可靠的螺钉或铆钉机械连接。

隔热铝合金型材制作的铝合金门窗，必要时可采取相应避雷构造措施进行内外侧铝合金型材跨接，保证铝合金门窗室外侧型材与建筑物避雷体系可靠连接。

铝合金门窗框与建筑主体结构防雷装置连接导体宜采用直径不小于8mm的圆钢或截面积不小于48mm^2、厚度不小于4mm的扁钢，并分别与建筑物防雷装置和铝合金门窗框防雷连接件进行可靠的焊接连接。

铝合金门窗外框与防雷连接件连接处，应去除型材表面的非导电防护层，并与防雷连接件连接。

防雷连接导体宜分别与铝合金门窗框防雷连接件和建筑主体结构防雷装置焊接连接，焊接长度不小于100mm，焊接处涂防腐漆。

7 铝合金门窗的结构设计

7.1 概述

铝合金门窗作为建筑物外围护结构的重要组成部分，承受自重以及直接作用于其上的风荷载、地震作用和温度作用等，不分担主体结构承受的各种荷载和作用。铝合金门窗除必须具备足够的刚度和承载能力外，自身结构与建筑洞口之间连接，须有一定的变形能力，以适应主体结构的变形，当主体结构在外荷载作用下产生变形时，不应使铝合金门窗构件产生过大的内力和不能承受的变形。

在铝合金门窗所承受的荷载和作用中，风荷载是主要的作用，其数值可达1.0~5.0kN/m²。

地震荷载方面，根据《建筑抗震设计规范》（GB 50011）规定，非结构构件的地震作用只考虑由自身重力产生的水平方向地震作用和支座间相对位移产生的附加作用，采用等效侧力方法计算。因为铝合金门窗自重较轻，即使按最大地震作用系数考虑，在各种常见玻璃配置下，门窗的水平方向地震作用力一般处于0.04~0.4kN/m²的范围内，其相应的组合效应值仅为0.024~0.24kN/m²，远小于风荷载。

温度作用方面，对于温度变化引起的铝合金门窗杆件和玻璃的热胀冷缩，在构造上可以采取相应措施有效解决（如铝合金门窗框扇连接装配间隙、玻璃镶嵌预留间隙等），避免限制铝合金门窗构件在温度变化时的伸缩，造成门窗构件破坏。同时，多年的工程设计经验也表明，在正常的使用环境下，由玻璃中央部分与边缘部分存在温度差而产生的温度应力亦不致使玻璃发生破损。

因此，在进行铝合金门窗结构设计时仅需考虑重力荷载和风荷载两个起主要作用效应的荷载，地震作用和温度作用效应可不做考虑，但在设计构造上应采取相应措施避免因地震作用和温度作用效应引起铝合金门窗构件破坏。

铝合金门窗所受风荷载的计算方法参见6.2.2节。通常情况下，当铝合金门窗玻璃总厚度不超过6+9A+6（中空或夹胶）时，其重力荷载可按400N/m²进行计算。也可根据工程所用材料按GB 50009附录A给出的常用材料和构件的自重进行计算。

当受到外界风荷载作用时，铝合金门窗玻璃最先承受风荷载，传递给铝合金门窗受力杆件，铝合金门窗的连接件和五金件也是铝合金门窗结构中的主要承力构件。所以，在进行铝合金门窗的结构受力分析计算时，应分别对铝合金门窗玻璃、受力杆件和连接件、五金件进行设计计算。

铝合金门窗面板玻璃为脆性材料，为了不致由于铝合金门窗受力后产生过大挠度导致玻璃破损，同时也避免因杆件变形过大而影响铝合金门窗的使用性能，如开关困难、水密性能和气密性能降低或玻璃发生严重畸变等，对铝合金门窗的受力杆件，需同时验算其挠度和承载力。

铝合金门窗连接件、五金件根据不同受荷情况，需进行抗拉（压）、抗剪和抗挤压强度验算。

对于承载能力极限状态，应采用下列设计表达式进行设计：

$$\gamma_0 S \leqslant R \tag{7-1}$$

式中 γ_0——结构重要性系数；

S——荷载效应组合的设计值，N；

R——结构构件抗力的设计值，N。

铝合金门窗构件的结构重要性系数γ_0，与铝合金门窗的设计使用年限和安全等级有关。考虑铝合金门窗为重要的持久性非结构构件，因此，铝合金门窗的安全等级一般可定为二级或三级，其结构重要性系数γ_0可取1.0。因此，上述设计表达式可简化表示为$S \leqslant R$。该承载力设计表达式具有通用意义，作用效应设计值S可以是内力或应力，抗力设计值R可以是构件的承载力设计值或材料强度设计值。

7.2 材料力学和物理性能

7.2.1 铝合金型材的强度设计值

铝合金材料的强度设计值等于强度标准值除以抗力分项系数。铝合金结构构件的抗力分项系数在抗拉、抗压和抗弯情况下取1.2，所以，相应的铝合金型材抗拉、抗压和抗弯强度设计值为：

$$f_a = \frac{f_{ak}}{\gamma_R} = \frac{f_{ak}}{1.2} \tag{7-2}$$

式中 f_a——铝合金型材强度设计值，N；

f_{ak}——铝合金型材强度标准值，N；

γ_R——抗力分项系数。

抗剪强度设计值可根据式（7-3）计算：

$$f_v = f_a / 3^{1/2} \tag{7-3}$$

铝合金型材强度标准值f_{ak}一般取铝合金型材的规定非比例延伸强度$R_{P0.2}$，$R_{P0.2}$可按《铝合金建筑型材》（GB/T 5237.1）的规定取用。为便于设计应用，将上式计算得到的数值向下取5的整数倍，按照这一要求可计算得出铝合金门窗常用铝合金型材的强度设计值，见表7-1。

表 7-1 铝合金型材的强度设计值

铝合金牌号	状态		壁厚/mm	强度设计值 f_a/(N/mm²)	
				抗拉、抗压和抗弯强度	抗剪强度
6005	T5		≤6.3	200	115
	T6	实心型材	≤5	185	105
		空心型材	≤5	175	100
6060	T5		≤5	100	55
	T6		≤3	125	70
	T66		≤3	130	75
6061	T4		所有	90	55
	T6		所有	200	115
6063	T5		所有	90	55
	T6		所有	150	85
	T66		≤10	165	95
6063A	T5		≤10	135	75
	T6		≤10	160	90
6463	T5		≤50	90	55
	T6		≤50	135	75
6463A	T5		≤12	90	55
	T6		≤3	140	80

7.2.2 常用钢材的强度设计值

铝合金门窗中钢材主要用于连接件。常用钢材的强度设计值见表 7-2。

表 7-2 钢材的强度设计值

钢材牌号	厚度或直径 d/mm	抗拉、抗压、抗弯强度 f_s/(N/mm²)	抗剪强度 f_v/(N/mm²)	端面承压强度 f_{ce}/(N/mm²)
Q235	d≤16	215	125	325
	16<d≤40	205	120	
	40<d≤60	200	115	
	60<d≤100	190	110	
Q345	d≤16	310	180	400
	16<d≤35	295	170	
	35<d≤50	265	155	
	50<d≤100	250	145	
Q390	d≤16	350	205	415
	16<d≤35	335	190	

续表

钢材牌号	厚度或直径d/mm	抗拉、抗压、抗弯强度 f_s/(N/mm²)	抗剪强度 f_v/(N/mm²)	端面承压强度 f_{ce}/(N/mm²)
Q390	35<d≤50	315	180	415
	50<d≤100	295	170	

注：表中厚度是指计算点的钢材厚度，对轴心受力构件是指截面中较厚板件的厚度。

7.2.3 五金件、连接件强度设计值

实际使用中，失效概率最大的为门窗的五金件、连接件，如门窗锁紧装置、连接铰链和合页等。因此，受力的门窗五金件、连接件其承载力须满足其产品标准的要求，对尚无产品标准的受力五金件、连接件须提供由专业检测机构出具的产品承载力的检测报告。由于五金件、连接件主要用于铝合金门窗扇与门窗框的连接、锁固和门窗与主体洞口的连接，一旦失效，将影响门窗的正常启闭，甚至导致门窗扇坠落，宜具有较高的安全度。

目前国内结构计算采用双系数法，总安全系数等于荷载分项系数乘以抗力分项系数r_R（或材料性能分项系数r_f）。一般情况下，门窗五金件、连接构件的总安全系数可取2.0。当门窗五金件产品标准或检测报告提供了产品承载力标准值（产品正常使用极限状态所对应的承载力）时，其承载力设计值可按承载力标准值除以相应的抗力分项系数r_R（或材料性能分项系数r_f）确定。特殊情况下，可按总安全系数不小于2.0的原则通过分析确定相应的承载力设计值。

7.2.4 常用紧固件和焊缝的强度设计值

计算门窗常用紧固件材料强度设计值（或承载力设计值）时，所取的抗力分项系数r_R（或材料性能分项系数r_f）分别为：不锈钢螺栓、螺钉，总安全系数K=3.0，抗拉r_f=2.15，抗剪r_f=2.857；抽芯铆钉，总安全系数K=1.8，r_R = 1.286。

（1）不锈钢螺栓、螺钉的强度设计值可按表7-3采用。

表7-3 不锈钢螺栓、螺钉的强度设计值

类别	组别	性能等级	σ_b/(N/mm²)	抗拉强度 f_s/(N/mm²)	抗剪强度 f_v/(N/mm²)
(A) 奥氏体	A1、A2、A3、A4、A5	50	500	230	175
		70	700	320	245
		80	800	370	280
(C) 马氏体	C1	50	500	230	175
		70	700	320	245
		110	1100	510	385
	C3	80	800	370	280
	C4	50	500	230	175
		70	700	320	245
(F) 铁素体	F1	45	450	210	160
		60	600	275	210

（2）抽芯铆钉的承载力设计值可按表7-4采用。

表7-4 抽芯铆钉的承载力设计值

性能等级	铆钉铆体材料种类	载荷	铆钉体直径				
			3mm	(3.2mm)	4mm	5mm	6mm
10	铝合金	抗剪/N	370	410	660	995	1455
		抗拉/N	460	520	790	1185	1580
11		抗剪/N	525	590	900	1440	2200
		抗拉/N	675	760	1210	1920	2890
30	碳素钢	抗剪/N	790	900	1280	2075	3140
		抗拉/N	950	1070	1625	2610	3900
50	不锈钢	抗剪/N	930	1450	2245	3300	5050
		抗拉/N	1050	1835	2835	4315	6865

（3）焊缝的强度设计值按现行国家标准《钢结构设计规范》（GB 50017）的规定采用，见表7-5。

表7-5 焊缝的强度设计值

焊接方法和焊条型号	构件钢材		对接焊缝				角焊缝
	牌号	厚度或直径 d/mm	抗压 f_c^W/(N/mm²)	抗拉和抗弯受拉 f_t^W/(N/mm²)		抗剪 f_v^W/(N/mm²)	抗拉、抗压和抗剪 f_t^W/(N/mm²)
				一级、二级	三级		
自动焊、半自动焊和E43型焊条的手工焊	Q235	d≤16	215	215	185	125	160
		16<d≤40	205	205	175	120	160
自动焊、半自动焊和E50型焊条的手工焊	Q345	d≤16	310	310	265	180	200
		16<d≤35	295	295	250	170	200
自动焊、半自动焊和E55型焊条的手工焊	Q390	d≤16	350	350	300	205	220
		16<d≤35	335	335	285	190	220

注：1.表中的一级、二级、三级是指焊缝质量等级，应符合现行国家标准《钢结构工程施工质量验收规范》（GB 50205）的规定。厚度小于8mm钢材的对接焊缝，不宜采用超声波探伤确定焊缝质量等级。

2.自动焊和半自动焊所采用的焊丝和焊剂，应保证其熔敷金属的力学性能不低于现行国家标准《埋弧焊用非合金钢及细晶粒钢实心焊丝、药芯焊丝和焊丝-焊剂组合分类要求》（GB/T 5293）和《埋弧焊用热强钢实心焊丝、药芯焊丝和焊丝-焊剂组合分类要求》（GB/T 12470）的相关规定。

3.表中厚度是指计算点的钢材厚度，对轴心受力构件是指截面中较厚板件的厚度。

7.2.5 玻璃强度设计值

玻璃强度设计值按表7-6和表7-7采用。

在短期荷载作用下，平板玻璃、半钢化玻璃和钢化玻璃的强度设计值可按表7-6采用。

表7-6　短期荷载作用下玻璃强度设计值

种类	厚度/mm	中部强度 f_g/(N/mm²)	边部强度 f_g/(N/mm²)	断面强度 f_g/(N/mm²)
平板玻璃	5~12	28	22	20
	15~19	24	19	17
	≥20	20	16	14
半钢化玻璃	5~12	56	44	40
	15~19	48	38	34
	≥20	40	32	28
钢化玻璃	5~12	84	67	59
	15~19	72	58	51
	≥20	59	47	42

在长期荷载作用下，平板玻璃、半钢化玻璃和钢化玻璃的强度设计值可按表7-7采用。

表7-7　长期荷载作用下玻璃强度设计值

种类	厚度/mm	中部强度 f_g/(N/mm²)	边部强度 f_g/(N/mm²)	断面强度 f_g/(N/mm²)
平板玻璃	5~12	9	7	6
	15~19	7	6	5
	≥20	6	5	4
半钢化玻璃	5~12	28	22	20
	15~19	24	19	17
	≥20	20	16	14
钢化玻璃	5~12	42	34	30
	15~19	36	29	26
	≥20	30	24	21

注：1. 钢化玻璃强度设计值可达普通平板玻璃强度设计值的2.5~3倍，表中数值是按3倍取的；如达不到3倍，可按2.5倍取值，也可根据实测结果予以调整。

2. 半钢化玻璃强度设计值可达普通平板玻璃强度设计值的1.6~2倍，表中数值是按2倍取的；如达不到2倍，可按1.6倍取值，也可根据实测结果予以调整。

7.2.6　材料的弹性模量

弹性模量是指材料在外力作用下产生单位弹性变形所需要的应力。它是衡量材料产生弹性变形难易程度的指标，其值越大，在一定的应力作用下，材料发生的弹性变形越小，即材料的刚度越大。铝合金门窗常用材料的弹性模量可按表7-8采用。

表7-8　材料的弹性模量

材料	弹性模量 E/(N/mm²)
玻璃	0.72×10^5
铝合金	0.70×10^5
钢、不锈钢	2.06×10^5
PA66+GF25	0.45×10^5

7.2.7 材料的线膨胀系数

材料的线膨胀系数（α）是指温度每变化1℃时，材料长度变化的百分比。铝合金门窗常用材料的线膨胀系数可按表7-9采用。

表7-9 材料的线膨胀系数

材料	α/℃$^{-1}$
玻璃	1.00×10^{-5}
铝合金	2.35×10^{-5}
钢材	1.20×10^{-5}
不锈钢材	1.80×10^{-5}
混凝土	1.00×10^{-5}
砖混	0.50×10^{-5}
PA66+GF25	3.50×10^{-5}

7.2.8 材料的重力密度标准值

材料的重力密度标准值可按表7-10采用。

表7-10 材料的重力密度标准值

材料	γ_g/(kN/m³)
普通玻璃、夹层玻璃、钢化玻璃、半钢化玻璃	25.6
夹丝玻璃	26.5
钢材	78.5
铝合金	28.0
硬木	7.0
PA66+GF25	14.5

7.2.9 常用材料的泊松比

泊松比是材料在单向受拉或受压时，横向正应力与轴向正应力绝对值的比值。它是反映材料横向变形的弹性常数。铝合金门窗材料的泊松比可按表7-11采用。

表7-11 材料的泊松比

材料	泊松比
玻璃	0.20
钢、不锈钢	0.30
铝合金	0.33

7.3 玻璃设计计算

在铝合金门窗设计中，玻璃的抗风压计算是十分重要的一环。玻璃承受的风荷载作用可视作垂直于玻璃面板的均布荷载。

玻璃的抗风压计算应同时满足承载能力极限状态和正常使用极限状态的要求。

7.3.1 玻璃强度设计值计算

玻璃强度设计值应按下式计算：

$$f_g = c_1 c_2 c_3 c_4 f_0 \tag{7-4}$$

式中 f_g——玻璃强度设计值，MPa；

c_1——玻璃种类系数；

c_2——玻璃强度位置系数；

c_3——荷载类型系数；

c_4——玻璃厚度系数；

f_0——短期荷载作用下，玻璃中部强度设计值。

玻璃种类系数c_1应按表7-12采用。

表7-12 玻璃种类系数c_1

玻璃种类	浮法玻璃	半钢化玻璃	钢化玻璃	夹丝玻璃	压花玻璃
c_1	1.0	1.6~2.0	2.5~3.0	0.5	0.6

玻璃强度位置系数c_2应按表7-13采用。

表7-13 玻璃强度位置系数c_2

强度位置	中部强度	边部强度	端面强度
c_2	1.0	0.8	0.7

荷载类型系数c_3应按表7-14采用。

表7-14 荷载类型系数c_3

荷载类型	平板玻璃、超白浮法玻璃	半钢化玻璃	钢化玻璃
短期荷载c_3	1.0	1.0	1.0
长期荷载c_3	0.31	0.5	0.5

玻璃厚度系数c_4应按表7-15采用。

表7-15 玻璃厚度系数c_4

玻璃厚度	4~12mm	15~19mm	≥20mm
c_4	1.0	0.85	0.70

7.3.2 玻璃承载力极限状态设计

除中空玻璃以外，在进行玻璃承载力极限状态设计（强度设计）时，可采用考虑几何非线性的有限元法进行计算，且最大应力设计值不应超过短期荷载作用下的玻璃强度设计值。

矩形建筑玻璃的最大许用跨度按下列方法计算。

（1）最大许用跨度的计算 可按下式计算：

$$L = k_1 (w + k_2)^{k_3} + k_4 \tag{7-5}$$

式中 w——风荷载设计值，kPa；

L——玻璃的最大许用跨度，mm；

k_1, k_2, k_3, k_4——常数，根据玻璃长宽比和厚度取值。

（2）k_1、k_2、k_3、k_4的取值　应符合下列规定。

① 对于四边支承和两对边支承的单片平板矩形玻璃、单片半钢化矩形玻璃、单片钢化矩形玻璃和普通夹层矩形玻璃，其k_1、k_2、k_3、k_4可按附录A中表A.1~表A.4取值。夹层玻璃的厚度，应为去除胶片后玻璃净厚度之和。三边支承可按两对边支承取值。

② 对于压花玻璃，其k_1、k_2、k_3、k_4可按附录A中表A.1中平板玻璃的k_1、k_2、k_3、k_4取值。按式（7-5）计算玻璃最大许用跨度时，风荷载设计值应按式（6-2）的计算值除以玻璃种类系数取值。

③ 对于真空玻璃，其k_1、k_2、k_3、k_4可按附录A中表A.4中普通夹层玻璃的k_1、k_2、k_3、k_4取值。

④ 对于半钢化夹层玻璃和钢化夹层玻璃，其k_1、k_2、k_3、k_4可按附录A中表A.4中普通夹层玻璃的k_1、k_2、k_3、k_4取值。按式（7-5）计算玻璃最大许用跨度时，风荷载设计值应按式（6-2）的计算值除以玻璃种类系数取值。

⑤ 当玻璃的长宽比超过5时，玻璃的k_1、k_2、k_3、k_4应按长宽比等于5进行取值。

⑥ 当玻璃的长宽比在附录A表A.1~表A.4中没有时，可先分别计算玻璃相邻两长宽比条件下的最大许用跨度，然后采用线性插值法计算其最大许用跨度。

7.3.3　玻璃正常使用极限状态设计

除中空玻璃外，在进行铝合金门窗玻璃正常使用极限状态设计时，可采用考虑几何非线性的有限元法计算，且挠度限值［d］应取跨度的1/60。

对于四边支承和两对边支承矩形玻璃正常使用极限状态也可按下列规定设计。

（1）四边支承和两对边支承矩形玻璃单位厚度跨度限值可按下式计算：

$$\left[\frac{L}{t}\right] = k_5\left(w_k + k_6\right)^{k_7} + k_8 \tag{7-6}$$

式中　w_k——风荷载标准值，kPa；

$\left[\frac{L}{t}\right]$——玻璃单位厚度跨度限值；

k_5, k_6, k_7, k_8——常数，应按表7-16取值。

（2）设计玻璃跨度a除以玻璃厚度t，不应大于玻璃单位厚度跨度限值$\left[\frac{L}{t}\right]$。如果大于$\left[\frac{L}{t}\right]$就增加玻璃厚度，直至小于$\left[\frac{L}{t}\right]$。

表7-16　建筑玻璃的抗风压设计计算常数

常数	四边支撑：b/a								两边支撑
	1	1.25	1.5	1.75	2	2.25	3	5	
k_5	603.79	459.45	350.14	291.45	261.60	222.19	204.68	197.89	195.45
k_6	−0.1	−0.1	−0.15	−0.15	−0.1	−0.1	−0.1	0	0
k_7	−0.5247	−0.5022	−0.4503	−0.4149	−0.397	−0.3556	−0.3335	−0.332	−0.3333
k_8	1.64	2.06	1.29	0.95	1.1	0.29	−0.05	0.03	0

7.3.4　作用在中空玻璃上的风荷载

作用在中空玻璃上的风荷载可按荷载分配系数分配到每片玻璃上，荷载分配系数可按下式计算。

（1）直接承受风荷载作用的单片玻璃　计算公式如下：

$$\xi_1 = 1.1 \times \frac{t_1^3}{t_1^3 + t_2^3} \tag{7-7}$$

式中　ξ_1——荷载分配系数；

t_1——外片玻璃厚度，mm；

t_2——内片玻璃厚度，mm。

（2）不直接承受风荷载作用的单片玻璃　计算公式如下：

$$\xi_2 = \frac{t_2^3}{t_1^3 + t_2^3} \tag{7-8}$$

式中　ξ_2——荷载分配系数；

t_1——外片玻璃厚度，mm；

t_2——内片玻璃厚度，mm。

中空玻璃的承载力极限状态设计和正常使用极限状态设计，可按分配到每片玻璃上的风荷载，按式（7-5）和式（7-6）分别计算。

7.3.5　玻璃计算实例

已知：四边支承的单片钢化玻璃，玻璃尺寸b=1800mm，a=1200mm，厚度5mm；风荷载标准值w_k = 1.2kPa。试对玻璃进行抗风压计算。

分析：玻璃的抗风压计算应同时满足承载能力极限状态和正常使用极限状态的要求。

解：由已知条件可知风荷载设计值：

$$w = \gamma_w w_k = 1.5 \times 1.2 = 1.8\text{kPa}$$

（1）承载力极限状态计算

b/a=1.5，由附录A表A.2查得：

$$k_1 = 3826.2，k_2 = 0.456624，k_3 = -0.6423，k_4 = -38.88$$

将以上数据代入式（7-5）：

$$L = k_1 (w + k_2)^{k_3} + k_4$$

计算得到玻璃的最大许用跨度：

$$L = 3826.2 \times (1.8 + 0.456624)^{-0.4503} - 38.88 = 2230\text{mm}$$

由于a=1500mm，小于L，因此5mm厚的钢化玻璃满足承载力极限状态设计的要求。

（2）正常使用极限状态计算

在表7-16中查得：

$$k_5 = 350.14，k_6 = -0.15，k_7 = -0.4503，k_8 = 1.29$$

将以上数据代入式（7-6）：

$$\left[\frac{L}{t}\right] = k_5 (w_k + k_6)^{k_7} + k_8$$

得：

$$\left[\frac{L}{t}\right] = 350.14 \times (1.2 - 0.15)^{-0.4503} + 1.29 = 343.8\text{mm}$$

由于 a/t=1200/5=240，小于 $\left[\frac{L}{t}\right]=343.8$，因此5mm厚的钢化玻璃满足正常使用极限状态设计的要求。

7.4　杆件计算

铝合金门窗框、扇主要受力杆件的力学模型，应根据铝合金门窗的立面分格情况、开启形式、框扇连接锁固方式等，分别简化为承受各类分布荷载或集中荷载的简支梁或悬臂梁进行计算。

7.4.1　荷载分布与传递

铝合金门窗在风荷载作用下，承受与门窗平面垂直的横向水平力。门窗各框料间构成的受荷单元可视为四边铰接的简支板，玻璃承受的荷载可按以下规律传递到铝合金门窗受力杆件上。

（1）四边形板　正方形、矩形和梯形等四边形板可由四角引角平分线、角平分线和角平分线交点连线把受荷单元分成四部分，每部分所承受的风荷载传递给其相邻构件（在受力计算时称为杆件），如图7-1所示。

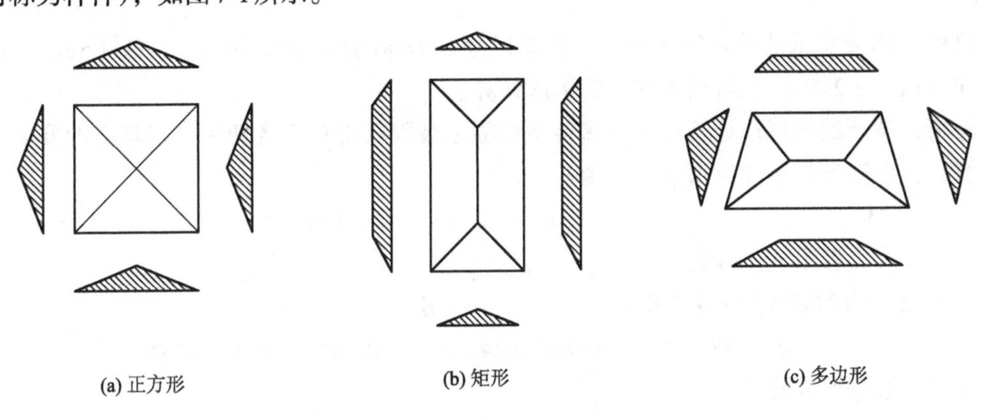

图7-1　四边形板荷载传递图

（2）三角形、多边形板　三角形、多边形板可由图形重心引连线到各顶点，划分荷载面积，传递到对应的杆件上（图7-2）。

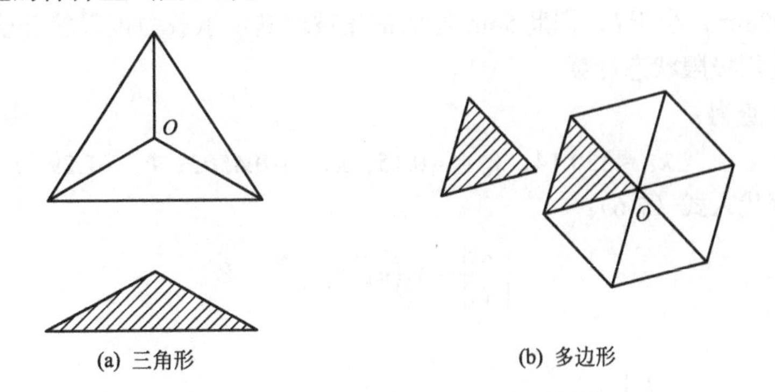

图7-2　三角形和多边形板的荷载传递图

在实际工程设计中，为了简化计算，并留有一定安全储备，也可以将受力杆件上梯形荷载简化为按最大值的矩形均布荷载考虑。

按照上述荷载传递原则，铝合金门窗受风荷载作用时，其荷载应按三角形或梯形分布传递到铝合金门窗杆件上，并按等弯矩原则化为等效线荷载。受力杆件所受荷载为其承担的各部分分布荷载和由相连杆件传来的集中荷载（相连杆件支座反力）的代数和。一般情况下，受力杆件可简化为受矩形、梯形、三角形分布荷载和集中荷载的简支梁。图7-3~图7-7为常见铝合金门窗型的荷载传递和计算，其他类型的组合铝合金门窗其杆件受风荷载作用时的荷载传递和计算可参照上述方法建立相应的力学模型。

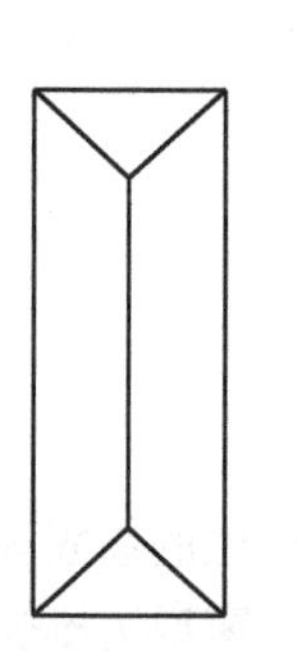

图7-3 单扇铝合金门窗荷载传递

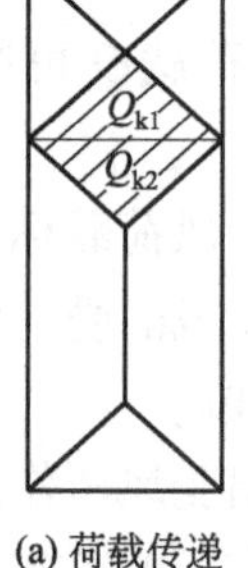

(a) 荷载传递

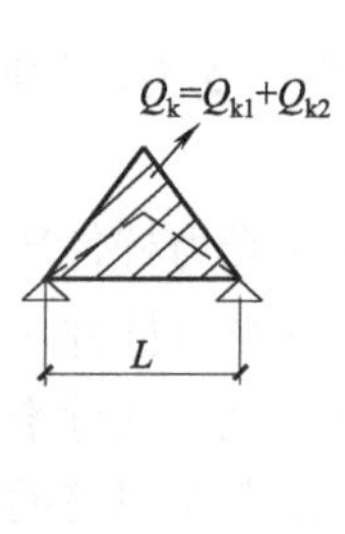

(b) 计算模型

图7-4 带上亮铝合金门窗荷载传递

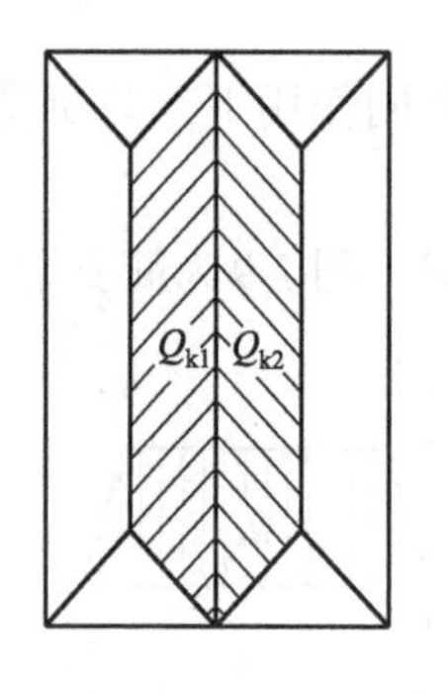

(a) 荷载传递

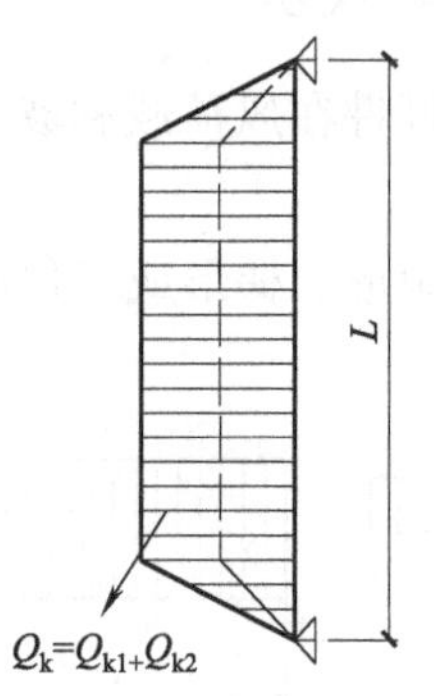

(b) 计算模型

图7-5 双扇铝合金门窗荷载传递

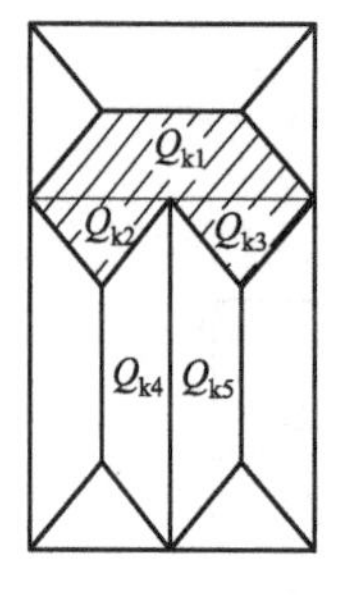

(a) 荷载传递

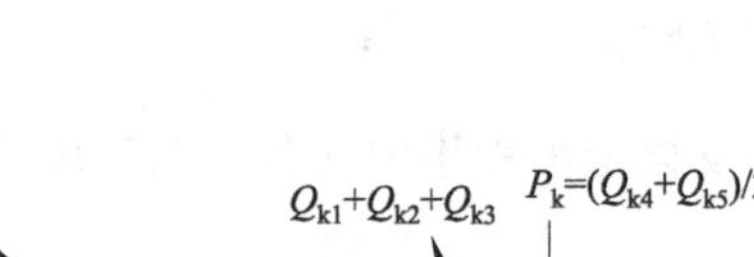

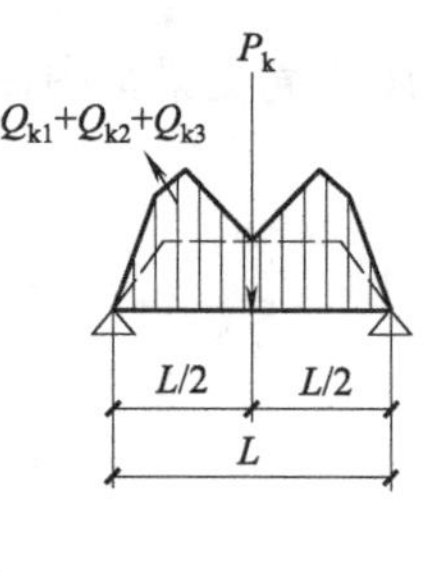

(b) 荷载分布

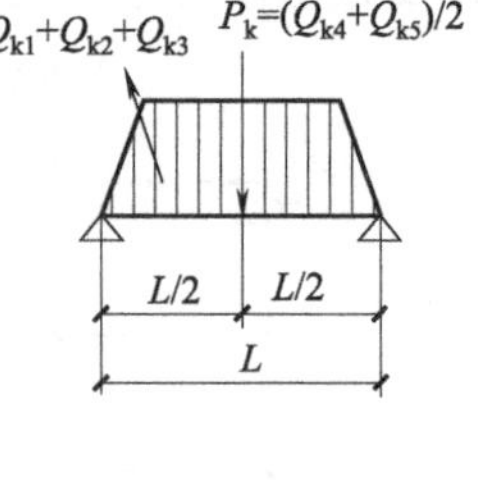

(c) 计算模型

图7-6 带上亮双扇铝合金门窗荷载传递

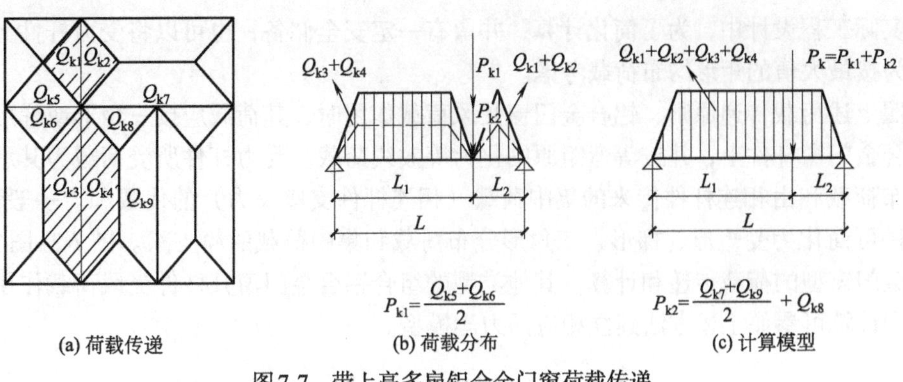

(a) 荷载传递　(b) 荷载分布　(c) 计算模型

图7-7　带上亮多扇铝合金门窗荷载传递

图7-7中，受力杆件所受风荷载Q_k可按下式计算：

$$Q_k = Aw_k \tag{7-9}$$

式中　Q_k——受力杆件所承受的风荷载标准值，kN；

A——受力杆件承受风荷载的受荷面积，m^2；

w_k——风荷载标准值，kPa。

当平开铝合金门窗的开启扇受风压作用时，其铝合金门窗框的锁固配件安装边框，受荷情况按锁固配件处有集中荷载作用的简支梁计算；其铝合金门窗扇边梃受荷情况可近似简化为以紧固五金件处为固端的悬臂梁上承受矩形分布荷载（图7-8）。

7.4.2　杆件计算力学模型

铝合金门窗受力杆件在风荷载和玻璃重力荷载共同作用下，其所受荷载经简化可分为下列形式。

（1）简支梁上呈矩形、梯形或三角形的分布荷载　图7-9为简支梁分布荷载分布图。

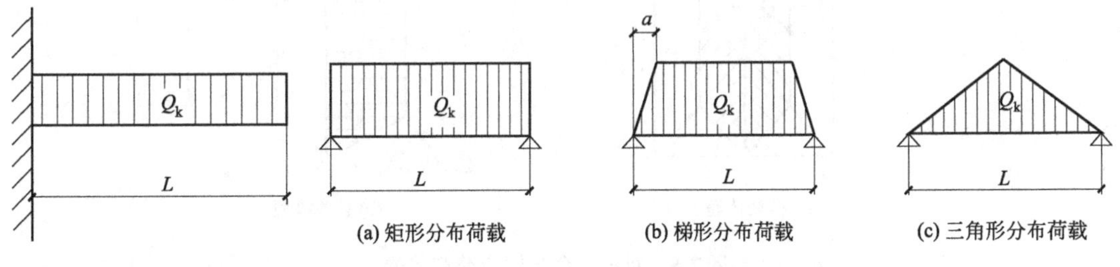

(a) 矩形分布荷载　(b) 梯形分布荷载　(c) 三角形分布荷载

图7-8　悬臂梁承受矩形分布荷载

图7-9　简支梁分布荷载分布图

（2）简支梁上承受集中荷载　图7-10为简支梁集中荷载分布图。

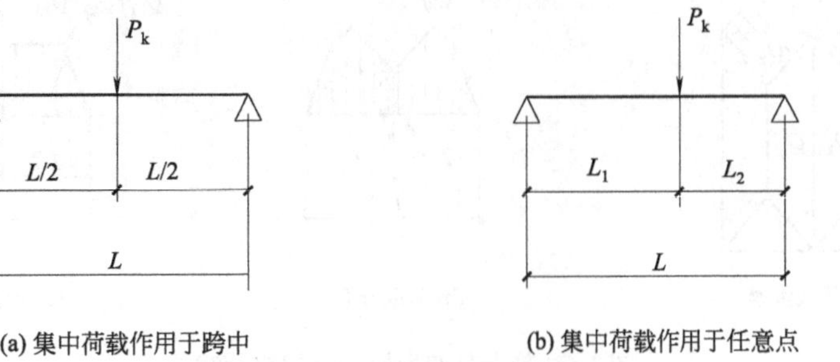

(a) 集中荷载作用于跨中　(b) 集中荷载作用于任意点

图7-10　简支梁集中荷载分布图

（3）悬臂梁上承受矩形分布荷载　图7-11为悬臂梁矩形分布荷载。

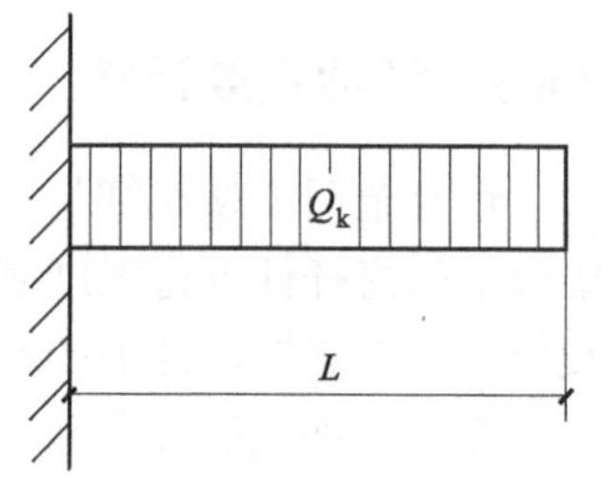

图7-11　悬臂梁矩形分布荷载

7.4.3　截面特性

铝合金门窗的受力构件在材料、截面积和受荷状态确定的情况下，构件的承载能力主要取决于两个截面特性——截面的惯性矩（I）和抵抗矩（W）。

惯性矩与材料本身无关，仅与截面几何形状、截面积有关，是用来计算（验算）构件强度、刚度的辅助量，量纲为长度的四次方。无论构件为何种材料，只要其截面积与几何形状相同，则惯性矩就相等。

截面抵抗矩是截面对其形心惯性矩与截面上最远点至形心轴距离的比值，量纲为长度的三次方。

截面惯性矩（I）与材料的弹性模量（E）共同决定构件的挠度。当荷载条件一定时，截面抵抗矩（W）决定构件的应力大小。

标准型材的截面特性可在《材料手册》中查得。非标准型材的截面特性需要通过计算获得：矩形截面的惯性矩$I=bh^3/12$，抵抗矩$W=bh^2/6$；圆形截面的惯性矩$I=\pi d^4/64$，抵抗矩$W=\pi d^3/32$。其他复杂截面的惯性矩与抵抗矩可借助软件计算。

铝合金隔热型材的惯性矩，应按铝合金型材与隔热材料弹性组合后的等效惯性矩计算，具体可参照《建筑用隔热铝合金型材》（JG 175—2011）附录A、附录B进行计算。

7.4.4　杆件挠度计算

对于铝合金门窗的受力杆件这类细长构件来说，受荷载作用后起控制作用的往往是杆件的挠度，故对铝合金门窗进行工程计算时，可先按挠度计算选取合适的杆件，然后进行杆件强度的复核。

杆件在风荷载或重力荷载标准值作用下其挠度限值应符合下列要求。

（1）杆件在荷载标准值作用下产生的最大挠度应满足下式要求，并应同时满足绝对挠度值不大于20mm。

$$\mu \leqslant [\mu] \tag{7-10}$$

式中　μ——在荷载标准值作用下杆件弯曲挠度值，mm；

$[\mu]$——杆件弯曲允许挠度值，门窗镶嵌单层玻璃、夹层玻璃时，$[\mu]=L/100$；门窗镶嵌中空玻璃时，$[\mu]=L/150$。

L为杆件的跨度（mm），悬臂杆件可取悬臂长度的2倍。

（2）承受玻璃重量的中横框型材在重力荷载标准值作用下，其平行于玻璃平面方向的挠度不应影响玻璃的正常镶嵌和使用。

（3）门窗受力杆件在同一方向有分布荷载和集中荷载同时作用时，其挠度为它们各自产生挠度的代数和。

门窗中横框型材受力形式是双弯杆件，当门窗垂直安装时，中横框型材水平方向承受风荷载作用力，垂直方向承受玻璃的重力。在计算挠度时，除了要验算在风荷载作用下中横框垂直于玻璃平面方向的挠度值，还要验算在重力荷载作用下中横框平行于玻璃平面方向的挠度值。

7.4.5 杆件强度计算

铝合金门窗型材细长杆件受弯后，其最大弯曲正应力远大于最大弯曲剪应力，所以在对铝合金门窗杆件进行强度复核时可仅进行最大弯曲正应力的验算。同时，因铝合金门窗自重较轻，其在竖框杆件中产生的轴力通常情况下都很小，可忽略不计。

受力杆件截面抗弯承载力应符合下式要求：

$$\sigma = \frac{M_x}{\gamma W_x} + \frac{M_y}{\gamma W_y} \leqslant f \tag{7-11}$$

式中 σ——杆件在弯矩作用下产生的正应力，N·mm²；

M_x——杆件绕截面x轴（平行于铝合金门窗平面方向）的弯矩设计值，N·mm；

M_y——杆件绕截面y轴（垂直于铝合金门窗平面方向）的弯矩设计值，N·mm；

W_x——杆件截面绕截面x轴（平行于铝合金门窗平面方向）的弹性截面模量，mm³；

W_y——杆件截面绕截面y轴（垂直于铝合金门窗平面方向）的弹性截面模量，mm³；

γ——塑性发展系数，可取1.00；

f——型材抗弯强度设计值，MPa。

在进行受力杆件截面抗弯承载力验算时，铝合金型材的抗弯强度设计值f可按表7-1中铝合金型材的强度设计值f_a取用；从表7-1铝合金型材的强度设计值可看到，各种铝合金牌号和热处理状态其强度设计值是各不相同的，在设计时可按需要选用。当铝合金型材中加有钢芯时，其钢芯的抗弯强度设计值f可按表7-2中钢材的强度设计值f_s取用。

简支梁受力杆件承受矩形、梯形或三角形的分布荷载和集中荷载时，其挠度μ和弯矩M的计算公式可按表7-17计算。

表7-17 简支梁挠度μ和弯矩M的计算公式

荷载形式	挠度(μ)	弯矩(M)
矩形荷载	$\mu = \frac{5Q_k L^3}{384EI}$	$M = \frac{QL}{8}$
梯形荷载	$\mu = \frac{Q_k L^3}{240EI}\left(\frac{25}{8} - \frac{5a^2}{L^2} + \frac{2a^4}{L^4}\right)$	$M = \frac{QL}{24}\left(3 - \frac{4a^2}{L^2}\right)$
三角形荷载	$\mu = \frac{Q_k L^3}{60EI}$	$M = \frac{QL}{6}$
集中荷载（作用于跨中时）	$\mu = \frac{P_k L^3}{48EI}$	$M = \frac{PL}{4}$
集中荷载（作用于任意点时）	$\mu = \frac{P_k L_1 L_2 (L + L_2)\sqrt{3L_1(L + L_2)}}{27EIL}$	$M = \frac{PL_1 L_2}{L}$

注：式中 μ——受力杆件弯曲挠度值，mm；

Q_k, P_k——受力杆件所承受的荷载标准值，kN；

Q, P——受力杆件所承受的荷载设计值，kN；

L——杆件长度，mm；

E——材料的弹性模量，N/mm²；

I——截面惯性矩，mm⁴；

M——受力杆件承受的最大弯矩，N·mm；

a——梯形长边与短边差值的二分之一。

悬臂梁受力杆件承受矩形分布荷载作用时，其挠度μ和弯矩M的计算公式可按表7-18计算。

表7-18　悬臂梁挠度μ和弯矩M的计算公式

荷载形式	挠度(μ)	弯矩(M)
矩形荷载	$\mu=\frac{Q_k L^3}{8EI}$	$M=-\frac{QL}{2}$

铝合金门窗受力杆件上有分布荷载和集中荷载同时作用时，其挠度和弯矩为它们各自产生的挠度和弯矩的代数和。

当铝合金门窗的抗风压校核通不过时，可以通过采用加强中梃、增大选用的型材规格尺寸等措施，使所设计的铝合金门窗满足抗风压性能要求。

7.4.6　杆件计算实例

已知：济南市区某建筑，高度50m处，带上亮平开铝合金窗（图7-12），窗宽1500mm，窗高1500mm，上亮高500mm；选用5+9A+5普通中空玻璃，铝合金型材为6063T5。试对该铝合金窗受力杆件进行抗风压校核计算。

铝合金材料的弹性模量$E=0.70\times10^5$N/mm^2；6063T5的铝合金型材抗弯强度设计值f_a=90N/mm^2；中横框截面惯性矩I_x=114945mm^4，I_y=160300mm^4；中横框截面抵抗矩W_x=2923mm^3，W_y=4912mm^3；下边梃截面惯性矩I_x=120434mm^4，I_y=246336mm^4；下边梃截面抵抗矩W_x=3068mm^3，W_y=7626mm^3。

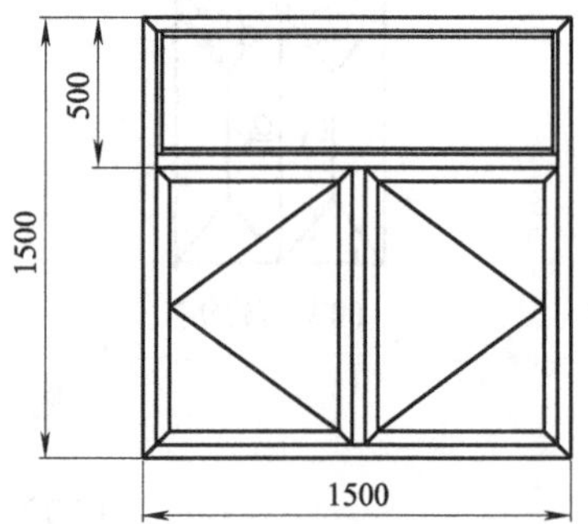

图7-12　带上亮平开铝合金窗立面图（单位：mm）

分析：对该铝合金窗杆件进行抗风压计算时，需要分别计算中横框、中竖框、窗扇下边梃的强度和挠度。由于计算方法类似，本例中仅对中横框进行计算。

解：（1）风荷载计算

按济南市区，确定地面粗糙度为C类。

济南地区的基本风压：

$$w_0 = 0.45\text{kN/m}^2$$

风压高度变化系数：

$$\mu_z = 1.10$$

一般建筑物大面上，取风荷载局部体型系数：

$$\mu_{s1} = 1.2$$

高度z处的阵风系数：

$$\beta_{gz} = 1.81$$

风荷载标准值：

$$w_k = \beta_{gz}\mu_{s1}\mu_z\omega_0 = 1.81\times1.2\times1.10\times0.45\approx1.075\text{kN/m}^2$$

风荷载设计值：

$$w = \gamma_w w_k = 1.5 \times 1.075 = 1.6125\text{kN/m}^2$$

（2）玻璃自重荷载计算

普通玻璃的自重（重力密度）：

$$\gamma_g = 25.6\text{kN/m}^3$$

永久荷载的分项系数：

$$\gamma_G = 1.3$$

玻璃板块平均自重荷载标准值：

$$G_{Ak} = \frac{\gamma_g (t_1 + t_2)}{1000} = \frac{25.6 \times (5 + 5)}{1000} = 0.256\text{kN/m}^2$$

玻璃板块平均自重荷载设计值：

$$G_A = \gamma_G G_{Ak} = 1.3 \times 0.256 = 0.333\text{kN/m}^2$$

（3）中横框校核

① 风荷载传递，如图7-13所示。

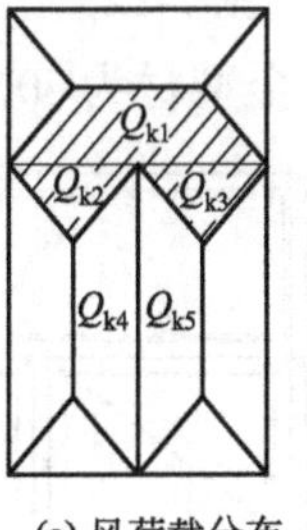

(a) 风荷载分布

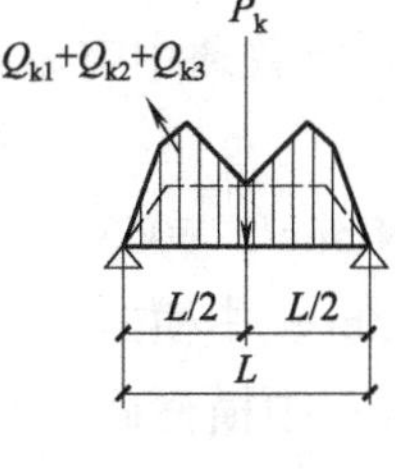

(b) 风荷载传递

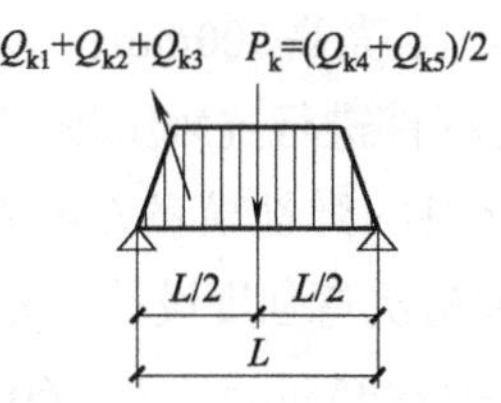

(c) 计算示意

图7-13　带上亮铝合金窗风荷载传递

$$A_{k1} = \frac{(1000 + 1500) \times 250}{2} = 312500\text{mm}^2 = 0.3125\text{m}^2$$

$$A_{k2} = A_{k3} = \frac{1}{2} \times 750 \times 375 = 140625\text{mm}^2 = 0.140625\text{m}^2$$

$$A = A_{k1} + 2A_{k2} = 0.3125 + 2 \times 0.140625 = 0.59375\text{m}^2$$

$$A_{k4} = A_{k5} = \frac{(1000 + 250) \times 375}{2} = 234375\text{mm}^2 = 0.234375\text{m}^2$$

中横框所承受的风荷载标准值：

$$Q_k = Q_{k1} + Q_{k2} + Q_{k3} = Aw_k = 0.59375 \times 1.075 \approx 0.638\text{kN}$$

$$P_k = \frac{Q_{k4} + Q_{k5}}{2} = \frac{2A_{k4} w_k}{2} = 0.234375 \times 1.075 = 0.252\text{kN}$$

中横框所承受的风荷载设计值：

$$Q = \gamma_w Q_k = 1.5 \times 0.638 = 0.957\text{kN}$$

$$P = r_w P_k = 1.5 \times 0.252 \approx 0.378\text{kN}$$

② 玻璃自重荷载。

上亮玻璃板块面积：

$$A_g = 500 \times 1500 = 7.5 \times 10^5\text{mm}^2 = 0.75\text{m}^2$$

中横框所承受的玻璃自重荷载标准值：

$$Q_{gk} = AG_{Ak} = 0.75 \times 0.256 = 0.192\text{kN}$$

中横框所承受的玻璃自重荷载设计值：

$$Q_g = r_G Q_{gk} = 1.3 \times 0.192 = 0.25\text{kN}$$

③ 中横框的挠度校核。

风荷载作用下的挠度如下。

梯形均布荷载作用下产生的挠度：

$$\mu_1 = \frac{Q_k L^3}{240EI_y}\left(\frac{25}{8} - \frac{5a^2}{L^2} + \frac{2a^4}{L^4}\right)$$
$$= \frac{0.638 \times 1500^3}{240 \times 0.70 \times 10^2 \times 160300}\left(\frac{25}{8} - 5 \times \frac{250^2}{1500^2} + 2 \times \frac{250^4}{1500^4}\right)$$
$$= 2.389\text{mm}$$

集中荷载作用下产生的挠度：

$$\mu_2 = \frac{P_k L^3}{48EI_y} = \frac{0.252 \times 1500^3}{48 \times 0.70 \times 10^2 \times 160300} = 1.579\text{mm}$$

$$\mu = \mu_1 + \mu_2 = 2.389 + 1.579 = 3.968\text{mm}$$

中横框弯曲允许挠度值：

$$[\mu] = \frac{1500}{150} = 10\text{mm}$$

$$\mu \leqslant [\mu]$$

所以，在风荷载作用下中横框的挠度符合要求。

重力荷载作用下产生的挠度：

$$\mu_3 = \frac{5Q_{gk}L^3}{384EI_x} = \frac{5 \times 0.192 \times 1500^3}{384 \times 0.70 \times 10^2 \times 114945} \approx 1.05\text{mm}$$

$$\mu_3 = 1.05\text{mm} < [\mu] = 10\text{mm}$$

所以，重力荷载作用下中横框的挠度满足要求。

④ 中横框的强度校核。

梯形均布荷载引起的弯矩：

$$M_1 = \frac{QL}{24}\left(3 - \frac{4a^2}{L^2}\right) = \frac{0.957 \times 1500}{24} \times \left(3 - 4 \times \frac{250^2}{1500^2}\right) = 172.792\text{kN·mm}$$

集中荷载引起的弯矩：

$$M_2 = \frac{PL}{4} = \frac{0.378 \times 1500}{4} = 141.75\text{kN·mm}$$

总弯矩：

$$M_y = M_1 + M_2 = 172.792 + 141.75 = 314.542\text{kN·mm}$$

玻璃自重荷载引起的弯矩：

$$M_x = \frac{Q_g L}{8} = \frac{0.25 \times 1500}{8} = 46.875\text{kN·mm}$$

$$\sigma = \frac{M_x}{\gamma W_x} + \frac{M_y}{\gamma W_y} = \frac{46.875}{2923} + \frac{314.542}{4912} \approx 0.08\text{kN/mm}^2 = 80\text{N/mm}^2$$

$$\sigma = 80\text{N/mm}^2 < f_a = 90\text{N/mm}^2$$

所以中横框强度满足要求。

7.5 连接设计

铝合金门窗杆件的端部连接节点、铝合金门窗框扇连接用铰链、合页和锁紧装置等门窗五金件和连接件的连接点，在铝合金门窗结构受力体系中相当于受力杆件简支梁和悬臂梁的支座，应有足够的连接强度和承载力，以保证铝合金门窗结构体系的受力和传力。经验表明，铝合金门窗在实际使用过程中损坏和在风压作用下发生的损毁，很多情况都是由于连接件本身承载力不足或连接螺钉、铆钉拉脱导致连接失效引起的。因此，在铝合金门窗工程设计中，应高度重视铝合金门窗的五金件和连接件承载力校核和连接可靠性设计，应按荷载和作用的分布和传递，正确设计计算铝合金门窗连接节点，根据连接形式和承载情况，进行五金件、连接件及紧固件的抗拉（压）、抗剪切和抗挤压等强度校核计算。

进行铝合金门窗的五金件和连接件强度计算时，根据不同连接件情况，可分别采用应力表达式：

$$\sigma \leqslant f \tag{7-12}$$

式中 σ——连接件最大应力设计值，N/mm^2；

f——连接件材料强度设计值，N/mm^2。

或承载力表达式：

$$S \leqslant R \tag{7-13}$$

式中 S——连接件荷载设计值，N；

R——连接件承载力设计值，N。

通常情况下，铝合金门窗五金件产品标准或产品检测报告所提供的为产品承载力，在此情况下，采用承载力表达式进行计算将会较为直观、简单。

铝合金门窗与主体结构（含钢附框）应可靠连接，连接件与主体结构的锚固承载力应大于连接件本身的承载力设计值，铝合金门窗与钢附框的连接应通过计算或试验确定承载能力。

铝合金门窗五金件与框、扇应可靠连接，并通过计算或试验确定承载能力。铝合金门窗各杆件之间应通过角码或接插件等连接件可靠连接，连接件应能承受构件的剪力。连接处的连接件、螺栓、螺钉和铆钉设计，应符合《铝合金结构设计规范》（GB 50429）的相关规定。

不同金属相互接触处容易产生双金属腐蚀，所以当与铝合金型材接触的连接件采用与铝合金型材易产生双金属腐蚀的金属材料时，应采取有效措施防止双金属腐蚀。可设置绝缘垫片或采取其他防腐蚀措施。在正常使用条件下，铝合金型材与不锈钢材料接触不易发生双金属腐蚀，一般可不要求设置绝缘垫片。与铝合金型材相连接的螺栓、螺钉其材质应采用奥氏体不锈钢。

重要受力螺栓、螺钉应通过计算确定承载力。连接螺栓、螺钉的中心距和中心至构件边缘的距离，均应满足构件受剪面承载能力的需要。一般其中心距不得小于$2.5d$；中心至构件边缘的距离，在顺内力方向不得小于$2d$；在垂直内力方向，对切割边不得小于$1.5d$，对轧制边不得小于$1.2d$。如果连接确有困难不能满足上述要求时，则应对构件受剪面进行验算。同时，当螺钉直接通过型材孔壁螺纹受力连接时，应验算螺纹承载力。必要时，应采取相应的补强措施，如采取加衬板或采用铆螺帽的方式，或改变连接方式。

铝合金门窗常用普通螺栓和铆钉应按下列规定计算。

（1）在普通螺栓或铆钉受剪的连接中，每个普通螺栓或铆钉的承载力设计值应取受剪和承压承载力设计值中的较小者。

受剪承载力设计值：

普通螺栓
$$N_v^b = n_v \frac{\pi d^2}{4} f_v^b \tag{7-14}$$

铆钉
$$N_v^r = n_v \frac{\pi d_0^2}{4} f_v^r \tag{7-15}$$

承压承载力设计值：

普通螺栓
$$N_c^b = d \sum t f_c^b \tag{7-16}$$

铆钉
$$N_c^r = d \sum t f_c^r \tag{7-17}$$

式中 n_v——受剪面数目；

d——螺栓杆直径；

d_0——铆钉孔直径；

$\sum t$——在同一受力方向的承压构件的较小总厚度；

f_v^b，f_c^b——螺栓的抗剪和承压强度设计值；

f_v^r，f_c^r——铆钉的抗剪和承压强度设计值。

（2）在普通螺栓或铆钉轴向受拉的连接中，每个普通螺栓或铆钉的承载力设计值应按下列公式计算：

普通螺栓
$$N_t^b = \frac{\pi d_e^2}{4} f_t^b \tag{7-18}$$

铆钉
$$N_t^r = \frac{\pi d_0^2}{4} f_t^r \tag{7-19}$$

式中 d_e——普通螺栓在螺纹处的有效直径；

d_0——铆钉孔直径；

f_t^b，f_t^r——普通螺栓和铆钉的抗拉强度设计值。

（3）同时承受剪力和轴向拉力的普通螺栓和铆钉，应分别符合下列公式的要求：

普通螺栓
$$\sqrt{\left(\frac{N_v}{N_v^b}\right)^2 + \left(\frac{N_t}{N_t^b}\right)^2} \leqslant 1 \tag{7-20}$$
$$N_v \leqslant N_c^b$$

铆钉
$$\sqrt{\left(\frac{N_v}{N_v^r}\right)^2 + \left(\frac{N_t}{N_t^r}\right)^2} \leqslant 1 \tag{7-21}$$
$$N_v \leqslant N_c^r$$

式中 N_v，N_t——每个普通螺栓或铆钉所承受的剪力和拉力；

N_v^b，N_t^b，N_c^b——每个普通螺栓的受剪、受拉和承压承载力设计值；

N_v^r，N_t^r，N_c^r——每个铆钉的受剪、受拉和承压承载力设计值。

7.6 隐框铝合金门窗用硅酮结构密封胶设计

在隐框铝合金门窗中，硅酮结构密封胶是重要的受力结构构件，隐框铝合金门窗硅酮结构密封胶设计时，应通过结构胶的受力计算来确定胶缝的结构尺寸。

《建筑用硅酮结构密封胶》(GB 16776)中，规定硅酮结构密封胶的拉伸强度不低于0.6N/mm²。在风荷载(短期荷载)作用下，取材料分项系数为3.0，则硅酮结构密封胶的强度设计值为0.2N/mm²。在重力荷载(永久荷载)作用下，硅酮结构密封胶的强度设计值f_2取为风荷载作用下强度设计值的1/20，即为0.01N/mm²。因此，胶缝宽度尺寸计算时应按结构胶所承受的短期荷载(风荷载)和长期荷载(重力荷载)分别进行计算，并符合以下条件：

$$\sigma_1或\tau_1 \leqslant f_1 \tag{7-22}$$

$$\sigma_2或\tau_2 \leqslant f_2 \tag{7-23}$$

式中 σ_1，τ_1——短期荷载或作用在硅酮结构密封胶产生的拉应力或剪应力设计值，N/mm²；

σ_2，τ_2——长期荷载在硅酮结构密封胶中产生的拉应力或剪应力设计值，N/mm²；

f_1——硅酮结构密封胶在短期荷载作用下的强度设计值，按0.2N/mm²采用；

f_2——硅酮结构密封胶在长期荷载作用下的强度设计值，按0.01N/mm²采用。

胶缝厚度则应根据结构胶的延伸率和玻璃的相对位移量来确定。

7.6.1 结构胶胶缝宽度C_s计算

隐框铝合金门窗玻璃与铝框之间硅酮结构密封胶的宽度C_s应分别按结构胶承受短期荷载(风荷载)和长期荷载(重力荷载)两种情况计算，并取较大值。

(1)在风荷载作用下 铝合金门窗构件在风荷载作用下相当于承受均布风力的双向板(图7-14)，在支承边缘单位长度最大拉力为$aw/2$，由结构胶的粘结力f_1C_s支承，即：

$$f_1C_s = \frac{aw}{2} \tag{7-24}$$

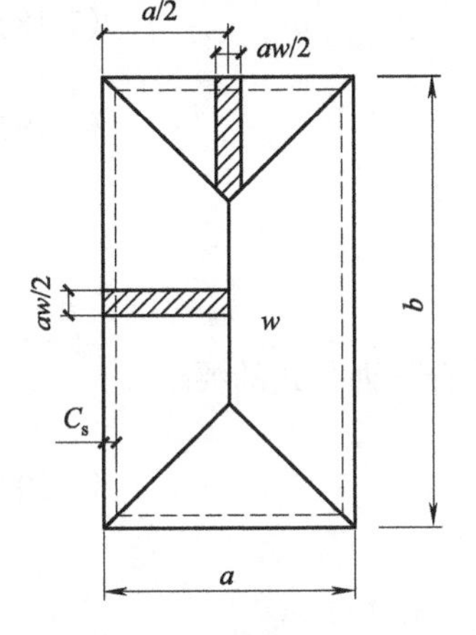

图7-14 结构胶受力荷载传递图

所以，在风荷载作用下，硅酮结构密封胶的粘结宽度C_s应按下式计算：

$$C_s = \frac{aw}{2f_1} \tag{7-25}$$

式中 f_1——硅酮结构密封胶在短期荷载作用下的强度设计值，N/mm²；

w——风荷载设计值，N/mm²。

习惯上，风荷载设计值常采用kN/m²为单位，则上述公式换算为：

$$C_s = \frac{aw}{2000f_1} \tag{7-26}$$

式中 C_s——硅酮结构密封胶粘结宽度，mm；

w——风荷载设计值，N/mm²；

a——玻璃的短边长度，mm；

f_1——硅酮结构密封胶在短期荷载作用下的强度设计值，N/mm²。

(2)在玻璃自重作用下 在玻璃自重作用下，结构胶胶缝承受长期剪应力(图7-15)，剪应力τ_2为：

$$\tau_2 = \frac{q_G ab}{2(a+b)C_s} \leqslant f_2 \tag{7-27}$$

式中 f_2——硅酮结构密封胶在长期荷载作用下的强度设计值，N/mm²；

q_G——玻璃单位面积重力荷载设计值，N/mm²。

习惯上，重力荷载设计值采用N/mm²为单位，则在玻璃自重作用下，硅酮结构密封胶的粘结宽度C_s应按下式计算：

$$C_s = \frac{q_G ab}{2000(a+b)f_2} \tag{7-28}$$

式中 C_s——硅酮结构密封胶的粘结宽度，mm；

q_G——玻璃单位面积重力荷载设计值，N/mm²；

a，b——玻璃的短边和长边长度，mm；

f_2——硅酮结构密封胶在长期荷载作用下的强度设计值，N/mm²。

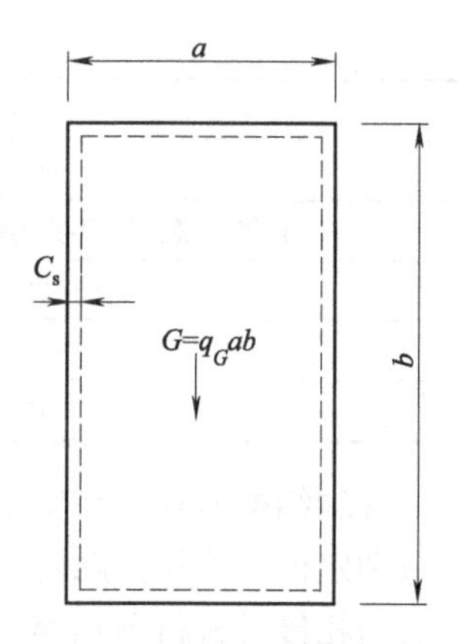

图7-15 竖向荷载下胶缝的受力

7.6.2 结构胶胶缝厚度t_s计算

结构胶的粘结厚度t_s由承受的相对位移μ_s决定。在发生相对位移时，结构胶和双面胶带的尺寸t_s变为t_s'，伸长了$t_s'-t_s$（图7-16、图7-17）。这一伸长量应不大于硅酮结构密封胶和双面胶带的延伸率$\delta=(t_s'-t_s)/t_s$。不同牌号的结构胶延伸率各不相同，应分别选用。

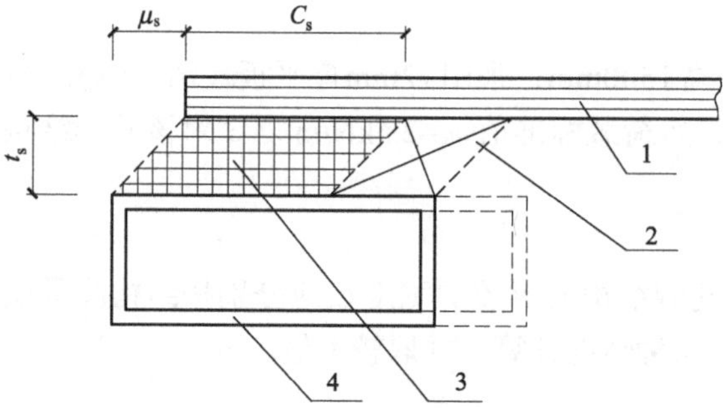

图7-16 硅酮结构密封胶粘结厚度示意图

1—玻璃；2—垫条；3—硅酮结构密封胶；4—铝合金框

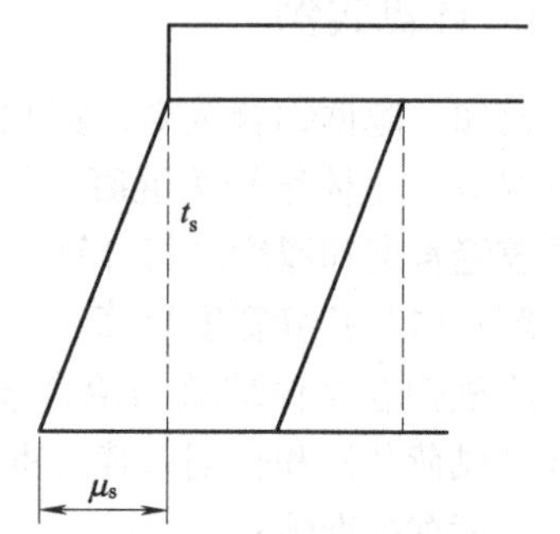

图7-17 结构胶的变形

由直角三角关系和结构胶延伸率关系可得出：

$$t_s^2+\mu_s^2=t_s'^2;\quad t_s'^2=(1+\delta)^2t_s^2;\quad (\delta+2\delta)t_s^2=\mu_s^2$$

所以硅酮结构密封胶的粘结厚度应按下式计算：

$$t_s \geqslant \frac{\mu_s}{\sqrt{\delta(2+\delta)}} \tag{7-29}$$

$$\mu_s = h\theta \tag{7-30}$$

式中 t_s——硅酮结构密封胶的粘结厚度，mm；

δ——硅酮结构密封胶的延伸率；

μ_s——玻璃相对于铝合金框的位移量，mm；

h——玻璃面板的高度，mm；

θ——风荷载标准值作用下，主体结构的楼层弹性层间位移角限值，rad，见表7-19。

玻璃与铝合金框之间的结构胶粘结厚度t_s不宜小于6mm，也不宜大于12mm。

表7-19 楼层弹性层间位移角限值

结构类型	弹性层间位移角限值
钢筋混凝土框架	1/550
钢筋混凝土框架-剪力墙、框架-核心筒、板柱-剪力墙	1/800
钢筋混凝土筒中筒、剪力墙	1/1000
钢筋混凝土框支层	1/1000
多、高层钢结构	1/300

硅酮结构密封胶在使用前，应进行与玻璃、型材的剥离粘结性试验，以及与间隔条、密封垫和定位块等相接触材料的相容性试验，试验合格后才能使用。如果所使用的硅酮结构密封胶与相接触材料不相容，将会导致结构胶的粘结强度和其他粘结性能的下降或丧失，从而留下严重的安全隐患。

硅酮结构密封胶承受永久荷载的能力较低，其在永久荷载作用下的强度设计值仅为0.01N/mm²，而且始终处于受力变形状态。所以在结构胶长期承受重力的隐框或横向半隐框铝合金门窗每块玻璃的下端要设置两个铝合金或不锈钢托板，托板应能承受该分格玻璃的重力荷载作用，且其长度不应小于100mm、厚度不应小于2mm、高度不宜超出玻璃外表面。托板上应设置与结构密封胶相容的柔性衬垫。

7.6.3 计算实例

已知：隐框铝合金窗，宽1200mm，高1500mm，采用12mm厚平板玻璃，SS621硅酮结构密封胶，主体结构为混凝土框架结构，风荷载标准值w_k=2.5kN/m²。试对该硅酮结构密封胶的胶缝宽度和厚度进行计算。

解：(1) 胶缝宽度计算

隐框铝合金窗玻璃与铝合金框之间硅酮结构密封胶的宽度C_s应分别按结构胶承受短期荷载（风荷载）和长期荷载（重力荷载）两种情况计算，并取较大值。

风荷载标准值：

$$w_k = 2.5\text{kN/m}^2$$

风荷载设计值：

$$w = \gamma_G w_k = 1.5 \times 2.5 = 3.75\text{kN/m}^2$$

① 在风荷载作用下

硅酮结构密封胶在短期荷载作用下的强度设计值：

$$f_1 = 0.2\text{N/mm}^2$$

硅酮结构密封胶粘结宽度：

$$C_s = \frac{aw}{2000f_1} = \frac{1200 \times 3.75}{2000 \times 0.2} = 11.25\text{mm}$$

② 在玻璃自重作用下

普通玻璃的自重（重力密度）：

$$\gamma_g = 25.6\text{kN/m}^3$$

永久荷载的分项系数：

$$\gamma_G = 1.3$$

玻璃单位面积重力荷载标准值：

$$q_{Gk} = \frac{\gamma_g t}{1000} = \frac{25.6 \times 12}{1000} = 0.307\text{kN/m}^2$$

玻璃单位面积重力荷载设计值：

$$q_G = \gamma_G q_{Gk} = 1.3 \times 0.307 = 0.399\text{kN/m}^2$$

硅酮结构密封胶在长期荷载作用下的强度设计值：

$$f_2 = 0.01\text{N/mm}^2$$

硅酮结构密封胶粘结宽度：

$$C_s = \frac{q_G ab}{2000(a+b)f_2} = \frac{0.399 \times 1200 \times 1500}{2000 \times (1200 + 1500) \times 0.01} \approx 13.3\text{mm}$$

通过对以上两种情况的比较，取 C_s = 14mm。

（2）结构胶胶缝厚度 t_s 计算

SS621 硅酮结构密封胶的延伸率：

$$\delta = 0.15$$

玻璃相对于铝合金框的位移量：

$$\mu_s = h\theta = 1500 \times 1/550 = 2.73\text{mm}$$

硅酮结构密封胶的粘结厚度：

$$t_s \geqslant \frac{\mu_s}{\sqrt{\delta(2+\delta)}} = \frac{2.73}{\sqrt{0.15(2+0.15)}} = 4.81\text{mm}$$

取结构胶的粘结厚度为6mm。

8 铝合金门窗的热工设计

能耗的三大主要来源是建筑能耗、工业能耗、交通能耗。其中，建筑能耗占总能耗的30%左右，门窗的能耗又占建筑能耗的30%~40%，由此可见，作为建筑外围护结构的重要组成部分的门窗是建筑物中热工性能最为薄弱的环节，在建筑热工设计过程中起着举足轻重的作用，是建筑节能的关键环节。

目前，门窗热工性能指标主要有空气渗透量、传热系数、可见光透射比、遮阳系数、中空玻璃露点等。

8.1 门窗系统中的热能传递

发生在自然界中的热能传递有三种基本方式，即热传导、热对流和热辐射，门窗系统中热能传递亦是如此。

(1) 热传导　物体之间不发生相对位移，仅依靠分子、原子及自由电子等微观粒子的热运动而产生的热能传递称为热传导，热传导现象的规律可用傅里叶（Fourier）定律来说明。

$$\Phi = -\lambda A\frac{\mathrm{d}t}{\mathrm{d}x} \tag{8-1}$$

式中，λ是比例系数，称为热导率，又称导热系数，负号表示热量传递方向与温度升高的方向相反。热导率是表征材料导热性能优劣的参数，不同材料的热导率值不同，即使是同一种材料，热导率值还与温度等因素有关。

(2) 热对流　热对流是指由于物体的宏观运动而引起的流体各部分之间发生相对位移，冷、热物体相互掺混所导致的热量传递过程。热对流仅能发生在流体中，而且由于流体中的分子同时在进行着不规则的热运动，因而热对流必然伴随有热传导现象。工程上特别感兴趣的是流体流过一个物体表面时流体与物体表面间的热量传递过程，并称之为对流传热，以区别于一般意义上的热对流。发生在窗中的热能传递主要是对流传热。

对流传热可分为自然对流和强制对流两大类。自然对流是由于流体冷、热各部分的密度不同而引起的。如果流体的流动是由于水泵、风机或其他压差作用所造成的，则称为强制对流。两种情况同时出现时称为混合对流。

在门窗热工计算时，当室内气流速度小于0.3m/s时，内表面的对流按自然对流计算；气流速度大于0.3m/s时，按强制对流和混合对流计算。

对流传热（门窗、幕墙热工计算时称为对流换热）的基本计算式是牛顿冷却公式（表面换热系数的定义式）：

流体被加热时

$$q = h\left(t_w - t_f\right) \tag{8-2}$$

流体被冷却时

$$q = h\left(t_f - t_w\right) \tag{8-3}$$

式中，q为热流密度，W/m²；h为比例系数 （也称对流换热系数），W/(m²·K)；t_w和t_f分别为壁面温度和流体温度，℃。

表面传热系数的大小与对流传热过程中的许多因素有关。它不仅取决于流体的物性（热导率λ、动力黏度η、流体密度ρ、定压比热容c_p等）以及换热表面的形状、大小与布置，而且还与流速有密切关系。

（3）热辐射　物体通过电磁波来传递能量的方式称为辐射。物体因各种原因发出辐射能，其中因热的原因而发出辐射能的现象称为热辐射。

只要物体的温度高于“绝对零度”，它总是不断地把热能变为辐射能，向外发出热辐射同时又不断地吸收其他物体发出的热辐射。辐射与吸收过程的综合结果就造成了以辐射方式进行的物体间热量传递——辐射传热，也称为辐射换热。当物体与周围环境处于热平衡时，辐射传热量等于零，但这是动态平衡，辐射与吸收过程仍在不停地进行。

辐射传热的特点是：热辐射的能量传递不需要其他介质存在，而且在真空中传递的效率最高；在物体发射与吸收辐射能量的过程中，发生了电磁能与热能两种能量形式的转换，即发射时从热能转换为辐射能，而被吸收时又从辐射能转换为热能。

8.2　基本术语与计算边界条件

线传热系数是指门窗玻璃（或者其他镶嵌板）边缘与框的组合传热效应所产生附加传热量的参数。

面板传热系数是指面板中部区域的传热系数，不考虑边缘的影响。如玻璃传热系数是指玻璃面板中部区域的传热系数。

可见光透射比是指采用人眼视见函数进行加权，标准光源透过玻璃、门窗成为室内的可见光通量与透射到玻璃、门窗上的可见光通量的比值。

太阳光总透射比是指通过玻璃、门窗成为室内得热量的太阳辐射部分与投射到玻璃、门窗构件上的太阳辐射照度的比值。成为室内得热量的太阳辐射部分包括太阳辐射通过辐射透射的得热量和太阳辐射被构件吸收再传入室内的得热量两部分。

露点温度是指在一定的压力和水蒸气含量的条件下，空气达到饱和水蒸气状态时（相对湿度等于100%）的温度。

传热系数是指在稳定条件下，外门窗两侧环境温度差为1K(℃）时，在单位时间内通过单位面积门窗的热量。传热系数在行业内也叫U值（美国）或K值（中国、日本、欧洲）。

在进行实际工程设计时，门窗热工性能计算所采用的边界条件应符合相应的建筑设计和节能设计标准规定。门窗热工计算环境边界条件如下。

（1）冬季标准计算条件

室内空气温度T_{in}：20℃

室外空气温度T_{out}：−20℃

室内对流换热系数$h_{c,in}$：3.6W/(m²·K)

室外对流换热系数$h_{c,\ out}$：16W/(m²·K)

室内平均辐射温度$T_{rm,\ in}$：T_{in}

室外平均辐射温度$T_{rm,\ out}$：T_{out}

太阳辐射照度I_s：300W/m²

（2）夏季标准计算条件

室内空气温度T_{in}：25℃

室外空气温度T_{out}：30℃

室内对流换热系数$h_{c,\ in}$：2.5W/(m²·K)

室外对流换热系数$h_{c,\ out}$：16W/(m²·K)

室内平均辐射温度$T_{rm,\ in}$：T_{in}

室外平均辐射温度$T_{rm,\ out}$：T_{out}

太阳辐射照度I_s：500W/m²

传热系数计算应采用冬季标准计算条件，并取I_s=0W/m²。计算门窗的传热系数时，门窗周边框的室外对流换热系数$h_{c,\ out}$应取8W/(m²·K)，周边框附近玻璃边缘（65mm内）的室外对流换热系数$h_{c,\ out}$应取12W/(m²·K)。

遮阳系数、太阳光总透射比计算应采用夏季标准计算条件。

（3）结露性能评价与计算的标准计算条件

室内环境温度：20℃

室内环境湿度：30%，60%

室外环境温度：0℃，-10℃，-20℃

室外对流换热系数：20W/(m²·K)

框的太阳光总透射比g_f计算应采用下列边界条件：

$$q_{in} = \alpha I_s \tag{8-4}$$

式中 α——框表面太阳辐射吸收系数；

I_s——太阳辐射照度，W/m²；

q_{in}——框吸收的太阳辐射热，W/m²。

8.3 热工性能计算步骤

门窗热工计算的基本步骤，首先是根据门窗所在的热工分区，确定热工性能指标，然后分析门窗的窗型结构，确定边界条件，分别计算出窗各组成部分的传热系数，最后按要求计算整窗的传热系数，如图8-1所示。

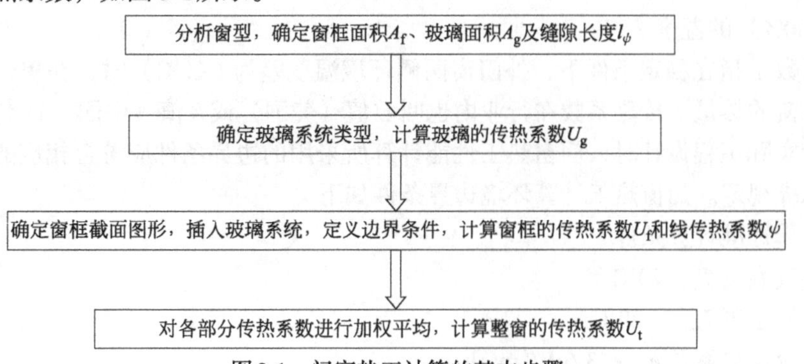

图8-1 门窗热工计算的基本步骤

8.4 整樘窗几何描述

8.4.1 窗的几何分段

整樘窗应根据框截面的不同对窗框进行分类，每个不同类型窗框截面均应计算框传热系数、线传热系数。不同类型窗框相交部分的传热系数宜采用临近框中较高的传热系数代替。两条框相交处简化为其中的一条计算，不考虑三维传热状态。窗的几何分段如图8-2所示。

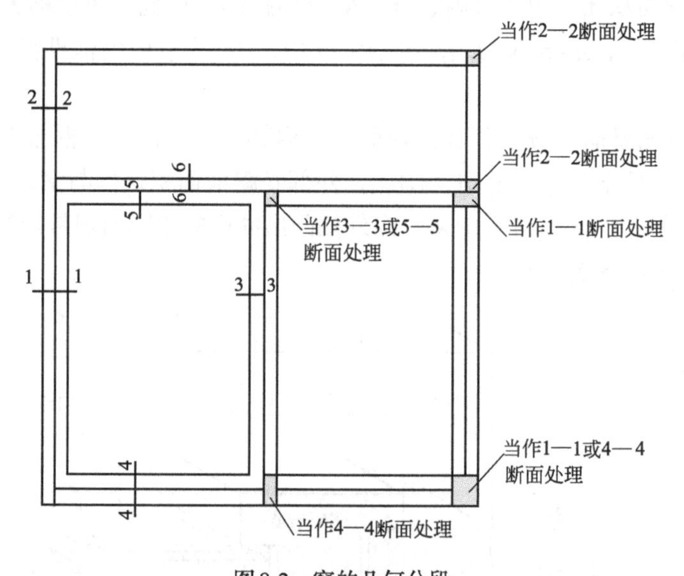

图8-2　窗的几何分段

如图8-2所示的窗型，应计算1—1、2—2、3—3、4—4、5—5、6—6六个框段的框传热系数及对应的框和玻璃接缝线传热系数。两条框相交部分简化为其中的一条框来处理。计算1—1、2—2、4—4截面的二维传热时，与墙面相接的边界作为绝热边界处理。计算3—3、5—5、6—6截面的二维传热时，与相邻框相接的边界作为绝热边界处理。

如图8-3所示的推拉窗型，应计算1—1、2—2、3—3、4—4、5—5五个框段的框传热系数及对应的框和玻璃接缝线传热系数。两扇窗框叠加部分5—5作为一个截面进行计算。

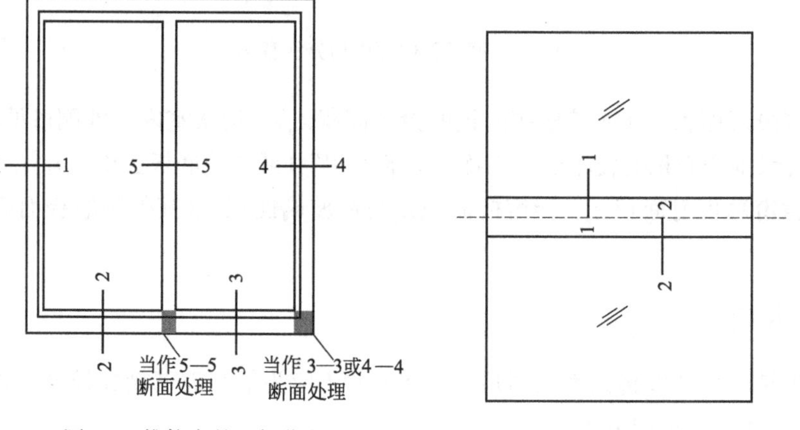

图8-3　推拉窗的几何分段

图8-4　窗框的几何分段

一个框两边均有玻璃的情况，可以分别附加框两边的附加线传热系数。如图8-4所示窗框两边均有玻璃，框的传热系数为框两侧均镶嵌保温材料时的传热系数，框1—1和2—2的宽度可以分别是框宽度的1/2。框1—1和2—2的附加线传热系数可以分别将其换成玻璃进行计算。如果对称，则两边的附加线传热系数应该是相同的。

8.4.2 整樘窗的面积划分

在进行热工计算时，应按下列规定对整樘窗进行面积划分。

（1）窗框投影面积A_f 指从室内、外两侧分别投影，得到的可视框投影面积中的较大者，简称“窗框面积”，$A_f=\max(A_{f,i}, A_{f,e})$，其中，$A_{f,i}$为室内侧框投影，$A_{f,e}$为室外侧框投影。

注意区分内表面暴露部分面积和投影面积。内部暴露框面积是框与室内空气接触的面积，为图8-5中$A_{d,i}$部分，$A_{d,i}=A_1+A_2+A_3+A_4$；外部暴露框面积是框与室外空气接触的面积，为图8-5中$A_{d,e}$部分，$A_{d,e}=A_5+A_6+A_7+A_8$。内外侧凸出的框的投影面积是指投影到平行于玻璃板面的框的面积，如图8-5所示。

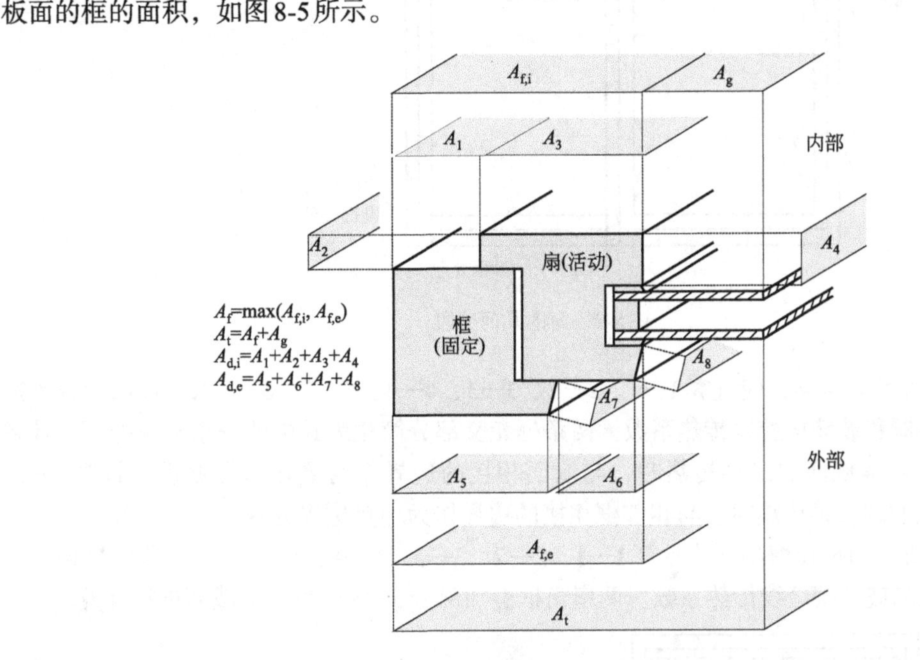

图8-5 窗各部件面积划分示意图

（2）玻璃投影面积 A_g(或其他镶嵌板的投影面积A_p) 指从室内、外侧可见玻璃（或其他镶嵌板）边缘围合面积的较小值，简称“玻璃面积”（或“镶嵌板面积”）。

（3）整樘窗总投射面积A_t 指窗框面积A_f与窗玻璃面积A_g(其他镶嵌板面积A_p）之和，简称“窗面积”。

8.4.3 边缘长度

玻璃和框结合处的线传热系数对应的边缘长度l_ψ应为框与玻璃接缝长度，并应取室内、室外值中的较大值，如图8-6所示。

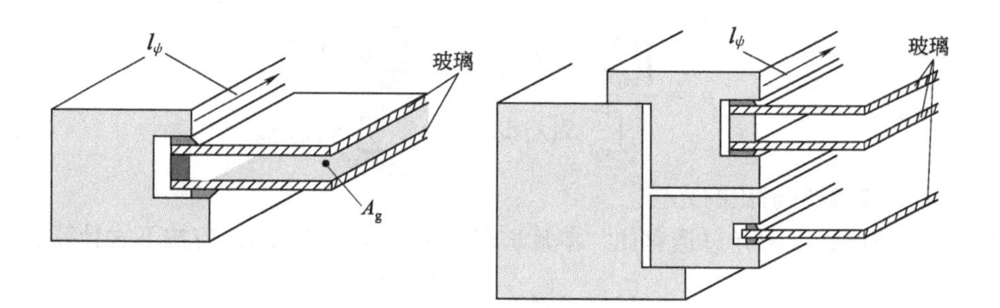

图8-6　窗玻璃区域周长示意图

8.5　窗玻璃的光学热工性能计算

8.5.1　单片玻璃的光学热工性能

单片玻璃的光学热工性能应根据测定的单片玻璃光谱数据进行计算。

测定的单片玻璃光谱数据应包括各个光谱段的透射比、前反射比和后反射比，光谱范围应至少包括300~2500nm波长范围，不同波长段的间隔应满足如下要求：300~400nm的波长间隔不宜超过5nm；400~1000nm的波长间隔不宜超过10nm；1000~2500nm的波长间隔不宜超过50nm。

（1）单片玻璃的可见光透射比　单片玻璃的可见光透射比τ_v应按下式计算：

$$\tau_v = \frac{\int_{380}^{780} D_\lambda \tau(\lambda) V(\lambda) d\lambda}{\int_{380}^{780} D_\lambda V(\lambda) d\lambda} \approx \frac{\sum_{\lambda=380}^{780} D_\lambda \tau(\lambda) V(\lambda) \Delta\lambda}{\sum_{\lambda=380}^{780} D_\lambda V(\lambda) \Delta\lambda} \tag{8-5}$$

式中　D_λ——D65标准光源相对光谱功率分布；

$\tau(\lambda)$——玻璃透射比的光谱数据；

$V(\lambda)$——人眼的视见函数。

（2）单片玻璃的可见光反射比　单片玻璃的可见光反射比ρ_v应按下式计算：

$$\rho_v = \frac{\int_{380}^{780} D_\lambda \rho(\lambda) V(\lambda) d\lambda}{\int_{380}^{780} D_\lambda V(\lambda) d\lambda} \approx \frac{\sum_{\lambda=380}^{780} D_\lambda \rho(\lambda) V(\lambda) \Delta\lambda}{\sum_{\lambda=380}^{780} D_\lambda V(\lambda) \Delta\lambda} \tag{8-6}$$

式中　$\rho(\lambda)$——玻璃反射比的光谱数据。

（3）单片玻璃的太阳光直接透射比　单片玻璃的太阳光直接透射比τ_s应按下式计算：

$$\tau_s = \frac{\int_{300}^{2500} \tau(\lambda) S(\lambda) d\lambda}{\int_{300}^{2500} S(\lambda) d\lambda} \approx \frac{\sum_{\lambda=300}^{2500} \tau(\lambda) S(\lambda) \Delta\lambda}{\sum_{\lambda=300}^{2500} S(\lambda) \Delta\lambda} \tag{8-7}$$

式中　$\tau(\lambda)$——玻璃透射比的光谱数据；

$S(\lambda)$——标准太阳光谱。

（4）单片玻璃的太阳光直接反射比　单片玻璃的太阳光直接反射比ρ_s应按下式计算：

$$\rho_s = \frac{\int_{300}^{2500} \rho(\lambda) S(\lambda) \mathrm{d}\lambda}{\int_{300}^{2500} S(\lambda) \mathrm{d}\lambda} \approx \frac{\sum_{\lambda=300}^{2500} \rho(\lambda) S(\lambda) \Delta\lambda}{\sum_{\lambda=300}^{2500} S(\lambda) \Delta\lambda} \tag{8-8}$$

式中　$\rho(\lambda)$——玻璃反射比的光谱。

（5）单片玻璃的太阳光总透射比　单片玻璃的太阳光总透射比g应按下式计算：

$$g = \tau_s + \frac{A_s h_{in}}{h_{in} + h_{out}} \tag{8-9}$$

式中　h_{in}——玻璃室内表面换热系数，W/(m²·K)；

h_{out}——玻璃室外表面换热系数，W/(m²·K)；

A_s——单片玻璃的太阳光直接吸收比，用公式$A_s = 1 - \tau_s - \rho_s$计算。

（6）单片玻璃的遮阳系数　单片玻璃的遮阳系数SC_{cg}应按下式计算：

$$SC_{cg} = \frac{g}{0.87} \tag{8-10}$$

式中　SC_{cg}——单片玻璃的遮阳系数；

g——单片玻璃的太阳光总透射比。

8.5.2　多层玻璃的光学热工性能

太阳光透过多层玻璃系统的计算应采用如下计算模型，如图8-7所示。

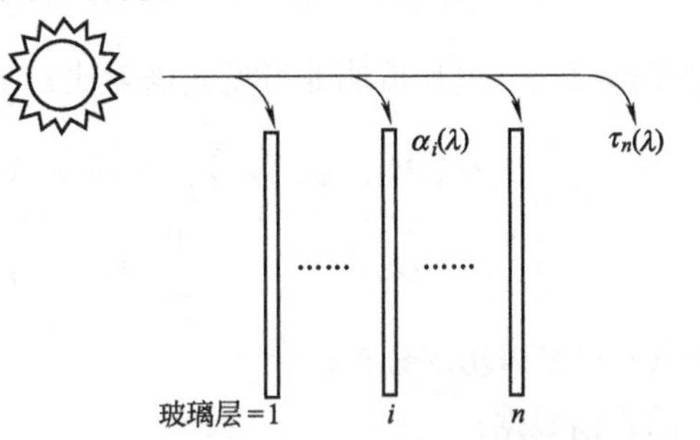

图8-7　玻璃层的吸收率和太阳光透射比

一个具有n层玻璃的系统，系统分为n+1个气体间层，最外层为室外环境（i=1），最内层为室内环境（i=n+1）。对于波长λ的太阳光，系统的光学分析应以第i–1层和第i层玻璃之间辐射能量$I_i^+(\lambda)$和$I_i^-(\lambda)$建立能量平衡方程，其中角标"+"和"—"分别表示辐射流向室外和流向室内，如图8-8所示。

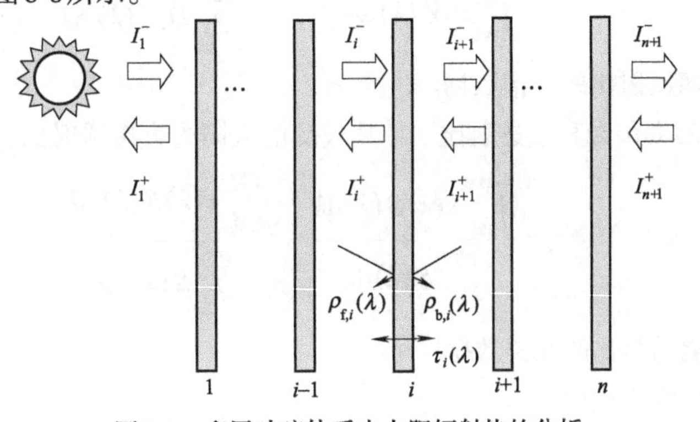

图8-8　多层玻璃体系中太阳辐射热的分析

设定室外只有太阳的辐射，室外和室内环境的反射比均为零。

当i=1时：

$$I_1^+(\lambda) = \tau_1(\lambda)I_2^+(\lambda) + \rho_{f,1}(\lambda)I_s(\lambda) \tag{8-11}$$

$$I_1^-(\lambda) = I_s(\lambda) \tag{8-12}$$

当i=n+1：

$$I_{n+1}^-(\lambda) = \tau_n(\lambda)I_n^-(\lambda) \tag{8-13}$$

$$I_{n+1}^+(\lambda) = 0 \tag{8-14}$$

当i=2~n时：

$$I_i^+(\lambda) = \tau_i(\lambda)I_{i+1}^+(\lambda) + \rho_{f,i}(\lambda)I_i^-(\lambda) \tag{8-15}$$

$$I_i^-(\lambda) = \tau_{i-1}(\lambda)I_{i-1}^-(\lambda) + \rho_{b,i-1}(\lambda)I_i^+(\lambda) \tag{8-16}$$

利用解线性方程组的方法计算所有各个气体层的$I_i^+(\lambda)$和$I_i^-(\lambda)$的值，传向室内的直接透射比由下式计算：

$$\tau(\lambda)I_s(\lambda) = I_{n+1}^-(\lambda) \tag{8-17}$$

反射到室外的直接反射比由下式计算：

$$\rho(\lambda)I_s(\lambda) = I_1^+(\lambda) \tag{8-18}$$

第i层玻璃的太阳辐射吸收比$A_i(\lambda)$，采用下式计算：

$$A_i(\lambda) = \frac{I_i^-(\lambda) - I_i^+(\lambda) + I_{i+1}^+(\lambda) - I_{i+1}^-(\lambda)}{I_s(\lambda)} \tag{8-19}$$

对整个太阳光谱进行数值积分，可以得到第i层玻璃吸收的太阳辐射热流密度S_i：

$$S_i = A_i I_s \tag{8-20}$$

$$A_i = \frac{\int_{300}^{2500} A_i(\lambda)S_\lambda \mathrm{d}\lambda}{\int_{300}^{2500} S_\lambda \mathrm{d}\lambda} = \frac{\sum_{\lambda=300}^{2500} A_i(\lambda)S_\lambda \Delta\lambda}{\sum_{\lambda=300}^{2500} S_\lambda \Delta\lambda} \tag{8-21}$$

式中　A_i——太阳辐射照射到玻璃系统时，第i层玻璃的太阳辐射吸收比。

多层玻璃的可见光透射比、可见光反射比、太阳光直接透射比和太阳光直接反射比分别按式（8-5)~式（8-8）进行计算。

8.5.3　玻璃气体间层的热传递

（1）玻璃间气体间层的能量平衡　可用如下基本关系表达式（图8-9）：

$$q_i = h_{c,i}\left(T_{f,i} - T_{b,i-1}\right) + J_{f,i} - J_{b,i-1} \tag{8-22}$$

式中　$T_{f,i}$——第i层玻璃前表面温度，K；

$T_{b,i-1}$——第i-1层玻璃后表面温度，K；

$J_{f,i}$——第i层玻璃前表面辐射热，W/m²；

$J_{b,i-1}$——第i-1层玻璃后表面辐射热，W/m²。

在每一层气体间层中，应按下列公式计算：

$$q_i = S_i + q_{i+1} \tag{8-23}$$

$$J_{f,i} = \varepsilon_{f,i}\sigma T_{f,i}^4 + \tau_i J_{f,i+1} + \rho_{f,i}J_{b,i-1} \tag{8-24}$$

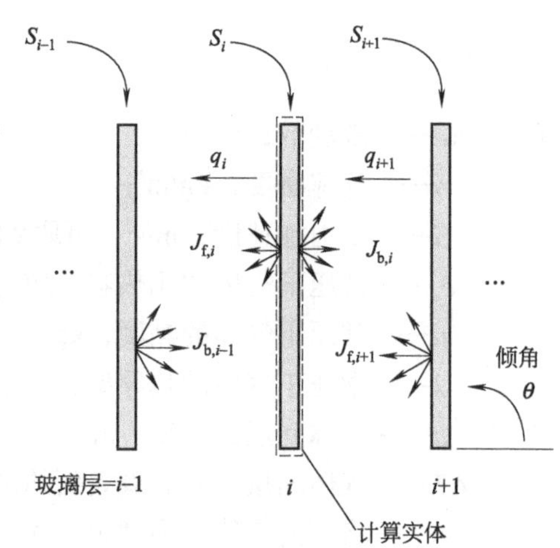

图8-9　第i层玻璃的能量平衡

$$J_{b,i}=\varepsilon_{b,i}\sigma T_{b,i}^{4}+\tau_i J_{b,i-1}+\rho_{b,i}J_{f,i+1} \tag{8-25}$$

$$T_{b,i}-T_{f,i}=\frac{t_{g,i}}{2\lambda_{g,i}}\left(2q_{i+1}+S_i\right) \tag{8-26}$$

式中 $t_{g,i}$——第i层玻璃的厚度，m；

S_i——第i层玻璃吸收的太阳辐射热，W/m²；

τ_i——第i层玻璃的远红外透射比；

$\rho_{f,i}$——第i层前玻璃的远红外反射比；

$\rho_{b,i}$——第i层后玻璃的远红外反射比；

$\varepsilon_{b,i}$——第i层后表面半球发射率；

$\varepsilon_{f,i}$——第i层前表面半球发射率；

$\lambda_{g,i}$——第i层玻璃的热导率，W/(m·K)。

在计算传热系数时，应设定太阳辐射I_s=0。在每层材料均为玻璃（或远红外透射比为零的材料）的系统中，可按如下热平衡方程计算气体间层的传热：

$$q_i=h_{c,i}\left(T_{f,i}-T_{b,i-1}\right)+h_{r,i}\left(T_{f,i}-T_{b,i-1}\right) \tag{8-27}$$

式中 $h_{r,i}$——第i层气体层的辐射换热系数；

$h_{c,i}$——第i层气体层的对流换热系数。

（2）玻璃层间气体间层的对流换热系数 可由无量纲的努谢尔特数Nu_i确定：

$$h_{c,i}=Nu_i\left(\frac{\lambda_{g,i}}{d_{g,i}}\right) \tag{8-28}$$

式中 $d_{g,i}$——气体间层i的厚度，m；

$\lambda_{g,i}$——所充气体的热导率，W/(m·K)；

Nu_i——努谢尔特数，是瑞利数Ra_j、气体间层高厚比和气体层间倾角θ的函数。

（3）玻璃层间气体间层的瑞利数 可按下列公式表示：

$$Ra=\frac{\gamma^2 d^3 G\beta c_p \Delta T}{\mu\lambda} \tag{8-29}$$

$$\beta=\frac{1}{T_m} \tag{8-30}$$

$$A_{g,i}=\frac{H}{d_{g,i}} \tag{8-31}$$

式中 Ra——瑞利数；

γ——气体密度，kg/m³；

G——重力加速度，m/s²，可取9.80，m/s²；

c_p——常压下气体的比热容，J/(kg·K)；

μ——常压下气体的黏度，kg/(m·s)；

λ——常压下气体的热导率，W/(m·K)；

d——气体间层的厚度，m；

ΔT——气体间层前后玻璃表面的温度差，K；

β——将填充气体作为理想气体处理时的气体热膨胀系数；

T_m——填充气体的平均温度，K；

H——气体层间顶部到底部的距离，m，通常应和窗的透光区域高度相同；

$A_{g,i}$——第i层气体间层的高厚比。

应对应于不同的倾角θ值或范围，定量计算通过玻璃气体间层的对流热传递。以下计算假设空腔从室内加热（即$T_{f,i}>T_{b,i-1}$），若实际上室外温度高于室内（$T_{f,i}<T_{b,i-1}$），则要以180°-θ代替θ。

（4）空腔的努谢尔特数Nu_i 应按下列公式计算：

① 气体间层倾角0°≤θ<60°

$$Nu_i = 1 + 1.44\left[1 - \frac{1708}{Ra\cos\theta}\right]^*\left[1 - \frac{1708\sin^{1.6}(1.8\theta)}{Ra\cos\theta}\right] + \left[\left(\frac{Ra\cos\theta}{5830}\right)^{\frac{1}{3}} - 1\right]^* \quad (8\text{-}32)$$

$$Ra < 10^5 \text{且} A_{g,i} > 20$$

式中，函数$[x]^*$表达式为：$[x]^* = \frac{x+|x|}{2}$。

② 气体间层倾角θ=60°

$$Nu = \left(Nu_1,\ Nu_2\right)_{max} \quad (8\text{-}33)$$

式中：

$$Nu_1 = \left[1 + \left(\frac{0.0936Ra^{0.314}}{1+G_N}\right)^7\right]^{\frac{1}{7}}$$

$$Nu_2 = \left(0.104 + \frac{0.175}{A_{g,i}}\right)Ra^{0.283}$$

$$G_N = \frac{0.5}{\left[1 + \left(\frac{Ra}{3160}\right)^{20.6}\right]^{0.1}}$$

③ 气体间层倾角60°<θ<90°

可根据式（8-33）和式（8-34）的计算结果按倾角θ作线性插值。以上公式适用于$10^2<Ra<2\times10^7$且$5<A_{g,i}<100$的情况。

④ 垂直气体间层θ=90°

$$Nu = \left(Nu_1,\ Nu_2\right)_{max} \quad (8\text{-}34)$$

$$Nu_1 = 0.0673838Ra^{\frac{1}{3}} \quad Ra > 5\times10^4$$

$$Nu_1 = 0.028154Ra^{0.4134} \quad 10^4 < Ra \leqslant 5\times10^4$$

$$Nu_1 = 1 + 1.7596678\times10^{-10}Ra^{2.2984755} \quad Ra \leqslant 10^4$$

$$Nu_2 = 0.242\left[\frac{Ra}{A_{g,i}}\right]^{0.272}$$

⑤ 气体间层倾角90°<θ<180°

$$Nu = 1 + \left(Nu_v - 1\right)\sin\theta \quad (8\text{-}35)$$

（5）玻璃（或其他远红外辐射透射比为零的板材），气体间层两侧玻璃的辐射换热系数h_r应按下列公式计算：

$$h_r = 4\sigma\left(\frac{1}{\varepsilon_1} + \frac{1}{\varepsilon_2} - 1\right)^{-1} \times T_m^3 \quad (8\text{-}36)$$

式中 σ——斯蒂芬-玻耳兹曼常数，$W/(m^2 \cdot K^4)$；

ε_1，ε_2——气体间层中的两个玻璃表面在平均热力学温度T_m下的半球发射率；

T_m——气体间层中两个表面的平均热力学温度，K。

8.5.4 玻璃系统的热工参数

（1）玻璃系统传热系数 计算玻璃系统传热系数时，应采用简单的模拟环境条件，仅考虑室内外温差，没有太阳辐射，应按下式计算：

$$U_g = \frac{q_{in}\left(I_s = 0\right)}{T_{ni} - T_{ne}} \tag{8-37}$$

$$U_g = \frac{1}{R_t} \tag{8-38}$$

式中 $q_{in}(I_s=0)$——没有太阳辐射热时，通过玻璃系统传向室内的净热流量，W/m^2；

T_{ne}——室外环境温度，K；

T_{ni}——室内环境温度，K；

玻璃系统的传热阻R_t为各层玻璃、气体间层、内外表面换热阻之和，应按下式计算：

$$R_t = \frac{1}{h_{out}} + \sum_{i=2}^{n} R_i + \sum_{i=1}^{n} R_{g,i} + \frac{1}{h_{in}} \tag{8-39}$$

$$R_{g,i} = \frac{t_{g,i}}{\lambda_{g,i}} \tag{8-40}$$

$$R_i = \frac{T_{f,i} - T_{b,i-1}}{q_i} \quad i = 2 \sim n \tag{8-41}$$

式中 $R_{g,i}$——第i层玻璃的固体热阻，$m^2 \cdot K/W$；

R_i——第i层气体间层的热阻，$m^2 \cdot K/W$；

$T_{f,i}$，$T_{b,i-1}$——第i层气体间层的外表面和内表面温度，K；

q_i——第i层气体间层的热流密度，W/m^2。

环境温度应是周围空气温度T_{air}和平均辐射温度T_{rm}的加权平均值，应按下式计算：

$$T_n = \frac{h_c T_{air} + h_r T_{rm}}{h_c + h_r} \tag{8-42}$$

式中 h_r——辐射换热系数；

h_c——对流换热系数。

（2）玻璃系统的遮阳系数 玻璃系统遮阳系数的计算应符合下列规定。

① 各层玻璃室外侧方向的热阻应按下式计算：

$$R_{out,i} = \frac{1}{h_{out}} + \sum_{k=2}^{i} R_k + \sum_{k=1}^{i-1} R_{g,k} + \frac{1}{2} R_{g,i} \tag{8-43}$$

式中 $R_{g,i}$——第i层玻璃的固体热阻，$m^2 \cdot K/W$；

$R_{g,k}$——第k层玻璃的固体热阻，$m^2 \cdot K/W$；

R_k——第k层气体间层的热阻，$m^2 \cdot K/W$。

② 各层玻璃向室内的二次传热应按下式计算：

$$q_{in,i} = \frac{A_{s,i} R_{out,i}}{R_t} \tag{8-44}$$

③ 玻璃系统的太阳光总透射比应按下式计算：

$$g = \tau_s + \sum_{i=1}^{n} q_{in,\ i} \tag{8-45}$$

④ 玻璃系统的玻璃的遮阳系数SC_{cg}应按下式计算：

$$SC_{cg} = \frac{g}{0.87} \tag{8-46}$$

8.6 窗框传热计算

由于窗的种类繁多，窗框内部结构复杂多样，因此对于窗框传热系数的计算，多采用软件进行模拟计算，常用的方法是基于二维稳态热传递原理的有限单元法。软件中的计算程序应包括复杂灰色体漫反射模型和玻璃气体间层内、框空腔内的对流换热计算模型。

计算时首先输入图形及材料的物理参数，然后确定边界条件，最后进行施加荷载计算得到窗框的传热系数。

8.6.1 窗框的传热系数

计算框的传热系数U_f应符合下列规定。

（1）框的传热系数应在计算窗的某一框截面的二维热传导的基础上获得。

（2）在框的计算截面中，应用一块热导率λ=0.03W/(m·K)的板材替代实际的玻璃（或其他镶嵌板），板材的厚度等于所替代面板的厚度，嵌入框的深度按照面板嵌入的实际尺寸，可见部分的板材宽度b_p不应小于200mm，如图8-10所示。

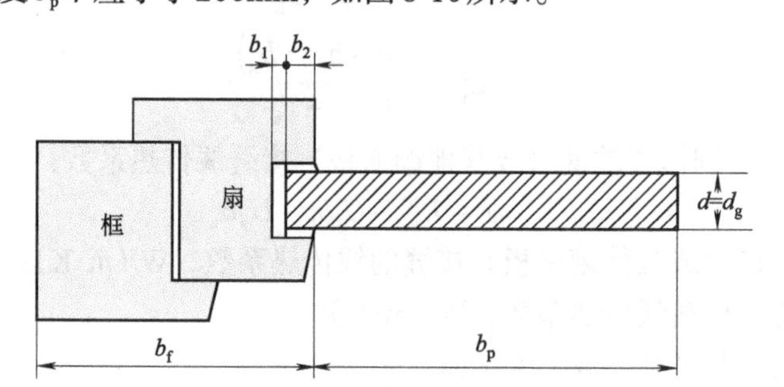

图8-10 窗框传热系数计算模型示意图

在室内外标准条件下，用二维热传导计算程序计算流过图示截面的热流q_w：

$$q_w = \frac{\left(U_f b_f + U_p b_p\right)\left(T_{n,\ in} - T_{n,\ out}\right)}{b_f + b_p} \tag{8-47}$$

$$L_f^{2D} = \frac{q_w\left(b_f + b_p\right)}{T_{n,\ in} - T_{n,\ out}} \tag{8-48}$$

合并上述两式，得到窗框的传热系数：

$$U_f = \frac{L_f^{2D} - U_p b_p}{b_f} \tag{8-49}$$

式中 U_f——框的传热系数，W/(m²·K)；

L_f^{2D}——框截面整体的线传热系数，W/(m·K)；

U_p——板材的传热系数，W/(m²·K)；

b_f——框的投影宽度，m；

b_p——板材可见部分的宽度，m；

$T_{n,\ in}$——室内环境温度，K；

$T_{n,\ out}$——室外环境温度，K。

8.6.2 窗框与玻璃系统（或其他镶嵌板）接缝的线传热系数

计算窗框与玻璃系统（或其他镶嵌板）接缝的线传热系数ψ应符合下列规定。

（1）用实际的玻璃系统（或其他镶嵌板）替代热导率λ=0.03W/(m·K）的板材，其他尺寸不变，如图8-11所示。

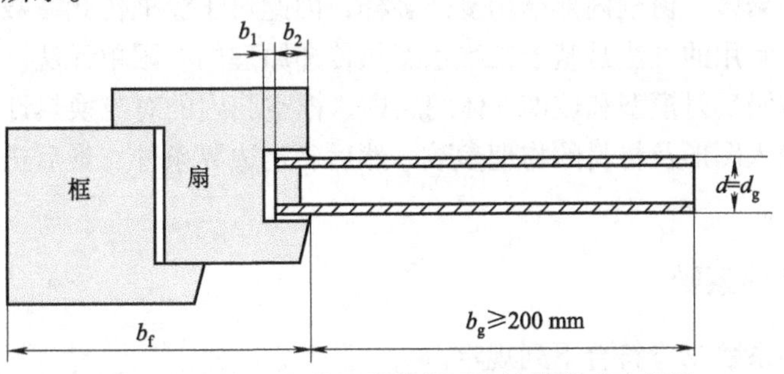

图8-11 框与面板接缝线传热系数计算模型示意图

（2）用二维热传导计算程序，计算在室内外标准条件下流过图示截面的热流q_ψ。

$$q_\psi = \frac{\left(U_f b_f + U_g b_g + \psi\right)\left(T_{n,\ in} - T_{n,\ out}\right)}{b_f + b_g} \tag{8-50}$$

$$L_\psi^{2D} = \frac{q_\psi\left(b_f + b_g\right)}{T_{n,\ in} - T_{n,\ out}} \tag{8-51}$$

合并上述两式，得到框与玻璃（或其他镶嵌板）接缝线传热系数：

$$\psi = L_\psi^{2D} - U_f b_f - U_g b_g \tag{8-52}$$

式中 ψ——框与玻璃（或其他镶嵌板）接缝的线传热系数，W/(m·K)；

L_ψ^{2D}——框截面整体的线传热系数，W/(m·K)；

U_g——玻璃的传热系数，W/(m²·K)；

b_g——玻璃可见部分的宽度，m；

$T_{n,\ in}$——室内环境温度，K；

$T_{n,\ out}$——室外环境温度，K。

8.6.3 框的太阳光总透射比

框的太阳光总透射比可按式（8-53）计算：

$$g_f = \alpha_f \frac{U_f}{\frac{A_{surf}}{A_f} h_{out}} \tag{8-53}$$

式中 h_{out}——室外表面换热系数，W/(m²·K)，可按JGJ/T 151—2008第10章的规定计算；

α_f——框表面太阳辐射吸收系数；

U_f——框的传热系数，W/(m²·K)；

A_{surf}——框的外表面面积，m²；

A_f——框投影面积，m^2。

8.7 整樘窗热工性能计算

整樘窗的传热系数、遮阳系数、可见光透射比应采用各部分的相应数值按面积进行加权平均计算。计算窗产品的热工性能时，框与墙相接的边界应作为绝热边界处理。

8.7.1 整樘窗的传热系数

整樘窗的传热系数应按下式计算：

$$U_t = \frac{\sum A_g U_g + \sum A_f U_f + \sum l_\psi \psi}{A_t} \tag{8-54}$$

式中 U_t——整樘窗的传热系数，$W/(m^2 \cdot K)$；

A_g——窗玻璃（或其他镶嵌板）面积，m^2；

A_f——窗框面积，m^2；

A_t——窗面积，m^2；

l_ψ——玻璃区域（或其他镶嵌板区域）的边缘长度，m；

U_g——窗玻璃（或者其他镶嵌板区域）的传热系数，$W/(m^2 \cdot K)$；

U_f——窗框的传热系数，$W/(m^2 \cdot K)$，按式（8-49）计算；

ψ——窗框和窗玻璃（或者其他镶嵌板）之间的线传热系数，$W/(m \cdot K)$，按式（8-52）计算。

在窗工程设计和产品设计时，经常需要先根据窗的配置情况估算窗的传热系数，做到心中有数。对窗的传热系数进行估算时，可根据JGJ/T 151—2008附录B获得窗框的传热系数以及窗框与玻璃结合处的线传热系数，根据玻璃计算获得或玻璃厂家提供的玻璃的传热系数，应用式（8-54）估算窗的传热系数。

窗框与中空玻璃结合处的线传热系数ψ，在没有精确计算的情况下，可采用表8-1中的估算值。

表8-1 窗框与中空玻璃结合处的线传热系数估算值

窗框材料	双层或三层未镀膜中空玻璃 ψ/[W/(m·K)]	双层Low-E镀膜或三层(其中两片Low-E镀膜)中空玻璃 ψ/[W/(m·K)]
木窗框和塑料窗框	0.04	0.06
带断热桥的金属窗框	0.06	0.08
没有断热桥的金属窗框	0	0.02

金属窗框是指铝合金或钢（不包括不锈钢）制作的窗框。

8.7.2 整樘窗的遮阳系数

整樘窗的太阳光总透射比应按下式计算：

$$g_t = \frac{\sum g_g A_g + \sum g_f A_f}{A_t} \tag{8-55}$$

式中 g_t——整樘窗的太阳光总透射比；

g_g——窗玻璃（或其他镶嵌板）区域太阳光总透射比；

g_f——窗框太阳光总透射比；

A_g——窗玻璃（或其他镶嵌板）面积，m^2；

A_f——窗框面积，m^2；

A_t——窗面积，m^2。

在实际的计算当中，g_g的具体数值是由分光光度计测量得出的。

整樘窗的遮阳系数应按下式计算：

$$SC = \frac{g_t}{0.87} \tag{8-56}$$

式中 SC——整樘窗的遮阳系数；

g_t——整樘窗的太阳光总透射比。

8.7.3 整樘窗的可见光透射比

整樘窗的可见光透射比应按下式计算：

$$\tau_t = \frac{\sum \tau_v A_g}{A_t} \tag{8-57}$$

式中 τ_t——整樘窗的可见光透射比；

τ_v——窗玻璃（或其他镶嵌板）的可见光透射比；

A_g——窗玻璃（或其他镶嵌板）的面积，m^2；

A_t——窗面积，m^2。

8.7.4 整樘窗的热工计算实例

以铝合金窗为例，计算整樘窗的热工性能。

（1）窗的有关参数 参数如下。

尺寸：宽1500mm，高1800mm

窗框型材：白色隔热断桥铝合金型材，隔热条宽度24mm

玻璃：6Low-E+12A+6Low-E中空玻璃

玻璃面积：$2.22m^2$

窗框面积：$0.48m^2$

窗框外表面积：$0.57m^2$

玻璃区域周长：12m

（2）窗框传热系数 根据JGJ/T 151—2008附录B查得，窗框的传热系数U_f约为$2.7W/(m^2·K)$，窗框与玻璃结合处的线传热系数ψ为$0.08W/(m·K)$。

（3）玻璃参数 计算玻璃的传热系数U_g为$1.896W/(m^2·K)$，太阳光总透射比g_g为0.758，可见光透射比τ_v为0.755。

（4）整窗传热系数计算 由式（8-54）计算整窗传热系数：

$$U_t = \frac{\sum A_g U_g + \sum A_f U_f + \sum l_\psi \psi}{A_t} = \frac{2.22 \times 1.896 + 0.48 \times 2.7 + 12 \times 0.08}{2.22 + 0.48} = 2.39W/(m^2 \cdot K)$$

（5）太阳光透射比及遮阳系数计算　按式（8-53）计算框的太阳光总透射比，窗框表面太阳辐射吸收系数α_f取0.4。

$$g_f = \alpha_f \frac{U_f}{\frac{A_{surf}}{A_f} h_{out}} = 0.4 \times \frac{2.7}{\frac{0.57}{0.48} \times 19} = 0.047$$

由式（8-55）计算整窗太阳光总透射比：

$$g_t = \frac{\sum g_g A_g + \sum g_f A_f}{A_t} = \frac{0.758 \times 2.22 + 0.047 \times 0.48}{2.22 + 0.48} = 0.846$$

由式（8-56）计算整窗遮阳系数：

$$SC = \frac{g_t}{0.87} = \frac{0.85}{0.87} = 0.97$$

（6）可见光透射比计算　由式（8-57）计算整窗可见光透射比：

$$\tau_t = \frac{\sum \tau_v A_g}{A_t} = \frac{0.755 \times 2.22}{2.22 + 0.48} = 0.62$$

8.8　结露计算与评价

评价实际工程中窗的结露性能时，采用的计算条件应符合相应的建筑设计标准，并满足工程设计要求；评价窗产品的结露性能时应采用规定的结露性能评价计算标准条件，并应在给出计算结果时注明计算条件。室外和室内的对流换热系数应根据所选定的计算条件，按规定计算确定。

8.8.1　露点温度计算

（1）水表面（高于0℃）的饱和水蒸气压　应按下式计算：

$$E_s = E_0 \times 10^{\frac{at}{b+t}} \tag{8-58}$$

式中　E_s——空气的饱和水蒸气压，hPa；

E_0——空气温度为0℃时的饱和水蒸气压，取E_0=6.11hPa；

t——空气温度，℃；

a，b——参数，a=7.5，b=237.3。

（2）在一定空气相对湿度f下，空气的水蒸气压　可按下式计算：

$$e = fE_s \tag{8-59}$$

式中　e——空气的水蒸气压，hPa；

f——空气的相对湿度，%；

E_s——空气的饱和水蒸气压，hPa。

（3）空气的露点温度 可按下式计算：

$$T_d = \frac{b}{\frac{a}{\lg\left(\frac{e}{6.11}\right)} - 1} \quad (8\text{-}60)$$

式中 T_d——空气的露点温度，℃；

e——空气的水蒸气压，hPa；

a，b——参数，a=7.5，b=237.3。

8.8.2 结露计算与评价

进行窗的结露计算时，计算节点应包括所有的框、面板边缘以及面板中部。

（1）面板中部的结露性能评价指标T_{10}应为采用二维稳态传热计算得到的面板中部区域室内表面的温度值；玻璃面板中部的结露性能评价指标T_{10}可采用玻璃光学热工性能计算［式（8-42）］得到的室内表面温度值。

（2）框、面板边缘区域各自结露性能评价指标T_{10}应按照下列方法确定。

① 采用二维稳态传热计算程序，计算窗框、面板边缘区域的二维截面室内表面各分段的温度。

② 对于每个部件，按照截面室内表面各分段温度的高低进行排序。

③ 由最低温度开始，将分段长度进行累加，直至统计长度达到该截面室内表面对应长度的10%。

④ 所统计分段的最高温度即为该部件截面的结露性能评价指标值T_{10}。

（3）在进行工程设计或工程应用产品性能评价时，应以窗各个截面中每个部件的结露性能评价指标T_{10}均不低于露点温度为满足要求。

（4）进行产品性能分级或评价时，应按各个部件最低的结露性能评价指标$T_{10,\min}$进行分级或评价。

（5）采用产品的结露性能评价指标$T_{10,\min}$确定窗在实际工程中是否结露，应以内表面最低温度不低于室内露点温度为满足要求，可按下式计算判定：

$$\left(T_{10,\min} - T_{out,std}\right) \times \frac{T_{in} - T_{out}}{T_{in,std} - T_{out,std}} + T_{out} \geqslant T_d \quad (8\text{-}61)$$

式中 $T_{10,\min}$——产品的结露性能评价指标，℃；

$T_{in,std}$——结露性能计算时对应的室内标准温度，℃；

$T_{out,std}$——结露性能计算时对应的室外标准温度，℃；

T_{in}——实际工程对应的室内计算温度，℃；

T_{out}——实际工程对应的室外计算温度，℃；

T_d——室内设计环境条件对应的露点温度，℃。

9 铝合金门窗的技术工艺文件

在对铝合金门窗进行工程设计时，在设计、生产、安装施工环节中需要的技术工艺文件主要有设计图样、工艺流程图、工序卡片、生产作业单及其他技术质量管理文件。

9.1 设计图样

铝合金门窗的设计图样主要有门窗大样图、装配图、型材截面图、加工图、安装节点图等。

需要说明的是，不论何种图样均应根据机械制图或建筑制图要求进行绘制。图样中应有图纸边框、标题栏，装配图中还应有明细表。本章为了方便插图，除了大样图外，其他图形均省略了图纸边框和标题栏。

9.1.1 大样图

铝合金门窗的大样图主要表达铝合金门窗在建筑物中所在位置、洞口尺寸、门窗尺寸、分格尺寸、开启方式等内容，如图9-1所示。

9.1.2 装配图

装配图主要表达铝合金门窗或组成铝合金门窗的框扇等部件的整体情况，图中应表示出框、扇、玻璃、五金件等的构造关系，铝合金门窗框、扇、玻璃的配合关系、搭接关系等。

内平开铝合金窗装配图示例如图9-2所示。

推拉铝合金窗装配图示例如图9-3所示。

9.1.3 型材截面图

型材截面图中应表示出型材名称与代号、型材结构、主要尺寸、主壁厚等内容。

内平开铝合金窗型材截面图示例如图9-4所示。

推拉铝合金窗型材截面图示例如图9-5所示

9.1.4 加工图

铝合金门窗的型材截面图、立面图、装配节点图完成后，即可根据它们进行构件加工图的设计。

二维码18 图9-1
电子版

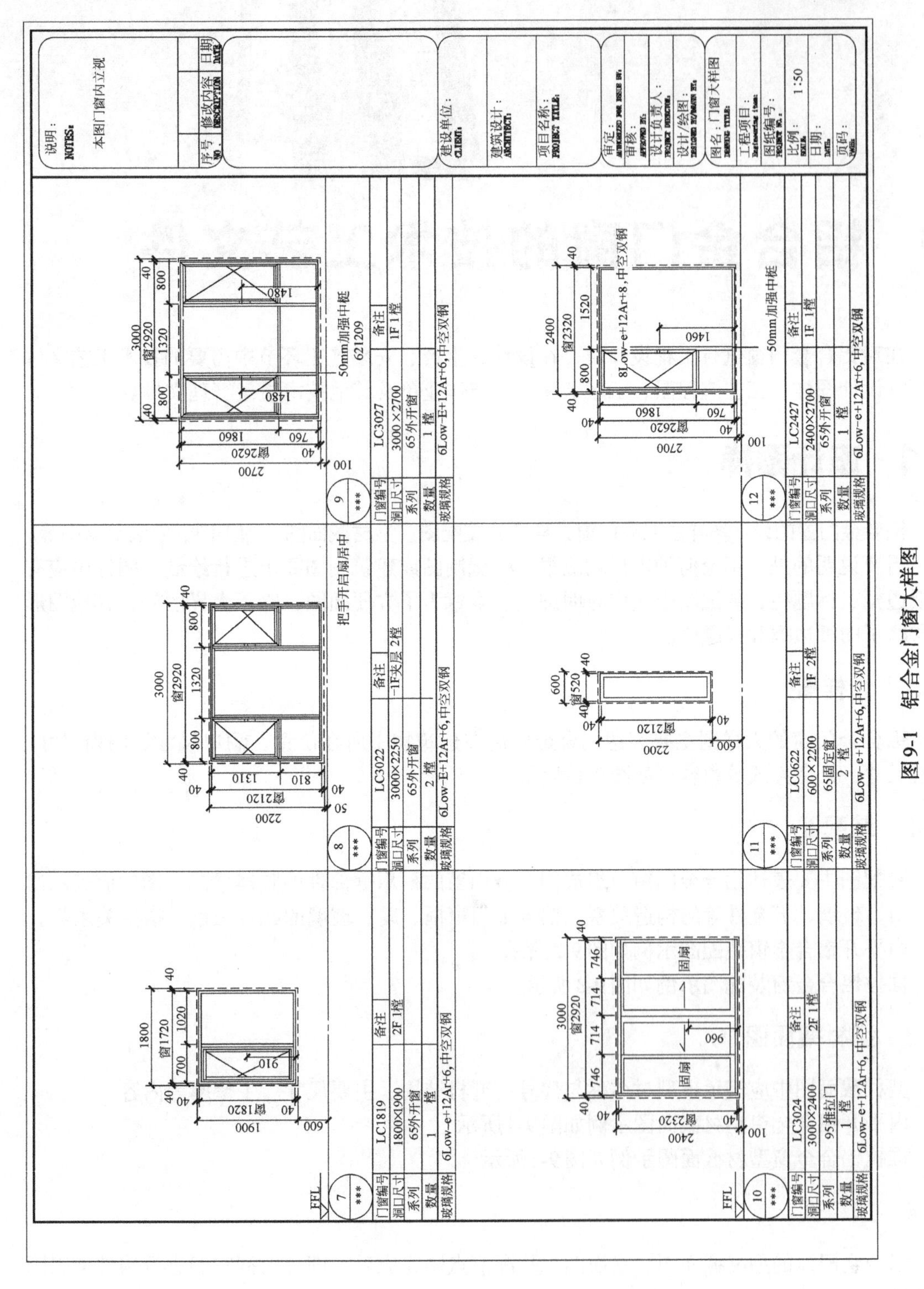

图9-1 铝合金门窗大样图

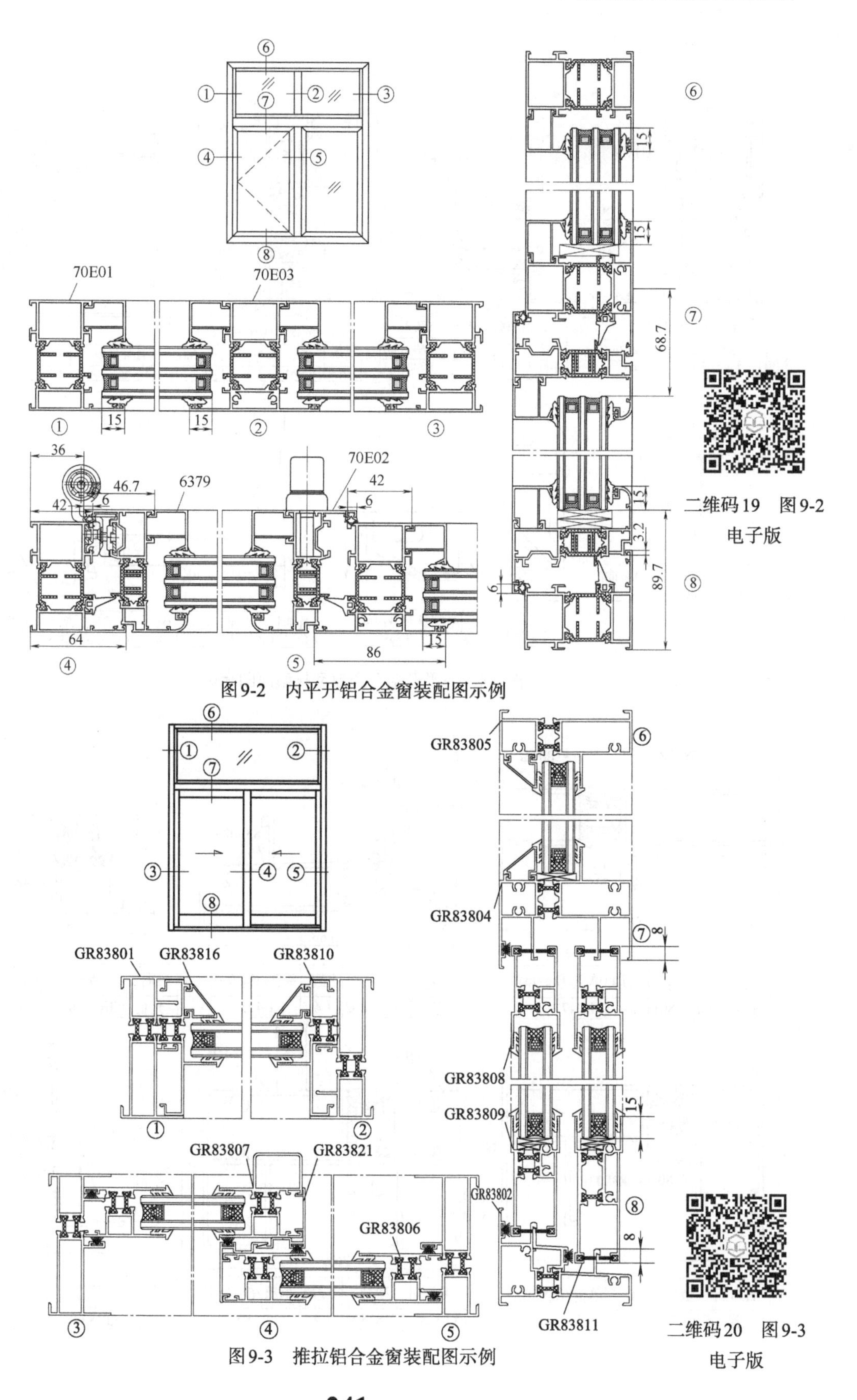

图9-2　内平开铝合金窗装配图示例

图9-3　推拉铝合金窗装配图示例

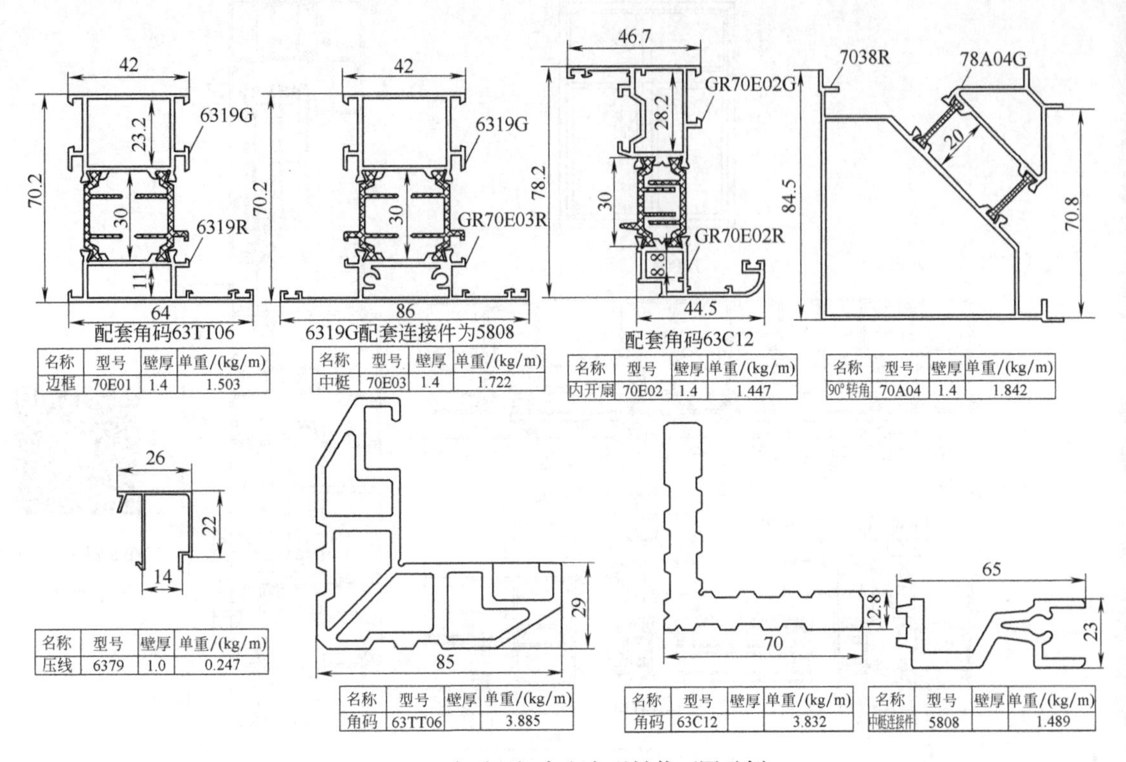

名称	型号	壁厚	单重/(kg/m)
边框	70E01	1.4	1.503

名称	型号	壁厚	单重/(kg/m)
中梃	70E03	1.4	1.722

名称	型号	壁厚	单重/(kg/m)
内开扇	70E02	1.4	1.447

名称	型号	壁厚	单重/(kg/m)
90°转角	70A04	1.4	1.842

名称	型号	壁厚	单重/(kg/m)
压线	6379	1.0	0.247

名称	型号	壁厚	单重/(kg/m)
角码	63TT06		3.885

名称	型号	壁厚	单重/(kg/m)
角码	63C12		3.832

名称	型号	壁厚	单重/(kg/m)
中梃连接件	5808		1.489

图9-4 内平开铝合金窗型材截面图示例

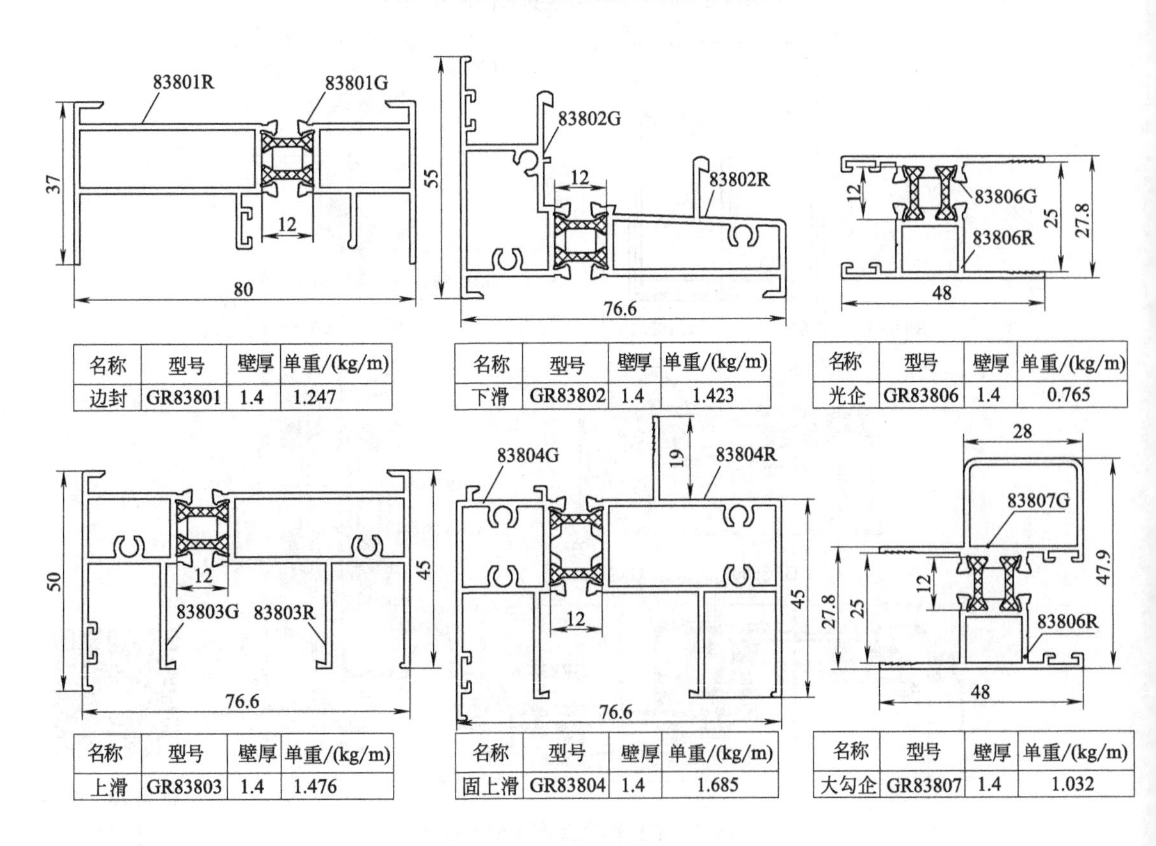

名称	型号	壁厚	单重/(kg/m)
边封	GR83801	1.4	1.247

名称	型号	壁厚	单重/(kg/m)
下滑	GR83802	1.4	1.423

名称	型号	壁厚	单重/(kg/m)
光企	GR83806	1.4	0.765

名称	型号	壁厚	单重/(kg/m)
上滑	GR83803	1.4	1.476

名称	型号	壁厚	单重/(kg/m)
固上滑	GR83804	1.4	1.685

名称	型号	壁厚	单重/(kg/m)
大勾企	GR83807	1.4	1.032

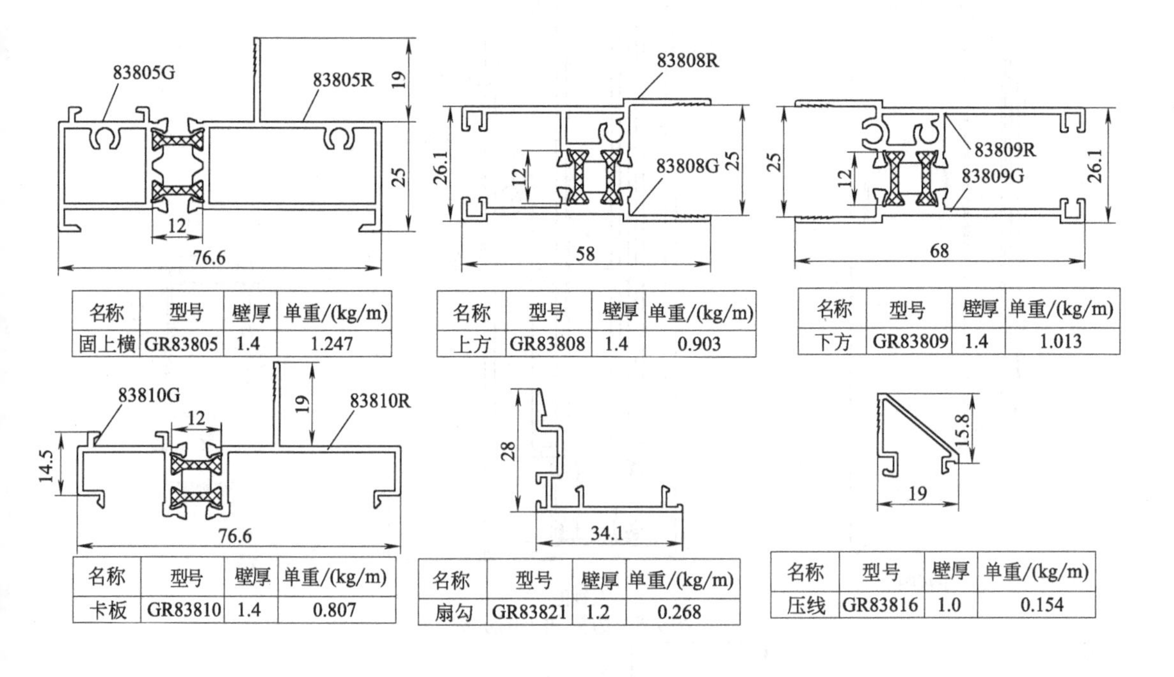

名称	型号	壁厚	单重/(kg/m)
固上横	GR83805	1.4	1.247

名称	型号	壁厚	单重/(kg/m)
上方	GR83808	1.4	0.903

名称	型号	壁厚	单重/(kg/m)
下方	GR83809	1.4	1.013

名称	型号	壁厚	单重/(kg/m)
卡板	GR83810	1.4	0.807

名称	型号	壁厚	单重/(kg/m)
扇勾	GR83821	1.2	0.268

名称	型号	壁厚	单重/(kg/m)
压线	GR83816	1.0	0.154

图9-5　推拉铝合金窗型材截面图示例

铝合金门窗的构件加工图中应体现加工位置、加工形式、尺寸要求、技术要求等。

铝合金门窗选用型材不同，加工图的设计有很大区别。而对于普通铝合金门窗，由于铝合金门窗构件之间连接关系复杂，特别是普通推拉铝合金门窗，不同型材厂家、不同系列的型材在构造上区别很大，所以应根据选用型材设计构件加工图。

对于平开铝合金窗，只有个别构件需要设计加工图，如需加工中梃插接工艺孔的窗框、需加工执手槽孔的扇梃、需加工排水槽的下框等。以图9-2的铝合金窗型与图9-4的型材系列为例，设计平开铝合金窗构件加工图，如图9-6~图9-8所示。

以图9-3的铝合金窗型和图9-5的型材系列为例，设计推拉铝合金窗的构件加工图，如图9-9~图9-13所示。

9.1.5　安装节点图

安装节点图主要表达铝合金门窗框与洞口墙体之间的连接关系。如采用何种安装形式、何种连接件、缝隙的密封方式、固定方式等。

目前，铝合金门窗的安装方式有带附框和不带附框、固定片安装和膨胀螺钉安装等多种方式。图9-14~图9-17是铝合金窗安装常用安装方式的节点图。

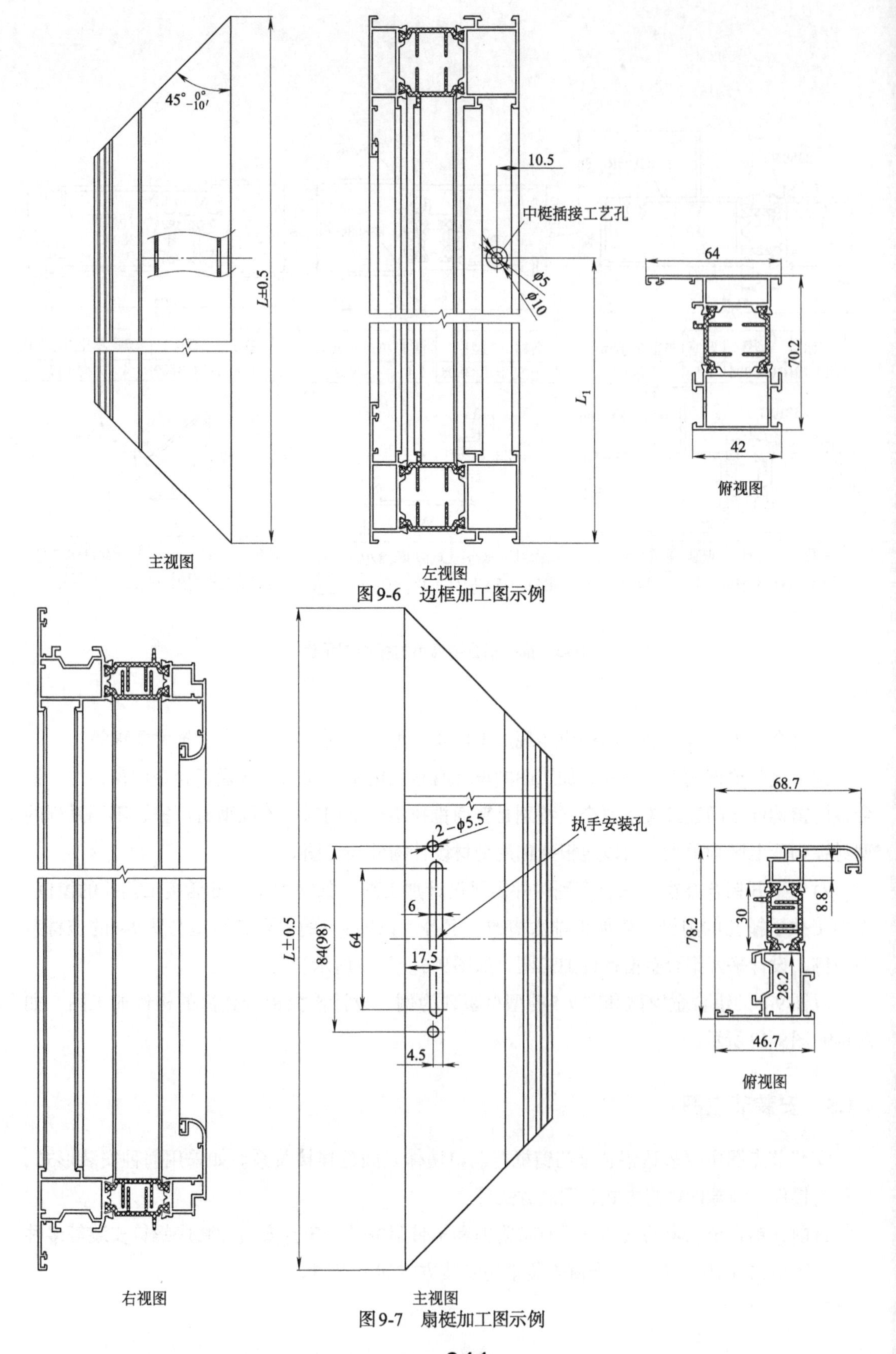

图 9-6 边框加工图示例

图 9-7 扇梃加工图示例

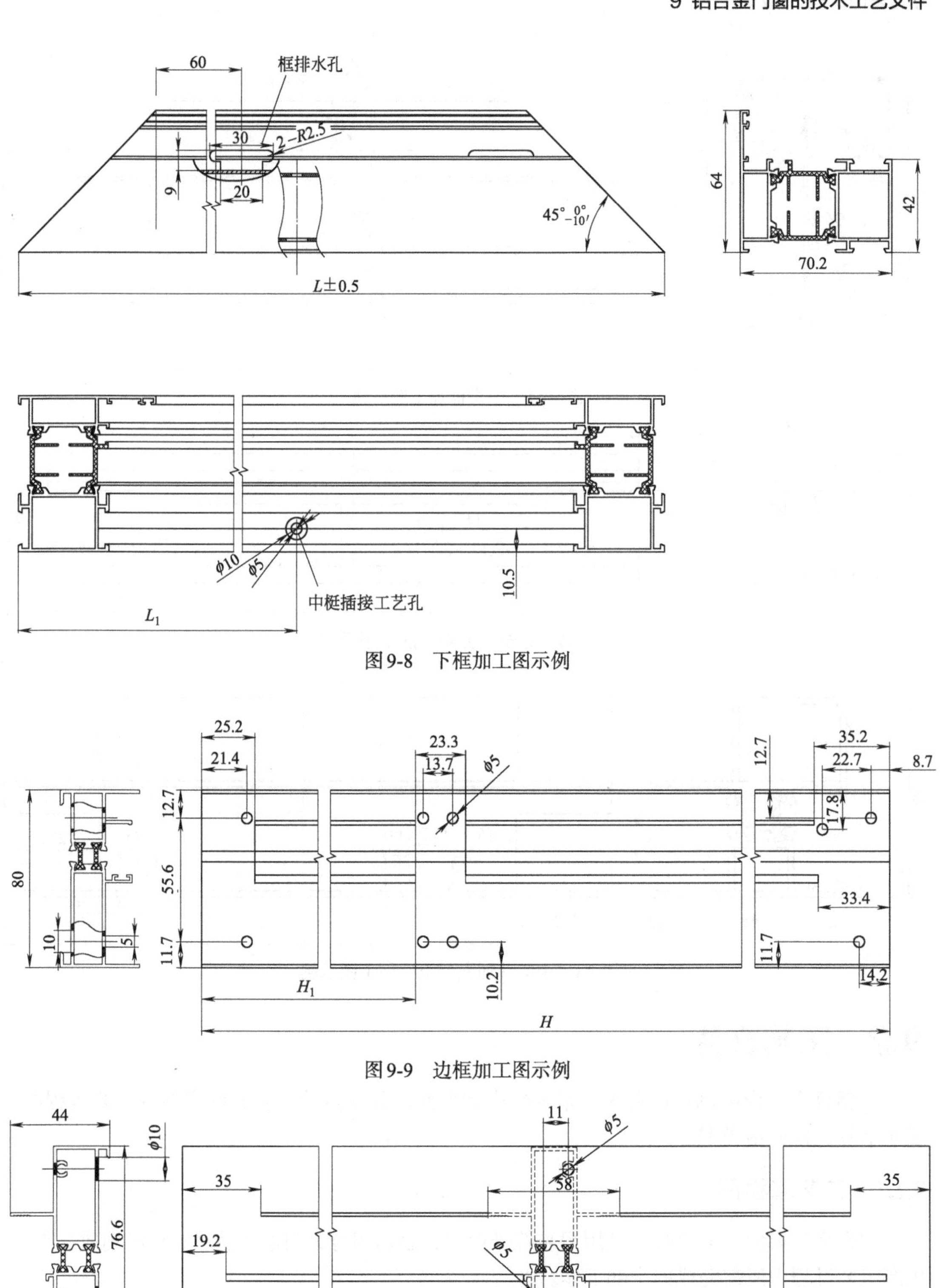

图 9-8　下框加工图示例

图 9-9　边框加工图示例

图 9-10　上框加工图示例

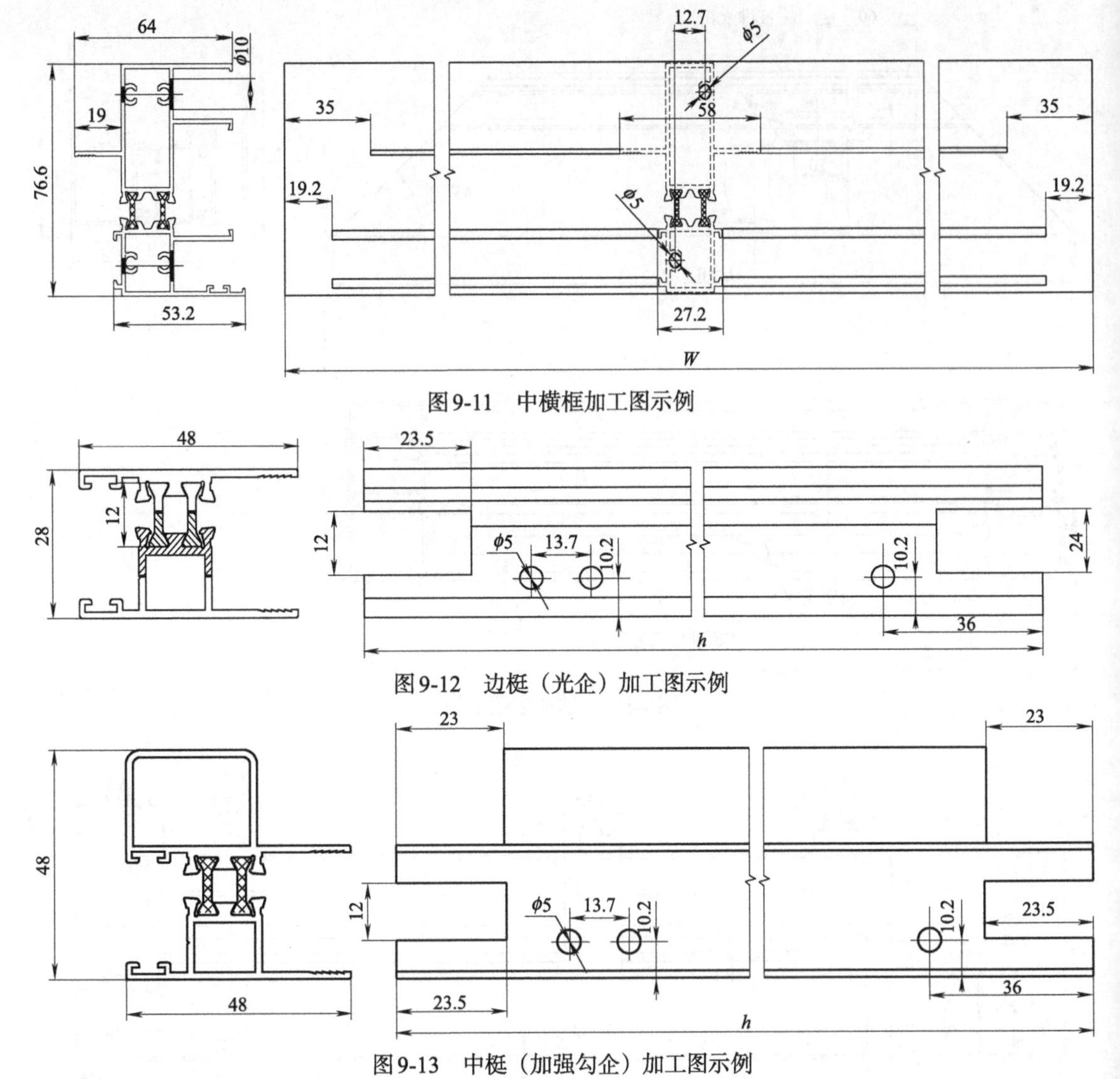

图9-11　中横框加工图示例

图9-12　边梃（光企）加工图示例

图9-13　中梃（加强勾企）加工图示例

9.2　工艺文件

在铝合金门窗的制作过程中，指导生产和控制产品质量的工艺文件主要有工艺流程图、工序卡片、作业指导书等。

9.2.1　工艺流程图

铝合金门窗的工艺流程图是用图表符号形式，表达铝合金门窗产品从原材料到成品整个生产工艺过程中所需完成的全部工作。

由于型材结构不同，铝合金门窗组装成框的方式主要有角码组角成框和型材插接螺接成框两种方式。一般情况下，平开铝合金门窗采用角码组角成框，推拉铝合金门窗采用型材插接螺接成框，两种方式的工艺流程图不同。

平开铝合金门窗生产工艺流程图如图9-18所示。推拉铝合金门窗生产工艺流程图如图9-19所示。

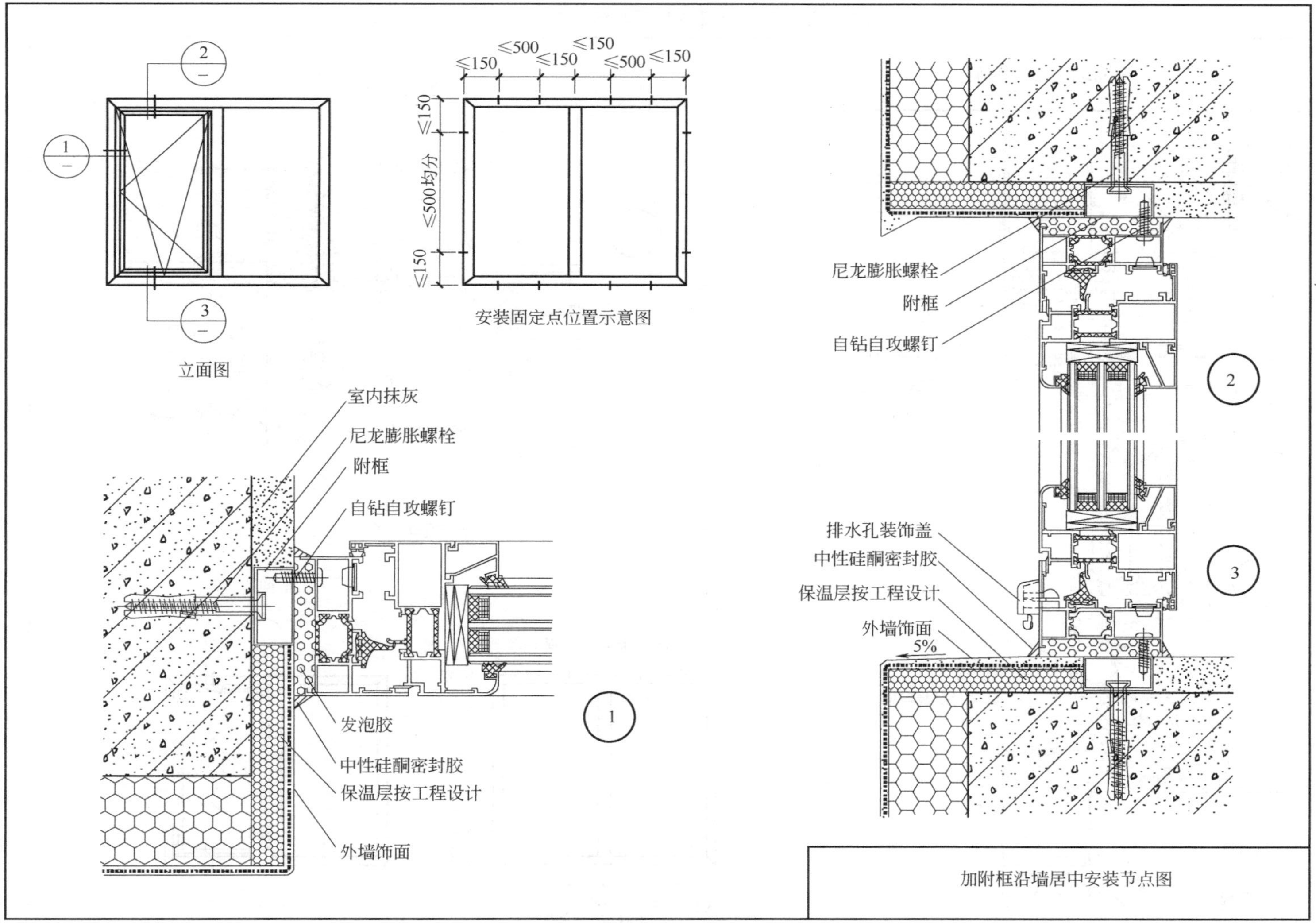

图9-14　铝合金窗安装节点图示例（一）

二维码21　图9-14
电子版

二维码 22
图 9-15 电子版

立面图
≤150
≤500 均分
≤150
≤150
≤500
≤150
≤150
≤500
≤150
安装固定点位置示意图
尼龙膨胀螺栓
热镀锌连接铁件
附框
自钻自攻螺钉
发泡胶
中性硅酮密封胶
保温层按工程设计
外墙饰面
≤50
热镀锌连接铁件
附框
自钻自攻螺钉
≥50
排水孔装饰盖
中性硅酮密封胶
保温层按工程设计
外墙饰面
5%
≥50
加附框沿墙外侧安装节点图

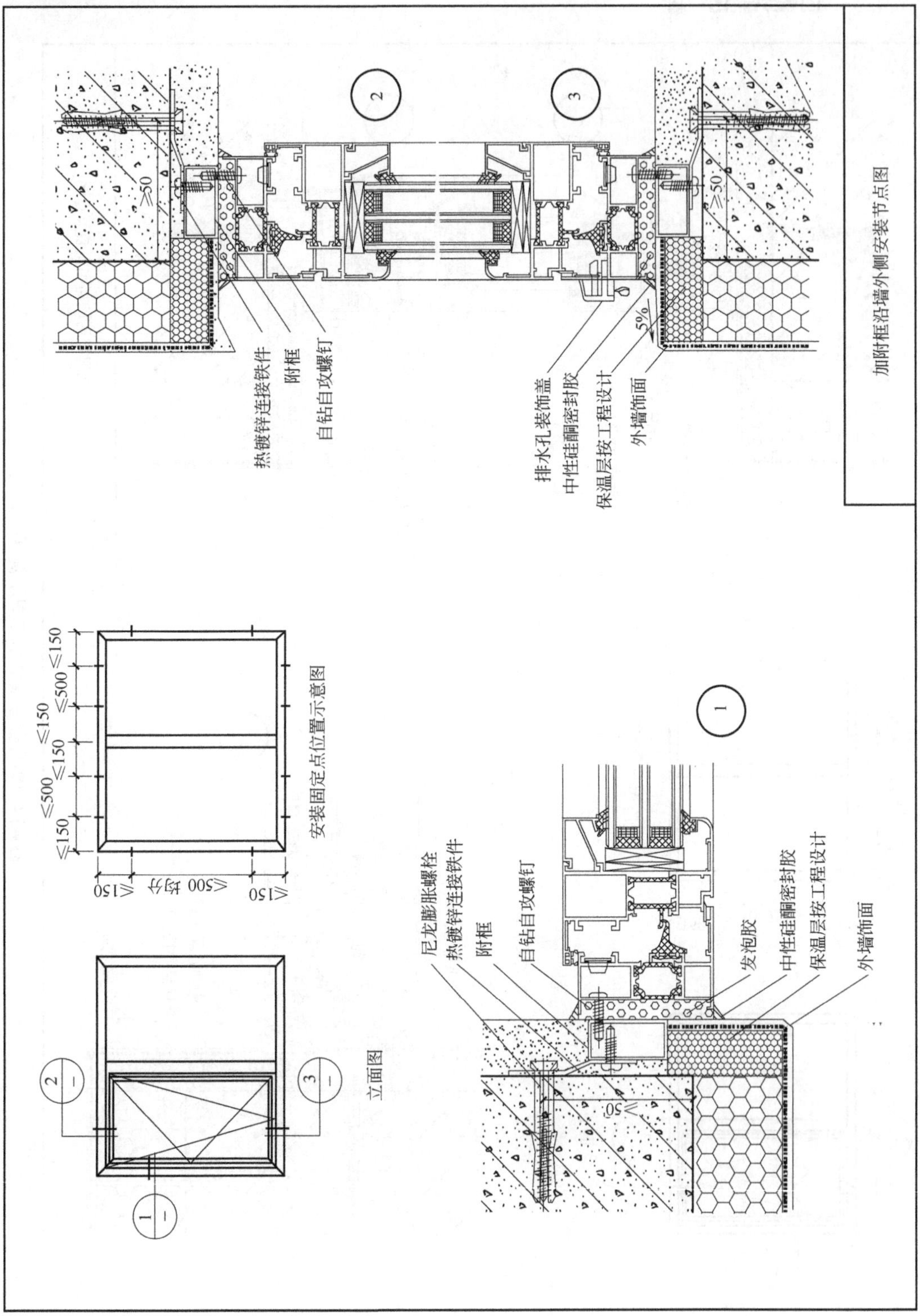

图 9-15　铝合金窗安装节点图示例（二）

二维码23
图9-16电子版

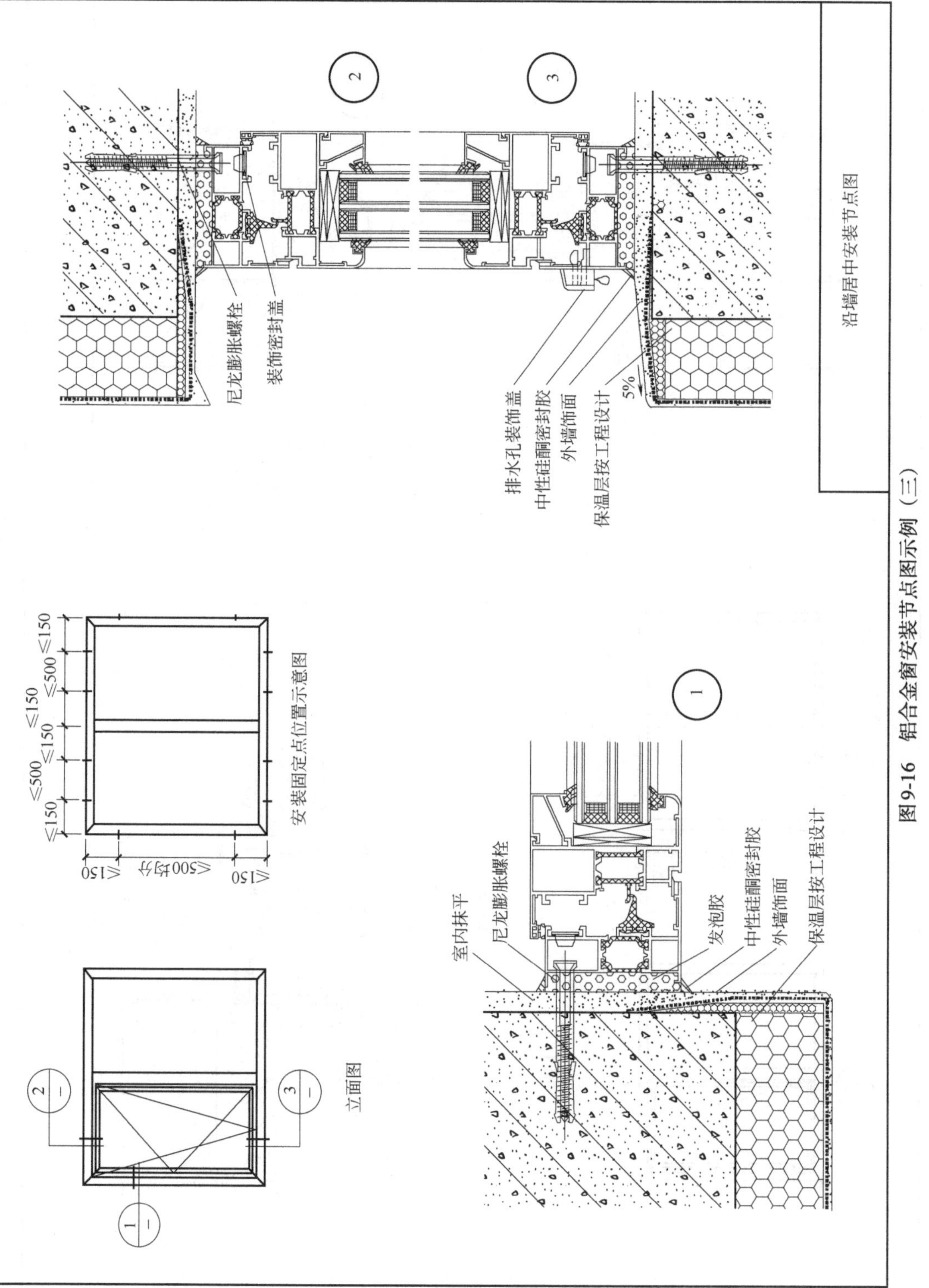

图9-16 铝合金窗安装节点图示例（三）

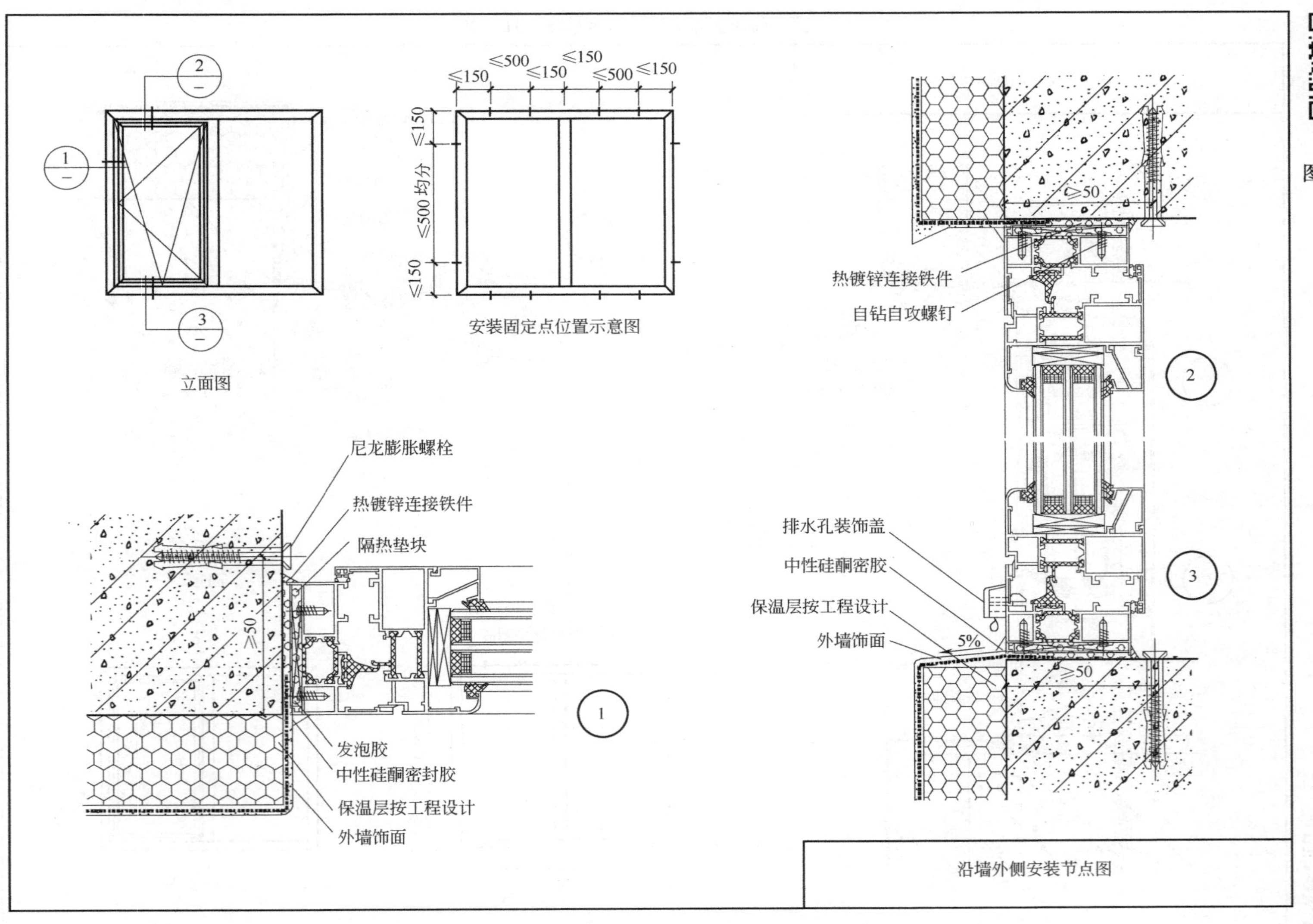

图9-17 铝合金窗安装节点图实例（四）

二维码24
图9-17电子版

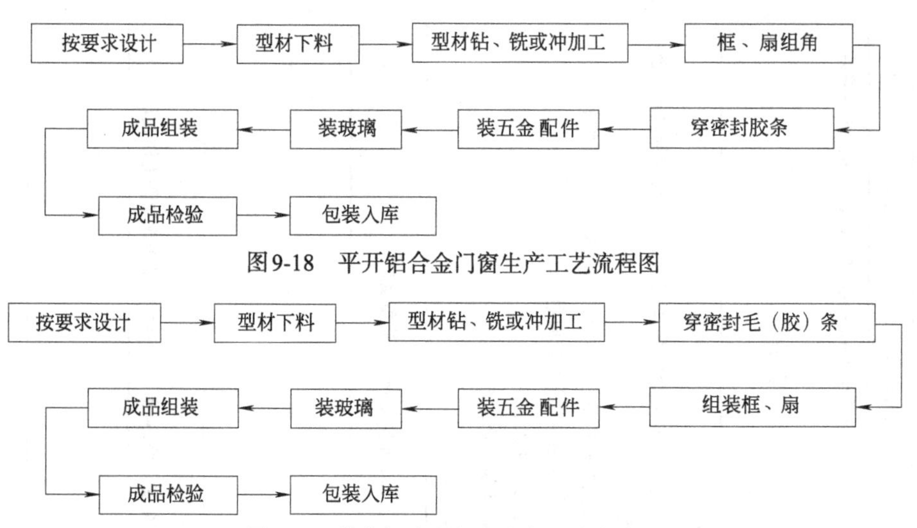

图9-18　平开铝合金门窗生产工艺流程图

图9-19　推拉铝合金门窗生产工艺流程图

9.2.2　工序卡片

工序卡片是为每道工序编制的，用来具体指导工人生产操作的一种工艺文件。它详细地说明工序内容、工艺参数、操作要求以及所用的设备和工艺装备、辅助工具、测量方法、测量器具、工时、材料消耗定额等，并附有加工简图，注明该工序的加工表面、定位基准、应达到的公差和表面粗糙度要求等。

企业可以根据自己的实际情况编制工序卡片，不同单位设计编制工序卡片格式会有不同，但其内容必须齐全，保证能够将指导工序生产加工所需的信息反映完整。

工序卡片的幅面一般采用A4图样幅面，铝合金门窗的工序卡片格式可以参考表9-1。

表9-1　工序卡片参考格式

×××公司 ×××工序卡片		产品 型号		型材 规格		每樘 件数		设备 名称		设备 编号		工序 名称	
产品 名称		产品 规格		型材 代号		每批 数量		设备 型号		工装 编号		工序 编号	
型材 米重		构件 单重		单件工时		技术要求							
						操作要求							
						工夹量具							
						检验方法							
						注意事项							
						编制(日期)							
						审核(日期)							
						会签(日期)							
工序简图						批准(日期)		标记	处数	更改 文件号		签字	日期

表9-2~表9-8分别给出了平开铝合金窗扇梃下料、下框铣排水槽、边框组角、中梃组装、连接件固定、成品组装和成品检验七个工序的工序卡片供参考。

表9-2　扇梃下料工序工序卡片

工序卡片		产品型号	WBW55PLC	型材规格	55系列	每樘件数	横竖各4	设备名称	双头切割锯	设备编号		工序名称	扇梃下料
产品名称	平开铝合金窗	产品规格	150150	型材代号	HJGR6302	每批数量		设备型号		工装编号		工序编号	01
型材米重	1.247kg/m	构件单重		单件工时									

技术要求	1.加工精度：下料长度$L\leq2000$mm时，允许偏差±0.3mm；$L>2000$mm时，允许偏差±0.5mm；角度允许偏差−10′； 2.切割后型材断面应规整光洁，无变形、无毛刺； 3.型材外表面不得有划伤，色泽一致
操作要求	1.加工前检查设备运转是否正常； 2.加工时型材要放平，压紧后，注意型材是否变形，型材大面距平台或侧立面是否有间隙，应保证装饰面与设备台面平整； 3.装夹时注意夹紧力适当，防止型材变形，要使用与型材形状相符的垫块； 4.加工和搬运及存放过程中应防止型材变形及饰面划伤； 5.首件必须严格检查，合格后方可生产； 6.异常现象应立即停车，关闭电源检修； 7.对不合格品做出标识，单独存放
工夹量具	专用气动夹具、$\phi420\times5$锯片铣刀、钢卷尺5m、万能角度尺
检验方法	1.用钢卷尺测量长度； 2.用万能角度尺测量角度； 3.目测外观； 4.每10件抽检1件
注意事项	1.按生产工号将材料存放整齐； 2.型材加工完毕后，须放置在安全处，避免型材尖角处碰伤或划伤工作人员

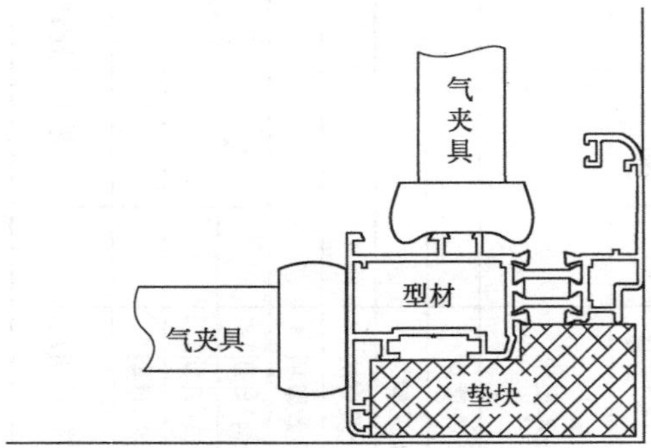

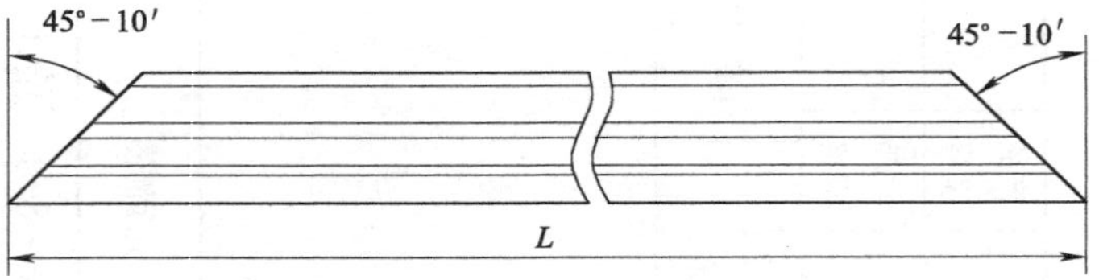

工序简图：气夹具　型材　垫块　45°−10′　45°−10′　L

编制（日期）						
审核（日期）						
会签（日期）						
批准（日期）		标记	处数	更改文件号	签字	日期

表 9-3　下框铣排水槽工序工序卡片

工序卡片		产品型号	WBW55PLC	型材规格	55系列	每樘件数	1	设备名称	专用冲床	设备编号		工序名称	下框铣排水槽
产品名称	平开铝合金窗	产品规格	150150	型材代号	HJGR6301	每批数量		设备型号		工装编号		工序编号	02

型材米重	1.105kg/m	构件单重		单件工时	

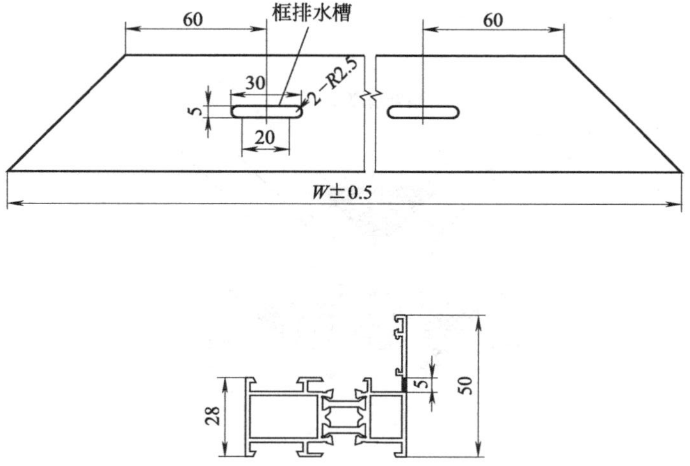

技术要求	1.孔的位置、孔径,槽的位置及尺寸,应符合图纸要求; 2.孔、槽表面应平整光洁,无明显凹凸变形、无毛刺; 3.型材表面不得有划伤,色泽一致
操作要求	1.切割前检查设备运转是否正常; 2.切割时型材要放平,压紧后,注意型材是否变形,型材大面距平台或侧立面是否有间隙,应保证装饰面与设备台面平整; 3.装夹时注意夹紧力适当,防止型材变形,要使用与型材形状相符的垫块; 4.切割和搬运及存放过程中应防止型材变形及饰面划伤; 5.首件必须严格检查,合格后方可生产; 6.异常现象应立即停车,关闭电源检修; 7.对不合格品做出标识,单独存放
工夹量具	钢直尺、游标卡尺、深度尺、塞尺
检验方法	1.按加工工艺和生产图纸要求测量孔、槽位置是否正确,孔、槽尺寸偏差是否符合要求; 2.孔、槽表面应平整,用深度尺、塞尺测量凹凸变形情况; 3.目测外观; 4.每10件抽检1件
注意事项	型材加工完毕后,须放置在安全处,避免型材尖角处碰伤或划伤工作人员

工序简图

60　框排水槽　60　30　2-R2.5　5　20　W±0.5　28　5　50

编制(日期)						
审核(日期)						
会签(日期)						
批准(日期)		标记	处数	更改文件号	签字	日期

表 9-4 边框组角工序工序卡片

工序卡片		产品型号	WBW55PLC	型材规格	55系列	每樘件数	4	设备名称	组角机	设备编号		工序名称	边框组角
产品名称	平开铝合金窗	产品规格	150150	型材代号	HJGR6301	每批数量		设备型号		工装编号		工序编号	04
型材米重	1.105kg/m	构件单重		单件工时									

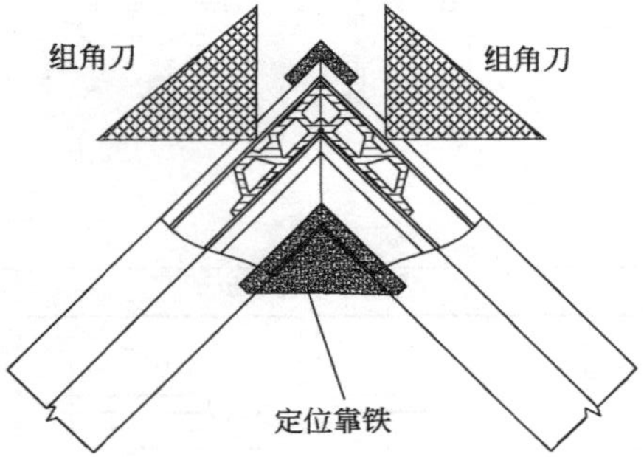

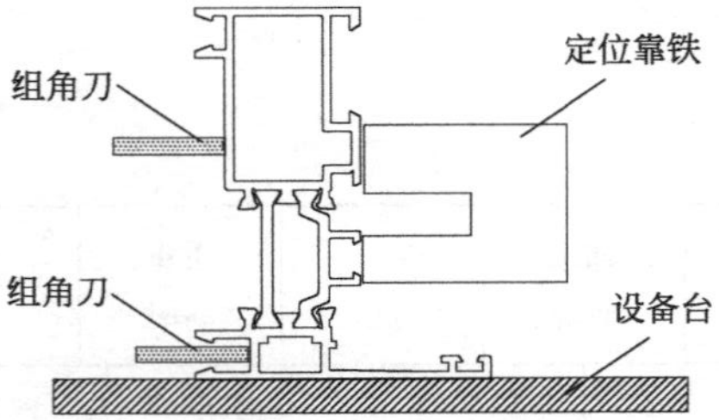

工序简图

技术要求	1.组角紧密无间隙，每个组角处必须打专用组角胶，组角型材端面应抹胶，根据胶性质，需要时，角码浸水后涂胶； 2.槽口宽度、高度构造内侧尺寸之差:<2000mm时，允许偏差为±1.5mm;≥2000mm而<3500mm时，允许偏差为±2.0mm;≥3500mm时，允许偏差为±2.5mm; 3.槽口宽度、高度构造内侧对边尺寸之差:<2000mm时，允许偏差为≤2.0mm;≥2000mm而<3500mm时，允许偏差为≤3.0mm;≥3500mm时，允许偏差为≤4.0mm; 4.框扇杆件接缝高低差≤0.3mm;装配间隙≤0.3mm;组角垂直度偏差-10′; 5.装饰面光洁无划伤，无残留胶迹、毛刺等现象
操作要求	1.根据型材断面确定靠模、刀具位置;气压达到要求时再开始工作; 2.定位准确，及时清理台面和靠模上的碎屑、污物; 3.型材应平贴工作面，紧贴靠板，顶紧定位板后再紧靠定位板; 4.冲铆点距型材端头尺寸47.2mm; 5.出现异常时应紧急制动，排除故障后方可工作; 6.组角后成品应静放至少6小时，保证胶完全干透后，再进行下一步工序
工夹量具	钢卷尺5m、角度尺、深度尺、塞尺
检验方法	1.用钢卷尺检查外形尺寸; 2.用角度尺检查垂直度; 3.用深度尺、塞尺检查平面度、装配间隙; 4.目测外观是否清洁，注胶是否满溢适当
注意事项	型材加工完毕后，须放置在安全处，避免型材尖角处碰伤或划伤工作人员
编制(日期)	
审核(日期)	
会签(日期)	
批准(日期)	

标记	处数	更改文件号	签字	日期

表9-5 中梃组装工序工序卡片

工序卡片		产品型号	WBW55PLC	型材规格	55系列	每樘件数		设备名称		设备编号		工序名称	中梃组装
产品名称	平开铝合金窗	产品规格	150150	型材代号		每批数量		设备型号		工装编号		工序编号	09
型材米重		构件单重		单件工时									

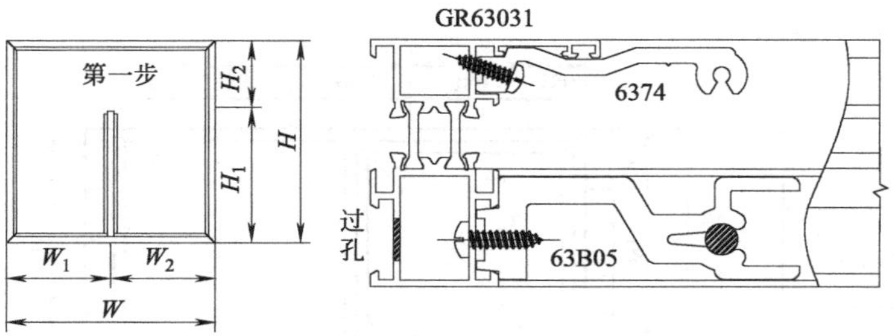

中梃与框连接

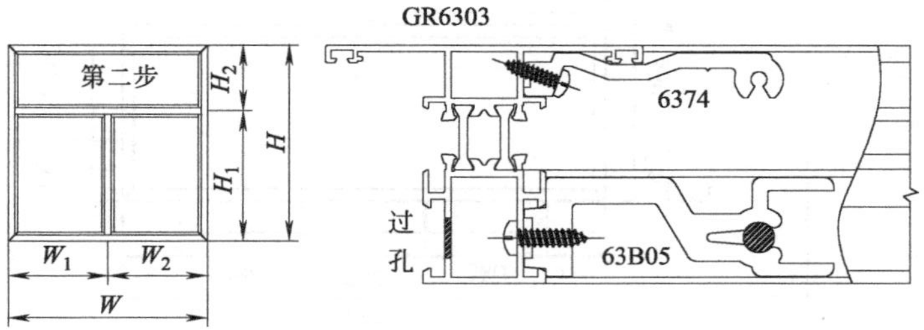

中梃与中梃连接

工序简图

技术要求	1.组角紧密无间隙，每个组角处必须打专用组角胶，组角型材端面应抹胶，根据胶性质，需要时，角码浸水后涂胶； 2.杆件接缝高低差≤0.3mm；装配间隙≤0.3mm； 3.组角垂直度偏差-10′； 4.装饰面光洁无划伤，无残留胶迹、毛刺等现象					
操作要求	1.组装时避免用锤猛力敲击； 2.组装应细心，组装件应齐全，装配位置合理； 3.特殊配件须在组装前将其装入； 4.拧紧连接螺钉且销钉安装要牢固					
工夹量具	气钻、电钻、工作平台、钢卷尺5m、角度尺、深度尺、塞尺					
检验方法	1.用钢卷尺检查外形尺寸； 2.用角度尺检查垂直度； 3.用深度尺、塞尺检查平面度、装配间隙； 4.目测外观是否清洁，注胶是否满溢适当					
注意事项						
编制(日期)						
审核(日期)						
会签(日期)						
批准(日期)		标记	处数	更改文件号	签字	日期

表9-6　连接件固定工序工序卡片

工序卡片		产品型号	WBW55PLC	型材规格	55系列	每樘件数		设备名称	手电钻或拉铆枪	设备编号		工序名称	连接件固定
产品名称	平开铝合金窗	产品规格	150150	型材代号		每批数量		设备型号		工装编号		工序编号	18

型材米重		构件单重		单件工时	

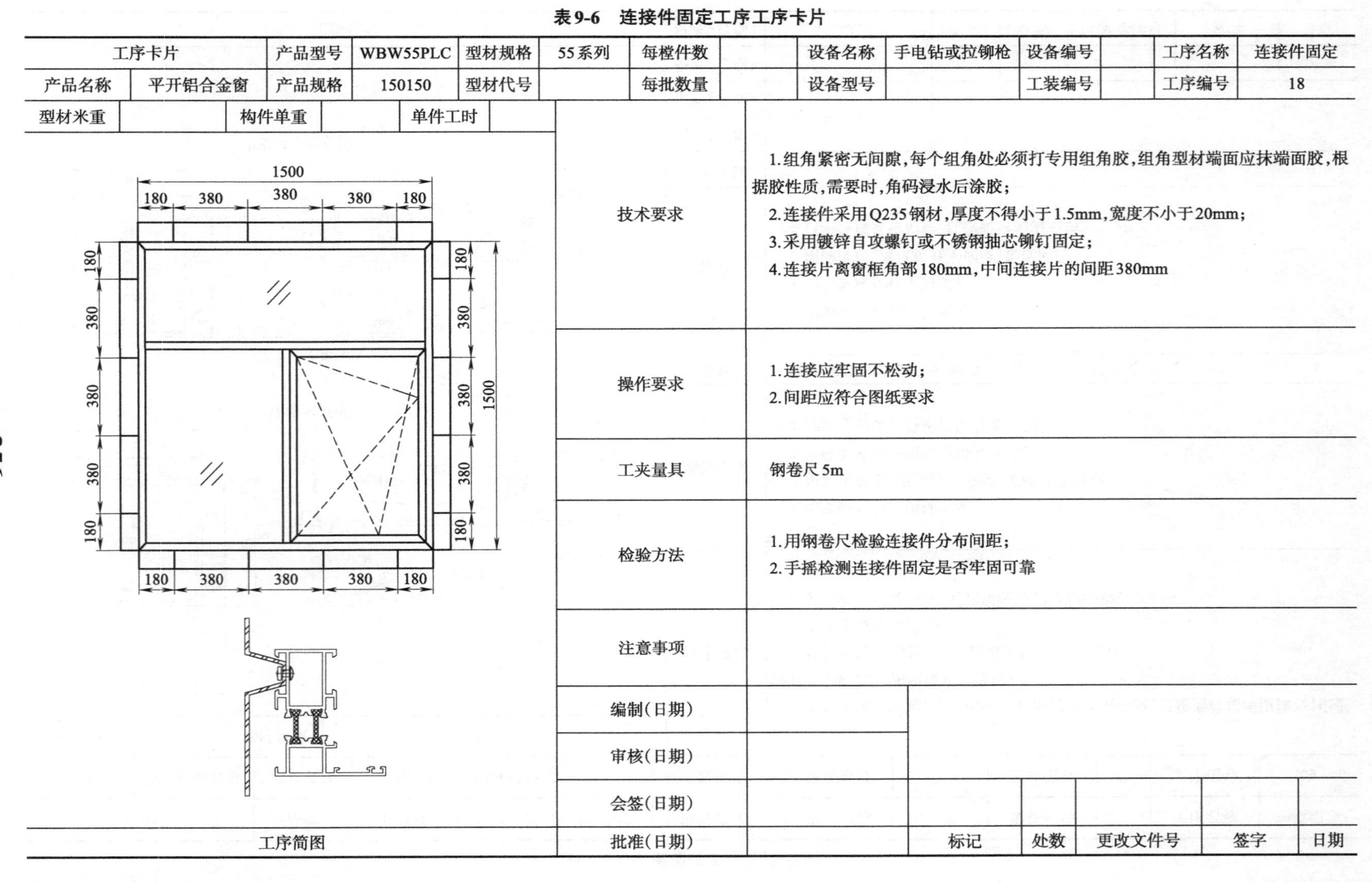

工序简图

技术要求	1.组角紧密无间隙，每个组角处必须打专用组角胶，组角型材端面应抹端面胶，根据胶性质，需要时，角码浸水后涂胶； 2.连接件采用Q235钢材，厚度不得小于1.5mm，宽度不小于20mm； 3.采用镀锌自攻螺钉或不锈钢抽芯铆钉固定； 4.连接片离窗框角部180mm，中间连接片的间距380mm
操作要求	1.连接应牢固不松动； 2.间距应符合图纸要求
工夹量具	钢卷尺5m
检验方法	1.用钢卷尺检验连接件分布间距； 2.手摇检测连接件固定是否牢固可靠
注意事项	
编制(日期)	
审核(日期)	
会签(日期)	
批准(日期)	

标记	处数	更改文件号	签字	日期

表9-7　成品组装工序工序卡片

工序卡片		产品型号	WBW55PLC	型材规格	55系列	每樘件数		设备名称		设备编号		工序名称	成品组装
产品名称	平开铝合金窗	产品规格	150150	型材代号		每批数量		设备型号		工装编号		工序编号	20

型材米重		构件单重		单件工时	

工序简图	项目	内容
1500　1000　1500	技术要求	1.五金件安装位置正确,数量齐全,安装牢固; 2.平开窗的铰链、锁闭执手的连接螺钉必须采用不锈钢材质; 3.当平开扇高度大于900mm时,应有两个或两个以上锁闭点; 4.五金件应开关灵活,具有足够的强度,满足窗的力学性能要求,承受往复运动的配件在结构上应便于更换; 5.可调件固定适度,工地调试时不损坏型材表面; 6.外形尺寸符合《铝合金门窗》标准要求
	操作要求	1.安装五金件应在工作台上进行,并配备专用工具; 2.执手、锁点、铰链罩等可在窗安装以后装配,以免在工地丢失; 3.安装角部铰链时可做模具,以保证安装位置准确; 4.安装时小心使用手电钻,以免自攻丝拆断; 5.安装操作时避免型材表面划伤; 6.对不合格品做出标识,单独存放
	工夹量具	皮锤、螺丝刀、工作平台、游标卡尺、钢卷尺5m、角度尺、深度尺、塞尺
	检验方法	1.用游标卡尺检测搭接量;用角度尺检测角度; 2.用钢卷尺测量传动器锁点位置及外形尺寸; 3.用深度尺、塞尺检查平面度、装配间隙; 4.目测外观质量
	注意事项	
	编制(日期)	
	审核(日期)	
	会签(日期)	
	批准(日期)	标记　处数　更改文件号　签字　日期

表 9-8　成品检验工序工序卡片

工序卡片		产品型号	WBW55TLC	型材规格	55系列	每樘件数		设备名称		设备编号		工序名称	成品检验
产品名称	平开铝合金窗	产品规格	150150	型材代号		每批数量		设备型号		工装编号		工序编号	21
型材米重		构件单重		单件工时									

技术要求	1.物理性能指标符合GB/T 7106要求； 2.配件齐全，安装牢固，不缺件，不松动； 3.扇启闭力小于50N，启闭要顺畅； 4.搭接量偏差±1mm； 5.同一平面高低差及装配间隙≤0.3mm； 6.擦伤总面积≤500mm²，划伤总长度≤100mm，擦划伤处数<2，窗表面无铝屑、毛刺、油污、划痕
操作要求	严格按检验规程进行操作，做好检验记录
工夹量具	检验工作平台、钢卷尺、角度尺、钢直尺、塞尺、游标卡尺、深度尺、圆柱测量棒、0~100N弹簧测力计
检验方法	1.用钢卷尺和圆柱测量棒检测对角线尺寸之差，用钢卷尺测量窗外形尺寸； 2.用深度尺测量同一平面两构件之间高低差； 3.用弹簧测力计测窗扇启闭力； 4.用塞尺测量装配间隙； 5.目测各配件安装是否齐全、手感其安装牢固性； 6.目测窗外观质量，不允许有裂纹、起皮、腐蚀和气泡存在，窗表面不允许有铝屑、毛刺、锤痕、油污
注意事项	检验完毕后，贴上企业标签和出厂合格标签并注明型号、日期、检验人员姓名

工序简图

编制(日期)						
审核(日期)						
会签(日期)						
批准(日期)		标记	处数	更改文件号	签字	日期

9.3 生产作业单

9.3.1 下料尺寸计算

（1）门窗框与洞口间隙　铝合金门窗杆件的下料尺寸除了与铝合金门窗的加工工艺和装配方式有关外，还与外墙墙面的装饰材料有关，一般门窗框与洞口边之间的间隙可参见表9-9。

表9-9　门窗框与洞口边之间的间隙

墙体饰面材料	门窗框与洞口边之间的缝隙/mm
清水墙	10~15
水泥砂浆	20~25
面砖	25~30
石材	40~50(采用混凝土企口或增加附框)
外保温墙体	外保温厚度+饰面材料做法缝隙-10

（2）框、扇搭接量　铝合金门窗框、扇采用搭接方式进行密封，框与扇的搭接部分称为搭接量，如图9-20所示。

平开铝合金门窗的搭接量一般设计在6~8mm之间，采用不同的五金件对搭接量大小有影响。若采用普通执手，框、扇搭接量可选择大一些，若采用传动执手，框、扇之间需要一定的间隙安装传动器，所以搭接量就要小一些，否则安装在扇上的传动器易与铝合金门窗框相碰，影响铝合金门窗扇的开关。

推拉铝合金门窗的搭接量是由门窗框凸筋与扇凹槽和滑轮尺寸决定的。扇凹槽尺寸减去滑轮高度，就是扇与下框的搭接量，推拉铝合金门窗框扇搭接量要求大于8mm。

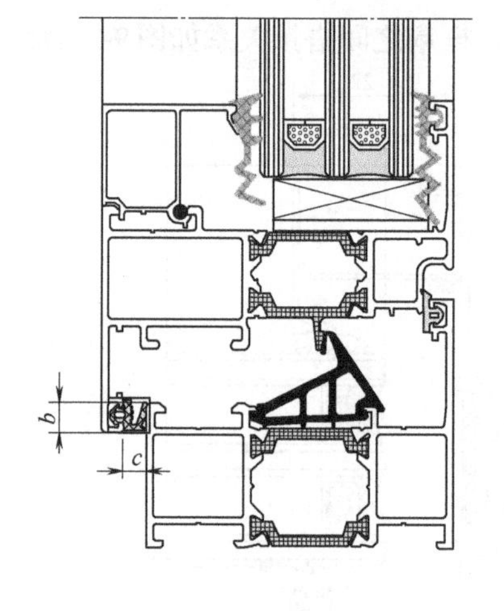

(a) 平开窗搭接量示意图

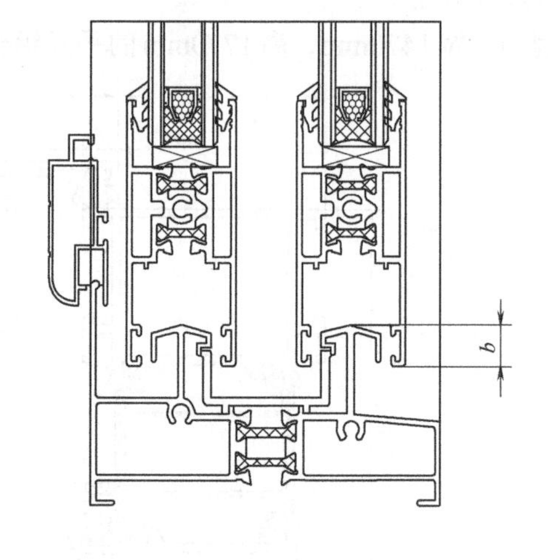

(b) 推拉窗搭接量示意图

图9-20　铝合金门窗框扇搭接量示意图

如条件允许，搭接量尽量选择大一些，这样在安装和使用中，即使框扇搭接位置有少许错位，也能保证框扇之间的密封。

(3) 铝合金门窗下料计算步骤　首先需根据现场墙面的装饰材料确定好铝合金门窗与洞口的间隙尺寸，进而确定铝合金门窗的外包尺寸，再根据铝合金门窗型材截面图、装配图等计算各构件的下料尺寸。

构件下料尺寸计算的基本过程如下。

① 根据外墙装饰材料和现场测量放线情况确定铝合金门窗的外框外包尺寸。

② 根据外框组装方式和外框构件的型材尺寸确定各外框杆件的下料尺寸。

③ 根据扇与外框的搭接量关系确定扇的外包尺寸。

④ 根据扇的组装方式和扇构件的型材尺寸确定各扇杆件的下料尺寸。

⑤ 根据扇和外框的尺寸确定玻璃压条的下料尺寸。

玻璃压条的下料长度通过计算后，可以在第一次下料时进行试装，确定试装时的效果，满足要求后再批量下料。大部分情况下玻璃压条需要与框扇配作。

(4) 铝合金门窗下料计算

① 平开铝合金门窗下料计算　对于平开铝合金门窗，其下料计算公式如下：

门窗框宽度尺寸W=洞口宽度尺寸−2×间隙尺寸

门窗框高度尺寸H=洞口高度尺寸−2×间隙尺寸

当门窗框为45°下料组角组装时，门窗横向边框和竖向边框的下料尺寸为门窗的宽度和高度尺寸。

扇宽度尺寸a=(W−2×框料宽−中竖框料宽+扇宽度总搭接量)/2

扇宽度总搭接量=2×(扇与边框的搭接量+扇与中竖框的搭接量)

扇高度尺寸b=H−2×框料宽+扇高度总搭接量

扇高度总搭接量=2×扇与框的搭接量

玻璃尺寸=扇的见光尺寸+2×玻璃与扇搭接量

一般平开铝合金门窗扇框搭接量为6~8mm，此尺寸由平开铝合金门窗的型材尺寸和铰链厚度尺寸确定。

例如，宽1470mm、高1770mm的平开铝合金窗，框扇之间搭接关系如图9-21所示。

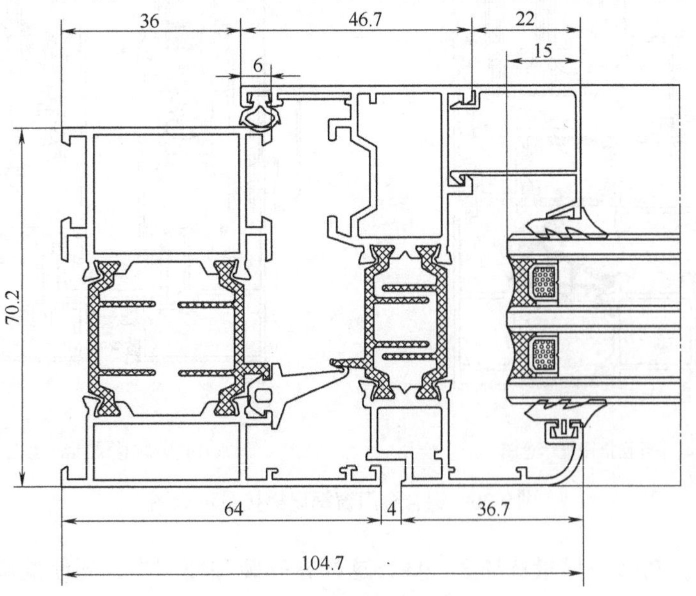

图9-21　框扇之间搭接关系

根据图9-2铝合金窗构造图、图9-4型材截面图和图9-21框扇之间搭接关系图以及上述的计算公式，可计算出图9-2所示铝合金窗的构件下料尺寸。

铝合金门窗框：

上下框：2件，1470mm（45°）

左右边框：2件，1770mm（45°）

中横框：1件，1470−42×2+9＝1395mm（90°）

中竖框：1件，1200−42−42/2+9＝1146mm（90°）

铝合金门窗扇：

上下梃：4件，1470/2−36−42/2＋6＝684mm（45°）

左右边梃：4件，1200−36−42/2＋6＝1149mm（45°）

玻璃压条：

扇横玻璃压条：4件，684−46.7×2＝590.6mm（90°）

扇竖玻璃压条：4件，1149−(46.7＋22)×2＝1011.6mm（90°）

上亮横玻璃压条：2件，1470−42×2＝1386mm（90°）

上亮竖玻璃压条：2件，1770−1200−42−42/2−22×2＝463mm（90°）

注：横玻璃压条平整安装，竖玻璃压条顶在横玻璃压条之间安装。

玻璃（5＋12A＋5）切割尺寸：

扇玻璃宽度：684−(46.7＋22)×2＋15×2＝576.6mm

扇玻璃高度：1149−(46.7＋22)×2＋15×2＝1041.6mm

上亮玻璃宽度：1470−(42＋22)×2＋15×2＝1372mm

上亮玻璃高度：1770−1200−42−42/2−22×2＋15×2＝493mm

② 推拉铝合金门窗下料计算　对于推拉铝合金门窗，其下料计算公式为：

门窗框宽度尺寸W=洞口宽度尺寸−2×间隙尺寸

门窗框高度尺寸H=洞口高度尺寸−2×间隙尺寸

门窗竖向边框（左右边框）的下料尺寸=门窗框高度尺寸H

因铝合金门窗外框竖通横断，横向边框下料尺寸为：

门窗横向边框（上下框）的下料尺寸=门窗框宽度尺寸W−2×横向边框装配位置至竖向边框外边部尺寸−2×柔性防水垫片的厚度尺寸

扇宽度尺寸a=(W−2×竖向边框料宽+两边部的总搭接量+带勾扇边梃料宽)/2

扇横向边梃（上下梃）下料尺寸=扇的宽度尺寸a−构造尺寸

外扇高度b_1=铝合金门窗框高度H−上下框料外导轨总高+上下搭接量

内扇高度b_2=铝合金门窗框高度H−上下框料内导轨总高+上下搭接量

内扇竖料下料尺寸=b_1或b_2

一般推拉铝合金门窗的框扇上下搭接量为8~10mm，此尺寸由推拉铝合金门窗料的构造尺寸和配件尺寸确定，各种料型的具体搭接量，需测量各料型材料的具体尺寸和配件尺寸后确定。

其他分格形式的铝合金门窗构件下料尺寸按铝合金门窗相应结构装配图确定。

根据上述计算公式，以图9-2型材系列为例，给出图9-22、图9-23和图9-24三种典型铝合金窗的构件下料尺寸计算公式。

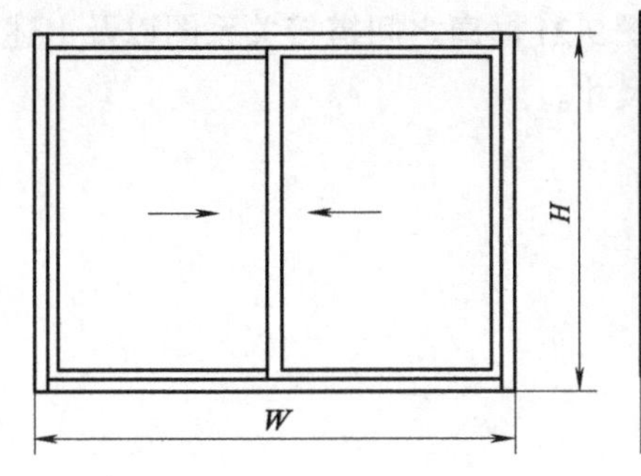

图9-22 窗型一

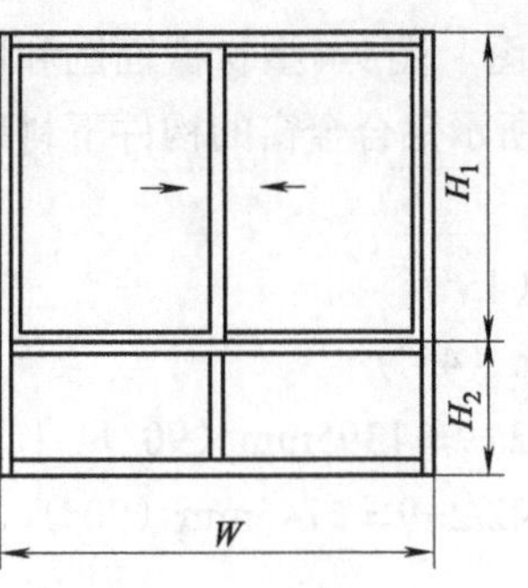
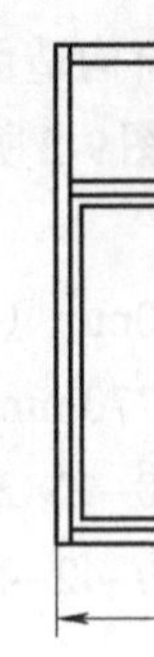

图9-23 窗型二

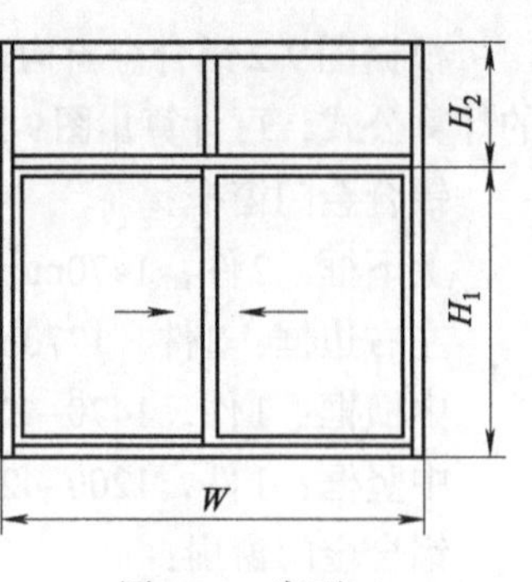

图9-24 窗型三

窗型一下料计算公式如下：

上滑、下滑=W–42

边框=H

上下梃=(W–111.7)/2

内光企、勾企=H–76

外光企、勾企=H–61

窗型二下料计算公式如下：

上滑、中滑、下固定=W–42

边框=H=H_1+H_2

中竖框=H_2–25

上下梃=(W–111.7)/2

内光企、勾企=H_1–81

外光企、勾企=H_1–66

窗型三下料计算公式如下：

上固定、中滑、下滑=W–42

边框=H=H_1+H_2

中竖框=H_2–25

上下梃=(W–111.7)/2

内光企、勾企=H_1–76

外光企、勾企=H_1–61

9.3.2 生产作业单样式

应用下料尺寸计算公式，根据具体铝合金窗型、规格尺寸、型材系列对铝合金窗构件进行下料计算，然后生成表9-10所示的生产作业单。

将门窗型材构件尺寸与数量、玻璃的尺寸规格，按斜切割和直角切割，添加到门窗生产作业单中（表9-10）。并根据型材槽口尺寸选择五金件、角码、密封材料和其他配件，一起添加到生产作业单中。有些产品还应包括安装加工所需的专门工具、冲压部件和切割样板等。

表9-10 生产作业单

名称	规格	单位	数量	合同编号	建筑图号	订货单位
平开铝合金门窗	70PLC-147177	樘	1			

1770

1200

1470

玻 璃

名称	厚度/mm	下料尺寸/mm	数量
扇玻璃	5+12A+5	576.6×1041.6	2
上亮玻璃	5+12A+5	1372×493	1

技术要求：

型 材

名称	代号	数量				
上下框	70E01	2		1470		
左右边框	70E01	2		1770		
上下梃	70E02	4		684		
左右边梃	70E02	4		1149		
中横框	70E03	1	1395			
中竖框	70E03	1	1146			
玻璃压条	6379	4	590.6			
玻璃压条	6379	4	1011.6			
玻璃压条	6379	2	1386			
玻璃压条	6379	2	463			

五金件			其他辅助材料		
名称	规格型号	数量	名称	规格	数量
传动器		2	玻璃垫块		
合页		4	密封胶条		
执手		2	玻璃胶条		
滑撑		2	密封胶		
框角码	23mm+10.8mm	4+4	螺钉		
扇角码	28mm+8.6mm	8+8			

9.4 建筑门窗施工图组成

建筑门窗施工图应包括封面、索引目录、设计说明、平面图、立面图、剖面图、局部放大图、详图设计、结构计算、热工计算等内容。

（1）封面

① 工程名称。

② 建筑门窗设计单位全称。

③ 设计出图日期。

（2）索引目录

① 分类编码，确立编号，确立编号应按顺序排列。

② 表达内容、图名、图号、档案号及图纸修改版次号。

（3）设计说明

① 工程业主（建设单位），设计单位，总承包单位，监理单位，用全称。

② 工程地理位置情况，建筑物高度、层数、工程标高、层高、总面积等。

③ 设计依据。工程所参照和引用的国家和地方有关标准、规程，法令和行业标准等。

④ 标明工程设计构造形式和连接节点具有的安全性、合理性和先进性，以及不同部位的面层材料、面层颜色等。

⑤ 工程达到的物理性能等级，列出抗风压性能、气密性能、水密性能、保温性能、隔声性能等的基本性能指标。

⑥ 标明本工程风荷载取值依据，列出最大标准风荷载值和最大风荷载所处部位。

⑦ 标明所选用的主要材料，例如铝合金型材、玻璃、钢材、胶黏剂、五金件、配套材料材质、产地、主要性能和技术指标。

⑧ 标明与土建结构设计及其他相关联的技术指标。

（4）平面图　可直接采用建筑平面图，并做以下补充。

① 应标出主要轴线以及门窗类型的单元编号、位置。

② 相应节点图索引编号。

标准层平面可共用同一平面图，但须标明层次范围与标高。

（5）立面图　可直接采用建筑立面图，并满足以下要求。

① 建筑物各个方向的立面均应绘制正确，包括立面分格、标高、楼层层高、门窗位置、选用饰面材料等均要表示清楚。

② 立面轴线应对应平面轴线标注，在平面图不能标注的铝合金门窗台板、吊顶，要在立面图上标注。

③ 局部复杂立面，应有局部放大立面图，立面图上应标注相应的剖面符号、节点详图索引号。

（6）剖面图

① 剖面图的剖切位置、编号、比例、标高、部分详图索引、轴线号应与平面图、立面图相对应标注。

② 标明高度、分格尺寸、结构剖面尺寸、轴线号、详细的放大位置及图号。

③ 高度尺寸标注。

④ 外部尺寸、高度、层间高度、分格尺寸与外部装饰的相关尺寸。

⑤ 内部尺寸、铝合金门窗台标高、吊顶标高和其他饰面相关的特殊要求高度。

（7）局部放大图

① 对立面、平面、剖面未表达清楚的位置，在不同层高、不同层数、内外空间比较复杂部位，均应绘制大样图，作为详图设计依据，局部放大部位可索引在平面、立面、剖面上，并标明其所在页号。

② 在局部放大图中，应标注索引部位轴线号及该图中应标明索引的详图页号和选用材料的规格尺寸。

（8）详图设计

① 标明工程各局部的变化，在图中须清楚地反映出详图各位置和技术要求，按照种类不同，饰面材料，框、开启扇等垂直方向、水平方向均应分别绘制详图，标注尺寸齐全，注明选用材料名称、规格、材质要求和索引号。

② 门窗系统的各细部构造节点。

③ 门窗与主体结构连接构造、密封处理等。

④ 门窗与主体结构的相对位置关系。

⑤ 避雷连接方式。

（9）结构计算书　根据工程要求，对门窗的杆件、玻璃及固定件等进行结构计算，形成结构计算书。

（10）热工计算书　根据工程要求，对门窗进行传热、遮阳、结露等热工性能计算，形成热工计算书。

10 铝合金门窗的生产制造

铝合金门窗的生产制造是指工人利用加工设备和工艺装备将型材进行切割、钻冲孔槽、铣削等加工，并安装玻璃和相应的辅助材料，包括铰链、门窗锁、滑撑、执手、滑轮等五金件和胶条、毛条等密封材料，把型材和各类辅助材料组装成铝合金门窗产品的整个过程。

10.1 工作准备

在进行铝合金门窗的制造前，首先要了解铝合金门窗的设计要求、相应建筑物的结构特点以及门窗洞口的结构和尺寸，然后根据设计要求选择材料，制定设计目录，编制技术工艺文件，最后根据技术工艺文件进行产品生产。

10.1.1 门窗构造尺寸的确定

理论上，门窗生产加工企业可以直接根据土建施工图给出的门窗洞口尺寸设计门窗的构造尺寸，但由于目前我国土建误差控制问题，土建误差经常偏大，所以很多情况下，在确定门窗的构造尺寸之前需要对实际洞口尺寸进行现场测量。

应科学合理地进行洞口尺寸的测量。测量前，要分清是净洞口安装还是毛洞口安装，也要分清是矩形洞口还是异形洞口。矩形洞口测量时，应对洞口高度（左、中、右）和洞口宽度（上、中、下）各进行三次测量。其中最小的尺寸用于确定门窗的制造尺寸。高度测量标记由土建方负责提供。窗台平面和窗台侧面的垂直面应用水平仪测定（图10-1）。

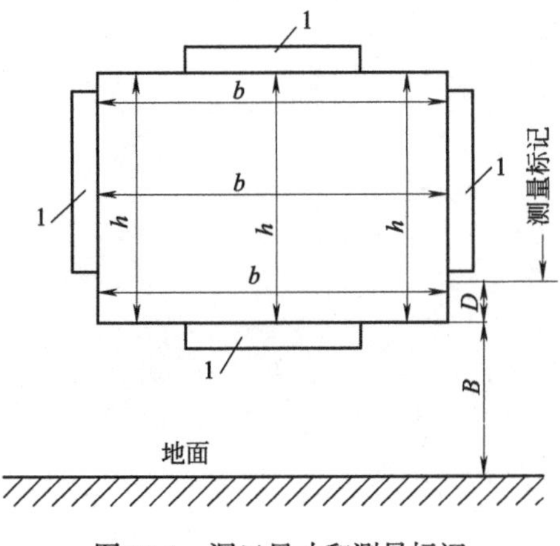

图10-1 洞口尺寸和测量标记

1—本处用水平仪测量；B—胸墙高度

异形洞口测量时，对于有圆弧的洞口主要解决圆弧的测量问题，圆弧测量弦长和弧长；对于有斜边的洞口，最好能测量长度和角度；对于飘窗的洞口，确定好窗户的安装位置后，测量窗台外形尺寸，然后放样确定窗户尺寸。为了保证测量数据的准确性，同样需要每个尺寸进行三次测量。

门窗的洞口尺寸或图纸上的标注尺寸与门窗的尺寸并不完全一致。门窗的最终外形尺寸应根据门窗的安装形式确定。要考虑安装时是采用固定式还是嵌入式（图10-2），是否使用金属附框（图10-3），是否考虑内侧或外侧装饰面的装饰形式，还要考虑框架尺寸测量的各个具体细节，如增加了隔热塑料条后的高度，以及外窗台的倾斜和宽度（图10-4）。

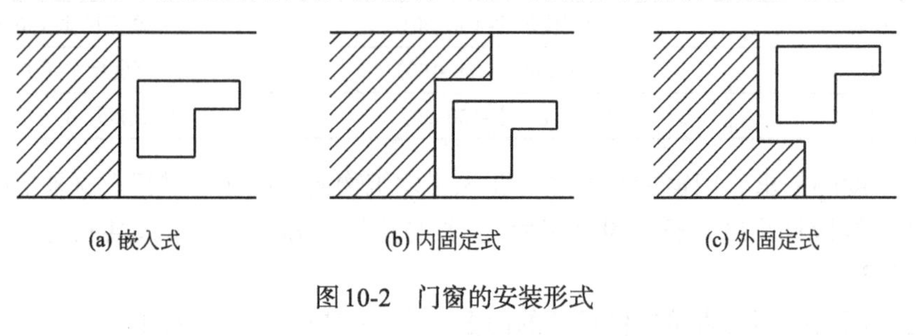

图10-2　门窗的安装形式

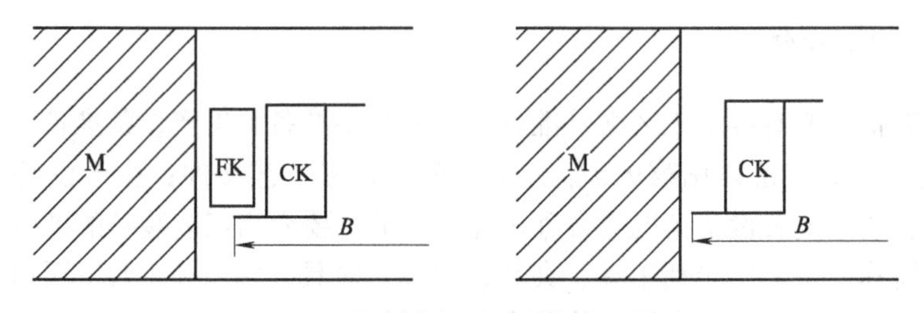

图10-3　使用附加框对窗宽度的影响

M—墙体；FK—附加框；CK—铝合金门窗框

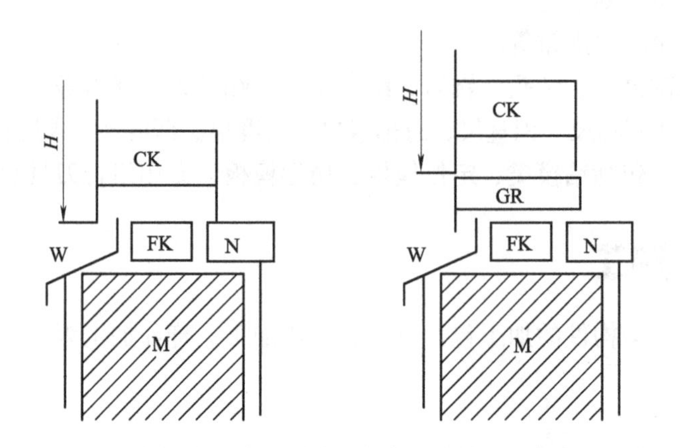

图10-4　外侧窗台和专用隔热塑料条的安装对窗高度的影响

M—墙体；FK—附加框；CK—窗框；N—内侧窗台；
W—外侧窗台；GR—专用隔热塑料条

建筑围护结构墙体外饰面有不同的装饰材料，常见墙体主要有清水墙、瓷砖墙、理石墙、外保温墙等。对不同墙体外饰面实际勘查测量是门窗设计、制造最终成型尺寸的基本依据。

门窗框尺寸与洞口尺寸之间的关系，应视不同的饰面材料确定，且应符合设计要求及现行国家有关标准的规定。一般情况下，门窗框尺寸与洞口尺寸之间的关系见表10-1。

表10-1 门窗框尺寸与洞口尺寸的关系

墙体饰面层材料	门窗框尺寸/mm	
	门窗框宽度	门窗框高度
清水墙或附框	洞口宽度尺寸-(20~30)	洞口高度尺寸-(20~30)
水泥砂浆或陶瓷锦砖	洞口宽度尺寸-(40~50)	洞口高度尺寸-(40~50)
釉面瓷砖	洞口宽度尺寸-(50~60)	洞口高度尺寸-(50~60)
石材	洞口宽度尺寸-(80~100)	洞口高度尺寸-(80~100)
外保温墙	洞口宽度尺寸-(20~30)	洞口高度尺寸-(20~30)

因工程进度的需求，门窗的制造经常要先于建筑物洞口的测量进行。这种情况下，门窗的制造应严格按设计图纸进行（设计尺寸）。并与建筑师和工地负责人共同对设计图纸的一切细节进行讨论。

对于标准门窗或用户直接提供尺寸的门窗，直接按规定尺寸进行生产。

10.1.2 技术工艺准备

技术工艺准备主要有技术工艺文件准备、工艺装备准备和生产设备准备三个方面。

技术工艺文件的准备详见第9章铝合金门窗的技术工艺文件；生产设备需要根据生产量、工期要求、企业现有设备情况等合理调配；本节主要介绍工艺装备的准备。

工艺装备简称工装，它包括工具、夹具、刀具、量具，每一类工装都可以分为通用和专用。通用工装可以直接购买，专用工装需要专门制作。

（1）工具 铝合金门窗生产制造需要的工具有螺丝刀、木榔头、橡皮锤、手锤、尖嘴钳、平口钳、打包钳、划笔等。

（2）夹具 虎钳、手虎钳等。

（3）刀具 切割锯片、钻头、铣刀、组合铣刀、端铣刀、锉刀等。

（4）量具 包括钢卷尺、钢直尺、游标卡尺、角度尺、深度尺、硬度仪、涡流测厚仪等。

（5）专用工装 包括钻模类、定位模板、仿形模板、专用组合刀具及专用夹具等。

10.2 构件加工

铝合金门窗框、扇构件的加工包括下料、孔槽加工、榫卯加工等。

10.2.1 下料

下料工序是保证铝合金门窗产品质量的基础，也是关键工序。在进行该工序的操作时，需要认真查看相关图纸和技术文件，依照操作规程，合理操作相关设备、仪器，并按照工序卡片的要求，完成相关操作。

下料包括型材（主、辅型材）下料、角码下料等。

铝合金门窗框、扇型材下料角度主要为45°和90°，异型铝合金门窗型材下料根据窗型不同会有其他角度；角码下料均为90°。

下料设备按功能分为型材切割锯和角码切割锯。其中，型材切割锯按切割材料的不同分为主型材切割锯和玻璃压条切割锯；按锯头数量分为双头切割锯和单头切割锯；按切割精度和自动化程度分为普通切割锯、精密切割锯、数控切割锯等。

门窗扇与门窗框构件下料要分开进行，以避免两种相似型材的混料。

（1）主型材下料　主型材主要在双头切割锯上进行切割下料。

每一种加工尺寸型材的加工首件，均应认真进行首件检验。

① 长度检验。用钢卷尺测量加工件的长度，长度最大允许偏差为±0.5mm，铝合金门窗扇型材的尺寸允许偏差数值还要小，偏差太大易造成铝合金门窗扇开启困难。

过长的型材可用单头锯，长度不够的型材，可再用于小尺寸要求的铝合金门窗，因此，在切割型材时，总是先从大的尺寸开始。

② 切割面检验。切割断面应干净、平整、无切痕，不应有加工变形，毛刺不应大于0.2mm。如毛刺过多，说明锯片已钝或进刀过大。

③ 角度检验。用万能角度尺测量工件的角度，角度的最大允许偏差为-15′。

角度如果不准确时，应检查辅助装置是否正常、工作台是否干净；若斜切角度不准确，则应检查锯片装置或工件固定是否正确。

在对首件进行必要的检验后，方可进行成批型材的切割下料。

下料时同一批料应一次下齐，以保证组装后整窗色泽统一美观。

（2）玻璃压条下料　玻璃压条下料使用玻璃压条锯，并选配合适的定位靠模。压条的长度应根据框、扇实测尺寸切割（配作），以玻璃压条装配后无明显缝隙为宜。

玻璃压条的切割角度通常为45°或90°，异型窗型也会有其他角度。

（3）角码下料　角码下料使用角码切割锯。为保证切割的角码与型材内腔的配合精度要求，角码切割锯的精度要求比型材切割锯高。

隔热铝合金门窗大多采用组角工艺成框，由于对组角的质量要求较高，因此，对型材断面的锯切精度提出了较高的要求。铝合金门窗国家标准中仅对铝合金门窗框、扇杆件装配间隙提出了要求（≤0.3mm），并没有对型材断面的锯切精度做具体规定，0.3mm的组角间隙远远达不到消费者的要求。一般高档铝合金门窗的角部间隙≤0.1mm时，其性能和外观才能满足要求。要达到0.1mm的组角精度，要求型材断面的综合锯切精度（角度、垂直度、平行度、平面度）不宜超过0.08mm/100mm。为了保证锯切时型材断面的精度要求，铝合金门窗锯切加工时，一定要选用专业铝合金型材切割锯，且在锯切加工时尽量使用模板，使型材定位稳定、夹紧可靠。

10.2.2　加工

铝合金门窗的框和扇通过五金件，如合页（铰链）、执手、传动锁闭器、窗锁等装配成整体。为了满足门窗的开启、装配和物理性能要求，铝合金门窗框、扇构件需根据设计要求进行排水孔、气压平衡孔、锁孔（槽）、装配槽、榫肩等的加工。

孔、槽加工设备有水槽铣床、仿形铣床、冲压机、冲床、钻床、端面铣床以及加工中心等。

（1）排水孔加工　在门窗框、扇上，露在室外表面的排水孔都称为外排水孔；在门窗框、扇型材内部为形成雨水排放流道而设置的排水孔称为内排水孔。

外门窗框和扇每块玻璃的下边框都应开内、外排水孔。

排水孔最好用专用水槽铣床加工，可用仿形铣床加工。仿形铣床上配有预先加工好孔、槽的模板，加工时按预先选定的模板上的孔、槽轨迹进行。

排水孔的数量和间距，应满足排水量需求，保证从内到外形成有效的排水通道。为了不影响铝合金门窗的整体外观效果，排水孔应排列整齐。排水孔的尺寸、位置和数量应符合图纸要求。一般排水孔为宽度大于等于5mm、长度大于等于30mm的长孔，构件左右至少各加工一个，距离铝合金门窗框边缘20~100mm；两个排水孔之间的间距不大于600mm。图10-5为排水孔加工尺寸和间距范围。

固定玻璃应有排水措施，每块玻璃最少设置一个排水孔。

铝合金门窗扇的排水可以由窗扇外腔直接向外排出，也可以通过型材空腔向下经过铝合金门窗框的排水通道排出，采用哪一种排水方式取决于型材结构及铝合金门窗整体排水系统的设计。铝合金门窗的排水通道如图10-6和图10-7所示。

图10-5 排水孔加工尺寸和间距范围示意图

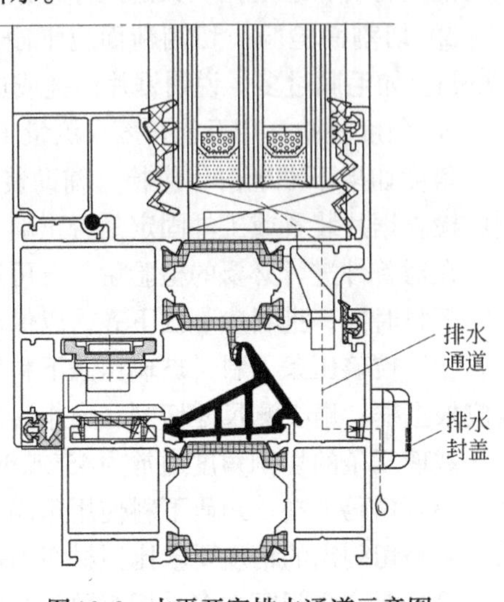

图10-6 内平开窗排水通道示意图

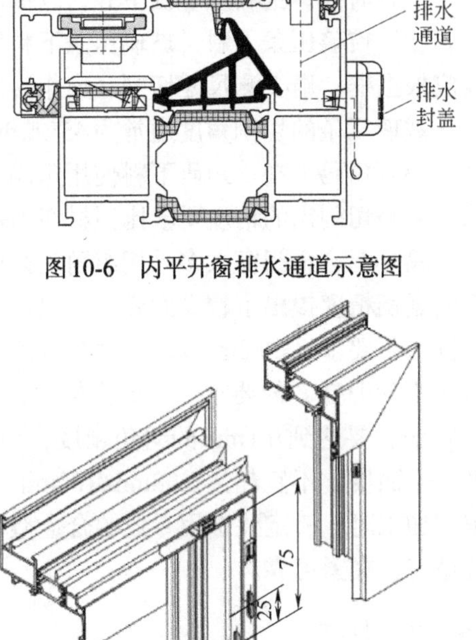

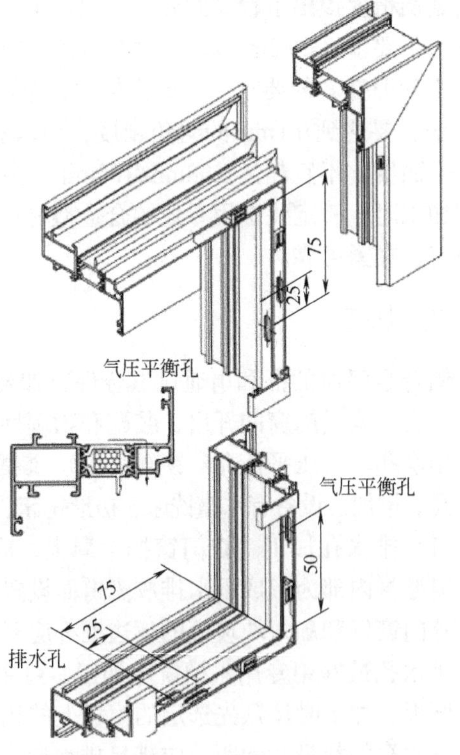

(a) 窗框排水通道

(b) 窗扇排水通道和气压平衡孔

图10-7 内平开窗框、扇排水通道和气压平衡孔示意图

排水孔开设应注意以下问题。

① 带上亮铝合金门窗中横框上的外排水孔排出的雨水尽量避开下部门窗扇，以免雨水流到下部门窗扇与门窗框之间的密封间隙上，增大由该密封间隙渗入门窗框内部的水量。

② 排水孔尽量开在型材最低位置，避免造成型材内部积水；门窗下框构件外排水孔的位置距框的下边缘以大于15mm为宜。

③ 内、外排水槽错开50~80mm布置。

门窗上排水孔的开设会影响门窗的气密性能，为了保证门窗的气密性并保证风雨较大时排水通畅，可以在窗外侧排水槽上扣装排水封盖，如图10-6所示。

（2）气压平衡孔的加工　外门窗开气压平衡孔的目的是为了保证门窗室外一侧密封胶条内外气压平衡，消除由于压差造成的门窗渗水问题。

门窗框和扇上每一块玻璃对应的型材相应部位均需要加工气压平衡孔（槽）。气压平衡孔开设的位置应选择门窗上比较隐蔽的位置，以不影响门窗的外观、防止水的进入和减少灰尘的落入为宜，一般在边梃上加工。

气压平衡孔的数量宜为一个宽度大于等于5mm、长度为20~30mm的长孔，或者3个直径大于等于ϕ5mm的圆孔，如图10-7（a）、（b）所示。

（3）五金件安装槽孔的加工　执手、门窗锁、传动器、合页等五金件的安装，需要专门的安装槽孔，其尺寸由选用的五金件的相应尺寸决定，用冲床、仿形铣床、加工中心等设备加工。

图10-8为执手孔加工。

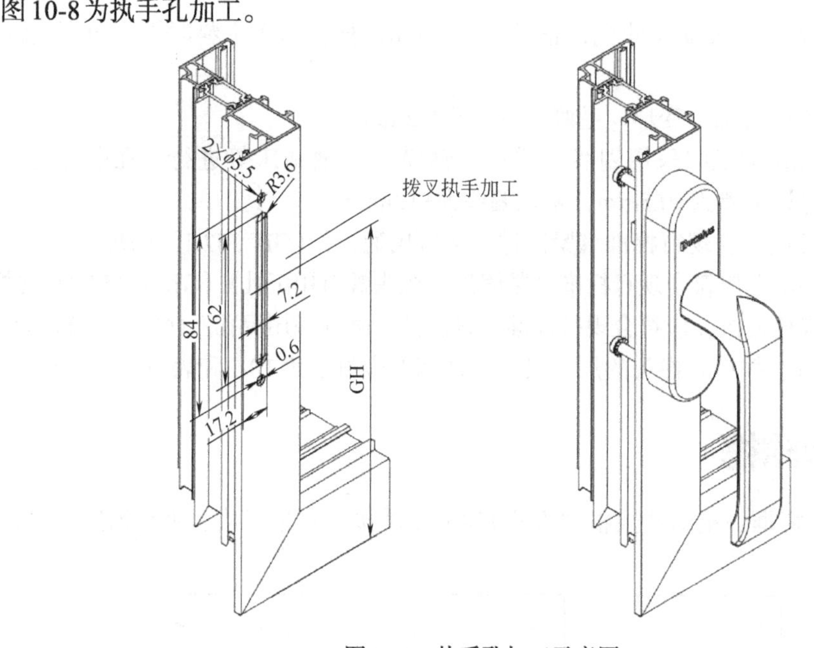

图10-8　执手孔加工示意图

GH—执手转轴孔中心距扇最底缘的高度

（4）装配槽口、豁口和榫头加工　为了实现铝合金门窗构件之间连接成框或形成分格，很多情况下需要在型材的相应部位加工装配槽口（图10-9）、豁口（图10-10）和榫头（图10-11）。

装配槽口、豁口、榫头加工用端面铣床、冲床或加工中心。

装配槽口、豁口、榫头加工的尺寸和位置应符合图纸要求，精度见表10-2和表10-3。

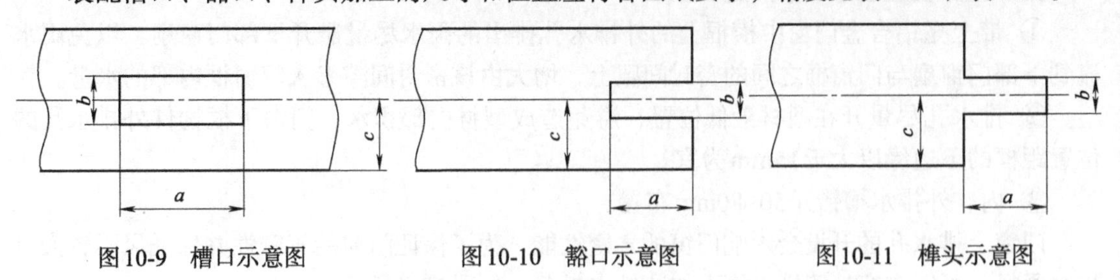

图10-9　槽口示意图　　图10-10　豁口示意图　　图10-11　榫头示意图

表10-2　槽口、豁口尺寸允许偏差

项目	a	b	c
允许偏差/mm	+0.5 0.0	+0.5 0.0	±0.5

表10-3　榫头尺寸允许偏差

项目	a	b	c
允许偏差/mm	0.0 –0.5	0.0 –0.5	±0.5

（5）构件加工精度要求　铝合金门窗构件加工精度除符合图纸设计要求外，尚应符合下列要求。

① 杆件直角下料时长度尺寸允许偏差为±0.5mm，杆件斜角下料时端头角度允许偏差为–15′。

② 下料端头不应有加工变形，毛刺不应大于0.2mm。

③ 构件上的孔位加工应采用划线、样杆、钻模、多轴钻床等进行，孔中心允许偏差为±0.5mm，孔距允许偏差为±0.5mm，累积偏差为±1.0mm。

④ 铆钉用通孔应符合现行标准《紧固件　铆钉用通孔》（GB 152.1）的规定。

⑤ 沉头螺钉用沉孔应符合现行标准《紧固件　沉头螺钉用沉孔》（GB/T 152.2）的规定。

⑥ 圆柱头、螺栓用沉孔应符合现行标准《紧固件　圆柱头用沉孔》（GB 152.3）的规定。

⑦ 构件的槽口、豁口和榫头的加工尺寸允许偏差应符合表10-2和表10-3的要求。

10.3　组装成框

常见铝合金门窗框、扇组装成框的方式有45°角对接、直角对接、垂直插接三种，如图10-12所示。

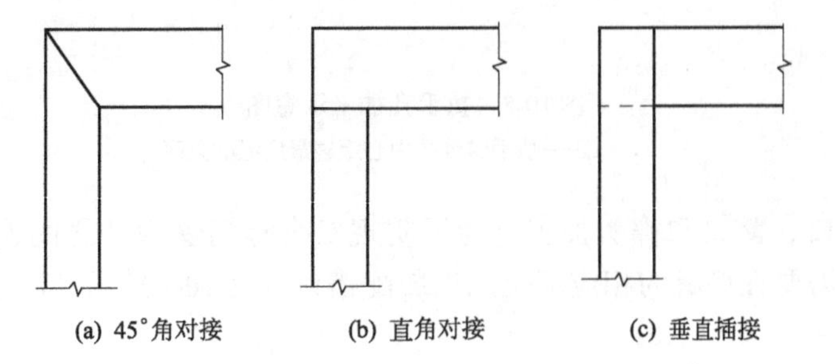

(a) 45°角对接　　(b) 直角对接　　(c) 垂直插接

图10-12　铝合金门窗的组装方式示意图

一般情况下，平开铝合金门窗框、扇组装成框采用45°组角方式，推拉铝合金门窗框、扇组装成框采用垂直插接方式，铝合金门窗中横框、中竖框与边框之间以及中横框与中竖框之间采用直角对接方式。

10.3.1 组角工艺

平开铝合金门窗的框、扇组装成框时，一般采用45°角对接组角。铝合金门窗框、扇45°组角方法有螺接、铆接、挤角（机械铆压）、拉角和涨角等。对于隔热铝合金门窗，目前国内大多数门窗生产企业采用机械挤角组角工艺。

机械组角时，铝合金门窗框扇构件的两个斜角使用角码连接。按角码固定方式不同，可分为两类：一类是机械铆压式组角，即通过组角机将型材壁压入角码沟槽内固定；另一类是手工固定式组角，使用螺钉、铆钉或锥销固定，有条件的情况下，可用铆钉或锥销机械固定。

（1）角码　根据成型后是否可调，角码可以分为固定角码和活动角码，如图10-13所示；根据材质不同，角码可分为铝质角码、锌合金角码和塑料角码等。

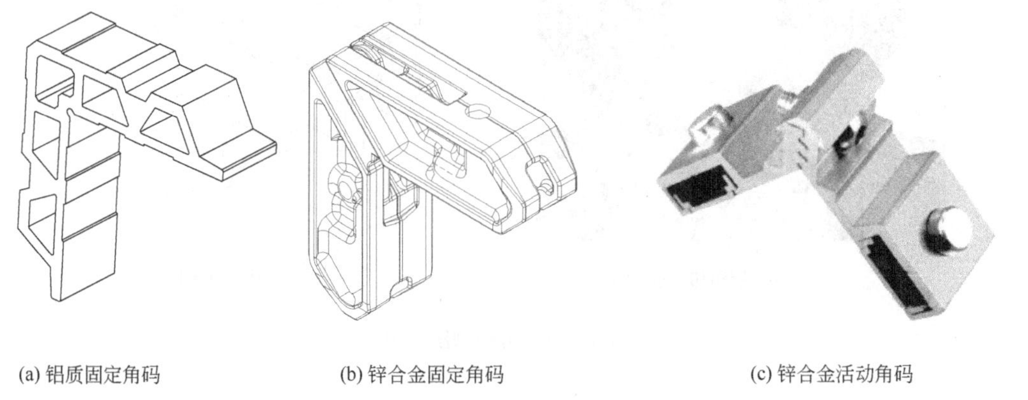

(a) 铝质固定角码　(b) 锌合金固定角码　(c) 锌合金活动角码

图10-13　角码

铝质角码通常是连续挤压的铝合金型材，角码一旦挤压成型，尺寸形状便固定不变。角码与铝合金型材的连接通常采用机械挤压组角工艺，根据型材空腔尺寸确定角码的下料尺寸。这种角码通用性强，国内应用广泛。一般用于铝合金门窗框、扇的组角。

锌合金角码采用压铸成型，可以为固定角码，也可以是活动角码。角码与铝合金型材的连接采用销钉或螺钉连接固定，角码需要根据铝合金型材空腔尺寸专门定制，通用性差，但组角效果好。一般用于精度质量要求高的铝合金门窗框、扇的组角。

塑料角码采用工程塑料铸造而成，多用于铝合金门窗纱扇组角。

（2）机械铆压组角　机械铆压组角是目前我国隔热断桥铝合金门窗最常用的组角方式。

机械铆压组角用组角机。根据同时组角数量的不同分为单头组角机、双头组角机及四角组角机。

机械铆压组角时将需要连接型材的型材壁用组角刀压入连角角码的凹槽内（图10-14）。为此，角码上应有合适的沟槽（图10-15），使型材壁能够被组角刀铆压进去，并能固定牢固。

断面尺寸大的隔热铝合金型材，角部连接尺寸较宽，仅采用型材内腔插入角码的方式，不能保证两斜角型材相互紧密连接，一般使用两个角码和一个加强角片进行连接。角码起主要作用，置于型材内空腔；加强角片起辅助作用，置于型材外空腔，并采用胶粘处理。

铝合金门窗框、扇机械铆压组角如图10-16和图10-17所示。

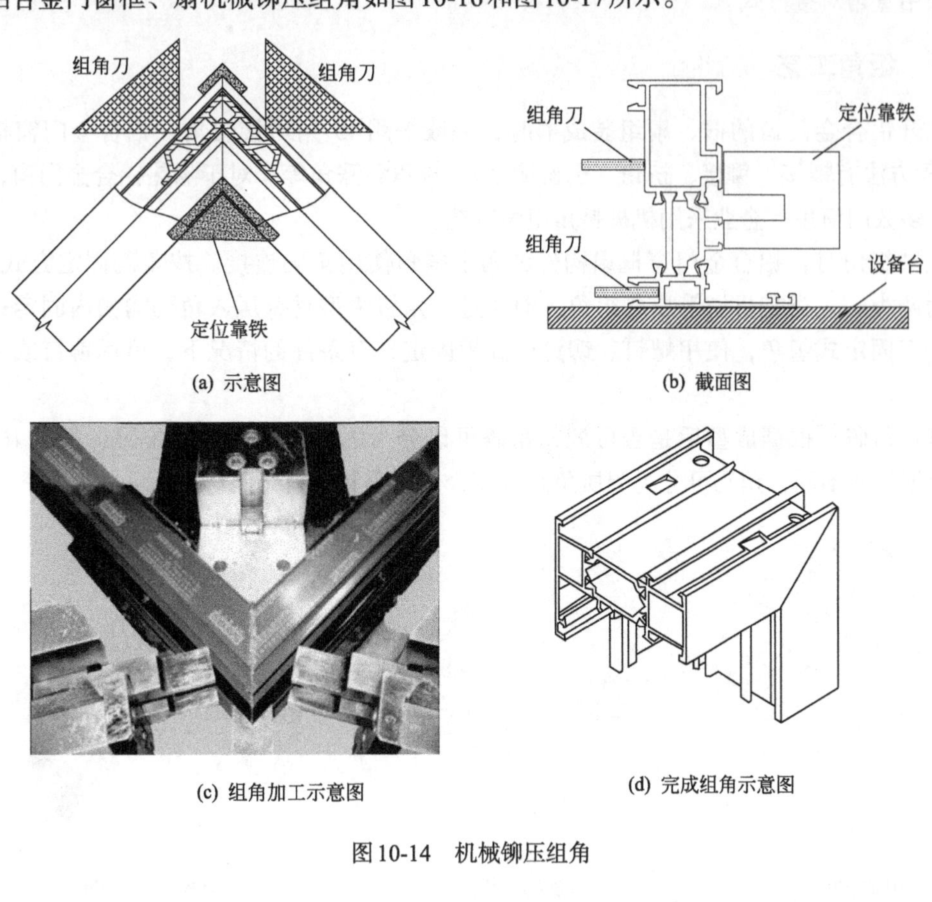

(a) 示意图　(b) 截面图

(c) 组角加工示意图　(d) 完成组角示意图

图10-14　机械铆压组角

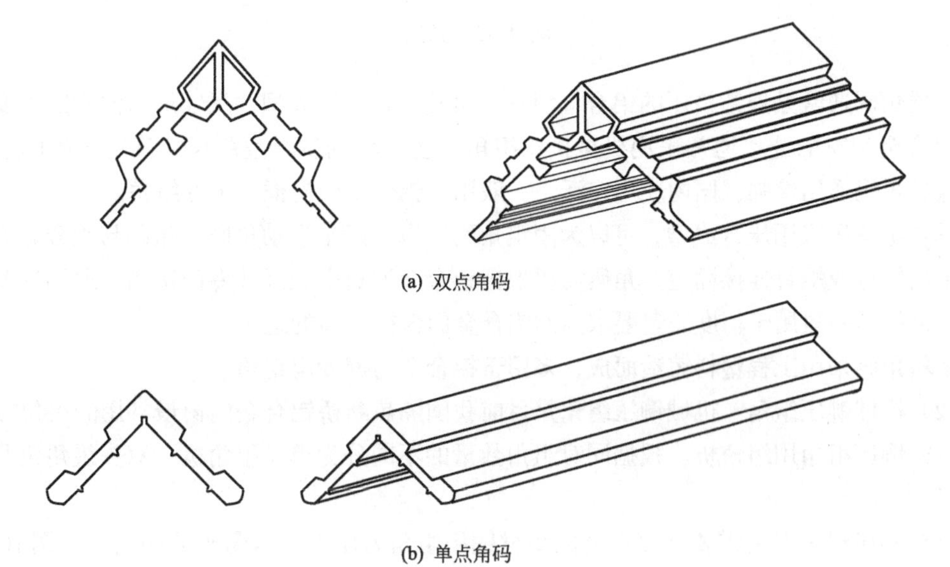

(a) 双点角码

(b) 单点角码

图10-15　角码

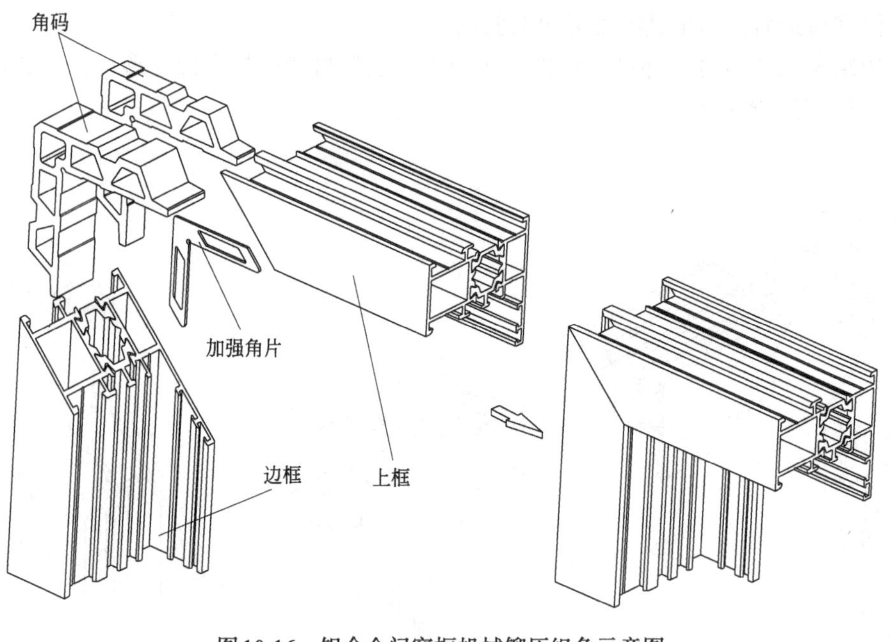

图 10-16　铝合金门窗框机械铆压组角示意图

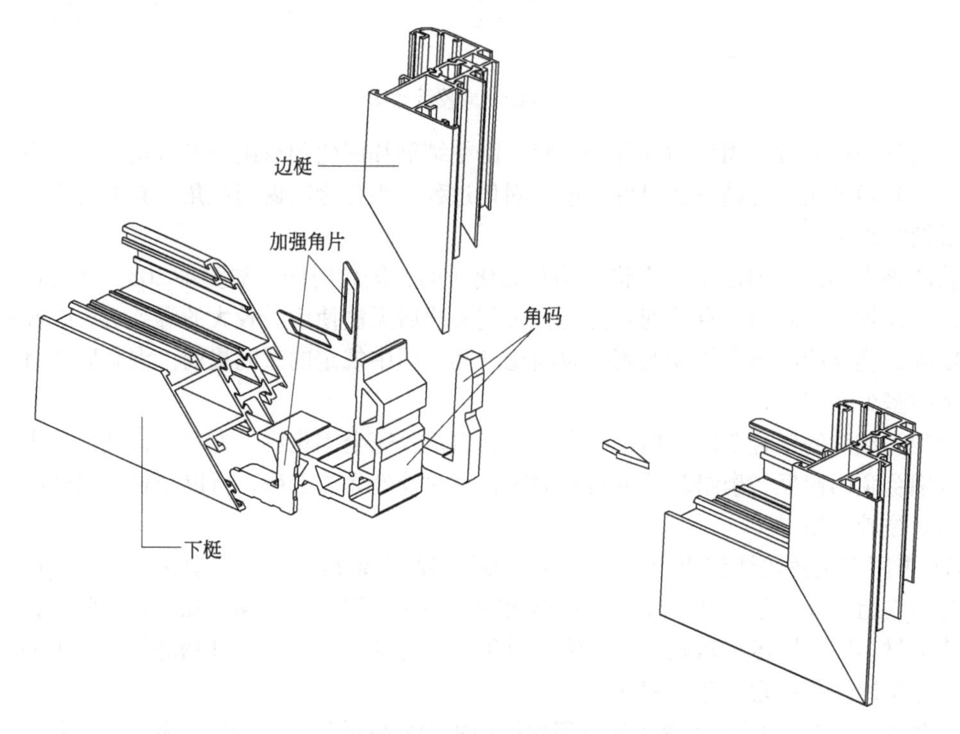

图 10-17　铝合金门窗扇机械铆压组角示意图

机械铆压组角的工艺过程如下。

① 组角前，事先用无脂清洁剂清理型材切角处残留的铝末、油脂、灰尘等脏物。

② 把双组分组角胶均匀地涂抹在角码与型材的有效接触面上，如图 10-18（a）所示。

③ 把断面防渗胶均匀地涂布在型材切角断面处，如图 10-18（b）所示。

④ 轻轻地把角码放置到型材切角的腔内后，把两支型材角部对接合并。

⑤ 清理对接后，切角缝隙处溢出的胶液。

⑥ 用组角机对型材角部进行机械挤压加工（使型材侧面的平面变形，挤入到角码的造型槽内，完成挤压固定）。

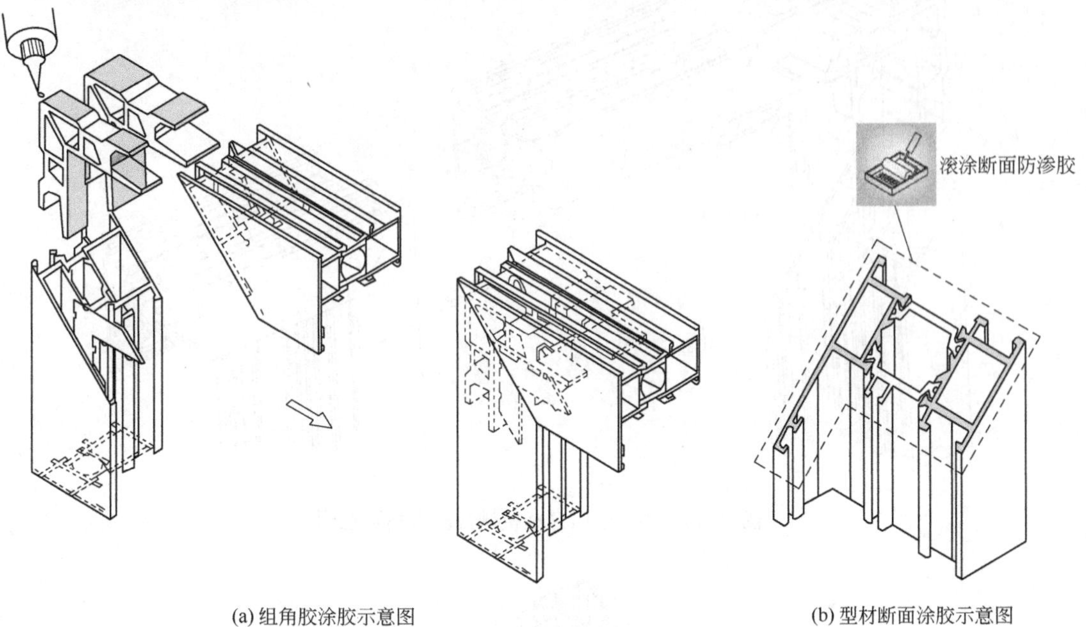

(a) 组角胶涂胶示意图　(b) 型材断面涂胶示意图

图10-18　涂胶示意图

组角胶一般为常温固化的复合分子胶，由粘结剂和固化剂双组分混合构成，在室温条件下经一定时间固化，若稍微加温可加速其固化过程。铝合金门窗用组角胶具有防水性，其耐热性最低为80℃。

胶的种类不同、温度不同，将影响其固化时间，固化时间一般为4~20h。在混合容器内的胶，应在规定时间内（有效期）使用，否则固化后无法使用。较大的温差会影响胶的有效使用期限，盛夏的高温会使胶的固化时间比产品说明中规定的时间提前。混合胶的量，应按使用量的多少而定。

组角完成后的铝合金门窗框、扇应放置到组角胶完全固化后，方可进行其他操作。

若铝合金门窗框、扇组装后需另外喷漆，因涂胶处无法上漆，所以型材斜角处不涂胶。

（3）注胶组角

① 采用固定角码注胶组角　组角时，将角码涂上组角胶后插入型材空腔内，角码涂胶前要与框先组合在一起钻孔。使用螺钉连接时，要在角码上加工螺纹孔。在上紧销钉或螺钉后，使型材牢固地固定在角码上，并保证斜角端密封良好，如图10-19和图10-20所示。

固定角码注胶组角工艺过程如下。

a. 组角前，事先用无脂清洁剂清理型材切角处残留的铝末、油脂、灰尘等脏物。

b. 把断面防渗胶均匀地涂布在型材切角断面处。

c. 轻轻地把角码放置到型材切角空腔内后，把两支型材角部对接合并。

d. 使用螺丝刀，将角码螺丝拧入螺丝孔内，直到螺丝完全被拧入，螺丝头与型材平齐为止。

e. 调整平整度，角部缝隙处理。

f. 从角部两侧任意一侧的注胶孔内进行注胶，注意观察另一侧注胶孔，待另一侧注胶孔溢出双组分组角胶后，停止注胶，并清理两侧注胶孔溢出的胶液。

g. 在地面平整区域，水平放置注胶完成的门窗框或扇，等待胶液完全干透方可进行其他操作。

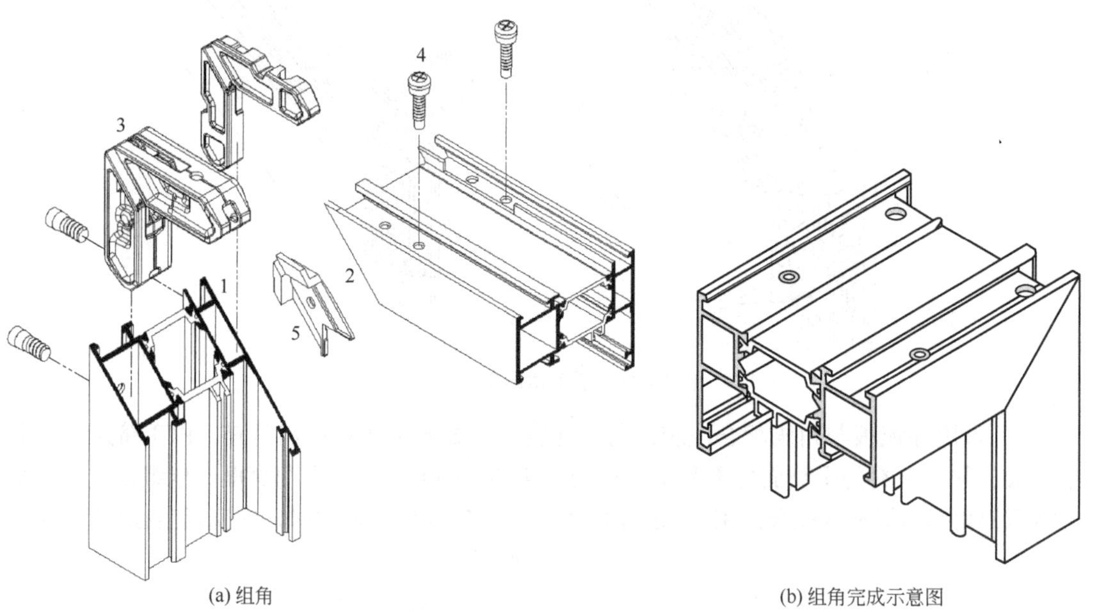

(a) 组角　　(b) 组角完成示意图

图10-19　窗框销钉（螺钉）组角示意图

1，2—型材；3—角码；4—螺钉（销钉）；5—角插件

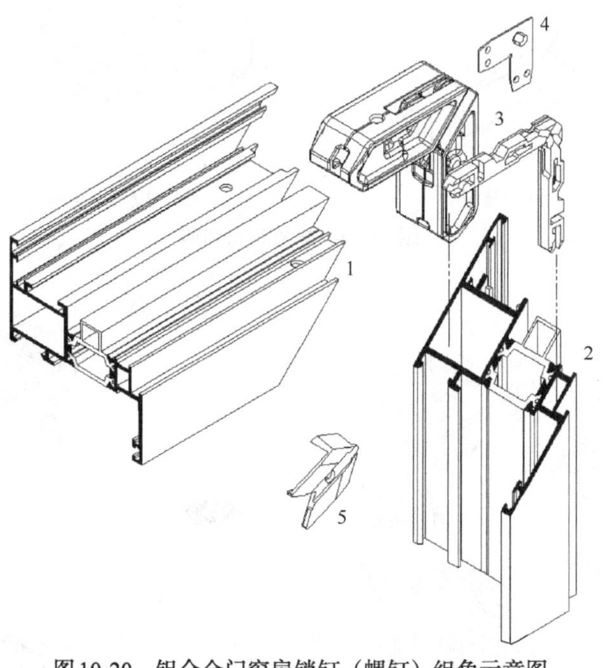

图10-20　铝合金门窗扇销钉（螺钉）组角示意图

1，2—型材；3—角码；4—加强角片；5—角插件

② 采用活动角码注胶组角　采用活动角码组角时，角码与铝合金型材的连接也采用螺钉连接固定，型材上的螺钉连接孔应采用与活动角码配套的模具开孔，以保证孔位置的精确度，如图10-21所示。

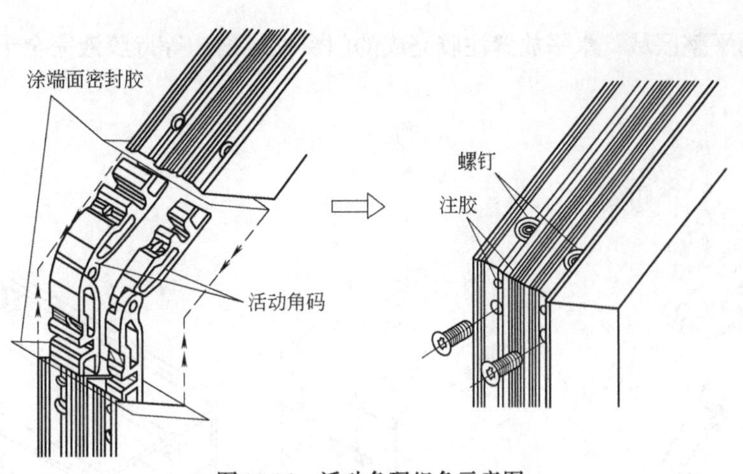

图10-21　活动角码组角示意图

③ 采用导流板与角码配合注胶组角　注胶组角如果采用挤压铝角码，由于挤压铝角码空腔大，并且下料的平断面也不利于组角胶的流动，因此，铝合金门窗框、扇组角时也可采用挤压铝角码与导流板配合使用，如图10-22、图10-23所示。使用时，导流板盖在角码两侧，

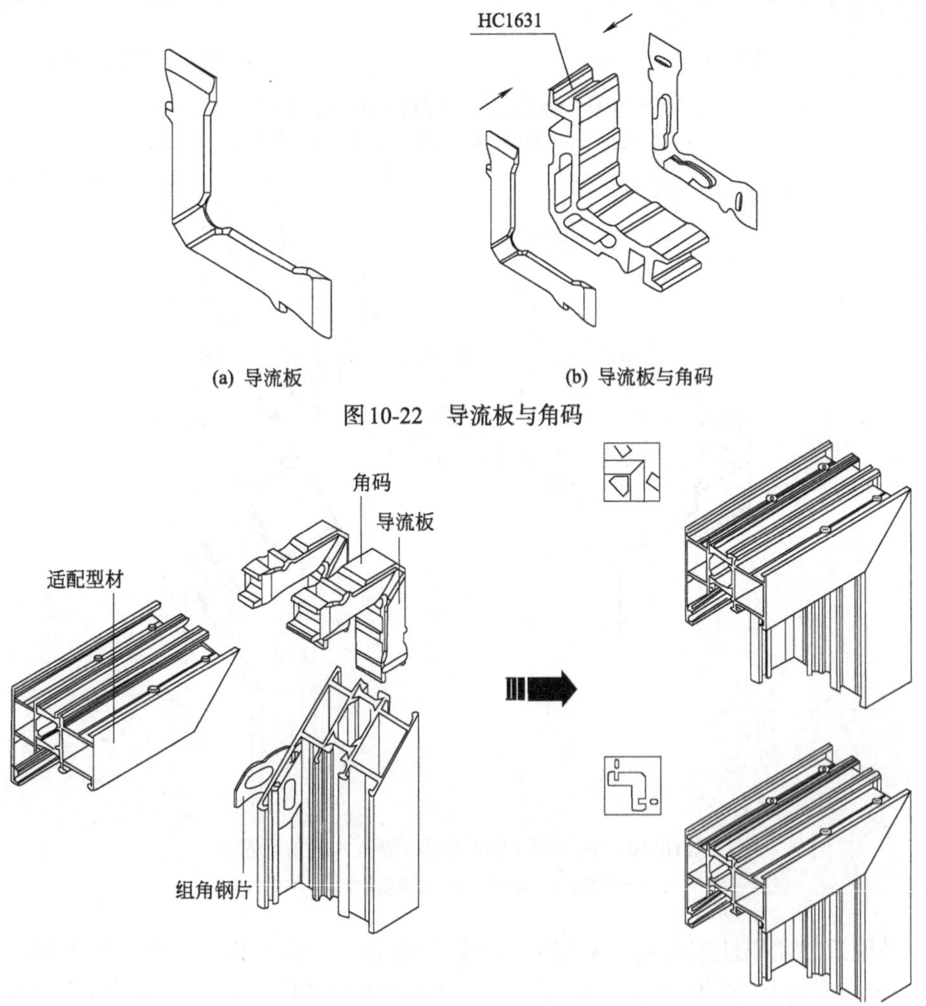

(a) 导流板　(b) 导流板与角码

图10-22　导流板与角码

图10-23　导流板与角码配合组角示意图

阻挡多余的密封胶流进角码空腔，由于增加了角码与型材的接触面，使组角胶与铝合金型材内腔及角码四周有充分接触。这样既可以节省组角胶，又可以提高铝合金门窗框、扇角部强度和抗渗水能力。

需要注意的是，导流板必须与角码配套使用。

导流板与角码配合注胶组角工艺过程如下。

a. 组角前，事先用无脂清洁剂清理型材切角处残留的铝末、油脂、灰尘等脏物。

b. 把断面胶均匀地涂布在型材切角断面处。

c. 角码套入注胶导流板，形成复合角码。

d. 轻轻地把角码放置到型材切角的空腔内后，把两支型材角部对接合并。

e. 用组角机对型材角部进行机械挤压加工（使型材侧面的平面变形，挤入到角码的造型槽内，完成挤压固定）。

f. 调平整度，角部缝隙处理。

g. 从角部两侧任意一侧的注胶孔内进行注胶，注意观察另一侧注胶孔，待另一侧注胶孔溢出双组分组角胶后，停止注胶，并清理两侧注胶孔溢出的胶液。

h. 在地面平整的区域，水平放置注胶完成的门窗框或扇，等待胶液完全干透即可进行其他操作。

注胶孔一般开在组角上下横料上，角码带有导胶槽，组角胶通过注胶孔流入角码内部胶槽，形成连续密封。

机械组角比注胶组角效率高，但注胶组角框的角部的粘合强度大，角部更加结实，不容易断裂，通常系统铝合金门窗、高端铝合金门窗采用注胶组角方式。

（4）组角精度　影响组角精度的主要因素是型材质量以及型材与角码的下料精度，另外组角设备和操作者的水平对组角精度也有较大影响。除此之外，工作台的清洁程度、型材夹持的正确程度、型材顶端的固定、整个框架的固定以及适合于加工型材的铆压深度的调节等也会影响组角精度。

实际生产中可采取以下措施保证组角精度。

① 主型材的选用与加工

a. 选用挤出精度高，型腔设计合理，壁厚满足要求的主型材。

b. 采用精密型材切割设备，保证型材下料精度；当窗型中有中竖框和中横框构件时，其下料尺寸取设计尺寸的下偏差。

② 角码的选用与加工

a. 角码型材嵌槽口合理。在合格的角码型材上，嵌槽口的角度是个标准的入刀角度。如果角度不合适，将影响组角过程的稳定性，甚至无法组角。

b. 角码型材厚度合适。角码型材挤出厚度与主型材型腔的配合间隙应不大于0.2mm。

c. 选用高精密角码切割锯，保证角码切割面的表面质量、尺寸与垂直度要求。角码切割面应平整、光滑、无尖角和毛刺；角码下料长度尺寸合理，与型材型腔的配合间隙应不大于0.2mm；切割面的垂直度误差应不大于0.1mm。

d. 角码使用前的处理。为了提高角码质量和刀具耐用度，切割角码时一般用“锯切油”或低标号机油进行润滑，所以切割完毕的角码上都留有油渍，对这些油渍需要用纯碱或其他清洗剂处理干净，以保证后面工序中组角胶连接可靠。

③ 正确使用组角机

a. 刀具安装位置正确，应使刀具相对于型材截面对称布置。

b. 刀具平面应与组角机工作台平面平行。

c. 托料架位置精确。托料架应同工作台处于同一平面，不能偏低，更不能偏高，如果托料架偏低，起不到托料作用；如果托料架偏高，则迫使组角的两件型材不能处于同一平面，导致组角错位。

d. 使用自动组角机组角时，要通过试组角，调整组角刀的锚压深度和组角压力，以达到最佳的组角精度。

④ 组角工序操作要求

a. 组角前应把型材45°断面附近的保护膜撕开；同时对端面进行清理，严格禁止端面粘有铝屑。

b. 组角时应注意观察型材对接情况，防止45°错位组角。

c. 及时对接缝平整度进行调整。角缝相邻件出现局部上下错位时，应在组角后半小时内进行调整。

d. 在卸去夹具取出工件后，如斜角有不一致的部位，可用塑料锤轻敲修复。

e. 改变型材系列时，应先做组角试验，以确定型材组角的正确位置和深度。

10.3.2 中横（竖）框连接工艺

平开铝合金门窗边框与中横（竖）框、中横框与中竖框之间的连接一般采用直角连接。组装前要对型材端头进行铣削加工，组装时采用直角角码进行连接，用螺钉和销钉固定。图10-24为T型连接型材加工。图10-25为边框与中横（竖）框连接（T形连接）。图10-26为中横框与中竖框连接（十字连接）。

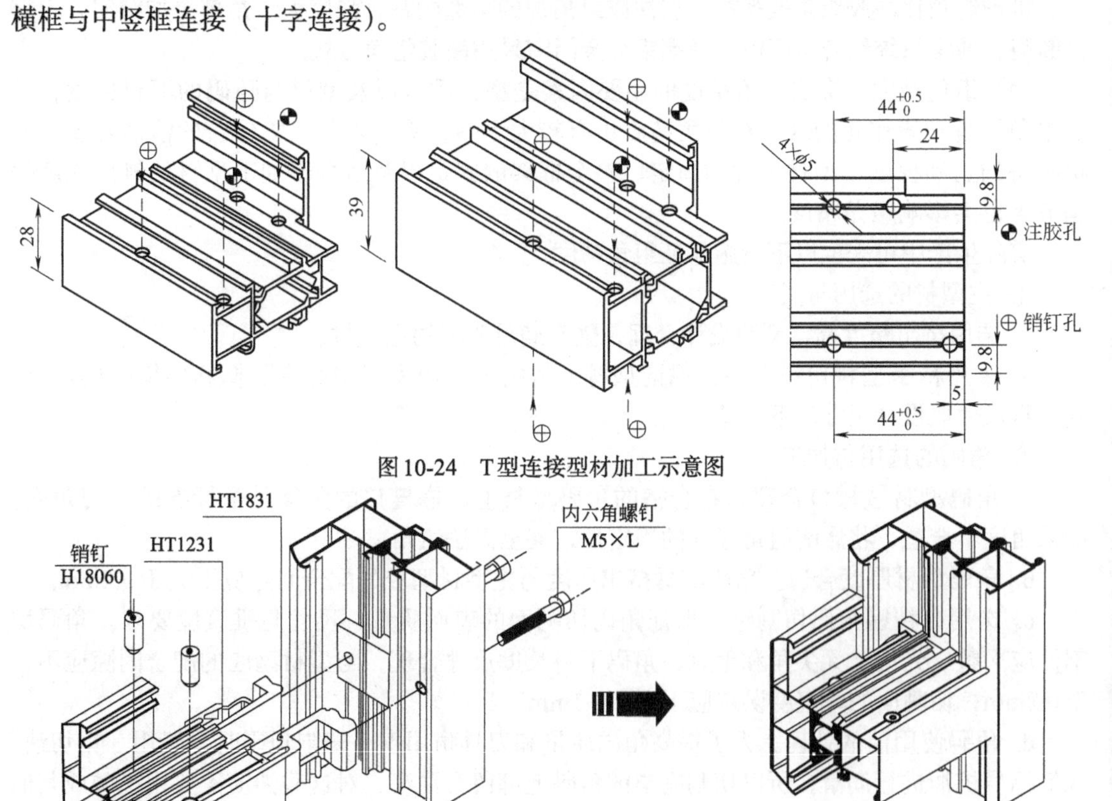

图10-24　T型连接型材加工示意图

图10-25　边框与中横（竖）框连接（T形连接）示意图

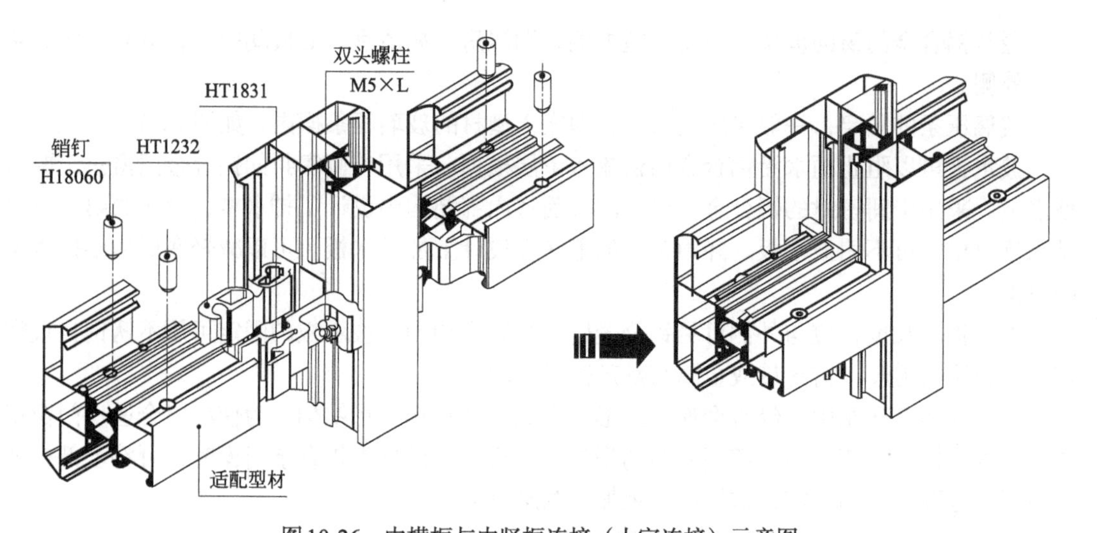

图10-26 中横框与中竖框连接（十字连接）示意图

T型和十字连接工艺过程如下。

（1）连接前，先对型材端头进行加工，并清理加工处残留的铝末、油脂、灰尘等脏物。

（2）安装T型（十字）连接密封件。

（3）连接角码定位，并用螺钉或螺栓固定在一支型材上。

（4）轻轻地把另外一支型材推入角码，就位后，用销钉连接固定。

（5）调平整度，角部缝隙处理。

（6）从一侧的注胶孔内进行注胶，注意观察另一侧注胶孔，待另一侧注胶孔溢出双组分组角胶后，停止注胶，并清理两侧注胶孔溢出的胶液。

（7）在地面平整的区域，水平放置注胶完成的门窗框或扇，等待胶液完全干透即可进行其他操作。

10.3.3 推拉铝合金门窗框扇组装

推拉铝合金门窗框、扇组装一般采用直角插接组装方式。组装前需按图纸和工序卡片对型材相应部位进行槽（孔）、豁口等的加工；组装时两插接件之间应放置柔性垫片，用自攻螺钉通过边框（梃）构件上加工好的孔旋紧到上下框（梃）构件的螺丝道中，实现边框与上下框、边梃与上下梃的连接固定。

带上亮推拉铝合金门窗框组装如图10-27所示。

带下亮推拉铝合金门窗框组装如图10-28所示。

推拉铝合金门窗扇组装如图10-29、图10-30所示。

10.4 辅助型材的装配

铝合金门窗框、扇组装好后，需要装配辅助型材，如玻璃压条、基础垫条和披水板等。这些型材的切割尺寸可按规格规定，也可按组装后的门窗框扇尺寸配作。

压条的长度应根据框、扇实测尺寸切割，以安装后无明显缝隙为宜。横玻璃压条应顶住门窗框、扇的两端，竖玻璃压条则顶住上、下两根横玻璃压条。这种组装排列方式，可使型材连接处密封良好、外观优美。

通常铝合金门窗的玻璃压条置于室内侧，潮湿房（如浴室）的玻璃门窗，玻璃压条必须置于外侧。

玻璃压条的固定，一般采用嵌入式，即嵌入型材的玻璃压条槽内，如图10-31所示。

披水板可以阻止雨水沿铝合金门窗流入下层横框。采用外侧密封的铝合金门窗一定要有披水板。采用中间密封的铝合金门窗，因其前室内部结构中设计了排水槽，渗入的雨水可沿排水槽流出，可不用披水板。降雨量大的地区在设计上加披水板，可以减轻底层框架排水槽的负担。

披水板的长度，应与外侧可见铝合金门窗扇宽度相同。披水板的固定可用不锈钢自攻螺钉，缝隙用密封胶、密封带或金属胶黏剂密封（图10-32）。

在一些仿古建筑中，经常会遇到拱形门窗或其他顶部拱形结构。为使型材合适、门窗扇关闭准确，拱形的弯曲加工需用专门的型材弯圆机。设计这类铝合金门窗时，可将上部拱形用横框划分开作为固定窗，这样可避免加工两扇拱形门窗扇。

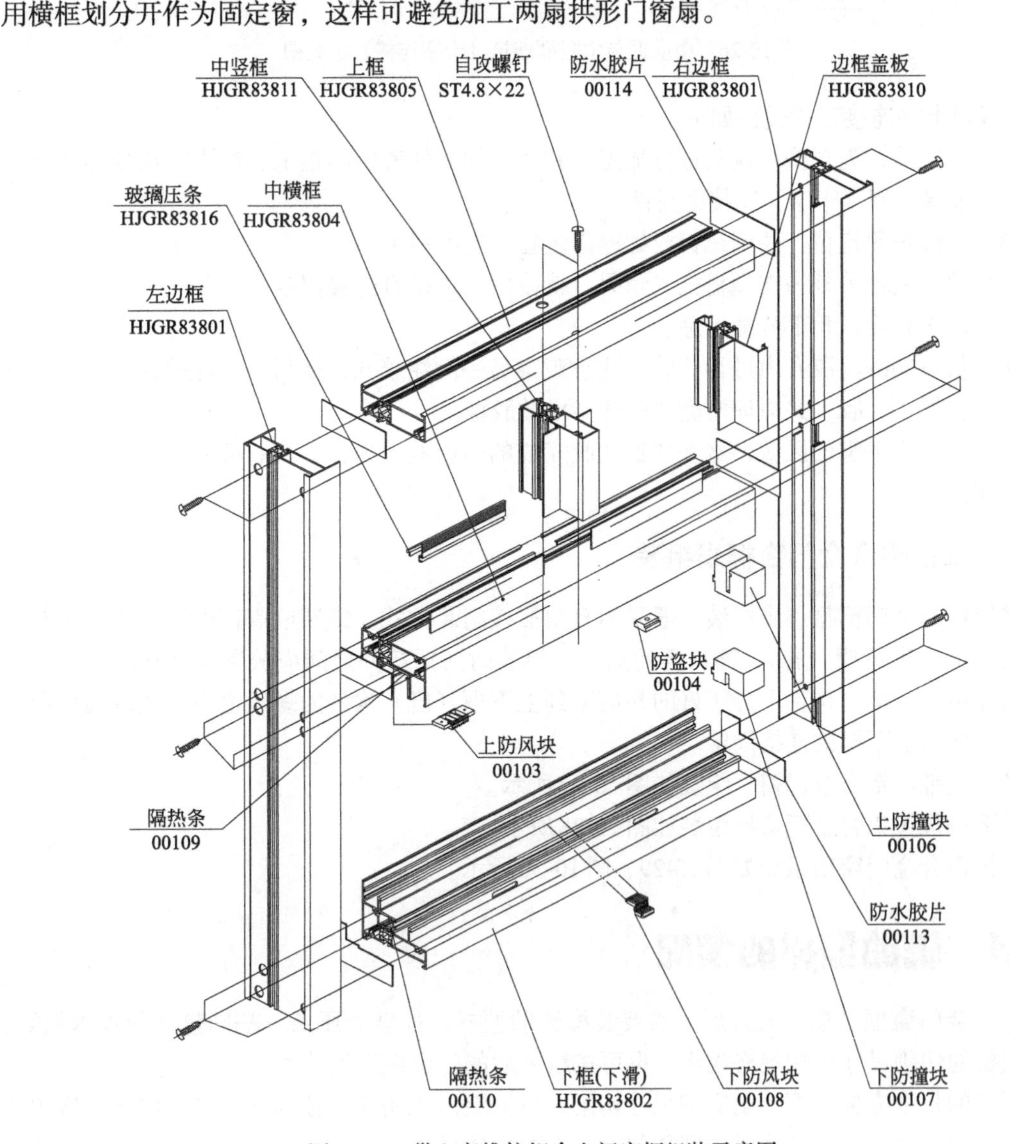

图10-27 带上亮推拉铝合金门窗框组装示意图

拱形的弯曲加工有很多规格，在选择型材时要考虑型材的弯曲率。型材截面尺寸越大，其最小弯曲半径就越大。尽可能将拱形型面和两端垂直部分一起加工。型材的弯曲加工对整个材料结构都有影响，因此表面处理应放在弯曲加工后进行。

10.5 玻璃安装

玻璃安装的内、外配置、镀膜面朝向应符合设计要求。组装前应将玻璃槽口内的杂物清理干净。

10.5.1 玻璃装配尺寸要求

（1）单片玻璃、夹层玻璃和真空玻璃的安装尺寸　单片玻璃、夹层玻璃和真空玻璃最小安装尺寸应符合表10-4的规定（图10-33）。

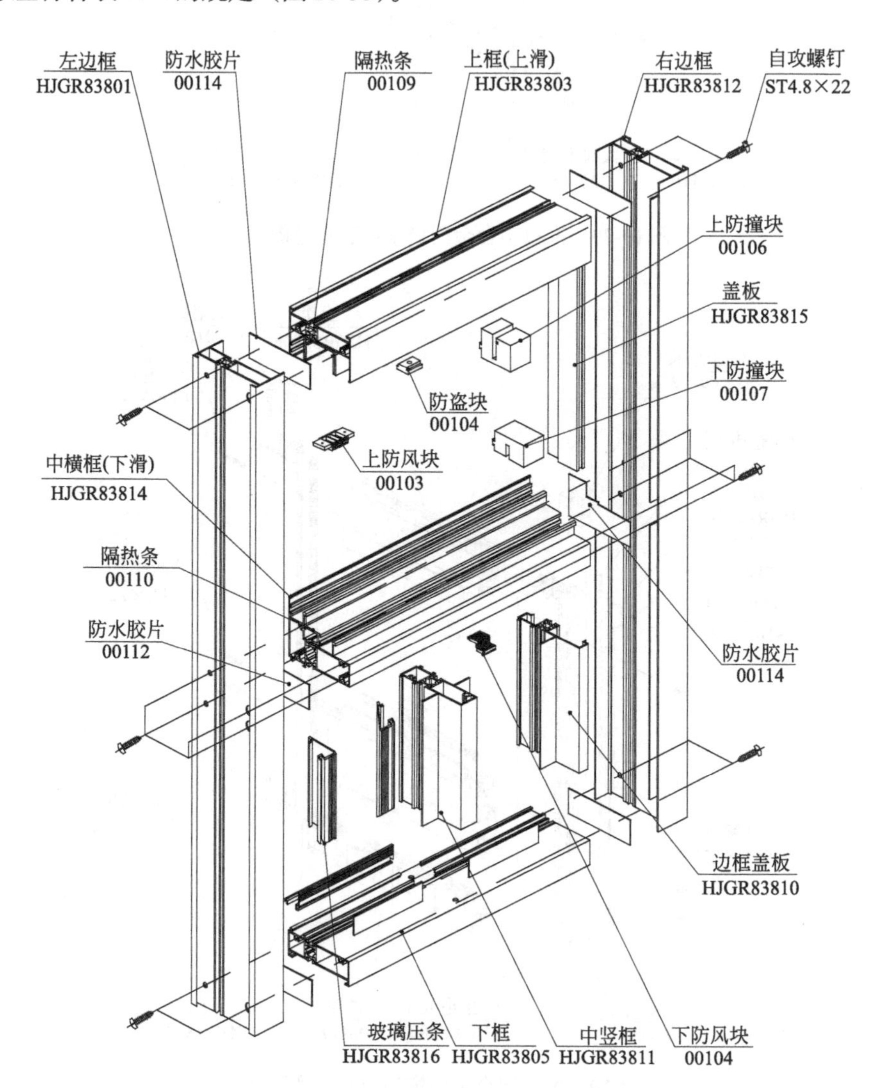

图10-28　带下亮推拉铝合金门窗框组装示意图

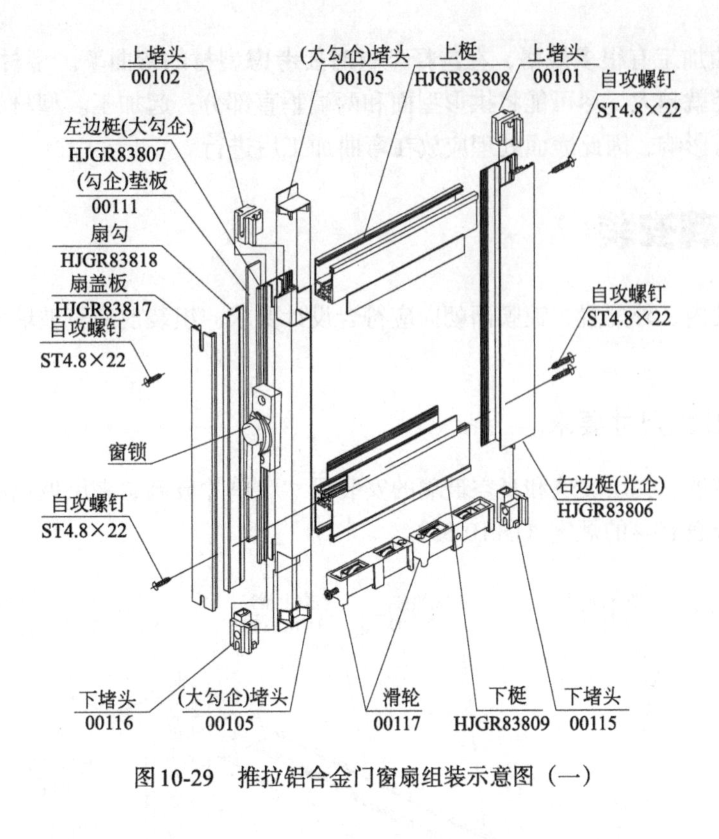

图10-29 推拉铝合金门窗扇组装示意图（一）

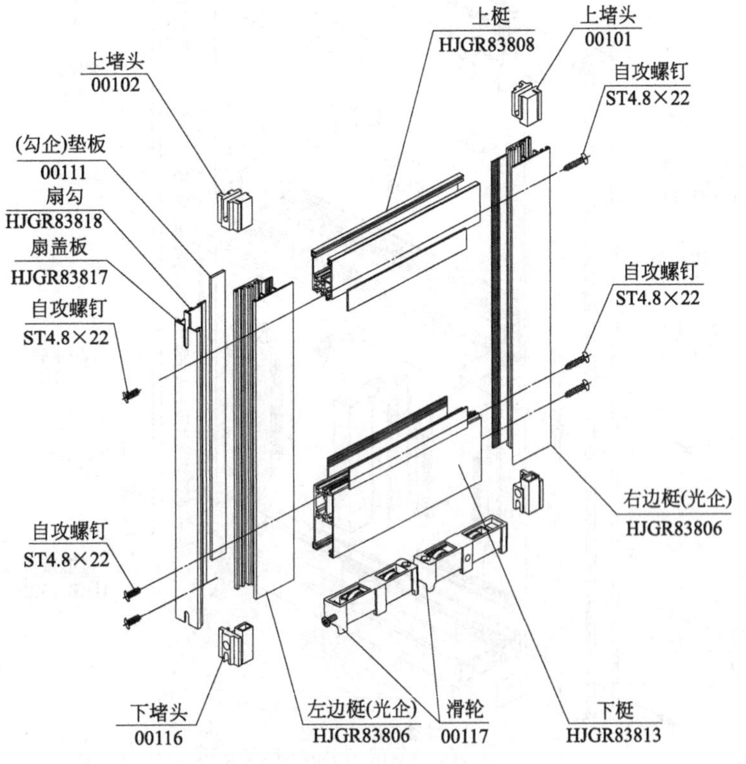

图10-30 推拉铝合金门窗扇组装示意图（二）

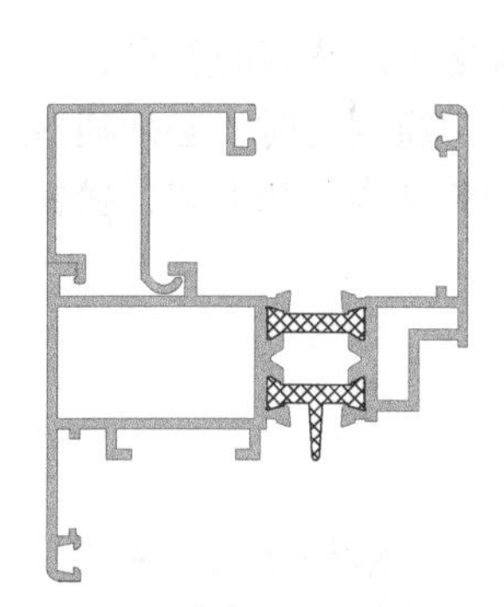
图10-31　嵌入式玻璃压条

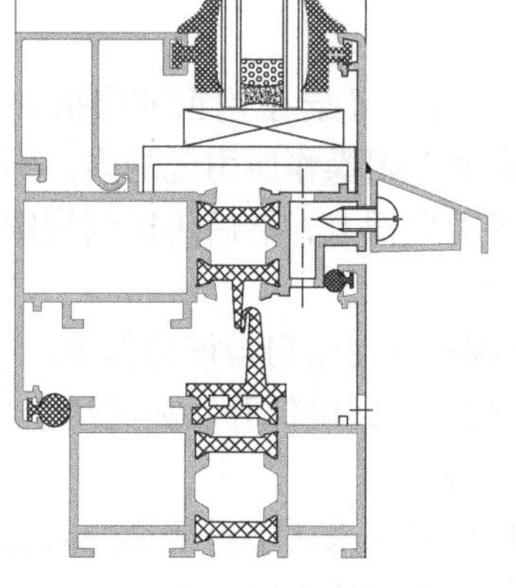
图10-32　披水板的安装

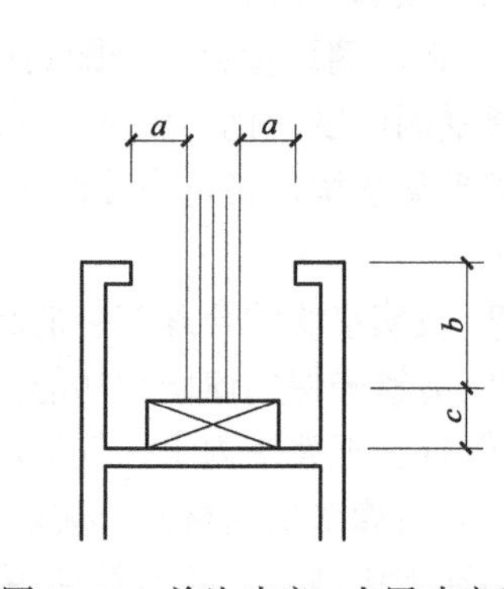

图10-33　单片玻璃、夹层玻璃和真空玻璃的安装尺寸

表10-4　单片玻璃、夹层玻璃和真空玻璃最小安装尺寸

玻璃公称厚度/mm	前部余隙或后部余隙a/mm		嵌入深度b/mm	边缘间隙c/mm
	密封胶	胶条		
3～6	3.0	3.0	8.0	4.0
8~10	5.0	3.5	10.0	5.0
12~19		4.0	12.0	8.0

注：夹层玻璃、真空玻璃可按玻璃叠加厚度之和在表中选取。

（2）中空玻璃的安装尺寸　中空玻璃最小安装尺寸应按表10-5的规定（图10-34）。

表10-5　中空玻璃最小安装尺寸

玻璃公称厚度/mm	前部余隙或后部余隙a/mm		嵌入深度b/mm	边缘间隙c/mm
	密封胶	胶 条		
4+A+4	5.0	3.5	15.0	5.0
5+A+5				
6+A+6				
8+A+8	7.0	5.0	17.0	7.0
10+A+10				
12+A+12				

注：A为气体层的厚度，其数值可取6mm、9mm、12mm、15mm、16mm。

凹槽宽度应等于前部余隙、玻璃公称厚度和后部余隙之和；凹槽深度应等于边缘间隙和嵌入深度之和。

（3）粘结宽度和厚度　采用结构装配玻璃的隐框窗，玻璃与铝型材杆件之间的硅酮结构密封胶和中空玻璃之间的二道密封硅酮结构密封胶，其粘结宽度和厚度应按JGJ 102规定的硅酮结构密封胶设计要求计算确定，且粘结宽度不应小于7mm、粘结厚度不应小于6mm。

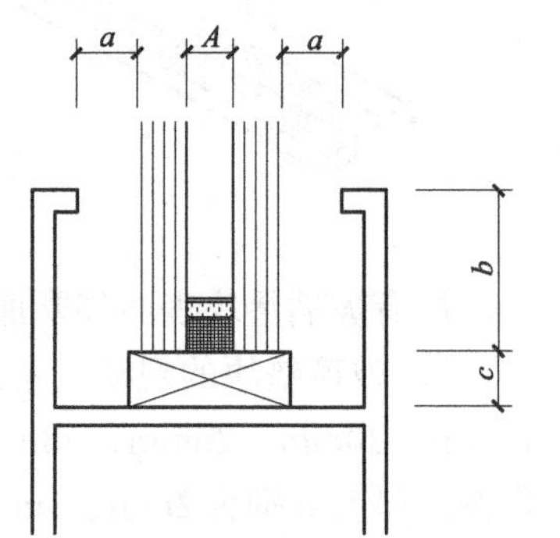

图10-34　中空玻璃的安装尺寸

10.5.2　玻璃垫块

玻璃安装时要避免玻璃与门窗框、扇构件直接接触，必

须使用玻璃垫块。

（1）玻璃垫块的作用

① 将玻璃重量合理分配到扇框上。铝合金门窗的扇框必须承受来自玻璃的重量，同时还要承受因温度变化、风压、开启和关闭操作所引起的力。铝合金门窗制造时，必须通过合理布置玻璃垫块，将重力分配在承重扇框上，然后传递到周围的相关结构，如框架、铰链等组件上。

② 玻璃垫块的合理安装能起到校正门窗扇与框的作用。

③ 能够确保门窗使用功能的持久性，确保开、关灵活。

④ 保证框架槽内水、气流动通畅。

（2）玻璃垫块的材质　玻璃垫块必须采用不易变形的防腐材料。一般用聚氯乙烯或聚乙烯塑料注塑成型，这种塑料具备足够的抗压强度，不会引起玻璃的破碎。不允许使用木材等其他吸水或易腐蚀的材料替代。

（3）玻璃垫块的种类、规格

① 玻璃垫桥　玻璃垫桥又称垫块分解桥、基础垫块（图10-35）。其宽度正好放入玻璃槽底部，厚度等于玻璃槽底到压条槽边的高度差，长度至少为100mm。玻璃垫桥中部要有1~2个足够大的孔洞以容纳螺钉头部。

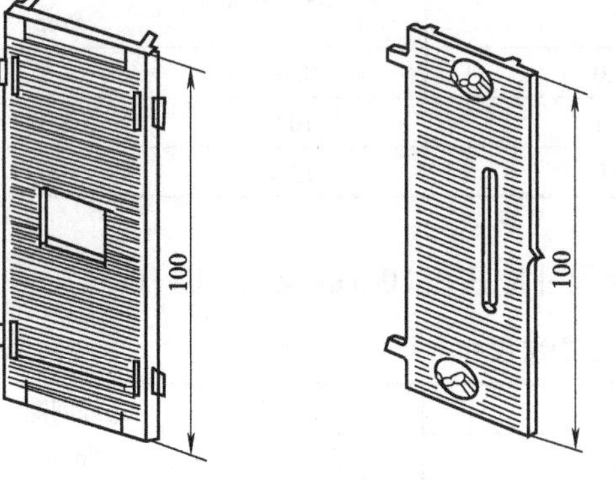

图10-35　玻璃垫桥

玻璃垫桥安装于底部，可以防止放置于其上的玻璃垫块滑脱移位，且为玻璃提供最佳安装空间，保证门窗框、扇槽底部水、气顺畅流动。

② 承重垫块和定位垫块　承重垫块（支承垫块）（图10-36）承受玻璃重量或承受玻璃的压力。承重垫块的正确安装可以将玻璃重量合理分配到门窗框、扇上，并能起到对门窗框、扇的校正作用，保证门窗的使用功能，确保开、关灵活不下垂。

定位垫块亦称防震垫块（图10-36）。其主要作用是防止玻璃与框扇型材直接接触，防止玻璃在框、扇型材槽内滑动，门窗开关时减缓震动。

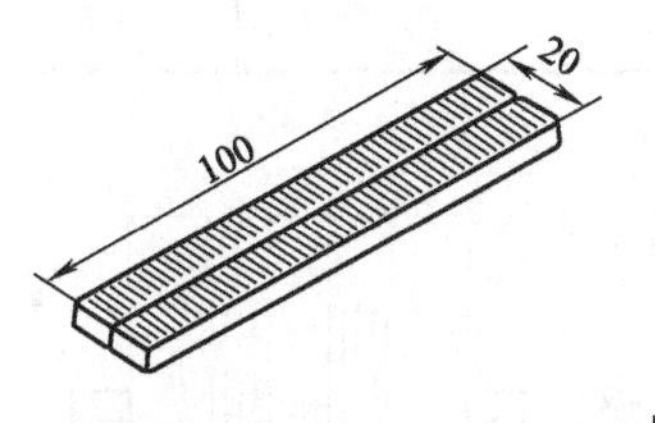

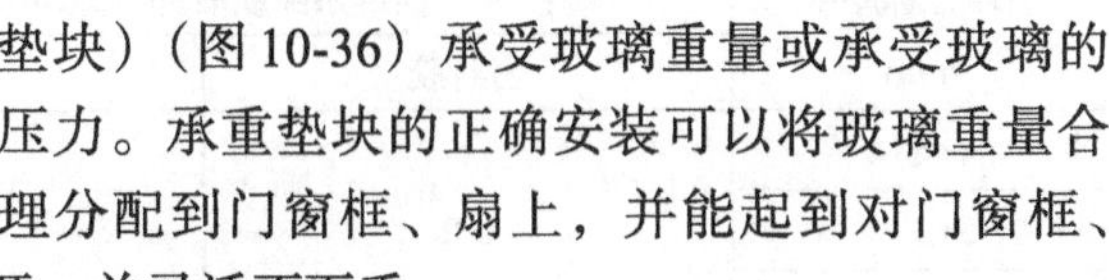
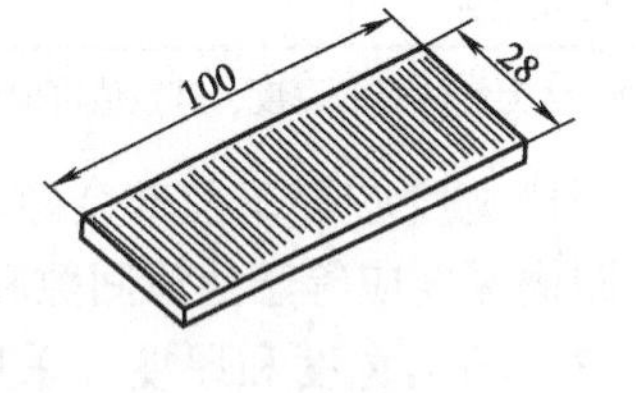

图10-36　承重垫块和定位垫块

所有玻璃垫块表面都要加工成永久防滑面。

③ 玻璃垫块的规格　常用的玻璃垫块的规格：长度有25mm、50mm、100mm，宽度有10mm、20mm、26mm、28mm等，宽度可以根据玻璃的公称厚度和玻璃的前后部安装余隙定制。厚度分别为2mm、3mm、4mm、5mm、6mm等多种规格。

玻璃垫块可根据不同厚度，采用特定颜色的塑料制作。

（4）玻璃垫块的尺寸及安装要求　承重垫块的长度不应小于50mm，定位垫块的长度不应小于25mm，玻璃垫块宽度等于玻璃的公称厚度加上前部余隙和后部余隙，厚度根据槽底边缘间隙设计尺寸确定。

铝合金门窗的开启方式不同时，需要的垫块类型和安装位置不同，在需要受力的部位应安装承重垫块，在非受力部位安装定位垫块。不同开启形式门窗的承重垫块和定位垫块的安装位置如图10-37所示。

在门窗的固定部位，承重垫块和定位垫块的安装位置应距离槽角为1/10~1/4边长位置之间；在门窗的可开启部位，承重垫块和定位垫块的安装位置距槽角不应小于30mm。当安装在门窗框扇上的铰链位于槽角部30mm和距槽角1/4边长点之间时，承重垫块和定位垫块的安装位置应与铰链安装的位置一致。

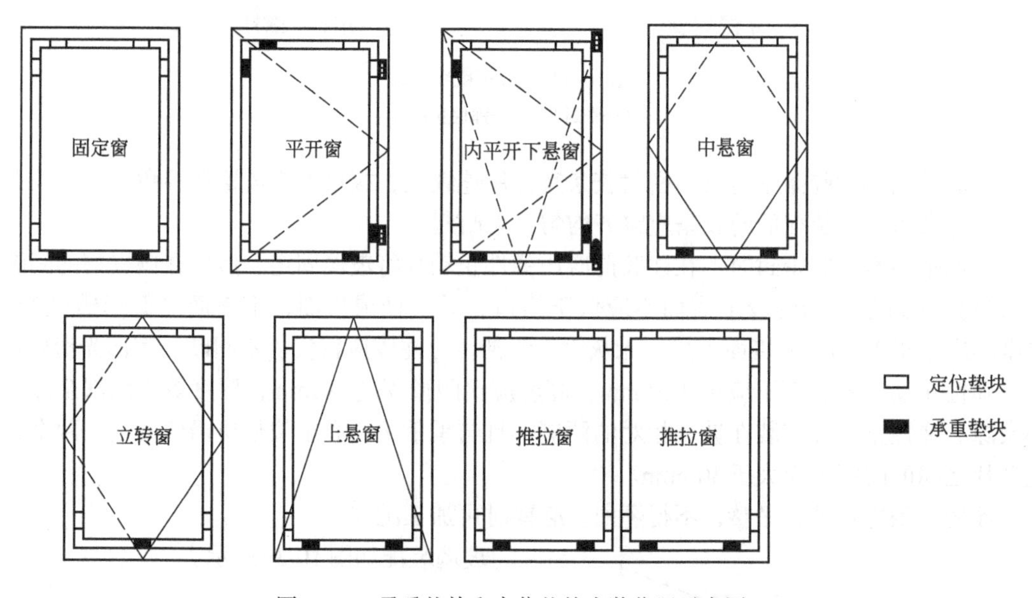

图10-37　承重垫块和定位垫块安装位置示意图

玻璃垫块安装注意事项如下。

① 正确安装和调整承重垫块是保证门窗使用功能的重要环节。

② 边框上的玻璃垫块，应采用聚氯乙烯胶或其他胶黏剂加以固定，以防止玻璃垫块滑脱移位。

③ 对于平开门窗和内平开下悬门窗，必须更加仔细地调整承重垫块的受力状况，确保门窗开、关灵活，扇不下垂。承重垫块与铰链的协同调整还能保证双扇平开门窗的水平度一致。

④ 推拉门窗扇的承重垫块安装位置应与滑轮安装位置协调一致。推拉门窗固定上亮玻璃的承重垫块的正确安装，可防止中横框下垂，确保推拉扇滑动灵活。

⑤ 为保证门窗框、扇底边水、气通畅，玻璃垫块一定不要将型材槽口堵死，不得阻塞泄水孔及排水通道。

10.5.3　玻璃密封

根据型材截面结构不同，常用的玻璃密封方式有胶条密封和密封胶密封两种，也称干法密封和湿法密封，如图10-38所示。

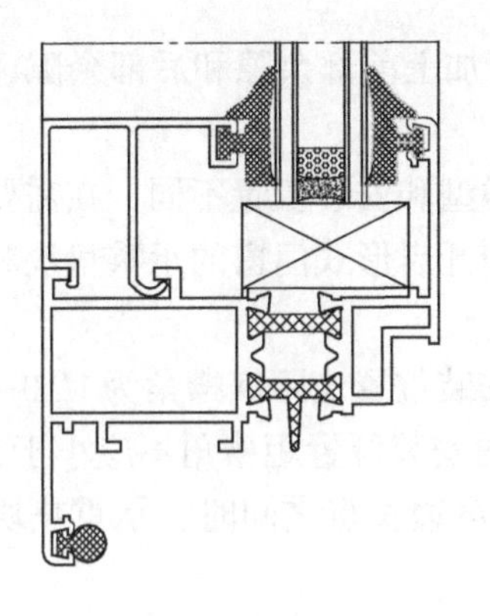

(a) 胶条密封

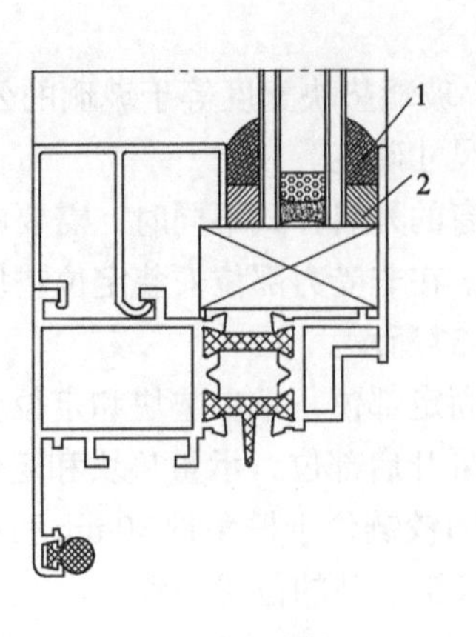

(b) 密封胶密封

图10-38 玻璃密封方式

1—密封胶；2—弹性止动片

玻璃采用密封胶条密封时，密封胶条宜使用连续条，接口不应设置在转角处，在胶条接头处应打密封胶。装配后的胶条应整齐均匀，无凸起。

玻璃采用密封胶密封时，在注胶前应用弹性止动片将玻璃固定，然后在镶嵌槽的间隙中注入硅酮密封胶。密封胶上表面不应低于槽口，并应做成斜面；下表面应低于槽口3mm；厚度不应小于3mm，粘接面干燥、无灰尘、无油污，注胶应密实、不间断、表面光滑整洁。

弹性止动片的长度不应小于25mm，高度应比凹槽深度小3mm，厚度等于前部余隙或后部余隙。弹性止动片安装在玻璃相对的两侧，且与承重垫块和定位垫块错位安装，两个弹性止动片之间的间距不应大于300mm。

玻璃压条应扣紧，平整，不得翘曲，必要时可加工配作。

玻璃装配如图10-39所示。

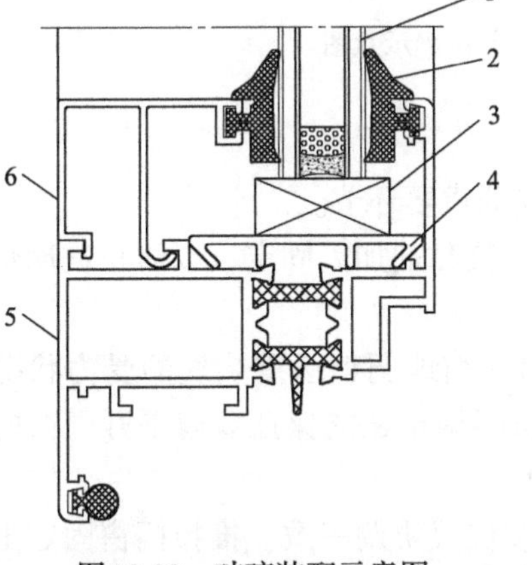

图10-39 玻璃装配示意图

1—玻璃；2—密封胶条；3—玻璃垫块；4—玻璃垫桥；5—型材；6—玻璃压条

10.5.4 玻璃装配步骤及要求

（1）准备好玻璃、玻璃压条、玻璃垫块。

（2）将门窗框放在玻璃装配架或工作台上。首先在门窗框、扇上嵌入弹性密封胶条，然后检查玻璃各边与门窗框间隙尺寸，根据间隙选择厚度合适的玻璃垫块，用撬板将玻璃垫块放进间隙中，使玻璃就位正确。

（3）装玻璃压条。首先将K形密封胶条穿入已切割好的玻璃压条中，两端剪齐后可装玻璃压条，应先装两短边的玻璃压条，后装两长边的。装长边的玻璃压条时，可利用玻璃压条断面小、比较柔软、可以弯曲的特点，将玻璃压条略微弯曲后将两端插入门窗框扇角部就位，然后用橡皮锤或木榔头从两端轮流敲打玻璃压条，使之逐段就位。

（4）检查玻璃两面的K形密封胶条，如有密封胶条未入槽被夹住、卷边、接头开口、重叠等现象，应用薄铲刀挑平。必要时要拆下玻璃，将密封胶条装平直后再装玻璃，再用硅酮密封胶将四角接头处的剪口予以密封，以提高门窗的密封性能。

（5）玻璃安装注意事项及要求如下。

① 玻璃的安装环境温度不低于15℃。

② 装配玻璃时，不让玻璃与型材直接接触，在安装玻璃镶嵌槽内适当位置加装玻璃垫块和玻璃垫桥。

③ 安装玻璃压条时，要先安装短边压条，后安装长边压条，并用橡皮锤敲打玻璃压条，严禁用木质、硬塑料、金属等硬质锤。敲击玻璃压条时，应先将角部敲上，再敲中间，用力适当，用力方向与装压条的型材相垂直，不得向角部斜敲。

④ 安装玻璃压条时，门窗框、扇要有定位装置，避免敲击一侧处于悬空状态。可以制作具有一定刚度的可调节定位框，把需要安装压条的框、扇放到定位框内，再进行压条的敲击。

⑤ 玻璃压条装配后应牢固，与玻璃贴紧；玻璃压条与型材接缝处无明显缝隙，转角部位对接处的间隙不大于1mm；不得在一边使用2根（含2根）以上压条，压条应安装在室内侧。

⑥ 玻璃密封胶条应比压条略长，密封胶条与玻璃及玻璃槽口的接触应平整，不得卷边、脱槽，密封胶条断口接缝应粘接。

⑦ 玻璃应平整，安装牢固，不得有松动现象。内外表面均应洁净，玻璃层数、品种及规格应符合设计要求。单片镀膜玻璃的镀膜层及磨砂玻璃的磨砂层应朝向室内；镀膜中空玻璃的镀膜层应朝向中空气体层。

10.5.5 玻璃抗侧移的安装

玻璃与门窗框架的四边应留有间隙，框架允许水平变形量应大于因楼层变形引起的框架变形量。

框架允许水平变形量应按下式计算：

$$\Delta u = 2c\left(1 + \frac{Hd}{Wc}\right) + S \qquad (10\text{-}1)$$

式中 Δu——框架允许水平变形量，mm；

d——玻璃与框架纵向间隙，mm；

c——玻璃与框架横向间隙，mm；

H——框架槽内高度，mm；

W——框架槽内宽度，mm；

S——误差，可取2~3mm。

玻璃安装采用密封胶密封的，密封胶的位移能力级别不应小于20HM。

铝合金门窗玻璃的支承与固定，应保证玻璃边缘不直接接触框架型材，并使玻璃重量分布均匀，防止框架变形，同时确保不同开启形式的门窗扇启闭性能良好。

10.6 五金件安装

五金件是门窗不可缺少的组成部分，是门窗结构的关键性零部件，也是保证门窗框与扇之间有机连接的重要零部件。五金件安装质量直接关系到门窗的使用功能与寿命，影响到门窗质量。五金件的外形式样与色泽，直接融合于门窗的整体造型与色彩情调。因此选用质量好且与门窗类型匹配度高的五金件非常重要。

门窗用五金件应齐全、配套，安装后牢固可靠，位置正确，端正美观，动作灵活。多锁点五金件的各锁闭点动作应协调一致。在锁闭状态下五金件锁点和锁座中心线位置偏差不应大于3mm。

推拉门窗五金件安装较简单，本节主要介绍平开门窗及平开悬窗五金件的安装。

10.6.1 平开门窗五金件安装

（1）合页（铰链）安装　首先把合页（铰链）按要求位置固定在门窗框上，然后将门窗扇嵌入框内临时固定，调整合适后，再将门窗扇固定在合页（铰链）上。

扇与框的搭接宽度允许偏差±0.5mm，且必须保证上、下两个转动部分在同一轴线上。

合页（铰链）安装如图10-40所示。

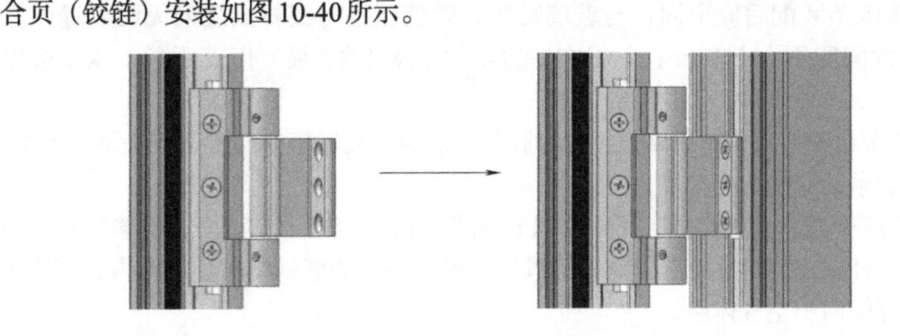

(a) 合页(铰链)先安装在门窗框上，然后安装在门窗扇上

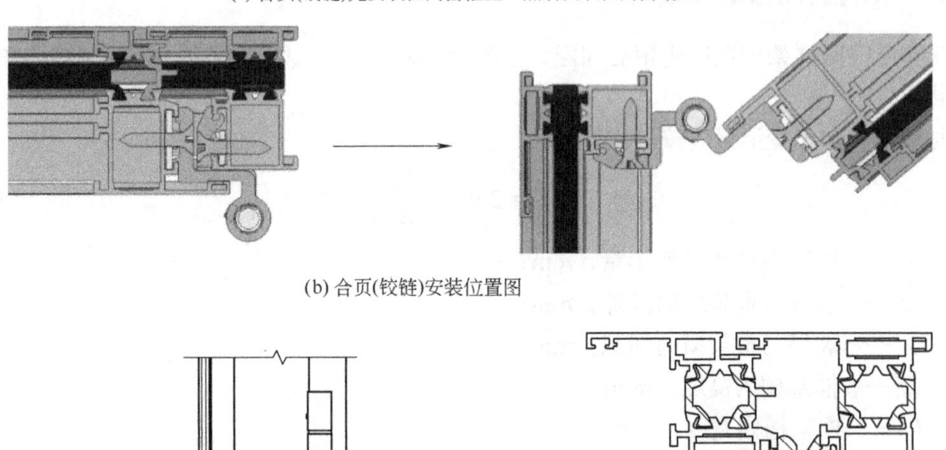

(b) 合页(铰链)安装位置图

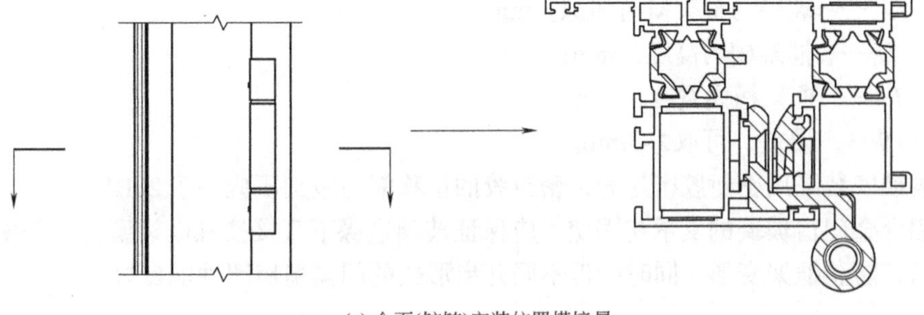

(c) 合页(铰链)安装位置搭接量

图10-40　合页（铰链）安装

合页安装注意事项如下。

① 确保安装牢固、可靠。合页是平开门窗的主要承载部件，安装不牢固会导致门窗扇

掉角、下垂、脱落，可能出现安全隐患。夹持式合页安装时应选用有足够摩擦力的夹持片以及足够啮合力的螺钉。

② 确保安装位置准确。安装位置不准确会造成门窗扇变形等情况，无法实现有效的承载和转动。

③ 确保紧固件安装到位。采用紧定螺钉紧定合页轴的合页，为了防止合页轴向下窜动、脱落，安装后需要将紧定螺钉紧定到位。

④ 确保调整到位。可调合页如果调整不到位会影响使用，因此一组可调合页应该调整到以同一旋转中心线旋转的最佳状态，以保证门窗扇启闭顺畅，旋转灵活。

（2）执手安装　应根据门窗型材的类型、安装面尺寸、表面颜色以及门窗扇的尺寸等因素，合理选配执手。

根据型材结构确定执手与传动锁闭器连接形式。插入式执手的方轴或拨叉与传动锁闭器连接，通过扳动执手杆方轴或拨叉带动锁闭器，实现门窗启闭；旋压式执手不连接传动锁闭器，直接通过扳动手柄带动压头运动，实现门窗启闭。

传动机构用执手安装注意事项如下。

① 执手安装应牢固、安装位置应准确。

② 执手与传动器配合后应保证驱动有效、顺畅。执手安装后要在扇开启状态下空转，通过手柄转动，检查转动是否灵活。

执手在水平位置时，为开启状态；执手在朝下位置时，为关闭状态。据此可以确定锁座在门窗框上的位置，将锁座用螺钉固定在门窗框上。

传动机构用执手安装如图10-41所示。

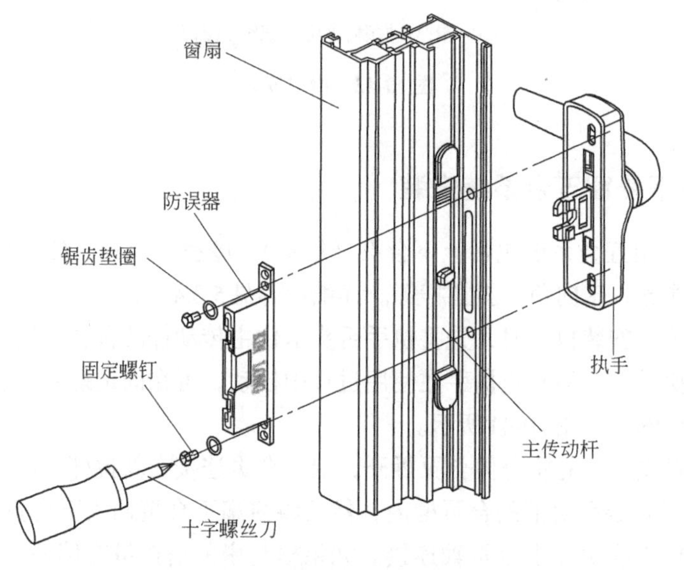

图10-41　传动机构用执手安装示意图

（3）滑撑安装　滑撑应在平开门窗扇的上、下或上悬门窗扇框的左、右对称安装。在平开门窗、上悬门窗型材满足五金件安装尺寸要求的基础上，根据门窗扇的宽度、重量、开启方向与角度选用合适的滑撑。一般滑撑长度应是门窗扇宽度的1/3~2/3。上悬门窗除使用滑撑外，应与撑挡（风撑）配合使用。

平开门窗安装摩擦式风撑时，先将风撑基座固定在门窗框合页侧下边角位上，再将门窗扇开启最大角度后，把风撑连杆固定座与门窗扇固定连接。

要求滑撑安装在靠近室外侧，否则门窗扇与门窗框干涉。滑撑安装如图10-42所示。

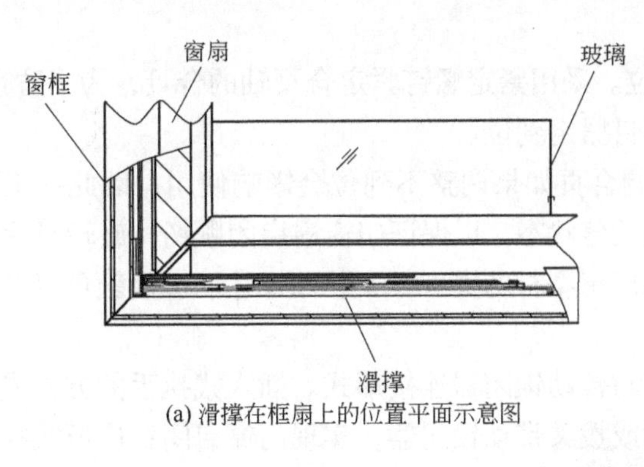

(a) 滑撑在框扇上的位置平面示意图

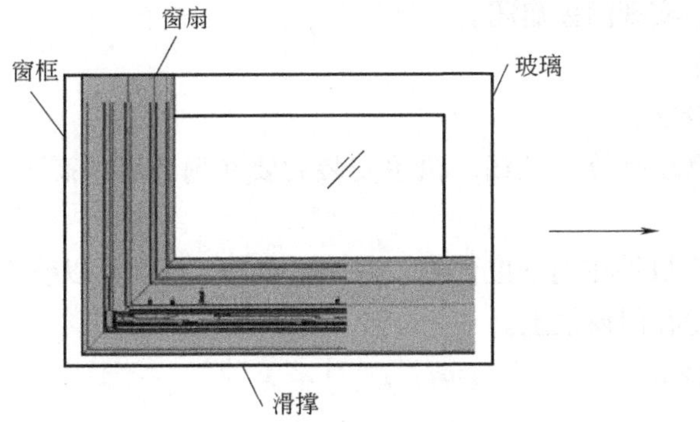

(b) 滑撑在框扇上的位置三维示意图

图10-42　滑撑安装

10.6.2　内平开下悬窗五金系统安装

内平开下悬窗用五金系统包括上下合页（铰链）、摩擦式撑挡、传动机构用执手、传动锁闭器、防误操作器、转向角、斜拉杆等。详细内容见5.3.4节。

（1）执手安装　安装执手时，先将执手舌头卡住主传动杆凸台，再用两个固定螺钉将防误操作器固定到执手上。为防止执手在使用过程中松动，可在固定螺钉的表面涂螺钉胶和采用带锯齿的螺钉垫圈，如图10-41所示。

（2）上下合页安装　先将分体合页拆开，扇上合页连接在斜拉杆，扇下合页连接在下铰固定座，框上合页安装在窗框的合页槽内；然后将窗扇下合页插入下合页轴，调整合适后，再把扇上合页与框上合页用上合页轴连接。如果框与扇的搭接量有偏差，左右调节斜拉杆，上下调节下合页。扇与框的搭接宽度允许偏差±0.5mm，且必须窗扇合页在上，窗框合页在下，保证上、下两个转动部分在同一轴线上。

内平开下悬窗的下合页区分左右，可实现三维可调，有利于消化安装误差。

图10-43为上合页及斜拉杆安装。图10-44为下合页安装。图10-45为上下合页安装过程。图10-46为下合页三维可调。

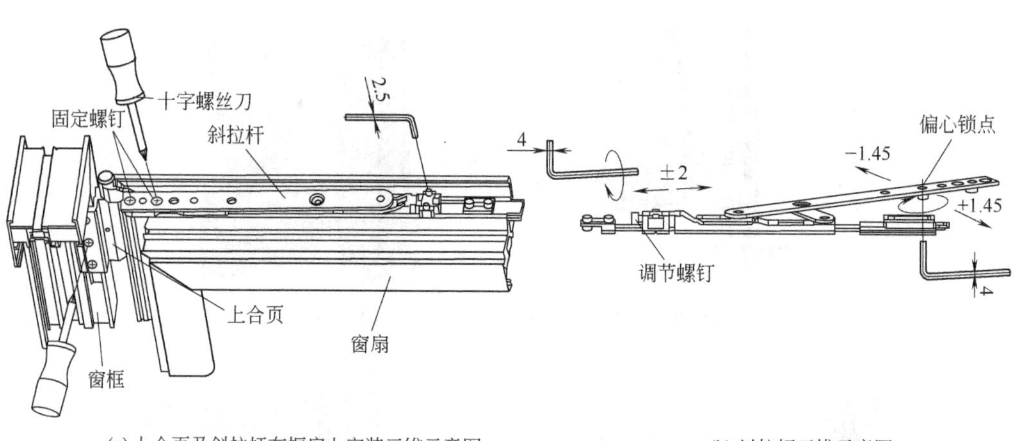

(a) 上合页及斜拉杆在框扇上安装三维示意图　　(b) 斜拉杆三维示意图

图10-43　上合页及斜拉杆安装示意图

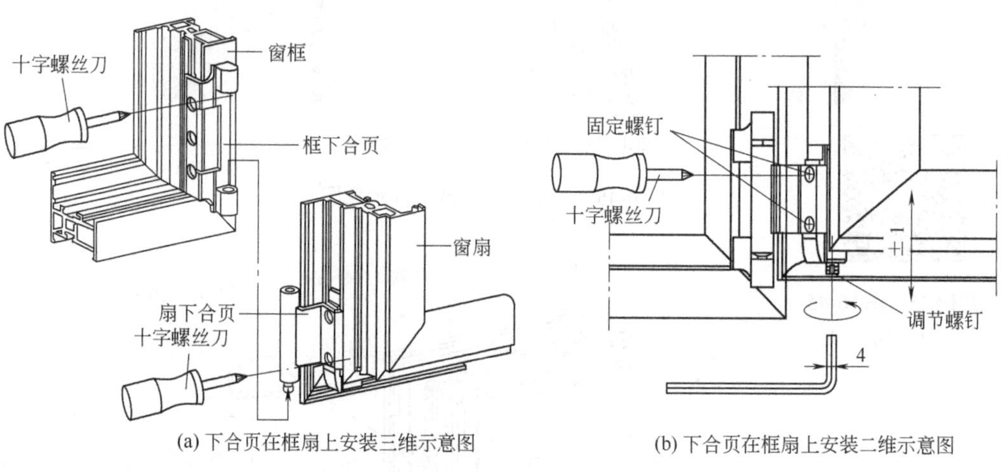
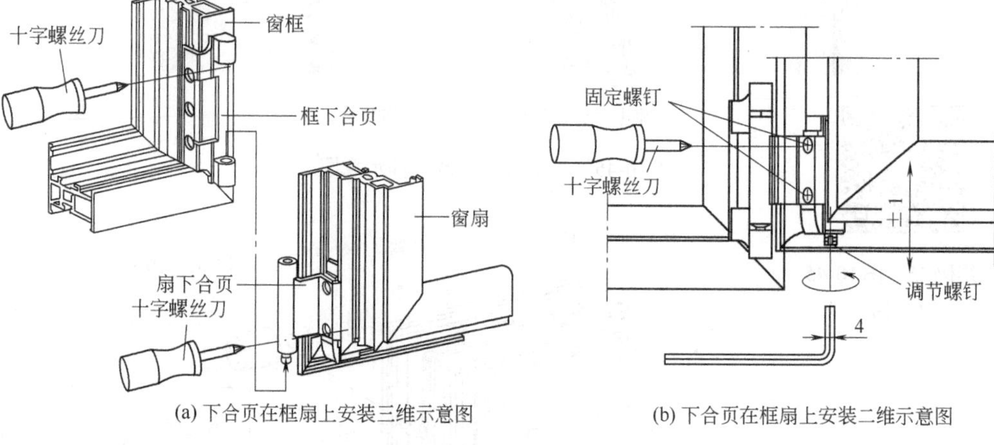
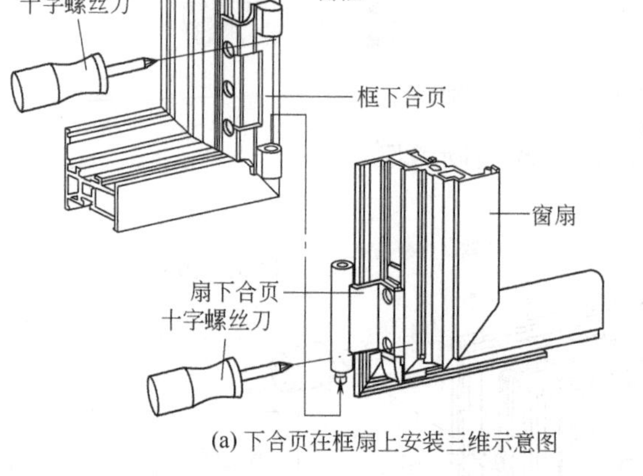

(a) 下合页在框扇上安装三维示意图　　(b) 下合页在框扇上安装二维示意图

图10-44　下合页安装示意图

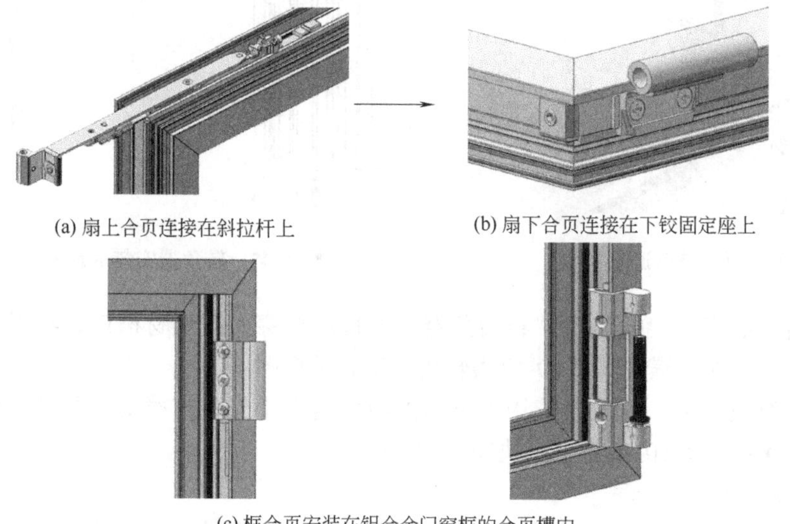

(a) 扇上合页连接在斜拉杆上　　(b) 扇下合页连接在下铰固定座上

(c) 框合页安装在铝合金门窗框的合页槽内

图10-45

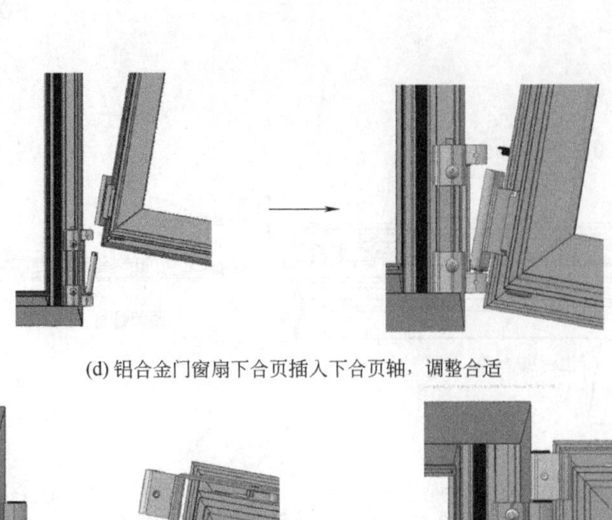

(d) 铝合金门窗扇下合页插入下合页轴，调整合适

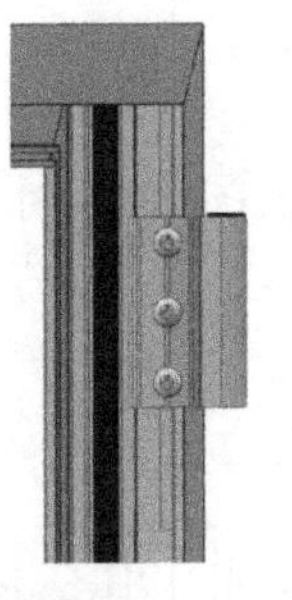

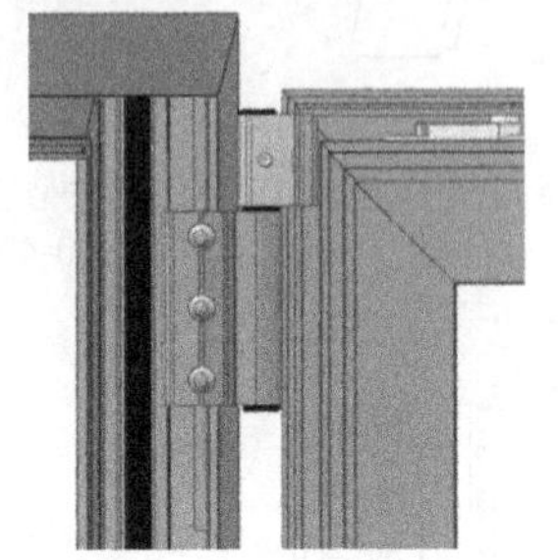

(e) 扇上合页与框上合页用上合页轴连接

图10-45 上下合页安装过程示意图

二维码25 图10-45电子版

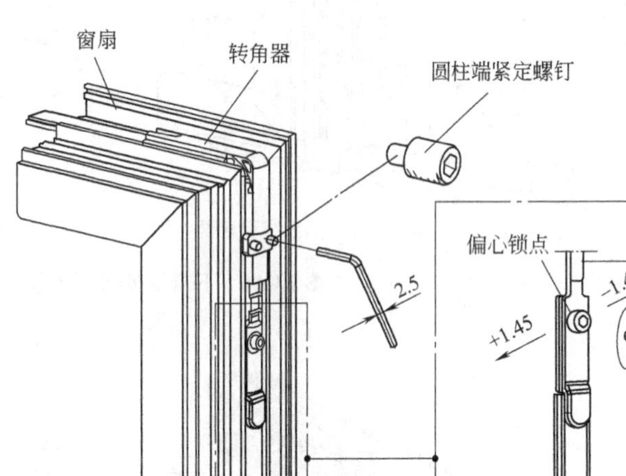

图10-46 下合页三维可调示意图

图10-47 转角器安装示意图

(3) 转角器安装 安装时，将转角器上的传动杆穿入扇型材槽口，再用2.5mm的内六角扳手锁紧两个固定螺钉。图10-47为转角器安装示意图。

(4) 支撑块安装 安装时，用2.5mm的内六角扳手先将支撑块锁紧到框型材上，再锁紧两个固定螺钉。图10-48为支撑块安装示意图。

(5) 窗扇调整

① 窗扇下坠的调节。窗户安装完成后，由于重力作用窗扇会产生微量下垂。窗扇下坠的调节方法是：使窗户处于平开状态，用4mm的内六角扳手顺时针旋转调整下合页处的调

节螺钉。需注意的是，调节量过大会导致窗户无法关闭。

② 窗户锁紧度调节。通过转角器可以调节窗户的锁紧度。调节方法是：窗户处于平开状态时，用4mm的内六角扳手旋转偏心锁点。需注意的是，调节量过大会导致窗户启闭时，执手转动不灵活。

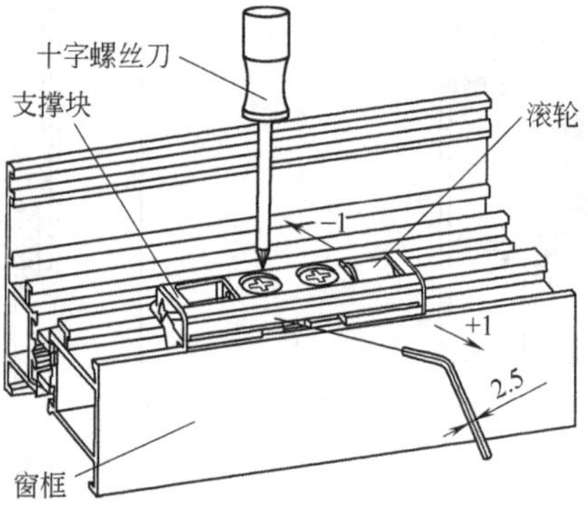

图10-48　支撑块安装示意图

10.7　门窗框扇的密封

成品门窗主要有三处需要密封的部位，即门窗框与墙体连接处的密封、门窗框与扇之间的密封、玻璃密封，如图10-49所示。

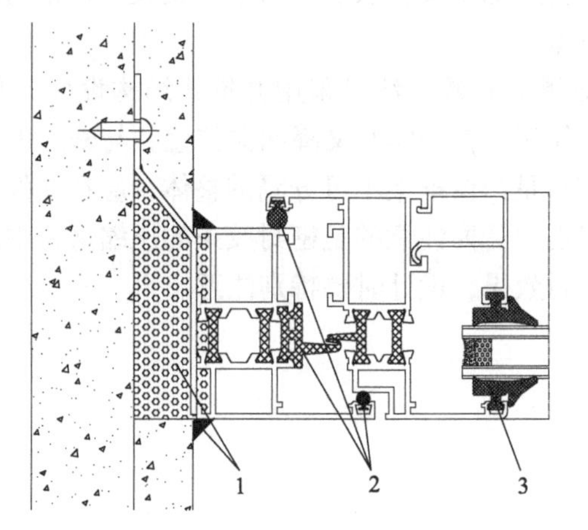

图10-49　门窗三处需要密封的部位

1—门窗框与墙体连接处的密封；2—门窗框与扇之间的密封；3—玻璃密封

本节将主要介绍门窗框、扇之间的密封形式。

门窗框扇密封是指两个有相对运动的门窗框扇之间的密封，其密封质量应满足对门窗的气密性能、水密性能、保温性能、隔声性能等的要求。

门窗框与扇之间常用的密封形式有以下三种。

（1）中间密封　在门窗框和扇的内侧空间实施（图10-50）。

（2）框边缘密封　门窗框和扇之间框边缘内侧或外侧实施（图10-50）。

（3）摩擦式密封　两个平行对应部件缝隙的密封，如推拉门窗或转门（图10-51）。

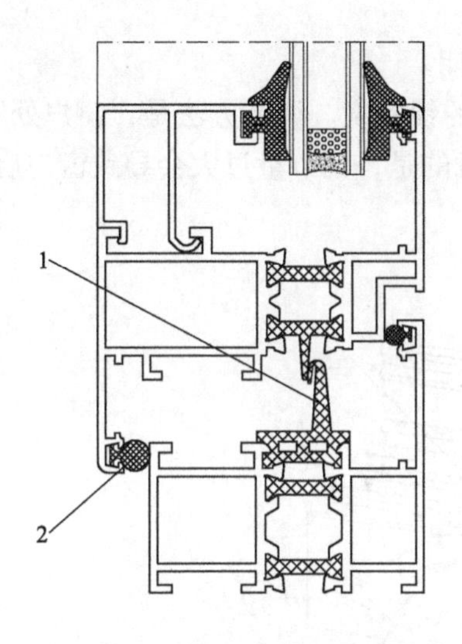

图10-50　中间密封和框边缘密封

1—中间密封；2—框边缘密封

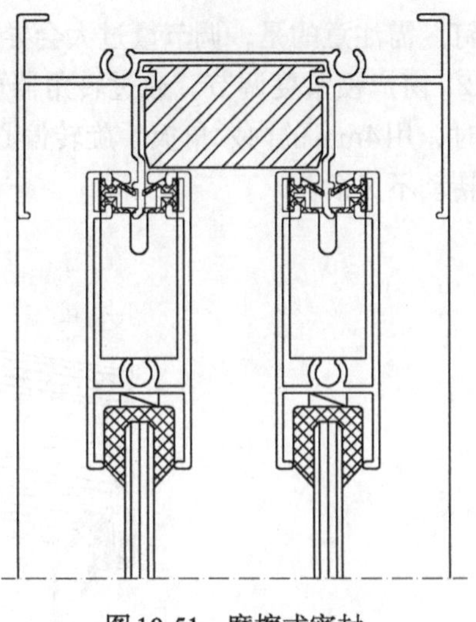

图10-51　摩擦式密封

中间密封常用于三道密封平开门窗，通过中间密封将框扇间密封空腔分为内外两个腔室，外侧为水密腔，内侧为气密腔。外腔室通过气压平衡孔与外界连通，成为等压腔，可以提高门窗的气密性、水密性。中间密封胶条角部接头处应采用45°对接，并用密封胶将接头部位粘结牢固。

摩擦式密封一般用在两平面窄缝之间，用毛条或胶条密封。采用这种密封方式密封的推拉门窗，可左右推动，对密封毛条或胶条的压力不能太大，否则门窗扇可能推不动。这种密封方式的密封效果相对较差。

解决推拉门窗密封效果的有效办法是采用开推式结构设计。其特点是门窗扇推动时升高，不对密封带产生摩擦作用，在关闭时又降回原位置，与密封带紧密吻合。

门窗框、扇之间的密封是门窗框架不可分隔的整体，应在配件安装之前进行，要避免配件安装时对密封部位的损伤。需要注意的是密封胶条的压缩量，中间密封胶条与型材的搭接量直接影响门窗框扇的密封效果，设计时要特别注意。

11 铝合金门窗的质量检验

一般产品的质量检验可分为生产过程检验、出厂检验和型式检验，对于以工程项目为导向的门窗产品还有工程检验。

门窗的生产过程检验、出厂检验和型式检验主要依据工程设计要求、相关的产品标准，以及组成门窗的型材、五金件、紧固件、玻璃、密封材料等原材料的国家标准及行业标准。

为了保证检验结果的准确性，检验所使用的计量器具均应是经过计量部门计量检定（或校准）合格，并在检定（或校准）有效期内的计量器具。为保证门窗在正常批量生产过程中的产品质量，应根据门窗产品特点和加工工艺条件，制定相应的检验规程。

门窗的生产过程中应建立自检、互检、专检“三检”制和首件检验制，确保不合格品不流入下一工序。每组批、每工序加工时，必须执行首件检验制度，即先加工首件，经检验合格后，方可进行本组批、本工序的加工。

对质量控制点工序实行全检，由本工序对加工后的零件实行全检，下一工序对质量控制点流入的零件实行全检。质量控制点是指质量活动过程中需要进行重点控制的工序。一般把对产品性能和质量有重大影响，且不采取适当质量管控措施难以保证该产品质量稳定性的工序设为质量控制点。质量控制点具有动态性，同一产品，不同企业，同一企业的不同时期，根据生产过程中采用的工艺方法、工装设备、操作人员等不同，可以设置不同的工序作为质量控制点。铝合金门窗产品通常把工艺上有严格要求、对下道工序和产品质量有重要影响的下料、组角和组装等工序设为质量控制点。

11.1 组批与抽样

（1）组批

① 门窗组装前，同一类型的同一加工安装要素的零部件定义为一批；同一批购入的同一品种、同一规格的外购零件为一批。

② 门窗框、扇组装后，同一工程、同一品种的半成品或成品为一批。

（2）抽样

① 型材、辅助材料以及五金件的抽样检验。按《计数抽样检验程序　第1部分：按接收质量限（AQL）检索的逐批检验抽样计划》（GB/T 2828.1）的规定要求，采用正常检验

一次抽样方案，取一般检验水平Ⅰ，合格质量判断按表11-1要求进行。

表中Ac、Re以不合格品计。

表11-1 合格质量判断 单位：件

批量范围	样本大小n	合格判定数Ac	不合格判定数Re
≤25	3	0	1
26~50	5	1	2
51~90	5	1	2
91~150	8	1	2
151~280	13	2	3
281~500	20	3	4
501~1200	32	5	6
1201~3200	50	7	8
3201~10000	80	10	11

② 门窗成品检验、出厂检验按标准规定抽样。

11.2 过程检验

门窗的生产过程检验包括所用型材、五金件等原、辅材料的进厂检验和生产过程的首件检验、工序（半成品）检验、成品检验。

11.2.1 原、辅材料进厂检验

门窗用原、辅材料包括型材、五金件、玻璃、密封材料及外协件等。

原、辅材料进厂后，必须进行检验。首先检查生产企业的资质资料，如质量保证书、检验报告、合格证等；其次是依据相关产品标准或检验规程检查、测量所购原材料的外观质量、性能指标等。

11.2.2 首件检验

首件检验也称为“首检制”。首检制是一项尽早发现问题、防止产品成批报废的有效措施。通过首件检验，可以发现诸如工夹具严重磨损或安装定位错误、测量仪器精度变差、看错图纸错误等系统性原因存在，从而采取纠正或改进措施，以防止批次性不合格品发生。

加工首件经检验合格后，方可进行本组批、本工序的加工。每组批、每工序加工时，必须执行首件检验制度。

通常在下列情况下应该进行首件检验。

（1）一批产品开始投产时。

（2）设备重新调整或工艺有重大变化时。

（3）轮班或操作工人变化时。

（4）材料发生变化时。

（5）每次重新开机时。

11.2.3　工序检验

工序检验是指为防止不合格品流入下道工序，而对各道工序加工的产品及影响产品质量的主要工序要素所进行的检验。其作用是根据检测结果对产品做出判定，即产品质量是否符合规格标准的要求；根据检测结果对工序做出判定，即工序要素是否处于正常的稳定状态，从而决定该工序是否能继续进行生产。

按所生产门窗的加工工艺流程，门窗的工序检验主要包括下料工序、机加工（铣、冲、钻）工序、组装（装五金配件、毛条、胶条、组角、成框）工序等。

11.2.3.1　下料工序

下料工序是门窗生产过程的重要工序，应保证下料后的构件质量处于受控状态。所以型材经切割机锯切下料后，必须对锯切加工后的构件进行检验，并使尺寸误差控制在允许范围内。

（1）检验项目及质量要求

① 长度尺寸允许偏差应符合设计要求（一般型材长度尺寸允许偏差为±0.5mm，角码尺寸允许偏差为±0.3mm）。

② 角度允许偏差为−15′。

③ 切割断面毛刺高度应小于0.2mm。

④ 型材切割面切屑无粘连、无污染、无明显加工变形。

⑤ 型材外观不得有碰、拉、划伤痕（不包括由模具造成的型材挤压痕）。

上述项目的质量要求应根据成品门窗的质量要求和标准规范，在设计阶段确定，根据门窗品种、质量的差别会有所不同，但必须满足设计要求和标准要求。

（2）检验器具　钢卷尺、钢板尺、直角尺、万能角度尺、样板、游标卡尺、深度尺等。

（3）检验方法

① 下料长度尺寸。用钢卷尺或钢板尺紧贴型材表面与长度方向平行，一端定位从另一端读出测量数据。用游标卡尺测量角码等精度要求较高构件的尺寸。

② 垂直度和角度。用万能角度尺测量，测量时把万能角度尺的一边靠紧型材的一面，调整万能角度尺另一边至被测角度，最后使用微调棘轮调整，即可测出角度数值。

③ 使用游标卡尺或深度尺测量毛刺长度。

④ 目测切屑有无粘连在加工面上、断面有无加工变形。

⑤ 目测外观有无损伤，有损伤用钢板尺测量损伤面积。

下料工序检验记录格式见表11-2。

表11-2　下料工序检验记录表

编号：　　　　　　　　　　　　　　　　　　　　　　日期：

合同编号		工程名称				型材种类			
下料批量		检验数量				操作者			
序号	检验项目	技术要求	检验结果						备注
			1	2	3	4	5	6	
1	长度/mm	偏差±0.5(或按照设计要求)							
2	斜角	偏差−15′							
3	直头切口平面与侧面垂直度	偏差−15′							

续表

合同编号		工程名称					型材种类		
下料批量		检验数量					操作者		
序号	检验项目	技术要求	检验结果						备注
			1	2	3	4	5	6	
4	切口平面粗糙度/μm	12.5							
5	切口平面切屑	无粘连，无污染，无明显加工变形							
6	切口平面毛刺高度	小于0.2mm							
7	型材表面质量	不得有碰、划、拉伤痕							
检验员：			检验结论：						

11.2.3.2 机加工工序

机加工工序是指对锯切后的构件按照加工工艺和生产图纸的要求，利用通用或专用加工设备对构件进行的铣、冲、钻等加工。

（1）铣槽 排水槽、气压平衡槽等。

① 质量要求

a. 槽的尺寸和位置应符合图纸要求。

b. 型材表面不得有明显的碰、拉、划伤痕。

② 检验器具 钢板尺、钢卷尺、深度尺、游标卡尺。

③ 检验方法

a. 按加工工艺和生产图纸要求测量槽的位置、尺寸是否正确。

b. 用深度尺测量毛刺。

c. 目测型材表面质量。

（2）铣边框组装平台

① 质量要求

a. 铣加工部位与组装基准面平齐，不平度小于0.1mm。

b. 型材表面不得有明显的碰、拉、划伤痕。

② 检验器具 钢板尺、钢卷尺、游标卡尺、深度尺。

③ 检验方法

a. 按加工工艺和生产图纸测量组装平台位置是否正确，尺寸是否符合要求。

b. 用深度尺测量加工面不平度。

c. 目测型材表面质量，不得有卡伤和碰、拉、划伤。

（3）铣（冲）扇料 推拉门窗组装切口、滑道切口、锁口、勾企凸面、装滑轮切口。

① 质量要求

a. 切口的尺寸和位置应符合图纸要求。

b. 切口和加工面应平整，加工面与原连接面的不平度小于0.1mm，切口凹凸变形小于0.05mm，毛刺小于0.1mm。

c. 型材表面不得有明显的卡伤和碰、拉、划伤痕。

② 检验器具 钢板尺、钢卷尺、游标卡尺、深度尺、塞尺。

③ 检验方法

a. 按加工工艺和生产图纸要求测量切口位置是否正确，尺寸是否符合要求。

b. 用深度尺和塞尺测量不平度、凹凸变形和毛刺。

c. 目测型材表面质量，如有卡伤和碰、拉、划伤痕，用钢板尺测量损伤长度，并计算损伤面积。

（4）钻（冲）槽（孔） 推拉门窗框组装孔（上下端、中梃）、地角安装孔（或组合孔）、装止退块孔、缓冲垫孔（也可在扇上）、扇组装孔、装滑轮孔等。

平开门窗框、扇滑撑安装孔（或合页安装孔）、执手安装孔等。

① 质量要求

a. 钻（冲）孔位置、孔径、孔中心距、孔边距尺寸及偏差符合图纸要求。

b. 钻（冲）孔表面应平整、无明显凹凸变形，毛刺应小于0.2mm。

c. 型材表面不得有明显的碰、拉、划伤痕。

② 检验器具 钢板尺、钢卷尺、游标卡尺、深度尺、塞尺。

③ 检验方法

a. 按加工工艺和生产图纸要求测量孔径位置是否正确，孔径、孔中心距、孔边距尺寸及偏差是否符合要求。

b. 钻（冲）孔表面应平整，深度尺、塞尺测量凹凸变形和毛刺。

c. 目测型材表面质量，不得有碰、拉、划伤。

11.2.3.3 组装工序

组装工序是门窗生产过程的关键工序，必须对组装后的各项指标进行严格检验，使误差控制在允许范围内。

（1）穿毛条、胶条 推拉门窗穿毛条、平开门窗穿胶条。

质量要求：

a. 使毛条或胶条在自然状态下穿到型材槽中，不得过紧或过松。毛条长度应与型材上安装毛条槽的长度相同。胶条长度比型材上安装胶条槽的长度长10mm左右，框、扇挤角切成45°，胶条安装后保持接头严密，表面平整，密封条无咬边。

b. 毛条或胶条在型材上不得脱槽。

c. 目测型材表面质量。

（2）推拉门窗安装滑轮

① 质量要求

a. 滑轮规格、安装位置应符合图纸要求。

b. 滑轮安装后应牢固、可靠，安装螺钉不准有滑扣现象。

c. 滑轮安装后使用功能应满足使用功能要求。

② 检验方法

a. 测量安装位置、滑轮规格是否符合图纸要求。

b. 手试滑轮安装的牢固、可靠程度。

c. 手试滑轮应转动灵活，符合使用要求。

（3）门窗框、扇组装

① 质量要求 铝合金门窗尺寸及形状允许偏差和框扇装配尺寸偏差应符合表11-3的规定。

表11-3 铝合金门窗及框扇装配尺寸允许偏差

项目	尺寸范围/mm	允许偏差/mm	
		门	窗
门窗宽度、高度构造尺寸	≤2000	±1.5	
	>2000~3500	±2.0	
	>3500	±2.5	
门窗宽度、高度构造尺寸对边尺寸差	≤2000	≤2.0	
	>2000~3500	≤2.5	
	>3500	≤3.0	
对角线尺寸差	≤2500	2.5	
	>2500	3.5	
门窗框与扇搭接宽度	—	±2.0	±1.0
框、扇杆件接缝高低差	相同截面型材	≤0.3	
	不同截面型材	≤0.5	
框、扇杆件装配间隙	—	≤0.3	

② 检验方法

a. 门窗框扇宽度和高度尺寸测量。将组装好的框扇平放在工作平台上，用钢卷尺测量相对两边的实际尺寸。测量时，测量点应距门窗框扇组件端部100mm处（图11-1）。每个尺寸应对两端部各测一遍，取与公称尺寸差距大的数据为测量数值。

b. 对角线长度尺寸测量。把组装好的框扇放在工作平台上，在所测对角线的两个对角上放置ϕ20mm圆柱测量棒，用钢卷尺测量两圆柱测量棒中心之间距离（图11-2），再计算两对角测量值之差，即为对角线尺寸之差。

图11-1 门窗框扇宽度和高度尺寸测量方法

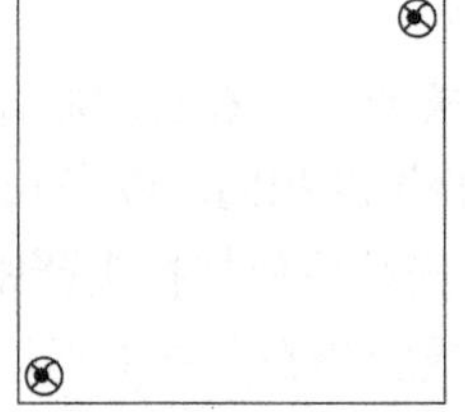

图11-2 对角线长度尺寸测量方法

c. 框扇四角不平度的测量。把组装好的框扇放在工作平台上，用深度尺或塞尺测量平台与框扇之间的距离。

d. 用钢板尺或钢卷尺，按图纸要求测量分格尺寸，计算分格尺寸之差。

e. 用深度尺或用平板尺和塞尺测量相邻构件的同一平面度。即用深度尺的测量基准靠实在相邻零件中平面较高一侧的型材表面，用测量头测量零件较低一侧型材表面。或将平板尺靠在相邻构件中平面较高一侧的型材表面，用塞尺测量较低一侧型材表面与直尺之间的距离。

f. 用塞尺从薄到厚依次试测两构件间的装配间隙，直到塞尺在装配间隙中松紧适度即可。

g. 用万能角度尺测量框、扇角度。

h. 目测各配件安装位置是否正确、到位，手试安装配件牢固、无松动。

i. 目测型材外观质量，无污迹、粘结剂外溢和碰、拉、划伤痕，有碰、拉、划伤痕时，用钢板尺测量损伤长度、面积。

（4）平开门窗装配滑撑（或合页、撑挡）

① 质量要求

a. 滑撑（或合页、撑挡）的规格尺寸、安装位置应符合图纸要求。

b. 滑撑安装应牢固、可靠，安装螺钉不准有滑扣现象。

c. 滑撑安装后应开启灵活，功能满足使用要求。

d. 框扇四周搭接配合应均匀，配合尺寸符合图纸要求，配合尺寸偏差不大于±1mm。

② 检验器具　钢板尺、深度尺、游标卡尺。

③ 检验方法

a. 用游标卡尺和钢板尺测量滑撑规格尺寸、安装位置。

b. 手试滑撑安装的牢固、可靠程度。

c. 手试开启是否灵活，能否满足使用要求。

d. 把门窗平放在工作平台上，沿开启扇四周在框上画线，用深度尺测量搭接配合尺寸。

（5）平开门窗装执手

① 质量要求

a. 执手规格尺寸、安装位置应符合图纸要求。

b. 执手安装应牢固、可靠。

c. 执手安装后，扇启闭灵活，功能满足使用要求。

② 检验器具　钢板尺、游标卡尺。

③ 检验方法

a. 目测或用钢板尺和游标卡尺测量规格尺寸、安装位置。

b. 手试检查执手安装的牢固、可靠程度。

c. 手试开启、关闭是否灵活，能否满足使用要求。

（6）装玻璃

① 质量要求

a. 装玻璃时，要在玻璃四周装玻璃垫块，垫块的规格尺寸、数量应符合要求。

b. 玻璃尺寸应符合要求，保证每边的搭接量。

c. 门窗扇玻璃四周应用一根完整连续的胶条密封，接口不宜设在转角部位，转角处剪成45°角对接，但不得扯断胶条。

d. 玻璃两侧的密封胶条应接口严密，无脱槽、压边现象，胶条松紧适度。

e. 平开门窗、固定门窗的玻璃压条装配后应牢固，对接处间隙不大于0.3mm，不平度不大于0.3mm。

② 检验器具　钢卷尺、深度尺、塞尺、游标卡尺。

③ 检验方法

a. 用钢卷尺测量玻璃尺寸，用游标卡尺测量玻璃厚度是否符合要求。

b. 用塞尺测量压条装配间隙，用深度尺测量不平度。

c. 其他项目用目测或手试是否符合要求。

（7）推拉门窗装缓冲垫、防盗块

① 质量要求　缓冲垫、防盗块安装位置应正确、牢固，无松动、脱落，满足使用功能

要求。

② 检验方法　目测测量位置是否正确，手试是否牢固、无松动。

11.2.4　成品检验

成品检验是对完工后的产品进行全面的检查与试验。

成品检验目的是防止不合格品流到用户手中，避免对用户造成损失，也是为了保护企业的信誉。

成品检验的内容包括产品外观、尺寸和装配质量。只有成品检验合格后，才允许对产品进行包装入库。

11.3　出厂检验

出厂检验是生产企业在某一批次的产品出厂前，按照标准要求对该批次产品进行的质量检验。只有经检验合格后，才能对该批次产品进行出厂放行，并做好该批次产品的记录留存及出具检验合格证，作为供需双方对产品质量及工程质量验收的凭据。

（1）检验项目　铝合金门窗的出厂检验项目按照产品标准《铝合金门窗》（GB/T 8478）7.1.1规定的检验项目进行，见表11-4。

表11-4　产品检验项目

序号	检验项目	试件数量	要求的章条号	试验方法的章条号	出厂检验	型式检验	备注
1	外观及表面质量	全数（出厂检验） 3樘（型式检验）	5.2	6.2	◎	◎	门、窗
2	尺寸	10% 不少于3樘	5.3	6.3	◎	◎	
3	装配质量	全数（出厂检验） 3樘（型式检验）	5.4	6.4	◎	◎	
4	构造	3樘	5.5	6.5	—	◎	
5	抗风压性能	3樘	5.6.1	6.6.1	—	◎	外门、外窗
6	水密性能		5.6.2		—	◎	
7	气密性能		5.6.3		—	◎	
8	空气声隔声性能	3樘	5.6.4	6.6.2	—	◎	隔声型门窗
9	保温性能	1樘	5.6.5	6.6.3	—	◎	保温型、保温隔热型门窗
10	隔热性能	1樘	5.6.6	6.6.4	—	◎	隔热型、保温隔热型门窗
11	耐火完整性	1樘	5.6.7	6.6.5	—	◎	耐火型外门窗

续表

序号	检验项目		试件数量	要求的章条号	试验方法的章条号	出厂检验	型式检验	备注
12	采光性能		1樘	5.6.8	6.6.6	—	○	有此项性能要求的外窗
13	防沙尘性能		1樘	5.6.9	6.6.7	—	○	有此项性能要求的外门窗
14	抗风携碎物冲击性能		1樘	5.6.10	6.6.8	—	○	有此项性能要求的外门窗
15	力学性能	启闭力	3樘	5.6.11.2	6.6.9.1	—	◎	门、窗
16		耐软重物撞击性能	3樘	5.6.11.3	6.6.9.2	—	◎	门
17		耐垂直荷载性能	3樘	5.6.11.4	6.6.9.3	—	◎	竖轴平开旋转类门、窗和折叠平开门
18		抗静扭曲性能	3樘	5.6.11.5	6.6.9.4	—	◎	竖轴平开旋转类门、折叠平开门
19		抗扭曲变形性能	3樘	5.6.11.6	6.6.9.5	—	◎	推拉平移类门窗
20		抗对角线变形性能	3樘	5.6.11.7	6.6.9.6	—	◎	
21		抗大力关闭性能	3樘	5.6.11.8	6.6.9.7	—	◎	平开门、平开旋转类外窗(滑轴类除外)
22		开启限位抗冲击性能	3樘	5.6.11.9	6.6.9.8	—	◎	平开旋转类外窗
23		撑挡定位耐静荷载性能	3樘	5.6.11.10	6.6.9.9	—	◎	内平开窗、外开上悬窗
24	反复启闭耐久性		1樘	5.6.12	6.6.10	—	◎	门、窗

注：◎为必需性能；○为选择性能；—为不要求。

（2）组批与抽样规则　外观及表面质量和装配质量为全数检验。

门窗及框扇装配尺寸偏差检验，每100樘为一个检验批，不足100樘也为一个检验批。从每个检验批中按不同类型、品种、系列、规格分别随机抽取5%且不少于3樘。

（3）检验器具　钢板尺、钢卷尺、游标卡尺、深度尺、塞尺、ϕ20mm圆柱测量棒、0~100N管形测力计、检验工作台、螺丝刀、测膜仪等。

（4）检验方法

① 构件连接。目测构件是否齐全，用钢板尺测量连接件是否使用合理、正确；手试查验门窗框料之间、框与内装料之间、扇料之间、框或扇与五金件之间的连接是否牢固。

② 附件安装。目测附件是否齐全，用钢板尺、钢卷尺测量安装位置是否正确，手试附件安装是否牢固和满足使用要求。

③ 扇启闭。将门窗安装在工作台架上，使之处于工作状态，开启锁具，用0~100N管形测力计检测。检验平开门窗时，使测力计作用力垂直于门窗平面；检验推拉门窗时，使测力计作用力平行于门窗平面；作用点处于门窗把手处。测量三次，取其平均值。

④ 门窗槽口宽度、高度尺寸。测量位置及方法见11.2.3和图11-1。

⑤ 门窗槽口对边尺寸之差（E）。即两次测量的宽度或高度方向尺寸之间的差值。

⑥ 门窗槽口对角线尺寸之差（ΔL）。测量位置及方法见11.2.3和图11-2。

⑦ 同一平面高低差和装配间隙。将门窗平放于工作台架或平台上，用深度尺或直尺和

塞尺测量同一平面两构件之间的高低不平度，以最大高低差为该门窗的高低差。同一樘检测门窗中以所有测得的高低差之最大值为该门窗的高低差值。

测量构件之间的装配间隙，用塞尺从小到大（或厚薄组合）依次试测，直至松紧适度为止，此时塞尺测片厚度值即为该间隙的实际装配间隙。同一樘检测门窗的几个装配间隙检测值中，以最大间隙作为该门窗的装配间隙。或目测最大间隙后测量该间隙值即为该检测门窗的装配间隙。

⑧ 搭接宽度偏差。检测门窗关闭平放于检验平台上，在门窗框与扇搭接四边的中间配合部位分别用铅笔画出直线作为记号，然后用深度游标卡尺或直尺分别测量搭接配合面至记号线之间的值，并与搭接量设计值比较，其中最大偏差即为该门窗的搭接宽度偏差。或计算出搭接偏差的正负偏差值，并以此偏差范围作为搭接偏差。

⑨ 附件质量。采取目测、手试、测量等方式，检查杆件、附件、紧固件的装配质量是否满足使用要求。

⑩ 型材表面质量。目测检查擦伤、划伤处数，用钢板尺、钢卷尺测量擦伤和划伤的长度、宽度并计算面积。擦伤、划伤深度用深度尺检测，对表面质量缺陷深度不能确定时，可在缺陷处涂色，采用打磨法测量。型材表面允许存在由模具造成的纵向挤压痕，但不得超过0.05mm。

⑪ 表面质量。目测检查门窗型材表面，不允许有裂纹、起皮、腐蚀和气泡存在。门窗表面不允许有切屑、毛刺、锤痕、油斑或其他污迹，装配连接处不应有粘结剂外溢。表面应平整，没有明显的色差、凹凸不平、划伤、擦伤、碰伤等缺陷。

（5）判定规则　按照产品标准规定的判定规则进行。

抽检产品检验结果全部符合标准要求时，判该批产品合格。

抽检产品检验结果如有多于1樘不符合标准要求时，判该批产品不合格。

抽检项目中如有1樘（不多于1樘）不合格，可再从该批产品中抽取双倍数量产品进行重复检验。重复检验的结果全部达到标准要求时判定该项目合格，复检项目全部合格，判定该批产品合格，否则判定该批产品出厂检验不合格。

11.4　型式检验

型式检验是依据产品标准对门窗全部检验项目进行检验，型式检验是对企业生产产品的设备加工精度、人员素质、检测设备及检验人员检验能力、技术水平和管理水平及生产环境条件等进行的一次综合检验。

（1）型式检验时机

生产企业有下列情况之一时，应进行型式检验。

① 新产品或老产品转厂生产的试制定型鉴定。

② 正式生产后，产品的原材料、构造或生产工艺有较大改变，可能影响产品性能时。

③ 停产半年以上重新恢复生产时。

④ 出厂检验结果与上次型式检验结果有较大差异时。

⑤ 正常生产时应每两年至少进行一次型式检验。

（2）组批与抽样规则　从不少于100樘的出厂检验合格批中任选一批作为型式检验批，按表11-4规定的试件数量随机抽取。

（3）取样方法　产品型式检验应选取各种用途、类型、品种、系列中常用的门窗立面形式和尺寸规格的单樘基本门、窗作为代表该产品性能的典型试件。

（4）判定与复验规则　抽检产品全部符合要求，该产品型式检验合格。

外观及表面质量、门窗及框扇装配尺寸偏差、装配质量、启闭力检验项目的判定和复验应符合出厂检验的规定。

性能检验项目中若有不合格项，可再从该批产品中抽取双倍试件对该不合格项进行重复检验，重复检验结果全部达到标准要求时判定该项目合格，否则判定该产品型式检验不合格。

11.5　物理性能检测

建筑设计上提出了对门窗的物理性能要求，即抗风压性能、气密性能、水密性能、保温性能、空气隔声性能、遮阳性能及采光性能等。门窗的物理性能能否达到设计规定的要求，需要通过检测来验证。一般来讲，门窗物理性能检测分为定级检测和工程检测。

（1）定级检测　对于门窗生产企业来说，定级检测一般在产品的型式检验时进行。定级检测是为了检验企业生产某种产品性能的能力，通过产品性能的定级检测，验证企业的生产能力，包括设备加工能力、技术设计能力、人员素质等方面的综合能力。通过定级检测，可以确定企业生产某一种产品性能的最高分级。

在下列情况下，企业应进行定级检测。

① 新产品或老产品转厂生产的试制定型鉴定。

② 正式生产后，当结构、材料、工艺有较大改变而可能影响产品性能时。

③ 正常生产时，每两年检测一次。

④ 产品长期停产后，恢复生产时。

⑤ 发生重大质量事故时。

定级检测由门窗生产企业委托有检验资质的检验机构进行。通过定级检测的结果，企业可以发现继续改进或完善的方向或方法，进一步提高生产水平和技术水平。

（2）工程检测　工程检测是考核实际工程用门窗的性能能否满足工程设计要求的检测。

门窗的性能应由建筑设计部门根据建筑物所在地区的地理、气候、周围环境和节能设计要求以及建筑物的高度、体型、重要性等确定。门窗的工程检测样品应与实际工程使用产品一致，并且是从实际工程用门窗中随机抽取出来的。因此，工程检测的结果是判断实际工程用门窗能否满足工程设计要求的依据，是建筑工程质量竣工验收的必要资料。

11.6　产品标志及随行文件

11.6.1　产品标志

铝合金门窗的产品标志有基本标志、警示标志。

（1）基本标志　铝合金门窗产品的标志包括下列内容。

① 产品标记。

② 产品商标。

③ 制造商名称、生产日期。

（2）警示标志　对于门窗结构复杂、开启方法比较特殊，使用不当会造成产品本身损坏或产生使用安全问题的门窗产品，应设置简明有效的使用警示标志和说明（包括文字及图示）。

（3）标志方法

① 产品标志内容应采用标牌标示，标牌的印制应符合GB/T 13306的规定。

② 门的产品标牌应固定在上框、中横框等明显位置。

③ 窗的产品标牌应固定在上框、中横框、窗扇梃侧面等适当部位（开启后可看到）。

④ 产品使用警示标志和说明应在门窗的把手或执手等启闭装置附近粘贴。

11.6.2 产品随行文件

（1）产品合格证　单樘门窗产品应有产品合格证。产品合格证书应包括下列主要内容。

① 执行产品标准号。

② 出厂检验项目、检验结果及检验结论。

③ 产品检验日期、出厂日期、检验员签名或盖章（可用检验员代号表示）。

（2）产品安装使用说明书　每批门窗出厂或交货时应有产品安装使用说明书。产品安装使用说明书的编制应符合GB 9969.1规定。门窗产品安装使用说明书应包括产品说明、安装说明、使用说明和维护保养说明等主要方面。

① 产品说明应包括：产品名称、特点（包括材料及附件）及主要用途和适用范围；产品命名和标记代号的组成及其代表意义；产品型式检验的门、窗物理性能和力学性能参数值。

② 安装说明应包括：门窗安装条件和安装技术要求，包括安装程序、方法、所用材料及器具；安装调整注意事项，安装验收检验项目和方法； 安装施工时应采取的安全技术措施；门窗易损件更换及采用替代件的安装条件及技术要求。

③ 使用说明应包括：门窗正确的开启和关闭操作方法，易出现的错误操作和防范措施等，宜以图文并茂的形式表述清楚；使用时的注意事项，包括不允许在开启扇上额外悬挂或施加重物、启闭障碍物等；清洁门窗的正确清洗方法和正确使用清洁材料，以及清洁门窗时应注意的安全问题等。

④ 维护保养说明应包括：开启扇的启闭机构需定期进行润滑、调整和紧固的要求；五金配件、紧固件、密封胶条、密封毛条等易损件需及时检查要求以及易损件更换的建议及周期；玻璃出现破损情况时应采取的措施及更换时的安全措施等注意事项。

（3）产品质量保证书　每个出厂检验批或交货批应有产品质量保证书，应包括下列主要内容。

① 产品名称、商标及标记（包括执行的产品标准编号）。

② 产品型式检验的性能参数值，并注明该产品型式检验报告的编号。

③ 产品批量（樘数、面积）、尺寸规格型号。

④ 门窗框扇铝合金型材表面处理种类、色泽、膜厚。

⑤ 玻璃及镀膜的品种、色泽及玻璃厚度。

⑥ 门窗的生产日期、检验日期、出厂日期，质检人员签名及制造商的质量检验印章。

⑦ 制造商名称、地址及质量问题受理部门联系电话。

⑧ 用户名称及地址。

12 铝合金门窗的生产组织及管理

铝合金门窗作为建筑物的配套产品，突出的特点是配套性。主要体现在以下三方面。

一是功能配套。铝合金门窗只有安装到墙体上与建筑物结合，才能发挥其性能和作用。

二是数量配套。一个单体建筑工程的大小决定了配套铝合金门窗量的多少，一座20多层的高层建筑或大型商务楼，单体建筑面积在2万~3万平方米，门窗量可达5000m²以上；5~6层的多层宿舍楼或办公楼，单体建筑面积在3000~4000m²，门窗量在1000m²左右。

三是工期配套。铝合金门窗必须配合满足建筑主体工程的工期要求。在土建墙体工程全面完工后，在相对短的时间内，在不影响外墙和门窗洞口装修处理的前提下，自上层而下层地完成上墙安装工作，安装工期短，一般仅有几个月的时间。

铝合金门窗生产企业既要负责工厂内铝合金门窗产品的生产制造，又要负责土建施工现场的安装。作为企业就必须结合自身的资金实力和技术水平，明确市场定位，防止出现大工程接不了或接了工程不能按期完成，或小工程不接又没工程可做的现象。一般来讲，按生产能力和承接能力，铝合金门窗生产企业大致可分为三类：一类为大型企业，可承接单体门窗量在5000m²以上的工程，年产量在10万平方米以上；二类为中型企业，可承接单体门窗量在3000m²以上或同时承接多个单体门窗量在1000m²以下的工程，年产量在5万平方米以上；三类为小型企业，可承接几个单体门窗量在1000m²以下的工程，年产量在2万~3万平方米。不同类型的铝合金门窗生产企业在设备、设施及人员的配备上会有很大不同。

12.1 生产规模及典型配置

生产规模是指一个企业在一定时期（一年）内生产某种产品的能力。

铝合金门窗的生产规模由产品的特点决定，一方面取决于设备和厂房硬件设施的配备情况，另一方面取决于技术、管理人员的能力和素质，以及资金配套情况。本节将分别介绍大、中、小型铝合金门窗企业设备、设施及人员的典型配置。

12.1.1 设备与设施配置

表12-1、表12-2、表12-3分别给出了大、中、小型铝合金门窗企业生产设备典型配置方案。

图12-1、图12-2、图12-3分别给出了大、中、小型铝合金门窗企业生产车间典型布置方案。

表12-1 大型铝合金门窗企业生产设备典型配置方案（年产量10万平方米以上）

序号	设备名称	参考型号	数量/台	备注
一、主要加工设备				
1	铝门窗数控双头切割锯	LJZ_2S-500×4200	1	
2	铝门窗数显双头精密切割锯	LJZ_2X-500×4200	1	
3	铝门窗自动角码锯床	LJJA-500	2	
4	铝门窗双头仿形铣床	LXF_2-300×100	2	
5	铝门窗仿形钻孔机	LZ_3F-300×100	1	
6	铝门窗端面铣床	LXDB-250	1	
7	铝门窗压力机	LY_6-50	2	
8	铝门窗组角机	LMB-120	2	
9	铝门窗双头组角机	LM_2A-100×3500	1	
10	铝门窗数控四头组角机	LM_4S-100×1800×3000	1	
11	冲床	视型材品种		
12	钻铣床		4	
13	铝门窗弯圆机	LW-100	1	
14	空气压缩机		4	
二、辅助设备				
1	铝型材支架			视实际需求
2	铝型材料架			视实际需求
3	铝型材周转车			视实际需求
4	组装工作台			视实际需求
5	玻璃周转架			视实际需求

年产量在10万平方米以上的大型铝合金门窗生产企业，需要2000m²以上的生产车间，需要配置独立的型材库房和成品库房，否则生产场地将比较拥挤，生产车间典型布置方案如图12-1所示。

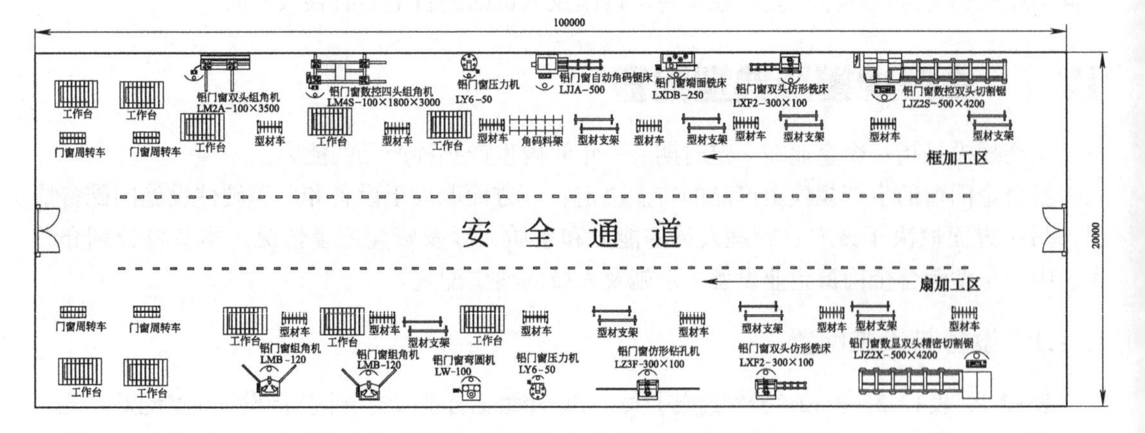

图12-1 大型铝合金门窗企业生产车间典型布置方案

表12-2　中型铝合金门窗企业生产设备典型配置方案（年产量5万平方米以上）

序号	设备名称	参考型号	数量/台	备注
一、主要加工设备				
1	铝门窗数控双头切割锯	LJZ_2S-500×4200	1	
2	铝门窗自动角码锯	LJJA-500	1	
3	铝门窗双头仿形铣床	LXF_2-300×100	1	
4	铝门窗仿形钻孔机	LZ_3F-300×100	1	
5	铝门窗端面铣床	LXDB-250	1	
6	铝门窗压力机	LY_6-50	1	
7	铝门窗组角机	LMB-120	1	
8	铝门窗双头组角机	LM_2A-100×3500	1	
9	铝门窗数控四头组角机	LM_4S-100×1800×3000	1	
10	冲床	视型材品种		
11	钻铣床		3	
12	空气压缩机		3	
二、辅助设备				
1	铝型材支架			视实际需求
2	铝型材料架			视实际需求
3	铝型材周转车			视实际需求
4	组装工作台			视实际需求
5	玻璃周转架			视实际需求

中型铝合金门窗生产企业需1000~1200m²的生产车间，生产车间典型布置方案如图12-2所示。

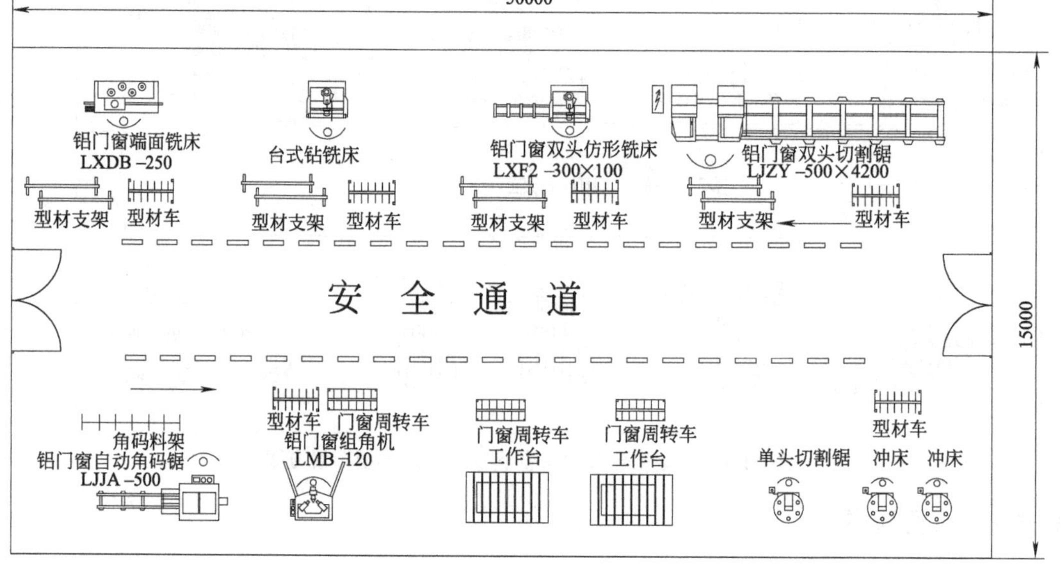

图12-2　中型铝合金门窗企业生产车间典型布置方案

表12-3 小型铝合金门窗企业生产设备典型配置方案（年产量2万~5万平方米）

序号	设备名称	参考型号	数量/台	备注
一、主要加工设备				
1	铝门窗双头切割锯	LJZY-500×4200	1	
2	铝门窗单头切割锯		1	
3	铝门窗双头仿形铣床	LXF2-300×100	1	
4	铝门窗端面铣床	LXDB-250	1	
5	冲床	视型材品种		
6	铝门窗组角机	LMB-120	1	
7	铝门窗角码切割锯	LJJA-500	1	
8	台式钻床		2	
9	空气压缩机		2	
二、辅助设备				
1	铝型材支架			视实际需求
2	铝型材料架			视实际需求
3	铝型材周转车			视实际需求
4	组装工作台			视实际需求
5	玻璃周转架			视实际需求

小型铝合金门窗生产企业需500~800m²的生产车间，生产车间典型布置方案如图12-3所示。

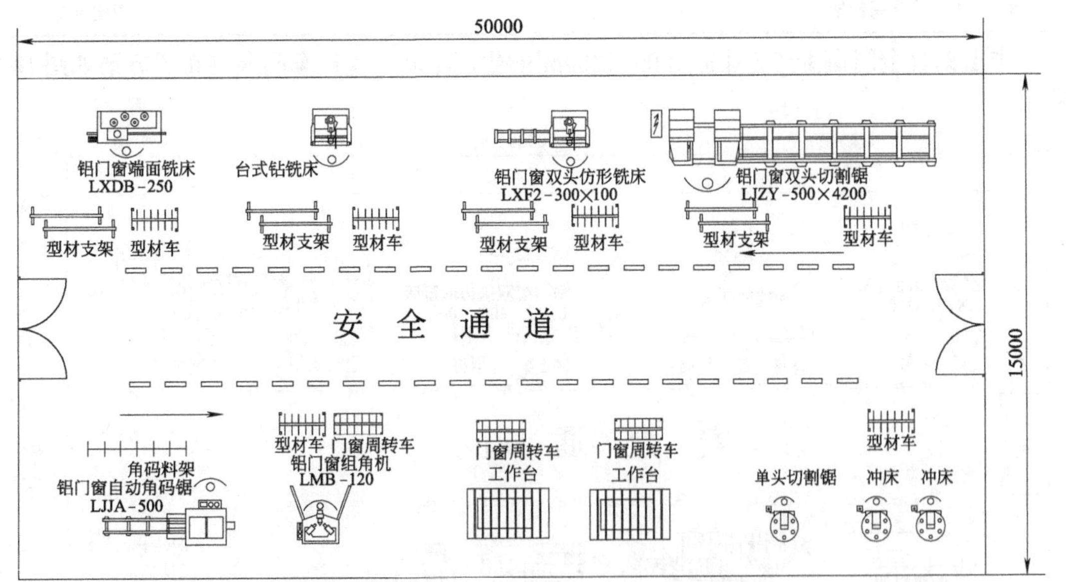

图12-3 小型铝合金门窗企业生产车间典型布置方案

12.1.2 人员配置

大中型铝合金门窗企业与小型铝合金门窗企业相比，设备配备的自动化程度较高，管理人员和生产人员的专业分工更细致，专业水平相对较高，而小型铝合金门窗企业管理人员和生产人员专业分工相对较差，要求人员从事的岗位更全面，故不同类型企业的生产效率有所不同。根据目前典型铝合金门窗生产企业设备配置情况，大型铝合金门窗生产企业的生产和安装工人，每人每天的定额约为10m²，中型企业为9m²，小型企业为8m²，每月按22天计算定额工作量。大中小型规模铝合金门窗生产企业的人员配置方案见表12-4。

表12-4　大中小型规模铝合金门窗生产企业人员配置方案

企业类型	生产工人	安装工人	技术人员	销售人员	管理人员
大型	30~35	35	5	5	8
中型	16~20	20	4	4	6
小型	15~20		3	3	5

注：表中小型企业的生产工人与安装工人为共同生产和安装。

12.1.3　部门设置及职责

铝合金门窗生产企业要适应市场的需求，企业内部必须建立快速反应机制，从合同签订到产品设计、材料供应、生产加工、产品发运、产品安装及维修服务等各环节，必须明确职责和权限。大中型企业应设置相应的部门，小型企业则根据需要设置相应的专职或兼职人员，分别负责生产流程各环节的工作，形成事事有人做、有人管，不漏缺、不重叠，各环节能相互监督、相互制约、相互促进、协调统一的闭环管理模式，各部门或人员都按职责开展工作，在企业内形成一个有机整体，有计划按步骤地完成各个门窗供货合同，确保及时顺利地给用户提供满意的产品。

（1）职能部门设置　本着“精简、高效”的原则，一般企业可设置市场部（或销售部）、生产部、技术部、财务部、行政办公室等部门，小型企业可设负责专项工作的人员。

（2）部门职责　市场部（或销售部）负责开拓市场，拓展用户，签订门窗加工合同；负责成品安装和售后服务及与用户沟通，对每个门窗供货合同负责落实项目责任经理（人）；负责回收货款，促进门窗合同按期完成，及时清回货款。

技术部主要负责新材料、新产品的研发和推广，适时推出新产品；负责向生产部门提供所需的材料计划、工程设计图样、工艺卡片、下料单等工艺技术文件；负责工艺装备、设备管理；负责产品检验和质量管理。

生产部主要负责原材料采购、产品生产加工；负责生产加工过程中各环节的协调配合，确保按时发货。

财务部主要负责收付款和物资管理以及企业其他财务活动。

行政办公室主要负责后勤保障和行政管理工作。

（3）部门间的相互关系　市场部将已签订的合同，包括品种、数量、材料说明、用户要求及合同附件资料，转给技术部门。技术部门绘制门窗生产加工图纸、下料单，计算型材、生产辅料和安装材料等综合耗用清单，并将其转给生产部门。

生产部门根据每个合同的材料清单进行采购，根据供货时间和进度要求，安排车间生产加工；进行加工过程质量检验；完成的成品交由技术部门检验，检验人员对检验合格的颁发合格证，办理入库手续，不合格的进行返工返修。

对于合同变更增加的数量、品种，执行上述相同的流程。合同变更减少的，由市场部及时通知技术部、生产部。完成入库的门窗产品，或根据工程需要，门窗的框扇需要分批运输安装的，市场部按合同要求时间安排产品发运，落实项目责任经理（人），代表企业与项目责任经理（人）签订安装承包责任合同，明确双方的权责和义务。确保安装工程质量和工期，落实安全责任和材料耗用等指标。安装完毕，配合工程业主和总承包方，对门窗工程进行分项验收和总验收。

目前，国内门窗生产企业和工程建设方一般情况下不执行提货付款，而是按进度付款，例如，签订合同后预付20%~30%的预付款，加工安装过程中分期付工程进度款，至门窗安装完毕付至货款的70%~80%，验收完毕付至90%~95%，余款作为质量保证金，在质量保证期内由双方协商分一年或两年付完全部货款。产品发货后，货款回收工作依然没有完成，财务部门就需每月与市场部核对每个合同的货款回收情况，督促市场部门落实货款回收计划，降低货款回收风险，最大限度地回收货款，只有当一个合同的货款全部回收完毕，该合同才算全部完成。

12.2 生产计划制定

铝合金门窗作为建筑物的配套产品，只有与建筑物正确配合，才能发挥其自身的作用，铝合金门窗的这种配套性，决定了其生产、安装进度必须与建筑工程总体进度协调一致，按建筑工程总工期要求如期完工和验收。这就要求铝合金门窗生产企业，对生产铝合金门窗所需的各种原辅材料及配套件的供应、车间生产、安装进度等进行综合计划、协调安排，使企业内生产加工高效有序进行，以保证与工地施工现场的安装进度协调一致，配合土建工程同步完成。

12.2.1 原材料采购计划

目前，市场上供应的铝合金型材品种类别繁多。各铝合金型材生产企业生产的型材也不尽相同，且每年都在推出新品种。铝合金门窗用户因用途不同，要求的型材品种也不同。当签订铝合金门窗合同时，就需要明确铝合金型材的品种，有时还需明确到具体的铝合金型材生产厂家，主要配套件及玻璃的种类也需要明确。当一个门窗合同签订后，门窗的立面大样图、窗型、结构、开启形式及各类窗型的数量就确定了，所用的铝合金型材、五金件及其他配套材料也就确定了。这时，企业的相关部门就可以根据合同确定的品种、数量及材料要求，制定铝合金型材、玻璃、五金件及辅助材料的采购计划。在日后的生产过程中虽会有小的变更，但大部分所需材料的品种和数量都据此确定。

例如与某单位签订的（××）号铝合金窗合同，其窗型、数量如图12-4所示。内平开窗，选用山东华建70系列隔热断桥铝合金型材（表面氟碳喷涂、颜色外绿内白），5+12A+5中空玻璃，山东国强公司铝合金平开窗五金件，三元乙丙橡胶条。

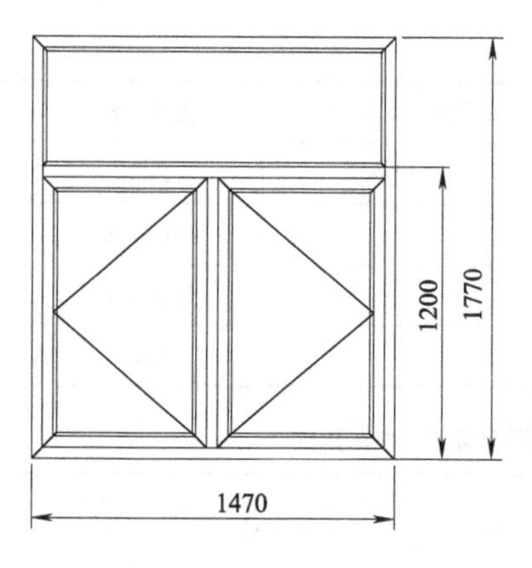

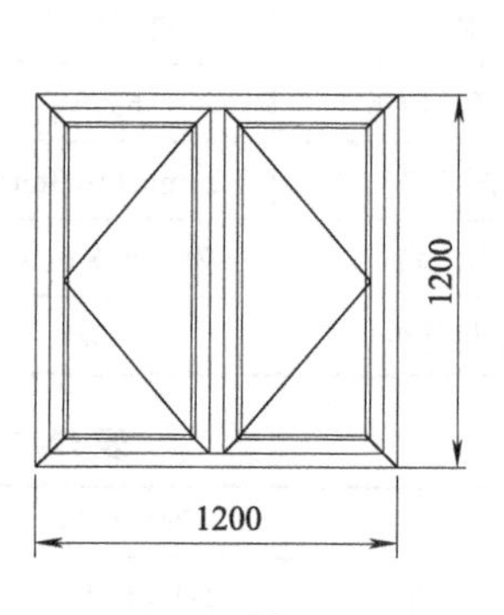

图12-4 （××）号合同铝合金窗窗型图

平开窗的装配图和型材截面图见图9-2、图9-4。

根据窗型和材料要求，列出窗汇总表，见表12-5。

表12-5 （××）号合同铝合金窗汇总表

合同号	××	合同单位	××		门窗数量/樘		120
门窗号	数量/樘	单樘窗面积/m²	总面积/m²	开启形式	型材	玻璃	配件
C1	60	2.88	172.8	内平开	喷涂绿白	中空	名优
C2	60	1.44	86.4	内平开	喷涂绿白	中空	名优
合计	120		259.2				

（1） 铝合金型材采购计划 由技术部根据合同，结合具体窗型和规格尺寸，设计下料单，计算铝型材的需要量。不同规格的铝型材，框、扇、中梃、玻璃压条、扣板、角码等要齐全配套。必须按需要的数量，在最大限度提高材料利用率的前提下，用优化下料的方法，计算铝型材的采购数量。铝型材的标准长度是6m，如数量较大，可与铝型材生产厂确定定尺长度，保证足额采购又不浪费。本合同窗C1、C2各规格铝合金型材的需要量分别见表12-6、表12-7。

表12-6 C1铝合金型材需要量

序号	名称	型材代号	下料长度/mm	数量/支	备注
1	上下框	HJ70E01-30	1470	120	
2	左右边框	HJ70E01-30	1770	120	
3	上下梃	HJ70E02-30	684	240	
4	左右边梃	HJ70E02-30	1149	240	
5	中横框	HJ70E03-30	1395	60	
6	中竖框	HJ70E03-30	1146	60	
7	上亮横玻压条	6379	1386	120	配作
8	上亮竖玻压条	6379	463	120	配作
9	扇横玻压条	6379	590.6	240	配作

续表

序号	名称	型材代号	下料长度/mm	数量/支	备注
10	扇竖玻压条	6379	1011.6	240	配作
11	框角码	23mm+10.8mm		240+240	
12	扇角码	28mm+8.6mm		480+480	
13	中梃连件	5808		120	

表12-7　C2铝合金型材需要量

序号	名称	型材代号	下料长度/mm	数量/支	备注
1	上下框	HJ70E01-30	1200	120	
2	左右边框	HJ70E01-30	1200	120	
3	上下梃	HJ70E02-30	549	240	
4	左右边梃	HJ70E02-30	1128	240	
5	中竖框	HJ70E03-30	1116	60	
6	扇横玻压条	6379	455.6	240	配作
7	扇竖玻压条	6379	1034.6	240	配作
8	框角码	23mm+10.8mm		240	
9	扇角码	28mm+8.6mm		480	
10	中梃连件	5808		120	

根据C1、C2需要的各规格型材的数量，进行优化排料，C1、C2用的铝合金型材相同，对其共同进行优化，优化排料后的结果见表12-8，该表既可作为采购的依据，又可作为指导下料的下料单。

表12-8　C1、C2主要型材优化排料表

序号	名称	型材代号	6m定尺		用途	下料数量/支
			支数	下料尺寸		
1	框料	HJ70E01-30	120	1470×1 1770×1 1200×2	C1上下边框	120
					C1左右边框	120
					C2横竖边框	240
2	扇料	HJ70E02-30	48	1149×5	C1左右边梃	240
			30	684×8	C1上下梃	240
			24	549×10	C2上下梃	240
			48	1128×5	C2左右边梃	240
3	中竖框	HJ70E03-30	12	1146×5	C1中竖框	60
			12	1116×5	C2中竖框	60
			15	1395×4	C1中横框	60
4	扇玻璃压条	6379	24	590.6×10	C1扇横玻压条	240
			48	1011.6×5 455.6×1	C1扇竖玻压条	240
					C2扇横玻压条	48

续表

序号	名称	型材代号	6m定尺		用途	下料数量/支
			支数	下料尺寸		
4	扇玻璃压条	6379	60	1034.6×4	C2扇竖玻压条	240
				455.6×3	C2扇横玻压条	180
			1	455.6×12	C2扇横玻压条	12
5	上亮玻璃压条	6379	30	1386×4	C1上亮横玻压条	120
			10	463×13	C1上亮竖玻压条	120

注：1. 表12-8是以型材定尺长度为6m进行优化的，优化排料时需要考虑锯片厚度2~3mm、锯切时的余量2mm、型材两端头无法使用部分约120mm。

2. 表中6m长度型材的需求支数是最少采购量，一般相应增加5%作为采购量。

根据上述优化的铝合金型材数量，制定铝合金型材采购计划，见表12-9。

表12-9 （××）号合同铝合金型材采购计划

序号	名称	型材代号	米重/(kg/m)	采购数量		
				支数/支	长度/m	重量/kg
1	框料	HJ70E01-30	1.503	120	720	1082.16
2	扇料	HJ70E02-30	1.447	150	900	1302.3
3	中梃	HJ70E03-30	1.722	39	234	403
4	玻璃压条	6379	0.247	173	1038	256.4

对于不同规模的工程，型材采购以配合土建工程进度、不影响安装为前提，同时结合铝合金型材的供应情况，最大限度地降低资金占用，可采取先急后缓的采购方式，确保采购的各种材料及时进入生产车间和安装施工现场。规模较大的工程可与铝合金型材生产企业协商，一次性签订所需的全部铝合金型材，分批购进，先购进窗框和中梃材料，随着工程的进行再分批购进窗扇型材和其他型材。当铝合金型材用量比较少时，也可到铝合金型材市场直接购进。

（2）玻璃采购计划　玻璃采购计划见表12-10。

表12-10 （××）号合同玻璃采购计划

窗号	尺寸/mm	类别	数量/块	面积/m²
C1	1372×493	中空(5+12A+5)	60	40.60
	576.6×1041.6	中空(5+12A+5)	120	72.07
C2	441.6×1020.6	中空(5+12A+5)	120	54.08

（3）五金件及辅助材料采购计划　五金件及辅助材料采购计划见表12-11。

表12-11 （××）号合同五金件及辅助材料采购计划

序号	材料名称	规格	单位	采购数量	备注
1	框扇内密封胶条		m	912	
2	框扇中间密封胶条		m	912	
3	玻内胶条		m	2928	安装玻璃
4	玻外胶条		m	2928	安装玻璃

续表

序号	材料名称	规格	单位	采购数量	备注
5	合页		副	480	
6	风撑		副	240	
7	执手传动器		套	240	
8	连接地角		个	2520	固定窗框
9	发泡胶		桶	16	安装密封框
10	密封胶		桶	140	安装密封框
11	玻璃垫块		块	1200	

12.2.2 生产进度计划

（1）生产工期计划 铝合金门窗的特点是非定型化和配套使用，其是一种从数量、结构形式到供货期都完全由买方决定的订单式产品。因此，铝合金门窗不能像定型化、标准化的家电、服装等产品一样，企业可以根据自身的生产能力，按照相对固定的生产计划进行生产。铝合金门窗企业的生产计划一般按照合同规定的工期，制定一个弹性生产计划。每天的生产计划不能是完全固定的，须根据供货合同确定的交货时间或安装进度进行及时调整，生产计划又受到各种原辅材料供货情况的影响。对于不同类型的铝合金门窗企业，需要注意其自身生产过程中各供货合同的衔接，保持时间上不冲突。

小型企业一般不同时承接多个工程，也就是在一个时间段内只进行一个供货合同的生产，可以以最终交货或完成安装日期为终点，倒推出完成合同所需的生产时间，在整个生产时间段内，车间生产与工地安装可以有重合，即可一边生产一边安装，也可以先生产完毕再安装，这取决于生产和安装工人的分工。当生产和安装由同一批工人完成时，就先生产完毕再进行安装。生产进度以供货合同数量除以生产和安装两个阶段的工期，作为当日必须完成的生产任务，各工序之间进行协调和平衡。

中型或大型企业同时承接多个工程，在同一个时间段内同时进行多个供货合同的生产和安装，须分别以每个供货合同的交货或完成安装的日期为终点，计算完成每个合同所需的生产和安装时间。同时完成多个供货合同的中型或大型企业，从事生产和安装的工人大都实行专业化分工，生产工人只负责车间内生产加工，安装工人只负责工地安装。由于不同工程可能分布在不同的城市和地区，安装工人大都实行专一工地安装方式，即在一个工地安装完成后转到另一个工地。同时执行多个合同时，车间生产相对于单个合同来讲，要保证多个合同之间的协调与均衡，生产进度的安排上相对复杂，需要对各个合同和不同工序进行综合协调。在安排生产进度时，要兼顾每个合同的数量、时间、生产工人数量和材料供应等多种情况。在材料供应能够保证的前提下，确保合理的生产效率，以保证生产进度。当短期内工程量较大，生产时间紧迫时，要合理确定生产各工序之间、生产与安装之间的时间衔接，避免出现窝工和撞车现象。

对于一个合同的生产和安装总工期，其生产进度可用时间进度表。制定总体时间生产进度计划，在计划执行过程中，随时调整意外情况影响的时间，生产计划完成情况每日每月进行统计汇总，做到及时调整，及时优化，确保按确定的总工期完成生产和安装任务。单个合同生产时间进度表可参考表12-12，多个合同同时生产时间进度表可参考表12-13。

表 12-12　单个合同生产时间进度表

合同单位					门窗数量			2400m²				完工日期				6月30日		
日期	4月						5月						6月					
	5	10	15	20	25	30	5	10	15	20	25	30	5	10	15	20	25	30
框下料																		
框加工																		
框组装																		
扇下料																		
扇加工																		
扇组装																		
成品组装																		
工地安装																		

注：1. 该时间进度表为小型企业生产计划，总工期以安装完成日期为准。生产和安装需要的时间以工人生产定额核定，以每人每天 $8m^2$ 计算。

2. 实行窗框和窗扇分别运到工地进行安装，窗框加工完毕后即可开始安装，窗框安装完毕并清理现场后，安装窗扇。

3. 该生产进度计划为全部生产人员先从事车间内生产加工，当窗框组装完成后抽出一部分工人进行安装，另一部分工人继续进行生产加工。

表 12-13　多个合同同时生产时间进度表

（2020年3月铝合金门窗时间进度表）

合同号	进度	1	2	3	4	5	6	7	8	9	10	11	12	13	14	15	16	17	18	19	20	21	22	23	24	25	26	27	28	29	30	31
710	框																															
	扇																															
	安装																															
711	框																															
	扇																															
	安装																															
801	框																															
	扇																															
	安装																															
802	框																															
	扇																															
	安装																															
803	框																															
	扇																															
	安装																															

从上述时间进度表可以看出，710号合同已完成生产加工，计划3月5日完成安装任务。711号合同延续生产和安装，窗框已完成加工，计划3月8日完成窗扇生产加工，3月16日完成安装任务。801号合同延续生产，计划至3月10日完成窗框生产，3月20日完成窗扇生产，3月7日开始安装，3月27日完成安装任务。802号合同生产计划，从3月4日开始生产窗框，3月23日开始生产窗扇，3月27日开始安装，3月份没有计划完成生产和安装任务，需要延续到4月份继续生产和安装。803号合同生产计划，从3月25日开始生产窗框，本月没有计划生产窗扇和安装。对于上月生产和安装计划延续到本月的，以及本月生产和安装计划需要延续到下月的，要标注出延续生产和安装任务的数量，可以用具体数量或百分比表示，能定量反映本月的完成情况。为更直观具体地利用好时间进度表，可在时间进度表上标注出百分比进度要求，同时利用该表在时间进度横线（计划线）下方用红颜色笔标注实际进度完成情况。

（2）工序生产计划　生产管理人员对各工序的生产计划和实际完成数量必须随时掌握，以及时协调和调整各工序的生产，保证工序间平衡，避免发生工序间流程不通的现象。对各工序用生产计划单形式安排当日的生产任务，并汇总生产计划完成情况。工序生产计划单见表12-14和表12-15。

表12-14　下料工序生产计划（汇总）单　　日期：3月8日

合同号	加工内容	规格	加工计划	当日完成	操作者	检验员	计划总数	累计完成
711	框料 扇料 中梃 框角码 扇角码	料单	400 400 100 400 400					
801								
802								
计划员：				统计员：				

表12-15　组装工序生产计划（汇总）单　　日期：3月8日

合同号	加工内容	规格	加工计划	当日完成	操作者	检验员	计划总数	累计完成
711	组框 组扇	料单	100 100					
801								
802								
计划员：					统计员：			

12.3　生产现场组织管理

生产现场一般指生产车间，是生产过程中诸要素综合汇集的场所，是计划、组织、控制、指挥、反馈信息的来源。生产现场要求人流、物流、信息流的高效畅通，使生产现场的人、机、物、法、环、信各要素合理配置，定置管理。生产要素的合理配置，是指生产加工某产品或部件时，生产工人利用何种机械、物料、加工方法、在什么环境状态下加工，各环节的信息传递方式都应有明确要求。例如锯切下料工序，就是由该工序的熟练工人操作切割锯，分别对框料或扇料，按合同要求的铝合金型材品种下料，加工方法包括按规程和工艺操作，误差不超标准。环境是指工作的环境，锯切下料时双角锯周围必须保证有足够放置材料的空间，有照明设施，能看清工作台和尺寸标尺，冬季有相应的保温措施，防止气路冻坏，影响气缸工作。生产计划和实际完成的质量、数量能及时反馈到管理者，保证整个生产环节的正常运行。

12.3.1 生产现场的定置管理

定置管理是指对生产现场的设备、物料、工作台、半成品、成品及通道等，根据方便、高效的原则，规定确定的位置，实现原辅材料、半成品，在各工序间以最短的时间、最少的人工、最短的距离、最少的渠道流转。

生产车间的定置管理由企业的生产车间布局和生产设备配置及生产状况确定，原则上按生产流程布置生产设备和原材料、半成品、成品。不同规模企业生产车间的定置管理可按照典型车间布置方案图12-1、图12-2、图12-3进行定置。

12.3.2 物料管理

（1）铝合金型材的管理　采购进厂的铝合金型材，首先进行质量验证。经检验合格的，开具铝合金型材检验单，确认购买数量，办理入库手续。

铝合金型材要有专门的储存场所，不应在室外露天存放。当生产车间面积足够时，为生产方便，可存放在车间一端。存放铝合金型材的场所，要求远离高温、高湿和酸碱腐蚀源，铝合金型材不能直接接触地面存放，要放在型材架上，节约空间，方便存取。为防止铝合金型材变形，6m长的型材应用3~4个型材架，型材架之间的间距不超过1.5m。当型材批量较大，需要在室外临时存放时，型材底部应垫高20~30cm，形成3~4个支撑点，上面必须覆盖篷布，防雨防晒。

（2）五金件及其他辅助材料管理　五金件与密封材料按技术要求和相关标准进行检验。经检验合格的，办理入库手续。

五金件和胶条、毛条等辅料，要有专用的库房储存，库房必须防火、防湿、防蚀、防高温。各类物资要分类存放，不同的物资要放在不同的材料架上。仓库存储的物资设置材料台账和材料卡，材料台账要记录存储物资的名称、规格、数量、价格和收发日期；材料卡记录存储物资的名称、规格、数量和收发日期，挂贴在存储物资上。收发各种物资后须及时在材料台账和材料卡上进行登记，以保证各种存储物资账、物、卡相符。

（3）玻璃的管理　玻璃是易碎品，且不易搬运，管理较难。玻璃管理要注意以下三点：一是要分类存放在玻璃架上，按不同合同、不同规格种类分类详细记录，在台账和玻璃实物上记录合同号、规格、品种、数量等信息，保证账、物、卡一致；二是要放置在合理的位置，方便存取；三是要防雨、防高温、防尘、防撞。

12.3.3 试制样品验证生产工艺

铝合金门窗的开启形式不同，其生产工艺不同；不同型材厂生产的铝合金型材断面结构不同，生产工艺也有所不同。因此，当生产一种新窗型时，首先，必须根据铝合金型材厂提供的产品图集和型材实物，设计该种型材系列的门窗图样，计算各种型材的下料尺寸，确定配合连接位置和尺寸以及槽孔的位置和尺寸。然后，试做样品，对样品尺寸、配合及各部件的连接等进行检验，以便及时发现问题及早解决。

12.3.4 生产现场的质量管理

成品的质量，一方面取决于原辅材料的质量，另一方面取决于生产过程中的质量控制，在原辅材料质量保证前提下，产成品的质量就完全取决于生产过程中的质量控制，因此，要加强工序质量控制和质量检验，各生产工序要严格把好质量关。

工序检验是在某工序加工完毕后，对本工序加工件的质量状况进行检验，其目的是防止不合格品流入下道工序，提高成品的合格率。工序检验要建立自检、互检、专检的三检制和首件检验制。自检是本工序操作者对自己加工的部件进行检验，防止不合格品流入下道工序，一般工序自检采取抽检的方式进行，对质量控制点采取全部检验的方式；互检是工序操作者对上道工序流入的产品部件进行检验，互检可以防止不合格品流入本工序；专检是专职质检人员对各工序的加工件、半成品、成品进行的检验，专检是在自检的基础上对自检判定合格的工件或半成品进行检验。

首件检验是工件或产品初次加工时的自检。工序操作者应在当班开始生产时对第一件部件或产品进行检验，首件检测合格后，才能进行批量生产。当生产过程中工序因素（尺寸、刀具、模具、设备等）调整后，对生产的第一件工件或产品也必须进行检测，以确定正确的操作方法，根据检验结果，对设备、工装、工具等进行调整，直至试产的部件或产品合格，才能进行批量生产。凡是没有进行首件检验或者首件检验不合格的，不得进行生产加工。首件检验先进行自检，质量控制点工序由专检人员签字认可后，方可进行后期加工。

铝合金门窗过程检验的内容及要求参见11.2过程检验。

铝合金门窗生产现场组织管理，还要做好构件及半成品的编号和统计工作，明确产品状态标识和检验状态标识，避免重复制作。

12.4 成本控制

产品成本是企业为了生产产品而发生的各种耗费。是指企业为生产一定种类和数量的产品所支出的生产费用总和，也可以指一定时期生产产品的单位成本。

工业企业产品生产成本（或制造成本）的构成，包括生产过程中实际消耗的直接材料、直接工资、其他直接支出和制造费用。

（1）直接材料　直接材料包括企业生产经营过程中实际消耗的原材料、辅助材料、备品配件、外购半成品、燃料、动力、包装物以及其他直接材料。

（2）直接工资　直接工资包括企业直接从事产品生产人员的工资及福利费。

（3）其他直接支出　其他直接支出包括直接用于产品生产的其他支出。

（4）制造费用　制造费用包括企业各个生产单位（分厂、车间）为组织和管理生产所发生的各种费用。一般包括：生产单位管理人员工资，职工福利费，生产单位的固定资产折旧费，租入固定资产租赁费，修理费，物料消耗，低值易耗品，取暖费，水电费，办公费，差旅费，运输费，保险费，设计制图费，试验检验费，劳动保护费，季节费，修理期间的停工损失费以及其他制造费用。

产品成本有狭义和广义之分。狭义的产品成本是指产品的生产成本，而将其他的费用放入管理费用和销售费用中，作为期间费用，视为与产品生产完全无关。广义的产品成本既包括产品的生产成本（中游），还包括产品的开发设计成本（上游），同时也包括使用成本、维护保养成本和废弃成本（下游）等一系列与产品有关的所有企业资源的耗费。相应地，对于产品成本控制，就要控制这三个环节发生的所有成本。

产品成本是反映企业经营管理水平的一项综合性指标，企业生产过程中各项耗费是否得到有效控制，设备利用是否充分，劳动生产率的高低、产品质量的优劣都可以通过产品成本这一指标表现出来。铝合金门窗产品成本高低直接关系到企业的经济效益，在销售合同确定后，销售价格就基本确定，成本高利润则低，要保证合理的利润，就必须对成本项目进行控制。

12.4.1 成本构成

铝合金门窗产品成本项目与其他工业产品相似，也包括以下几方面。

（1）直接材料　铝合金型材、五金件、密封材料、安装材料及其他辅助材料等。

（2）直接工资　生产工人工资、安装工人工资、管理人员工资等。

（3）其他直接支出　宣传费、招待费、利息、税金等。

（4）制造费用　水电费、工具费、维修费、运输费、检验费、办公费、折旧费、交通费、通信费、福利费等。

从成本项目构成上分析，要生产制造合格的铝合金门窗，又要使成本受控不超过计划数，必须采取相应措施，严格控制各成本项目。按铝合金门窗的生产过程，铝合金门窗产品成本可分别在生产环节和安装环节进行控制。

12.4.2 成本控制

（1）生产过程成本控制　制定生产环节的经济责任制，对直接材料的消耗和生产费用明确责任，实行节奖超罚。

直接材料成本占到销售价格的70%~75%，铝型材又占到直接材料的60%~70%，所以生产过程成本控制，首先要严格控制直接材料成本，直接材料不能偷工减料，成本控制要从把好材料消耗关、质量关出发，严格控制采购原材料质量，减少生产和使用过程中的损失和浪费。具体方法如下。

① 严把原材料质量关。对采购原材料严格按要求进行检验，做到不合格材料不入库。杜绝把不合格材料用到铝合金门窗产品上，防止因返工造成的材料和人工的浪费。

② 根据材料单明确限额领料，控制铝型材、五金件、胶条、毛条、螺钉、插接件等生产材料的消耗。辅助材料、玻璃采购计划既作为物资采购的依据，又作为仓库收发和车间领用材料的依据。

③ 严格控制下料、组角和组装等关键工序的质量。必须严格按操作控制程序和工艺操作规程要求进行，严格遵守三检和首检制度。

④ 各工序严格按工艺规程操作，保证产品质量。

人力资源合理利用和控制，使用运输工具，降低劳动强度，减少搬运时间，提高工作效率，降低人工成本。提高工人的生产积极性和工作效率，减少窝工。可采取基本工资与计件工资相结合的工资管理模式，配合材料及配件计划单进行考核，有具体的、易操作的奖罚制度，切实落实，奖勤罚懒。管理费用可采取定额控制的办法。

水费、工具费、维修费等生产性费用，按照每平方米确定定额，作为生产车间费用的定额与生产车间收入挂钩，实行按比例节奖超罚。

（2）安装环节成本控制　安装环节成本控制主要可注意以下问题。

① 工地原材料的存放要整齐有序，减少损坏和丢失。根据现场条件和施工进度将材料分批进场，并做好材料进场检验与记录。

② 样板先行，避免大面积返工，造成浪费。

③ 制定安装质量检验制度并严格实施。实行自检、互检，逐樘检查，避免侥幸心理。

④ 合理安排物料运输。如高层施工玻璃的运输须在施工洞封闭前将玻璃运到每层。

⑤ 合理安排施工顺序，避免重复工作和材料损坏。如内外墙镶贴或抹灰未完成前，坚决不能安装玻璃。

⑥ 人力资源合理安排，根据施工计划提前组织人员，或提前加班，避免集中突击，无法保证质量及进度。

⑦ 根据企业自身情况，确定采取何种方式，承包制或是公司内部设立安装队。

⑧ 安装材料，根据配套材料计划限额领用，对安装过程中玻璃的破碎率、门窗产品及配件的损坏率实行定额考核，节奖超罚。

⑨ 及时做好变更签证，工程决算时做到有据可查。

13 铝合金门窗的安装施工

门窗的安装施工是指安装工人把组装好的成品门窗固定到墙体洞口上的过程。门窗只有安装到墙体洞口上，使其处于工作状态，才能发挥其采光、防风雨、抗风压、保温、隔声等功能。

门窗的安装施工是门窗产品交付甲方验收前的最后一个环节，安装质量对门窗产品的性能、质量有着至关重要的影响，在门窗行业中常有“三分制作七分安装”的说法，由此可见门窗安装环节的重要性。

13.1 门窗的安装方法

门窗的安装分为干法安装和湿法安装两种方式。干法安装是指门窗框在洞口抹灰之后安装，包括精洞口法和附框法；湿法安装也称预留洞口法，是指门窗框在洞口抹灰之前安装。国外多采用精洞口法安装，国内目前大多采用预留洞口法和附框法安装。

（1）精洞口法安装　是在门窗安装前先将洞口全部制作粉刷完毕，留有一个装饰好的洞口，将制作的标准门窗装入其中，通过专用的固定螺钉将门窗与墙体固定。门窗固定后用聚氨酯发泡剂及密封胶进行密封后就可以直接使用了，无须后期的嵌缝及墙面粉刷。由于洞口精度高，根据图纸标注的洞口尺寸即可确定门窗的构造尺寸，无须对洞口进行二次测量，极

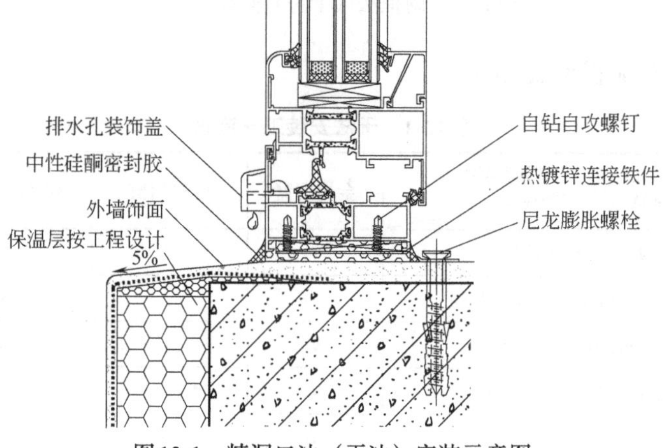

图13-1　精洞口法（干法）安装示意图

大地减少了门窗制造企业的工作量，提高生产效率，这种安装方法无污染、不损坏门窗，可以很好地保证安装质量。精洞口法（干法）安装如图13-1所示。

（2）附框法安装　是在墙体安装洞口上预先安装附框并进行防水密封处理，待墙体洞口表面装饰湿作业全部完成后，再在附框上固定门窗的安装方法。附框法（干法）安装如图13-2所示。

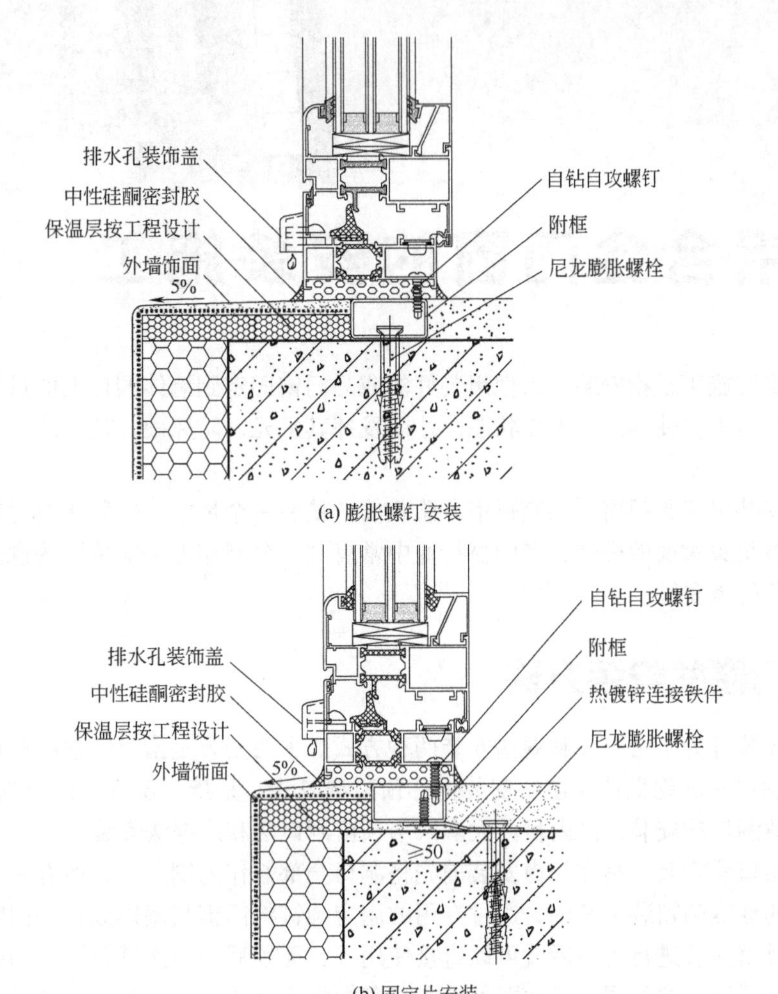

图13-2　附框法（干法）安装示意图

干法安装的工艺流程见表13-1。

表13-1　干法安装工艺流程

序号	工序名称 \ 门窗类型	金属门窗	塑料门窗	铝木复合门窗	木门窗
1	检查洞口、预埋件	√	√	√	√
2	测量放线、确认附框安装基准	√	√	√	√
3	附框进洞口、调整定位	√	√	√	√
4	附框与主体连接固定	√	√	√	√
5	防雷施工(中、高层建筑)	√	○	√	○

续表

序号	门窗类型 工序名称	金属门窗	塑料门窗	铝木复合门窗	木门窗
6	附框与墙体间填充弹性保温材料	√	√	√	√
7	洞口收口处理(非门窗专业)	–	–	–	–
8	确认门窗框安装基准	√	√	√	√
9	门窗框进洞口	√	√	√	√
10	安装拼樘料(组合门窗)	√	√	√	√
11	门窗框调整定位	√	√	√	√
12	门窗框与附框连接固定	√	√	√	√
13	门窗框与附框、洞口嵌缝、打胶	√	√	√	√
14	安装玻璃、玻璃密封处理	√	√	√	√
15	安装门窗扇、调试五金件	√	√	√	√
16	清理、自检	√	√	√	√

注：表中√表示门窗安装企业应进行工序，○表示门窗安装企业可不进行工序，–为其他专业应进行的他途工序。

（3）预留洞口法安装　是在洞口装饰面层施工前进行门窗安装。采用连接件在洞口上固定好门窗框，再进行门窗框与洞口间隙的嵌缝和密封处理的安装方法。这种安装方法必须对已经安装好的门窗框进行保护，防止后续装饰面粉刷作业时对安装好的门窗框的损坏。预留洞口法（湿法）安装如图13-3所示。由于门窗框表面极易损伤，且型材表面破坏后难以修补，因此，不得采用边安装边砌口或先安装后砌口的施工方法。

湿法安装的工艺流程见表13-2。

表13-2　湿法安装工艺流程

序号	门窗类型 工序名称	金属门窗	塑料门窗	铝木复合门窗	木门窗
1	检查洞口、预埋件	√	√	√	√
2	测量放线、确认附框安装基准	√	√	√	√
3	门窗框进洞口	√	√	√	√
4	安装拼樘料(组合门窗)	√	√	√	√
5	门窗框调整定位	√	√	√	√
6	门窗框与附框连接固定	√	√	√	√
7	防雷施工(中、高层建筑)	√	○	√	○
8	填充弹性保温材料	√	√	√	√
9	洞口收口处理(非门窗专业)	–	–	–	–
10	门窗框与附框、洞口嵌缝、打胶	√	√	√	√
11	安装玻璃、玻璃密封处理	√	√	√	√
12	安装门窗扇、调试五金件	√	√	√	√
13	清理、自检	√	√	√	√

注：表中√表示门窗安装企业应进行工序，○表示门窗安装企业可不进行工序，–为其他专业应进行的他途工序。

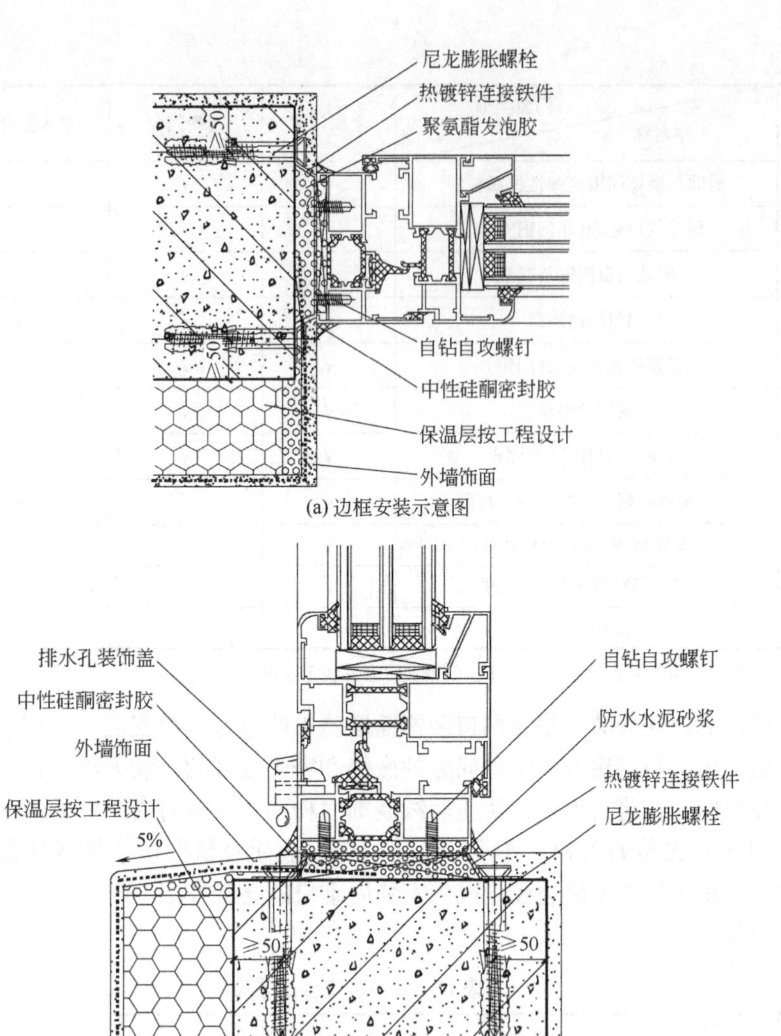

(a) 边框安装示意图

(b) 下框安装示意图

图13-3 预留洞口法（湿法）安装示意图

13.2 安装施工前的准备

在门窗施工安装前，项目部应首先编制项目实施阶段的施工组织设计，然后根据施工组织设计进行人员、机具、材料、作业条件等方面的准备。

13.2.1 施工组织设计

铝合金门窗的施工组织设计应符合规范《铝合金门窗工程技术规范》（JGJ 214）和《建筑施工组织设计规范》（GB/T 50502）的有关规定。铝合金门窗的安装施工应单独编制施工组织设计，并应包括下列内容。

（1）工程概况、质量目标。

（2）编制目的、依据。

（3）施工部署、施工进度计划及控制保证措施。

（4）项目管理组织机构及有关职责和制度。

（5）材料供应计划、设备进场计划。

（6）劳动力调配计划及劳保措施。

（7）与业主、总包、监理单位以及其他工种的协调配合方案。

（8）材料供应计划及搬运、吊装方法及材料现场储存方案。

（9）测量放线方法及注意事项。

（10）构件、组件加工计划及其加工工艺。

（11）施工工艺、安装方法及允许偏差要求，重点、难点部位的安装方法和质量控制措施。

（12）项目中采用新材料、新工艺时，进行论证（必要时）和制作样板的计划。

（13）安装顺序及嵌缝收口要求。

（14）成品、半成品保护措施。

（15）质量要求、铝合金门窗物理性能检测及工程验收计划。

13.2.2 人员准备

在门窗安装前，要根据项目的施工进度计划制定劳动力需求计划，并根据劳动力需求计划进行施工阶段的人员准备。必须明确安装施工应配备的各工种人员的数量、配备要求等，必要时应对特种作业人员进行相关的培训，做到持证上岗。

（1）安装人员除了具备相关基本技能、持有本行业操作证外，还应具有一定的消防知识和火灾发生的应急处理能力。

（2）射钉枪的操作人员应进行培训，严格按照规程操作，严禁枪口对人。射钉弹要按有关爆炸和危险品的规定进行搬运、储存和使用。

（3）对施工人员进行技术交底，明确质量、安全和环境要求。

13.2.3 机具准备

在门窗安装前，应明确所使用机具的名称、型号、性能、使用要求等。尤其使用特种设备的相关要求和注意事项。并检查所需设备机具及安全设施是否齐全、可靠。

铝合金门窗安装所需的主要机具和辅具有以下几类。

（1）运输类，玻璃吸盘、牛皮带、小型吊装机具等。

（2）切割类，电动剪刀、手提电锯、型材切割机等。

（3）钻孔类，电动自攻螺钉钻、电锤、手枪钻、电钻等。

（4）紧固类，射钉枪、拉铆枪、电焊机、电动扳手、螺丝刀、活动扳手等。

（5）其他辅助工具，抹子、钳子、斧子等。

测量工具及辅具主要有全站仪、经纬仪、水准仪、线坠、钢直尺、水平尺、角尺、托线板、墨斗、勒子等。

此外，施工现场还应配备电焊面罩、手套、绝缘鞋、护目镜等安全防护用品。

13.2.4 材料准备

在门窗安装前，应根据设计资料汇总列出安装施工所需材料的名称、规格、型号、数量、材料质量标准和要求。并对照检查核实运至施工现场的材料是否齐全、符合要求。

（1）检查核对运到现场的门窗的规格、型号、数量、开启形式等是否符合设计要求。

（2）检查门窗的装配质量及外观质量是否满足设计要求。

（3）检查各种安装附件、配件是否配套齐全。

（4）检查辅助材料的规格、品种、数量是否能满足施工要求。

（5）核实所有材料是否有出厂合格证、必需的质量检测报告。

检查核实后，要填写材料进场验收记录和复验报告。

13.2.5 作业条件要求

在门窗框上墙安装前，应确保以下各方面作业条件均已达到要求。

（1）结构工程质量已经验收合格，并确认三线：水平线、洞口中线（上下通线）、外墙粉刷线。

（2）门窗洞口的位置、标高尺寸已核对无误，或经过剔凿、整修合格。

（3）预留铁脚孔洞或预埋铁件的数量、尺寸已核对无误。

（4）管理人员已进行了技术、质量、安全交底。

（5）门窗及其配件、辅助材料已全部运到施工现场，数量、规格、质量完全符合设计要求。

（6）已具备了垂直运输条件，并已接通了电源。

（7）各种安全保护设施等齐全可靠。

13.2.6 技术交底

技术交底是施工过程中的重要环节，是保证工程质量和按时完成工程的重要措施之一。通过技术交底确保工人和各级管理人员熟悉所承担工程任务的特点、技术要求、施工工艺、工程难点、施工操作要点及工程质量标准，明确施工过程主要危险因素，明确应遵守安全规程及采取的防护措施，明确自己的责任和相关应急措施，熟悉文明施工要求，充分理解设计意图，做到心中有数，减少因违规操作而导致质量问题、安全问题发生的可能性。

技术交底有设计交底、施工技术交底、施工安全技术交底等。

设计交底，即设计图纸交底，是指在建设单位主持下，由设计单位向各施工单位（土建施工单位与各专业施工单位）进行的交底，主要交待建筑物的功能与特点、设计意图与要求和建筑物在施工过程中应注意的各个事项等。

施工技术交底，是指一般由施工单位组织，在管理单位专业工程师的指导下，主要介绍施工方法、工序衔接、主要机械的操作方法、具体各部分的质量参数、施工中遇到的问题和经常性犯错误的部位，使施工人员明白应该怎么做、规范上是如何规定的等。

施工安全技术交底，是指在工程施工前，项目部的技术人员向施工班组和作业人员进行有关工程安全施工的详细说明，并由双方签字确认的过程。安全技术交底一般由技术管理人员根据分部分项工程实际情况、特点和危险因素编写，它是操作者的法令性文件。

下面主要就施工技术交底进行详述。

（1）施工技术交底的类别　施工技术交底分为以下三级。

① 施工组织设计交底。

② 施工方案交底。

③ 分项工程或特殊环节和部位的施工技术交底。

（2）施工技术交底的组织　参与施工技术交底的人员包括项目单位、监理单位、施工单位和设计单位相关工作人员。项目单位应由项目负责人参与，监理单位应该派遣总监和驻地监理参加，施工单位的项目经理及相关负责人、操作人员也要参与进来，另外，设计单位的项目工程主设计人员也应该参与进来，只有这样技术交底工作才能真正公开、有效，并且能及时纠正错误，减少纠纷。

（3）施工技术交底的编制原则

① 根据工程的特点及时进行编制，内容应当全面，具有较强的针对性和操作性。

② 严格执行相关技术标准要求，禁止生搬硬套标准原文，应根据工程的实际情况将操作工艺具体化，使操作人员在执行工艺时能结合技术标准、工艺要求，满足质量标准。

③ 在主要分部分项工程施工方法中能够反映出递进关系，交底内容、实际操作、实物质量及质量检验评定四者间必须相符。

（4）施工技术交底编制依据

① 根据相关规范、标准、工程设计文件、工程施工合同及相关资料、公司对于本工程的相关决策和要求、工程部编辑的重大、特殊施工方案，各级主管部门下达的有关制度要求和管理办法文件、当地主管部门的有关规定、本项目的技术标准及质量管理体系文件。

② 工程施工图纸、标准图集、图纸会审记录、设计变更及工作联系单位等技术文件。

③ 施工组织设计、施工方案对本分项分部工程、特殊工程等的技术、质量和其他要求。

④ 其他有关文件。工程所在地建设主管部门（含工程质量监督站）有关工程管理、技术推广、质量管理及治理质量通病等方面的文件；发布工程技术质量管理要点、检查通报等文件。特别应该注意落实其中提出的预防和治理质量通病、解决施工问题的技术措施等。

（5）交底形式和记录

① 技术交底以书面形式或视频、幻灯片、样板观摩等方式进行，形成书面记录。交底人应组织被交底人认真讨论并及时解答被交底人提出的疑问。

② 技术交底表格按国家或地方工程资料管理规程规定执行。

③ 交底双方须签字确认，按档案管理规定将记录移交给资料员归档。

（6）施工技术交底编写内容　技术交底内容应根据工程范围和施工内容进行组织。具体包括：施工范围，有关施工图纸的解释，工程作业指导书，工程安全、质量目标和保证措施，具体操作要点，工程的进度要求，文明施工要求，施工过程施工人员的责任及分工，质量监督检查办法及施工资料整理，其他施工注意事项等。

开工前技术交底还须包括：上级主管部门对本工程的规定和要求；项目部对本工程的设想和要求；本工程的施工组织设计，项目部对工程质量、安全及进度目标，其他特殊要求等。

① 施工准备

a. 材料。根据设计图纸说明施工所需材料的名称、规格、型号，材料质量标准，材料品种规格等直观要求，判定合格后方可使用。

b. 机具设备。说明所使用机具设备的名称、型号、性能、使用要求等。尤其使用特种设备相关要求和注意事项。

c. 人员配备。说明施工应配备的人员配备数量，包括工种配备的要求等，必要时应对特种作业人员进行相关的培训，做到持证上岗。

d. 作业条件。说明与本道工序相关的上道工序应具备的条件，是否已经过验收并合格。本工序施工现场施工前应具备的条件等。

② 施工流程　详细列出该项目的操作工序以及报检流程。

③ 施工过程详解　根据工艺流程所列的工序，结合施工图分别对施工要点进行详细叙述，并提出相应的要求。如施工中采用了新工艺、新材料、新技术、新产品，则应对此部分的内容进行详细说明。

④ 质量验收及记录

a. 质量标准。以国家标准规范为主要依据，结合本工程的实际情况，来进行编制。

b. 质量记录。列明实际工程中涉及的与质量相关的相应检验记录。做到数据真实有效，能直接反映出问题的关键所在。

⑤ 环境、职业健康安全施工要求

a. 环境保护措施。国家、行业、地方法规环保要求及企业对社会承诺的切实可行的环境保护措施。

b. 安全措施。内容包括作业相关安全防护设施要求，个人防护用品要求，作业人员安全素质要求，接受安全教育要求，项目安全管理规定，特种作业人员执证上岗规定，应急相应要求，相关机具安全使用要求，相关用电安全技术要求，相关危害因素的防范措施，文明施工要求，相关防护要求等施工中应采取的安全措施。

⑥ 产品保护措施等　对工序成品的保护提出要求并对工序成品的保护制定出切实可行的措施。

⑦ 应注意问题　主要是对施工中的质量通病进行分析并制定具体的质量通病防范措施，以及对季节性施工应采取的措施进行较为详细的说明。

（7）施工技术交底管理

① 项目建立技术交底的台账或目录，过程中加强检查指导，保证内容、过程和形式的有效性。

② 交底后须进行过程监控，及时指导、纠偏，确保每一个工序都严格按照交底内容组织实施。

③ 对项目关键、特殊工序须建立监控表，明确过程控制参数和过程检查记录；由项目质量总监组织生产、质检、技术、安全等部门进行复核，跟踪检查。

④ 各项技术交底记录也是工程技术档案资料中不可缺少的部分。交底文件应有交底日期，有交底人、接收人签字，并经项目总工程师审批。

技术交底工作步骤应该做到规范、有序。各级技术交底均应根据工程具体特点、条件等情况和交底的级别分别制定交底提纲和交底内容，技术交底必须真实有效，内容应该详尽细致，具有针对性和指导性。

在完成技术交底后，施工单位在施工过程中还应注意：应要求技术交底接收人对具体施工人员进行第二次交底，确保交底工作做到实处；应复印一份技术交底资料交给施工管理人员，确保管理有序进行。

施工人员应按交底要求施工，不得擅自变更施工方法。技术交底人、技术员、施工技术和质检部门发现施工人员不按交底要求施工，可能造成不良后果时应立即劝止其施工，同时报上级处理。

13.3　安装位置确定

在正式进行安装施工前，需要首先通过测量放线确定门窗的安装位置，并通过安装“样板门窗”确保安装质量符合设计要求，然后才能进行大规模安装施工。

13.3.1 洞口检查

洞口质量应符合现行国家施工质量验收规范要求。洞口墙体是混凝土结构时，混凝土强度不应低于C20。非混凝土结构洞口在门窗框与墙体连接的固定位置预埋混凝土砌块，预埋砌块位置应有标识记录。

洞口尺寸应符合建筑设计要求，洞口宽度或高度及对角线尺寸允许偏差应符合表13-3的规定。附框安装后的对角线尺寸允许偏差应符合表13-4的规定。

洞口位置应符合建筑设计要求，对于同一类型的门窗洞口，在同一单元各楼层垂直和水平方向的位置允许偏差应符合表13-5和表13-6的规定。

表13-3　洞口宽度或高度及对角线尺寸允许偏差

项目	尺寸范围/mm	允许偏差/mm		
		不带附框洞口		已安装附框洞口
		未粉刷墙面	已粉刷墙面	
洞口宽度和高度	<2400	±10	±5	±5
	2400~3600	±15	±10	±10
洞口对角线	<2400	±15	±10	±5
	2400~3600	±20	±25	±10

表13-4　附框安装后对角线尺寸允许偏差

对角线尺寸/mm	≤2400	>2400,≤3600	>3600,≤4800	>4800
允许偏差/mm	20	28	36	44

表13-5　处于同一垂直或水平位置的相邻洞口中线左右位置允许偏差

位置	处于同一垂直位置的相邻洞口中线左右位置	处于同一水平位置的相邻洞口中线左右位置
允许偏差/mm	≤10	≤10

表13-6　洞口在垂直或水平位置的允许偏差

位置	单元楼高度内同一垂直中线左右位置		单元楼长度内同一水平中线上下位置	
允许偏差/mm	<30m	≥30m	<30m	≥30m
	≤15	≤20	≤15	≤20

安装门窗时，要求洞口尺寸偏差不超过表13-7的规定。

表13-7　洞口尺寸偏差要求

项目	允许偏差/mm
洞口高度、宽度	±5.0
洞口对角线长度差	±5.0

续表

项目	允许偏差/mm
洞口侧边垂直度	≤1.5/1000且不大于2.0
洞口中心线与基准轴线偏差	≤5.0
洞口下平面标高	±5.0

洞口位置检查，由安装人员会同土建人员按照设计图纸检查洞口的位置和标高，若发现洞口位置与设计图纸不符合或偏差过大，则应进行必要的修整处理。

洞口安装前应首先确认饰面材料，以便于安装固定材料的选择与准备。

13.3.2 测量放线

（1）按室内地面弹出的50线和垂直线，标出门窗框（附框）安装基准线，作为门窗框（附框）安装时的标准。要求同一立面上门窗的水平及垂直方向应做到整齐一致。

（2）在最高层找出门窗口边线，用大线坠将门窗口边线下引，并在每层门窗口处划线标记，对个别不直的口边应剔凿处理。高层建筑可用经纬仪找垂直线。门窗口的水平位置应以楼层+50cm水平线为准，往上反，量出门窗下皮标高，弹线找直，每层门窗下皮（若标高相同）则应在同一水平线上。如在弹线时发现预留洞口的位置、尺寸有较大偏差，应及时调整、处理。

（3）确定墙厚方向的安装位置。根据外墙大样图及门窗台板的宽度，确定门窗在墙厚方向的安装位置；如外墙厚度有偏差时，原则上应以同一房间门窗台板外露尺寸一致为准，门窗台板应伸入门窗下5mm为宜。

（4）检查预留孔洞或预埋铁件。逐个检查门窗洞口四周的预留孔洞或预埋铁件的位置和数量，是否与门窗框上的连接铁脚匹配吻合。

13.3.3 实行样板先行制

在项目正式安装施工前，要组织安装施工人员先进行“样板门窗”安装，实行样板先行制。

实行样板先行制的目的有三个方面。

（1）消化和解决技术、施工方面存在的问题，避免因技术不完善、施工方案不合理而造成以后大面积施工时的返工。

（2）用以检验施工人员的安装水平，是否有能力承担本项目的安装施工工作。

（3）制定施工安装工序质量控制标准，作为以后工序质量检验的依据。

样板安装过程中，项目部应做好影像资料，样板安装完成后填写样板验收记录，各相关人员签字后留存备案。

13.4 门窗框安装

门窗框在墙体上安装一般需要经过立框、连接锚固、嵌缝密封、检验等过程。

13.4.1 立框

按照在洞口上弹出的铝合金门窗框位置线，根据设计要求，将铝合金门窗框立于已经测量确定好的安装位置中心线部位或内侧，使铝合金门窗框表面与饰面层相适应。

（1）附框安装　附框是指预先安装在门窗洞口中，用于固定门窗的各种辅助框的统称。附框可以很好地确定门窗洞口尺寸及位置，规范洞口，保证门窗的安装质量和安装进度。

常用的附框有钢附框、木塑复合附框、玻璃钢附框等。附框结构如图13-4所示。

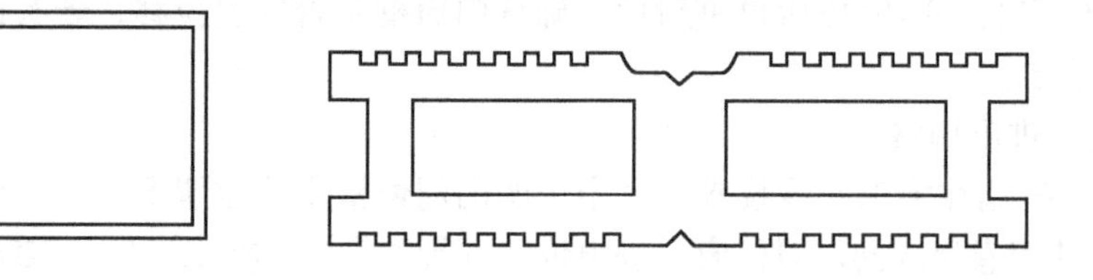

(a) 钢附框　　(b) 其他附框

图13-4　附框结构示意图

对附框的要求如下。

① 附框与门窗框连接的侧边的有效宽度不应小于30mm。

② 附框可采用固定片与洞口墙体连接固定。在附框的室内外两侧安装固定片与墙体可靠连接。固定片宜采用Q235钢材，表面经防腐处理，厚度不小于1.5mm，宽度不小于20mm。

③ 相邻洞口附框平面内位置偏差不超过10mm。附框内缘应与洞口抹灰后的洞口装饰面齐平，附框宽度和高度尺寸偏差及对角线允许尺寸偏差应符合表13-8规定。

表13-8　附框尺寸允许偏差

项目	允许偏差/mm	检测方法
附框高、宽	≤±3.0	用卷尺检查
对角线差值	≤4.0	用卷尺检查

④ 门窗框与附框连接固定牢固可靠，连接固定点设置应见图13-5。

（2）门窗框安装时的调整

① 水平调整（使用水平尺、水管、红外线水平仪等工具）

a. 根据技术交底要求参照现场基准墨线在门窗框表面水平方向做标记，用红外线经纬仪调整水平方向与墙体水平墨线平行，红外线经纬仪显示的水平线与门窗框水平标记线之间的差别即为需要调整的范围。

b. 选择合适的木楔进行定位，应使门窗框上的水平标记线高出红外线经纬仪显示的水平线1~2mm。

c. 木楔应尽量放置在门窗框四周角部，防止调整时变形。

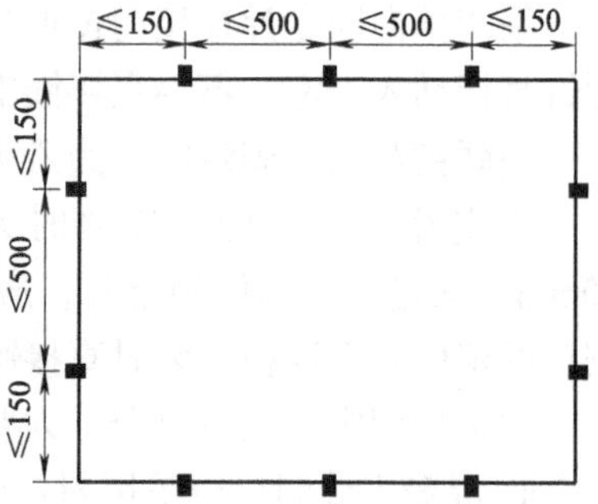

图13-5　附框连接固定点设置示意图

水平位置使用水管（标线仪）找平，确定门窗水平线。

② 左右调整

a. 根据施工安装技术交底中对门窗框安装中线位置要求，做好垂直中线标记。

b. 用钢卷尺或拐尺与水平尺配合使用，对门窗框左右位置进行测量，根据垂直中线进行调整。

c. 当调节至与垂直中线误差在1~2mm时，在其偏差方向的反方向塞放木楔做临时定位，然后通过敲击偏差木楔来校正1~2mm的误差并达到固定定位效果。

d. 安装调整完毕后再重新检查确认门窗框是否发生位移，若有误差通过再次调整直至符合标准。

③ 进出调整

a. 根据在施工安装技术交底中说明的门窗框安装位置要求（门窗框距内墙或外墙的距离），使用卷尺或拐尺对门窗框进出位置进行测量，并标出进出基准线（墨线）。

b. 将门窗框调整成与基准线同一个平面，调整时应保证门窗框在木楔的平面上移动，可使用木锤、塑胶锤调整，注意产品保护，禁止使用铁锤直接敲击门窗框表面。

④ 门窗框临时定位对木楔的要求

a. 对门窗框在洞口中做临时固定应采用三角形木楔，木楔位置必须位于门窗框的端头，不要位于框的中间悬空处。

b. 固定力量以门窗框不发生明显变形为宜，当门窗宽度较大时，为防止因门窗自重发生变形，应在下框部中间做临时支撑，临时支撑间距以不大于900mm为宜，且应尽量位于中梃下方。

c. 门窗下框安装的水平误差不大于3mm，为防止门窗的损伤，应由 2 人以上进行此项作业。

d. 门窗的临时固定必须稳定可靠，不得对门窗造成损伤，禁止使用临时性不规则物体（如砖角、石块）作临时固定的支撑物。

（3）门窗框安装固定　门窗框与墙体的连接固定方式有固定片连接固定和膨胀螺栓连接固定两种。

① 固定片连接固定　将固定片的一端用卡扣方式卡入门窗框槽口或用不锈钢自攻螺钉固定在门窗框上，另一端用射钉或膨胀螺栓固定到墙体上，如图13-3所示。

采用不锈钢自攻螺钉固定时，钉头处应涂密封胶密封。

采用单向固定片连接门窗框与洞口墙体时，固定片与门窗框连接应采用十字槽盘头自攻螺钉直接钻入固定，不得直接锤击钉入或仅靠卡紧方式固定。

门联窗与洞口固定时，为避免两侧门边框向内弯曲，最好采用双向固定片。

固定片与洞口墙体连接时无论采用射钉或膨胀螺栓，其深入墙体的深度不应小于30mm。固定片与墙体固定时，应先固定上框，后固定边框。固定片形状应预先弯曲至贴近洞口固定面，不得在安装时直接锤打固定片使其弯曲。

固定片固定方法应符合下列要求。

a. 混凝土墙洞口应采用射钉或膨胀螺钉固定。

b. 砖墙洞口或空心砖洞口应用膨胀螺钉固定，并不得固定在砖缝处。

c. 轻质砌块或加气混凝土洞口可在预埋混凝土块上用射钉或膨胀螺钉固定。

d. 设有预埋铁件的洞口可采用焊接的方法固定，也可先在预埋件上按紧固件规格打基孔，然后用紧固件固定。

门窗框固定片距角部距离不大于150mm，相邻两固定片的中心距应符合设计要求并不大于500mm（图13-6），固定片与墙体固定点的中心位置至墙体边缘距离不小于50mm

（图13-3）。不得将固定片直接装在中横框、中竖框的端头上。

② 膨胀螺栓连接固定　使用膨胀螺栓穿过门窗框将门窗框固定在墙体上。

门窗框与墙体间采用膨胀螺栓直接固定时，应按膨胀螺栓规格尺寸先在门窗框上打好基孔，安装膨胀螺栓时应在伸缩缝中膨胀螺栓位置两边加塞支撑块。

膨胀螺栓端头应加盖工艺孔帽，并用密封胶进行密封。膨胀螺栓深入墙体长度应不小于30mm。用ϕ5mm的钻头在门窗框各固定点的中心钻孔，钻过门窗框，墙体留孔痕，取下门窗框，再用ϕ12mm电锤或冲击钻按墙体上留下的钻孔痕迹，继续钻成ϕ12mm的孔，孔深约50mm，清除孔内粉末后，放入ϕ12mm的塑料胀管，再将门窗框放置回原处，重新找正位置并固定，然后按对称顺序拧入膨胀螺栓。

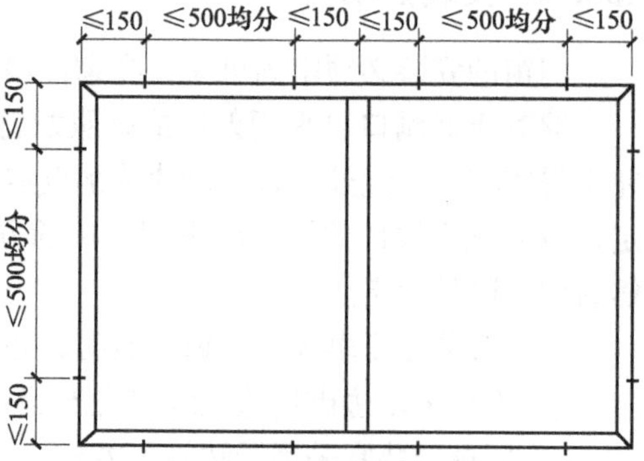

图13-6　门窗框固定片安装位置示意图

膨胀螺栓孔须做防水处理，防止雨水渗入。原则上，下框不用膨胀螺栓，选用固定片安装。

③ 门窗框安装固定要求

a. 门窗框与墙体固定时，应先固定上下框，后固定两侧边框，严禁用长脚膨胀螺栓穿透型材固定门窗框。

b. 采用附框安装时，附框安装应在洞口及墙体抹灰湿作业前完成。门窗框安装在洞口及墙体抹灰湿作业后进行。门窗与附框连接处应采取防止双金属腐蚀的措施。门窗框与附框之间的安装固定点位置及中心距离应满足设计要求。

c. 采用预留洞口法安装时，门窗框安装在洞口及墙体抹灰湿作业前完成。门窗框与洞口墙体应尽量采用固定片连接固定。对于旧门窗改造或构造尺寸较小的门窗，可采用膨胀螺栓直接固定法进行安装。

d. 门窗安装固定时，其临时固定物不得导致门窗变形或损坏，不得使用坚硬物体。安装完成后，应及时移除临时固定物体。

e. 门窗框与洞口缝隙应采用保温、防潮且无腐蚀性的软质材料填密实。使用聚氨酯泡沫填缝胶，施工前应清除粘接面的灰尘，墙体粘接面应进行淋水处理，固化后的聚氨酯泡沫胶缝表面应密封处理。

f. 与水泥砂浆接触的门窗框应进行防腐处理。湿法抹灰施工前，应对外露型材表面进行可靠保护。

13.4.2　防雷施工

（1）门窗框应与主体结构的防雷装置可靠连接，并应符合设计要求。

（2）门窗框与防雷连接件连接时，应先除去非导电的表面处理层。

（3）防雷连接导体宜采用热镀锌处理的直径不低于10mm的圆钢或截面积不低于48mm^2、厚度不低于4mm的扁钢。

（4）导体与建筑物防雷装置和门窗框防雷连接件应采用焊接或机械连接，采用焊接时的焊接长度应不低于100mm，焊接处应按设计要求采取有效的防腐措施。

13.4.3 安装要求

门窗的安装必须牢固可靠，在砌体墙上安装时，严禁用射钉直接固定门窗。

混凝土墙洞口可采用射钉或膨胀螺钉固定；砖墙洞口或空心砖洞口应用膨胀螺钉固定，并不得固定在砖缝处；轻质砌块或加气混凝土洞口可在预埋混凝土块上用射钉或膨胀螺钉固定；设有预埋铁件的洞口应采用焊接的方法固定，也可先在预埋件上按紧固件规格打基孔，然后用紧固件固定。

(1) 安装注意事项 门窗安装时，还需注意以下事项。

① 不得采用边砌口边安装或先安装后砌口的施工方法。

② 门窗安装宜采用干法施工方式。

③ 开启扇应启闭灵活，无卡滞，有可靠的安全措施和必要的防误操作装置。

④ 门窗的安装施工应在室内侧或洞口内进行。

门窗框安装就位后，允许偏差应符合表13-9规定。

表13-9 门窗框安装允许偏差

项目		允许偏差/mm	检查方法
门窗框进出方向位置		±5.0	经纬仪
门窗框标高		±3.0	水平仪
门窗框左右方向相对位置偏差（无对线要求时）	相邻两层处于同一垂直位置	+10 0	经纬仪
	全楼高度内处于同一垂直位置（30m以下）	+15 0	
	全楼高度内处于同一垂直位置（30m以上）	+20 0	
门窗框左右方向相对位置偏差（有对线要求时）	相邻两层处于同一垂直位置	+20 0	经纬仪
	全楼高度内处于同一垂直位置（30m以下）	+10 0	
	全楼高度内处于同一垂直位置（30m以上）	+15 0	
门窗竖边框及中竖框自身进出方向和左右方向的垂直度		±1.5	铅垂仪或经纬仪
门窗上、下边框及中横框水平度		±1	水平仪
相邻两横向框的高度相对位置偏差		+1.5 0	水平仪
门窗宽度、高度构造内侧对边尺寸差	$L<2000$	+2.0 0.0	钢卷尺
	$2000\leqslant L<3500$	+3.0 0.0	钢卷尺
	$L\geqslant3500$	+4.0 0.0	钢卷尺

(2) 密封防水处理 门窗安装就位后，边框与墙体之间应做好密封防水处理，并符合下

列要求。

① 应采用粘接性能良好并相容的耐候密封胶。

② 打胶前应清洁粘接表面，去除油污、灰尘，粘接面应干燥，墙体部位应平整洁净。

③ 胶缝截面可采用矩形截面胶缝时，密封胶厚度应大于6mm，采用三角形截面胶缝时，密封胶截面宽度应大于8mm。

④ 注胶应平整密实，胶缝宽度均匀一致，表面光滑，整洁美观。

13.4.4 门窗框与洞口墙体的缝隙处理

门窗框固定好后，应及时处理门窗框与建筑洞口墙体间的缝隙。

门窗在洞口安装后在内部和外部都暴露在湿气中。因此，门窗与建筑洞口之间连接接缝的密封从室内到室外要实现三个功能：室内气密层，分隔室内外环境，是主要水蒸气密封层；中间功能层，是门窗与建筑洞口缝隙保温隔热、隔声的主要保障层；室外耐候层，是主要抵御风雨侵蚀的密封层。

由于建筑物位置、安装位置、窗户构造、使用和连接设计不同，选择正确的密封系统时须考虑以下方面：预期的运动/变形和荷载；接缝侧面的状况；接缝几何形状和相邻材料；现有的结构公差；设计问题。

要采用保温、防潮且无腐蚀性的软质材料将缝隙填塞密实。如设计未规定填塞材料品种，可采用矿棉或玻璃棉毡条填塞缝隙，外表面留5~8mm深槽口填嵌嵌缝膏；若采用聚氨酯泡沫填缝胶，施工前应对粘接面进行除尘清理，墙体粘接面进行淋水处理，固化后的聚氨酯泡沫胶缝表面应做密封处理。如设计规定了填塞材料品种，在门窗框两侧进行防腐处理后，可填嵌设计指定的保温材料和密封材料。应保证窗框与洞口墙体缝隙密封的连续性。

采用粘接性能良好并相容的耐候密封胶，对门窗框与墙体间的内外边缝进行密封防水处理。打胶前应清洁粘接表面，去除油污、灰尘；粘接面应干燥，墙体部位应平整洁净；注胶应平整密实，胶缝宽度均匀一致，表面光滑，整洁美观。

门窗框与洞口墙体安装间隙是门窗容易出现漏水的部位，而且一旦发生漏水很难采取有效的补救措施。因此，门窗框与洞口墙体安装间隙的防水密封处理至关重要。如处理不当，将容易发生渗漏，所以应注意完善其结合部位的防、排水构造设计。

门窗下框与洞口墙体之间的防水构造设计，可采用底部带有止水板的一体化下框型材，或采用与门窗框型材配合连接的披水板；对于有较高水密性能要求的开启门窗，宜在洞口内外两侧，附框与墙体之间采用预压密封材料（防水雨布）粘贴工艺进行防水密封，采用防水雨布时应注意，室外侧的防水雨布要采用防水透气膜，室内侧防水雨布要采用防水隔汽膜。

门窗洞口墙体外表面应有排水措施。外墙门窗楣应做滴水线或滴水槽，门窗台面应做流水坡度，滴水槽的宽度和深度均不应小于10mm。并且要使门窗在洞口中的位置尽可能与外墙表面有一定的距离，以防止大量的雨水直接流淌到门窗表面。

13.4.5 固定玻璃安装

门窗框与洞口墙体间的缝隙处理好后，即可进行固定玻璃的安装。

固定玻璃安装前，应清除门窗框槽口内的灰渣、杂物等，疏通排水槽、排水孔。固定玻璃安装时，要保证玻璃垫块位置准确，数量符合要求，垫块距玻璃边缘20~50mm。固定玻

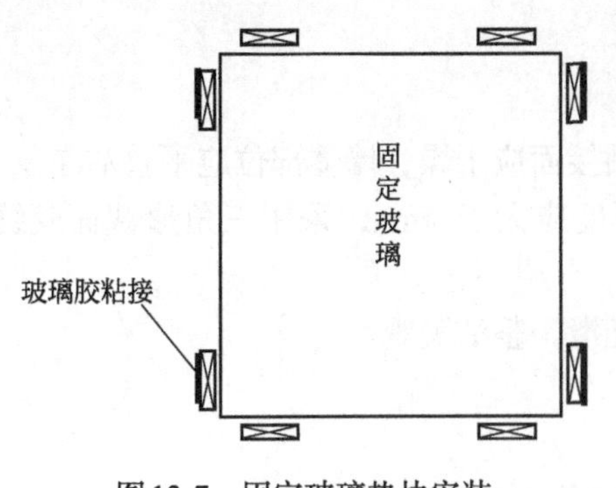

图 13-7　固定玻璃垫块安装

璃垫块安装如图13-7所示。

安装玻璃时，使玻璃在框口内准确就位，玻璃安装在凹槽内，内外侧间隙应相等。将玻璃密封胶条压嵌入玻璃两侧进行密封，并将玻璃挤紧。玻璃密封胶条应与镶嵌槽长度相符合，一般情况下，玻璃密封胶条比槽口长3~5mm。最好在两侧门窗框下半部分及下框内侧玻璃密封胶条内边缘、框角部位用玻璃胶对密封胶条进行处理。玻璃安装后，应进行清理。

13.5 开启扇安装

门窗开启扇安装，应在室内外装修基本完成后进行。安装前，首先将门窗框内沙子、水泥、石灰等杂物及酸碱性腐蚀物清理干净，撕掉保护胶带纸，检查扇上各密封胶条或毛条有无少装或脱落。如有脱落现象，可用玻璃胶等粘接。

13.5.1 推拉门窗扇安装

将装配好的门窗扇分内扇和外扇，在室内安装扇时，先将外扇插入上滑道的槽内，自然下落于对应的下滑道的外滑道内，再用同样方法安装内扇，然后安装配套的防盗块、防撞块等辅件。上滑道与门窗扇重合高度不得小于10mm，门窗扇上端与上滑道平行空隙不得大于7mm。这样既保证了使用安全不掉扇、推拉不受阻，又提高了气密性。

对于可调滑轮，应在门窗扇安装之后调整滑轮，调节门窗扇在滑道上的高度，并使门窗扇与边框间平行。推拉门窗扇安装如图13-8所示。

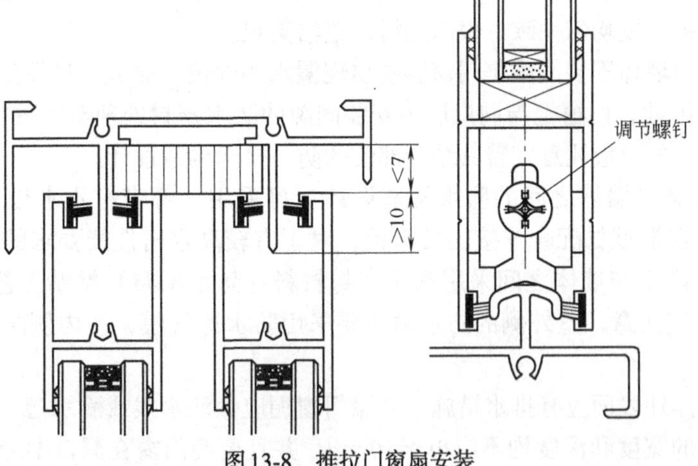

图 13-8　推拉门窗扇安装

13.5.2 平开门窗开启扇安装

首先安装合页（铰链），把合页（铰链）按要求位置固定在铝合金门窗框上，然后将门窗扇嵌入框内临时固定，调整合适后，再将门窗扇固定在合页（铰链）上。要求扇与框的搭接宽度允许偏差±0.5mm，且必须保证上、下两个转动部分在同一轴线上。

执手在水平位置时，为开启状态；执手在朝下位置时，门窗扇为关闭状态。据此可以确定锁座在门窗框上的位置，将锁座用螺钉固定在门窗框上。

平开门窗安装摩擦式风撑时，先将风撑基座固定在门窗框合页侧下边角位上，再将门窗扇开启最大角度后，把风撑连杆固定座与门窗扇固定连接。

当平开门窗、上悬门窗采用不锈钢滑撑连接时，可使门窗扇在任意开启通风位置上自动固定，而且还可以在门窗扇开启时，从室内方便地进行室外侧门窗玻璃的清洁。因平开门窗与上悬门窗开启方向与角度不同，应根据需要选用合适的滑撑。要求滑撑安装在靠近室外侧，否则门窗扇与门窗框干涉。

具体安装与调整方法参见10.6.1平开门窗五金件安装。

13.5.3 内平开下悬窗开启扇安装

先将分体铰链拆开，扇上铰链连接在斜拉杆，扇下铰链连接在下铰固定座，框铰链安装在门窗框的铰链槽内；然后将门窗扇下铰链插入下铰链轴，调整合适后，再把扇上铰链与框上铰链用上铰链轴连接。如果框与扇的搭接量有偏差，左右调节斜拉杆，上下调节下铰链，要求扇与框的搭接宽度允许偏差±0.5mm，且必须门窗扇铰链在上，门窗框铰链在下，保证上、下两个转动部分在同一轴线上。具体安装与调整方法参见10.6.2内平开下悬窗五金系统安装。

13.5.4 地弹簧门扇安装

应先将地弹簧主机埋设在地面内，浇筑混凝土使其固定，注意水泥盒要水平于地面，最大斜度不能超过2mm；地板开槽与水泥盒尺寸间距不能超过3mm。主机轴应与中横挡上的顶轴在同一垂线上，主机表面与地面齐平。待混凝土达到设计强度后，调节上门顶轴将门扇装上，最后调整门扇间隙及门扇开启速度。地弹簧主机埋设如图13-9所示。

地弹簧的安装，将地板挖成一个和地弹簧水泥盒大小适当的凹槽，尺寸如图13-9所示。将水泥盒和地弹簧埋入，上表面与地面呈水平面，使得不锈钢面板平置在地面上。

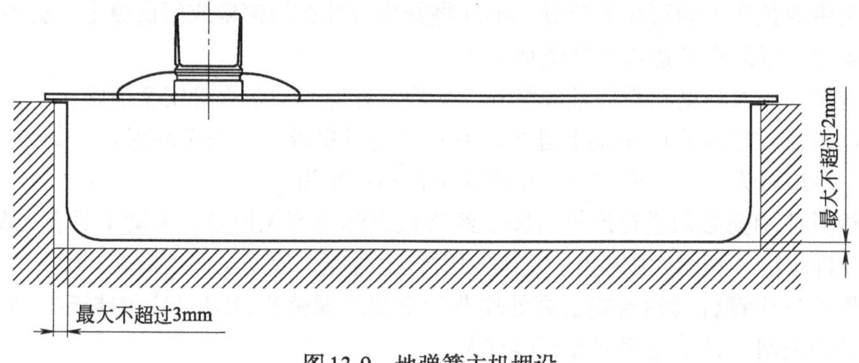

图13-9 地弹簧主机埋设

安装地弹簧无框玻璃门时，必须采用10mm以上的钢化玻璃，其强度是普通玻璃的4~5倍，否则会造成玻璃损坏及人员伤害。

门扇只往一个方向开启，任何人为的强力关门动作都会引来内部部件的损坏导致单向开门或损坏，因此应以自动回位关门为佳。

安装门扇时，不能选用不良下夹或摇臂与地弹簧配合，更不能磨削地弹簧轴心斜面。轴面磨削，是指轴心两侧面出现的人为磨削，改变了原有的锥度，使其和门夹的连接块出现缝隙，破坏了轴心与门夹连接块的完美配合，这样门体的力量会靠轴心端面支撑，而锥斜面的轴心上端则悬空，无法和开关的门体同步运动，从而会导致门体在开关时发出刺耳的噪声，造成了人们普遍认为的地弹簧坏了的假象。

安装时上夹轴、下夹头和地弹簧轴心呈垂直状态，不然会造成异响，并损坏地弹簧。同时将地弹簧前后左右螺钉调节好，门夹与门的间隙不得超过4mm，间隙过大或过小均会造成玻璃碰撞。地弹簧门扇安装如图13-10所示。

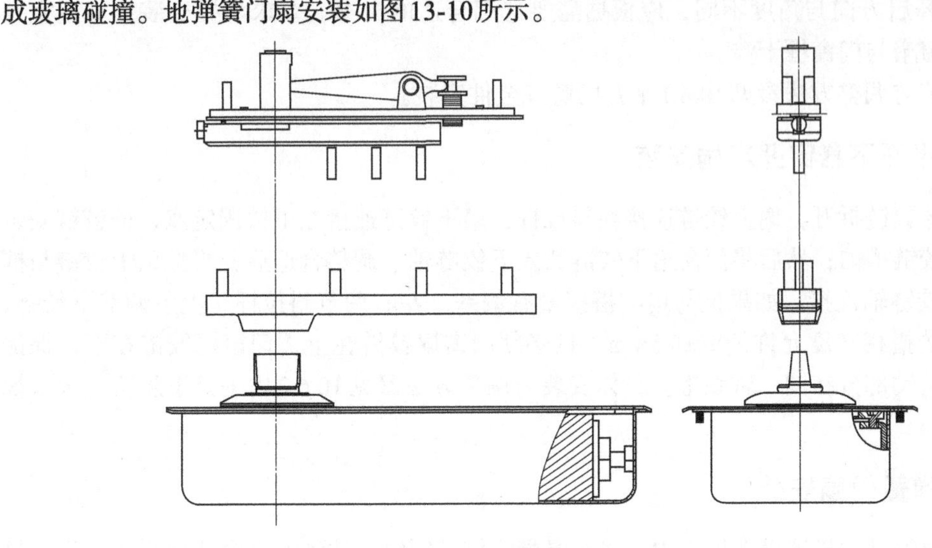

图13-10 地弹簧门扇安装

13.6 施工安全措施

门窗安装应由熟练工进行或由技术人员指导安装，如在室外，一般由两人配合操作，组合门窗应由三人配合安装。施工人员必须佩戴安全帽、安全带和工具袋等，防止人员和物件坠落。安全带要挂在室内可靠的位置，不准将安全带挂在门窗扇或门窗撑上，更不准手攀门窗框、门窗扇，以防损坏造成人员坠地。

施工现场成品及辅助材料应堆放整齐、平稳，并应采取防火等安全措施。

安装门窗及玻璃应在脚手架上进行，室外作业时室外应设安全网保护。如需架设梯子，不应缺挡，不应两人同在一个梯子上作业或站在梯子端头。

加工机具使用前必须进行严格检验。经常检查锤把有无松动，电动工具有无漏电现象。如损坏应立即修理，切勿勉强使用。当使用射钉枪时应采取安全保护措施。

高处作业时应符合《建筑施工高处作业安全技术规范》（JGJ 80）的规定，作业面下部应设置水平安全网，且作业面下部不得有人。

现场使用的电动工具须选用Ⅱ类手持式电动工具。现场用电应符合《施工现场临时用电安全技术规范》（JGJ 46）。

（1）玻璃搬运与安装应符合下述规定：

① 搬运与安装前应确认玻璃无裂纹或暗裂。

② 搬运与安装时须戴手套，且玻璃应保持竖向。

③ 风力五级以上或楼内风力较大部位，难以控制玻璃时，不应进行玻璃搬运与安装。

④ 采用吸盘等工具搬运和安装玻璃时，应仔细检查，确认工具的安全性、可靠性后方

可使用。

（2）施工现场玻璃存放应符合下述规定：

① 玻璃存放地点应远离作业面及人员活动频繁区域，且不应存放于风力较大区域。

② 玻璃应竖向存放，玻璃面与地面倾斜夹角应为70°~80°。玻璃顶部靠在牢固物体上，并垫有软质隔离物，底部用木方或其他软质材料垫离地面60mm以上。

③ 单层玻璃叠片数量不应超过20片，中空玻璃叠片数量不应超过15片。

使用易燃性和挥发性溶剂清洗门窗时，作业面内不得有明火。

现场焊接作业时，应采取防火措施。如安装接火斗防止焊渣烫伤产品，必要时，应安排专人看护，防止明火引起火灾。

13.7 产品管理与保护

门窗施工安装现场环境条件相对较差，产品管理与保护不到位，很容易造成产品混乱和损伤。要做好施工现场的产品管理与保护工作，需要从建立施工现场产品保护工作的组织机构、制定产品保护管理制度、加强产品保护措施等多方面着手。

13.7.1 产品保护工作的组织机构

现场应以项目经理为产品保护领导小组的总负责人，由安装经理牵头组织并对产品保护工作负全面责任，工程管理部和各责任工程师负责具体实施，商务经理负责制定产品保护资金计划的落实，各专业承包商主要领导负责自身施工范围内作业面上的产品保护。

实行产品保护的责任划分，并落实到岗，落实到人。

制定产品保护的重点内容和产品保护的实施计划，分阶段制定产品保护措施方案和实施细则。

制定产品保护的检查制度、交叉施工管理制度、交接制度、考核制度、奖罚责任制度等。

13.7.2 产品保护制度

为了切实做好产品保护，应制定相应的产品保护制度。

（1）项目工程管理部负责整个项目的产品保护工作，各配属单位的产品保护工作对其负责。从进入现场施工开始至其施工的专业竣工验收为止，均处于产品保护阶段，特殊专业按合同条款执行。

（2）产品保护措施列入本专业的施工组织设计中，经项目部审核批准后，方准执行，对于施工组织设计中产品保护措施不健全、不完善的专业不允许其专业施工作业。

（3）加强对施工单位员工的职业道德教育，教育施工单位的员工爱护公物，尊重他人和自己的劳动成果，施工时要珍惜已施工完的分项工程，增强施工单位员工的产品保护意识。各专业的产品保护措施要列入技术交底内容，必要时下达作业指导书，同时配属单位要认真解决好有关产品保护工作所需的人员、材料等问题，使成品工作落实到实处。产品保护工作的检查员，要每天对本专业的产品保护工作进行检查，并及时督促专职施工员落实整改，并做好记录。

（4）驻现场项目经理为其所施工区域专业的产品保护直接责任人，配属单位应设产品保护检查员一名，负责检查监督本专业的产品保护工作。

（5）分清上道工序和下道工序在产品保护的责任。在上、下两道工序交接时，应同时检查成品情况，已经损坏的成品由上道工序的班组负责，检查后损坏的成品由下道工序的班组负责。

（6）交接检查由工长组织，上、下工序的班组长参加。如不组织交接检，出现的成品损坏由工长负责，如有一方的班组长不参加交接检，出现成品损坏由该班组长负责。分清交叉作业中产品保护的责任。一般情况下，成品损坏由损坏者负责。在交叉作业时责任确实难辨时，由平时使用、保管的人或班组负责。

（7）建立必要的奖惩制度。污染的成品由责任者负责处理干净，恢复原样或按实际发生的工料费赔偿；损坏的成品由责任者按损坏程度予以赔偿；经查实属蓄意破坏成品者，视情节予以罚款、行政处分，直至提出刑事诉讼。

13.7.3 产品保护责任

项目部根据施工组织设计和工程进展的不同阶段编制产品保护方案。以合同、协议等形式明确各分包对成品的交接和保护责任，确定主要分包单位为主要的产品保护责任单位，明确项目部对各分包单位保护成品工作协调监督的责任。

由供应单位供应的材料、半成品、设备进场后，由项目部材料部门负责保管，项目部现场经理和项目部安全保卫部门进行协助管理，由项目部发送到分包单位的材料、半成品、设备，由各分包单位负责保管、使用。

供应单位供应的材料、半成品、设备在进场后均做适当的包装和保护，防止因运送、恶劣天气或其他情况而受到损坏。

13.7.4 产品保护措施

产品保护是生产、施工过程十分重要的环节，如处理不当，经常会对门窗成品造成污染、划伤乃至破坏，给生产、施工带来麻烦或造成一定的经济损失。为此应采取有力措施，加强产品保护力度。

（1）生产加工阶段产品保护措施

① 型材加工、存放所需台架等均垫木方或胶垫等软质物。

② 型材周转车、工位器具等，凡与型材接触部位均以胶垫防护，不允许型材与钢制构件或其他硬质物品直接接触。

③ 型材周转车的下部及侧面均垫软质物。

④ 玻璃周转用玻璃架，玻璃架上采取垫胶垫等防护措施。

⑤ 玻璃加工平台需平整，并垫以毛毡等软质物。

（2）包装阶段产品保护措施　包装工人要按规定的方法和要求对产品进行包装。

① 不同规格、尺寸、型号的型材不能包装在一起。

② 包装应严密、牢固，避免在周转运输中散包，型材在包装前应将其表面及腔内铝屑及毛刺刮净，防止划伤；产品在包装及搬运过程中避免装饰面的磕碰、划伤。

③ 型材包装时要先贴一层保护胶带，然后用泡沫拉伸防滑带包扎，最后外包牛皮纸壳，再在四角增加防护牛皮纸壳；产品包装后，在外包装上注明产品的名称、代号、规格、数量、工程名称等。

④ 包装人员在包装过程中发现型材变形、装饰面划伤等产品质量问题时，应立即通知检验人员，不合格品严禁包装。

⑤ 包装完成后如不能立即装车发送现场，要放在指定地点摆放整齐。

⑥ 对于组框后的门窗，尺寸较小者可用纺织带包裹，尺寸较大不便包裹者，可用厚胶条分隔，避免相互擦碰。

⑦ 根据门窗型材、玻璃和附件的表面处理情况，采取合适的无腐蚀作用的材料包装。

⑧ 包装箱应有足够的承载能力，避免运输中门窗受损。

⑨ 包装箱内的各类部件避免发生相互碰撞、窜动。

⑩ 产品包装箱上应有明显的“防潮”“小心轻放”“小心玻璃”及“向上”等字样和标志，其图形应符合GB/T 191的规定。

⑪ 包装应牢固，并有防潮措施。

⑫ 包装箱内应附有装箱单、产品合格证、安装说明书。

（3）运输过程中产品保护措施

① 装运门窗的运输工具应保持清洁，并有防雨设施。

② 运输时门窗应竖立排放，不得倾斜、挤压。

③ 两樘门窗之间应用非金属软质材料隔开，五金件要相互错开。

④ 装车后用绳索拉紧，做到稳固可靠，以免因车辆颠簸而损坏门窗。

⑤ 装卸门窗时，应轻拿、轻放，不得撬、摔、甩。

⑥ 吊运门窗时，其表面应采用非金属软质材料衬垫，并在门窗外缘选择牢靠平稳的着力点，不得在门窗扇内插入抬杠起吊。

⑦ 在运输过程中避免包装箱发生相互碰撞。

⑧ 门窗装车时应在车厢下垫减震木条，顺车厢长度方向紧密排放。门窗不能与钢件等硬质材料混装，摆放需整齐、紧密不留空隙，防止在行驶中发生窜动以损伤产品。

⑨ 玻璃装车时需立放，底部垫草垫，玻璃间用软质物隔离，玻璃装箱时要四周垫硬塑料泡沫，箱子捆扎结实，确保车辆行驶中的振动和晃动不使玻璃破损。

⑩ 运输中应尽量保持车辆行驶平稳，路况不好注意慢行。

⑪ 运输途中应经常检查货物情况。

⑫ 公路运输时要遵守相应规定，如《货车满载加固及超限货物运输规则》（GB 146.2）。

（4）施工现场产品保护措施

① 产品应放置在通风、干燥、清洁、平整的地方，严禁与腐蚀性物质接触。

② 产品储存环境温度应低于50℃，距离热源不应小于1m。

③ 物料摆放地点应避开道路繁忙地段或上部有物体坠落区域，应注意防雨、防潮，不得与酸、碱、盐类物质或液体接触。

④ 产品不应直接接触地面，底部垫高不应小于100mm。

⑤ 产品应立放，并用非金属垫块垫平，立放角不应小于70°，并有防倾倒措施。

⑥ 严禁在门窗框上搭压、坠挂重物。对于易发生踩踏和刮碰的部位，应加设木板、围挡等有效的保护措施。

⑦ 吊运或水平运输过程中对门窗户应轻起轻落，避免碰撞和与硬物摩擦；吊运前应细致检查包装的牢固性。

⑧ 应严禁结构施工层水、砂浆、混凝土等物质的坠落，土建应严格做好楼层防护。

⑨ 应严禁焊接火花的溅落和物体撞击及酸碱盐类溶液对门窗的破坏。

⑩ 在施工中不得损坏门窗框上的保护膜，如表面沾污了水泥砂浆，应随时擦拭干净，以免腐蚀门窗，影响外表美观。

⑪ 由总包方召开产品保护措施会议，组织专人进行成品监护。

（5）安装后的产品保护措施

① 门窗安装完成后，应及时制定清扫方案，清扫表面黏附物，避免排水堵塞并采取防护措施，不得使门窗受污损。

② 门窗框安装完成后，其洞口不得作为物料运输及人员进出的通道。

③ 门窗框安装完毕后，在工程竣工前不能剥去门窗框上的保护膜，并且要防止撞击，避免门窗框受撞变形。

④ 严禁在门窗框、扇上安装脚手架、悬挂重物；外脚手架不得顶压在门窗框、扇或门窗撑上，严禁蹬踩门窗框、扇或门窗撑。

⑤ 应防止利器划伤门窗表面，并应防止电、气焊火花烧伤或烫伤表面。

⑥ 立体交叉作业时，严禁门窗被碰撞。

⑦ 清洗玻璃应用中性清洗剂。中性清洁剂清洗后，应及时用清水将玻璃及扇框等冲洗干净。

13.7.5 铝合金门窗的清理

铝合金门窗工程竣工验收前，应去除所有成品保护，全面清洗外露型材和玻璃。清洗过程不得使用腐蚀性的清洗剂，不得使用尖锐工具刨刮铝合金型材、玻璃表面。

型材表面的塑料胶纸撕掉后，如果塑料胶纸在铝型材表面留有胶痕，可用香蕉水清洗干净。铝合金门窗框扇，可用清水或浓度为1%~5%、pH值为9.5~10.3的中性洗涤剂清洗，再用软布擦干。不应用酸性或碱性制剂清洗，也不能用钢刷刷洗。

玻璃应用清水擦洗干净，对浮灰或其他杂物，要全部清洗干净。

13.8 门窗工程验收

门窗工程验收应符合《建筑工程施工质量验收统一标准》（GB 50300）和《建筑装饰装修工程质量验收规范》（GB 50210）及《建筑节能工程施工质量验收规范》（GB50411）的规定。

工程验收阶段要落实竣工验收资料的收集与整理，项目部应设专职资料员，对各项报验资料进行收集，及时整理与报验。

门窗的竣工图编制时，门窗立面图以外视图方式表示。

13.8.1 门窗工程验收的一般规定

（1）门窗工程验收时应检查下列文件和记录。

① 门窗工程的施工图、设计说明及其他设计文件。

② 材料的产品合格证书、性能检测报告、进场验收记录和复验报告。

③ 隐蔽工程验收记录。

④ 施工记录。

（2）门窗工程应对下列材料及其性能指标进行复验。

① 人造木板的甲醛含量。

② 建筑外门窗的气密性能、水密性能和抗风压性能。

（3）门窗工程应对下列隐蔽工程项目进行验收。

① 预埋件和锚固件。

② 隐蔽部位的防腐和填嵌处理。

③ 高层金属窗的防雷节点。

（4）各分项工程的检验批应按下列规定划分：同一品种、类型和规格的门窗和门窗玻璃每100樘应划分为一个检验批，不足100樘也应划分为一个检验批。

（5）抽检数量应符合下列规定：门窗和门窗玻璃，每个检验批应至少抽查5%，并且不少于3樘，不足3樘时应全数检查；高层建筑的外门窗，每个检验批应至少抽查10%，并不得小于6樘，不足6樘时应全数检查。

（6）门窗安装前，应对门窗洞口尺寸及相邻洞口的位置偏差进行检验。同一类型和规格外门窗洞口垂直、水平方向的位置应对齐，位置允许偏差应符合下列规定。

① 垂直方向的相邻洞口位置允许偏差应为10mm；全楼高度小于30m的垂直方向洞口位置允许偏差应为15mm，全楼高度不小于30m的垂直方向洞口位置允许偏差应为20mm。

② 水平方向的相邻洞口位置允许偏差应为10mm；全楼长度小于30m的水平方向洞口位置允许偏差应为15mm，全楼长度不小于30m的水平方向洞口位置允许偏差应为20mm。

（7）门窗安装宜采用精洞口法、附框法或预留洞口法安装。

（8）当门窗组合时，其拼樘料的尺寸、规格、壁厚应符合要求。

（9）建筑外门窗的安装必须牢固。在砌体上安装门窗严禁用射钉固定。

（10）推拉门窗扇必须牢固，必须安装防脱落装置。

（11）门窗安全玻璃的使用应符合《建筑玻璃应用技术规程》（JGJ 113）的规定。

（12）建筑外窗口的防水和排水构造应符合设计要求和国家现行标准的规定。

13.8.2 铝合金门窗的验收

（1）主控项目

① 门窗的品种、类型、规格、尺寸、性能、开启方向、安装位置、连接方式及门窗的型材壁厚应符合设计要求及国家现行标准的有关规定。门窗的防雷、防腐处理及填嵌、密封处理应符合设计要求。

检验方法：观察；尺量检查；检查产品合格证书、性能检验报告、进场验收记录和复验报告；检查隐蔽工程验收记录。

② 门窗框和附框的安装应牢固。预埋件及锚固件的数量、位置、埋设方式、与框的连接方式应符合设计要求。

检验方法：手扳检查；检查隐蔽工程验收记录。

③ 门窗扇应安装牢固、开关灵活、关闭严密、无倒翘。推拉门窗扇应安装防止扇脱落的装置。

检验方法：观察；开启和关闭检查；手扳检查。

④ 门窗配件的型号、规格、数量应符合设计要求，安装应牢固，位置应正确，功能应满足使用要求。

检验方法：观察；开启和关闭检查；手扳检查。

（2）一般项目

① 门窗表面应洁净、平整、光滑、色泽一致，应无锈蚀、擦伤、划痕和碰伤。漆膜或保护层应连续。型材的表面处理应符合设计要求和国家现行标准的有关规定。

检验方法：观察。

② 推拉门窗扇开关力应小于50N。

检验方法：用测力计检查。

③ 门窗框与墙体之间的缝隙应填嵌饱满，并采用密封胶密封。密封胶表面应光滑、顺直，无裂纹。

检验方法：观察；轻敲门窗框检查；检查隐蔽工程验收记录。

④ 门窗扇的密封胶条或密封毛条应装配平整、完好，不得脱槽，交角处平顺。

检验方法：观察；开启和关闭检查。

⑤ 排水孔应通畅，其位置和数量应符合设计要求。

检验方法：观察。

⑥ 门窗安装的允许偏差和检验方法应符合表13-10的规定。

表13-10 门窗安装的允许偏差和检验方法

项次	项目		允许偏差/mm	检验方法
1	门窗槽口宽度、高度	≤2000mm	2	用钢卷尺检查
		>2000mm	3	
2	门窗槽口对角线长度差	≤2500mm	4	用钢卷尺检查
		>2500mm	5	
3	门窗框的正、侧面垂直度		2	用1m垂直检测尺检查
4	门窗横框的水平度		2	用1m水平尺和塞尺检查
5	门窗横框标高		5	用钢卷尺检查
6	门窗竖向偏离中心		5	用钢卷尺检查
7	双层门窗内外框间距		4	用钢卷尺检查
8	推拉门窗扇与框搭接宽度	门	2	—
		窗	1	—

13.8.3 门窗玻璃质量验收

（1）主控项目

① 玻璃的品种、规格、尺寸、色彩、图案和涂膜朝向应符合设计要求。

检验方法：观察；检查产品合格证书、性能检测报告和进场验收记录。

② 门窗玻璃裁割尺寸应正确。安装后的玻璃应牢固，不得有裂纹、损伤和松动。

检验方法：观察；轻敲检查。

③ 玻璃的安装方法应符合设计要求。固定玻璃的钉子或钢丝卡的数量、规格应保证玻璃安装牢固。

检验方法：观察；检查施工记录。

④ 镶钉木压条接触玻璃处，应与裁口边缘平齐。木压条应互相紧密连接，并与裁口边

缘紧贴，割角应整齐。

检验方法：观察。

⑤ 密封条与玻璃、玻璃槽口的接触应紧密、平整。密封胶与玻璃、玻璃槽口的边缘应粘接牢固、接缝平齐。

检验方法：观察。

⑥ 带密封条的玻璃压条，其密封条必须与玻璃全部贴紧，压条与型材之间应无明显缝隙，压条接缝应不大于0.5mm。

检验方法：观察；尺寸检查。

（2）一般项目

① 玻璃表面应洁净，不得有腻子、密封胶、涂料等污渍。中空玻璃内外表面均应洁净，玻璃中空层内不得有灰尘和水蒸气。

检验方法：观察。

② 门窗玻璃不应直接接触型材。单面镀膜玻璃的镀膜层及磨砂玻璃的磨砂面应朝向室内。中空玻璃的镀膜层及朝向应符合设计要求。

检验方法：观察。

③ 腻子应填抹饱满、粘接牢固；腻子边缘与裁口应平齐。固定玻璃的卡子不应在腻子表面显露。

检验方法：观察。

13.9 铝合金门窗的维护与保养

为确保铝合金门窗的使用寿命，使用过程应对铝合金门窗进行必要的维护和保养。铝合金门窗工程竣工验收时，应提供产品安装使用说明书，应对门窗维修人员进行培训。

13.9.1 日常维护和保养

（1）铝合金门窗应在通风、干燥的环境中使用，保持门窗表面整洁，不得与酸、碱、盐等有腐蚀性的物质接触。

（2）铝合金门窗宜用中性的水溶洗涤剂清洗，不得使用有腐蚀性的化学制剂。

（3）门窗的排水系统应定期检查，清除堵塞物，保持畅通。

（4）门窗滑槽、传动机构、合页、滑撑、执手等部位应保持清洁，去除灰尘。

（5）门窗铰链、滑轮、执手等门窗五金件应定期进行检查和润滑，保持开启灵活，无卡滞，五金件损坏应及时更换，启闭不灵应及时维修。

（6）铝合金门窗密封胶条或密封毛条出现破损、老化或缩短时应及时修补或更换。

13.9.2 回访及维护

（1）铝合金门窗工程竣工验收后一年，应对门窗进行一次全面检查，并应做好回访检查维修记录。

（2）出现问题应立即进行维修、更换，发现门窗安全隐患问题，应紧急处理。

（3）铝合金门窗保养和维修作业时，严禁使用门窗的任何部件作为安全带的固定物。高空作业，必须遵守《建筑施工高处作业安全技术规范》（JGJ 80）的有关规定。

14 铝合金门窗常见质量问题

由于技术水平、人员素质、价格制约等原因，导致目前我国建筑门窗的产品技术水平偏低，加工和施工质量较差。致使门窗在使用过程中经常会产生一些质量问题，这些问题主要表现在设计问题、材料质量问题、制作质量问题和安装质量问题等方面。这些质量问题的存在轻则影响门窗的正常使用，重则造成财产损失和安全隐患。

本章针对工程中门窗常见质量问题进行质量分析并提出预防措施。

14.1 材料及制作质量问题

14.1.1 中空玻璃内部出现水汽、彩虹膜或流淌

（1）现象　中空玻璃使用一段时间后内部出现一层水汽，有的地方还会出现五颜六色类似彩虹的一层膜，有的中空玻璃四周密封处出现流淌现象。

（2）原因分析

① 中空玻璃是采用密封间隔系统将两片或多片玻璃有效密封粘接在一起形成的玻璃系统，具备优良的保温隔热、隔声等性能。如果密封间隔系统失效，则中空玻璃就失去了应有的性能。中空玻璃密封系统失效后常见现象是内部出现水汽，见图14-1。

(a) 中空玻璃内部结露或结霜

(b) 中空玻璃进水

图14-1　中空玻璃结露或进水

中空玻璃密封失效主要原因有空气干燥剂填充量不足、密封胶打胶质量差、密封胶掺杂

白油等。

图14-2为选用劣质中空玻璃密封胶，在固化后产生气泡或开裂。

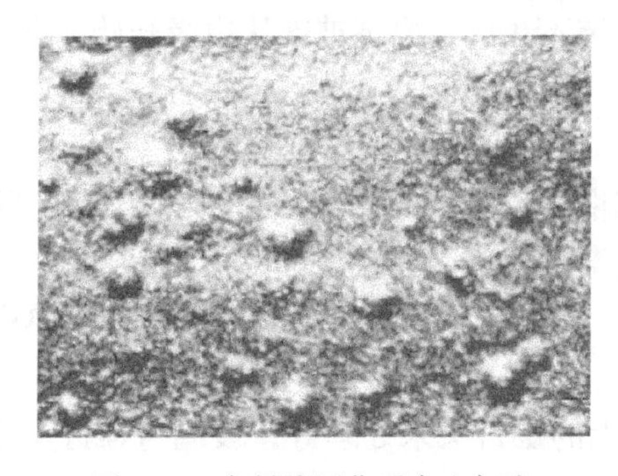

图14-2　密封胶固化后产生气泡

② 中空玻璃进入的水汽对金属镀膜层腐蚀后，中空玻璃就会出现彩虹膜现象，见图14-3，导致镀膜功能失效。

图14-3　中空玻璃彩虹膜现象

③ 一些企业为降低成本，在硅酮密封胶中掺入低沸点物质（如白油）代替二甲基硅油，由于中空玻璃第一道密封胶丁基胶中主要成分是聚异丁烯，其分子链以C—C键为主，与白油类似，二者之间的极性相近。根据相似相溶原理，丁基密封胶遇到白油时就会被其溶胀、溶解，从而产生中空玻璃流淌现象，见图14-4。

图14-4　中空玻璃流淌现象

（3）预防措施

① 编制中空玻璃加工工艺卡片和工艺规程，明确中空玻璃干燥剂的填充量，并严格按要求进行填充，加强该工序的质量检验。

② 选用优质密封胶、保证打胶质量。

（4）治理方法　对于现象严重的应更换玻璃。

14.1.2 门窗玻璃裂纹

（1）现象　门窗玻璃安装不久后，出现玻璃从边缘开始破裂的一道小纹，随后裂纹逐渐延伸到另一边缘。

（2）原因分析

① 玻璃裁割不齐，用钳子掰边时玻璃边已形成肉眼看不见的细纹，在门窗安装、使用过程中稍受振动，细纹就逐渐增大。

② 玻璃裁割尺寸偏大，镶嵌时未用橡胶垫块，当玻璃受热膨胀时，边缘与门窗型材槽口直接接触，受力产生裂纹。

③ 玻璃槽口中，构造上的螺钉头未处理好，玻璃与螺钉头接触处一点受力，造成玻璃裂纹。

④ 安装玻璃的槽口翘曲不平，致使玻璃受力不均匀而碎裂。

（3）预防措施

① 裁割玻璃需尺寸准确，边沿整齐。

② 安装玻璃时必须用弹性垫块。

③ 安装玻璃前应先检查槽口，如发现翘曲不平或螺钉露头，应处理至符合要求后再镶嵌玻璃。

（4）治理方法　对已有裂纹的玻璃应予以更换。卸下有裂纹的玻璃后，应先查明造成裂纹的原因，并采取针对性措施后，再重新更换玻璃。

14.1.3 铝合金门窗材质不合格

（1）现象　铝合金门窗平面刚度差，框、扇容易变形，推拉时出现晃动和抖动现象。

（2）原因分析

① 铝型材壁厚过薄。铝合金门窗型材主要受力杆件材料壁厚应符合设计要求。门窗用主型材基材壁厚（附件功能槽口处的翅壁壁厚除外）公称尺寸：外门不应小于2.2mm，内门不应小于2.0mm；外门窗不应小于1.8mm，内门窗不应小于1.4mm。

② 铝合金型材材质差，硬度低，小于HV58。

（3）预防措施

① 设计单位应根据使用功能、地区气候特点确定铝合金门窗抗风压强度、空气渗透、雨水渗漏性能指标，选择相应的型材规格。

② 不能因片面追求低成本，而采用厚度、膜厚等不符合标准要求的铝合金型材。所用铝合金型材应进行壁厚、氧化膜厚度和硬度等检验，合格后方可使用。

（4）治理方法　对于高层建筑，尤其是涉及安全问题的，必须拆除后重新更换。

14.1.4 胶条龟裂、脱落

（1）现象　门窗使用一段时间后，有的胶条出现龟裂，完全失去了弹性，有的胶条脱落掉下。

（2）原因分析

① 使用了再生胶材料的胶条，这种胶条价格便宜，但无弹性，耐老化性差，极易老化龟裂。

② 胶条收缩，失去弹性，从门窗扇四角开始脱落。

（3）防治措施

① 应选用弹性好、耐老化的胶条。

② 装胶条时，在拐角处应将胶条剪成45°缺口，并在四角打胶固定。

（4）治理方法　选用材料和质量好的密封胶条进行更换。

14.1.5　平开门窗扇下坠

（1）现象　门窗扇装上玻璃后，不装合页面一边上面扇与框的间隙逐渐加大，下边的间隙逐渐减小，甚至开闭门窗扇时碰撞下框。

（2）原因分析

① 门窗扇边梃断面过小，安装玻璃后，在自重作用下，造成门窗扇下坠。

② 门窗扇过宽、过重，选用的合页较小或安装的位置不适当，上部合页与扇上边距离过大。

③ 门窗扇制作质量不好，门窗框连接松动，在自重作用下出现窜角变形。

④ 合页安装质量不好，发生松动，造成扇下坠。

（3）预防措施

① 安装门窗扇前，要检查扇的质量，如发现连接不严、制作不牢固等情况，要事先修理好后才能安装使用。

② 根据门窗扇的重量、尺寸选择适当的合页，选用螺钉要与合页配套。合页距上下端的距离宜为扇高的1/10。

（4）治理方法

① 扇稍有下坠时，可以把下边的合页稍微垫起一些，但不要影响立缝。

② 如为合页过小，可更换较大的合页；如为合页上的螺钉松动，可将螺钉取下，在原来的螺钉孔眼中塞入小木楔或塑料胀管等，重新按要求将螺钉拧上。

③ 门窗下坠严重时，应先查明下垂的原因，然后将下垂扇取下，采取针对性的措施进行修理，再按要求重新进行安装。

14.1.6　推拉门窗扇推拉不灵活

（1）现象　推拉门窗使用一段时间后，发觉推拉不灵活，甚至出现推拉不动的情况。

（2）原因分析

① 制作工艺粗糙，门窗框与门窗扇的配合尺寸欠妥，门窗扇制作尺寸偏大。

② 门窗框因温度变化、建筑物沉降或受振动挤压而变形，导致门窗扇推拉受阻。

③ 滑轮质量低劣，圆度差，耐久性不好。

④ 选用的滑轮与门窗扇构造不配套，偏大或偏小，滑轮脱出轨道。

（3）预防措施

① 提高设计、操作人员的技术水平，精确计算门窗框扇构件的下料尺寸，准确进行门窗框扇的下料和制作，使框扇配合良好。

② 门窗框与洞口墙体的缝隙采用弹性密封材料填嵌，以防门窗框受挤压变形。

③ 选用符合设计规定厚度的门窗型材，防止因型材壁厚过薄而产生变形。

④ 选用质量好，且与门窗扇配套的滑轮。

（4）治理方法

① 如为门窗扇尺寸偏大或门窗框有较大变形，进行更换。

② 如系滑轮质量低劣，且与门窗扇不配套，可将门窗扇卸下，换上配套的优质滑轮。

14.1.7 推拉铝合金门窗脱轨、坠落

（1）现象 推拉铝合金门窗在使用过程中，出现门窗扇滑轮脱轨、推拉受阻，甚至造成门窗扇坠落。

（2）原因分析

① 推拉铝合金门窗滑道的滑轨高度为6~8mm，而在滑轨上行走的滑轮内槽深度只有3mm，当滑轮质量差、槽口浅时，猛推猛拉就容易出现滑轮脱轨。

② 推拉铝合金门窗扇上的两个滑轮安装不在同一条直线上，如果其中一个滑轮偏斜，走轮就容易脱轨。

③ 推拉门窗所用的铝合金型材尺寸偏小，壁厚偏薄，经过多次推拉后使紧固在门窗扇上的滑轮螺栓松动，滑轮上浮，整个门窗扇下坠脱轨滑落。

④ 铝合金门窗扇的高度偏小，上滑轨镶嵌门窗扇的深度不足，导致推拉门窗扇开启时坠落或被风吹下。

（3）预防措施

① 制作铝合金门窗扇时，应根据门窗框高度尺寸确定门窗扇的高度，既要保证门窗扇能顺利装入门窗框内，又要确保门窗扇在门窗框上滑槽内有足够的嵌入深度。

② 选用优质滑轮，安装后确保两个滑轮在同一条直线上。

③ 要选用规格尺寸及壁厚符合设计要求的铝合金型材。

（4）治理方法

① 如经常发生推拉门窗扇脱轨的现象，可将门窗扇卸下对滑轮进行校正或更换。

② 如推拉门窗扇插入门窗框上滑槽的深度过浅，说明门窗扇高度尺寸不足，要更换门窗扇。

14.1.8 带形组合门窗之间产生裂缝

（1）现象 由于受温度或者建筑结构变化，带形组合门窗搭接处产生裂缝。

（2）原因分析 组合处搭接长度不足，在受到温度和建筑结构变化时，产生裂缝。

（3）预防措施 横向及竖向带形门窗之间组合杆件必须同相邻门窗框插接并保证搭接量，搭接量应大于8mm，并用密封胶（条）密封。

14.1.9 组合门窗的明螺钉生锈

（1）现象 组合门窗的明螺钉生锈，出现锈迹。

（2）原因分析 未按设计要求对明螺钉进行防锈处理。

（3）预防措施 门窗组装过程中应尽量少用或不用明螺钉。

（4）治理方法 对明螺钉进行防锈处理，且用同样颜色的密封材料填埋密封。

14.1.10 安装门窗玻璃不装玻璃垫块

（1）现象 在安装玻璃时，未按规定在玻璃镶嵌槽内放入玻璃垫块，玻璃直接放入镶嵌槽内，使门窗在开关或刮风时玻璃有振动响声，而且还会使玻璃直接受框、扇型材的挤压而

破坏。

（2）原因分析

① 操作人员素质低，不知道安装玻璃需要装玻璃垫块，不明白玻璃垫块的作用。

② 安装人员贪图省事，不安装玻璃垫块。

③ 质检人员工作不认真，没发现未安装玻璃垫块。

（3）预防措施

① 安装操作人员应加强业务学习，掌握玻璃垫块的作用和安装规定。

② 质检人员在安装玻璃前，应认真检查核实玻璃垫块的安装情况。

（4）治理方法　对未设玻璃垫块的门窗，必须拆除重装，并按要求布设玻璃垫块。

14.1.11　五金配件损坏

（1）现象　门窗在使用过程中，出现五金件损坏现象，使用不灵活，甚至门窗无法启闭。

（2）原因分析

① 五金件选择不合理。

② 质量不佳，使用不灵活，硬关硬开。

③ 安装后保管不当，施工时碰坏。

（3）预防措施

① 选择合适的五金件，购置合格产品。

② 安装正确，保证开关灵活。

③ 五金件安装完后，应有专人进行检验。

14.2　安装质量问题

14.2.1　锚固做法不符合要求

（1）现象　锚固件是与门窗配套的附件，锚固件的材质、规格、间距、位置及固定方法不符合规范或标准要求。如有的锚固片采用未经防腐处理的白铁皮，风吹雨淋后严重锈蚀；有的锚固点间距太大，影响门窗的牢固；有的在砌体墙上用射钉固定锚固片，日久后出现松动，造成安全隐患。

（2）原因分析

① 采用未经过防腐处理的锚固片，会出现门窗型材与锚固片之间的电偶腐蚀，破坏锚固片连接的牢固性。

② 操作人员不了解门窗安装的要点，为施工方便而随意设置锚固点，甚至有意少设锚固件。

③ 在砖墙、加气混凝土墙上用射钉法锚固，造成射钉周围的墙体碎裂，锚固力降低，门窗框出现松动。

④ 使用未经防腐处理的螺钉固定连接片，致使其处于大阴极小阳极的状况，在潮湿的状态下，螺钉很快就会被腐蚀掉，使门窗框与洞口之间处于无连接状态。

⑤ 安装前未认真进行技术交底，使锚固件未按技术要求安装。

（3）预防措施

① 安装前应认真进行技术交底，并按门窗边框尺寸确定锚固片的位置。

② 选用的锚固件，除不锈钢外均应采用镀锌、镀铬、镀镍等方法进行防腐处理。

③ 在门窗框与钢连接件之间应加垫柔性防腐垫片。

④ 锚固片应固定牢靠，不得有松动现象，锚固片的间距不应大于500mm，锚固片距角部不应大于150mm，且不得安装在中竖框或中横框的位置。

⑤ 在砖墙上锚固时，应先用冲击钻在墙上钻孔，塞入直径不小于8mm的金属或塑料胀管，再拧入螺钉进行固定。

⑥ 每个锚固片与墙体连接时，必须打两处钉固定。

（4）治理方法

① 如锚固片已严重锈蚀，门窗框已明显松动，则应拆除重新按要求进行锚固。

② 锚固片间距过大时，可在其中间增设固定点或采取加固措施。

③ 如发现固定点有缺钉处，应立即补足。

14.2.2 门窗与洞口墙体间填缝做法错误

（1）现象 门窗框固定好后，在门窗框与洞口墙体间的缝隙内用水泥砂浆填嵌，导致门窗变形，门窗框与墙体间出现裂缝，出现结露、透风、漏水等现象。

（2）原因分析

① 型材与水泥砂浆的膨胀系数不一样，当温度升高时，门窗框膨胀变形，门窗扇启闭困难；当温度降低时，门窗框收缩，在门窗框与洞口墙体间出现缝隙。

② 门窗框直接与水泥砂浆接触，水泥砂浆中的碱性物质会腐蚀门窗框，缩短门窗的使用寿命。

③ 因门窗型材与水泥砂浆的热导率不一样，在门窗框的四周形成冷热交换区而产生结露。

④ 窗台处砂浆嵌填不密实，下雨时由窗台下渗水。

（3）防治措施

① 在门窗框与洞口之间应采用弹性连接，其缝隙可采用保温、防潮且无腐蚀性的软质材料填塞密实。可采用矿棉或玻璃棉毡条填塞缝隙，外表面留5~8mm深槽口填嵌密封胶；也可采用聚氨酯泡沫填缝胶等弹性材料分层填塞。

② 填塞的弹性材料应严实，但不宜过紧。

③ 在施工过程中不得损坏门窗框上的保护膜。

④ 如在门窗型材表面沾污了水泥砂浆，应随时擦净，以免腐蚀门窗。

⑤ 对于保温、隔声、耐火要求高的门窗，应采用相应的隔热、隔声、耐火材料填塞。

⑥ 门窗与洞口墙体间缝隙的外侧，应用密封胶密封。

14.2.3 门窗渗水

（1）现象 下雨时，在风压的作用下，雨水沿窗台缝、外框边缝、扇间缝隙或框与扇之间的缝隙处，向室内渗漏，污染了墙面和下层的顶棚。

（2）原因分析

① 门窗框四周填嵌不严实，框与洞口墙体间的缝隙未注密封胶，或密封胶的质量不好，遇水软化、脱落。

② 门窗框四周注密封胶时，周边的保护膜未清除干净，在保护膜与门窗边框间形成渗水通道。

③ 平开门窗未装披水条，推拉门窗未设排水孔。

④ 推拉门窗排水孔堵塞，下雨时推拉槽中灌水，雨水沿框扇下面的接口缝隙处渗入。

⑤ 外窗台抹灰过高或倒坡，形成向室内倒流水。

（3）预防措施

① 门窗框安装好后，应用弹性密封材料将四周缝隙嵌填严实，注胶前要撕去门窗框缝隙处的保护膜，再进行门窗框四周的注胶。

② 门窗框与洞口墙体间的连接固定要符合规范要求；缝隙应采用弹性材料分层嵌填，外面用密封胶密封；所用的密封胶应与门窗框型材具有相容性，要使用质量好的密封胶，注胶要严密、均匀、平整、光滑。

③ 门窗框扇上横竖杆件交接处和外露螺钉头，均需注入密封胶密封，并随时将门窗表面的胶迹清理干净。

④ 平开门窗安装披水条，推拉门窗在下框外槽边靠近底部位置按规定加工排水孔，并保证排水孔畅通。

⑤ 外窗台应比内窗台低一砖，窗台抹出向外的坡度，坡度不小于15°，禁止反坡。

（4）治理方法

① 查出密封不严之处，重新按工艺标准进行密封。

② 在门窗横竖杆件交接处和外露螺钉头处，进行注胶密封。

③ 平开门窗补装披水条，推拉门窗在下框外槽边补钻排水孔。

④ 清理排水孔，保证排水系统畅通。

⑤ 外窗台高或无向外坡度者，应按要求返工重做。

14.2.4 门窗框不正

（1）现象　门窗框固定后，出现门窗框向里或向外倾斜，不仅严重影响观感效果，而且影响启闭灵活性，甚至会带来门窗渗漏的后果。

（2）原因分析

① 安装人员工作马虎，安装门窗框时未认真进行吊线找直、找正。

② 门窗框安装时临时固定不牢固，被碰撞倾斜后，在正式锚固前未进行检验。

③ 墙体洞口本身倾斜，安装门窗框时按洞口墙厚找中线，而使门窗框也随之倾斜。

（3）预防措施

① 安装门窗框前，应根据设计要求在洞口弹出立框的安装线，照线立框。

② 在门窗框正式锚固前，应检验门窗框是否垂直，发现问题应及时修正。

（4）治理方法　如门窗框倾斜较小，且不明显影响观感时，可不做处理；如倾斜较大，则应松开或锯断锚固板，将门窗框校正无误后重新锚固。

14.2.5 门窗框安装后变形

（1）现象　门窗框安装后，出现变形。

（2）原因分析

① 在进行门窗框的安装过程中，直接将螺钉锤入门窗框内，门窗型材为薄壁中空多腔结构，外力锤击导致门窗框变形、凹陷。

② 安装连接螺钉松紧不一致，框周围间隙填嵌材料过紧或施工时搭脚手板、吊重物等。

（3）预防措施

① 在门窗框与洞口连接位置，用手电钻先钻孔，然后旋进自攻螺钉，不能简化工序，严禁用锤直接打入螺钉。

② 各固定螺钉的松紧程度应基本一致，不得有的过松，有的过紧。

③ 门窗框与洞口间隙填塞弹性密封材料时，不应填塞过紧，或有松有紧，以免门窗框受挤变形。

④ 严禁施工时在门窗上铺搭脚手板、搁支脚手杆或悬挂物件。

14.2.6 外门窗框边未留嵌缝密封胶槽口

（1）现象 在门窗框内外框边嵌条处没有留出合理深度的密封胶槽口。

（2）原因分析 交底不清或无施工经验。

（3）预防措施 门窗套粉刷时，应在门窗框内外框边留出5~8mm深的槽口，槽口内用密封胶嵌填密封，胶体表面应压平、光洁。

14.2.7 灰浆沾污门窗框

（1）现象 门窗框上有被灰浆污染的痕迹，甚至有灰浆直接粘结在门窗框上。

（2）原因分析 门窗框保护胶带在粉刷前被撕掉，粉刷时又未采取保护措施。

（3）预防措施

① 室内外粉刷未完成前切勿撕掉门窗框保护胶带。

② 门窗套粉刷或室内外刷浆时，应用塑料膜等遮掩门窗框。

③ 门窗框上粘上灰浆，应及时用软质布抹除，切忌用硬物刨刮。

14.2.8 过早或过晚揭撕保护膜

（1）现象 过早揭撕门窗上的保护膜，门窗易被外界物体污染、刻划、碰撞，造成损坏；过晚揭撕门窗上的保护膜，则会因保护膜老化，难以揭撕。

（2）原因分析

① 由于运输、安装等不注意，将门窗上的保护膜扯开、损坏。

② 由于工程停工或门窗安装后工期延长，门窗上的保护膜因风吹日晒而老化，导致保护膜揭撕困难。

（3）防治措施

① 门窗宜在内、外墙抹完灰后再安装和抹口，待水泥砂浆强度达到70%以后，方可将保护膜揭撕下来。

② 从门窗出厂到安装完揭撕保护膜的时间不宜超过6个月。

③ 老化的保护膜揭撕困难时，可先用15%的双氧水溶液均匀涂刷一遍，再用10%的氢氧化钠水溶液擦洗，即可清除。

15 铝木复合门窗简介

铝木复合门窗是最近几年发展起来的一种新型门窗，与传统的门窗结构形式不同，它的门窗框体是由铝合金型材和木型材两种材料构成，通过特殊结构设计，使其最大限度地保留了铝合金门窗和木门窗的优点，同时又相应地克服了两种门窗的缺陷，从而使铝木复合门窗成为性能优越、具有良好发展前景的新型门窗形式。

铝木复合门窗的铝合金型材和木型材主要有两种复合方式：穿压式（图15-1）和卡扣式（图15-2）。不管二者的复合方式有何不同，都是室外侧为铝合金型材，室内侧为木型材，以充分利用铝合金型材优良的耐腐蚀性和木型材良好的装饰性。室外侧的铝合金型材可以是普通铝合金型材或隔热铝合金型材，室内侧的木型材包括挤压木型材和集成材。

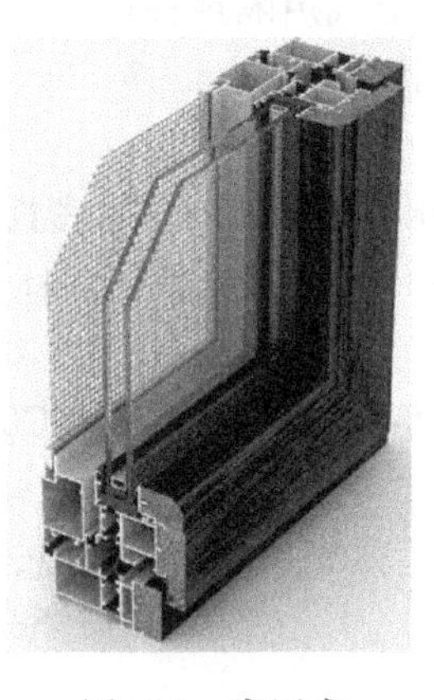

图15-1　穿压式

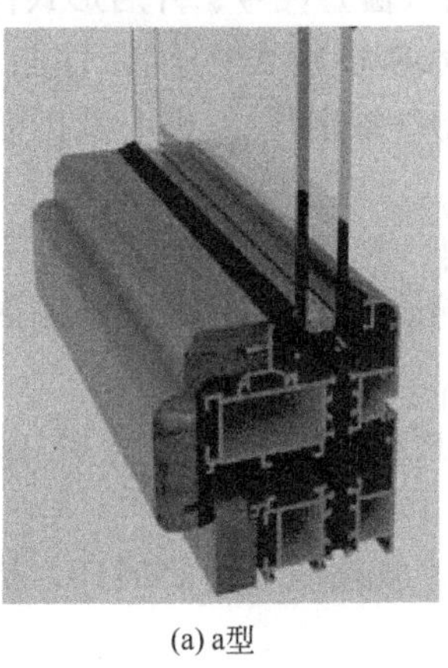

(a) a型

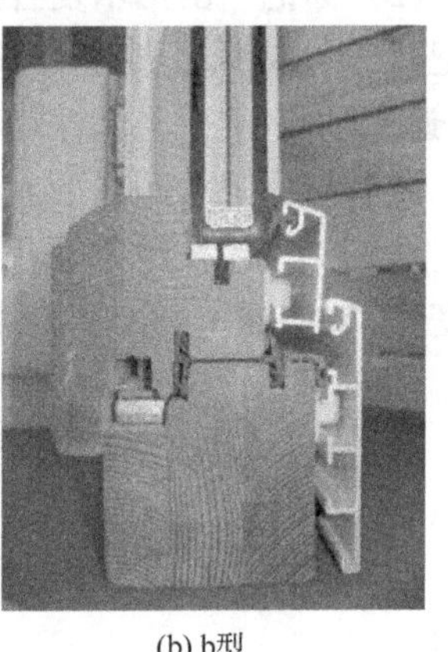

(b) b型

图15-2　卡扣式

15.1 铝木复合门窗的分类和标记

《铝木复合门窗》（GB/T 29734.1—2013）规定了铝木复合门窗的术语和定义、分类和标记、要求、试验方法、检验规则、产品标志、合格证书、使用说明书、包装、运输和储存等。

（1）分类　按照不同的分类方法，铝木复合门窗可以分成不同的类型。

① 按照铝合金型材和木型材的组合结构形式不同，铝木复合门窗可分为a型和b型两类。a型结构以铝合金型材为主要受力杆件，也是通常说的木包铝结构形式（图15-3）；b型结构以木型材为主要受力杆件，也是通常所说的铝包木结构（图15-4）。

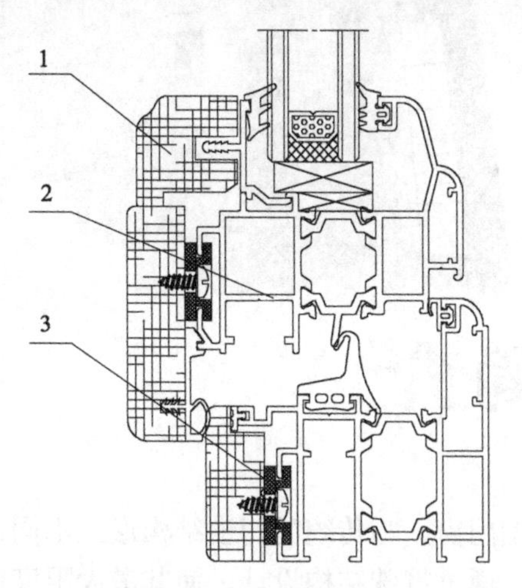

图15-3 铝木复合门窗截面示意图（a型）
1—木型材；2—铝合金型材；3—连接卡件

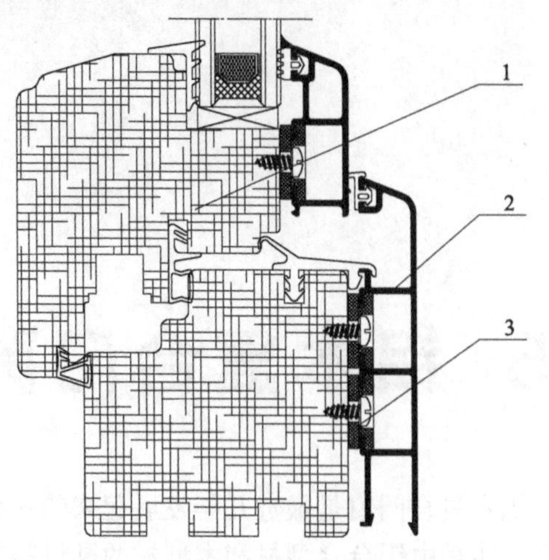

图15-4 铝木复合门窗截面示意图（b型）
1—木型材；2—铝合金型材；3—连接卡件

② 按照使用功能，铝木复合门窗可分为隔声型、保温型和遮阳型。

③ 按照门窗的开启形式，铝木复合门窗的分类与铝合金门窗的规定相同。

铝木复合门窗的产品系列和规格与铝合金门窗的规定相同。

（2）标记 由铝木复合门（窗）代号、开启形式代号、门（窗）代号、规格型号、性能标记代号（抗风压性能P_3—水密性能ΔP—气密性能q_1/q_2—空气声隔声性能R_w—保温性能K—遮阳性能SC—采光性能T_r）、纱扇代号（S）及标准代号组成。

命名与标记示例如下。

示例1：铝木复合平开窗，规格型号为115145，抗风压性能2.0kPa，水密性能350Pa，气密性能1.5m³/(m·h)，保温性能2.0W/(m²·K)，隔声性能35dB，采光性能0.4，遮阳性能0.5，带纱扇。

标记为： LMCP-115145-$P_3$2.0-ΔP350-q_1（或 q_2）1.5-K2.0-R_w35-T_r0.4-SC0.5-S-GB/T 29734.1—2013。

示例2：铝木复合平开门，规格型号为150210，抗风压、水密、气密、保温、隔声，无纱扇。

标记为： LMMP-150210-GB/T 29734.1—2013。

15.2 铝木复合门窗的要求

15.2.1 材料要求

（1）铝合金型材

① 铝合金型材尺寸精度应符合GB/T 5237 中规定的高精度要求。

a. 以铝合金型材为主要受力杆件的门窗（a型），主型材基材壁厚（附件功能槽口处的翅壁壁厚除外）公称尺寸：外门不应小于2.2mm，内门不应小于2.0mm；外窗不应小于1.8mm，内窗不应小于1.4mm。

b. 以木型材为主要受力杆件的门窗（b型），除压条和扣板外，铝合金型材主要受力部位基材截面最小实测壁厚不应小于1.4mm。

② 铝合金型材表面处理除符合GB/T 5237的规定外，还应符合下列规定。

a. 阳极氧化型材，阳极氧化膜膜厚应符合AA15级要求，氧化膜平均膜厚不应小于15μm，局部膜厚不小于12μm。

b. 电泳涂漆型材，阳极氧化复合膜，表面漆膜采用透明漆符合 B 级要求，复合膜局部膜厚不应小于16μm；表面漆膜采用有色漆符合 S 级要求，复合膜局部膜厚不应小于21μm。

c. 粉末喷涂型材，装饰面上涂层最小局部厚度应大于40μm。

d. 氟碳漆喷涂型材，二涂层氟碳漆膜，装饰面平均漆膜厚度不应小于30μm；三涂层氟碳漆膜，装饰面平均漆膜厚度不应小于40μm。

e. 铝合金隔热型材，采用穿条工艺的复合铝型材其隔热材料应使用聚酰胺66加25%玻璃纤维，采用浇注工艺的复合铝型材其隔热材料应使用高密度聚氨基甲酸乙酯材料。

（2）木材

① 木材应选用同一树种材料，含水率不应低于8%，且不高于当地年平均木材平衡含水率的（X+1)%。

② 指接材应符合GB/T 21140中规定的Ⅰ类指接材的要求，可视面拼条长度除端头外应大于250mm，宽度方向无拼接，指接缝隙处无明显缺陷。

③ 集成材应满足LY/T 1787 的要求，外观质量应符合优等品要求，可视面拼条长度除端头外应大于250mm，宽度方向无拼接，厚度方向相邻层的拼接缝应错开，指接缝隙处无明显缺陷。

④ 甲醛含量应符合GB 18580 中E_1级的要求。

⑤ 木材表面光洁、纹理相近，无死节、虫眼、腐朽、夹皮等现象。型材平整无翘曲，棱角部位应为圆角，其他规定应参见GB/T 29734.1附录 A.1。

（3）水性涂料　木材用水性涂料应符合GB/T 23999 规定，耐黄变性$\Delta E \leqslant 1.0$（紫外灯光照射不小于168h），其他规定参见GB/T 29734.1附录 A.2。

（4）玻璃　根据工程设计及功能要求宜选用中空玻璃和真空玻璃，玻璃的品种、规格、质量要求应满足GB/T 11944、JC/T 1079 的规定。

（5）密封材料

① 门窗应使用中性耐候密封胶或聚氨酯密封胶。

② 门窗用密封胶条宜使用硫化橡胶类材料或热塑性弹性体类材料；密封毛条应使用加片型的防水硅化密封毛条。

（6）五金配件、紧固件

① 门窗用五金配件应符合门窗功能设计要求，同时应满足反复启闭的耐久性要求，合页、滑撑、滑轮等五金件的选用应满足门窗承载力要求。

② 五金配件、紧固件等采用碳素结构钢和优质碳素结构钢材料制作的产品应满足强度要求和耐久性能。活动五金件应便于维修和更换。

③ 连接卡件宜采用聚酰胺66或ABS 等具有足够强度和耐久性能的材料。

15.2.2 质量要求

（1）外观质量

① 表面质量　铝合金型材表面不应有铝屑、毛刺、油污或其他污迹，组角应牢固。

木型材表面应平整光洁、纹理相近，四角镶嵌牢固，连接处不应有外溢的粘合剂，不应有脱开的现象。水性漆应漆膜均匀，无流挂、发花、针孔、开裂和剥落等缺陷。

② 表面损伤　在一个玻璃分格内，门窗型材表面的擦伤和划伤不得深至表面涂层，型材表面擦伤、划伤应满足表15-1规定。局部擦伤和划伤应采用相应的方法修补，修补后应与原漆膜的颜色和光泽基本一致。

表15-1　门窗框扇型材表面擦伤、划伤

项目	铝合金型材	木型材
擦伤、划伤深度	不大于表面处理层厚度	
擦伤总面积/mm²	≤500	≤300
划伤总长度/mm	≤150	≤100
擦伤和划伤处数	≤4	≤3

③ 玻璃　玻璃应无明显色差，表面不得有明显擦伤或划伤和霉斑。

（2）尺寸

① 门尺寸偏差　门尺寸允许偏差应符合表15-2规定。

② 窗尺寸偏差　窗尺寸允许偏差应符合表15-3 规定。

③ 玻璃与槽口配合　铝合金型材玻璃镶嵌构造应符合JGJ 113规定。

表15-2　门尺寸允许偏差

项目	尺寸范围/mm	允许偏差/mm
门框(扇)高度、宽度	≤2000	±1.5
	>2000	±2.0
门框(扇)槽口对边尺寸之差	≤2000	≤1.0
	>2000	≤1.5
门框(扇)对角线尺寸之差	≤3000	≤3.0
	>3000	≤4.0
门框与扇搭接宽度	—	±2.0
门框(扇)杆件接缝高低差	—	≤0.2
门框(扇)杆件装配间隙(铝型材)	—	≤0.3
门框(扇)杆件装配间隙(木型材)	—	≤0.5

表15-3 窗尺寸允许偏差

项目	尺寸范围/mm	允许偏差/mm
窗框(扇)槽口高度、宽度	≤2000	±1.5
	>2000	±2.0
窗框(扇)槽口对边尺寸之差	≤2000	≤1.0
	>2000	≤1.5
窗框(扇)对角线尺寸之差	≤2000	≤2.5
	>2000	≤3.5
窗框与扇搭接宽度	—	±1.0
窗框(扇)杆件接缝高低差	—	≤0.2
窗框(扇)杆件装配间隙(铝型材)	—	≤0.3
窗框(扇)杆件装配间隙(木型材)	—	≤0.5

木型材玻璃镶嵌，当槽口采用密封胶密封时，配合间隙a不应小于1mm（图15-5）。

玻璃与槽口安装应缝隙均匀，用密封胶密封时，应涂饰平滑连续、不得外溢；用密封条密封时，应连续平滑、不得翘曲，接缝不应设在转角处。

（3）装配

① 铝木构件连接　铝合金型材构件与木型材连接卡件的固定螺钉直径不应小于3.5mm。相邻连接卡件距离b不应大于200mm，连接卡件端头距离a不应大于150mm（图15-6），且每边连接卡件不应少于3个。

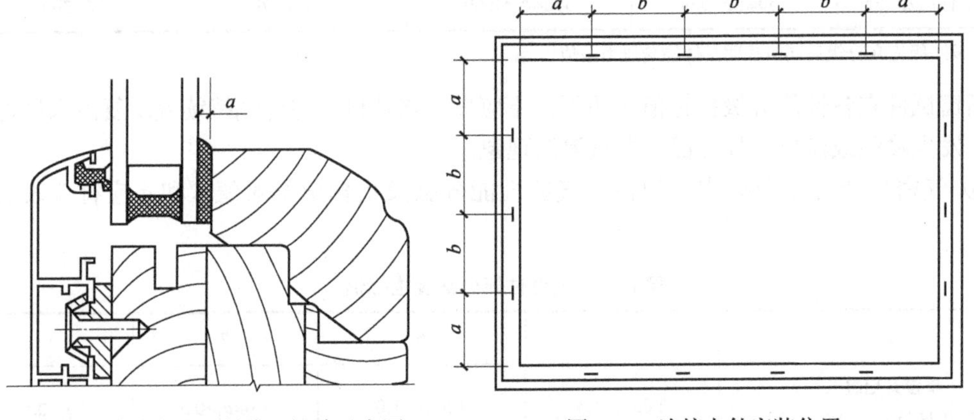

图15-5　玻璃与木型材槽口间隙示意图

图15-6　连接卡件安装位置

铝型材与木型材复合后应牢固可靠，型材应平整，不应松动或翘曲。

② 部件装配　门窗框、扇、杆件、五金配件等各部件装配应符合设计要求，装配牢固无松动。五金件配件安装位置正确，开启五金件应转动灵活、无卡滞。密封条安装位置应正确，连续、无翘曲。开启扇启闭灵活，无卡滞、无噪声，闭合后间隙均匀、无翘曲。

（4）性能

① 抗风压性能分级及要求　门窗的抗风压性能分级及指标值P_3应符合表15-4的规定。

表15-4　抗风压性能分级

分级	1	2	3	4	5
指标值/kPa	$1.0 \leqslant P_3 < 1.5$	$1.5 \leqslant P_3 < 2.0$	$2.0 \leqslant P_3 < 2.5$	$2.5 \leqslant P_3 < 3.0$	$3.0 \leqslant P_3 < 3.5$
分级	6	7	8	×.×	
指标值/kPa	$3.5 \leqslant P_3 < 4.0$	$4.0 \leqslant P_3 < 4.5$	$4.5 \leqslant P_3 < 5.0$	$P_3 \geqslant 5.0$	

注：×.×表示用≥5.0kPa的具体值，取代分级代号。

门窗在各性能分级指标值风压作用下，主要受力杆件相对面法线挠度应符合表15-5的规定，风压作用后门窗不应出现使用功能障碍和损坏。

表15-5　门窗主要受力杆件相对面法线挠度要求

项目	夹层玻璃	中空玻璃
相对挠度	$L/100$	$L/150$
相对挠度最大值/mm	20	

注：L为主要受力杆件的支承跨距。

铝木复合门窗的结构形式多样，铝合金型材与木型材的组合比例不同，木型材属天然材料，离散性较大，因此门窗在高层建筑或风压较大地区使用时，应以试件检测为准。

门窗主要受力杆件计算可参照铝合金门窗的计算方法。

② 水密性能分级及要求　铝合金门窗水密性能分级及指标值ΔP应符合表15-6规定。

表15-6　水密性能分级及指标值

分级	3	4	5	6
分级指标值ΔP/Pa	$250 \leqslant \Delta P < 350$	$350 \leqslant \Delta P < 500$	$500 \leqslant \Delta P < 700$	$\Delta P \geqslant 700$

注：第6级应在分级后同时注明具体检测压力差值。

门窗试件在各性能分级指标值作用下，不应发生水从试件室外侧持续或反复渗入试件室内侧，发生喷溅或流出试件界面的严重渗漏现象。

③ 气密性能分级及要求　门窗的气密性能分级及指标值绝对值q_1和q_2应符合表15-7规定。

表15-7　气密性能分级及指标值

项目	5	6	7	8
单位开启缝长 分级指标值q_1/[m³/(m·h)]	$2.0 \geqslant q_1 > 1.5$	$1.5 \geqslant q_1 > 1.0$	$1.0 \geqslant q_1 > 0.5$	$q_1 \leqslant 0.5$
单位面积 分级指标值q_2/[m³/(m·h)]	$6.0 \geqslant q_2 > 4.5$	$4.5 \geqslant q_2 > 3.0$	$3.0 \geqslant q_2 > 1.5$	$q_2 \leqslant 1.5$

门窗试件在标准状态下，压力差为10Pa时单位开启缝长空气渗透量q_1和单位面积空气渗透量q_2不应超过表15-7各分级相应的指标值。

④ 空气声隔声性能分级及要求　门窗的空气声隔声性能分级及指标值应符合表15-8

规定。

表15-8　门窗空气声隔声性能分级及指标值

分级	2	3	4	5	6
指标值/dB	$25 \leqslant R_w+C_{tr}<30$	$30 \leqslant R_w+C_{tr}<35$	$35 \leqslant R_w+C_{tr}<40$	$40 \leqslant R_w+C_{tr}<45$	$R_w+C_{tr} \geqslant 45$

⑤ 保温性能分级及要求　门窗保温性能分级及指标值K应符合表15-9的规定。

表15-9　保温性能分级及指标值

分级	5	6	7	8	9	10
分级指标值/[W/(m·K)]	$3.0>K \geqslant 2.5$	$2.5>K \geqslant 2.0$	$2.0>K \geqslant 1.6$	$1.6>K \geqslant 1.3$	$1.3>K \geqslant 1.1$	$K<1.1$

⑥ 遮阳性能分级及要求　门窗遮阳性能分级及指标值SC应符合表15-10的规定。

表15-10　门窗遮阳性能分级及指标值

分级	2	3	4	5	6	7
分级指标值SC	0.7≥SC>0.6	0.6≥SC >0.5	0.5≥SC>0.4	0.4≥SC>0.3	0.3≥SC>0.2	SC≤0.2

⑦ 采光性能分级及要求　门窗采光性能分级及指标值应符合表15-11规定。

表15-11　采光性能分级及指标值

分级	1	2	3	4	5
分级指标值 T_r	$0.20 \leqslant T_r<0.30$	$0.30 \leqslant T_r<0.40$	$0.40 \leqslant T_r<0.50$	$0.50 \leqslant T_r<0.60$	$T_r \geqslant 0.60$

⑧ 启闭力　门窗在不超过50N的启闭力作用下，灵活开启和关闭；带有自动关闭装置（闭门器、地弹簧）门、提升推拉门、折叠推拉门窗、无提升力平衡装置提拉窗等，启闭力性能指标由供需双方协商确定。

⑨ 反复启闭性能　门的反复启闭次数不应少于10万次，窗的反复启闭次数不应少于1万次。

门窗在反复启闭性能试验后，应启闭无异常，使用无障碍。

⑩ 耐撞击性能　门撞击后应符合下列要求：门框、扇无变形，连接处无松动现象；插销、门锁等附件应完整无损，启闭正常；玻璃无破损；门扇下垂应小于2mm。

⑪ 抗垂直荷载性能　门扇在开启状态下施加500N垂直静荷载15min，卸载3min后残余下垂量小于3mm，启闭无异常，使用无障碍（适用于平开门、旋转门类）。

⑫ 抗静扭曲性能　门扇在开启状态下施加500N水平方向静荷载5min，卸载3min后未出现明显变形，启闭无异常，使用无障碍（适用于平开门、旋转门类）。

15.3　铝木复合门窗节点构造

铝木复合门窗型材系列范围广，内容多，不同企业生产的产品也有很大差别。本节所用示例仅仅是为了向读者说明铝木复合门窗的基本构造，并不是唯一形式。

15.3.1　a型铝木复合门窗

a型铝木复合窗以铝合金型材为主要受力杆件，铝合金型材的结构与铝合金窗型材相同；木型材主要用在室内面，起装饰作用。

图15-7为a型铝木复合窗构造示例。图15-8为a型铝木复合窗型材截面示例。

15.3.2 b型铝木复合门窗

b型铝木复合窗以木型材为主要受力杆件，木型材的结构与木窗型材相似；铝合金型材主要用在室外面，起适应环境和装饰作用。

图15-9为b型铝木复合窗构造示例。图15-10为b型铝木复合窗型材截面示例。

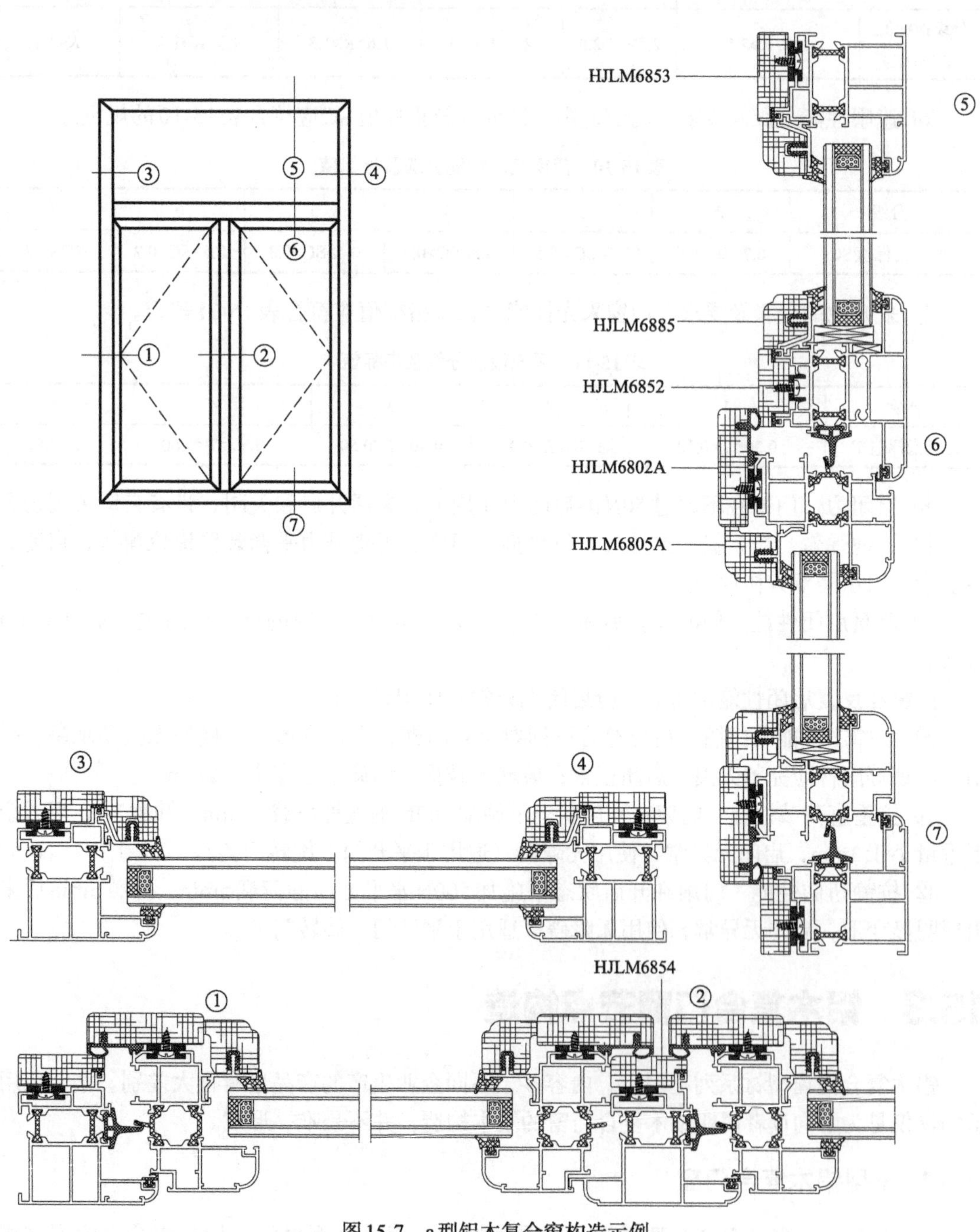

图15-7 a型铝木复合窗构造示例

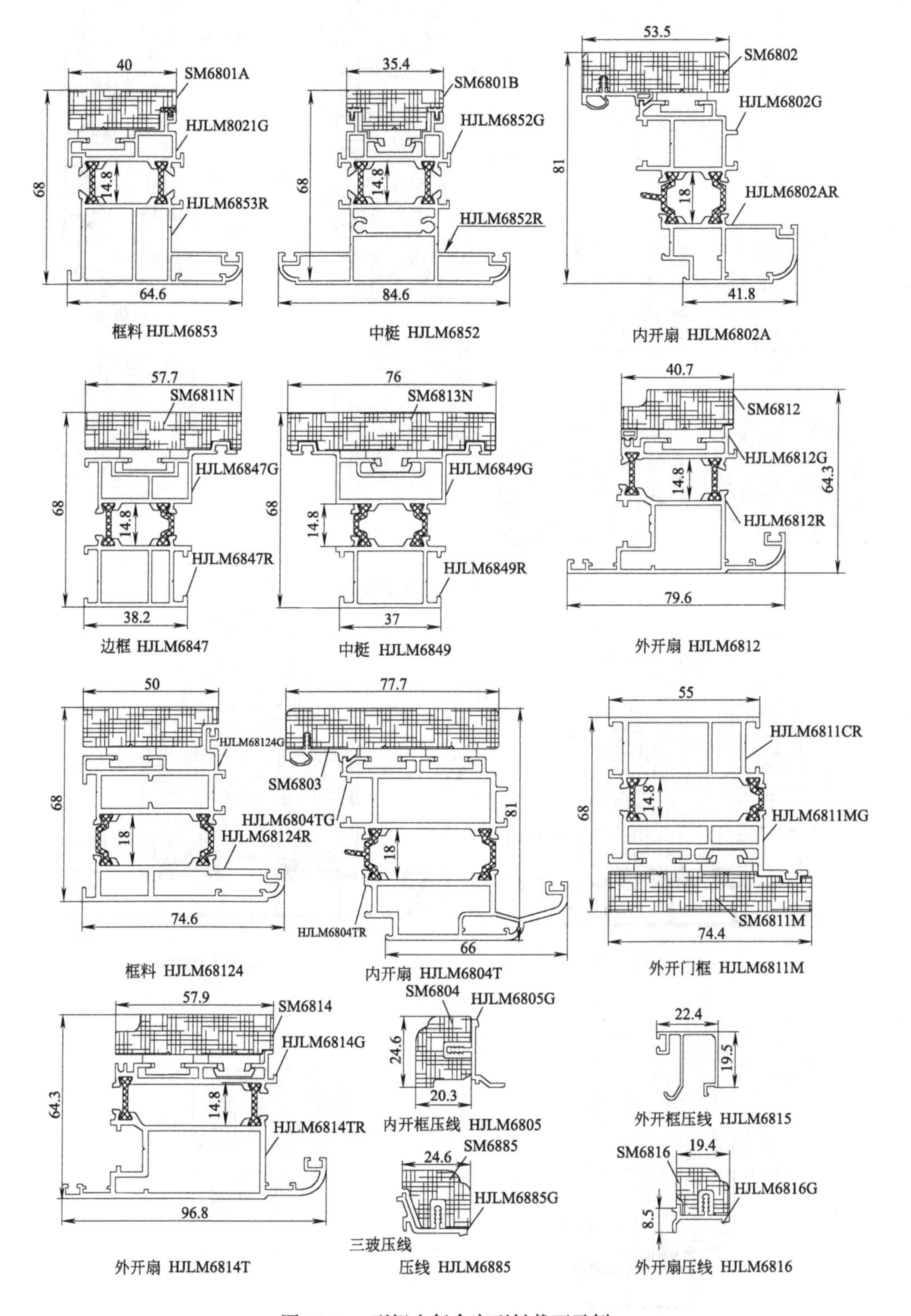

图 15-8 a型铝木复合窗型材截面示例

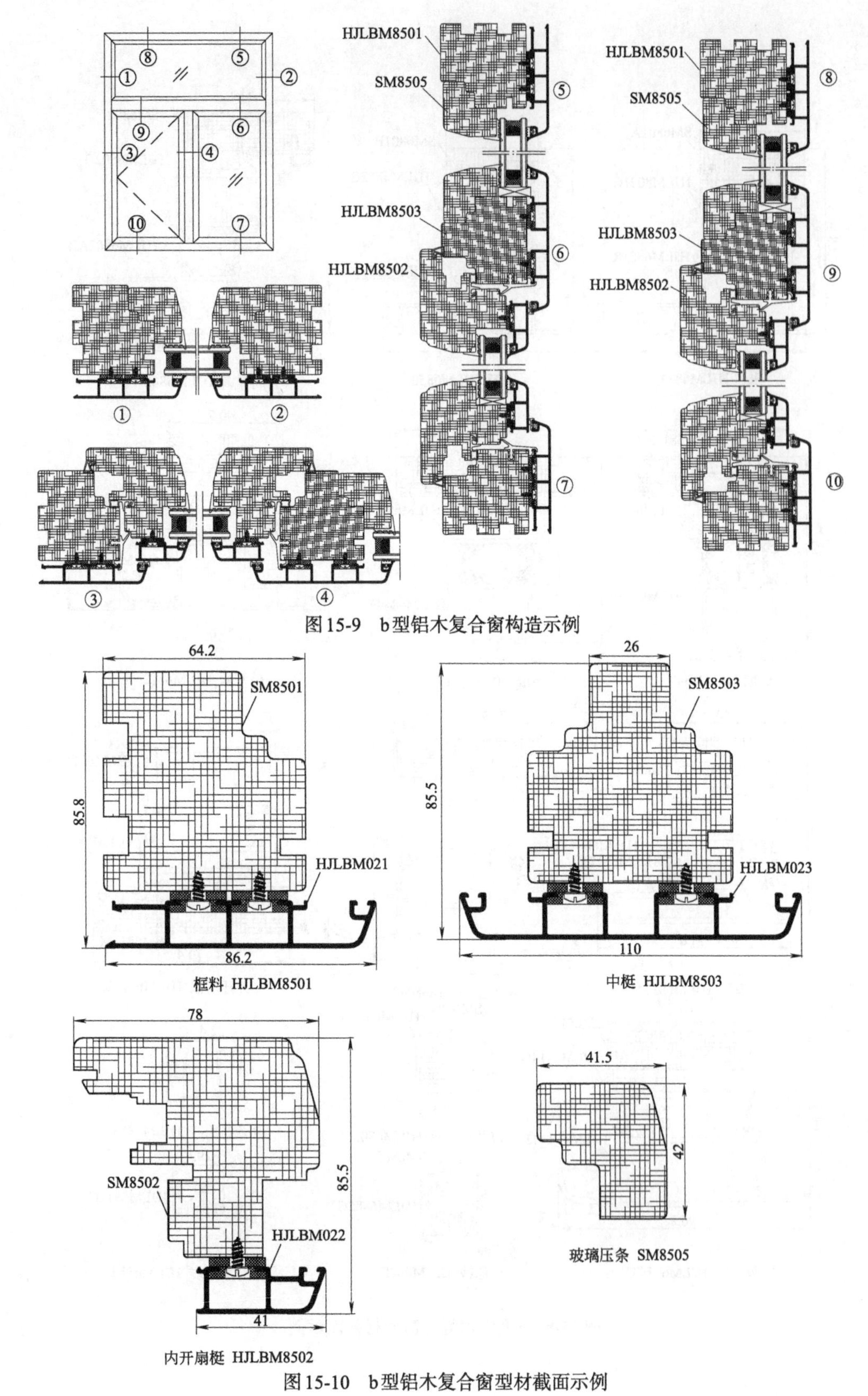

图 15-9 b型铝木复合窗构造示例

图 15-10 b型铝木复合窗型材截面示例

15.4 铝木复合门窗生产工艺

穿压式铝木复合门窗的铝合金型材与木型材在型材加工时就复合在一起，门窗的组装方式与铝合金门窗类似。应注意的是，木型材在组角之前应涂抹木型材组角胶。

卡扣式铝木复合门窗，成框之前铝合金型材与木型材完全独立，门窗制作时铝合金型材和木型材分别独立组装成框，然后通过特制的偏心卡扣将铝合金框与木框复合成一体。铝合金框的制作与铝合金门窗制作方式相同，一般采用45°组角连接方式；a型铝木复合门窗（以铝合金型材为主要受力杆件）的木框部分通常采用码钉连接方式对接成框；b型铝木复合门窗（以木型材为主要受力杆件）的木框通常采用卯榫连接方式。

铝木复合门窗的生产设备，除了铝合金门窗生产设备外，还须增加木型材加工组装设备，如木型材切割锯、木框码钉机等。木型材切割锯用于木材的45°角切割，码钉机用于木框的码钉组装。

图15-11为卡扣式a型铝木复合门窗木框组装。图15-12为卡扣式a型铝木复合门窗木框与铝合金框连接。

（1）铝木复合门窗的生产工艺流程　卡扣式铝木复合门窗生产工艺流程图如图15-13所示。

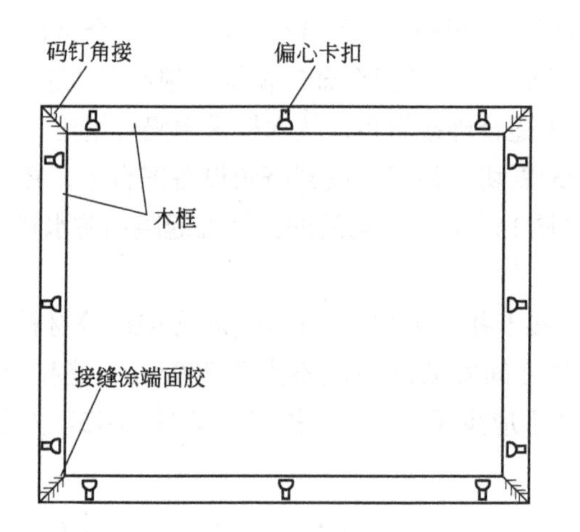

图15-11　卡扣式a型铝木复合门窗木框组装示意图

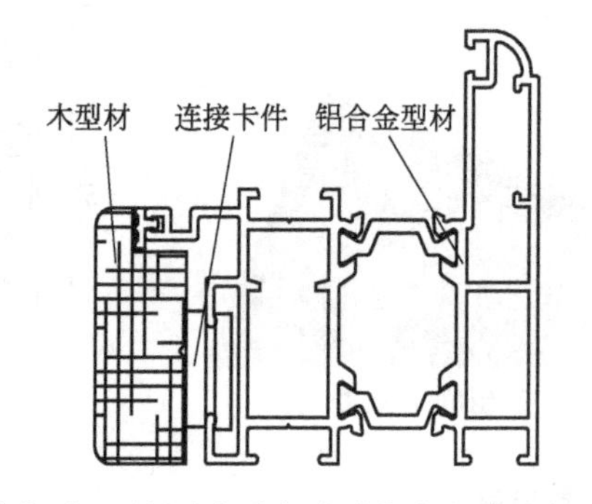

图15-12　卡扣式a型铝木复合门窗木框与铝合金框连接示意图

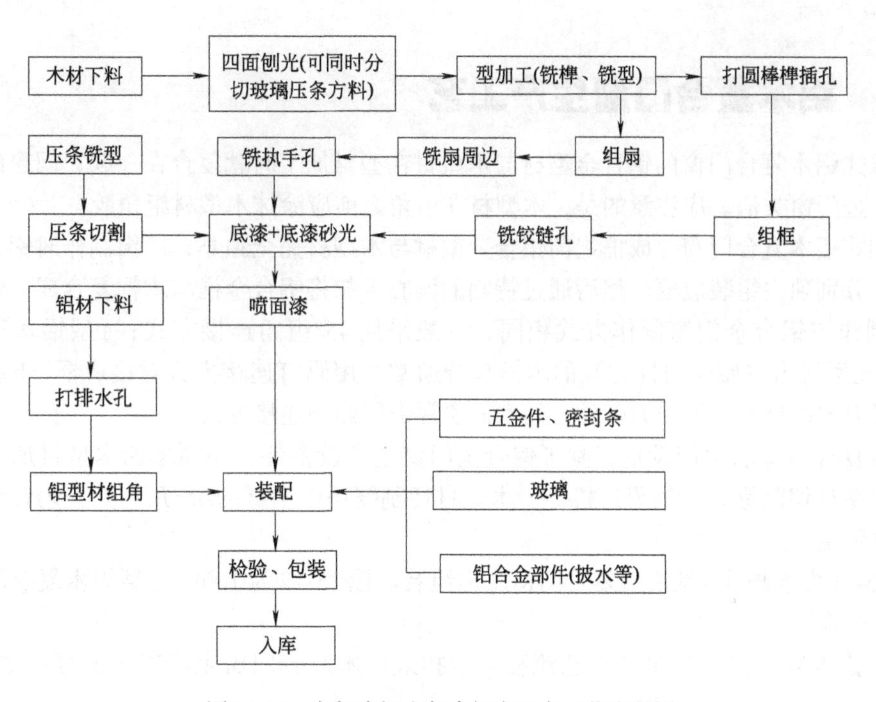

图15-13　卡扣式铝木复合门窗生产工艺流程图

（2）a型铝木复合门窗木框组角　a型铝木复合门窗铝合金框、扇的组角方式与铝合金门窗的框、扇组角方式相同，可参考铝合金门窗框、扇组角工艺。a型铝木复合门窗木框部分木材厚度在8~15mm，不适合榫接组角，故木框采用码钉组角。

码钉组角即木材经45°锯切下料后，放到挤角设备案台上，在每一对接角部涂木材粘接胶，经码钉机压合组角（图15-14）。组角后的接缝处缝隙用防水蜡密封，码钉槽用防水蜡封闭，码钉不外露。

组角后的木框安装连接卡扣，卡扣应采用PA66或ABS等材料，固定卡件连接螺钉直径不小于3.5mm，相邻卡扣之间安装间距应不大于200mm，连接卡扣距端头距离不应大于150mm，且每边连接卡扣不应少于3个，卡扣安装见图15-15。安装卡扣后的木框与铝合金框复合见图15-16。

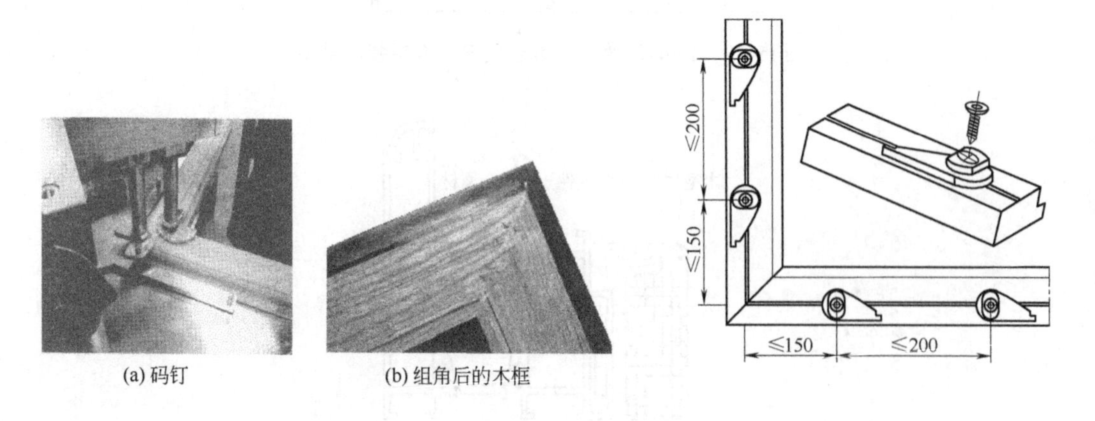

(a) 码钉　(b) 组角后的木框

图15-14　码钉组角

图15-15　卡扣安装

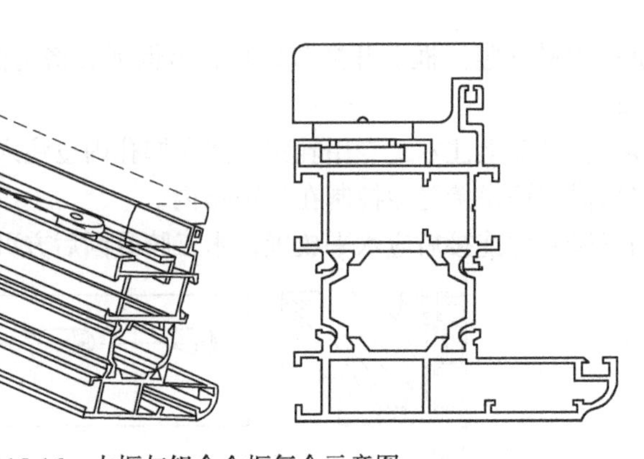

图15-16 木框与铝合金框复合示意图

（3）b型铝木复合门窗木框组角 b型铝木复合门窗铝合金部分框、扇的组角方式与铝合金门窗的框、扇组角方式相同，可参考铝合金门窗框、扇组角工艺。

b型铝木复合门窗的木框通过榫槽插接组角的方式组装成框，宜采用双榫连接。开好的榫槽不能有断裂、少角现象；对开好的榫槽要检查其配合度是否合适，榫槽插接松紧要适中，不能有太松或太紧现象，并注意榫槽的铣切方向（图15-17）。把开好榫槽的成型框扇料分别组框，并注意以下事项。

① 根据加工单进行取材，组框、扇。

② 组框过程中注意材料的长短不能弄错。

③ 组好的框、扇对角线要控制在标准范围内。

④ 在组好的框上注明型号、窗号。组装时槽、榫内需按工艺要求均匀涂抹组角胶，合框压力及时间应达到工艺指定值。

⑤ 把组好的框扇分类、分型号摆放。

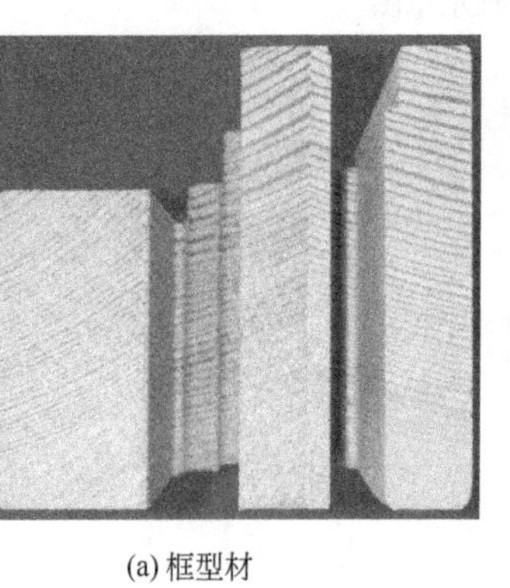

(a) 框型材

(b) 扇型材

(c) 榫接

(d) 成框

图15-17 木型材断面加工及榫接成框

中横（竖）框卡扣采用双排错位安装的方式，卡扣安装及木铝合框见图15-18。

（4）b型铝木复合门窗中横（竖）框连接 b型铝木复合窗边框与中横（竖）框连接、中横框与中竖框之间的连接多采用圆榫连接。圆榫就是中横（竖）框连接孔插入的专用榫节。

圆榫连接工艺要求如下。

① 先在需连接的中横（竖）框上开两个10mm的圆孔，孔位要定位准确，保证每支连接用中横（竖）框孔位一致。

② 在拼接中横（竖）框上开榫节过孔，需保证分格定位线准确和连接用中横（竖）框榫节孔位一致。

③ 拼接时在榫节上注木工专用乳胶，并在榫孔内也注入木工用乳胶后，再进行连接。

④ 榫接后需保证拼接缝隙控制在0.5mm内。

⑤ 中横（竖）框连接后应水平放置，木工胶凝固后方可移动。

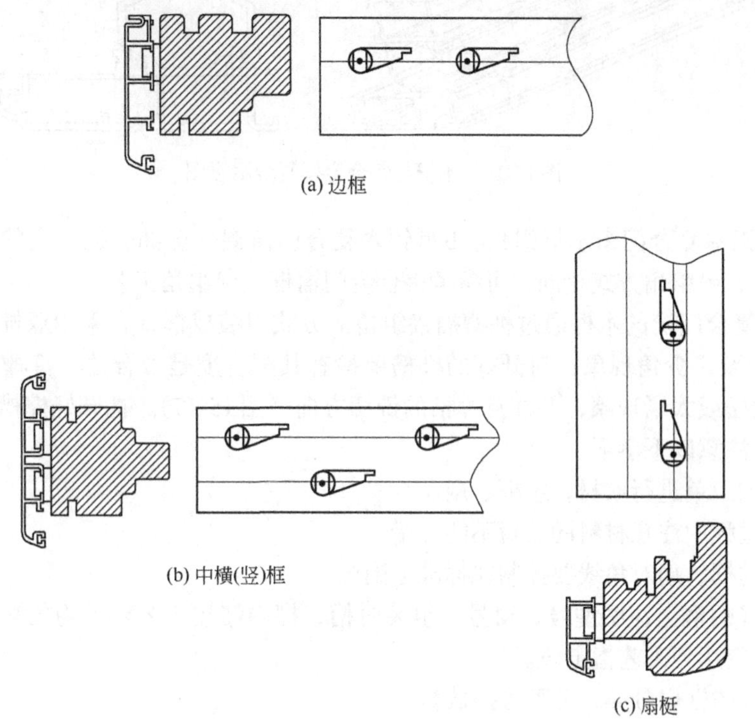

图15-18 b型铝木复合门窗卡扣安装及木铝合框示意图

16 耐火型铝合金门窗简介

16.1 耐火型门窗概述

16.1.1 耐火型门窗的产生

耐火型铝合金门窗是近几年发展起来的一种新型门窗，其主要结构与传统门窗基本相同，通过特殊的选材和工艺设计，使其在满足传统铝合金门窗抗风压性能、气密性能、水密性能等要求的基础上，满足耐火完整性要求，从而使耐火型铝合金门窗成为性能优越、具有良好发展前景的新型门窗。

高层建筑火灾发生频繁，而且高层建筑发生火灾的扑救难度大，一旦发生火灾将严重威胁人民生命和财产安全。为了预防建筑火灾，减少火灾危害，解决高层建筑发展和节能要求带来的消防安全问题，2015年5月1日发布实施的《建筑设计防火规范》（GB 50016—2014）对建筑外墙上的建筑门窗，首次提出了耐火完整性的要求。

耐火完整性是指在标准耐火试验条件下，建筑构件当某一面受火，在一定时间内阻止火焰和热气穿透或在背火面出现火焰的能力；耐火隔热性是指在标准耐火试验条件下，建筑构件当某一面受火，在一定时间内背火面温度不超过规定极限值的能力。

《建筑设计防火规范》[GB 50016—2014（2018版）] 中对墙体外保温材料和外窗耐火完整性的规定如下。

5.5.32 非强制性条文。建筑高度大于54m的住宅建筑，每户应有一间房间符合下列规定：

（1）应靠外墙设置，并应设置可开启外窗；

（2）内、外墙体的耐火极限不应低于1.00h，该房间的门宜采用乙级防火门，外窗的耐火完整性不宜低于1.00h。

6.7.3 非强制性条文。建筑外墙采用保温材料与两侧墙体构成无空腔复合保温结构体时，该结构体的耐火极限应符合本规范的有关规定；当保温材料的燃烧性能为B_1、B_2级时，保温材料两侧的墙体应采用不燃材料且厚度均不应小于50mm。

6.7.5 强制性条文。与基层墙体、装饰层之间无空腔的建筑外墙外保温系统，其保温材料应符合下列规定：

(1) 住宅建筑：

1) 建筑高度大于100m时，保温材料的燃烧性能应为A级；

2) 建筑高度大于27m，但不大于100m时，保温材料的燃烧性能不应低于B_1级；

3) 建筑高度不大于27m时，保温材料的燃烧性能不应低于B_2级。

(2) 除住宅建筑和设置人员密集场所的建筑外，其他建筑：

1) 建筑高度大于50m时，保温材料的燃烧性能应为A级；

2) 建筑高度大于24m，但不大于50m时，保温材料的燃烧性能不应低于B_1级；

3) 建筑高度不大于24m时，保温材料的燃烧性能不应低于B_2级。

6.7.7 非强制性条文。除本规范第6.7.3条规定的情况外，当建筑的外墙外保温系统按规范第6.7节规定采用燃烧性能为B_1、B_2级的保温材料时，应符合下列规定：

(1) 除采用B_1级保温材料且建筑高度不大于24m的公共建筑或采用B_1级保温材料且建筑高度不大于27m的住宅建筑外，建筑外墙上门、窗的耐火完整性不应低于0.50h。

(2) 应在保温系统中每层设置水平防火隔离带。防火隔离带应采用燃烧性能为A级的材料，防火隔离带的高度不应小于300mm。

依据《建筑设计防火规范》[GB 50016—2014（2018版）] 相关条款规定，不同建筑高度和建筑类型对外墙外保温材料及门窗耐火完整性要求见表16-1。

表16-1 不同建筑高度和建筑类型对外墙外保温材料及门窗耐火完整性的要求

序号	建筑高度/m	建筑类型	要求保温材料等级	实际采用外保温材料与外门窗耐火完整性要求	
				使用保温材料等级	外窗耐火完整性要求/h
1	>54	住宅建筑	—	—	每户有一个房间的外窗达到1.00
2	>100	住宅建筑	应采用A	A	—
3	>27~100		不应低于B_1	B_1	0.50
4	≤27		不应低于B_2	B_2	0.50
5	>50	除住宅建筑和设置人员密集场所的建筑外的其他建筑	应采用A	A	—
6	>24~50		不应低于B_1	B_1	0.50
7	≤24		不应低于B_2	B_2	0.50

依据《建筑设计防火规范》中耐火完整性时间要求，建筑外窗耐火完整性可分为0.50h、1.00h两类。

国家标准《铝合金门窗》(GB/T 8478—2020) 中首次提出了耐火型门窗的术语和定义。耐火型门窗是指在规定的试验条件下，关闭状态耐火完整性E不小于30min的门窗。耐火型外门窗主要性能指标为抗风压性能、水密性能、气密性能、耐火完整性，根据门窗功能不同可选指标为空气声隔声性能、保温性能、隔热性能等。耐火型外门窗耐火完整性分级代号为E30 (i)、E60 (i)、E30 (o)、E60 (o)。

国家标准《建筑门窗耐火完整性试验方法》(GB/T 38252—2019) 对门窗耐火完整性提出了分级指标，室内侧受火以i表示，室外侧受火以o表示，耐火型门窗要求室外侧耐火时，耐火完整性不应低于E30 (o)；耐火型门窗要求室内侧耐火时，耐火完整性不应低于E30 (i)。门窗耐火完整性分级及指标值见表16-2。

表16-2　门窗耐火完整性分级及指标值

分级		代号	
受火面	室内侧	E30(i)	E60(i)
	室外侧	E30(o)	E60(o)
耐火时间(t)/min		$30 \leqslant t < 60$	$t \geqslant 60$

16.1.2　耐火型门窗与非隔热防火门窗的区别

耐火型门窗面世以来，常与非隔热防火门窗相混淆。非隔热防火门、非隔热防火窗属于典型的消防产品，其产品标准分别为《防火门》（GB 12955—2008）、《防火窗》（GB 16809—2008）。

《防火窗》（GB 16809—2008）中规定，非隔热防火窗（C类防火窗）耐火等级代号为C0.50、C1.00、C1.50、C2.00、C3.00；其主要性能指标为抗风压性能、气密性能、耐火完整性；活动式非隔热防火窗附加检验项目为热敏感元件的静态动作温度、窗扇关闭可靠性、窗扇自动关闭时间。防火窗未对水密性能提出要求，所以防火窗多在室内区域使用。而耐火型外门窗作为建筑外围护结构使用，因此具有水密性能的要求。此外，活动式防火窗规定必须安装窗扇启闭控制装置，该装置具有手动控制启闭窗扇功能，且至少具有易熔合金或玻璃球等热敏感元件自动控制关闭窗扇的功能，在发生火灾时，能够在60s内自动关闭防火窗。而耐火型门窗未对窗扇启闭控制装置提出明确要求。

《防火门》（GB 12955—2008）中规定，非隔热防火门（C类防火门）耐火等级代号为C1.00、C1.50、C2.00、C3.00。非隔热防火门主要性能指标为耐火完整性。对抗风压性能、水密性能、气密性能等指标均未提出要求。

由此可见，非隔热防火门窗不具备建筑外门窗的部分相关物理性能，因此不能作为建筑外围护结构使用。

16.2　耐火型门窗试验方法及要求

《铝合金门窗》（GB/T 8478—2020）中对耐火型门窗主要性能指标抗风压性能、水密性能、气密性能，可选指标空气声隔声性能、保温性能、隔热性能的要求与传统铝合金门窗完全一致，不再赘述。

《铝合金门窗》（GB/T 8478—2020）中规定门窗的耐火完整性分级应符合《建筑门窗耐火完整性试验方法》（GB/T 38252—2019）的规定。《建筑门窗耐火完整性试验方法》（GB/T 38252—2019）中耐火完整性试验的试验炉、支撑框架、测量设备的要求与《建筑构件耐火试验方法》（GB/T 9978）完全一致，但是相比GB/T 9978增加了室外标准升温曲线。

《建筑设计防火规范》[GB 50016—2014（2018版）] 6.7.7~6.7.9条文说明中规定：有耐火完整性要求的窗，其耐火完整性按照现行国家标准《镶玻璃构件耐火试验方法》（GB/T 12513）中对非隔热性镶玻璃构件的试验方法和判定标准进行测定。有耐火完整性要求的门，其耐火完整性按照国家标准《门和卷帘的耐火试验方法》（GB/T 7633）的有关规定进行测定。其中对门窗耐火完整性的要求按照《建筑构件耐火试验方法》（GB/T 9978）的规定。

16.2.1　耐火性能试验炉

依据《建筑构件耐火试验方法　第1部分：通用要求》（GB/T 9978.1—2008）建立的典

型门窗耐火性能垂直试验炉，如图16-1所示。试验炉多采用气体燃料，明火加热。试验时将门窗试件按使用状态安装在试验炉炉口上，试件一侧受火。

炉内热电偶采用符合《热电偶　第1部分：电动势规范和允差》（GB/T 16839.1）规定的丝径为0.75~2.30mm的镍铬-镍硅（K型）的热电偶，外罩耐热不锈钢套管或耐热瓷套管，中间填装耐热材料，其热端伸出套管的长度不少于25mm，炉内热电偶准确度要求±15℃。

试验开始时，热电偶的热端与试件受火面的距离应为（100±10）mm；试验过程中，上述距离应控制在50~150mm之内。以时间间隔不超过1min测量并记录温度值1次。

图16-1　典型耐火性能试验炉

16.2.2　室内标准升温曲线

《建筑门窗耐火完整性试验方法》（GB/T 38252—2019）规定对于室内侧受火试验，依据《建筑构件耐火试验方法　第1部分：通用要求》（GB/T 9978.1—2008）的规定，试验炉内的热电偶测得的炉内平均温度，按式（16-1）对其进行监测和控制。

$$T=345\lg(8t+1)+20 \tag{16-1}$$

式中　t——时间，min；

　　T——炉内平均温度，℃。

室内标准升温曲线（时间-温度曲线）如图16-2所示。

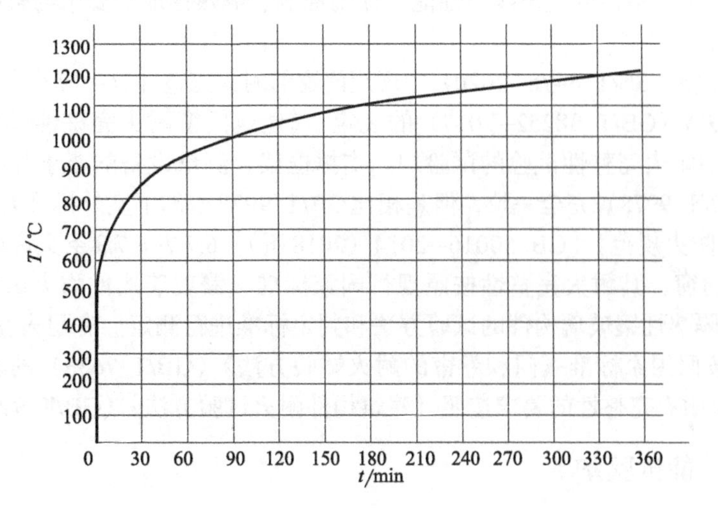

图16-2　室内标准升温曲线（时间-温度曲线）

试验期间炉内实际时间-温度曲线与标准时间-温度曲线的偏差d_e用式（16-2）表示。

$$d_e = \frac{A - A_s}{A_s} \times 100 \tag{16-2}$$

式中　d_e——面积偏差，%；

A——实际炉内时间-平均温度曲线下的面积；

A_s——标准时间-温度曲线下的面积。

d_e应控制在以下范围内。

（1）$d_e \leqslant 15\%$，$5min < t \leqslant 10min$。

（2）$d_e \leqslant [15-0.5(t-10)]\%$，$10min < t \leqslant 30min$。

（3）$d_e \leqslant [5-0.083(t-30)]\%$，$30min < t \leqslant 60min$。

（4）$d_e \leqslant 2.5\%$，$t > 60min$。

对所有的面积应采用相同的方法计算，即合计面积时的时间间隔在（1）条件下不应超过1min，在（2）、（3）和（4）条件下不应超过5min，并且从0min开始计算。

在试验开始10min后的任何时间里，试验炉内任何一支热电偶测得的炉内温度与标准时间-温度曲线所对应的温度偏差不应超过±100℃。

16.2.3　室外标准升温曲线

《建筑门窗耐火完整性试验方法》（GB/T 38252—2019）规定对于室外侧受火试验，依据《建筑构件耐火试验　可供选择和附加的试验程序》（GB/T 26784—2011）4.2.2的规定，试验炉内的热电偶测得的炉内平均温度，按式（16-3）对其进行监测和控制。

$$T=660(1-0.687e^{-0.32t}-0.313e^{-3.8t})+T_0 \tag{16-3}$$

式中　t——试验进行到的时间，min；

T——试验进行到时间t时耐火试验炉内的平均温度，℃；

T_0——试验开始前耐火试验炉内的初始平均温度，要求为5~40℃，℃。

当T_0取值为20℃时，室外标准升温曲线（温度-时间曲线）如图16-3所示。

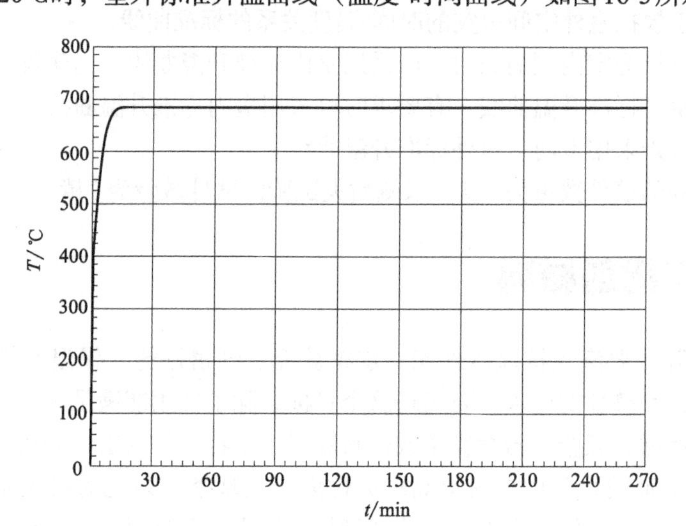

图16-3　室外标准升温曲线（温度-时间曲线）

试验期间炉内实际时间-温度曲线下的面积与标准时间-温度曲线下的面积偏差d_e用式（16-4）表示。

$$d_e = \left| \frac{A - A_s}{A_s} \right| \times 100 \tag{16-4}$$

式中 d_e——面积偏差，%；

A——实际炉内时间-平均温度曲线下的面积；

A_s——标准时间-温度曲线下的面积。

d_e应控制在以下范围内。

（1）$d_e \leqslant 15\%$，$5\text{min} < t \leqslant 10\text{min}$。

（2）$d_e \leqslant [15-0.5(t-10)]\%$，$10\text{min} < t \leqslant 30\text{min}$。

（3）$d_e \leqslant [5-0.083(t-30)]\%$，$30\text{min} < t \leqslant 60\text{min}$。

（4）$d_e \leqslant 2.5\%$，$t > 60\text{min}$。

对所有的面积应采用相同的方法计算，即计算面积的时间间隔不应超过1min，并且从试验开始0min开始计算。

在试验开始10min后的任何时间里，耐火试验炉内任何一支热电偶测得的炉内温度与标准时间-温度曲线所对应的温度偏差绝对值不应大于100℃。

16.2.4 试验结果判定

试验过程中试件发生下列现象之一时，即认为失去耐火完整性。

（1）背火面出现火焰持续达10s以上。

（2）试件背火面出现贯通至试验炉内的缝隙，直径（6±0.1)mm的探棒可以穿过缝隙进入试验炉内且探棒可以沿缝隙长度方向移动不小于150mm。

（3）试件背火面出现贯通至试验炉内的缝隙，直径（25±0.2)mm的探棒可以穿过缝隙进入试验炉内。

室内标准升温曲线是指用于模拟室内空间火灾的时间-温度关系的标准曲线，室外标准升温曲线是指用于模拟室外空间火灾的时间-温度关系的标准曲线。

当建筑门窗设计为室内侧耐火时，应采用室内标准升温曲线；当建筑门窗设计为室外侧耐火时，应采用室外标准升温曲线，有要求时可采用室内标准升温曲线；当建筑门窗设计为双侧耐火时，应分别采用室内、室外标准升温曲线。

单侧耐火试验的试件数量为1樘，双侧耐火试验的试件数量为2樘。

16.3 防火密封材料

耐火型门窗除了要满足抗风压性能、水密性能、气密性能、保温性能等物理性能要求外，还需满足耐火完整性的要求。要实现这个目标，除了使用能满足耐火完整性要求的防火玻璃外，对所用型材、五金、密封胶条或密封胶提出了特殊的要求。需要采用一系列防火密封材料，保护防火玻璃，帮助型材提高耐火性能，实现整窗系统的耐火完整性。实际使用中，耐火型门窗可以是以铝合金型材、塑料型材、铝木复合型材、木型材、玻璃钢型材以及钢型材为框架材料的门窗，其中铝合金门窗占比最大。

本节所说的防火密封材料是指为使建筑门窗实现耐火完整性而设计的一系列防火辅材，也就是说，广义上的防火密封材料，包括防火膨胀密封条、阻燃密封胶条和阻燃密封胶、防火棉条，也包含结构性防火插条、防火玻璃垫片等辅材。

本节仅对除了阻燃密封胶条和阻燃密封胶外的其他防火密封材料进行介绍。

16.3.1 防火膨胀密封材料

防火膨胀密封材料是一类遇热膨胀从而使自身体积增大数倍甚至数十倍，并形成具有隔热和密封作用的泡沫体的防火密封材料，被广泛应用于各种防火构件中，对缝隙或孔洞进行封堵，实现防火构件的耐火完整性甚至隔热性要求。火灾发生时，防止火、烟以及热量的扩散，为灭火赢得宝贵的时间，保护生命并降低财产损失。

常见的防火膨胀密封材料可以分为平板形条、异形条、膏状产品和异形铸件等类型。

基于膨胀机理可以将防火膨胀密封材料分为可膨胀石墨基、硅酸钠基、蛭石基和磷酸盐成炭型四种。

硅酸钠基防火膨胀密封材料是20世纪70年代首先由德国巴斯夫公司研发成功的板材，产品名称为Palusol，并开始应用于防火门等防火构件的防火密封。由于该产品是无机不燃材料，且具有膨胀起始温度低、生成具有抗压作用的硬质泡沫，在膨胀过程中有吸热降温效果等突出的优点，至今被广泛使用。特别是在美国UL标准中，因防火构件耐火检测的最后阶段使用高压水枪冲击防火构件，膨胀后的膨胀密封材料必须具有一定的抗冲击能力，故而能形成硬泡的硅酸钠基膨胀密封材料体现出天然的优势，该材料在美标市场占据很大的市场份额。在防火保险柜领域，传统上也主要使用该类膨胀密封条。由于该材料具有膨胀密封，膨胀时可吸热降温和膨胀后有很好的高温隔热作用，表现出优异的防火性能，这正是该材料的生命力所在。但是，该材料也有其严重的缺点，主要是易溶于水，且会与空气中的二氧化碳反应失去膨胀能力，尽管可以通过在该材料的表面喷涂环氧树脂等防水涂层进行保护，但在使用时最好对其进行全方位保护，比如在木质防火门上压在木皮下，或用塑料外壳、铝膜以及塑膜进行包覆，总之，不能直接暴露于空气中。另外，该产品还有冷蠕变的特性，对加工和仓储提出了特殊的要求。

可膨胀石墨基膨胀材料是使用最为广泛的一类防火膨胀密封材料，最早出现于20世纪80年代，因其膨胀倍率高、易于加工而获得了广泛的青睐，代替了一大部分硅酸钠基的材料的应用场景。

蛭石基和磷酸盐成炭型膨胀密封材料仅用于一些特殊的应用场景。

蛭石基膨胀密封条在建筑防火上主要用于非隔热型防火玻璃构件中防火玻璃周边玻璃板面两侧进行防火保护，当单片防火玻璃在高温下开始软化时，蛭石基膨胀密封条因定向膨胀而产生对玻璃的夹持作用可以阻止防火玻璃因重力而产生的下坠，从而避免因防火玻璃构件上部窜火而导致防火完整性丧失。

磷酸盐成炭型防火膨胀密封材料的作用机理与膨胀型防火涂料相似，通过磷酸盐使多羟基化合物脱水成炭，并通过分解反应生成的气体进行发泡，形成致密的闭孔炭泡沫来实现防火密封和隔热目的。该类膨胀密封材料膨胀倍率高，生成的炭泡沫致密性好，具有突出的高温隔热效果，同时，膨胀时基本没有压力，这类膨胀密封材料可以用于对膨胀压力敏感或高温隔热要求较高的防火构件中，比如北欧国家的木质防火门四周缝隙、合页下面和锁体两侧，另外，用灌注法生产的隔热性防火玻璃四周采用该类膨胀密封材料也可以更好地阻止热量由受火面向背火面传导。该材料也可用于金属材料表面，遇火时，通过膨胀形成高隔热性炭泡沫来降低背后金属板面的温度，从而减小金属的变形量。该类材料也存在耐水性差的弱点。

根据材料膨胀时的膨胀方向，可以把防火膨胀密封材料分为单向膨胀、三维膨胀和非对称型膨胀三类。

目前市场上可见的蛭石基膨胀密封材料和硅酸钠基膨胀密封材料基本上属于单向膨胀。在制作防火构件时，可以充分利用此类材料在膨胀时产生的压力的定向性，达到更有效的防火目的。如前所述，利用蛭石基膨胀密封材料的单向膨胀性能，来对高温软化的单片防火玻璃产生夹持效果。磷酸盐成炭型防火膨胀密封材料和大多数可膨胀石墨基膨胀材料属于三维膨胀型，此类膨胀材料的特点是，膨胀以后膨胀体可以向所有方向延伸，哪里阻力小就更易向那个方向膨胀，而阻力小的方向正是需要封堵的缝隙或孔洞，所以，可以有效地将防火构件中已有的或因温升变形产生的缝隙或孔洞进行密封。通过对配方的调整和采用适当的工艺，可以生产出非对称型膨胀密封材料，此种材料在遇热膨胀时，主要向厚度方向膨胀，而侧向的膨胀则较少，利用此特征，可以有效控制膨胀密封材料的方向，充分利用膨胀泡沫体填充孔洞，减少低效率的侧向膨胀。少量的侧向膨胀也可避免侧向形成封堵死角，保证系统的耐火完整性。

不同的膨胀密封材料在膨胀时能够产生不同的压力，我们可以把膨胀密封材料按照膨胀压力粗略分为无压、低压（<0.2N/mm²）和中高压（≥0.2N/mm²）三种。膨胀压力可以用膨胀压力仪进行测量。该仪器最早由德国巴斯夫和德国检测机构MPA共同研发，膨胀压力也成为早期德国对防火膨胀密封材料制定的技术规范中的必检项目。目前，统一后欧盟的相应的技术规范EOTA TR024采纳了德国规范的多数检测项目和方法，用同样方法检测膨胀压力。

防火膨胀密封材料的膨胀压力的不同是根据应用场景对防火膨胀密封材料进行选择的一项重要指标。如前所述，磷酸盐成炭型膨胀密封材料由于该类材料膨胀时不产生压力，被主要用于对压力敏感的防火构件中。与此相反，有些应用场景中需要膨胀压力大的膨胀密封材料，比如在塑料管道中广泛使用的阻火圈中使用的膨胀材料就需要有足够高的压力，以便能将正在熔化的塑料管道尽快向中心挤压，对因管道熔化形成的孔洞进行严密的封堵。在防火门窗中，压力较大的膨胀密封材料在框材和扇材之间有阻止扇材进一步翘曲的作用。

另外，各种防火膨胀密封材料的初始膨胀温度也有很大的不同，硅酸钠基防火膨胀密封材料具有最低的初始膨胀温度，为100~110°C，而蛭石基防火膨胀密封材料则表现出最高的初始膨胀温度，为350°C。磷酸盐成炭型膨胀密封材料在220°C以上开始炭化膨胀。可膨胀石墨基膨胀密封材料的初始膨胀温度根据处理石墨所用的氧化剂和酸以及反应条件，可以生产出初始膨胀温度从140°C至高于300°C的不同产品，最常见的是用硫酸法生产的初始膨胀温度大约200°C的产品。

各种性能防火膨胀密封材料在不同温度时的膨胀倍率如图16-4所示。

图16-4可以直观地比较不同材料的膨胀性能，如最大膨胀倍率及达到此峰值的温度、初始膨胀温度等。产品3在相对较低的温度140°C即开始膨胀，当普通石墨基膨胀材料于大约200°C开始膨胀时，该产品已膨胀6倍左右，往往已能将缝隙密封，在隔热型防火构件中具有重要意义。图16-4中几种可膨胀石墨基膨胀材料的膨胀倍率都随着温度的升高继续上

升，至少700°C以上，可以对防火构件在高温时的安全性提供更好的保障，而硅酸钠基膨胀材料的膨胀倍率则在600°C以上开始下降，在中低温区表现良好，高温区发生相变，而后逐步陶瓷化。

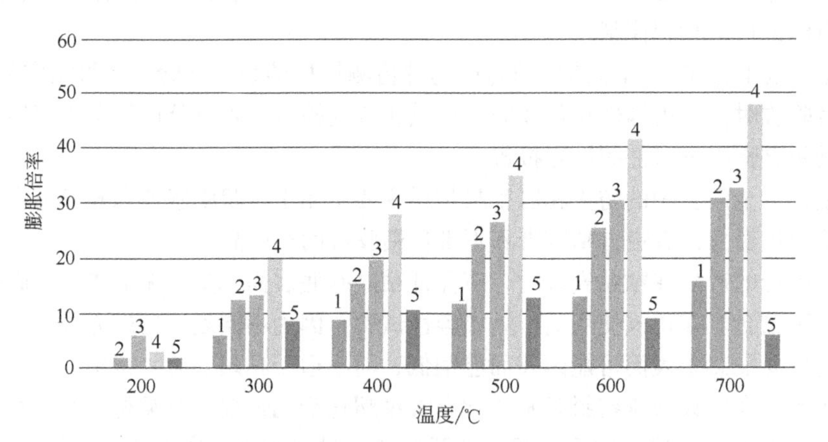

图16-4　各种性能防火膨胀密封材料不同温度段的膨胀倍率

1—石墨基低膨胀倍率型防火膨胀条；2—石墨基高膨胀倍率型防火膨胀条；3—石墨基低温膨胀型防火膨胀条；4—高膨胀倍率高膨胀压力型防火膨胀条；5—硅酸钠基膨胀材料

各种防火膨胀材料在一定温度下的膨胀压力随时间变化的曲线如图16-5所示。图16-5可以比较各种膨胀材料的最高膨胀压力以及压力持续的时间，对选择某一压力特征的产品具有直观的指导意义。

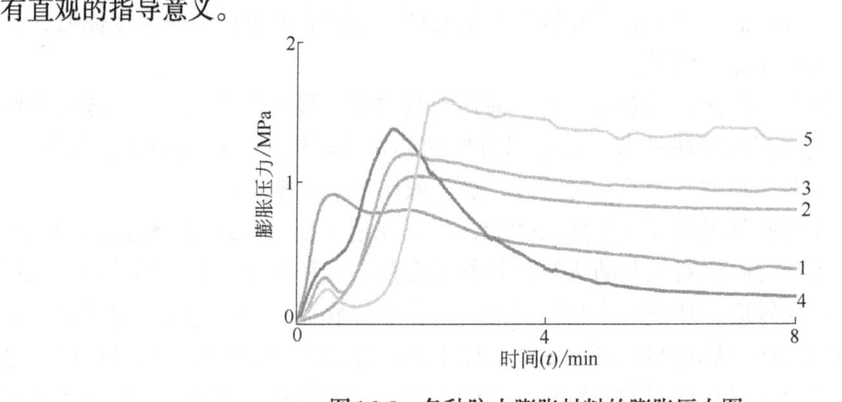

图16-5　各种防火膨胀材料的膨胀压力图

1—石墨基低膨胀倍率型防火膨胀条；2—石墨基高膨胀倍率型防火膨胀条；3—石墨基低温膨胀型防火膨胀条；4—硅酸钠基膨胀型产品；5—高膨胀倍率高膨胀压力型防火膨胀条

在实际应用中，应充分考虑具体的防火要求，比如防火构件是否要求隔热性、耐火时效的级别、型材（隔热断桥铝型材还是普通铝型材）、玻璃（单片防火玻璃还是复合防火玻璃、中空玻璃的具体构成）以及玻璃面板的尺寸等具体情况以及加工工艺的要求，充分了解各种类型防火膨胀密封材料的膨胀特性，如膨胀倍率、膨胀压力、初始膨胀温度、膨胀方向等，选择技术上最合适、成本上最合算的产品。

对防火膨胀材料的性能，除了可以用以上指标进行评价和比较外，还有两个定性的观察方式可以更直接地评价可膨胀石墨基防火膨胀材料防火效能的高低，一个是膨胀后的泡沫体的团聚密实程度，另外一个是泡沫体在高温下的烧蚀速度。泡沫体的密实程度越高，烧蚀速度越慢，防火密封作用越可靠，产品性能就越好。

目前，防火膨胀密封材料依据国家标准《防火膨胀密封件》（GB 16807—2009）对材料外观、几何尺寸、膨胀性能、空气老化性、耐水性、耐酸碱性、耐冻融循环性、产烟密度和烟毒性等指标进行检验和控制。

耐火型门窗必须通过国家认可的防火构件检测机构的耐火试验，取得相应的检验报告。在工程项目验收时，耐火构件承包商需要提供相应的检测报告以及构件中所用的主要防火材料，特别是防火膨胀密封件的检测报告。

耐火型铝合金门窗中的防火膨胀密封材料主要采用平板状膨胀条和异形膨胀条，其中平板状膨胀条用量最大，有带自粘胶带和不带自粘胶带两类产品。

带自粘胶带的产品在粘贴安装时，应保证粘贴基底表面无尘、无油脂，并确保按压后与基底表面紧密结合。在正式使用前，做相容性试验，因为不同表面处理方式的铝合金型材表面或不同的尼龙隔热条表面可能因表面能偏低，而不适于粘贴安装。特别需要指出的是，目前市场上大量存在防火膨胀密封条基体含有大量塑化剂的情况，此类材料虽然在粘贴时，柔软易于加工，但经过一段时间后，塑化剂开始渗出材料表面，俗称“出油”，并将表面的自粘胶塑化，使其失去粘接力量，尤其是外露的自粘性防火膨胀条，很容易从基体表面脱落，失去防火密封的作用。采用改变铝型材构造，将该类防火膨胀密封条插入卡槽的安装方式，虽然可以避免因塑化剂渗出所造成的脱落现象，但在塑化剂渗出后，膨胀体会持续变硬，产生裂纹，最后慢慢以碎片形式掉落，同时，塑化剂的渗出也会在膨胀密封条附近形成污垢的沉积，影响门窗的美观性。另外，所用自粘胶带也应采用耐候性高、阻燃性能好、初粘力和持粘力高的优质胶带，以保证防火膨胀条安装后长期有效。我国北方地区冬季温度偏低，自粘胶带还应具有较好的低温加工性能。

在选用不带自粘胶带的防火密封条时，为了简化安装过程，提高生产效率，可选用刚性或半刚性的条材，硬度适当的半刚性条，既能以方便的卷材形式供货，根据需要随剪随用，避免浪费，又可以避免柔性卷材造成的不易插入、加工效率低下的缺点。

鉴于硅酸钠基防火膨胀材料的优异的防火性能，可以在耐火型门窗的耐火性的薄弱之处使用该材料，也可采用与可膨胀石墨基防火膨胀材料复合的方式用于型材腔体的填充，利用两种不同特点材料的协同效应，达到事半功倍的效果。由于可膨胀石墨基防火膨胀材料的高温隔热优势，而硅酸钠基防火膨胀材料则在600°C以下的中低温区更为有效，以及硅酸钠基防火膨胀材料在膨胀后形成隔热性硬泡的特点，在受火面一侧腔体内，应将可膨胀石墨基防火膨胀材料朝向受火面配置。

硅酸钠基防火膨胀材料应达到《建筑材料及制品燃烧性能分级》（GB 8624—2012）规定的A（A1）级建筑材料要求。

应当指出，在型材腔体内插入防火膨胀材料，在遇热时膨胀填充型材腔体，形成高温隔热屏障，保护背后的型材和玻璃，此时的防火膨胀材料所起的作用并非密封作用，而是高温隔热作用。

16.3.2 防火棉条

防火棉条是一种柔软的高温密封带材，具有优异的隔热性能，材质为陶瓷纤维或硅酸钙/硅酸镁纤维，产品具有柔软可压缩的特点，高温时可缓冲玻璃与型材或金属件变形产生的应力，防止防火玻璃爆裂。产品一面覆一层专用自粘胶带，易于安装。

防火棉条多数应用于型材或金属件与玻璃接触位置，高温时处于外露状态，所以防火棉条产烟毒性为重要指标，必须达到《建筑材料及制品燃烧性能分级》(GB 8624—2012）规定的t1级要求。

陶瓷纤维具有致癌性，在欧盟国家，已被列入欧盟化学品法REACh的高关注度化学品名单，所以，已逐步被具有生物可溶性的硅酸钙/硅酸镁纤维所代替，虽然该替代产品的最高使用温度1100°C明显低于陶瓷纤维的最高使用温度1260°C，但在防火构件领域，1100°C完全能满足使用要求。目前，国内能提供这一替代性产品的企业还比较少，而且成本也比陶瓷纤维产品明显高，阻碍了防火棉条产品向无害型产品转化的进程。

16.3.3　结构性防火插条

结构性防火插条是一种无机材质的防火隔热材料，具有优异的高温隔热性能，能在高温时起结构支撑作用，同时具备较低的热导率［$K \leqslant 0.25W/(m \cdot K)$］。由于此类材料应用于耐火型门窗时多数情况是用于型材腔体，特别是隔热断桥铝合金型材由尼龙隔热条所组成的腔体的填充。

结构性防火插条必须达到《建筑材料及制品燃烧性能分级》(GB 8624—2012）规定的A(A1）级建筑材料的要求。

16.3.4　防火玻璃垫片

防火玻璃垫片是一种由热导率低、耐水性好、抗压强度高、硬度适中的不燃性防火板材制成的片状小件。其材质为特种硅酸钙板，主要作用是取代普通窗使用的塑料垫片，对防火玻璃起支撑作用。高温时，不会软化或粉化，不会造成对玻璃棱边的损伤，防止防火玻璃下沉，从而保证防火构件的高温密封性能。必要时，可与普通玻璃垫片配合使用，既保证玻璃构件在日常使用中不发生位移，又能保证高温时防火玻璃构件的防火要求。防火玻璃垫片的具体放置位置如图16-6所示。

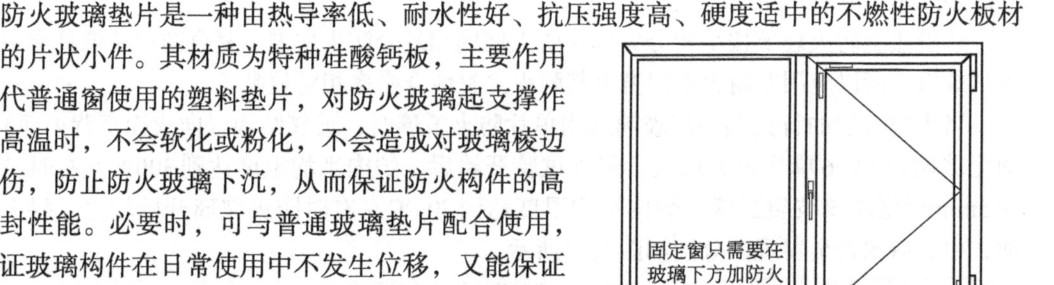

图16-6　防火玻璃垫片具体放置位置示意图

防火玻璃垫片必须达到《建筑材料及制品燃烧性能分级》(GB 8624—2012）规定的A（A1）级建筑材料要求。

16.3.5　金属支撑件

耐火型门窗仅仅使用防火密封材料是不够的，还需要在特定位置使用辅助性的金属支撑件。因为型材在高温时会部分熔化，特别是隔热断桥铝合金型材中尼龙隔热条的软化，会使型材丧失原来的结构稳定性和系统支撑作用。使用金属支撑件能够协助防火密封材料达到建筑门窗的耐火完整性。金属支撑件包括钢制角部增强件、型材连接件（主要用于隔热断桥铝合金门窗）以及玻璃卡件。

对金属支撑件的通用要求如下。

(1）钢制表面应做热浸镀锌防腐处理，或选用不锈钢材质。

(2）固定金属支撑件的螺钉，应该使用不锈钢材质。

(3）金属支撑件的高温软化点应高于1000℃。

16.4 耐火型铝合金门窗工艺方案

不同企业耐火型铝合金门窗产品方案有很大差别。本节所用示例仅仅是为了向读者说明耐火型铝合金门窗的基本构造及工艺，并不是唯一形式。

耐火型铝合金门窗与其他铝合金门窗一样，都是由铝合金型材、玻璃面板、五金件、密封材料，以及其他辅助配件等组成。但由于普通铝合金门窗用材料及配件，部分不能满足耐火型门窗耐火完整性要求，所以耐火型铝合金门窗的材料、构造及工艺又应有所变化。耐火型铝合金门窗是各组件有机组合的系统工程，其中任何一种组件出现问题均可能导致耐火完整性不合格。这需要生产企业不断改进工艺、研发配套产品，是一个不断试验不断进步的过程。

16.4.1 防火玻璃

为保证外门窗达到耐火完整性的要求，《建筑幕墙、门窗通用技术条件》（GB/T 31433—2015）第5.1.5条规定：对有耐火完整性要求的外门窗，所用玻璃最少有一层应符合《建筑用安全玻璃　第1部分：防火玻璃》GB 15763.1的规定。

防火玻璃按耐火性能分为隔热型防火玻璃、非隔热型防火玻璃。其中，隔热型防火玻璃多用于隔热型建筑构件，如有隔热要求的防火门、防火窗、防火玻璃非承重隔墙等，耐火型门窗多采用非隔热型防火玻璃。

非隔热型防火玻璃按结构分为单片防火玻璃和复合防火玻璃。复合防火玻璃具有一定的隔热效果，所以应用在耐火型门窗上其耐火完整性合格率相对较高。

当中空玻璃的背火侧一层玻璃选用单片防火玻璃时，玻璃结构（向火面至背火面）为5钢化玻璃+12A+6单片防火玻璃，耐火试验开始后，炉内平均温度达到300℃左右时，向火面5mm钢化玻璃破裂脱落，炉内平均温度达到700℃左右时防火玻璃开始软化。耐火试验前、中、后铝合金窗现象分别如图16-7所示。

图16-7　中空玻璃的背火侧玻璃选用单片防火玻璃耐火试验前、中、后铝合金窗现象

当中空玻璃的背火侧一层玻璃选用复合防火玻璃时，玻璃结构（向火面至背火面）为5钢化玻璃+9A+9复合防火玻璃（3mm玻璃+1mm胶片+5mm玻璃），耐火试验开始后，炉内平均温度达到300℃左右时，向火面5mm钢化玻璃破裂脱落，随后3mm玻璃破裂，胶片受火膨胀，胶片背火面颜色随时间逐渐变白变黄变黑。耐火试验前、中、后铝合金窗现象分别如图16-8所示。

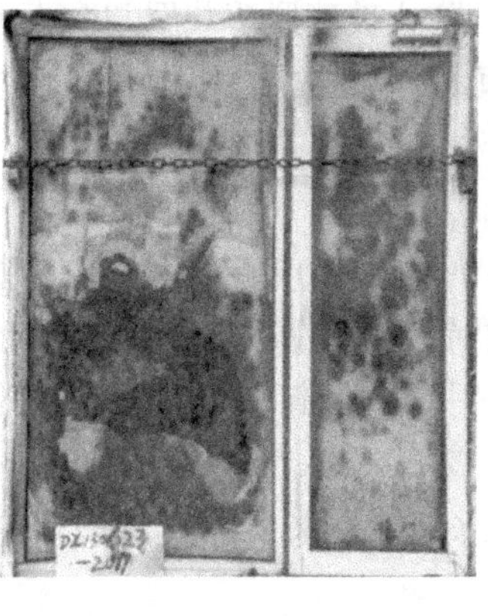

图16-8　中空玻璃的背火侧玻璃选用复合防火玻璃耐火试验前、中、后铝合金窗现象

当选用防火玻璃质量较差或防火玻璃安装有误时，均能导致防火玻璃破裂脱落，如图16-9所示。

(a) 单片防火玻璃

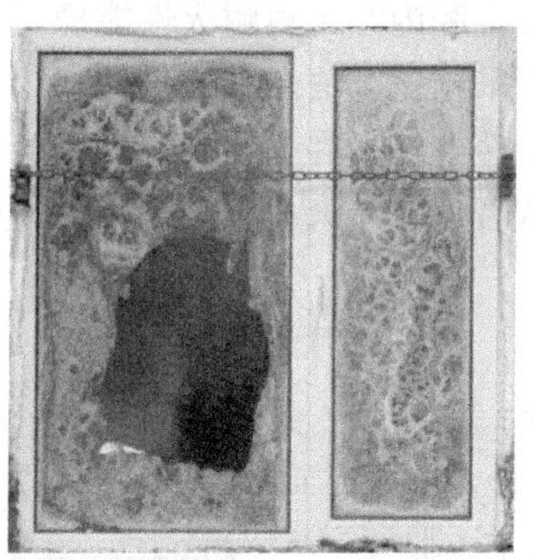

(b) 非隔热复合防火玻璃

图16-9　选用防火玻璃质量较差或防火玻璃安装有误耐火试验时铝合金门窗现象

建议防火玻璃安装在背火面。依据大量检测数据知，若防火玻璃安装在向火面，其耐火时间基本不超过20min，且背火面玻璃容易炸裂伤人。

基于防火玻璃在受火时逐步软化变形的动态特征，耐火型铝合金门窗用防火玻璃在安装中应注意以下环节。

（1）防火玻璃的安装应充分考虑玻璃产生的热应力，玻璃受火时的弯曲变形应与安装结构协调变形，避免热应力与机械应力的叠加。

（2）防火玻璃在安装时不应与其他刚性材料直接接触，玻璃与框架之间的间隙应采用玻璃垫块、防火棉条等材料填充。

普通铝合金门窗用玻璃垫块多为耐腐蚀的塑料材质，耐火型门窗用玻璃垫块应选用不燃防火板材制作。其热导率不超过0.30W/(m·K)，受火时不变形、不粉化，能够保证防火玻璃的稳定性，且防止玻璃与其他刚性材料接触导致受火时玻璃炸裂。

（3）设置防止玻璃脱落装置。铝合金型材在高温条件下，其受火面会发生变形、熔融等现象，从而失去部分或全部的支撑作用，导致防火玻璃脱落。为了防止这种情况发生，必须在玻璃和框架型材之间设置防止玻璃脱落装置。由于耐火型铝合金门窗受火面铝合金型材受热熔融，失去支撑作用，因此防止玻璃脱落装置应与背火面铝合金型材或钢制内衬骨架可靠连接，以提高耐火性能。同时，防止玻璃脱落装置与防火玻璃之间，应根据防火玻璃膨胀系数给防火玻璃预留适当膨胀空间，并设置柔性阻燃材料，以防止受火时防火玻璃挤压炸裂。

16.4.2 铝合金型材

铝合金为热的良导体，热导率为160W/(m·K)，在门窗各组成部件中热导率最高。铝合金型材熔点为620~650℃。在铝合金门窗进行耐火试验时，当炉内平均温度超过铝型材熔点时，型材开始熔化，但是铝合金型材一般在300℃左右丧失承载能力，门窗整体性丧失，因此耐火型铝合金门窗需要在工艺上采取措施，保证铝合金型材的耐火完整性。目前，常用的保证铝合金型材耐火完整性的方法有在铝合金型材空腔内穿钢衬和填充隔热防火材料两种。

（1）在铝合金型材空腔内穿钢衬。将钢衬穿入型材空腔内，用螺钉将各个穿入型材中的钢衬连接形成一个整体。由于钢的熔点在1400℃左右，即使铝合金型材完全熔化，穿入型材空腔内的钢衬依然能够保持原始形态，保证门窗的耐火完整性，如图16-10所示。

铝合金型材空腔内穿钢衬耐火性能稳定，但生产工艺较为复杂，企业可以根据自身技术水平，选择是否采用该方法。

目前，部分企业选择在1.0h耐火型门窗中采用铝合金型材空腔内穿钢衬，0.5h耐火型门窗则不采用。或者仅在向火面一侧采用，背火面一侧不采用。

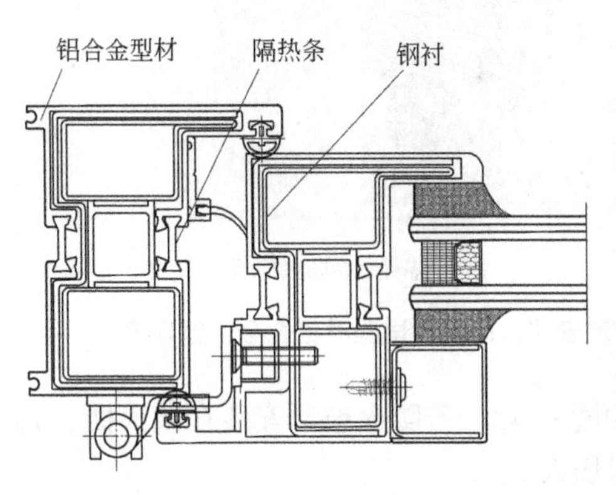

图16-10　铝合金型材空腔内穿钢衬结构示意图

铝合金门窗型材空腔内穿钢衬形成钢内衬骨架的基本结构，如图16-11所示。其基本工艺方法是：将加工好的钢衬穿入铝合金型材内腔，在框架的角部采用钢制角码连接，然后用螺钉将型材、钢衬和角码连接成一个整体，保证即使铝合金型材熔化失去支撑能力，钢衬与角码依然保持整体形态，从而保证门窗的耐火完整性。

（2）在型材内腔填充隔热防火材料。在铝合金型材内腔填充隔热型防火灌注料、防火封堵材料、防火膨胀材料、结构性防火插条等。隔热型防火灌注料、防火封堵材料，此类材料高温下具有较好的隔热性能，且固化后能够有效提高门窗整体强度，减少门窗整体变形量，防止玻璃炸裂，有效提高门窗耐火完整性。此类结构耐火试验合格率较高，但是其腐蚀性较强，且批量加工性能较低，难以规模化生产。部分或全部采用灌注料工艺的铝合金型材结构如图16-12所示。防火膨胀材料、结构性防火插条是目前保证铝合金型材耐火完整性最常见的方法。

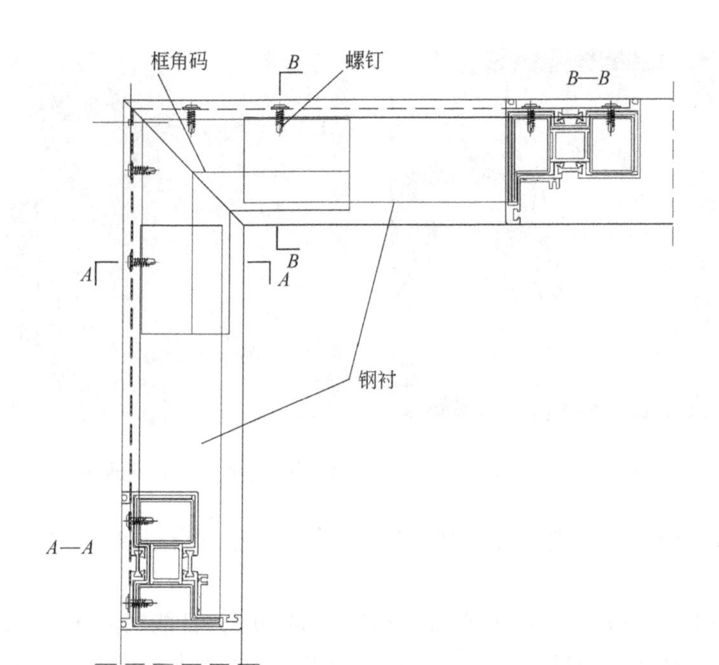

图16-11 铝合金门窗型材空腔内穿钢衬形成钢制内衬骨架示意图

图16-12 部分或全部采用灌注料工艺的铝合金型材结构

16.4.3 防火密封

耐火型门窗玻璃镶嵌用密封胶，应选用防火密封胶，其热导率为0.19W/(m·K)。主要应用在防火玻璃与型材缝隙处，可有效防止热量通过玻璃四周缝隙进入背火面，导致铝合金耐火窗失去耐火完整性。

火灾时，热量若通过玻璃四周进入背火面，将迅速导致背火面玻璃四周密封胶燃烧，出现明火，铝合金耐火窗背火面密封胶燃烧出现明火现象见图16-13。部分企业选择在向火面玻璃四周增加防火棉条后再进行密封胶施工，防火棉条主材为陶瓷纤维，热导率为0.12W/(m·K)，质量较为稳定，采用该工艺的铝合金窗合格率较高。

建筑门窗用密封胶条，主要成分为橡胶，三元乙丙橡胶热导率为0.24W/(m·K)。当用于耐火型门窗时，应选用具有耐火性能的密封胶条，如阻燃密封胶条、防火膨胀密封件等，在受火时能够起到密封、隔热、阻火的效果。

图 16-13　铝合金耐火窗背火面密封胶燃烧出现明火现象

普通密封胶条受火易出现明火，阻燃密封胶条多用于开启扇四周密封部位替代普通密封胶条。

防火膨胀密封件是火灾时遇火或高温作用能够膨胀，且能辅助建筑构配件使之具有隔火、隔烟、隔热等防火密封性能的产品。防火膨胀密封条受火时可膨胀填充缝隙或腔体，形成一种良好的隔热层阻止热量传递到背火面，主要用在防火玻璃四周与型材之间的缝隙、开启窗扇密封部位、五金件保护等。通常在缝隙处选用带有自粘效果的平带状防火膨胀密封件，直接粘贴到防火玻璃四周、型材、五金件的适当位置；在铝合金型材腔体处选用柱状防火膨胀密封件，穿插到腔体内部使用。

图 16-14(a) 为铝合金型材腔体内部填充柱状防火膨胀密封件，开启窗扇、玻璃四周等部位设置带有自粘效果的平带状防火膨胀密封件；图 16-14(b) 为铝合金型材腔体内部、缝隙处均填充平带状防火膨胀密封件。

(a) 填充柱状防火膨胀密封件

(b) 填充平带状防火膨胀密封件

图 16-14　铝合金型材腔体处选用防火膨胀密封件

密封胶条选用注意事项如下。

（1）依据产品设计方案选用不同膨胀倍率的产品时，应充分考虑膨胀倍率与腔体空间的协调性，倍率不足无法起到隔热阻火的效果，倍率过高受火时会产生腔体爆裂等现象。

（2）防火膨胀密封件为典型消防产品，选用时应选用具有产品认证证书或型式检验报告的合格产品。

（3）防火膨胀密封件，需要承受长时间的太阳光紫外线辐射，所以应选用耐候性和抗老化性好且永久变形小的产品。

16.4.4 五金配件

耐火型门窗选用五金配件，如合页（铰链）、执手、锁闭器、滑撑等，也应采用具有相应耐火性能的产品，并进行可靠连接，以防止受火后性能降低导致五金件局部密封性能降低，出现局部窜火、锁闭点烧开、窗扇脱落等现象，影响到门窗的耐火完整性，如图16-15所示。

图16-15　五金件受火后性能降低导致门窗局部窜火、锁闭点烧开、窗扇脱落现象

为了防止五金件受火后性能降低导致门窗局部窜火、锁闭点烧开、窗扇脱落等现象，耐火型铝合金门窗框扇连接的防火合页要用螺钉将其与框、扇内腔穿入的钢衬或背火面的铝合金型材连接起来，形成一个整体防火框架；执手传动机构安装在扇上，并用螺钉锁紧，如图16-16所示。

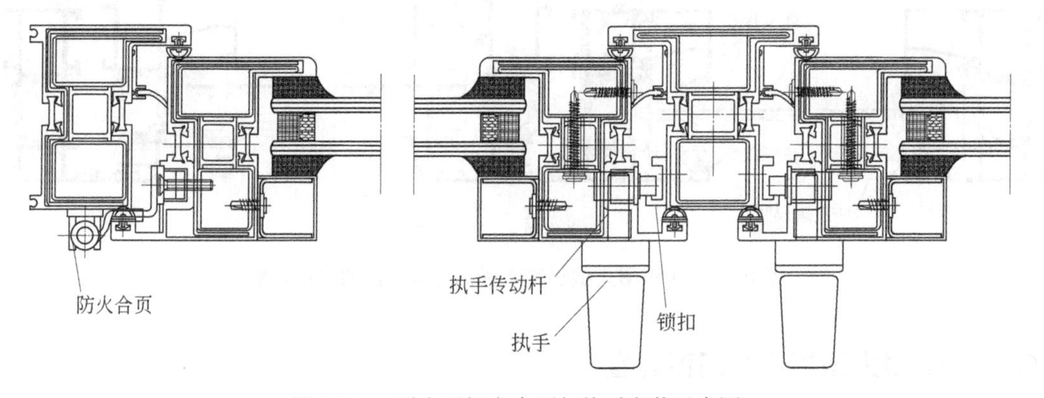

图16-16　耐火型门窗合页与执手安装示意图

五金配件选用与安装注意事项如下。

（1）五金配件应选用具有相应耐火性能的产品。

（2）五金配件应与背火面型材或型材内腔的钢制内衬骨架可靠连接，以保证五金配件受火时能维持门窗的耐火完整性。

16.5 耐火型铝合金门窗配置示例

本节以典型示例说明耐火型铝合金门窗中防火密封材料的应用。

16.5.1 0.5h耐火型铝合金门窗配置

图16-17为0.5h耐火型隔热断桥铝合金门窗的基本配置图。该窗型用到的主要防火材料有可膨胀石墨基防火膨胀条、防火棉条、防火玻璃垫片与钢制结构增强件。

各种防火材料作用如下。

（1）框扇搭接部分的间隙和玻璃与型材之间的间隙的密封保护，主要依靠可膨胀石墨基防火膨胀条高温膨胀后形成稳定碳泡沫，严密封堵，阻止热量和火焰向背火面进行传递。

（2）防火玻璃的保护如下。

① 下方用防火玻璃垫片进行支撑，保证在遇火与高温情况下，防火玻璃不下坠。

② 玻璃两侧用防火棉条进行密封保护，如果防火构件（门窗、隔断和幕墙）是大尺寸（单面高度超过1500mm）构件时，并且所用防火玻璃为单片防火玻璃时，两侧棉条需要用蛭石基防火膨胀棉条，该产品定向膨胀产生的压力可以对玻璃产生夹持的作用，避免玻璃软化下沉导致上部窜火。

（3）钢制型材加强件。在隔热断桥铝合金门窗上主要使用型材连接件、角部连接件与玻璃卡件。

① 型材连接件。由于尼龙隔热条的熔点低，需要把尼龙隔热条两侧的铝合金型材连接成一体，防止两侧铝型材分离，导致窗户整体垮塌。

② 角部连接件。把型材角部45°拼接料连接起来，防止高温时构件垮塌。

③ 玻璃卡件。卡紧玻璃，防止型材软化后玻璃脱落。

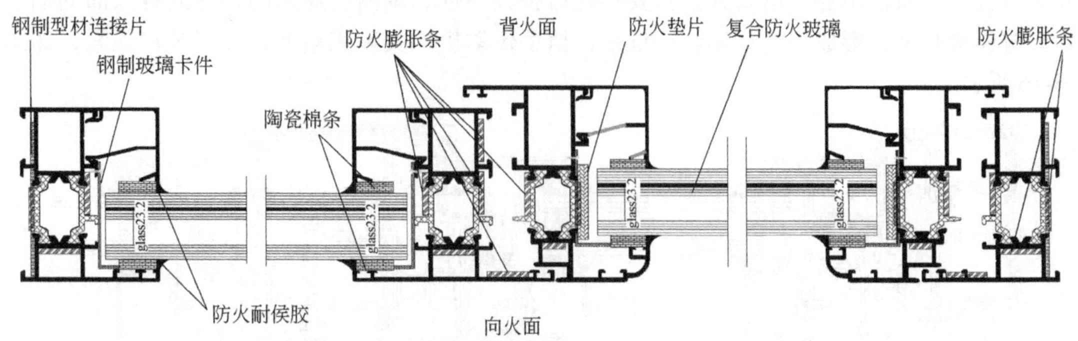

图16-17 0.5h耐火型隔热断桥铝合金门窗的配置方案

16.5.2 1h耐火型铝合金门窗配置

图16-18为1h耐火型隔热断桥铝合金门窗的基本配置图。该窗型主要用到的防火材料与0.5h耐火型隔热断桥铝合金门窗对比，除了对所用材料的性能和数量有了更高的要求外，另外增加的防火材料主要有结构性防火插条和硅酸钠基防火膨胀条。

结构性防火插条主要用于插入铝合金型材隔热条中间的空腔，当高温时，结构性防火插条会被附近的可膨胀石墨基膨胀条密实包围，在铝合金型材隔热条软化后在型材中心部位形成软硬结合的防火结构框架，起结构支撑作用。结构性防火插条的材质为改性硅酸钙，热导率低，高温时不粉化，为隔热断桥铝合金门窗实现1h耐火完整性和高节能性奠定了良好的基础，甚至可作为1h耐火被动门窗的实现方案。

复合防火条由可膨胀石墨基膨胀条和硅酸钠基膨胀条复合而成，利用两种膨胀型材料在不同温度时的不同优势，合理配置产生协同效应，实现用较少的材料达到稳定可靠的耐火时效。

所有插入耐火型建筑门窗框架型材腔体内，特别是开启扇型材腔体内的结构性防火插条，应采用适当粘合剂（比如阻燃型发泡胶或结构胶）将插条的两端粘贴在型材空腔壁上，以免在开启扇开关时发出噪声，以及在长期使用过程中插条在空腔内下沉或因机械力冲击而受损，造成防火性能的降低或丧失。

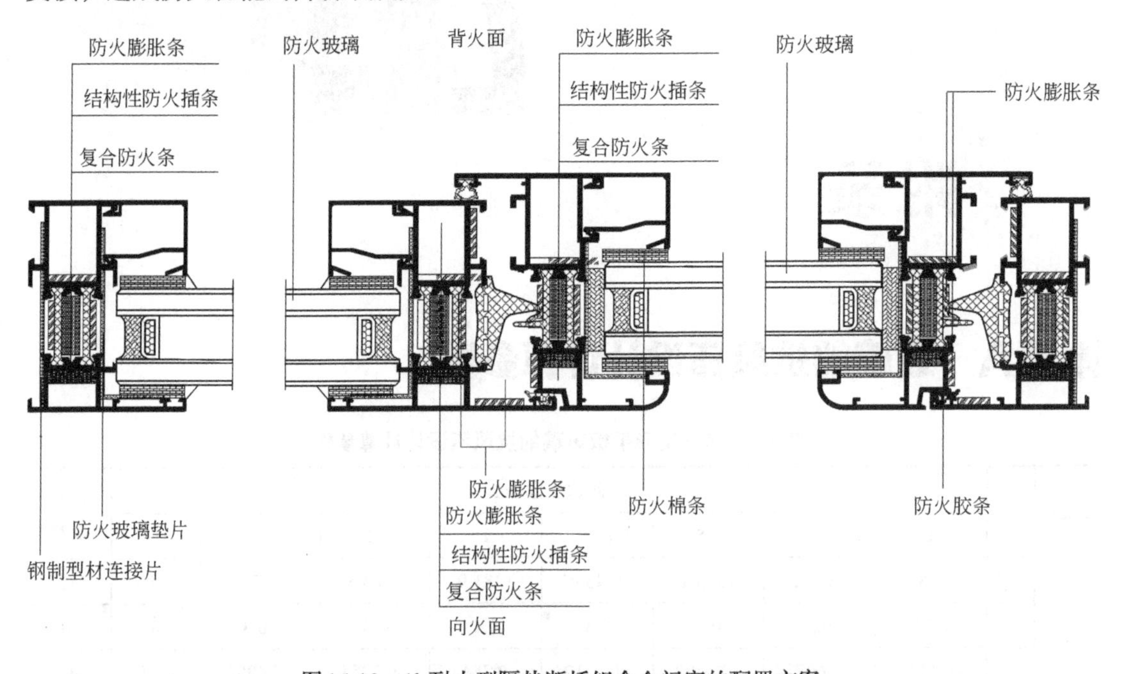

图16-18　1h耐火型隔热断桥铝合金门窗的配置方案

另一类以隔热断桥铝合金门窗为框架的耐火型门窗，采用铝合金型材空腔内穿钢衬的方式实现1h耐火完整性。在满足建筑外窗物理性能要求的基础上，达到建筑门窗的耐火完整性要求。建议所用钢衬及紧固件采用不锈钢材质。

附录

附录A 玻璃的抗风压设计计算参数

表A.1 单层矩形平板玻璃的抗风压设计计算参数

t/mm	常数	四边支撑:b/a								两边支撑
		1	1.25	1.5	1.75	2	2.25	3	5	
3	k_1	1558.4	1373.2	1313.4	1343.4	1381.9	1184.5	667.6	655.7	585.6
	k_2	0.25	0.2	0.2	0.3	0.4	0.3	−0.3	0	0
	k_3	−0.6124	−0.6071	−0.6423	−0.7112	−0.7642	−0.7255	−0.4881	−0.5	−0.5
	k_4	4.2	−1.4	−22.68	−12.6	−11.2	2.8	−8.4	0	0
4	k_1	2050.7	1807.5	1725.7	1758.9	1804.6	1549.8	884.0	867.8	774.9
	k_2	0.237712	0.19017	0.19017	0.285254	0.380339	0.285254	−0.28525	0	0
	k_3	−0.6124	−0.6071	−0.6423	−0.7112	−0.7642	−0.7255	−0.4881	−0.5	−0.5
	k_4	5.7	−1.9	−30.78	−17.1	−15.2	3.8	−11.4	0	0
5	k_1	2527.1	2227.9	2124.1	2159.0	2210.3	1901.2	1094.8	1074.2	959.3
	k_2	0.228312	0.182649	0.182649	0.273974	0.365299	0.273974	−0.27397	0	0
	k_3	−0.6124	−0.6071	−0.6423	−0.7112	−0.7642	−0.7255	−0.4881	−0.5	−0.5
	k_4	7.2	−2.4	−38.88	−21.6	−19.2	4.8	−14.4	0	0
6	k_1	2990.8	2637.2	2511.3	2546.6	2602.4	2241.4	1301.2	1276.2	1139.7
	k_2	0.220697	0.176558	0.176558	0.264836	0.353115	0.264836	−0.26484	0	0
	k_3	−0.6124	−0.6071	−0.6423	−0.7112	−0.7642	−0.7255	−0.4881	−0.5	−0.5
	k_4	8.7	−2.9	−46.98	−26.1	−23.2	5.8	−17.4	0	0
8	k_1	3843.7	3390.2	3222.3	3255.6	3317.7	2863.4	1683.3	1649.9	1473.4
	k_2	0.209295	0.167436	0.167436	0.251154	0.334872	0.251154	−0.25115	0	0
	k_3	−0.6124	−0.6071	−0.6423	−0.7112	−0.7642	−0.7255	−0.4881	−0.5	−0.5

续表

t/mm	常数	四边支撑:b/a								两边支撑
		1	1.25	1.5	1.75	2	2.25	3	5	
8	k_4	11.55	−3.85	−62.37	−34.65	−30.8	7.7	−23.1	0	0
10	k_1	4709.2	4154.6	3942.6	3970.9	4036.8	3490.2	2074.0	2031.8	1814.4
	k_2	0.200004	0.160003	0.160003	0.240005	0.320006	0.240005	−0.24	0	0
	k_3	−0.6124	−0.6071	−0.6423	−0.7112	−0.7642	−0.7255	−0.4881	−0.5	−0.5
	k_4	14.55	−4.85	−78.57	−43.65	−38.8	9.7	−29.1	0	0
12	k_1	5548.0	4895.6	4639.5	4660.5	4728.2	4094.0	2455.2	2404.1	2146.9
	k_2	0.192461	0.153969	0.153969	0.230953	0.307937	0.230953	−0.23095	0	0
	k_3	−0.6124	−0.6071	−0.6423	−0.7112	−0.7642	−0.7255	−0.4881	−0.5	−0.5
	k_4	17.55	−5.85	−94.77	−52.65	−46.8	11.7	−35.1	0	0
15	k_1	6685.2	5900.5	5582.8	5590.3	5657.8	4907.6	2975.3	2911.9	2600.3
	k_2	0.183827	0.147062	0.147062	0.220593	0.294124	0.220593	−0.22059	0	0
	k_3	−0.6124	−0.6071	−0.6423	−0.7112	−0.7642	−0.7255	−0.4881	−0.5	−0.5
	k_4	21.75	−7.25	−117.45	−65.25	−58	14.5	−43.5	0	0
19	k_1	8056.1	7112.3	6717.8	6704.5	6768.0	5881.7	3607.1	3528.2	3150.6
	k_2	0.175127	0.140102	0.140102	0.210152	0.280203	0.210152	−0.21015	0	0
	k_3	−0.6124	−0.6071	−0.6423	−0.7112	−0.7642	−0.7255	−0.4881	−0.5	−0.5
	k_4	27	−9	−145.8	−81	−72	18	−54	0	0
25	k_1	10118.2	8935.8	8421.5	8368.2	8419.2	7334.6	4566.2	4462.9	3985.3
	k_2	0.164398	0.131519	0.131519	0.197278	0.263037	0.197278	−0.19728	0	0
	k_3	−0.6124	−0.6071	−0.6423	−0.7112	−0.7642	−0.7255	−0.4881	−0.5	−0.5
	k_4	35.25	−11.75	−190.35	−105.75	−94	23.5	−70.5	0	0

表A.2　单片矩形钢化玻璃的抗风压设计计算参数

t/mm	常数	四边支撑:b/a								两边支撑
		1	1.25	1.5	1.75	2	2.25	3	5	
4	k_1	3594.2	3152.6	3108.6	3374.9	3634.8	3012.9	1382.5	1372.1	1225.3
	k_2	0.59428	0.475424	0.475424	0.713136	0.950848	0.713136	−0.1	0	0
	k_3	−0.6124	−0.6071	−0.6423	−0.7112	−0.7642	−0.7255	−0.4881	−0.5	−0.5
	k_4	5.7	−1.9	−30.78	−17.1	−15.2	3.8	−11.4	0	0
5	k_1	4429.2	3885.9	3826.2	4142.5	4452.0	3696.0	1712.3	1698.5	1516.8
	k_2	0.57078	0.456624	0.456624	0.684935	0.913247	0.684935	−0.1	0	0
	k_3	−0.6124	−0.6071	−0.6423	−0.7112	−0.7642	−0.7255	−0.4881	−0.5	−0.5
	k_4	7.2	−2.4	−38.88	−21.6	−19.2	4.8	−14.4	0	0

续表

t/mm	常数	四边支撑：b/a								两边支撑
		1	1.25	1.5	1.75	2	2.25	3	5	
6	k_1	5241.9	4599.7	4523.7	4886.2	5241.8	4357.5	2035.1	2017.9	1801.9
	k_2	0.551743	0.441394	0.441394	0.662091	0.882788	0.662091	−0.1	0	0
	k_3	−0.6124	−0.6071	−0.6423	−0.7112	−0.7642	−0.7255	−0.4881	−0.5	−0.5
	k_4	8.7	−2.9	−46.98	−26.1	−23.2	5.8	−17.4	0	0
8	k_1	6736.6	5913.0	5804.5	6246.7	6682.5	5566.5	2632.7	2608.8	2329.6
	k_2	0.523238	0.41859	0.41859	0.627885	0.83718	0.627885	−0.1	0	0
	k_3	−0.6124	−0.6071	−0.6423	−0.7112	−0.7642	−0.7255	−0.4881	−0.5	−0.5
	k_4	11.55	−3.85	−62.37	−34.65	−30.8	7.7	−23.1	0	0
10	k_1	8253.7	7246.3	7101.9	7619.1	8131.1	6785.1	3243.8	3212.6	2868.8
	k_2	0.50001	0.400008	0.400008	0.600012	0.800016	0.600012	−0.1	0	0
	k_3	−0.6124	−0.6071	−0.6423	−0.7112	−0.7642	−0.7255	−0.4881	−0.5	−0.5
	k_4	14.55	−4.85	−78.57	−43.65	−38.8	9.7	−29.1	0	0
12	k_1	9723.8	8538.8	8357.3	8942.2	9523.6	7959.0	3839.9	3801.2	3394.5
	k_2	0.481152	0.384922	0.384922	0.577382	0.769843	0.577382	−0.1	0	0
	k_3	−0.6124	−0.6071	−0.6423	−0.7112	−0.7642	−0.7255	−0.4881	−0.5	−0.5
	k_4	17.55	−5.85	−94.77	−52.65	−46.8	11.7	−35.1	0	0
15	k_1	11716.9	10291.5	10056.5	10726.3	11396.0	9540.7	4653.4	4604.1	4111.4
	k_2	0.459568	0.367655	0.367655	0.551482	0.735309	0.551482	−0.1	0	0
	k_3	−0.6124	−0.6071	−0.6423	−0.7112	−0.7642	−0.7255	−0.4881	−0.5	−0.5
	k_4	21.75	−7.25	−117.45	−65.25	−58	14.5	−43.5	0	0
19	k_1	14119.6	12405.0	12101.1	12864.1	13632.2	11434.2	5641.5	5578.5	4981.6
	k_2	0.437817	0.350254	0.350254	0.525381	0.700508	0.525381	−0.1	0	0
	k_3	−0.6124	−0.6071	−0.6423	−0.7112	−0.7642	−0.7255	−0.4881	−0.5	−0.5
	k_4	27	−9	−145.8	−81	−72	18	−54	0	0
25	k_1	17733.9	15585.7	15170.0	16056.4	16958.2	14258.8	7141.5	7056.4	6301.3
	k_2	0.410996	0.328797	0.328797	0.493195	0.657593	0.493195	−0.1	0	0
	k_3	−0.6124	−0.6071	−0.6423	−0.7112	−0.7642	−0.7255	−0.4881	−0.5	−0.5
	k_4	35.25	−11.75	−190.35	−105.75	−94	23.5	−70.5	0	0

表A.3　单片矩形半钢化玻璃的抗风压设计计算参数

t/mm	常数	四边支撑:b/a								两边支撑
		1	1.25	1.5	1.75	2	2.25	3	5	
3	k_1	2078.2	1826.7	1776.3	1876.6	1979.1	1665.8	839.7	829.4	740.7
	k_2	0.4	0.32	0.32	0.48	0.64	0.48	−0.1	0	0
	k_3	−0.6124	−0.6071	−0.6423	−0.7112	−0.7642	−0.7255	−0.4881	−0.5	−0.5
	k_4	4.2	−1.4	−22.68	−12.6	−11.2	2.8	−8.4	0	0
4	k_1	2734.6	2404.4	2333.9	2457.1	2584.4	2179.6	1111.9	1097.7	980.2
	k_2	0.380339	0.304271	0.304271	0.456407	0.608543	0.456407	−0.1	0	0
	k_3	−0.6124	−0.6071	−0.6423	−0.7112	−0.7642	−0.7255	−0.4881	−0.5	−0.5
	k_4	5.7	−1.9	−30.78	−17.1	−15.2	3.8	−11.4	0	0
5	k_1	3370.0	2963.6	2872.6	3015.9	3165.4	2673.7	1377.1	1358.8	1213.4
	k_2	0.365299	0.292239	0.292239	0.438359	0.584478	0.438359	−0.1	0	0
	k_3	−0.6124	−0.6071	−0.6423	−0.7112	−0.7642	−0.7255	−0.4881	−0.5	−0.5
	k_4	7.2	−2.4	−38.88	−21.6	−19.2	4.8	−14.4	0	0
6	k_1	3988.4	3508.0	3396.3	3557.3	3727.0	3152.2	1636.7	1614.3	1441.6
	k_2	0.353115	0.282492	0.282492	0.423738	0.564985	0.423738	−0.1	0	0
	k_3	−0.6124	−0.6071	−0.6423	−0.7112	−0.7642	−0.7255	−0.4881	−0.5	−0.5
	k_4	8.7	−2.9	−46.98	−26.1	−23.2	5.8	−17.4	0	0
8	k_1	5125.6	4509.6	4357.8	4547.8	4751.4	4026.9	2117.3	2087.0	1863.7
	k_2	0.334872	0.267898	0.267898	0.401847	0.535796	0.401847	−0.1	0	0
	k_3	−0.6124	−0.6071	−0.6423	−0.7112	−0.7642	−0.7255	−0.4881	−0.5	−0.5
	k_4	11.55	−3.85	−62.37	−34.65	−30.8	7.7	−23.1	0	0
10	k_1	6279.9	5526.5	5331.9	5547.0	5781.4	4908.4	2608.8	2570.1	2295.1
	k_2	0.320006	0.256005	0.256005	0.384008	0.51201	0.384008	−0.1	0	0
	k_3	−0.6124	−0.6071	−0.6423	−0.7112	−0.7642	−0.7255	−0.4881	−0.5	−0.5
	k_4	14.55	−4.85	−78.57	−43.65	−38.8	9.7	−29.1	0	0
12	k_1	7398.5	6512.2	6274.4	6510.3	6771.5	5757.6	3088.2	3041.0	2715.6
	k_2	0.307937	0.24635	0.24635	0.369525	0.4927	0.369525	−0.1	0	0
	k_3	−0.6124	−0.6071	−0.6423	−0.7112	−0.7642	−0.7255	−0.4881	−0.5	−0.5
	k_4	17.55	−5.85	−94.77	−52.65	−46.8	11.7	−35.1	0	0

表A.4 普通矩形夹层玻璃的抗风压设计计算参数

t/mm	常数	四边支撑:b/a								两边支撑
		1	1.25	1.5	1.75	2	2.25	3	5	
6	k_1	2899.0	2556.1	2434.7	2469.9	2524.9	2174.2	1260.2	1236.1	1103.9
	k_2	0.222109	0.177687	0.177687	0.266531	0.355375	0.266531	−0.26653	0	0
	k_3	−0.6124	−0.6071	−0.6423	−0.7112	−0.7642	−0.7255	−0.4881	−0.5	−0.5
	k_4	8.4	−2.8	−45.36	−25.2	−22.4	5.6	−16.8	0	0
8	k_1	3799.6	3351.2	3185.6	3219.1	3280.9	2831.3	1663.5	1630.6	1456.1
	k_2	0.209821	0.167857	0.167857	0.251785	0.335714	0.251785	−0.25179	0	0
	k_3	−0.6124	−0.6071	−0.6423	−0.7112	−0.7642	−0.7255	−0.4881	−0.5	−0.5
	k_4	11.4	−3.8	−61.56	−34.2	−30.4	7.6	−22.8	0	0
10	k_1	4666.6	4117.0	3907.1	3935.8	4001.6	3459.4	2054.7	2013.0	1797.6
	k_2	0.200421	0.160337	0.160337	0.240505	0.320673	0.240505	−0.24051	0	0
	k_3	−0.6124	−0.6071	−0.6423	−0.7112	−0.7642	−0.7255	−0.4881	−0.5	−0.5
	k_4	14.4	−4.8	−77.76	−43.2	−38.4	9.6	−28.8	0	0
12	k_1	5506.6	4859.1	4605.1	4626.5	4694.2	4064.3	2436.3	2385.7	2130.4
	k_2	0.192806	0.154245	0.154245	0.231367	0.30849	0.231367	−0.23137	0	0
	k_3	−0.6124	−0.6071	−0.6423	−0.7112	−0.7642	−0.7255	−0.4881	−0.5	−0.5
	k_4	17.4	−5.8	−93.96	−52.2	−46.4	11.6	−34.8	0	0
16	k_1	7042.7	6216.4	5879.0	5881.5	5948.3	5162.3	3139.6	3072.2	2743.4
	k_2	0.181404	0.145123	0.145123	0.217685	0.290247	0.217685	−0.21769	0	0
	k_3	−0.6124	−0.6071	−0.6423	−0.7112	−0.7642	−0.7255	−0.4881	−0.5	−0.5
	k_4	23.1	−7.7	−124.74	−69.3	−61.6	15.4	−46.2	0	0
20	k_1	8590.8	7585.1	7160.0	7137.2	7198.3	6259.8	3854.9	3769.7	3366.3
	k_2	0.172113	0.13769	0.13769	0.206536	0.275381	0.206536	−0.20654	0	0
	k_3	−0.6124	−0.6071	−0.6423	−0.7112	−0.7642	−0.7255	−0.4881	−0.5	−0.5
	k_4	29.1	−9.7	−157.14	−87.3	−77.6	19.4	−58.2	0	0
24	k_1	10081.6	8903.5	8391.3	8338.8	8390.1	7308.9	4549.1	4446.2	3970.4
	k_2	0.16457	0.131656	0.131656	0.197484	0.263312	0.197484	−0.19748	0	0
	k_3	−0.6124	−0.6071	−0.6423	−0.7112	−0.7642	−0.7255	−0.4881	−0.5	−0.5
	k_4	35.1	−11.7	−189.54	−105.3	−93.6	23.4	−70.2	0	0

附录B 常用材料的热工参数

在没有精确计算的情况下，玻璃光学热工参数的近似值可采用表B.1的数据。

表B.1 典型玻璃系统的光学热工参数

玻璃品种		可见光透射比τ_v	太阳光总透射比g_g	遮阳系数SC	传热系数U_g/[W/(m²·K)]
透明玻璃	3mm透明玻璃	0.83	0.87	1.00	5.8
	6mm透明玻璃	0.77	0.82	0.93	5.7
	12mm透明玻璃	0.65	0.74	0.84	5.5
吸热玻璃	5mm绿色吸热玻璃	0.77	0.64	0.76	5.7
	6mm蓝色吸热玻璃	0.54	0.62	0.72	5.7
	5mm茶色吸热玻璃	0.50	0.62	0.72	5.7
	5mm灰色吸热玻璃	0.42	0.60	0.69	5.7
热反射玻璃	6mm高透光热反射玻璃	0.56	0.56	0.64	5.7
	6mm中等透光热反射玻璃	0.40	0.43	0.49	5.4
	6mm低透光热反射玻璃	0.15	0.26	0.30	4.6
	6mm特低透光热反射玻璃	0.11	0.25	0.29	4.6
单片Low-E玻璃	6mm高透光Low-E玻璃	0.61	0.51	0.58	3.6
	6mm中等透光Low-E玻璃	0.55	0.44	0.51	3.5
中空玻璃	6透明+12空气+6透明	0.71	0.75	0.86	2.8
	6绿色吸热+12空气+6透明	0.66	0.47	0.54	2.8
	6灰色吸热+12空气+6透明	0.38	0.45	0.51	2.8
	6中等透光热反射+12空气+6透明	0.28	0.29	0.34	2.4
	6低透光热反射+12空气+6透明	0.16	0.16	0.18	2.3
	6高透光Low-E+12空气+6透明	0.72	0.47	0.62	1.9
	6中等透光Low-E+12空气+6透明	0.62	0.37	0.50	1.8
	6低透光Low-E+12空气+6透明	0.35	0.20	0.30	1.8
	6高透光Low-E+12氩气+6透明	0.72	0.47	0.62	1.5
	6中等透光Low-E+12氩气+6透明	0.62	0.37	0.50	1.4

窗、玻璃幕墙常用材料的热工计算参数可采用表B.2中的数据。

表B.2 常用材料的热工计算参数

用途	材料	密度/(kg/m^3)	热导率/[W/(m·K)]	表面发射率	
框	铝	2700	237.00	涂漆	0.90
				阳极氧化	0.20~0.80
	铝合金	2800	160.00	涂漆	0.90
				阳极氧化	0.20~0.80
	铁	7800	50.00	镀锌	0.20
				氧化	0.80
	不锈钢	7900	17.00	浅黄	0.20
				氧化	0.80
	建筑钢材	7850	58.20	镀锌	0.20
				氧化	0.80
				涂漆	0.90
	PVC	1390	0.17	0.90	
	硬木	700	0.18	0.90	
	软木(常用于建筑构件中)	500	0.13	0.90	
	玻璃钢(UP树脂)	1900	0.40	0.90	
透明材料	建筑玻璃	2500	1.00	玻璃面	0.84
				镀膜面	0.03~0.80
	丙烯酸树脂(树脂玻璃)	1050	0.20	0.90	
	PMMA(有机玻璃)	1180	0.18	0.90	
	聚碳酸酯	1200	0.20	0.90	
隔热材料	聚酰胺(尼龙)	1150	0.25	0.90	
	尼龙66+25%玻璃纤维	1450	0.30	0.90	
	高密度聚乙烯(HDPE)	980	0.52	0.90	
	低密度聚乙烯(LDPE)	920	0.33	0.90	
	固体聚丙烯	910	0.22	0.90	
	带有25%玻璃纤维的聚丙烯	1200	0.25	0.90	
	PU(聚氨酯)	1200	0.25	0.90	
	硬质PVC	1390	0.17	0.90	
防水密封条	氯丁橡胶(PCP)	1240	0.23	0.90	
	EPDM(三元乙丙橡胶)	1150	0.25	0.90	
	纯硅胶	1200	0.35	0.90	
	软质PVC	1200	0.14	0.90	
	聚酯纤维(马海毛)	—	0.14	0.90	
	柔性泡沫橡胶	60~80	0.05	0.90	

续表

用途	材料	密度/(kg/m³)	热导率/[W/(m·K)]	表面发射率
密封胶	PU(聚氨酯)	1200	0.25	0.90
	固体/热熔异丁烯	1200	0.24	0.90
	聚硫胶	1700	0.40	0.90
	纯硅胶	1200	0.35	0.90
	聚异丁烯	930	0.20	0.90
	聚酯树脂	1400	0.19	0.90
	硅胶(干燥剂)	720	0.13	0.90
	分子筛	650~750	0.10	0.90
	低密度泡沫硅胶	750	0.12	0.90
	中密度泡沫硅胶	820	0.17	0.90

常用气体的物理性能参数，可按照表B.3、表B.4、表B.5和表B.6中的数据。

表B.3　气体的热导率

气体	系数a	系数b	λ(273K时)/[W/(m·K)]	λ(283K时)/[W/(m·K)]
空气	2.873×10^{-3}	7.760×10^{-5}	0.0241	0.0249
氩气	2.285×10^{-3}	5.149×10^{-5}	0.0163	0.0168
氪气	9.443×10^{-4}	2.826×10^{-5}	0.0087	0.0090
氙气	4.538×10^{-4}	1.723×10^{-5}	0.0052	0.0053

注：$\lambda = a + bT$。

表B.4　气体的运动黏度

气体	系数a	系数b	μ(273K时)/[kg/(m·s)]	μ(283K时)/[kg/(m·s)]
空气	3.723×10^{-6}	4.940×10^{-8}	1.722×10^{-5}	1.771×10^{-5}
氩气	3.379×10^{-6}	6.451×10^{-8}	2.100×10^{-5}	2.165×10^{-5}
氪气	2.213×10^{-6}	7.777×10^{-8}	2.346×10^{-5}	2.423×10^{-5}
氙气	1.069×10^{-6}	7.414×10^{-8}	2.132×10^{-5}	2.206×10^{-5}

注：$\mu = a + b$。

表B.5　气体的常压比热容

气体	系数a	系数b	c_p(273K时)/[J/(kg·K)]	c_p(283K时)/[J/(kg·K)]
空气	1002.7370	1.2324×10^{-2}	1006.1034	1006.2266
氩气	521.9285	0	521.9285	521.9285
氪气	248.0907	0	248.0917	248.0917
氙气	158.3397	0	158.3397	158.3397

注：$c_p = a + bT$。

表B.6　气体的摩尔质量

气体	摩尔质量/(kg/kmol)
空气	28.97
氩气	39.948
氪气	83.80
氙气	131.30

参考文献

[1] 阎玉芹，李新达. 铝合金门窗 [M]. 北京：化学工业出版社，2015.
[2] 王波，孙文迁.建筑节能门窗设计与制造 [M]. 北京：中国电力出版社，2016.
[3] 阎玉芹.铝合金门窗设计与制造 [M]. 上海：同济大学出版社，2008.
[4] 王祝堂，田荣璋. 铝合金及其加工手册 [M]. 3版. 长沙：中南大学出版社，2005.
[5] 赵云路，唐志玉. 铝塑型材挤压成形技术 [M]. 北京：机械工业出版社，2000.
[6] 朱祖芳. 铝合金阳极氧化与表面处理技术 [M]. 2版. 北京：化学工业出版社，2010.
[7] 朱祖芳. 铝合金阳极氧化工艺技术应用手册 [M]. 北京：冶金工业出版社，2007.
[8] 铝合金门窗（GB/T 8478—2020).
[9] 建筑门窗术语（GB/T 5823—2008).
[10] 变形铝及铝合金牌号表示方法（GB/T 16474—2011).
[11] 变形铝及铝合金状态代号（GB/T 16475—2008).
[12] 铝合金建筑型材（GB 5237.1~6—2017).
[13] 平板玻璃（GB 11614—2009).
[14] 建筑用安全玻璃　第1部分：防火玻璃（GB 15763.1—2009).
[15] 建筑用安全玻璃　第2部分：钢化玻璃（GB 15673.2—2005).
[16] 建筑用安全玻璃　第3部分：夹层玻璃（GB 15763.3—2009).
[17] 建筑用安全玻璃　第4部分：均质钢化玻璃（GB 15763.4—2009).
[18] 镀膜玻璃　第1部分：阳光控制镀膜玻璃（GB/T 18915.1—2013).
[19] 镀膜玻璃　第2部分：低辐射镀膜玻璃（GB/T 18915.2—2013).
[20] 中空玻璃（GB/T 11944—2012).
[21] 建筑门窗五金件　通用要求（GB/T 32223—2015).
[22] 建筑门窗五金件　传动机构用执手（JG/T 124—2017).
[23] 建筑门窗五金件　旋压执手（JG/T 213—2017).
[24] 建筑门窗五金件　合页（铰链）(JG/T 125—2017).
[25] 建筑门窗五金件　传动锁闭器（JG/T 126—2017).
[26] 建筑门窗五金件　滑撑（JG/T 127—2017).
[27] 建筑门窗五金件　撑挡（JG/T 128—2017).
[28] 建筑门窗五金件　插销（JG/T 214—2017).
[29] 建筑门窗五金件　多点锁闭器（JG/T 215—2017).
[30] 建筑门窗五金件　滑轮（JG/T 129—2017).
[31] 建筑门窗五金件　单点锁闭器（JG/T 130—2017).
[32] 建筑门窗五金件　双面执手（JG/T 393—2012).

[33] 建筑窗用内平开下悬五金系统（GB/T 24601—2009）.
[34] 建筑幕墙、门窗通用技术条件（GB/T 31433—2015）.
[35] 建筑外窗气密、水密、抗风压性能分级及检测方法（GB/T 7106—2019）.
[36] 建筑外窗保温性能分级及检测方法（GB/T 8484—2020）.
[37] 严寒和寒冷地区居住建筑节能设计标准（JGJ 26—2018）.
[38] 夏热冬冷地区居住建筑节能设计标准（JGJ 134—2010）.
[39] 夏热冬暖地区居住建筑节能设计标准（JGJ 75—2012）.
[40] 公共建筑节能设计标准（GB 50189—2015）.
[41] 建筑门窗空气声隔声性能分级及检测方法（GB/T 8485—2008）.
[42] 建筑外窗采光性能分级及检测方法（GB/T 11976—2015）.
[43] 建筑物防雷设计规范（GB 50057—2010）.
[44] 建筑设计防火规范［GB 50016—2014（2018版）］.
[45] 建筑玻璃应用技术规范（JGJ 113—2015）.
[46] 建筑结构荷载设计规范（GB 50009—2012）.
[47] 建筑门窗幕墙热工计算规程（JG/T 151—2008）.
[48] 铝合金门窗工程技术规范（JGJ 214—2010）.
[49] 建筑装饰装修工程质量验收规范（GB 50210—2018）.
[50] 铝木复合门窗（GB/T 29734.1—2013）.
[51] 建筑门窗耐火完整性试验方法（GB/T 38252—2019）.
[52] 建筑构件耐火试验方法（GB/T 9978—2008）.